"十二五"普通高等教育本科国家级规划教材

国家精品课程配套教材

无机元素化学

（第三版）

主编　刘新锦

副主编　朱亚先　高　飞

科学出版社

北　京

内 容 简 介

本书为"十二五"普通高等教育本科国家级规划教材、国家精品课程配套教材。

本书是以无机元素化学为基础、基本原理为指导，与化学前沿、热点、应用紧密关联的一部综合性无机化学教材。全书共17章，前12章介绍主族元素和过渡元素；后5章介绍与材料、环境、生命、制备和超分子等交叉领域相关的内容。

各章配有应用专题、专题讨论或案例分析、学习要点或小结、习题或思考题及部分习题参考答案。本书有配套的动画、PPT等数字化资源，读者扫描书中的二维码即可查看。

本书可作为高等学校化学、材料化学、环境化学、新能源、生物化学、医学基础化学、药物化学、化学工程与工艺等专业的本科生教材，也可供考研者、化学教师、化学竞赛者、科研人员和工程技术人员参考使用。

图书在版编目(CIP)数据

无机元素化学/刘新锦主编. —3版. —北京：科学出版社，2021.4

"十二五"普通高等教育本科国家级规划教材　国家精品课程配套教材

ISBN 978-7-03-067784-6

Ⅰ.①无…　Ⅱ.①刘…　Ⅲ.①无机化学-高等学校-教材　Ⅳ.①O61

中国版本图书馆CIP数据核字(2020)第263843号

责任编辑：丁　里 / 责任校对：何艳萍

责任印制：赵　博 / 封面设计：迷底书装

科学出版社出版

北京东黄城根北街16号

邮政编码：100717

http://www.sciencep.com

保定市中画美凯印刷有限公司印刷

科学出版社发行　各地新华书店经销

*

2005年1月第一版　开本：787×1092　1/16

2010年1月第二版　印张：27　插页：1

2021年4月第三版　字数：640 000

2024年12月第十七次印刷

定价：79.00元

（如有印装质量问题，我社负责调换）

第三版前言

随着人类对化学世界的探索和认识不断向新的深度和广度延伸，化学学科将迎来新的飞跃。新进展、新知识、新概念不断涌现，呈现“五多”的发展趋势，即多交叉、多层次、多尺度、多整合、多方法；不同学科之间交叉融合更加明显。

21 世纪要求化学家除具备本专业扎实的基础外，还需要有宽广的知识面，多学科的基础。无机化学基础教材建设必须跟上时代发展的步伐，第三版就是在这一背景下完成的。

本书适应新形势下对教材的要求：定位准确，选材新颖，激活传统内容，并与现代接轨；反映学科进展与交叉；体现五大关联：经典与现代、基础与前沿、结构与性能、宏观与微观、性质与应用；引入当前的研究热点：超分子、石墨烯、新型锂电池、可燃冰、纳米材料、化学元素与人体健康等。

超分子化学是一门新兴的交叉学科，被认为是 21 世纪新概念和新技术的一个重要源头。石墨烯被称为“新材料之王”或“黑金”。可燃冰是 21 世纪的潜在能源。

本书注重从基础理论对物质的性质和化学反应的规律进行阐释和探讨，让传统的描述性化学成为易于理解、记忆和掌握的科学。通过案例分析或专题讨论，引导、启发读者利用所学基础知识解决实际问题；把难以理解的部分变得通俗易懂；进一步提升读者探索高新领域的兴趣，为创新储备动力。

本次修订增加的内容超分子化学简介、石墨烯、可燃冰等由刘新锦编写、高飞插图，其余部分的修订由刘新锦完成。编写过程中参阅并引用了国内外有关的专著和论文，在此对所有文献的作者表示感谢！

为了方便读者使用和学习，本书还配有相应的数字化资源，读者扫描书中的二维码即可查看。数字化资源由朱亚先制作。

由于编者水平、能力有限，书中难免有疏漏和不妥之处，恳请专家和广大读者予以指正。

刘新锦

2020 年 12 月于厦门大学

第二版序

主编者从事本科大一化学教学和无机材料科研工作三十余年，对大一学生的学习特点有较深刻的了解，对高新科技领域无机材料的应用较为熟悉。因此在选材方面既概括了基本知识面，又恰到好处地介绍了生命、材料、环境、能源等方面的新进展。

本书在编排形式上仍沿用以元素周期系为纲的优点，但加强了相关元素性质的比照和归纳，使得书的结构紧凑，条理清晰，叙述简明扼要。特别是将化学基本原理用于阐明化学反应规律，使丰富多彩的化学反应有规律可循，便于学生理解和记忆。

鉴于上述特点，本书既承接了大一学生原有的中学化学知识，又为后续的大学有关课程提供了必要的无机化学基础知识，特别是可以启发学生去探索高新领域课题的兴趣，是一部有显著特色的无机化学精品教材。

姚士冰

2009年9月3日

第二版前言

本书是“十二五”普通高等教育本科国家级规划教材、国家精品课程配套教材，是根据编者长期从事无机化学教学和科研的积累，并在吸收国内外优秀教材、专著和研究论文精华的基础上编写而成的。

本书第一版原属“厦门大学新世纪教材大系”，曾得到教育部“国家理科基地创建名牌课程项目”和学校的双重资助，于2005年正式出版。自第一版问世以来，在广大读者的关爱和支持下，累计印刷3次。

本次再版继承了第一版的基本思路和基本架构。对第1～10、12～14章进行了不同程度的修订，增加了部分应用专题，补充了制氢气方法等内容，重新编写了第15章，对部分习题中的难题给出了参考答案。

姚士冰教授和林连堂教授审阅了全书，提出了许多宝贵意见，出版过程中科学出版社的编辑同志给予了大力支持，在此一并致谢！

由于编者水平有限，书中疏漏或不妥之处在所难免，敬请读者指正。

刘新锦

2009年9月于厦门大学

第一版前言

元素化学是无机化学教学中普遍感到棘手的部分。由于它内容繁多、庞杂，事实罗列多，道理讲得少，学生感到枯燥乏味，提不起兴趣。我们在长期的教学中深感初学者的困难和困惑，一直在进行这方面的探索和改革，同时注意吸收国内外同行的宝贵经验，逐渐积累了一些素材，形成了一个基本的框架。以此为基础，在国家理科基地创建名牌课程项目的资助下，历时数年完成了本书的编写。

教材建设是建立在教学内容改革基础上的。当前化学已经由传统的描述科学发展为理解科学。因此，对事实材料进行描述的同时，应以基本原理进行解释，并进一步介绍和探讨它们在实际中的应用，让学生具备无机合成、反应、结构和说理等方面的能力。对当今社会普遍关注的热点问题、新工艺、新成果和新的研究进展应及时渗透进来，以改变元素化学较为陈旧的面貌。此外，有必要将凝聚态化学引入教材之中，部分取代以水溶液化学为主的老体系。这也是我们在编写教材中紧紧把握的几条原则。以下介绍本书的主要特点：

1. 联系实际、加强应用

本书最突出的特点是把现代化学原理充分运用到元素化学的各个部分。这主要体现在：对描述性化学事实不停留于描述阶段，而是把物质的组成、结构、性能和应用有机地关联起来；注意从宏观和微观的不同角度去阐明物质的性质和无机反应规律等，并进一步从这些性质和规律出发延伸到实际应用，使理论、事实、反应和应用达到一种平衡；重视前沿与基础相结合，基本原理、结构知识和应用相结合，以提高运用知识和创新的能力。

2. 与时俱进，反映时代特征

(1) 重视学科交叉与渗透，关注热点。21 世纪的化学将是与相关学科(如生命、材料、信息、能源、环境、海洋等)相互交叉、相互渗透、相互促进中得到共同发展的科学。当今社会最为关注的环境、能源、材料和生命等热点问题，在书中相关部分得到充分的反映。书中用较多的篇幅介绍了固体材料，因为材料是信息和能源发展的物质基础，化学对现代材料的设计、合成与性质的改善起着关键的作用。我们选择那些典型的具有代表性的内容(如纳米材料、储氢材料、压电材料、半导体材料、超导材料等)，将材料的组成、结构和应用相关联，为化学前沿开辟一个合适的窗口。从基本原理和微观结构的角度剖析前沿内容，深入浅出，通俗、易懂。

(2) 引入新的制备方法。无机制备方面也引入了许多新的方法，如软化学法、微波法、低温固相法、细菌还原法等。本书介绍了各种方法的基本原理、特点，特别是它们在材料领域方面的应用，让读者了解无机制备化学正在发生的日新月异的变化。

(3) 介绍新工艺、新成果和新的研究进展。有选择性地介绍化学上某些新的重大发现和变革是非常必要的，因为每次重大的突破首先是思维方式的突破，是思想解放的结果。如：C_{60}的发现及其结构、性能和应用，新一代合成氨钌基催化剂的研制，人工合成金刚石的新途径，富勒烯配合物的合成、结构和性能等。借鉴这些富含科学性、思想性的生动事例，对提高学生科学思维能力和创新意识是十分有益的。

3. 重组、活化传统内容

(1) 对元素化学学习具有指导意义的内容则通过重组、活化，形成新的专题，从基本原理入手，进行较系统的讨论，把枯燥、乏味、分散的描述性化学事实变得生动和有规律性。

(2) 对以水溶液为主线组织的教材体系进行了压缩，为"固体化学"让出了空间。保留了传统内容中较重要的无机物的制备、性质和反应的精华部分。为便于自学，对某些物质的经典制备方法进行了归纳、整理，使系统性增加，查阅更为方便、快捷。

(3) 将物质的六种重要性质(溶解性、热稳定性、水解性、氧化还原性、配位性和酸碱性)与组成、结构和应用相关联，使传统的描述性化学成为易于理解、记忆和掌握的科学。

(4) 实践表明，"过渡元素概论"这一章对指导过渡元素学习是至关重要的。为此，对这部分进行了较为系统的加工。主要关注以下三个方面：

① 突出过渡元素三大特征——变价多、颜色多、配合物多，联系相关原理进行分析；

② 突出成键过程的多样性(σ,π,δ,σ-π)，通过具体实例进行了较详细的描述；

③ 突出应用(催化、分离、电镀、材料等诸多领域)。

4. 增加研究性、应用性、综合性的题型

在教学内容和教学方法进行大力改革的同时，练习题、思考题也进行了相应的调整。减少了简单或重复性思维的题目，增加了研究性、综合性和应用性的题目，以提高分析问题和解决实际问题的能力。

5. 建设立体化教材体系

本书为立体化教材(随书附有光盘)。利用 Powerpoint、Flash、Chem Draw 等软件制作了电子教案，从课堂教学的角度进行了必要的整合，在安排上与文字教材基本同步。利用多种媒体、多种形式生动表现了教学中的不同内容。这种立体化教材既便于教师教学，也利于学生自学，符合现代化教学的要求。

参加本书编写工作的有刘新锦(第1～4、7、9、13～16章以及8.1铜族元素、12.1镧系元素)、朱亚先(第5、6、15章及8.2锌族元素)、高飞(第10、11章和12.2锕系元素)。刘新锦主持及负责全书的策划、统稿、定稿和制作习题等工作。刘澍、冯增芳两位同学协助绘制了大量插图，并对版面进行了整理。高飞对全书的清样进行了校对并制作了部分插图。电子教案部分由朱亚先策划和完成，徐运兴、叶永发两位同学参加了前期的制作工作。

教材的初稿经詹梦雄教授审阅，陈坚固副教授参加了部分章节的审阅，他们提出了许多宝贵的意见，谨此致谢。对刘澍、徐运兴、冯增芳、叶永发的支持表示谢意。

由于编者水平有限，书中不妥之处在所难免，也可能出现错误，恳切希望读者予以指正。十分乐意得到这方面的反馈信息。

编　者

2004 年 7 月于厦门大学

目　录

第1章　碱金属和碱土金属

学习要点

（1）熟悉ⅠA、ⅡA族金属的通性及其应用。

（2）掌握ⅠA、ⅡA族金属氢化物、氧化物、过氧化物、超氧化物的生成、重要性质和应用等。

（3）熟悉ⅠA、ⅡA族金属氢氧化物碱性强弱、重要盐类的溶解性和热稳定性的变化规律。联系热力学基本原理和结构知识，从宏观和微观的不同角度加深理解。

（4）了解锂、铍的特殊性和对角线规则。

1.1　概　　述

元素周期表中的ⅠA族金属元素称为碱金属，包括锂、钠、钾、铷、铯、钫六种金属元素。ⅡA族金属元素称为碱土金属，包括铍、镁、钙、锶、钡、镭六种金属元素。该族元素由于钙、锶和钡的氧化物在性质上介于“碱性的”（碱金属的氧化物和氢氧化物）和“土性的”（难溶的氧化物如 Al_2O_3）之间而得名碱土金属。

碱金属和碱土金属的价电子构型分别为 $n\mathrm{s}^1$ 和 $n\mathrm{s}^2$，它们属s区元素。钫和镭为放射性元素，本章不作介绍。

碱金属元素原子的价电子构型为 $n\mathrm{s}^1$，次外层为8电子（Li为2电子）的稳定结构。所以碱金属的第一电离能在同一周期中是最低的，在反应中极易失去1个电子而呈现+1氧化态（特征氧化态）。金属原子半径和离子半径在同周期元素中是最大的。同一族内，从上到下金属原子半径和离子半径依次增大，它们的电离能、电负性依次减小。电离能最小的铯最容易失去电子，当受到光线照射时，铯表面的电子逸出，产生电流，这种现象称为光电效应。因而铯等活泼金属常用来制造光电管。

碱土金属元素原子的价电子构型为 $n\mathrm{s}^2$，次外层为8电子（Be为2电子）的稳定结构。当碱土金属原子失去2个价电子便呈现+2氧化态（特征氧化态）。碱土金属与同周期碱金属相比，由于多了一个核电荷，原子核对最外层电子的吸引力增大，金属半径较相邻碱金属的小，而电离能增大。M^{2+} 半径都比同周期的碱金属 M^+ 半径小，与碱金属一样，同一族中，自上而下，碱土金属的金属半径和离子半径依次增大，电离能和电负性依次减小。

ⅠA族和ⅡA族的特征氧化态分别为＋1和＋2，但还存在低氧化态，如Be^+、Ca^+、Na^-（在特定条件下）等。

从标准电极电势（$E^{\ominus}$值）看，它们均具有较大的负值。金属单质都是强的还原剂（如钠、钾、钙等常用作化学反应的还原剂）。由于它们都是活泼的金属元素，只能以化合状态存在于自然界。例如，钠和钾主要来源为岩盐（NaCl）、海水、天然氯化钾、光卤石（$KCl \cdot MgCl_2 \cdot 6H_2O$）等；钙和镁主要存在于白云石（$CaCO_3 \cdot MgCO_3$）、方解石（$CaCO_3$）、菱镁矿（$MgCO_3$）、石膏（$CaSO_4 \cdot 2H_2O$）等矿物中；锶和钡的矿物有天青石（$SrSO_4$）和重晶石（$BaSO_4$）等。碱金属和碱土金属元素在化合时，多以形成离子键为主要特征。锂和铍由于原子半径和离子半径小，且为2电子构型，有效核电荷大，极化力特别强，因此它们的化合物具有明显的共价性，表现出与同族元素不同的化学性质，具有特殊性。

碱金属元素的原子也可以共价键结合成分子，如Na_2等碱金属单质的双原子分子就是共价分子。氢氧化物除$Be(OH)_2$具有两性外，其他均是强碱或中强碱。ⅠA和ⅡA族金属的一些基本性质列于表1-1中。

表1-1 碱金属与碱土金属的基本性质

元素名称	Li	Na	K	Rb	Cs	Be	Mg	Ca	Sr	Ba
原子序数	3	11	19	37	55	4	12	20	38	56
相对原子质量	6.941	22.99	39.098	85.47	132.9	9.012	24.305	40.08	87.62	137.3
价电子构型	$2s^1$	$3s^1$	$4s^1$	$5s^1$	$6s^1$	$2s^2$	$3s^2$	$4s^2$	$5s^2$	$6s^2$
金属半径/pm(CN=12)	152	186	227	248	266	112	160	197	215	217
离子半径/pm(CN=6)	76	102	138	152	167	45	72	100	118	135
第一电离能/($kJ \cdot mol^{-1}$)	520	496	419	403	376	899	738	590	549	503
第二电离能/($kJ \cdot mol^{-1}$)	7 298	4 562	3 051	2 633	2 230	1 757	1 450	1 145	1 064	965
第三电离能/($kJ \cdot mol^{-1}$)	11 815	6 912	4 411	3 900	—	14 849	7 733	4 912	4 210	—
电负性(χ_P)	0.98	0.93	0.82	0.82	0.79	1.57	1.31	1.00	0.95	0.89
$E^{\ominus}_{M^+/M}$或$E^{\ominus}_{M^{2+}/M}$/V	−3.03	−2.713	−2.925	−2.93	−2.92	−1.85	−2.37	−2.87	−2.89	−2.91
氧化态	+1	+1	+1	+1	+1	+2	+2	+2	+2	+2

1.2 金属单质的物理性质

表1-2表明，碱金属和碱土金属都是低熔点、低硬度的轻金属。除铍、镁较硬外，其他金属均较软，能用刀切割。它们均具有金属的外观及良好的导电性。

一般升华热大，熔、沸点也较高；反之，则较低。这是因为升华热[$M(s) \longrightarrow M(g)$]是固态金属中原子间结合能大小的量度，即金属键强弱的量度。ⅠA族从上往下随金属原子半径的增大，金属键强度降低（吸引力减小之故），硬度、熔点、沸点降低。在ⅡA族中由于有两个价电子参与成键，金属半径比同周期ⅠA族的小（随价电子数增加，有效核电荷增加,核对外层电子的引力增大,半径减小),金属键强度比ⅠA 族的大,升华热比相邻ⅠA 族金属高,熔、沸点较高。

表 1-2　碱金属与碱土金属的物理性质

元素名称	Li	Na	K	Rb	Cs	Be	Mg	Ca	Sr	Ba
密度/($g \cdot cm^{-3}$)	0.534	0.968	0.856	1.532	1.90	1.848	1.738	1.55	2.63	3.62
熔点/K	453.5	370.8	336.7	311.9	301.7	1560	922	1112	1042	993
沸点/K	1600	1165	1030	961	978	3243	1363	1757	1657	1913
硬度(金刚石=10)	0.6	0.4	0.5	0.3	0.2	4	2.5	2.0	1.8	—
升华热/($kJ \cdot mol^{-1}$)	161	109	90.0	85.8	78.8	320	150	178	164	175
$M^{n+}(g)$水合能/($kJ \cdot mol^{-1}$)	−522	−406	−322	−297	−266	−2494	−1921	−1602	−1443	−1305

1.3　金属单质的化学性质

ⅠA、ⅡA 族金属有很强的活泼性,都能同卤素、氧气及其他活泼非金属发生反应,大多数能与氢气、水作用,生成的相应化合物(除锂、铍的某些化合物外)一般是以离子键相结合。例如,NaH、CaH_2 等为离子型氢化物,而 BeH_2 和 MgH_2 为过渡型氢化物。此外,它们还能生成复合型氢化物,如 $LiAlH_4$。氢化物和复合型氢化物都是重要的还原剂。

$$2Li(熔化)+H_2 \xlongequal{973\sim1073\ K} 2LiH$$

$$4LiH+AlCl_3(无水) \xlongequal{在乙醚中} LiAlH_4+3LiCl$$

制备 $LiAlH_4$ 的新方法(由南开大学提供)如下:

(1) 金属还原氢化反应。

LiCl 与金属钠和氢气在 673 K 直接反应生成 LiH 和 NaCl 的混合物。

$$LiCl+Na+1/2H_2 \xrightarrow{673\ K} LiH+NaCl$$

(2) $LiAlH_4$ 的合成。

LiH 和 NaCl 的混合物直接与无水 $AlCl_3$ 在乙醚中合成 $LiAlH_4$。

该法的优点是:①用价廉的 LiCl 替代价高的金属锂合成 LiH;②合成 LiH 的温度由 973 K 降为 673 K;③副产物 LiCl 回收循环使用,大大降低了 $LiAlH_4$ 的生产成本。

H^- 半径变化范围很大(如 LiH 中为 126 pm,CaH_2 中为 154 pm),反映了只有一个正电荷的质子对其周围的两个电子的吸引力很弱,易发生变形。这种弱的结合力导致 H^- 具有高的反应活性。

熔融电解离子型氢化物(如在 632 K 和助熔剂 LiCl-KCl 存在下熔融电解 CaH_2)时,在阳极产生 H_2 及离子型氢化物与水反应放出 H_2,都提供了 H^- 存在的证据。

$$2H^-(熔融) \longrightarrow H_2(g)+2e^-$$

$$CaH_2(s)+2H_2O(g) = 2H_2(g)+Ca(OH)_2(s)$$

CaH_2 与水之间的反应在实验室用来除去溶剂或惰性气体(如 N_2,Ar)中的痕量水,但不适于脱除大量水，由于该反应为剧烈的放热反应，同时产生可燃性的氢气，因此不适用于脱除大量水分。

将锂、钠、钾分别投入水中，除锂外，反应非常激烈，同时放出大量的热。锂和水的反应速率比钠、钾慢。从电极电势看，锂的 $E^{\ominus}$ 值更负，金属锂应更"活泼"。看似有矛盾，实际上这是两个不同的概念，速率快慢是动力学的问题，而电极电势属于热力学的范畴，不能把两者混为一谈。锂对水作用在动力学上的惰性，究其原因可能是：①锂的熔点比钠和钾的高，反应所产生的热量不足以使锂熔化，因而固态锂与水的接触面不如液态的大；② Li^+ 的水合半径大，移动缓慢，难以扩散到溶液本体中去，致使反应速率减慢；③反应生成溶解度较小的 LiOH 容易包覆在金属锂的表面，从而阻碍锂与水的进一步作用。

碱金属和碱土金属(铍和镁除外)均溶于液氨，形成具有导电性的蓝色溶液，这是由于金属溶解后，形成溶剂合电子和阳离子(无色)。

$$M_1 + (x+y)NH_3 \longrightarrow M_1(NH_3)_y^+ + e^-(NH_3)_x(\text{蓝色})$$

$$M_2 + (2x+y)NH_3 \longrightarrow M_2(NH_3)_y^{2+} + 2e^-(NH_3)_x(\text{蓝色})$$

碱金属液氨溶液中溶剂合电子存在的形式，目前的理论认为是由 4 或 6 个 NH_3 分子聚合在一起形成一个空穴，电子处于空穴的中心，空腔的周围有定向的氨的偶极子，使它能稳定地存在(图 1－1)，后来的密度测定证实了上述的观点。此蓝色溶液(稀溶液)具有顺磁性，并随碱金属浓度的增加，顺磁性降低。蓝色是由溶剂合电子跃迁引起的；随金属溶解量的增加，溶剂合电子配对作用加强，顺磁性降低。

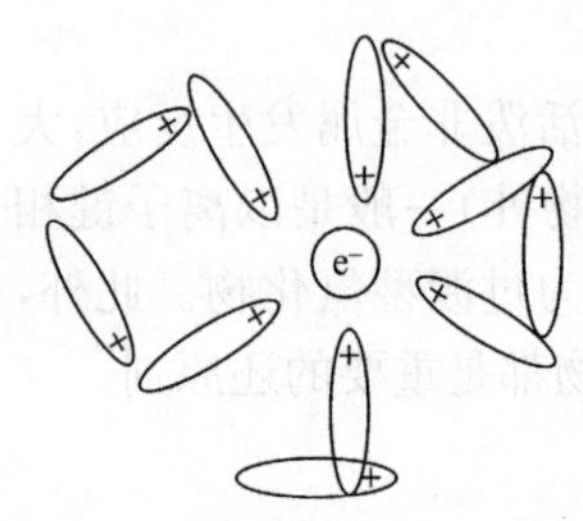

图 1－1 氨合电子结构示意图

在液氨中碱金属与氨也有生成氨基化物的慢反应。

$$2M + 2NH_3 \longrightarrow 2MNH_2 + H_2$$

式中，M＝Na、K、Rb、Cs。如果在体系中有催化剂(如过渡金属氧化物、铁盐)存在，反应会快速地进行。一般来说，钠、钾、铷和铯的液氨溶液均具有与金属本身相同的化学性质。碱金属的液氨溶液可以采用蒸发方法回收金属。金属的氨溶液是一种能够在低温下使用的非常强的还原剂，因为它含有氨合电子。

碱金属有很高的反应性，在空气中极易形成 M_2CO_3 的覆盖层，因此要将它们保存在无水煤油中，只有锂密度小，会浮在煤油上，应保存在液状石蜡中。碱土金属的活泼性不如碱金属，铍和镁表面形成致密的氧化物保护膜。

1.4 锂、铍的特殊性和对角线规则

1.4.1 锂、铍的特殊性

1. 锂的特殊性

锂及其化合物虽然也具有ⅠA 族金属的某些性质，可是许多性质与其他碱金属元素及其化合物有较大的差异。锂的异常性质主要是由于锂原子或锂离子特别小(静电场强)、Li^+ 电子构型又是 2 电子型、Li^+ 的极化能力在碱金属离子中最大，因此具有较强的

形成共价键的倾向。一些特殊的表现如下：①LiCl 能溶于有机溶剂中，表现出一定共价特征；②Li^+ 在水溶液中有低的迁移率，这与 Li^+ 的水合半径特别大有关；③$E^{\ominus}_{Li^+/Li}$负值特别大，这与 $Li^+(g)$具有较大的水合能有关；④Li^+ 形成水合盐的数目多于其他碱金属，锂的难溶盐相对较多；⑤LiOH 加热分解为 Li_2O 和 H_2O，ⅠA 族其他 MOH 不分解。

以下讨论离子半径与水合作用对离子迁移速率和水合盐数目的影响，说明结构和性质的关系。

碱金属离子在水溶液中的迁移速率大小顺序是 $Li^+ < Na^+ < K^+ < Rb^+ < Cs^+$。由于离子在水溶液中是充分水合的，水合作用大小与离子半径和电荷有关，通过水合半径体现。Li^+ 的半径最小且为 2 电子构型，有效核电荷大，电场强度就大，可吸引的水分子数多，水合作用的趋势是 $Li^+ > Na^+ > K^+ > Rb^+ > Cs^+$。由于 Li^+ 的水合半径最大(含多个水合层，近似水合离子半径和近似水合数见后)，Li^+ 周围携带了较多的水分子，行动最为缓慢，所以迁移速率最小。

碱金属离子	Li^+	Na^+	K^+	Rb^+	Cs^+
近似水合离子半径/pm	340	276	232	228	228
近似水合数	25.3	16.6	10.5	10.0	9.9

Li～Cs 水合程度的递降也表现在晶态盐中。Li^+ 的水合作用最强(放出能量就多)，相应的水合盐数目最多，Na 盐次之，K 盐只有少数是水合的，而 Rb 盐和 Cs 盐都没有水合盐。

2. 铍的特殊性

铍及其化合物的性质和ⅡA 族其他金属元素及其化合物也有明显的差异。这主要是由于铍原子或铍离子半径是同族中最小的，Be^{2+} 为 2 电子构型，具有很高的电荷/半径比，因此 Be^{2+} 的极化能力很强，使化合物中键具有明显的共价性(配位数为 4 或 2)。一些特殊的表现如下：①$BeCl_2$ 能溶于有机溶剂中，$BeCl_2$ 属共价型化合物，而其他碱土金属的氯化物基本上都是离子型的；②$Be(OH)_2$ 呈两性；③铍盐易发生水解；④铍不形成过氧化物；⑤铍的化合物分解温度相对较低，如 $BeCO_3$ 等。

1.4.2 对角线规则

第二周期元素 Li、Be、B 的性质和第三周期处于对角位置的元素 Mg、Al、Si 一一对应，它们的相似性都符合对角线规则。

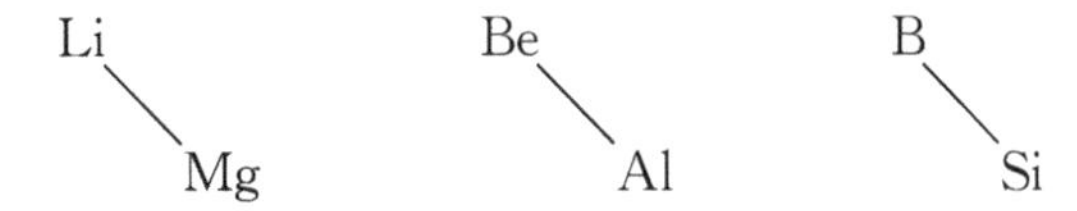

以下介绍 Li－Mg、Be－Al 这两对元素一些相似性的表现。

1. 锂和镁的相似性

(1) 锂、镁在氧气中燃烧，均生成氧化物(Li_2O 和 MgO)，不生成过氧化物。

(2) 锂、镁在加热时直接与氮气反应生成氮化物(Li_3N 和 Mg_3N_2)，而其他碱金属不能直接与氮气作用。

(3) 锂、镁的氟化物(LiF, MgF_2)、碳酸盐(Li_2CO_3, $MgCO_3$)、磷酸盐[Li_3PO_4, $Mg_3(PO_4)_2$]均难(或微)溶于水,其他相应化合物为易溶盐。

(4) 水合锂、镁氯化物晶体受热发生水解,产物分别为 $LiOH$ 和 HCl 及$Mg(OH)Cl$(或 MgO)、HCl 和 H_2O。

(5) ⅠA 族中只有锂能直接与碳化合生成Li_2C_2,镁与碳化合生成Mg_2C_3[$(C{=}C{=}C)^{4-}$]。

(6) 锂、镁的氯化物均溶于有机溶剂,表现出它们的共价特性。

2. 铍和铝的相似性

(1) 氧化物和氢氧化物均为两性,ⅡA 族其他 $M(OH)_2$ 均显碱性。

(2) 无水氯化物 $BeCl_2$、$AlCl_3$ 为共价化合物,易生成二聚体(气态下),易升华,溶于乙醇、乙醚等有机溶剂中。ⅡA 族其他元素的 MCl_2 为离子型化合物,熔融态能导电。

(3) 铍、铝和冷硝酸接触表面易钝化,其他ⅡA 族金属易与硝酸反应。

(4) 氧化铍和氧化铝都具有高硬度和高熔点。

1.5 氧化物、过氧化物、超氧化物、臭氧化物

ⅠA、ⅡA 族金属能形成各种类型的氧化物:正常氧化物、过氧化物、超氧化物、臭氧化物,它们均为离子型化合物。各类氧化物的稳定性从结构因素考虑与阳离子的本性(电荷、半径、电子层结构)和阴离子的特性(O^{2-}, O_2^-, O_2^{2-} 的热化学半径分别为 156 pm, 163 pm, 180 pm)有关,符合阴、阳离子相互匹配的原则。通常小阳离子配小阴离子稳定,如Li^+只形成正常氧化物 Li_2O;大阳离子配大阴离子稳定,如 K、Rb、Cs 能生成超氧化物和臭氧化物。

1. 氧化物

锂和ⅡA 族金属在空气中燃烧生成正常氧化物(Li_2O 和 MO)。钠在空气中燃烧得到过氧化物,因此它们的氧化物需用其他方法制备。例如,Na 还原 Na_2O_2、K 还原 KNO_3 等制得相应的氧化物。

$$2Na + Na_2O_2 = 2Na_2O$$

$$2MNO_3 + 10M = 6M_2O + N_2 \quad (M = K, Rb, Cs)$$

碱土金属的氧化物可以通过其碳酸盐或硝酸盐等的热分解来制备。

$$MCO_3 \overset{\triangle}{=} MO + CO_2$$

$$M(NO_3)_2 \overset{\triangle}{=} MO + 2NO + 3/2O_2$$

除 BeO 为两性外,其他氧化物均显碱性。经过煅烧的 BeO 和 MgO 极难与水反应,它们的熔点很高,都是很好的耐火材料。

氧化镁晶须(极细的纤维状单晶)有良好的耐热性、绝缘性、热传导性、耐碱性、稳定性和补强特性,可用作各种复合材料的补强剂。

超细氧化镁的活性高、烧结效率高，常用作各种陶瓷的烧结助剂、稳定剂和各种电子材料用的辅助材料，也可作为橡胶、塑料等材料的特殊添加剂。

表1-3列出碱金属氧化物的标准生成焓。由表看出它们的稳定性(指分解为单质金属和氧气而言)顺序是 $Li_2O>Na_2O>K_2O>Rb_2O>Cs_2O$。

表1-3 碱金属氧化物 M_2O 的 $\Delta_f H^{\ominus}$

M_2O	Li_2O	Na_2O	K_2O	Rb_2O	Cs_2O
$\Delta_f H^{\ominus}/(kJ \cdot mol^{-1})$	−599	−466	−362	−331	−318

2. 过氧化物

ⅠA、ⅡA族金属(除Be外)都能生成离子型过氧化物，但其制备方法各异。Li_2O_2 的工业制法是将 $LiOH \cdot H_2O$ 与 H_2O_2 反应，经减压，加热脱水获得。Na_2O_2 的工业制法是将除去 CO_2 的干燥空气通入熔融钠中，控制空气流量和温度即可得到 Na_2O_2(纯的 Na_2O_2 为白色，因其中常含有 NaO_2 而呈淡黄色)。

$$2Na(熔融)+O_2 \xlongequal{} Na_2O_2$$

采用上述同样的方法难以制得纯 M_2O_2($M=K,Rb,Cs$)，这与它们容易进一步氧化为 MO_2 有关，可以在较低温度下，通氧气于这些金属的液氨溶液来制备。

无水 MgO_2 只能在液氨溶液中获得，不能通过直接氧化制得。CaO_2 可以通过 $CaO_2 \cdot 8H_2O$ 脱水得到(制备 $CaO_2 \cdot 8H_2O$ 的原料为 $CaCl_2 \cdot 6H_2O, H_2O_2, NH_3 \cdot H_2O$)；SrO 和 BaO 与 O_2 在一定条件下反应，分别生成 SrO_2 和 BaO_2。

$$CaCl_2+H_2O_2+2NH_3 \cdot H_2O+6H_2O \xlongequal{} CaO_2 \cdot 8H_2O+2NH_4Cl$$

$$2SrO+O_2(2\times10^7\ Pa) \xlongequal{\triangle} 2SrO_2$$

$$2BaO+O_2(常压) \xlongequal{\triangle} 2BaO_2$$

Na_2O_2 与水或稀酸反应产生 H_2O_2，H_2O_2 随即分解放出 O_2，所以 Na_2O_2 可用作氧化剂、漂白剂和氧气发生剂。Na_2O_2 与 CO_2 反应能放出 O_2。利用这一性质，Na_2O_2 在防毒面具、高空飞行和潜艇中作 CO_2 的吸收剂和供氧剂。

BaO_2 与稀酸反应生成 H_2O_2，为实验室制 H_2O_2 的方法之一。BaO_2 也可作供氧剂、引火剂。

ⅠA族元素形成的过氧化物 M_2O_2 中，以 Li_2O_2 最不稳定(大小不匹配)，容易分解为 Li_2O 和 O_2，而 Cs_2O_2 最稳定(大配大稳定)。

3. 超氧化物

O_2 通入 Na、K、Rb、Cs 的液氨溶液和 K、Rb、Cs 在过量 O_2 中燃烧均得超氧化物。NaO_2 的制备是将加压的 O_2 和 Na_2O_2 在高温下反应得到。

$$M+O_2 \xlongequal{NH_3(l)} MO_2 \qquad (M=Na,K,Rb,Cs)$$

$$Na_2O_2+O_2(1.5\times10^7\ Pa) \xlongequal[100\ h]{773\ K} 2NaO_2$$

$Ca(O_2)_2$、$Sr(O_2)_2$、$Ba(O_2)_2$ 由相应过氧化物 MO_2 和 H_2O_2 在真空下加热生成，其中 $Ba(O_2)_2$ 最为稳定。

碱金属超氧化物与 H_2O、CO_2 反应放出 O_2，用作供氧剂。

$$2MO_2+2H_2O \xlongequal{} H_2O_2+O_2\uparrow+2MOH \qquad (M=K,Rb,Cs)$$

$$4MO_2+2CO_2 \xlongequal{} 2M_2CO_3+3O_2\uparrow \qquad (M=K,Rb,Cs)$$

由于 O_2^{2-}、O_2^- 反键轨道上的电子比 O_2 多，所以 O_2^{2-}、O_2^- 的键能小于 O_2（O_2^{2-}，O_2^-，O_2 的键能分别为 142 kJ·mol^{-1}，298 kJ·mol^{-1}，498 kJ·mol^{-1}），因此它们的稳定性较差。一般由阳离子半径较大的碱金属（如 K，Rb，Cs）形成的超氧化物较为稳定，不易分解为 M_2O_2 和 O_2，如 CsO_2 的分解温度高达 1173 K（大阳离子配大阴离子稳定性高）。NaO_2 在 373 K 便发生分解。

4. 臭氧化物

将干燥的 K、Rb、Cs 的氢氧化物固体粉末与 O_3 在低温下反应或 O_3 通入 K、Rb、Cs 等的液氨溶液均能得臭氧化物 MO_3。

$$3MOH+2O_3 \xlongequal{} 2MO_3+MOH\cdot H_2O+1/2O_2 \qquad (M=K,Rb,Cs)$$

$$M+O_3 \xlongequal{NH_3(l)} MO_3 \qquad (M=K,Rb,Cs)$$

臭氧化物与水反应放出 O_2。

$$4MO_3+2H_2O \xlongequal{} 4MOH+5O_2\uparrow$$

碱金属臭氧化物在室温下放置会缓慢分解，生成超氧化物和氧气。

1.6 氢氧化物

ⅠA 和ⅡA 族中除 $Be(OH)_2$ 为两性，LiOH、$Mg(OH)_2$ 为中强碱外，其余 MOH、$M(OH)_2$ 均为强碱性。

氢氧化物的强弱通常用 M^{n+} 的离子势 $\phi=Z/r$（Z 为电荷数；r 为离子半径，单位为 pm）作定性判断，简称 ROH 规则，即把任何碱和含氧酸都统一表示为R—O—H的结构（R 代表 M^{n+}）。以 MOH 为例，ϕ 值越大，M^+ 的静电场越强，对氧原子上的电子云的吸引力就越强（M—O—H），M—O 之间呈现显著的共价性，而 O—H 键受 M^+ 的强烈影响，其共用电子对强烈地偏向氧原子，以致 O—H 键呈现明显的极性，即随 M—O 键的增强，MOH 按酸式电离的趋势就越大：

$$M—O\vdots H \longrightarrow MO^-+H^+ \qquad 酸式电离$$

相反 ϕ 值越小，也就是极化能力减弱，M—O 键极性增强，MOH 按碱式电离的趋势增大：

$$M\vdots O—H \longrightarrow M^++OH^- \qquad 碱式电离$$

有人提出用 $\sqrt{\phi}$ 作为判断 $M(OH)_n$ 酸碱性的经验值（仅适用于 8e 构型的 M^{n+}）。

$\sqrt{\phi}<0.22$ 氢氧化物呈碱性

$0.22<\sqrt{\phi}<0.32$ 氢氧化物呈两性

$\sqrt{\phi}>0.32$　　　　氢氧化物呈酸性

例如，Be^{2+} 的 $\sqrt{\phi}=\sqrt{Z/r}=\sqrt{2/31}=0.25$，$Be(OH)_2$ 呈两性；Ba^{2+} 的 $\sqrt{\phi}=\sqrt{Z/r}=\sqrt{2/135}=0.12$，$Ba(OH)_2$ 呈强碱性。

$Ca(OH)_2$、$Sr(OH)_2$、$Ba(OH)_2$ 的第一步电离很完全，所以是强碱 $M(OH)^+$，第二步则是部分电离，$Ca(OH)^+$ 的 $K_b=3.6\times10^{-2}$，$Ba(OH)^+$ 的 $K_b=2.3\times10^{-1}$。

一般说来，$M(OH)_2$ 的溶解度较低。MOH、$M(OH)_2$ 的溶解度变化是从 Li→Cs，Be→Ba顺序依次递增，$Be(OH)_2$ 和 $Mg(OH)_2$ 是难溶氢氧化物。

电解碱金属氯化物水溶液可得到氢氧化物，工业上电解 NaCl 溶液得 NaOH。根据电解槽的形式及电极材料不同，有隔膜法、汞阴极法和离子膜法。

1.7　盐类和配合物

1.7.1　碱金属盐类的特点

常见的碱金属盐类有卤化物、硝酸盐、硫酸盐、碳酸盐和磷酸盐，它们的共同特点概述如下：

(1) 溶解性。

绝大多数碱金属盐类易溶于水，少数难溶于水的有离子半径小的锂盐，如 LiF、Li_2CO_3、Li_3PO_4 等，以及由大阴离子和较大阳离子组成的盐，如 $Na[Sb(OH)_6]$（六羟基锑酸钠）、$NaZn(UO_2)_3(Ac)_9$（乙酸铀酰锌钠）、$KHC_4H_4O_6$（酒石酸氢钾）、$KClO_4$（高氯酸钾）、K_2PtCl_6（六氯合铂酸钾）、$KB(C_6H_5)_4$（四苯硼酸钾）、$K_2Na[Co(NO_2)_6]$（六硝基合钴酸钠钾）、Rb_2SnCl_6（六氯合锡酸铷）等。Rb^+ 和 Cs^+ 盐中，难溶盐还有 $M_3[Co(NO_2)_6]$、$MB(C_6H_5)_4$、$MClO_4$、M_2PtCl_6 等，这些难溶盐可用于鉴定反应中。

(2) 水合盐。

相当数量的碱金属能以水合盐形成存在，依 Li^+、Na^+、K^+、Rb^+、Cs^+ 半径的逐渐增大，形成水合盐的倾向递减。Li^+ 盐有 75% 是水合的，K^+ 盐只有 25% 是水合的，水合 Na^+ 盐比水合 K^+ 盐数量多，Rb^+ 和 Cs^+ 的水合盐极少。这是由于 Li^+ 半径最小，水合作用特别强。

(3) 晶体类型。

绝大多数为离子晶体，只有半径特别小的 Li^+ 的某些盐（如卤化物）具有不同程度的共价性。

(4) 形成复盐的能力。

光卤石类 $MCl\cdot MgSO_4\cdot 6H_2O$　　（M 为 K^+，Rb^+，Cs^+）

矾类　$M_2SO_4\cdot MgSO_4\cdot 6H_2O$　　（M 为 K^+，Rb^+，Cs^+）

　　　$MM(\text{III})(SO_4)_2\cdot 12H_2O$　　[M 为 NH_4^+，Na^+，K^+，Rb^+，Cs^+；M(Ⅲ)为 Al^{3+}，Fe^{3+}，Cr^{3+}，Ga^{3+} 等]

Li^+ 半径特别小，难以形成复盐。

(5) 颜色。

所有碱金属盐，除了与有色阴离子形成有色盐（如 $KMnO_4$）外，其余都为无色盐。

(6) 热稳定性。

碱金属盐一般具有较高的热稳定性。结晶卤化物在高温时挥发而不分解；硫酸盐在高温时既不挥发又难分解；碳酸盐除 Li_2CO_3(1000 K 部分分解为 Li_2O 和 CO_2)外，其余均难分解；硝酸盐热稳定性低，在一定温度下就会分解。

$$4LiNO_3 \xlongequal{993\ K} 2Li_2O + 2N_2O_4\uparrow + O_2\uparrow$$

$$2NaNO_3 \xlongequal{1003\ K} 2NaNO_2 + O_2\uparrow$$

$$2KNO_3 \xlongequal{943\ K} 2KNO_2 + O_2\uparrow$$

(7) 水解性。

除 Li^+ 外，其他碱金属阳离子均难以水解。当 $LiCl \cdot H_2O$ 晶体受热发生水解，产物为 LiOH 和 HCl。

$$LiCl \cdot H_2O = LiOH + HCl\uparrow$$

1.7.2 碱土金属盐类的特点

常见的碱土金属盐类有卤化物、硫酸盐、碳酸盐、磷酸盐等。由于碱土金属与碱金属相比离子电荷增加、半径变小，故其离子势增大，极化能力增强，因此它们的盐类具有某些特殊性，Be^{2+}、Mg^{2+} 更为突出。

(1) 溶解性。

碱土金属的盐比相应的碱金属盐溶解度小，而且不少是难溶的，这是两者重要差别之一。例如，碳酸盐、磷酸盐和草酸盐都是难溶的；硝酸盐、氯酸盐、高氯酸和乙酸盐是易溶的；卤化物中，除氟化物外，其余都是易溶的。它们的硫酸盐、铬酸盐的溶解度差别较大。例如，$BeSO_4$、$BeCrO_4$ 是易溶的，而 $BaSO_4$、$BaCrO_4$ 都是难溶的。常利用化合物溶解度的差别进行分离提纯。

(2) 键型。

碱土金属在化合时，多以形成离子键化合物为主要特征。其中铍由于离子半径小，与ⅠA 族相比电荷增大，且为 2 电子构型，极化能力增强，化学键中共价成分显著增加，铍常表现出与同族元素不同的化学性质。$BeCl_2$ 是共价型化合物，在气态为二聚分子(773～873 K)，温度再高时，二聚体解离为单体 $BeCl_2$，在 1273 K 完全解离。$BeCl_2(g)$中 Be 为 sp 杂化，直线形，键长为 177 pm。二聚体$(BeCl_2)_2(g)$中 Be 采用 sp^2 杂化；固体 $BeCl_2$ 具有无限长链结构(Be 为 sp^3 杂化，Be—Cl 键键长为 202 pm)；$BeCl_2$ 可溶于有机溶剂中，结构见图 1-2。

$BeCl_2 \cdot 4H_2O$ 和 $MgCl_2 \cdot 6H_2O$ 在加热条件下按下式水解，说明它们的氯化物具有一定程度的共价性。

$$BeCl_2 \cdot 4H_2O \xlongequal{\triangle} BeO + 2HCl\uparrow + 3H_2O$$

$$MgCl_2 \cdot 6H_2O \xlongequal{>398\ K} Mg(OH)Cl + HCl\uparrow + 5H_2O$$

$$Mg(OH)Cl \xlongequal{\sim 873\ K} MgO + HCl\uparrow$$

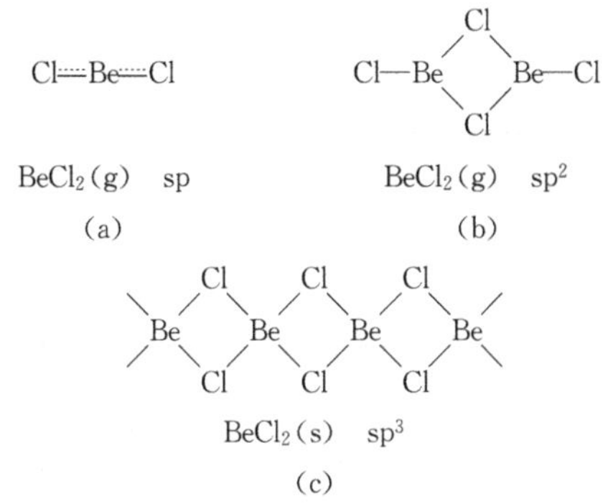

Cl—Be—Cl

$BeCl_2(g)$　sp

(a)

Cl—Be(Cl)₂Be—Cl

$BeCl_2(g)$　sp^2

(b)

$BeCl_2(s)$　sp^3

(c)

图 1-2　$BeCl_2$ 在不同状态下的结构示意图

(3) 热稳定性。

由于 M^{2+} 的极化力较强，ⅡA 族盐的热稳定性较ⅠA 族的低，如碳酸盐的热稳定性较碱金属碳酸盐要低。$BeCO_3$ 的热分解温度小于 373 K，而 Li_2CO_3 大于 1273 K 才发生分解。

(4) 颜色。

M^{2+} 在晶体和水溶液中均是无色的。它们的有色盐是由带色的阴离子所引起的，如 $BaCrO_4$ 中的 CrO_4^{2-} 为黄色。

1.7.3　碳酸盐的热稳定性

一般碱金属盐具有较高的热稳定性。碱金属碳酸盐的热分解相应于反应：

$$M_2CO_3(s) \xlongequal{\triangle} M_2O(s) + CO_2(g)$$

随着阳离子半径从 Li 至 Cs 增加，热稳定性也增加，除了 Li_2CO_3 在高温下部分分解外，其余碱金属碳酸盐难分解。

碳酸氢盐都不及碳酸盐稳定，碱金属的碳酸氢盐受热即分解为碳酸盐。

$$2MHCO_3(s) \xlongequal{\triangle} M_2CO_3(s) + CO_2(g) + H_2O(g)$$

碱土金属碳酸盐的热分解作用很典型。

$$MCO_3(s) \xlongequal{\triangle} MO(s) + CO_2(g)$$

其热稳定性按 Be 至 Ba 的顺序增加，体现在分解温度逐渐升高。碱土金属的热稳定性可通过热力学循环，从能量因素上考虑：分解反应的焓变与 MCO_3 和 MO 晶格能相对大小有关；CO_3^{2-} 这类大阴离子能被大阳离子(如 Ba^{2+})所稳定，因此 $BaCO_3$ 分解温度较高。碳酸盐的热稳定性也可用离子极化观点来说明：在 MCO_3 中，既存在中心 C^{4+} 对周围 O^{2-} 的作用(称为正极化)，也存在 M^{2+} 对 O^{2-} 的作用(称为反极化)。阳离子半径越小，极化力越强，越容易从 CO_3^{2-} 中夺取 O^{2-} 成为 MO，这时反极化作用超过正极化作用。同时放出 CO_2，表现为 MCO_3 的热稳定性越低，越易发生分解。在碱土金属碳酸盐中，M^{2+} 的电荷相同，阳离子半径从 Be^{2+} 至 Ba^{2+} 增加，极化力随之降低(Z/r 下降)，即对 O^{2-} 的作用力从 Be^{2+} 到 Ba^{2+} 减弱，热稳定性随之增加，因此 MCO_3 的热分解温度由上往下逐渐升高，这与实验结果一致，见表 1-4。

表 1-4 碱土金属碳酸盐的热力学函数及热分解温度

碳酸盐	$BeCO_3$	$MgCO_3$	$CaCO_3$	$SrCO_3$	$BaCO_3$
热分解温度/K	<373	813	1173	1563	1633
$\Delta H^{\ominus}/(kJ \cdot mol^{-1})$	—	117	176	238	268
$\Delta G^{\ominus}/(kJ \cdot mol^{-1})$	—	66.9	129.7	188.3	217.6

1.7.4 焰色反应

钙、锶、钡及碱金属的挥发性化合物在高温火焰中，电子易被激发。当电子从较高的能级回到较低能级时，便分别发射一定波长的光(形成光谱线)，使火焰呈现特征颜色(钙呈橙红色，锶呈深红色，钡呈黄绿色，锂呈红色，钠呈黄色，钾呈紫色，铷、铯呈紫红色)。在分析化学上常利用特征颜色检定这些元素，这种方法称为焰色反应。以钠为例说明电子在能级中的跃迁情况：Na^+ 电子构型为 $1s^2 2s^2 2p^6$，当 2p 能级上的一个电子受热激发到 3p 空轨道上，处于高能级 3p 上的电子不稳定，返回 3s 能级，以可见光 589 nm 放出能量[根据 $E=h\nu$，NaCl 黄色火焰所对应灵敏光谱线(谱线强度大的)的波长为 589 nm]。

钾盐中往往含有少量钠，就会在焰色中看到钠的黄色，为消除钠对钾焰色的干扰，一般需用蓝色钴玻璃片滤光。

1.7.5 碱金属、碱土金属的配位性

ⅠA、ⅡA 族金属的配合物大多数为金属阳离子(硬酸)与体积小、电负性大的配位原子(硬碱，如 O、N 原子)组成的配位体，通过库仑作用力形成的。s 区金属离子由于离子构型的特点，形成配合物在数量上比 d 区金属离子少得多。

ⅠA 族阳离子和ⅡA 族大阳离子(Ca^{2+}，Sr^{2+}，Ba^{2+})与多齿配体能形成配合物，这些阳离子与单齿配体的配位能力较弱(库仑作用力小，又缺乏明显的共价结合之故)。

1. 冠醚

20 世纪 60 年代后期的研究发现，s 区金属阳离子能与冠醚(大的单环多元醚)形成特殊配合物。冠醚是由于其形状很像皇冠而得名。例如，18-冠-6 即 $C_{12}H_{24}O_6$，是由 18 个(C 和 O)原子组成的环，简写为 18C6。冠醚的特点是既具有疏水的外部结构，又具有亲水的可以与金属离子成键的内腔。这些内腔中的配位原子与金属离子之间存在离子-偶极之间的相互作用，见图1-3。不同的冠醚其空腔大小和电荷分布不同，对不同大小的球形金属离子具有配位选择性。当金属离子与冠醚大小相匹配时，显示出较强的离子键合能力。

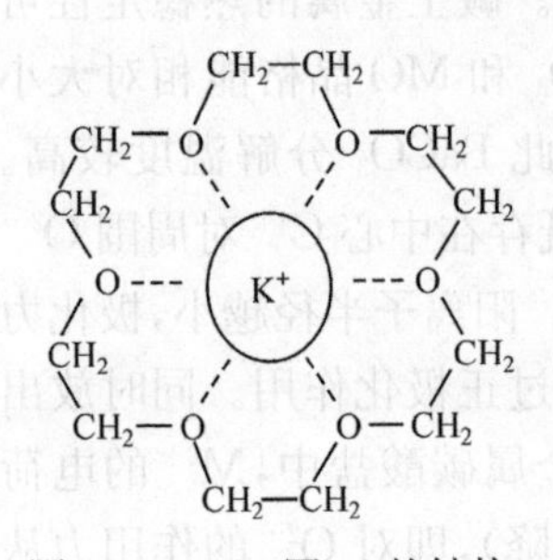

图 1-3 18-冠-6 的结构

影响冠醚配合物在溶液中稳定性的因素如下：

1）金属离子和冠醚分子腔径的相对大小

通常金属离子的直径略小于冠醚内腔的直径，金属离子恰好能进入腔孔内，使配体与金属离子间的吸引力较强，形成的配离子稳定性较高（匹配程度高）。表1-5列出金属离子和冠醚腔孔的直径。

表1-5　金属离子和冠醚腔孔的直径

金属离子	直径*/pm	金属离子	直径*/pm	冠　醚	腔孔直径/pm
Li^+	152	Mg^{2+}	154	12C4 类	120～150
Na^+	204	Ca^{2+}	200	15C5 类	170～220
K^+	276	Sr^{2+}	236	18C6 类	260～320
Rb^+	304	Ba^{2+}	270	21C7 类	340～430
Cs^+	334	Pb^{2+}	238		
NH_4^+	284				
Tl^+	300				
Ag^+	230				

* 金属离子的直径为有效离子半径×2，其配位数为6。

对半径小的 Li^+ 选择腔径较小的12C4类冠醚与之配位最合适，半径较大的 K^+ 则选择腔径较大的18C6类冠醚最合适。

2）金属离子的电荷

碱土金属离子与直径相近碱金属离子相比，由于电荷高、静电作用较强，与同一种冠醚形成的配离子稳定性要高。

3）其他因素的影响

溶剂的介电常数、冠醚上取代基的存在和阳离子的溶剂合作用等都在一定程度上影响冠醚配离子的稳定性。

冠醚配合物中的配位选择性也可由反应焓变体现。例如，18-冠-6（18C6）与 K^+、Na^+、Ba^{2+} 形成配合物的 $\Delta_r H_m^\ominus$ 如下：

金属离子	K^+	Na^+	Ba^{2+}
$\Delta_r H_m^\ominus/(kJ \cdot mol^{-1})$	−25.98	−9.42	−31.73
离子直径/pm	266	190	270
18C6 腔孔直径/pm		260～320	

一些金属离子的直径与冠醚腔孔直径相近时，电荷高的金属离子如 Ba^{2+} 与冠醚生成的配合物较稳定，反应焓变较大（负值）。

利用各种冠醚对各种碱金属离子的选择性，可以实现碱金属离子的萃取分离。碱金属离子（如 Na^+ 和 K^+）与冠醚的配位选择性在生命体系中有重要的意义。在人体的生理现象中，Na^+ 和 K^+ 可选择性地通过细胞膜，其作用机理类似于冠醚和 Na^+ 和 K^+ 之间的作用。

2. 其他配合物

铍与同族其他元素相比，由于电子构型的特殊性，与某些普通配体形成相当稳定的配合物，如$[BeF_4]^{2-}$、$(BeCl_2)_n$、$[BeCl_4]^{2-}$、$[Be(OH)_4]^{2-}$、$[Be(NH_3)_4]^{2+}$、$[Be(CH_3)_2]_n$ 和碱式乙酸铍 $Be_4O(O_2CCH_3)_6$（图 1-4）。在碱式乙酸铍中，中心氧原子周围按四面体方式排布 4 个 Be 原子，Be 原子两两间又被乙酸根所桥连。该化合物可通过 $BeCO_3$ 与 CH_3COOH 反应制备。

$$4BeCO_3(s)+6CH_3COOH(l) = 4CO_2(g)+3H_2O(l)+Be_4O(O_2CCH_3)_6(s)$$

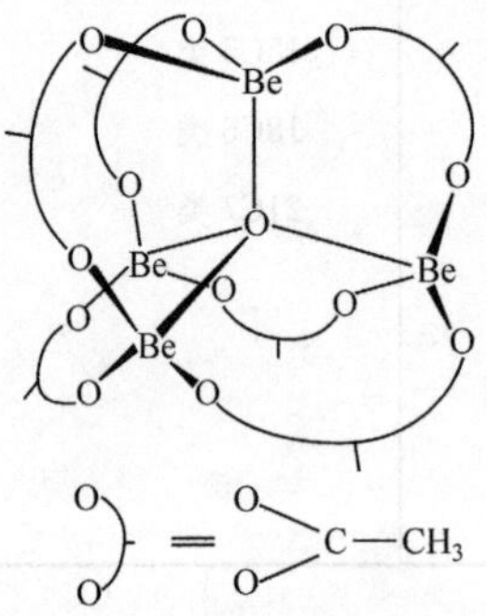

图 1-4 $Be_4O(O_2CCH_3)_6$ 的结构

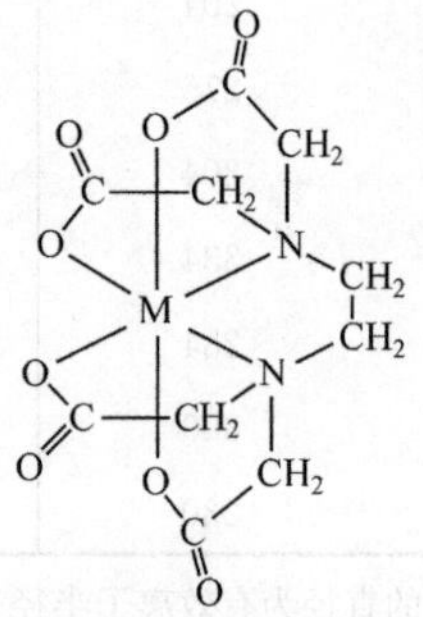

图 1-5 $[M(EDTA)]^{2-}$ 的结构 $M=Ca^{2+}, Mg^{2+}$

碱式乙酸铍为无色可升华的分子型化合物，易溶于氯仿，并可从氯仿中重结晶。

碱土金属离子能与某些螯合剂形成螯合物。除 Be 外，都能与 EDTA 形成稳定的螯合物$[M(EDTA)]^{2-}$，它们的稳定常数有一定差异（$Ca^{2+}>Mg^{2+}>Sr^{2+}>Ba^{2+}$）。$Mg^{2+}$、$Ca^{2+}$ 与 EDTA 组成的螯合物见图 1-5。它们也能和多磷酸根阴离子结合生成螯合物（参见第 4 章）。利用这一性质可除去硬水中的 Mg^{2+}、Ca^{2+} 而达到软化水的目的。

叶绿素及其有关化合物是镁的一类重要螯合物——四吡咯系镁化合物。叶绿素在植物的光合作用中起重要作用，将大气中的 CO_2 转变成碳水化合物。

$$6CO_2+6H_2O \xrightarrow{h\nu} C_6H_{12}O_6+6O_2$$

叶绿素 a 的结构见图 1-6。叶绿素体系中叶绿素的功能是吸收可见光谱的红外部分（600～700 nm）的光子，并把这种激发能传递到复杂反应系统中的其他化学介质上。Mg^{2+} 在反应过程中的主要作用是：①与水分子配位，提高了由寿命短的单重激发态变成相应的寿命长的三重态的速度；②保持大环的稳定性。

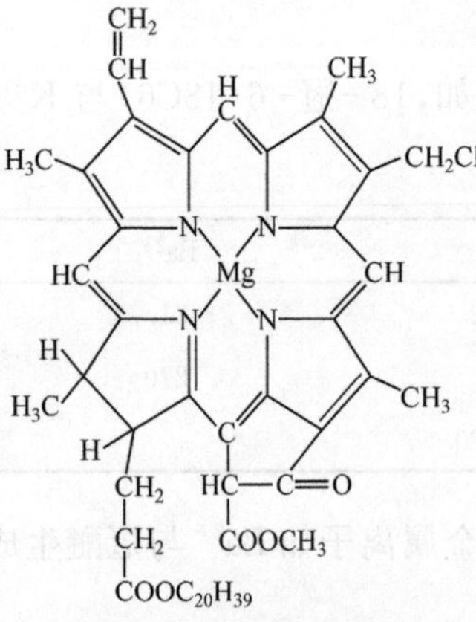

图 1-6 叶绿素 a 的结构

1.8 应　　用

1.8.1 锂电池

锂是高能电池理想的负极活性物质，因它具有最负的标准电极电势，相当低的电化学当量。锂电池具有电压高（电压高达4.0 V以上）、比能量高（比能量是指单位质量或单位体积的电池所输出的能量，分别以 $W\cdot h\cdot kg^{-1}$ 和 $W\cdot h\cdot L^{-1}$ 表示）、比功率大（比功率是指单位质量或单位体积的电池所输出的功率，分别以 $W\cdot kg^{-1}$ 和 $W\cdot L^{-1}$ 表示）、寿命长、轻（周期表中第三号元素，为最轻的金属）的特点，应用于汽车、飞机、导弹点火系统、鱼雷、电子手表、计算器、录音机、心脏起搏器等方面。

锂十分活泼，容易与水反应，因此通常采用有机溶剂或非水无机溶剂电解液制成锂非水电池、用熔融盐制成锂熔融盐电池和用固体电解质制成锂固体电解质电池。常用的有机溶剂有乙腈、二甲基甲酰胺等。$LiClO_4$、$LiAlCl_4$、$LiBF_4$、LiBr、$LiAsF_6$ 等作支持电解质。非水无机溶剂有 $SOCl_2$、SO_2Cl_2、$POCl_3$ 等，也可兼作正极活性物质。

各种锂电池负极大致相同，把锂片压在焊有导电引线的镍网或其他金属网上。正极活性物质有 SO_2、$SOCl_2$、SO_2Cl_2、V_2O_5、CrO_3、Ag_2CrO_4、MnO_2、TiS_2、FeS_2、Ag_2S、MoS_2、VS_2、CuS、FeS、CuO、Bi_2O_3 等。

以下将锂电池与其他电池的性能作一比较（表1-6）。

表1-6 锂电池与其他电池的性能比较

电　池	比能量/($W\cdot h\cdot kg^{-1}$)	比功率/($W\cdot kg^{-1}$)	开路电压/V	工作温度/℃	储存寿命(20℃)/年
Li/SO_2	330	110	2.9	−40～+70	5～10
$Li/SOCl_2$	550	550	3.7	−60～+75	5～10
Zn/MnO_2	66	55	1.5	−10～+55	1
Zn/HgO	99	11	1.35	−30～+70	>2

Li/SO_2 电池是锂一次电池中较为先进的一种。电池符号为

$$(-)Li/LiBr,\text{乙腈}/SO_2,C(+)$$

以多孔的碳和 SO_2 作正极，SO_2 是以液态形式加到电解质溶液内，由 SO_2、乙腈和可溶性 LiBr 组成的非水电解质，其电池反应为

$$2Li+2SO_2 \longrightarrow Li_2S_2O_4$$

自放电过程中（SO_2 与 Li 反应）在锂表面生成的 $Li_2S_2O_4$ 保护膜，阻止了自放电的进一步发生以及容量损失，因而 Li/SO_2 电池的储存寿命长达5～10年。

$Li/SOCl_2$ 电池是目前世界上实际应用的电池系列中能量密度（$550W\cdot h\cdot kg^{-1}$）最高的一种电池。电池符号为

$$(-)Li/LiAlCl_4,\ SOCl_2/C(+)$$

以多孔碳作正极，$SOCl_2$ 既是溶剂，又是正极活性物质，电池反应为

$$4Li+2SOCl_2 \longrightarrow 4LiCl+S+SO_2\uparrow$$

Li 与 S 在高温下会发生反应（放热），引发事故，因此使用时应注意避免短路、过放

电，储存温度宜低。

Li/MnO_2 电池是以金属锂为负极，电解质为 $LiClO_4$ 溶于碳酸丙烯酯(PC)和1,2-二甲氧基烷(DME)混合溶剂中，正极为经热处理的 MnO_2。电池符号为

$$(-)Li/LiClO_4+PC+DME/MnO_2,\ C(+)$$

负极反应 $Li-e^- \longrightarrow Li^+$

正极反应 $MnO_2+Li^++e^- \longrightarrow LiMnO_2$

电池反应 $Li+MnO_2 \longrightarrow LiMnO_2$

电池放电过程中，锂离子进入 MnO_2 晶格使锰还原。

1.8.2 锂离子电池

电池组成：锂离子电池实际上是一种锂离子浓差电池；正、负极材料是用两种能可逆地嵌入与脱嵌的锂离子化合物构成的。

电池主要组成：正极、负极、电解液、隔膜等。

正极：通常为过渡金属的氧化物，如 $LiCoO_2$、$LiMnO_4$、$LiFeO_4$ 等。正极材料应具有较高的氧化还原电位、在锂离子嵌入/脱出过程中主体结构体积变化小、电导率和化学稳定性均高等特点。

负极：以石墨为主。负极材料应具有使锂离子在负极基体中嵌入氧化还原电位尽可能低、锂离子嵌入/脱出过程可逆，且主体结构变化小、良好的层状结构、电导率和化学稳定性等特点。

电解质：有机溶剂+锂盐，如碳酸酯类溶剂中溶解有氟磷酸锂($LiPF_6$)。电解质是连接正、负极的桥梁，起着输送和传导电流的作用。

隔膜：一般采用高强度的聚烯烃多孔膜，如聚丙烯(PP)和聚乙烯(PE)。隔膜具有双重作用：将正、负极分隔开，防止两极接触短路；让锂离子能自由通过。

工作原理：当电池充电时，正极上有锂离子生成，生成的锂离子经过电解液迁移到负极，嵌入石墨层的微孔中(石墨呈层状结构特征)。嵌入的锂离子越多，充电容量越高。充电过程就好像锂离子从高浓度正极迁移至低浓度负极。

当电池放电时，嵌入负极石墨层中的锂离子脱出，又返回正极。放电过程就是锂离子从高浓度负极向低浓度正极迁移的过程。

锂离子电池在充、放电过程中，锂离子在正、负极之间往返移动(正极→负极→正极)。锂离子电池的工作电压就是正、负电极在嵌入及脱出锂离子时相对金属锂电位的电位差值。

锂离子电池就像一把摇椅，摇椅的两端为电池的两极，而锂离子就像运动员一样在摇椅两端来回奔跑，所以锂离子电池又称摇椅式电池。钴酸锂($LiCoO_2$)电池充、放电工作原理如下所示：

$$LiCoO_2+C \underset{\text{充电}}{\overset{\text{放电}}{\rightleftharpoons}} Li_{1-x}CoO_2+Li_xC$$

钴酸锂电池是最早进入商业化的锂离子电池，已广泛应用于手机、笔记本电脑、数码相机等小型移动设备。

1.9 专题讨论

1.9.1 锂的标准电极电势反常的讨论

ⅠA 族元素的 $E^{\ominus}_{M^+/M}$和 I_1 值如下：

金 属	Li	Na	K	Rb	Cs
$E^{\ominus}_{M^+/M}/V$	−3.05	−2.72	−2.93	−2.93	−2.92
$I_1/(kJ \cdot mol^{-1})$	520	496	419	403	376

从 $E^{\ominus}_{M^+/M}$值看，Li 是比 Na 更强的还原剂或 Li 比 Na 更"活泼"；从 I_1 值看，Na 比 Li 更易失去电子或 Na 比 Li"活泼"。为什么会出现相反的结论呢？这是由于比较标准不同。电极电势是衡量金属失电子形成水合金属离子的倾向，其大小与电离能、升华热和水合能有关。电离能 I 的大小是孤立原子电子结构稳定性的定量量度，只能衡量气态基态原子失去电子变成气态基态阳离子的难易程度。有些金属电离能大，$E^{\ominus}$ 也大，有些金属则不然，这要看总过程中各步能量贡献的大小而定（理解为局部与全局的关系）。$E^{\ominus}$ 与 I_1 两者是既有联系又有区别。为了用结构观点和热力学原理讨论金属锂的特殊性，分两步进行。首先将金属失电子形成水合金属离子的电极反应设计为热化学循环，讨论电离能、升华热、水合能对总能量过程的贡献程度，并与结构因素相关联，深入了解其变化规律。第二步是设计电池反应，计算 $E^{\ominus}_{Li^+/Li}$值与 $E^{\ominus}_{Na^+/Na}$值，并进行比较。

首先讨论碱金属转变为水合离子的能量变化，设计下列电极反应：

$$M(s) = M^+(aq) + e^-$$

利用热化学循环计算碱金属形成水合离子所需能量，反应中吸热多的表明该金属难失去电子，相反吸热少的表明该金属失电子变成水合金属离子的倾向大。设计的热化学循环见图 1－7。

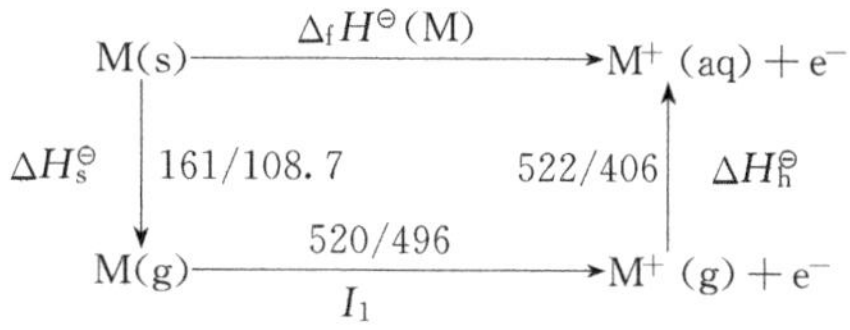

$$\begin{array}{ccc} M(s) & \xrightarrow{\Delta_f H^{\ominus}(M)} & M^+(aq) + e^- \\ \Delta H_s^{\ominus}\ \downarrow\ 161/108.7 & & 522/406\ \uparrow\ \Delta H_h^{\ominus} \\ M(g) & \xrightarrow[I_1]{520/496} & M^+(g) + e^- \end{array}$$

图 1－7 碱金属变成水合离子的热化学循环示意图

图中数据分数线上方的代表 Li，下方的代表 Na

$$\Delta_f H^{\ominus} = \Delta H_s^{\ominus} + I_1 + \Delta H_h^{\ominus}$$

式中，$\Delta H_s^{\ominus}$、I_1 和 $\Delta H_h^{\ominus}$ 分别为金属的升华热、第一电离能和气态金属离子的水合能。

利用表 1－7 中的有关数据，计算并比较锂和钠的 $\Delta_f H^{\ominus}$ 值：

$$\Delta_f H^{\ominus}_{Li} = 161 + 520 - 522 = 159(kJ \cdot mol^{-1})$$

$$\Delta_f H^{\ominus}_{Na} = 108.7 + 496 - 406 = 199(kJ \cdot mol^{-1})$$

表 1－7 碱金属元素的一些热力学数据（单位：$kJ \cdot mol^{-1}$）

M	Li	Na	K	Rb	Cs
$\Delta H_s^{\ominus}$	161	108.7	90.0	85.8	78.8
I_1	520	496	419	403	376
$\Delta H_h^{\ominus}$	−522	−406	−322	−297	−266

由于 Li 变成 Li^{+}(aq)的过程所需总能量较小，因此金属锂比金属钠更易失去电子形成水合离子，故在水溶液中锂是碱金属中最强的还原剂。锂的半径在同族中是最小的，表现为锂的升华热和电离能均较钠的大。由于金属锂离子半径最小，对水分子的负端吸引力大，水合时放出的能量最多，可以部分抵消前两个过程所吸收的能量($\Delta H_s^\ominus + I_1$)，使得 $\Delta_f H_{Li}^\ominus$ 小于 $\Delta_f H_{Na}^\ominus$，而表现出特殊性。

电离能的数值是在特定条件下描述孤立金属原子结构稳定性的，其数值越大，原子越难失去电子，越不“活泼”。因锂的原子半径最小，核对外层电子的吸引力大，由于难以失去，表现为 I_1 就大，“活泼”性也就最小。$E^\ominus$ 值是指水溶液中金属离子化倾向的大小，两者的比较标准是不相同的。注意这里的“活泼”是指热力学行为，未涉及动力学因素。

为了获得还原型电势值，可以设计一个 M^{+}(aq)得电子的反应，为了与前面讨论内容相关联，突出各能量因素对 $\Delta H^\ominus$ 的影响，把反应设计为如下的热化学循环：

$$M^{+}(aq) + 1/2H_2(g) \xrightarrow{\Delta H^\ominus} M(s) + H^{+}(aq)$$

$$\downarrow \Delta H_{h,M}^\ominus \quad \downarrow D/2 \qquad\qquad \uparrow \Delta H_{s,M}^\ominus \quad \uparrow \Delta H_{h,H}^\ominus$$

$$M^{+}(g) + H(g) \xrightarrow{I(I_M + I_H)} M(g) + H^{+}(g)$$

$$\Delta H^\ominus = (\Delta H_{h,M}^\ominus + I_M + \Delta H_{s,M}^\ominus) + (D/2 + I_H + \Delta H_{h,H}^\ominus) = \Delta H_1^\ominus + \Delta H_2^\ominus$$

Li $\qquad \Delta H_1^\ominus = 522 - 520 - 161 = -159(kJ \cdot mol^{-1})$

Na $\qquad \Delta H_1^\ominus = 406 - 496 - 108.7 = -199(kJ \cdot mol^{-1})$

H_2 转变为水合 H^{+}(aq)的能量值 ΔH_2 由下列热化学循环求出：

$$1/2H_2(g) \xrightarrow{\Delta H_2^\ominus} H^{+}(aq)$$

$$218 \quad \downarrow D/2 \qquad\qquad -1090 \quad \uparrow \Delta H_{h,H}^\ominus$$

$$H(g) \xrightarrow[1310]{I_H} H^{+}(g)$$

$$\Delta H_2 = D/2 + I_H + \Delta H_{h,H}^\ominus = 218 + 1310 - 1090 = 438(kJ \cdot mol^{-1})$$

Li $\qquad \Delta H^\ominus = \Delta H_1^\ominus + \Delta H_2^\ominus = -159 + 438 = 279(kJ \cdot mol^{-1})$

Na $\qquad \Delta H^\ominus = \Delta H_1^\ominus + \Delta H_2^\ominus = -199 + 438 = 239(kJ \cdot mol^{-1})$

按类似求 $\Delta H^\ominus$ 方法，可确定该反应的 $\Delta S^\ominus$，进一步得到反应的 $\Delta G^\ominus$($\Delta G^\ominus = \Delta H^\ominus - T\Delta S^\ominus$)。根据 $\Delta G^\ominus = -nFE^\ominus$ 便得到 $E^\ominus$ 值。

Li $\qquad \Delta G^\ominus = \Delta H^\ominus - T\Delta S^\ominus = 279 - 298.15 \times (-51.3)/1000 = 279 + 15.29 = 294(kJ \cdot mol^{-1})$

$$E^\ominus = -\Delta G^\ominus / nF = -294/(1 \times 96.5) = -3.05(V)$$

$$E^\ominus = E_{Li^{+}/Li}^\ominus - E_{H^{+}/H_2}^\ominus = E_{Li^{+}/Li}^\ominus - 0 = -3.05(V)$$

所以 $\qquad E_{Li^{+}/Li}^\ominus = -3.05(V)$

同理可得到

Na $\qquad \Delta G^\ominus = 239 - 298.15 \times (-74.6)/1000 = 239 + 22.24 = 261(kJ \cdot mol^{-1})$

$$E^\ominus = -\Delta G^\ominus / nF = -262/(1 \times 96.5) = -2.72(V)$$

所以 $\qquad E_{Na^{+}/Na}^\ominus = -2.72(V)$

$E^\ominus$ 计算值与直接查表不一致，可能是 H^{+} 的水合能数据有出入引起的。$E^\ominus$ 的值也可以直接查 $\Delta G^\ominus$ 再通过上述计算公式求得。$E_{Li^{+}/Li}^\ominus$ 值特别负的原因是 Li^{+} 的半径是同族中最小的，静电场特别强，对水分子的作用力大,使水合时放出的能量多,一定程度上补偿了 Li(g)电离时和 Li(s)升华时所吸收的热量。

1.9.2 氧化物的热力学稳定性

碱金属与氧气反应能生成多种形式的氧化物,如 Li_2O、Na_2O_2、KO_2 和 CsO_2 等。不同形式氧化物的稳定性与组成它们的阴、阳离子半径和反应条件有关。以下利用热力学循环法讨论碱金属过氧化物的热力学稳定性,从中找出一些规律,以加深理解。

设计下列热化学循环:其中 ΔH 为 M_2O_2 分解反应的焓变,ΔH_2 为下列反应的焓变,其数值与金属离子无关。

$$O_2^{2-}(g) = O^{2-}(g) + 1/2O_2(g)$$

$$\begin{array}{ccc} M_2O_2(s) & \xrightarrow{\Delta H} & M_2O(s) + 1/2O_2(g) \\ \downarrow \Delta H_1 = U_{M_2O_2} & & \uparrow \Delta H_3 = -U_{M_2O} \\ 2M^+(g) + O_2^{2-}(g) & \xrightarrow{\Delta H_2} & 2M^+(g) + O^{2-}(g) + 1/2O_2(g) \end{array}$$

U 表示相应氧化物的晶格能(单位为 $kJ \cdot mol^{-1}$)。根据赫斯定律可知:

$$\Delta H = \Delta H_1 + \Delta H_2 + \Delta H_3 = U_{M_2O_2} + \Delta H_2 - U_{M_2O} = U_{M_2O_2} - U_{M_2O} + \Delta H_2$$

由此可见,ΔH 主要取决于 M_2O_2 和 M_2O 的晶格能之差及 ΔH_2 的值。由晶格能的理论计算公式(卡普斯金斯基提出)可知,U 与正、负离子之间的平衡距离 $d(d=r_+ + r_-)$成反比(对同种类型的晶体和只考虑库仑作用能而言)。由于 $r_{O_2^{2-}}$ 明显大于 $r_{O^{2-}}$,即$d_{M_2O_2} > d_{M_2O}$,因而 $U_{M_2O_2} < U_{M_2O}$,而且 U_{M_2O} 与 $U_{M_2O_2}$ 的差值随阳离子半径的增加而减小,即对碱金属 Li 来说,其差值最大,而 Cs 为最小,Li_2O_2 最不稳定(易分解产生 Li_2O 和 O_2),Cs_2O_2 最稳定(大阳离子配大阴离子稳定性高,难以发生分解反应)。

从以上分析不难看出,碱金属过氧化物的稳定性(指分解为正常氧化物和氧气的倾向)顺序是 $Cs_2O_2 > Rb_2O_2 > K_2O_2 > Na_2O_2 > Li_2O_2$。同理,碱土金属过氧化物的稳定性顺序是 $BaO_2 > SrO_2 > CaO_2 > MgO_2 > BeO_2$。实验结果表明,在碱土金属中只有 Sr、Ba 能形成过氧化物,BaO_2 比 SrO_2 稳定,SrO_2 在 630 K 就能分解放出 O_2,而 BaO_2 需达 1113 K 才能分解。

对于超氧化物也能用同样的方法处理。一般阳离子半径大的都能形成超氧化物,如 KO_2、RbO_2、CsO_2 等。

金属与非金属反应生成离子晶体,若要达到最好的能量效应要求阴、阳离子具有一定的匹配关系,一般遵循如下经验规则:半径较小的阳离子趋向与半径较小的阴离子相结合,半径较大的阳离子易与半径较大的阴离子相结合;价数高的阳离子趋向与价数较高的阴离子相结合,价数低的阳离子易与价数低的阴离子相结合;半径小的离子趋向与价数高的异号离子相结合。

根据以上的经验规则可知,半径小的 Li^+ 与半径小、价数高的阴离子 O^{2-} 相匹配,可获得较高的能量效应,生成稳定的化合物 Li_2O;K^+、Rb^+、Cs^+ 半径大,它们与半径大的阴离子 O_2^- 达到较好的匹配,生成稳定的 KO_2、RbO_2 和 CsO_2;Na^+ 半径介于 Li^+ 和 K^+ 之间,与半径大但价数高的阴离子 O_2^{2-} 相结合生成 Na_2O_2。Sr^{2+} 和 Ba^{2+} 由于电荷较高,趋向与价数较高的 O_2^{2-} 相结合生成 SrO_2 和 BaO_2。

物质的相对稳定性从能量因素考虑,可以比较它们的生成自由能变。例如,Na_2O 的 $\Delta_f G^\ominus = -376\ kJ \cdot mol^{-1}$,$Na_2O_2$ 的 $\Delta_f G^\ominus = -430.9\ kJ \cdot mol^{-1}$,$NaO_2$ 的 $\Delta_f G^\ominus = -398.1\ kJ \cdot mol^{-1}$,所以 Na 在空气中燃烧产物是 Na_2O_2。

1.9.3 离子性盐类溶解性的判断方法

物质在溶剂中的溶解是较为复杂的过程。众所周知,物质溶解于溶剂时有“相似者相溶”的现象,离子化合物易溶于极性溶剂中。

为了比较离子化合物在水中溶解的难易程度，可从以下三方面着手：①计算溶解过程的 $\Delta G_s^\ominus$，用热力学方法进行判断；②比较溶解过程晶格能和水合能的相对大小（忽略熵因素的影响），从能量观点加以判断；③巴索洛经验规则（比较离子半径和电荷大小及阴阳离子间的匹配关系），用结构观点加以定性判断。从宏观和微观的不同角度探讨离子晶体溶解过程的一些规律性。

1. 溶解过程的标准自由能变化

离子化合物溶解于水时，如果溶解过程的标准自由能变化（$\Delta G_s^\ominus$）值偏负，则该溶解过程自发进行，即易于溶解，一些盐类的 $\Delta G_s^\ominus$ 见表 1-8。

表 1-8　一些碱金属和碱土金属盐类的 $\Delta G_s^\ominus$（单位：$kJ \cdot mol^{-1}$）(298 K)

阳离子 / 阴离子	Li^+	Na^+	K^+	Rb^+	Cs^+	Be^{2+}	Mg^{2+}	Ca^{2+}	Sr^{2+}	Ba^{2+}
F^-	+14	+3	−26	−38	−59	+42	+58	+56	+48	+38
Cl^-	−41	−9	−5	−8	−9	−193	−125	−68	−41	−13
Br^-	−57	−17	−6	−7	−2	−253	−159	−98	−70	−32
I^-	−78	−31	−12	−8	0.42	−294	−200	−128	−109	−66
OH^-	−8	−42	−65	−75	−84	+123	+64	+30	−2	−16
NO_2^-	−4	−13	−35	—	—	—	—	−29	−14	−11
HCO_3^-	—	+3	−9	−14	−37	—	—	—	—	—
NO_3^-	−15	−7	0.42	−3	0	—	−88	−33	−2	+13
ClO_4^-	很易溶	−16	+11	+13	+14	—	−159	−91	−71	−36
S^{2-}	—	−69	−121	−135	−147	−61	−27	+10	−25	−31
CO_3^{2-}	+17	−4	−36	−50	−73	—	+29	+47	+53	+49
SO_4^{2-}	−10	+1	+10	+2	−6	−30	−29	+24	+36	+57

摘自：杨德壬. 1986. 无机化学中的一些热力学问题. 上海：上海科学技术出版社。

例如，298 K 时 $CaCl_2$ 和 CaF_2 的 $\Delta G_s^\ominus$ 分别为 $-68\ kJ \cdot mol^{-1}$ 和 $56\ kJ \cdot mol^{-1}$，前者为易溶盐，后者为难溶盐。

$$CaCl_2(s) \xrightarrow[-68\ kJ \cdot mol^{-1}]{\Delta G_s^\ominus} Ca^{2+}(aq) + 2Cl^-(aq)$$

$$CaF_2(s) \xrightarrow[+56\ kJ \cdot mol^{-1}]{\Delta G_s^\ominus} Ca^{2+}(aq) + 2F^-(aq)$$

上述热力学判断与实验结果一致。

用 $\Delta G_s^\ominus > 0$ 或 $\Delta G_s^\ominus < 0$ 作为难溶或易溶的分界线，有时会出现与实际情况不相符的情况。例如，K_2SO_4 和 Na_2SO_4 都是易溶盐，但其 $\Delta G_s^\ominus$ 都大于零（$\Delta G_s^\ominus$ 分别为 $+10\ kJ \cdot mol^{-1}$ 和 $+1\ kJ \cdot mol^{-1}$）。说明用 $\Delta G_s^\ominus > 0$ 或 $\Delta G_s^\ominus < 0$ 作为盐类溶解与否的判断过于粗糙，必须引入较为准确的处理方法。以下介绍一种近似计算处理方法：

假定以溶解度 $0.01\ mol \cdot L^{-1}$ 作为易溶和难溶的“界线”，溶解度大于 $0.01\ mol \cdot L^{-1}$ 者为易溶盐，溶解度小于 $0.01\ mol \cdot L^{-1}$ 者为难溶盐。通过下列近似计算公式再求出 $\Delta G_s^\ominus$（$\Delta G_s^\ominus = -RT\ln K_{sp}$）。

以 1-1 价型盐或 2-2 价型盐（如 $AgCl$，$BaSO_4$）为例：

$$MX(s) = M^{n+}(aq) + X^{n-}(aq) \quad (n=1 或 2)$$

$$K_{sp} = [M^{n+}][X^{n-}] = (0.01)^2 = 1 \times 10^{-4}$$

则
$$\Delta G_s^{\ominus} = -RT\ln K_{sp} = 22.8\ \text{kJ} \cdot \text{mol}^{-1}$$

将某一个 1-1 价盐或 2-2 价盐的 $\Delta G_s^{\ominus}$ 值与 22.8 kJ·mol^{-1}进行比较：$\Delta G_s^{\ominus} < 22.8$ kJ·mol^{-1}属易溶盐；$\Delta G_s^{\ominus} > 22.8$ kJ·mol^{-1}属难溶盐。用同样的方法可以计算出其他价型盐的界线值。将计算结果归总如下：

盐的价型	1-1 或 2-2 型	1-2 或 2-1 型	1-3 或 3-1 型	2-3 或 3-2 型
$\Delta G_s^{\ominus}$ 界线值/(kJ·mol^{-1})	22.8	30.8	38.5	45.6

例如，$NaNO_3$ 是 1-1 价型盐，其 $\Delta G_s^{\ominus} = -7.2$ kJ·mol^{-1}，小于 22.8 kJ·mol^{-1}，故为易溶盐。表 1-9列出一些盐类溶解的标准自由能变 $\Delta G_s^{\ominus}$，并与 $\Delta G^{\ominus}$ 界线值对比得出的结论与实际完全一致。

表 1-9　一些盐类溶解的 $\Delta G_s^{\ominus}$ 与 $\Delta G^{\ominus}$ 界线值对比的结果

盐　类	价　型	$\Delta G_s^{\ominus}$/(kJ·mol^{-1})	$\Delta G_s^{\ominus}$ 界线值/(kJ·mol^{-1})	判断溶解性	实际溶解性
$NaNO_3$	1-1	-7.2	22.8	易溶	易溶
Na_3PO_4	1-3	-9.9	38.5	易溶	易溶
CuS	2-2	220	22.8	难溶	难溶
$Ca_3(PO_4)_2$	2-3	187	45.6	难溶	难溶
Ag_2SO_4	1-2	22.7	30.8	微溶	微溶

摘自：唐宗薰. 1990. 无机化学热力学. 西安：西北大学出版社。

2. 水合能、晶格能与溶解度

前面谈到利用溶解过程的 $\Delta G_s^{\ominus}$ 判断离子型盐类在水中的溶解性。现利用热力学原理讨论能量因素和熵因素对离子型盐类溶解过程的影响。

1) 水合能、晶格能与溶解度

以ⅠA 族无水卤化物溶解为例，设计下列热化学循环：

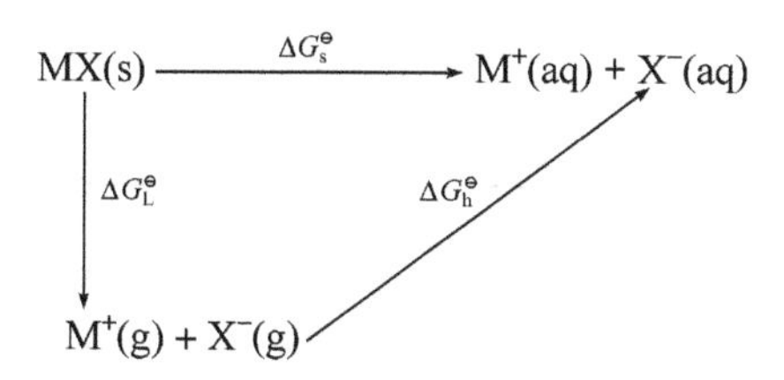

其中，$\Delta G_s^{\ominus}$ 为离子型盐溶解过程的标准自由能变；$\Delta G_L^{\ominus}$ 为晶体升华为分离的气态离子($p^{\ominus}$、理想气体状态)的标准自由能变，它涉及吸热过程，主要部分是固体的晶格能；$\Delta G_h^{\ominus}$ 为正、负离子水合过程的标准自由能变，它涉及放热过程。

$$\begin{aligned}\Delta G_s^{\ominus} &= \Delta G_L^{\ominus} + \Delta G_h^{\ominus}\\ &= (\Delta H_L^{\ominus} - T\Delta S_L^{\ominus}) + (\Delta H_h^{\ominus} - T\Delta S_h^{\ominus})\\ &= (\Delta H_L^{\ominus} + \Delta H_h^{\ominus}) - T(\Delta S_L^{\ominus} + \Delta S_h^{\ominus})\end{aligned}$$

或
$$\Delta G_s^{\ominus} = \Delta H_s^{\ominus} - T\Delta S_s^{\ominus}$$

式中，$\Delta H_L^{\ominus}$ 和 $\Delta S_L^{\ominus}$ 分别为晶体的升华热和升华熵变；$\Delta H_h^{\ominus}$ 和 $\Delta S_h^{\ominus}$ 分别为离子的水合焓变和水合熵变。

若把 $\Delta G_L^{\ominus}$ 的主要部分看成是固体的晶格能 U 的贡献，即 $\Delta H_L \approx U > 0$，说明该焓效应不利于溶解。离子水合为放热过程，即 $\Delta H_h^{\ominus} < 0$，说明此焓效应有利于溶解过程的进行。这时公式可简化为

$$\Delta G_s^{\ominus} = U + \Delta H_h^{\ominus} - T\Delta S_s^{\ominus}$$

注意 U 和 $\Delta H_h^{\ominus}$ 符号相反。当忽略熵变的影响，只考虑对 $\Delta G_s^{\ominus}$ 作出主要贡献的焓变项 $\Delta H_s^{\ominus}$，则 $\Delta G_s^{\ominus}$ 可表示为

$$\Delta G_s^{\ominus} = \Delta H_s^{\ominus} = U + \Delta H_h^{\ominus}$$

也就是说，盐类在水中溶解的难易程度粗略地用晶格能和水合能(总的)的相对大小判断。若水合能大于晶格能，其盐类可以溶解或溶解度较大，反之则难溶。

表 1-10 和表 1-11 中列出碱金属碘化物和氟化物在水中溶解的热力学参数。例如，LiI 总水合能($-826\ kJ \cdot mol^{-1}$)大于晶格能($763\ kJ \cdot mol^{-1}$)，LiI 可溶于水；CsI 刚好相反，晶格能($601\ kJ \cdot mol^{-1}$)大于水合能($-569\ kJ \cdot mol^{-1}$)，所以 CsI 的溶解度小于 LiI。LiF 总水合能($-1034\ kJ \cdot mol^{-1}$)略小于晶格能($1039\ kJ \cdot mol^{-1}$)，对溶解不利；而 CsF 总水合能($-779\ kJ \cdot mol^{-1}$)大于晶格能($730\ kJ \cdot mol^{-1}$)，有利于溶解，所以 CsF 的溶解度大于 LiF。

表 1-10 碱金属碘化物在水中溶解的热力学参数

物 质	总水合能/($kJ \cdot mol^{-1}$)	晶格能/($kJ \cdot mol^{-1}$)	溶解度/($mol \cdot L^{-1}$)	$\Delta G_s^{\ominus}$/($kJ \cdot mol^{-1}$)
LiI	−826	763	12.2	−77.8
NaI	−711	703	11.8	−30.5
KI	−267	647	8.6	−11.7
RbI	−598	624	7.2	−8.4
CsI	−569	601	2.8	−0.42

表 1-11 碱金属氟化物和碳酸盐(钠)在水中溶解的热力学参数

物 质	总水合能/($kJ \cdot mol^{-1}$)	晶格能/($kJ \cdot mol^{-1}$)	溶解度/($mol \cdot L^{-1}$)	$\Delta G_s^{\ominus}$/($kJ \cdot mol^{-1}$)
LiF	−1034	1039	0.1	13.6
NaF	−921	919	1.1	2.5
KF	−837	817	15.9	−25.5
RbF	−808	779	12.5	−38.5
CsF	−779	730	24.2	−58.6
Na_2CO_3	−2056	2030	29.4	−4.2
$NaHCO_3$	−792	811	10.3	3.0

2) 熵与离子型盐的溶解性

$\Delta G_s^{\ominus}$ 通常由焓效应决定，但当熵效应占优势时，不容被忽视。下面举例加以具体分析，见表 1-12。

表 1-12 几种盐在水中的热力学参数

盐 类	$\Delta H_s^{\ominus}$/($kJ \cdot mol^{-1}$)	$\Delta S_s^{\ominus}$/($J \cdot K^{-1} \cdot mol^{-1}$)	$\Delta G_s^{\ominus}$/($kJ \cdot mol^{-1}$)
KNO_3	33.7	115.8	−0.8
$Ca_3(PO_4)_2$	−62.9	−838.6	186.9
Na_3PO_4	−78.7	−230.8	−9.9
$BaCO_3$	−4.2	−152.7	49.8
KI	20.5	108.8	−11.9

从表 1-12 数据，仅看焓变($\Delta H_s^{\ominus}$ 为正值，不利于溶解)，KNO_3 难溶于水，但 $\Delta S_s^{\ominus} > 0$ 有利于溶解，

使 $\Delta G_s^{\ominus}<0$，所以它溶于水。Na_3PO_4 溶解时，虽 $\Delta S_s^{\ominus}<0$，但它不能抵消 $\Delta H_s^{\ominus}$ 项的影响，故 $\Delta G_s^{\ominus}<0$，所以为可溶盐。对 $Ca_3(PO_4)_2$，从焓变看，有利于溶解，但由于熵变的负值特别大，$-T\Delta S^{\ominus}$ 项能抵消 $\Delta H^{\ominus}$ 项的影响，使 $\Delta G_s^{\ominus}>0$，为难溶盐。因而只有对溶解过程的焓效应和熵效应作综合考虑，方能得出较为满意的结果。

3. 巴索洛经验规则

巴索洛指出：当阴、阳离子电荷的绝对值相同而它们的半径相近时，生成的盐类一般难溶于水。阴、阳离子之间有一定的匹配关系，在缺乏有关数据的前提下，可以作为判断盐类溶解性的一种定性方法。大阳离子配大阴离子，小阳离子配小阴离子，它们之间都能很好地匹配，该盐难溶于水；大阳离子配小阴离子，或者小阳离子配大阴离子，它们之间半径大小严重不匹配（结构不稳定），该盐易溶于水。例如，LiF 和 CsI，前者是小与小配，后者是大与大配，说明它们匹配得好，难溶于水；而 LiI、CsF 的阴、阳离子半径相差甚远，大小严重不匹配，能溶于水。同理 $LiClO_4$ 也是大小严重不匹配，可溶于水。从上述结果可知，要使碱金属这类大阳离子生成沉淀，必须找大阴离子作为沉淀剂，如 $Sb(OH)_6^-$、$[PtCl_6]^{2-}$、ClO_4^- 等大阴离子与 Na^+、K^+ 等形成的化合物均难溶于水，Be^{2+}、Ba^{2+} 分别与 SO_4^{2-} 生成可溶的 $BeSO_4$ 和难溶的 $BaSO_4$。前者大小不匹配，后者阴、阳离子半径相近，大小匹配难溶于水。可以预测 SiF_6^{2-} 这类大阴离子电荷的绝对值与 Ba^{2+} 相等（符号相反），半径相近，可以形成 $BaSiF_6$ 沉淀。对其他族的阳离子和阴离子也可根据巴索洛经验规律加以预测。例如，下列阳离子（上方）与阴离子（下方）可组成稳定的化合物（符合电荷绝对值相等，半径相近原则）：

阳离子　$[Pt(NH_3)_2]^{2+}$　$[Cr(NH_3)_6]^{3+}$　La^{3+}　Th^{4+}

阴离子　$[SiF_6]^{2-}$　$[CuCl_5]^{3-}$　$[Fe(CN)_6]^{3-}$　$[Mo(CN)_8]^{4-}$

表 1-13 列出一些常见阴离子的热化学半径值供参考。

表 1-13　一些阴离子的热化学半径

离　子	半径/pm	离　子	半径/pm	离　子	半径/pm
NH_2^-	130	NO_3^-	189	O_2^{2-}	130
OH^-	140	BrO_3^-	191	CO_3^{2-}	185
NO_2^-	155	ClO_3^-	200	SO_4^{2-}	230
CH_3COO^-	159	ClO_4^-	236	CrO_4^{2-}	240
HCO_3^-	163	MnO_4^-	240	MoO_4^{2-}	254
IO_3^-	182	IO_4^-	249	PO_4^{3-}	238
CN^-	182	BF_4^-	228	AsO_4^{3-}	248

习　题

1. 试说明为什么 Be^{2+}、Mg^{2+}、Ca^{2+}、Sr^{2+}、Ba^{2+} 的水合能依次减弱。
2. 某酸性 $BaCl_2$ 溶液中含少量 $FeCl_3$ 杂质。用 $Ba(OH)_2$ 或 $BaCO_3$ 调节溶液的 pH，均可把 Fe^{3+} 沉淀为 $Fe(OH)_3$ 而除去。为什么？利用平衡移动原理进行讨论。
3. 试解释为什么碱金属的液氨溶液：(1) 有高的导电性；(2) 是顺磁性的；(3) 稀溶液呈蓝色。
4. Rb_2SO_4 的晶格能是 1729 kJ·mol^{-1}，溶解热是 -24 kJ·mol^{-1}，利用这些数据求 SO_4^{2-} 的水合能（已知 Rb^+ 的水合能为 -289.5 kJ·mol^{-1}）。

5. 根据下图，可以由重晶石($BaSO_4$)作为原料，制造金属钡及一些钡的化合物。试回答下列问题：

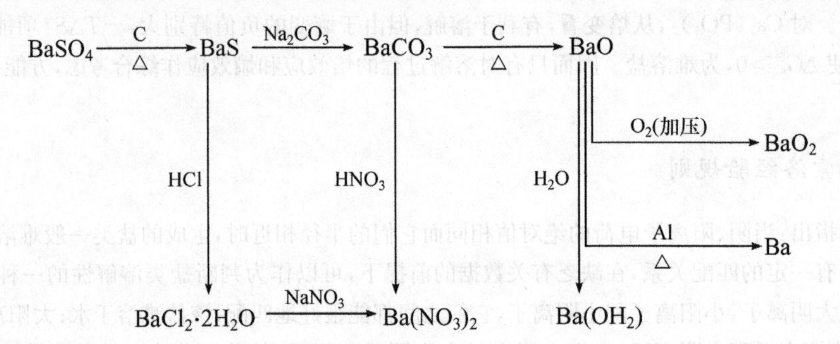

(1) 现拟从重晶石制备 $BaCl_2 \cdot 2H_2O$。应该采用哪些步骤？写出其化学方程式，并说明完成反应的理由。

(2) 为何不能用 BaS 与硝酸作用直接制备 $Ba(NO_3)_2$？

(3) 为何工业上不采用 $BaCO_3$ 直接加热分解方法制备 BaO？

6. 利用下列数据计算 KF 和 KI 的晶格能(单位：$kJ \cdot mol^{-1}$)。

物　质	$K^+(g)$	$F^-(g)$	$I^-(g)$	物　质	KF	KI
水合能/($kJ \cdot mol^{-1}$)	−360.2	−486.2	−268.6	溶解热/($kJ \cdot mol^{-1}$)	−17.6	20.5

由计算结果再联系有关理论加以讨论。

7. 讨论 Li^+、Na^+、K^+、Rb^+、Cs^+ 系列在水溶液的迁移率大小顺序。若在熔融盐中，是否具有相同的顺序？

8. Na_2O_2 可作为潜水密闭舱中的供氧剂，这是根据它的什么特点？写出有关反应式。

9. 写出 M_2O、M_2O_2、MO_2 与水反应的方程式，并加以比较。

10. 如何用离子势概念说明碱金属、碱土金属氢氧化物的碱性随 M^+、M^{2+} 半径的增大而增强？

11. 如何证明碱金属氢化物中的氢是带负电的组分？预测 CaH_2、LiH 与水反应的产物。

12. 什么叫对角线规则？引起 Li - Mg、Be - Al、B - Si 三对元素性质上相似的原因是什么？

13. 下列每对化合物中，哪一个在水中的溶解度可能更大？

(1) $SrSO_4$ 与 $MgSO_4$　　(2) NaF 与 $NaBF_4$

14. 试从热力学观点定性说明：为什么碱土金属碳酸盐随着金属元素原子序数的增加，分解温度升高。

15. 求 $MgCO_3$ 与 NH_4Cl 水溶液反应的 K 值，由此说明 $MgCO_3$ 能否溶于 NH_4Cl 溶液。

16. 解释下列事实：

(1) 尽管锂的电离能比铯大，但 $E^{\ominus}_{Li^+/Li}$ 却比 $E^{\ominus}_{Cs^+/Cs}$ 小。

(2) LiCl 能溶于有机溶剂，而 NaCl 则不溶。

(3) 为什么 Li^+ 与 Cs^+ 相比，前者在水中有低的迁移率和低的电导性？这与 Li 的半径特别小是否矛盾？

(4) 电解熔融的 NaCl 为什么常加入 $CaCl_2$？试从热力学观点出发加以解释。

(5) 在 +1 价碱金属阳离子中 Li^+ 有最大的水合能。

(6) CsI_3 的稳定性高于 NaI_3。

(7) 碱土金属熔点比相应碱金属高，硬度大。

(8) 当悬浮于水中的草酸钙溶液中加入 EDTA 的钠盐时，草酸钙便发生溶解。

17. 用最简便的方法鉴别下列各组物质：

(1) LiCl 与 NaCl

(2) CaH_2 与 $CaCl_2$

(3) NaOH 与 $Ba(OH)_2$

(4) $CaCO_3$ 与 $Ca(HSO_3)_2$

(5) $NaNO_3$ 与 $Na_2S_2O_3$

(6) Li_2CO_3 与 CsCl

(7) $BaSO_4$ 与 $BeSO_4$

(8) $CaCO_3$ 与 $Ca(HCO_3)_2$

18. 完成并配平下列反应方程式：

(1) $Li+N_2 \xrightarrow{\triangle}$

(2) $KO_2+CO_2 \longrightarrow$

(3) $Be(OH)_2+OH^- \longrightarrow$

(4) $Mg_3N_2+H_2O \longrightarrow$

(5) $Mg+N_2 \longrightarrow$

(6) $CaC_2+H_2O \longrightarrow$

(7) $MgCl_2 \cdot 6H_2O \xrightarrow{\triangle}$

(8) $BeSO_4+(NH_4)_2CO_3 \longrightarrow$

(9) $KO_2+H_2O \longrightarrow$

(10) $KO_3+H_2O \longrightarrow$

19. 解释下列现象：

(1) $BaCO_3$ 能溶于 HAc，而 $BaSO_4$ 则不能溶于 HAc，但能溶于浓 H_2SO_4。

(2) $Mg(OH)_2$ 难溶于水，能溶于 NH_4Cl 溶液，但不能溶于 NaCl 溶液。

(3) LiF 在水中的溶解度比 AgF 小，而 LiI 在水中的溶解度比 AgI 大。

20. 某厂的回收溶液中含 SO_4^{2-} 的浓度为 $6.6\times10^{-4}\ mol\cdot L^{-1}$，在 4.0 L 这种回收液中：

(1) 加入 1.0 L 0.010 $mol\cdot L^{-1}$ 的 $BaCl_2$ 溶液，能否生成沉淀？

(2) 生成沉淀后，残留在溶液中的$[SO_4^{2-}]$为多少？

21. Li^+ 和 I^- 的鲍林半径分别为 60 pm 和 216 pm，在 LiI 晶体中测得的原子间距离为 302.5 pm。这比两离子半径之和大得多，试加以解释。预测 LiI 在水中的溶解度大小。

22. 白云石的化学组成为 $CaMg(CO_3)_2$。当加热分解时有 CO_2、氧化物和碳酸盐生成，哪一种金属形成氧化物，哪一种金属形成碳酸盐，为什么？

23. 试预测 K^+ 和 Na^+ 哪一个更有利于与 18-冠-6 形成配合物，为什么？

24. 心脏起搏器电源有哪些特殊要求？锂电池能否符合？

25. 锂电池为什么具有很高的能量密度？该电池的电解液通常为何种溶剂？为什么？

26. 预测下列反应的方向，根据是什么？

(1) $KBr+LiF \rightleftharpoons KF+LiBr$

(2) $2NaCl+CaF_2 \rightleftharpoons 2NaF+CaCl_2$

(3) $Na_2SO_4+BaCl_2 \rightleftharpoons BaSO_4+2NaCl$

27. 在纺织工业中常采用氯化镁作为填充物，为什么？

28. 配制冷冻剂时，采用 $CaCl_2\cdot 6H_2O$ 还是 $CaCl_2$ 好？为什么？

29. $Be(OH)_2$ 与丙酸回流的产物是什么？写出有关的反应方程式(该产物可溶于非极性溶剂中，通过溶剂萃取从水相转入有机相而提纯)。

第2章 硼族元素

学习要点

(1) 了解硼族元素氧化态的变化规律和硼、铊在硼族元素中的特殊性，并与硅、碱土金属等元素在性质上进行对比。

(2) 掌握硼族元素的重要特点——缺电子性和缺电子化合物的反应性及应用。

(3) 了解硼族单质、氧化物、氢氧化物、卤化物的结构特点和性质。

(4) 了解硼氢化合物结构特点和反应性。

硼族元素包括硼(B)、铝(Al)、镓(Ga)、铟(In)、铊(Tl)五种元素，属ⅢA族元素。硼族元素的一些基本性质见表2-1。在地壳中铝的含量仅次于氧和硅。硼和铝有富集矿藏(硼酸盐矿，如硼砂 $Na_2B_4O_7 \cdot 5H_2O$；铝土矿，主要成分为 $Al_2O_3 \cdot SiO_2$ 等)，镓、铟、铊常与其他矿物共生，是分散元素。

表2-1 硼族元素的一些基本性质

元素名称	硼	铝	镓	铟	铊
元素符号	B	Al	Ga	In	Tl
原子序数	5	13	31	49	81
相对原子质量	10.81	26.98	69.72	114.8	204.3
价电子构型	$2s^2 2p^1$	$3s^2 3p^1$	$4s^2 4p^1$	$5s^2 5p^1$	$6s^2 6p^1$
主要氧化数	+3	+3	(+1),+3	+1,+3	+1,(+3)
共价半径/pm	82	118	126	144	148
M^{3+} 半径/pm(CN=6)	27	54	62	81	86
第一电离能/($kJ \cdot mol^{-1}$)	800.6	577.6	578.8	558.3	589.3
第二电离能/($kJ \cdot mol^{-1}$)	2427	1817	1979	1821	1971
第三电离能/($kJ \cdot mol^{-1}$)	3660	2745	2963	2705	2878
熔点/K	2550	933.2	301.8	429.6	576.3
沸点/K	3931	2740	2676	2343	1726
$E^{\ominus}_{M^{3+}/M}$/V	—	−1.66	−0.52	−0.34	0.72
$E^{\ominus}_{M^{+}/M}$/V	—	—	—	−0.25	−0.336
电负性(χ_P)	2.04	1.61	1.81(Ⅲ)	1.78	1.5(Ⅰ),2.04(Ⅲ)

硼族元素的价电子构型是 ns^2np^1，一般氧化态为+3，随着原子序数的递增，ns^2 电子对趋于稳定(惰性电子对效应)，生成低氧化态(+1)的倾向随之增强。铊的+1 氧化态很稳定，其化学键具有较强的离子键特征，+3 氧化态显氧化性。硼与本族其他元素相比，由于半径小，失去 3 个电子的总电离能很高，生成+3 价离子很困难，往往通过电子对的共用形成共价型的化合物。

“缺电子性”是硼族元素最重要的特征。硼族元素的价层(ns^2np^1)轨道数为 4，而其价电子数仅有 3 个，这种价电子数少于价轨道数的原子称为缺电子原子，所组成的化合物为缺电子化合物。

在缺电子化合物中，中心原子成键电子对数少于中心原子的价键轨道数，由于有空的价轨道，它们有很强的接受电子对的能力，容易与电子对给予体形成加合物或发生分子间自聚合，充分利用空轨道，通过多形成键组成稳定的化合物。

硼族元素中，硼具有特殊性，如 B 为非金属元素，B_2O_3 为酸性氧化物，BX_3 在蒸气状态下不发生自聚反应，在化合物中的最大配位数为 4 等。由于对角关系，B 和 Si 有许多相似之处。Ga 与 Al 也有许多相似之处，Tl(Ⅰ)与碱金属 M(Ⅰ)和Ag(Ⅰ)在性质上也有相似之处。通过比较，熟悉和掌握这方面的内容。

2.1 硼族元素的缺电子性

硼族元素原子的价电子构型为 ns^2np^1(假设 3 个电子按激发态 $ns^1np_x^1np_y^1np_z^0$ 排布)，则价电子数为 3，而价轨道数为 4(价电子数小于价轨道数的原子为缺电子原子)，当与其他原子组成正常共价键时(共享电子)，中心原子价层只有 6 个电子，未达到所谓 8 电子稳定结构，还有一个空轨道未被利用。这些化合物具有缺电子性，有强烈的接受电子的能力。换言之，价轨道若能被充分利用参与成键，则由于能量上更多的贡献，体系将更稳定。

硼族元素的基本特点在于其族原子的缺电子性。它们有充分利用价轨道、力求生成更多的键，以增强体系稳定性的强烈倾向。以族原子为核心组成单核、双核或多核的分子、离子物种的表现形式是多种多样的。它们因各元素的半径、电子层结构而异，或生成分子内的多中心键，或以桥键生成二聚体，或与电子给予体进行加合。硼族缺电子化合物作为路易斯酸能起催化作用也与这种加合性质有关。以下举例加以说明。

2.1.1 $AlCl_3$ 的二聚与缺电子性

常温下，$AlCl_3$ 为层状结构的晶体。在 673 K 以下的气相和液相中 $AlCl_3$ 发生自聚合形成二聚体 Al_2Cl_6。$AlCl_3$ 为缺电子化合物，有空轨道用来接受电子，当形成二聚体时，在每个 Al 原子周围形成了 4 个键(3 个 σ 键和 1 个氯桥键)，完成了八隅体的结构，体系更加稳定。Al_2Cl_6 的结构见图 2-1。

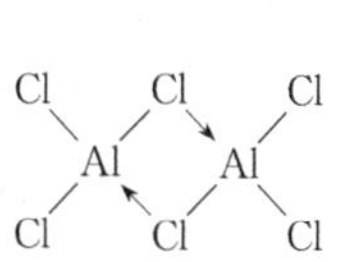

Al_2Cl_6 中，每个 Al 原子采用不等性 sp^3 杂化，接受 Cl 原子提供的电子。Al 原子处于变形四面体环境中，两个 Al 原子与四个端 Cl 原子共面，形成正常共价键(2c-2e)。桥 Cl 原子在平面上下。桥 Cl 原子提供孤对电子，构成正常的双电子共

Cl Cl Cl
Al Al
Cl Cl Cl

图 2-1 Al_2Cl_6 的结构

价键。

在非极性溶剂中，$AlCl_3$ 也以二聚体 Al_2Cl_6 形式存在。

Al_2Br_6、Al_2I_6 的结构与 Al_2Cl_6 相似，与 Al 同一族的 Ga、In 均有相应的二聚体 Ga_2Cl_6、In_2Cl_6 存在。

2.1.2 H_3BO_3 的“解离”与缺电子性

H_3BO_3 为一元弱酸，$K_a=5.8\times10^{-10}$。它之所以呈弱酸性，并不是 H_3BO_3 本身解离出质子，而是与 B 的缺电子性有关。B 原子上的空轨道与水中 OH^- 上的孤对电子发生配位作用，形成四配位的加合物，导致水分子被高度极化而释放出质子。

$$B(OH)_3 + :OH_2 \rightleftharpoons [B(OH)_4]^- + H^+$$

以上可以看出硼酸在水中并非给出质子，而是接受水中氧的孤对电子，生成四配位的达到稳定八隅体结构的 $B(OH)_4^-$，释放出质子，破坏了水的电离平衡。形成加合物后中心 B 原子价层已无空轨道再接受电子对，故 H_3BO_3 为路易斯酸，而非质子酸。

2.1.3 缺电子化合物的加合性

缺电子化合物是指电子数不足以符合路易斯结构(一个原子通过共享电子使其价层电子数达到 8，H 原子达到 2 所形成的稳定分子结构)要求的一类化合物。缺电子化合物作为路易斯酸具有接受电子对的能力，与路易斯碱形成加合物。

BF_3 为缺电子化合物(B 价层上有 4 个价轨道，只有 3 个价电子，共享电子有 3 对，为缺电子原子)，中心 B 原子还有空轨道接受 NH_3 或 F^- 等配体提供的电子对(BF_3 再接受一个配体时必须改变构型，由 sp^2 杂化过渡到 sp^3 杂化)，形成加合物 $F_3B:NH_3$、BF_4^-。

$$BF_3 + :NH_3 \longrightarrow F_3B-NH_3$$

$$BF_3 + :F^- \longrightarrow [BF_4]^-$$

乙硼烷 B_2H_6 也是路易斯酸，能与路易斯碱[如 $N(CH_3)_3$]生成加合物。

$$B_2H_6 + 2:N(CH_3)_3 \longrightarrow 2\,H_3B-N(CH_3)_3$$

乙硼烷 B_2H_6 中8个原子共提供14个价轨道，只有12个价电子，为缺电子化合物，具有接受电子对形成加合物的能力。

2.1.4 $B(Me)_3$ 与 $Al(Me)_3$ 在成键上的差异

三甲基硼[$B(Me)_3$]能稳定存在，它究竟是像 $AlCl_3$ 那样桥聚，还是像 BCl_3 那样形成多中心离域 π 键呢？事实表明，它既不像前者也不像后者，而是有其特殊的成键方式。

在 $B(Me)_3$ 中，甲基的C原子系与极小的H原子结合，电子受到的屏蔽作用小。在邻近B原子存在合适的空轨条件下，这些电子同样能发生离域。表现为σ轨道和π轨道的交盖，形成了一种特殊的离域键。这是一种超共轭效应，也可促进体系的稳定，见图2-2。

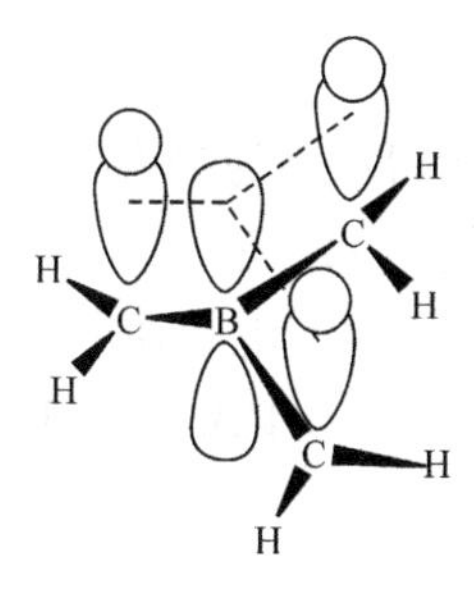

图2-2 $B(Me)_3$ 中的超共轭效应示意图

与 $B(Me)_3$ 不同，$Al(Me)_3$ 在液相、气相或苯等非极性溶剂中均以二聚体形式存在。这可能是由于Al的原子半径比B的大。通过电子离域产生的超共轭效应相对较弱。若采取桥式结构(图2-3)生成二聚体将更为有利。其中桥基 CH_3 以C的一个 sp^3 杂化轨道与两个Al各一个 sp^3 杂化轨道重叠，形成一种闭合式的三中心双电子键，这与 $AlCl_3$ 形成的二聚体 $(AlCl_3)_2$ 是以Cl为桥基的配键形式不同。

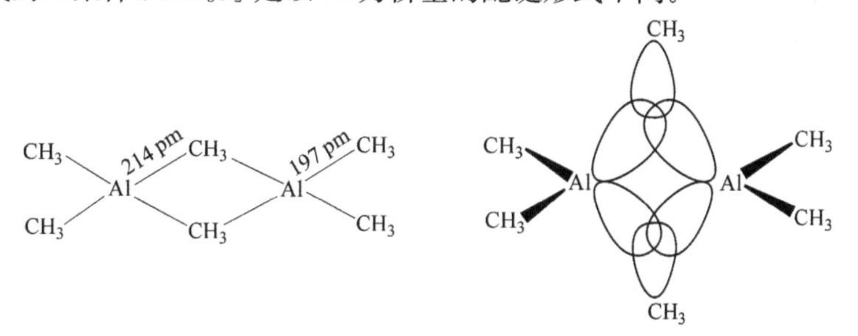

图2-3 $Al_2(CH_3)_6$ 的结构及成键

2.2 硼、铝的单质

2.2.1 硼和铝的制备

1. *硼*

在工业上，一般用浓碱在加压下分解硼镁矿，再用酸处理硼砂得到硼酸。硼酸受热脱水得氧化硼，再用镁等还原得单质硼。上述过程的主要反应式如下：

$$Mg_2B_2O_5 \cdot H_2O + 2NaOH \xlongequal{\quad} 2NaBO_2 + 2Mg(OH)_2$$

$$4NaBO_2 + CO_2 + 10H_2O \xlongequal{\triangle} Na_2B_4O_7 \cdot 10H_2O + Na_2CO_3$$

$$Na_2B_4O_7 + H_2SO_4 + 5H_2O \xlongequal{\quad} 4H_3BO_3 + Na_2SO_4$$

$$2H_3BO_3 \xlongequal{\triangle} B_2O_3 + 3H_2O$$

$$B_2O_3 + 3Mg \xlongequal{\triangle} 2B + 3MgO$$

根据制备单质硼所用的化合物不同，有以下几种不同的方法：

(1) 金属或其他还原剂（如 Na，Mg，Zn，CaC_2 等）还原 B_2O_3、BX_3。例如

$$B_2O_3+3Mg \xlongequal{\triangle} 2B+3MgO$$

$$2BCl_3+3Zn \xlongequal{\triangle} 3ZnCl_2+2B\text{（纯度约 96\%）}$$

(2) BX_3 用 H_2 还原。例如

$$2BBr_3+3H_2 \xlongequal[\triangle]{\text{W 或 Ta}} 2B+6HBr$$

所得产物为晶态 B（在 1273 K 左右以生成 α-菱形硼晶体为主），纯度达 99.9%。BF_3 不能用 H_2 还原。

(3) 电解还原。1073 K 在 KCl-KF 溶剂中电解 KBF_4，得无定形 B（纯度 95%）。

(4) BBr_3 和 BI_3 热分解。

$$2BBr_3 \xlongequal[\text{Ta 丝}]{1273\sim1573\ K} 2B+3Br_2$$

$$2BI_3 \xlongequal[\text{Ta 丝}]{1073\sim1273\ K} 2B+3I_2$$

此法可获得高纯度的 B。

晶态 B 的导电性差，化学性质也不活泼，而无定形 B 比较活泼。

2. 铝

工业上提取铝一般分两步进行：用碱溶液或碳酸钠处理铝矾土矿，从中提取 Al_2O_3，然后电解 Al_2O_3 得 Al。

第一步：

$$Al_2O_3\text{（铝矾土）}+2NaOH+3H_2O \xlongequal{\triangle} 2NaAl(OH)_4$$

或

$$Al_2O_3\text{（铝矾土）}+Na_2CO_3 \xlongequal{\text{焙烧}} 2NaAlO_2+CO_2\uparrow$$

经沉淀、过滤，除去铁、钛、钒等杂质。往滤液中通 CO_2 生成 $Al(OH)_3$ 沉淀。

$$2NaAl(OH)_4+CO_2 = 2Al(OH)_3\downarrow+Na_2CO_3+H_2O$$

$$2NaAlO_2+CO_2+3H_2O = 2Al(OH)_3\downarrow+Na_2CO_3$$

经过滤、洗涤、干燥和灼烧得 Al_2O_3。

$$2Al(OH)_3 \xlongequal{\triangle} Al_2O_3+3H_2O$$

第二步：

$$2Al_2O_3 \xlongequal[\text{电解}]{Na_3AlF_6} \underset{\text{阴极}}{4Al}+\underset{\text{阳极}}{3O_2\uparrow}$$

电解质熔液的组成为 Al_2O_3、冰晶石 Na_3AlF_6（2%～8%）及约 10% CaF_2（降低电解质熔融温度，电解温度 1239～1259 K）。产物 Al 的纯度大于 99%。

2.2.2 性质

单质硼有两种同素异形体，即无定形硼和晶态硼（前者较为活泼，后者较为惰性，但在高温和强氧化剂作用下也相当活泼）。无定形硼为棕色粉末，晶态硼呈黑灰色。硼的熔

点、沸点都很高。晶态硼的硬度很大，在单质中仅次于金刚石。晶态硼有多种复杂的结构，其中 α-菱形硼的基本结构单元为12个硼原子组成的正二十面体，每个硼原子和5个硼原子相连，d(B—B)＝177 pm（图2-4）。

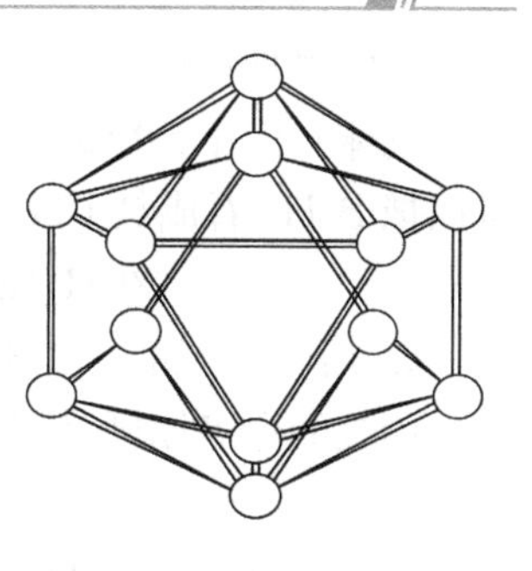

图2-4 α-菱形硼的结构

常温下，B和 F_2 反应，加热时B和 Cl_2、Br_2、I_2 反应，B和 O_2 的亲和力很强（B的燃烧热为 $-1264\ kJ \cdot mol^{-1}$）。

除 H_2、Te及稀有气体外，B能直接与所有的非金属反应，也能与许多金属生成硼化物，如 MB_6（M为Ca，Sr，Ba，La）、MB_2（M为Ti，Zr，Hf，V，Nb，Ta），MB_2 的熔点很高，硬度大。

B只能与氧化性的酸反应。1∶1的热 HNO_3 能把B氧化成 H_3BO_3。其他，如浓 HNO_3 和30％ H_2O_2 的混合溶液、浓 H_2SO_4 和 H_2CrO_4 的混合溶液、浓 H_2SO_4 和浓 HNO_3（体积比为2∶1），都能溶解B。碱溶液和熔融碱（＜773 K）都不与B反应，但在氧化剂存在下，B和强碱共熔得偏硼酸盐。

无定形硼用于生产硼钢，它是制造喷气式发动机的优良钢材，硼（^{10}B）在原子核反应堆中作中子吸收剂。

铝是银白色轻金属，是重要的金属材料。在293～573 K铝的膨胀系数为钢的2倍，纯铝的导电能力虽比铜弱，但比铜轻，且资源比铜丰富，所以在许多场合用铝代铜作导线。

一般铝表面有一层氧化物保护膜（最厚达10 nm）。氧化物保护膜可被NaCl和NaOH所侵蚀。

用铝壶煮的水含Al可达216 $\mu g \cdot L^{-1}$（铁壶煮的水中仅含铁25～29 $\mu g \cdot L^{-1}$）。纯铝（99.95％）在冷浓 HNO_3、H_2SO_4 中呈钝态，因此可用铝罐运浓 HNO_3。但铝能和稀酸、稀碱反应[产物为 H_2 和 Al^{3+} 或 $Al(OH)_4^-$]，Al和HCl作用得到 $AlCl_3 \cdot 6H_2O$ 晶体，而Al和 Cl_2 或干燥的HCl(g)反应，则得具有挥发性的无水 $AlCl_3$。受热时，Al和一些非金属，如B、Si、P、As、S、Se、Te直接反应生成相应的化合物，在2273 K和C生成浅黄色 Al_4C_3。

铝是强的还原剂，能还原金属氧化物（铝热法），如还原 Cr_2O_3 为Cr、SiO_2 为Si。

高温金属陶瓷涂层是将铝粉、石墨、二氧化钛（或其他高熔点的氧化物）按一定比例均匀混合，涂在底层金属上，然后在高温下煅烧而成，反应式如下：

$$4Al + 3TiO_2 + 3C \xlongequal{\text{高温}} 2Al_2O_3 + 3TiC$$

生成的产物都是耐高温的物质，因此在金属表面上获得了耐高温的涂层，这在火箭及导弹技术上有重要应用。

2.3 硼氢化物和卤化物

2.3.1 硼氢化物

1. 制备和命名

硼和氢气不能直接化合，但通过间接的方法可得到一系列的共价型硼氢化物，这类硼氢化物的物理性质类似于烷烃,故称之为硼烷。最简单的硼烷是乙硼烷 B_2H_6(室温下为无色气体),而不是甲硼烷 BH_3。单分子 BH_3 至今未发现,在加合物中可以发现其踪迹。可以把 B_2H_6 看成是 BH_3 的二聚体$(BH_3)_2$,该反应是放热的。

$$2BH_3(g) = B_2H_6(g) \qquad \Delta_r H_m^\ominus = -148\ kJ \cdot mol^{-1}$$

硼烷的组成属于 B_nH_{n+4}、B_nH_{n+6} 和 $B_nH_n^{2-}$($n=6\sim12$)等类型。

硼烷的命名原则是用干支词头(甲、乙、丙、丁等,10 以内数字)表示硼原子数,若硼原子数超过 10,则用中文数字词头标明硼原子数。氢原子数用阿拉伯数字标在硼烷名称的后面。例如,B_5H_9、B_5H_{11} 分别为戊硼烷-9、戊硼烷-11。

乙硼烷由 BCl_3 与 $LiAlH_4$ 在乙醚中反应制得。

$$3LiAlH_4 + 4BCl_3 = 3LiCl + 3AlCl_3 + 2B_2H_6 \uparrow$$

BF_3 与 $NaBH_4$ 反应,或 $NaBH_4$ 与 H_3PO_4 反应都可以制得 B_2H_6。

$$3NaBH_4 + 4BF_3 = 2B_2H_6 + 3NaBF_4$$

$$2NaBH_4 + 2H_3PO_4 = B_2H_6 + 2H_2 + 2NaH_2PO_4$$

工业上是在高压及 $AlCl_3$ 催化剂存在下,用 Al 和 H_2 还原 B_2O_3 制备。

$$B_2O_3 + 2Al + 3H_2 \xlongequal{AlCl_3} B_2H_6 + Al_2O_3$$

高级硼烷大都是在一定条件下,利用 B_2H_6 热解方法制得。例如

$$B_2H_6 \begin{cases} \xrightarrow{373\ K} B_4H_{10} \\ \xrightarrow[\text{二甲醚}]{423\ K} B_{10}H_{14} \\ \xrightarrow{473\sim523\ K} B_5H_9 \end{cases}$$

中性硼烷的一些性质列于表 2-2。

表 2-2　硼烷的某些性质

名　称	乙硼烷(B_2H_6)	丁硼烷(B_4H_{10})	戊硼烷-9(B_5H_9)	戊硼烷-11(B_5H_{11})	已硼烷(B_6H_{10})
熔点/K	108	153	226	150	211
沸点/K	181	291	333	338	381
溶解性	溶于乙醚	溶于苯	溶于苯	—	溶于苯
水解性	室温下很快	室温下缓慢	363 K 下 3 天水解尚未完全	迅速水解	363 K 下 16 h 水解尚未完全

2. 硼烷的反应性

硼烷均具有很强的化学活性,能与多种单质和化合物发生反应,现以 B_2H_6 为例,主要反应类型如下:

1) 氧化反应

B_2H_6 在空气中极易燃烧,生成稳定的 B_2O_3 和 H_2O,放出大量的热。

$$B_2H_6(g) + 3O_2(g) = B_2O_3(s) + 3H_2O(l) \qquad \Delta_r H_m^\ominus = -2152\ kJ \cdot mol^{-1}$$

B_2H_6 是强还原剂,能被氯气氧化。

$$B_2H_6(g)+6Cl_2(g) \xlongequal{} 2BCl_3(l)+6HCl(g) \qquad \Delta_r H_m^{\ominus}=-1376\ kJ \cdot mol^{-1}$$

但 B_2H_6 和 Br_2、I_2 作用不同于 Cl_2，主要生成卤代乙硼烷 B_2H_5X(X=I,Br)。

2) 水解、醇解反应

B_2H_6 极易与 H_2O 和 CH_3OH 中的质子结合生成 H_2 和硼的化合物。

$$B_2H_6+6H_2O \xlongequal{} 2H_3BO_3+6H_2$$

$$B_2H_6+2CH_3OH \xlongequal{} 2B(OCH_3)+4H_2$$

3) BH_4^- 的生成反应

$$B_2H_6+2NaH \xlongequal{} 2NaBH_4$$

$$B_2H_6+2LiH \xlongequal{} 2LiBH_4$$

$LiBH_4$、$NaBH_4$ 是有机合成中的"万能还原剂"。

4) 加合反应

作为路易斯酸的乙硼烷与一些路易斯碱(用∶L 表示)作用时，B_2H_6 分子中的两个氢桥键发生两种不同情况的裂解：均裂(对称裂解)和异裂(不对称裂解)。均裂时，B_2H_6 裂解为两个 BH_3 碎片，每个 BH_3 再与∶L 结合生成加合物；异裂时，裂解生成离子性产物 BH_2^+ 和 BH_4^-。B_2H_6 裂解形式与 L 碱的体积和溶剂性质有关，一般来说，较小的 L 碱导致异裂，较大的 L 碱则导致均裂，加热可形成环状化合物。

$$B_2H_6 \xrightarrow{2:L} 2BH_3(2BH_3L)$$

均裂

$$B_2H_6 \xrightarrow{2:L} BH_2^+ + BH_4^- \ ([BH_2L_2]^+ + BH_4^-)$$

异裂

(1) 均裂反应。

$$B_2H_6+2(CH_3)_3N \xlongequal{} 2H_3B:N(CH_3)_3$$

$$B_2H_6+2(C_2H_5)_2O \xlongequal{} 2H_3B:O(C_2H_5)_2$$

$$B_2H_6+2PF_3 \xlongequal{} 2H_3B:PF_3$$

(2) 异裂反应。

$$B_2H_6+2NH_3 \xlongequal{} [BH_2(NH_3)_2]^+ + BH_4^-$$

$$B_2H_6+LiNH_2 \xlongequal{} BH_2NH_2+LiBH_4$$

3. 硼烷的结构

分子中，若全部键均以双电子键为对照基准，则所有已知的硼烷均为缺电子体。在这个家族中，最简单的硼烷是乙硼烷 B_2H_6。将 B_2H_6 视为由两个 BH_3 所形成的二聚体，为桥式结构，见图 2-5。

B_2H_6 中有两个 H 原子与另外 4 个 H 原子的成键情况有所不同，B—H 键有两种键长，因而提出桥式结构的观点：①桥 H 的 1s 轨道与两个 B 原子的各一个 sp^3 杂化轨道重

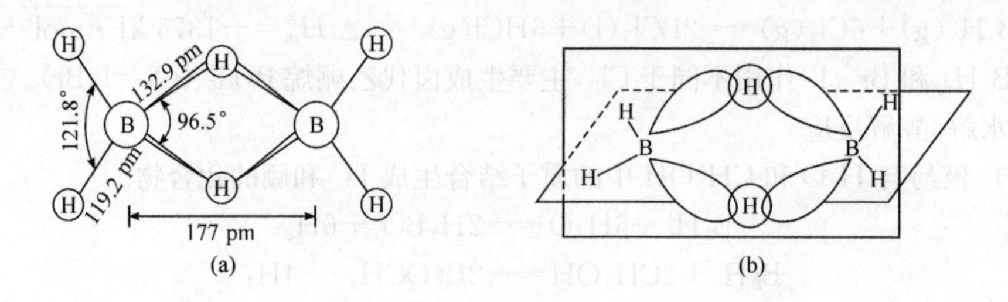

图 2-5 B_2H_6 的结构(a)和 B_2H_6 中 B—H—B 三中心氢桥键的结构模型(b)

叠，构成开放式的 B—H—B 氢桥键，它是一种三中心双电子键，通常以 3c-2e 表示；②两个 B 原子以 sp^3 杂化轨道和四个端梢的 H 原子的 1s 轨道重叠，构成四个正常的 B—H 共价键(2c-2e σ 键)，且两个 H—B—H 在同一平面上；③B—H—B平面与两端的 H—B—H 平面在空间上是互相垂直的。

12 个电子是这样分配的：①形成两个 3c-2e 氢桥键共用去 4 个电子；②两个 B 原子与四个末端 H 原子组成正常共价键共用去 8 个电子。

在这种桥式结构中，B 原子的四个价轨道虽全被利用，B_2H_6 成为相对稳定分子，但在 B—H—B 中三个原子只靠两个电子互相结合成键，这种桥式键不是正常的共价键，仍不稳定。

较复杂硼烷的化学键大致归纳为下列几种成键要素：

(1) 正常共价键，如 B—H(2c-2e 硼氢键)、B—B(2c-2e 硼硼键)。

(2) 氢桥键，如 B—H—B(3c-2e 氢桥键)。

(3) 由两个以上的硼原子组成的多中心键，如

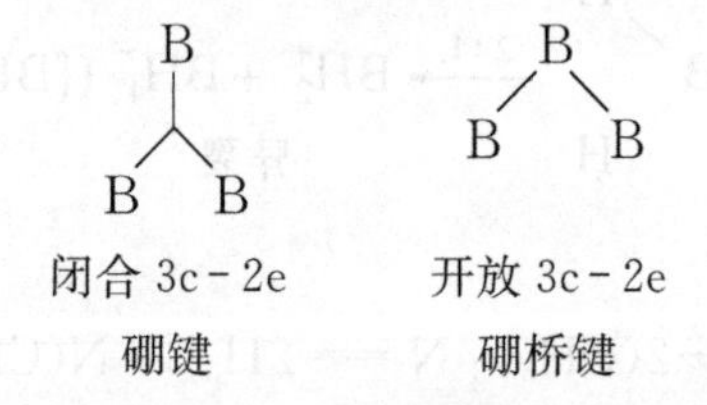

硼原子用于成键的轨道是 4 个 sp^3 杂化轨道或 3 个 sp^2 杂化轨道和一个 p 轨道。常见的开放式和闭合式 B—B—B 键，其轨道重叠情况参见图 2-6。

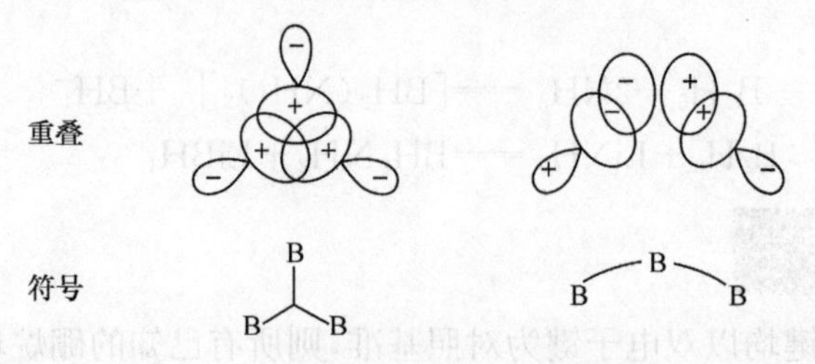

图 2-6 B—B—B 轨道重叠成键情况

复杂的硼烷有多种多中心键。以 B_5H_9 为例(图 2-7)，分子中价电子总数为 3×5+9=24，这些价电子分配如下：5 个 B—H 键用去 10 个电子，4 个 B—H—B 氢桥键用去 8 个电子，剩下 6 个电子通过五中心六电子硼键将 5 个硼原子结合在一起。

戊硼烷 B_5H_9 骨架为正四方锥结构。它的结构与拓扑图像参见图 2-7。

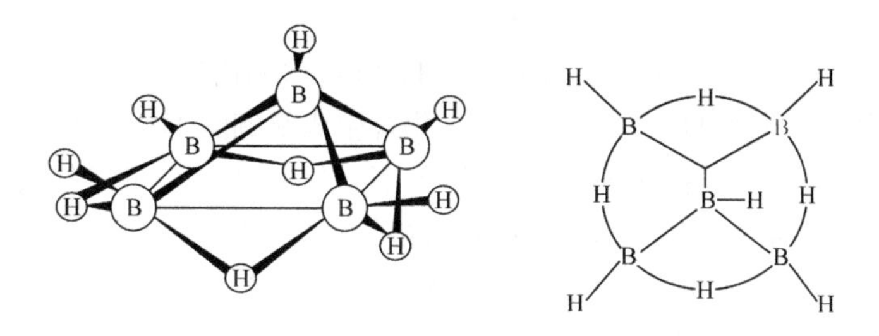

图 2-7 B_5H_9 的结构与拓扑图像

拓扑图像或拓扑法就是指仅关心分子中原子间以何种形式的化学键相连，而不关心具体的键长、键角等参数。

2.3.2 卤化物

1. 制备

卤素在加热条件下都能与硼直接反应生成三卤化硼。B_2O_3、C 和 Cl_2（或 Br_2）反应可得 BCl_3 或 BBr_3（BBr_3 中常含有 Br_2，可加 Hg 使生成 Hg_2Br_2 除去）。BF_3 是用 B_2O_3、浓 H_2SO_4 和 CaF_2 混合物加热制取。

$$B_2O_3+3CaF_2+3H_2SO_4(浓)=\!=\!=2BF_3+3CaSO_4+3H_2O$$

卤化物中最重要的是 BF_3 和 BCl_3，纯的卤化物为无色，但 BBr_3 和 BI_3 见光会部分分解而显浅黄色。室温下，BF_3 和 BCl_3 为气体（BCl_3 在加压下为液体），BBr_3 为挥发性液体，BI_3 为固体。三卤化硼物理状况的这种变化趋势与色散力随分子体积和电子数的增加而增大有关。三卤化硼一些性质列于表 2-3。

表 2-3 三卤化硼的一些性质

物 质	BF_3	BCl_3	BBr_3	BI_3
熔点/K	146	166	227	316
沸点/K	172	285	364	483
共价半径之和/pm	152	187	199	—
实测键长/pm	131	174	189	210
键能/(kJ·mol^{-1})	646	444	368	267
* $\Delta_f G^\ominus$/(kJ·mol^{-1})	−1112	−389	−232	21

* 298 K 形成气态卤化物的数据。

2. BX_3 的重要性质

BX_3 表现出的性质与中心 B 原子的缺电子性和 X 原子的半径等因素有关，大致归纳如下：

(1) 水解性。BX_3 在潮湿空气中因水解而发烟，但产物略有差别。

$$BX_3+3H_2O=\!=\!=H_3BO_3+3HX \qquad (X=Cl,Br,I)$$

BF_3 的水解较为复杂，溶于水时有一定程度的水解，产物通常是 HBF_4 和 H_3BO_3，水解总反应式为

$$4BF_3 + 3H_2O = H_3BO_3 + 3HBF_4$$

可能是第一步水解生成的 HF 与过量的 BF_3 化合生成氟硼酸 HBF_4（由于 F 半径小，B 的最大配位数为 4。而 Cl^- 半径比 F^- 大，在 B 周围不易容纳 4 个半径较大的 Cl^-），HBF_4 为强酸。BF_3 与一定量的水形成 $H_2O \cdot BF_3$ 晶体（熔点 279 K）和 $(H_2O)_2 \cdot BF_3$ 晶体（熔点 279.2 K），且后者比前者更稳定。在这种固体中，第二个水分子是靠氢键结合的（$BF_3 \cdot OH_2 \cdots OH_2$）。在熔点 279.2 K 以上时，配体内发生质子转移形成正、负离子 H_3O^+、$[BF_3OH]^-$。

$$H_2O \cdots H—O(H)\to BF_3 \underset{结晶}{\overset{熔化(279.2\ K)}{\rightleftharpoons}} [H_3O]^+ [HO—BF_3]^-$$

在这两种水合物的液相中存在下列平衡：

$$H_2O \cdot BF_3 = H^+ + BF_3OH^-$$

$$(H_2O)_2 \cdot BF_3 = H_3O^+ + BF_3OH^-$$

(2) 配合性。BX_3 是路易斯酸，能与路易斯碱形成一系列加合物（或配合物），其稳定性与接受体和给予体的性质有关。在大多数情况下，配位体中配位原子的特性对配合物有较显著的影响。O、N 作配位体的配位原子通常比 P、S 的稳定，如 $(CH_3)N \cdot BF_3$ 和 $(CH_3)_2O \cdot BF_3$ 比 $(CH_3)_3P \cdot BF_3$ 和 $(CH_3)_2S \cdot BF_3$ 稳定，即 O 和 N（属硬碱配体元素）与 B 形成的加合物分别比它们同族元素 S、P（属软碱配体元素）稳定。这是因为 BF_3 属硬酸，硬亲硬生成的配合物稳定性高，它们之间是以静电作用为主。值得注意的是，空间位阻效应也会影响配合物的稳定性，有时会处于主导地位，如 $(C_6H_5)_3N$ 不能与 BF_3 形成配合物，而 $(C_6H_5)_3P \cdot BF_3$ 却是稳定的，这是由于 N 的半径比 P 小，体积大的苯基产生位阻效应。

BF_3 与 NH_3 形成加合物 $BF_3 \cdot NH_3$（当温度超过 398 K 时将分解为 NH_4BF_4 和 BN）。

$$4BF_3 \cdot NH_3 \xlongequal{\triangle} 3NH_4BF_4 + BN$$

BF_3 仅在低温下与 PH_3 形成加合物。其他 BX_3 与 PH_3 或 AsH_3 都能形成 1∶1 加合物（其中 $H_3P \cdot BCl_3$ 在强热下会分解为 BP 和 HCl）。

(3) BX_3 是制备单质硼和乙硼烷等的原料。

(4) BF_3 和 BCl_3 是许多有机反应的催化剂（参见本章有关应用方面的内容）。

(5) BF_3 与 Na_2CO_3 溶液反应可产生 BF_4^-、$B(OH)_4^-$ 和 CO_2。

2.4 硼的含氧化合物

2.4.1 氧化硼

单质 B 在空气中加热或 H_3BO_3 受热脱水都生成 B_2O_3（H_3BO_3 加热脱水时首先生成 HBO_2，然后转变为 B_2O_3）。

B_2O_3 是白色固体，常见的有无定形和晶体两种（结晶状 B_2O_3 具有二维片状结构），它们的密度有差别，晶体比较稳定。

$$B_2O_3(\text{无定形}) = B_2O_3(\text{六方晶}) \qquad \Delta_r H_m^{\ominus} = -19.2\ \text{kJ} \cdot \text{mol}^{-1}$$

熔融的 B_2O_3 能和许多金属氧化物，如 M_2O（M 为 Li，Na，K，Rb，Cs，Cu，Ag，Tl）、M_2O_3（M 为 As，Sb，Bi）完全互溶，或其他金属氧化物部分互溶均生成玻璃状硼酸盐。这些硼酸盐中有的具有特征的颜色，如 $NiO \cdot B_2O_3$ 显绿色，$CuO \cdot B_2O_3$ 显蓝色；有些具有特殊的用途，如 Li、Be 和 B 的氧化物所组成的玻璃可作 X 射线仪器的窗。

加热到一定温度时，B_2O_3 和 NH_3 反应生成白色的氮化硼 $(BN)_n$。B_2O_3 在 873 K 与 CaH_2 反应生成六硼化钙 CaB_6。

B_2O_3 和 H_2O 结合成硼酸，其中常见的有（正）硼酸 H_3BO_3、偏硼酸 HBO_2 及四硼酸 $H_2B_4O_7$ 三种。B_2O_3 与 NaOH 共熔产生 Na_3BO_3 和 H_2O；与 Na_2CO_3 在加热时生成 $Na_2B_4O_7$ 和 CO_2。

2.4.2 硼酸

用硫酸分解硼镁矿（$Mg_2B_2O_5 \cdot H_2O$）或将硼砂或其他硼的含氧酸盐用强酸处理，都可以制得硼酸。H_3BO_3 可作润滑剂，大量用于搪瓷和玻璃工业。

H_3BO_3 是六角片状的白色晶体。H_3BO_3 中 B 以 sp^2 杂化轨道分别和 3 个 O 结合成平面三角形结构。在 H_3BO_3 晶体中，OH 间以氢键相连（图 2-8）。B—O、O—H、O—H…O 键长分别为 136 pm、88 pm、272 pm，∠OBO=120°，∠BOH 为 126°、114°，层间距为 318 pm。

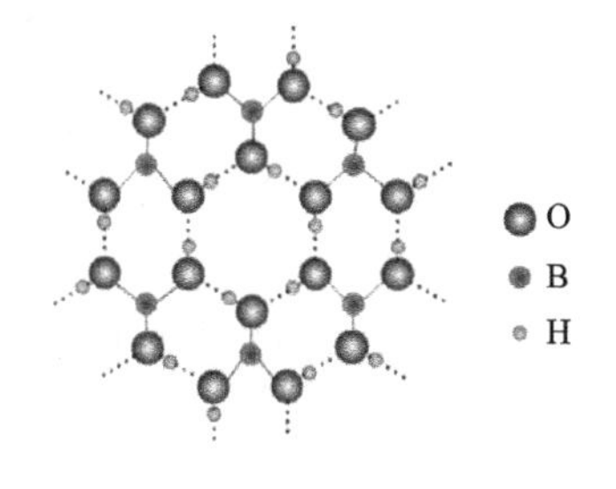

图 2-8 H_3BO_3 晶体的结构

硼酸的主要性质如下：

(1) H_3BO_3 能溶于水，溶解度随温度升高而增加（晶体中部分氢键断裂）。

(2) 硼酸是一元弱酸，$K_a = 5.8 \times 10^{-10}$。它在水中表现出来的弱酸性并不是 H_3BO_3 本身电离出 H^+ 所致，而是水分子中氧原子的孤对电子填入中心 B 原子的 p 空轨道，加合而生成 $B(OH)_4^-$。

$$H_3BO_3 + H_2O = \left(\begin{array}{c} OH \\ | \\ HO—B—OH \\ | \\ OH \end{array} \right)^- + H^+$$

这种结合方式充分体现了硼化合物的缺电子特征。因此，H_3BO_3 为路易斯酸。

若在 H_3BO_3 体系中加入甘露醇、四羟基醇、丙三醇等含有顺式相邻羟基的多羟基化合物，由于它们可与 $B(OH)_4^-$ 生成稳定的配合物，有效地湮没了 $B(OH)_4^-$，推动可逆平衡向右移动，使溶液的酸性大大增强（K_a 由 10^{-10} 增大至 10^{-6}）。

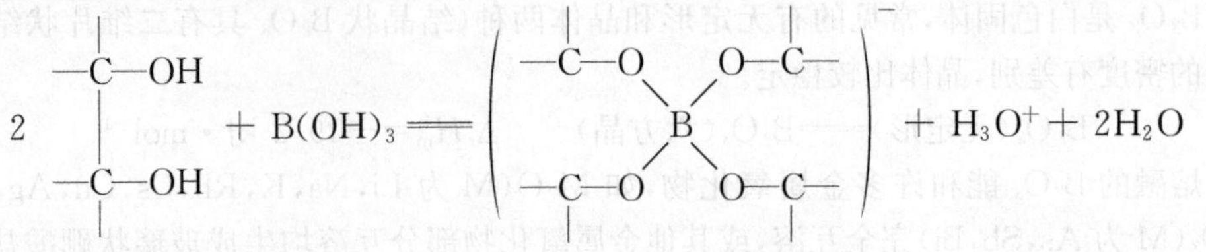

$$2\begin{matrix}|\\ -C-OH\\ |\\ -C-OH\\ |\end{matrix} + B(OH)_3 = \left(\begin{matrix} -C-O & & O-C- \\ & B & \\ -C-O & & O-C- \end{matrix}\right)^- + H_3O^+ + 2H_2O$$

以此用于强碱对硼酸溶液的中和滴定，可使滴定突跃猛增，有利于终点的判断，从而保证滴定误差在允许的范围之内。

(3) 硼酸和甲醇或乙醇在浓 H_2SO_4 存在下生成硼酸酯，硼酸酯在高温下燃烧挥发产生特有的绿色火焰，此反应可用于鉴别硼酸、硼酸盐等含硼化合物。由于生成的硼酸酯容易水解，所以在反应时需用浓 H_2SO_4 吸水，以抑制水解。例如

$$H_3BO_3 + 3CH_3CH_2OH \xrightarrow{\text{浓 } H_2SO_4} \underset{\text{硼酸三乙酯}}{B(CH_3CH_2O)_3} + 3H_2O$$

(4) H_3BO_3 遇到极强的酸性氧化物（如 P_2O_5 或 As_2O_3）或酸时，则表现为弱碱性。例如

$$2H_3BO_3 + P_2O_5 \xlongequal{\text{煮}} 2BPO_4 + 3H_2O$$

$$H_3BO_3 + H_3PO_4 \xlongequal{\text{煮}} BPO_4 + 3H_2O$$

(5) $HB(OH)_4$ 溶液和 HF 作用时，F 能逐个取代 $HB(OH)_4$ 中的 OH，形成一、二、三、四氟硼酸。HBF_4 是强酸。

综合上述，硼酸参与化学反应时 B 原子的配位数为 3 或 4，如 $B(OR)_3$、HBF_4。

2.4.3 硼砂

硼砂是最常见的四硼酸盐，因含水量不同而有 $Na_2B_4O_5(OH)_4 \cdot 8H_2O$[四硼酸钠盐 $Na_2B_4O_5(OH)_4 \cdot 8H_2O$，工业上一般写为 $Na_2B_4O_7 \cdot 10H_2O$]和 $Na_2B_4O_5(OH)_4 \cdot 3H_2O$ 两种。$B_4O_5(OH)_4^{2-}$ 的结构见图 2-9。

硼砂是无色晶体，在空气中易风化，加热时发生下列转变：

$$Na_2B_4O_7 \cdot 10H_2O \xrightarrow{650\text{ K}} Na_2B_4O_7 \xrightarrow{1150\text{ K}} \underset{\text{（玻璃态）}}{Na_2B_4O_7(l)}$$

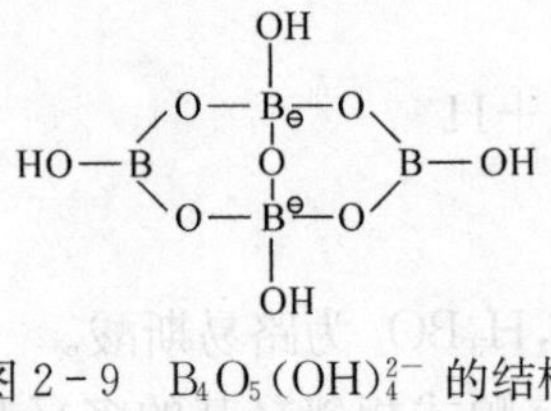

$$\begin{matrix} & & OH & & \\ & & | & & \\ & O- & B^{\ominus} & -O & \\ HO-B & & O & & B-OH \\ & O- & B^{\ominus} & -O & \\ & & | & & \\ & & OH & & \end{matrix}$$

图 2-9 $B_4O_5(OH)_4^{2-}$ 的结构

可把 $Na_2B_4O_7$ 视为由 2mol $NaBO_2$ 和 1mol B_2O_3 组成的化合物，因 B_2O_3 为酸性氧化物，能与许多金属氧化物反应生成 $M(BO_2)_n$。例如

$$Na_2B_4O_7 + CoO = 2NaBO_2 \cdot \underset{\text{（蓝色）}}{Co(BO_2)_2}$$

许多 $M(BO_2)_n$ 具有特征颜色，用于鉴定金属离子（硼砂珠实验）。硼砂在高温下能与金属氧化物作用，在玻璃工业上用于制造特种玻璃，在陶瓷和搪瓷工业上可用来点釉，焊接金属时可除去金属表面的氧化物。

硼砂是强碱弱酸盐，易溶于水，水解呈碱性。纯硼砂为标准的缓冲溶液(293 K 时，pH=9.24)。这是因为 $B_4O_5(OH)_4^{2-}$ 水解生成等物质的量的 H_3BO_3 和$B(OH)_4^-$(缓冲对)。

$$B_4O_5(OH)_4^{2-}+5H_2O=\!=\!=2H_3BO_3+2B(OH)_4^-$$

硼砂的水解产物 H_3BO_3 为弱酸，$B(OH)_4^-$ 为弱酸根，它们组成缓冲体系。当$B(OH)_4^-$遇酸生成 H_3BO_3，H_3BO_3 遇碱(浓度适当)则生成硼砂，因而具有缓冲作用。

2.4.4 硼酸盐的结构

硼酸盐种类繁多，构成这些盐的硼酸根阴离子的基本结构单元是 BO_3(平面三角形)和 BO_4(四面体)，即 B 原子有三配位和四配位两种形式。下面介绍其连接方式。

(1) 含有单个 BO_3^{3-}、BO_4^{5-} 的硼酸盐，如(RE)BO_3 和 $TaBO_4$。

(2) 2 个硼酸根以角氧相连：

(i) 2 个 BO_3^{3-} 连接成 $B_2O_5^{4-}$，如 $Mg_2B_2O_5$、ThB_2O_5。

(ii) 2 个 $B(OH)_4^-$ 连接成$[(HO)_3BOB(OH)_3]^{2-}$，如 $Mg[(HO)_3BOB(OH)_3]$。

(3) 3 个硼酸根相连：

(i) 3 个 BO_3^{3-} 相连成环状结构，其中 3 个 B 和 3 个 O 连成六元环，如 $Na_3B_3O_6$、$K_3B_3O_6$ 习惯上把它们的化学式写成 MBO_2。

(ii) 3 个 BO_4^{5-} 以角氧相连成六元环，如$[B_3O_9]^{9-}$。

(iii) BO_3^{3-} 和 BO_4^{5-} 相连成环，如$[CaB_3O_4(OH)_3]\cdot H_2O$(其中含两个 BO_4 单元)。

(4) 4 个硼酸根相连，最重要的是硼砂。

凡 4 个或 4 个以上硼酸根相连时，绝大多数是 B 原子以三配位和四配位同 O 原子结合形成的结构。

ThB_2O_5 称为焦硼酸钍；KBO_2 称为偏硼酸钾。

2.5 硼氮化物

2.5.1 氮化硼

氮化硼$(BN)_n$ 具有耐高温、耐腐蚀、润滑、电绝缘和特硬等优良性能，是一种新型的无机材料。

在实验室中，可通过熔融硼砂和氯化铵的混合物制备较纯的氮化硼，在 1473 K 时，B_2O_3 与 NH_3 反应也可制得氮化硼。将 B_2H_6 和 N_2 的混合物通过等离子体法合成超细氮化硼。

BN 有三种晶形：无定形(类似于无定形碳)、六方晶形(类似于石墨)及立方晶形(类似于金刚石)。六方晶形的 BN 又称白石墨，其结构见图 2-10。

$(BN)_n$ 和碳的单质$(C_2)_n$ 是等电子体(BN，C_2 中都有 8 个价电子)。六方氮化硼中[图 2-10(b)]，同一层上 B 和 N 通过 sp^2 杂化轨道以 σ 键连接成六角形蜂巢状的平面，层内 B—N 键键长为 145 pm(石墨的 C—C 键键长为 142 pm)，比正常 B—N 键键长 154 pm要短，这意味着 B 和 N 形成 σ 键余下的价电子可能用来形成大 π 键，层与层间距

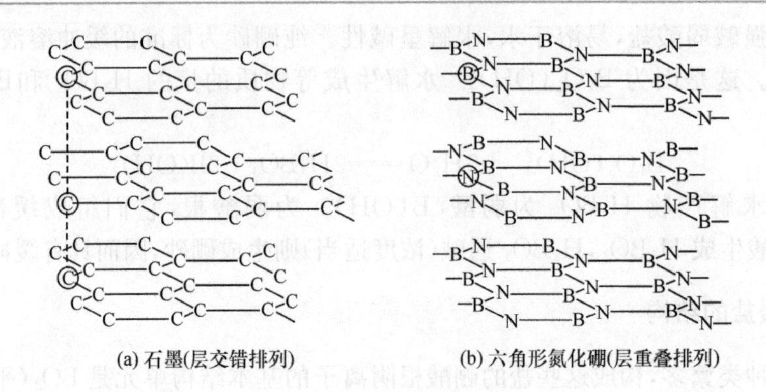

(a) 石墨(层交错排列)　　(b) 六角形氮化硼(层重叠排列)

图 2-10　BN 与石墨的六角形层状结构的比较

大于330 pm(石墨的间距为 337 pm)。在 7 MPa 和 3273 K 下,氮化硼的结构由石墨型转变为金刚石型,它比金刚石还要硬。

氮化硼非常稳定,在加热到很高温度(红热时)才能被水蒸气分解产生氨气和硼酸。在较低温度下,BN 可被 F_2 或 HF 分解(分别产生 BF_3 和 N_2 及 NH_4BF_4)。

2.5.2　硼氮六环

硼氮六环(无机苯)$B_3N_3H_6$ 的电子结构和几何形状都与苯相似,见图 2-11。

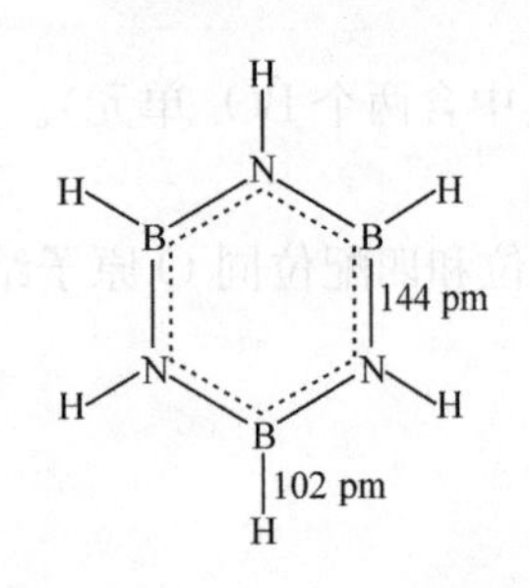

图 2-11　$B_3N_3H_6$ 的结构

在 $B_3N_3H_6$ 中,B 和 N 原子都以 sp^2 杂化轨道相互结合,在成环的 6 个原子中 3 个 B 原子各有 1 个空 p 轨道,3 个 N 原子各有 1 个 p 轨道和 1 对 p 电子,共计 6 个 p 轨道和 6 个 p 电子,形成 π_6^6 键。6 个 π 电子由 3 个 N 原子提供,这就得到了与苯完全相似的结构(与苯是等电子分子),所以称为无机苯(在结构上和物理性质上同苯相似,但在化学性质上与苯是有根本区别的)。

制备硼氮六环的化学反应式如下:

$$3NH_4Cl + 3BCl_3 \xrightarrow{\triangle, C_6H_5Cl} H_3N_3B_3Cl_3 + 9HCl$$

$$3LiBH_4 + H_3N_3B_3Cl_3 \xrightarrow{THF} B_3N_3H_6 + 3/2B_2H_6 + 3LiCl$$

$B_3N_3H_6$ 为无色液体。它容易与水、甲醇和卤化氢形成 1∶3 加合物。$B_3N_3H_6$ 还容易与单质氯、溴和碘作用。$B_3N_3H_6$ 可得到质子形成 $H_3B_3N_3H_4^+$,失去质子形成 $H_2B_3N_3H_3^-$。

2.6　铝的化合物

2.6.1　卤化铝

AlX_3 中 AlF_3 的性质较为特殊,它是白色离子型化合物,298 K 时,其溶解度为 0.559 g·(100g H_2O)$^{-1}$。其他无水 $AlCl_3$、$AlBr_3$、AlI_3 均为共价型化合物。由于 F^- 半径小,可与 Al^{3+} 生成 6 配位化合物,如 Na_3AlF_6;而 Cl^- 与 Al^{3+} 生成 4 配位化合物,如

$LiAlCl_4$、$KAlCl_4$ 等。

在 AlX_3 中以 AlF_3 和 $AlCl_3$ 最为重要。它们的某些性质见表 2-4。

表 2-4 卤化铝的某些性质

物 质	AlF_3	$AlCl_3$	$AlBr_3$	AlI_3
常温下颜色	白色	白色	白色	棕色片状(含微量 I_2)
熔点/K	1564	463	371	464
升华温度/K	1545	453	529	654
键型	离子型	过渡型	共价型	共价型

在熔融态、气态和非极性溶剂中，$AlCl_3$、$AlBr_3$ 和 AlI_3 均有二聚体 Al_2X_6 存在。在一定温度下，Al_2Cl_6 可解离为平面三角形的 $AlCl_3$。与 $AlCl_3$ 相似，在液相或气相中也都存在 $AlBr_3$ 和 Al_2Br_6 之间的平衡。$AlCl_3$ 各种状态的变化及相应结构关系见图 2-12。

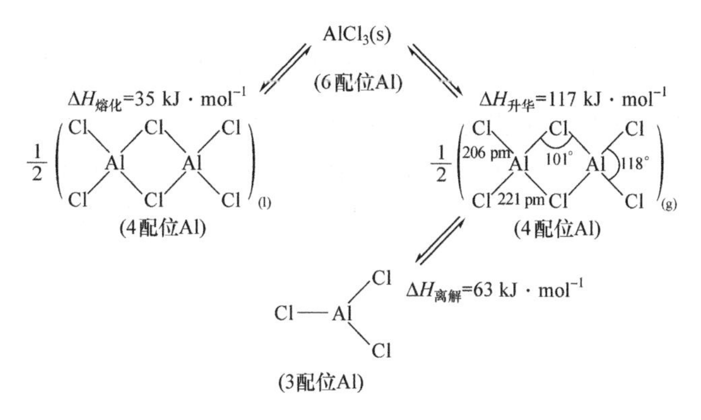

图 2-12 三氯化铝的状态变化和相关结构

Al_2Cl_6、Al_2Br_6 和 Al_2I_6 解离能分别为 63 kJ · mol^{-1}、59 kJ · mol^{-1}和 50 kJ · mol^{-1}。

$AlCl_3$、$AlBr_3$ 和 AlI_3 都是缺电子体，它们是典型的路易斯酸，可以与路易斯碱作用。最常见的路易斯酸碱加合物形式是 AlX_3L(L：路易斯碱)，常见的配位原子是 N 和 O，如 $AlCl_3 \cdot NH_3$、$AlCl_3 \cdot C_4H_9NH_2$ 等。基于这一性质，$AlCl_3$ 成为有机合成中常用的催化剂。

无水 $AlCl_3$ 在潮湿空气中冒烟，遇水发生激烈水解并放热。$AlCl_3$ 逐渐水解产生碱式盐，如 $Al(OH)Cl_2$、$Al(OH)_2Cl$ 等，最终产物为 $Al(OH)_3$ 沉淀。由于 Al^{3+} 易水解，所以卤化铝水合物加热脱水得到的是 Al_2O_3 和 HX。

熔融 $AlCl_3$、$AlBr_3$ 与金属卤化物作用得 $MAlCl_4$、$MAlBr_4$(M=Na,K,Ag,Zn,…)。含 AlI_4^- 的化合物不稳定。

2.6.2 聚合氯化铝

聚合氯化铝(PAC)也称碱式氯化铝，是一种无机高分子材料，组成为 $[Al_2(OH)_nCl_{6-n}]_m$($1 \leqslant n \leqslant 5, m \leqslant 10$)。它是一个多羟基多核配合物。

聚合氯化铝是在自来水净化和废水处理中应用非常广泛的无机类絮凝剂。净水沉降效率比硫酸铝高 2~6 倍。

铝盐溶于水时，首先生成水合铝配离子$[Al(H_2O)_6]^{3+}$。水合铝配离子在水中发生一系列水解反应，释放 H_3O^+ 而导致水体 pH 降低。

$$[Al(H_2O)_6]^{3+}+H_2O = [Al(OH)(H_2O)_5]^{2+}+H_3O^+$$

实验表明，聚合氯化铝水溶液中 Al 的形态有单体和聚合体形态，其形态分布与 pH 有关。pH = 4 ~ 5.5 时，主要形态有$[Al(H_2O)_6]^{3+}$、$[Al(OH)(H_2O)_5]^{2+}$、$[Al(OH)_2(H_2O)_4]^+$。pH>7 时，主要是 $Al(OH)_3$ 沉淀物，pH>9 时有$[Al(OH)_4]^-$生成。除单体形态外，还有聚合体，如二聚体 $\left[(H_2O)_4Al\langle^{OH}_{OH}\rangle Al(H_2O)_4\right]^{4+}$、十三聚体$[AlO_4Al_{12}(OH)_{24}(H_2O)_{12}]^{7+}$。聚合体是由单体羟基铝配离子发生聚合反应产生的。以二聚体的生成为例：

$$2[Al(OH)(H_2O)_5]^{2+} = [Al_2(OH)_2(H_2O)_8]^{4+}+2H_2O$$

铝的聚合形态分布与水中铝浓度、pH、羟铝比(OH/Al)及其他因素(如陈化时间、动力学等)有关。例如，在 OH/Al 比大于 2.5 时，占优势形态为十三铝高聚物$[AlO_4Al_{12}(OH)_{24}(H_2O)_{12}]^{7+}$，简写为$[Al_{13}O_4(OH)_{24}]^{7+}$，实验结果表明它是起絮凝作用的主要活性物质。

在 Al(Ⅲ)水解-聚合反应过程中，水解与聚合反应同时交错进行，结果是趋向于生成低电荷稳定结构的聚合羟基配离子。值得注意的是，PAC 中 Al 的形态分布与其制备方法有关。

在使用中发现，PAC 与硫酸铝的一个区别是，前者在水中分解，形态"由大到小"；后者在水中聚合，形态"由小到大"。

聚合氯化铝的工业制备法，按生产工艺可分为酸法、碱法、中和法、热解法等。按含铝原料又可分为两大类：一类是含铝矿物，包括铝土矿、黏土、高岭土、明矾石等；另一类是其他含铝原料，包括金属铝、废铝屑、铝灰、氢氧化铝、三氯化铝、煤矸石、粉煤灰等。例如，以铝灰(主要成分为 Al 和 Al_2O_3)和废铝为原料生产 PAC 的工艺流程为铝灰→酸溶→水解→聚合→液体产品 PAC。

(1) 酸溶。铝灰与盐酸反应。

$$Al_2O_3+6HCl+9H_2O = 2[Al(H_2O)_6]Cl_3$$

$$2Al+6HCl+12H_2O = 2[Al(H_2O)_6]Cl_3+3H_2\uparrow$$

(2) 水解。随着铝的溶出，pH 逐渐升高，促使水合铝配离子水解产生羟基水合铝离子。

(3) 聚合。pH 继续升高到 4.0 以后，发生聚合反应生成多羟基多核配合物$[Al_2(OH)_nCl_{6-n}]_m$。液体 PAC 用喷雾干燥法可得固体 PAC 产品。

2.6.3 类质同晶体

凡化学组成类似的不同物质形成结构相同或相近的晶体称为类质同晶体，如

$KAl(SO_4)_2 \cdot 12H_2O$、$KCr(SO_4)_2 \cdot 12H_2O$、$CsRh(SO_4)_2 \cdot 12H_2O$等。以上化合物都称为矾(复盐的一种)，用通式表示为$M^I M^{III}(SO_4)_2 \cdot 12H_2O$($M^I$是$K^+$，$Rb^+$，$Cs^+$，$NH_4^+$，$Tl^+$；$M^{III}$是$Al^{3+}$，$Ga^{3+}$，$Fe^{3+}$，$Cr^{3+}$，$V^{3+}$，$Rh^{3+}$等；$SO_4^{2-}$ 也可被 SeO_4^{2-} 取代)。按这种形式形成的矾有相似的性质。K^+、NH_4^+、Rb^+等以及 SO_4^{2-} 可以相互同晶置换。Al^{3+}可被许多离子半径相近的三价过渡金属离子所取代。这种类质同晶现象可看作结构中的某些离子被其他种离子所取代而不改变原有结构类型的晶体。

$KAl(SO_4)_2 \cdot 12H_2O$俗称明矾(也称铝钾矾)，易溶于水并水解，其水解产物有吸附和絮凝作用，常用作净水剂。

2.7 镓、铟、铊

2.7.1 存在和性质

镓、铟、铊在地壳中含量很少而且分散，它们不是以单独矿物存在。镓主要分散在铝矾土矿、某些硫化物矿和煤中，铟和铊则存在于闪锌矿等矿物中。

镓、铟、铊都是软的白色活泼金属。由于镓的熔点(301.78 K)和沸点(2676 K)间液态温度区间特别大(是所有单质中最大的)，所以用来做测高温的温度计。镓有低的熔点，而沸点却很高，这与它的晶体结构有关。在固态镓中存在原子对，原子对内部结合很牢，而原子对之间的结合力较弱，熔融时只破坏部分原子对间的结合力，需要的能量少，因此其熔点很低。当继续加热使其变为气态的单个Ga原子，需破坏原子对内部较强的结合力，需要较高的能量，因此Ga的沸点很高。

Ga的性质和Al的性质极为相似。Ga的金属性稍弱于Al。纯Ga和稀酸作用很慢，但和热HNO_3、王水或碱液作用却很快。Ga和In与ⅤA族生成一系列的新型半导体材料，如GaP、GaAs、GaSb、InP、InAs、InSb(在高温高压下由相应的单质直接合成)。

Ga和Tl与硼族其他元素相比，有些特殊的表现，前者与有效核电荷(比Al多10个d电子)有关，后者可用惰性电子对效应说明。

2.7.2 氢氧化物和氧化物

Ga、In与Al的氢氧化物性质相似，如$Ga(OH)_3$、$In(OH)_3$都是两性的。Tl以+1氧化态稳定(由族往下+1氧化态的稳定性增大)，TlOH为强碱性的，不存在$Tl(OH)_3$。Tl^+的半径和K^+、Rb^+相近，它们的性质有相似之处。

Ga、In、Tl都能生成氧化物Ga_2O_3、In_2O_3、Tl_2O_3。其中Ga_2O_3有多种变体。Tl_2O_3易分解(约373 K)为Tl_2O和O_2。

2.7.3 卤化物

镓、铟各有4种三卤化物，室温下铊有TlF_3和$TlCl_3$和4种一卤化物。卤化物中MF_3是离子型化合物，其余主要是共价型化合物。

经实验测定，$GaCl_2$是由$[GaCl_4]^-$和Ga^+组成的离子化合物，其化学式为$Ga[GaCl_4]$，是抗磁性的($GaCl_2$中并不存在Ga^{2+}，Ga^{2+}外层电子构型为$4s^1$，应为顺磁性)。与 $GaCl_2$ 相似,$InCl_2$ 中不存在 In^{2+},其化学组成应是 $In^+[InCl_4]^-$。与铝相似,GaF_3 也能形成 M_3GaF_6 配合物(M 为 Na^+,K^+,NH_4^+)。气态 $GaCl_3$ 是二聚物 Ga_2Cl_6。$InCl_3$ 能与碱金属氯化物形成配合物,如 K_3InCl_6。Tl(Ⅲ)与 Cl^- 的配离子有 $TlCl_4^-$、$TlCl_5^{2-}$、$TlCl_6^{3-}$ 等。$TlBr_3$ 和 TlI_3 均不存在,$TlCl_3$ 在加热到 313 K 时便分解为 TlCl 和 Cl_2。Tl 与 HCl 反应可产生难溶 TlCl 沉淀并放出 H_2。TlX 与 AgX(X 为 Cl,Br,I)有许多相似之处,如颜色、难溶性。Tl^+、K^+、NH_4^+ 的电荷相同、半径相近,但 MX(M 为 Tl^+,K^+,NH_4^+;X 为 Cl,Br,I)中 TlX 的溶解度最小(表 2-5),这是由于 Tl^+ 为 18+2 电子构型,具有较大的极化能力,使 TlX 具有明显的共价特征。其中,TlI 的溶解度最小,这与 I^- 的半径大、变形性大和 Tl^+(18+2 电子结构)与 I^- 间的极化作用特别强有关。

表 2-5　钾、铵和铊(Ⅰ)卤化物的溶解度 [单位:g·(100 g 水)$^{-1}$]

离　子	K^+	NH_4^+	Tl^+
MCl	25	27	0.33
MBr	39	43	0.057
MI	59	64	0.006

注:此表数据只能说明其变化趋势,仅供参考。

2.7.4　砷化镓的反应性与制备方法

砷化镓是最重要的半导体材料,外观呈亮灰色,具金属光泽、性脆而硬。晶体结构与硅、金刚石相似,在常温下比较稳定。不与空气中的氧气或水作用,加热到 873 K 时,开始生成氧化膜。常温下 GaAs 不与 HCl、H_2SO_4、HF 等反应,但能与浓 HNO_3 反应,也能与热的 HCl 和 H_2SO_4 作用。当 GaAs 熔入某些金属后,能改变其导电性能,产生空穴或电子导电(如熔入 Zn 和 Cd 则产生空穴导电)。

GaAs 的制备通常采用 Ga 和 As 直接化合的方法,其中水平区域熔炼法是普遍采用的技术(控制镓处于高温区,砷处于低温区,不断蒸发的砷蒸气进入镓中,与镓化合生成砷化镓熔体。当达到一定的计量比时,可降低温度,熔体逐步凝固,即得砷化镓)。通过区域提纯,便可获得单晶(参见第 16 章)。

采用间接的方法也可获得 GaAs,如氯化镓用砷蒸气还原来制备 GaAs;镓的烷基化合物 $Ga(CH_3)_3$ 和 AsH_3 在一定温度下,发生热分解反应得到 GaAs。

$$GaCl + \frac{1}{2}H_2 + \frac{1}{4}As_4 = GaAs + HCl$$

$$Ga(CH_3)_3 + AsH_3 \xlongequal{\triangle} GaAs + 3CH_4$$

2.8　应　　用

2.8.1　缺电子化合物的重要应用——催化作用

利用缺电子体的亲电子倾向,可促进许多反应的进程。硼族卤化物具有缺电性的这一特点刚好可以在催化中加以利用。例如,$AlCl_3$、BF_3、BCl_3 等都是良好的路易斯酸催化剂，对许多有机反应，如烷基化、异构化、聚合、卤化、环化等均有很好的催化能力，在生产和实验上常被采用。但它们在许多催化过程中的作用尚未完全弄清楚，一般认为是由于形成了配合物，产生了离子型中间产物。以苯与卤代烷作用生成烷基苯为例，如用上述三卤化物作为催化剂，它们的机理大致如下：

(1) 催化剂路易斯酸(L)与反应物之一卤代烷(RX)作用，生成 LX^-，同时产生正碳离子 R^+，反应式为

$$RX+L \longrightarrow R^+ + LX^-$$

(2) 正碳离子对另一反应物苯的亲电进攻，生成产物烷基苯。

$$C_6H_6 + R^+ \longrightarrow C_6H_5R + H^+$$

催化剂在第一步起了关键的作用。利用它的缺电子性，首先吸引卤代烷的 C—X 键之间的成键电子对，形成一种三中心双电子键：

$$\left[R\text{- - -}\langle\begin{matrix} X \\ L \end{matrix} \right]$$

这时 R—X 之间的作用已较原来减弱，而 L—X 之间的联系已部分形成。这一过程继续下去，由于 L、X 对电子的亲和力大于 R，这一对电子最后完全被 L—X 所共有而成为 LX^-，R—X 之间的联系因此完全断裂，这时烷基便成为缺少一个电子的正碳离子 R^+ 而解离出来。它是化学上一种十分活泼的物种，容易对苯发动亲电进攻，后续反应也就容易进行了。

2.8.2 无机阻燃剂

随着科学技术的发展，大量有机高分子合成材料(包括塑料，合成纤维，合成橡胶等)被广泛用于工农业生产、城市建筑和人们日常生活用品中。这些合成材料大都是容易燃烧，而且在燃烧时通常会放出大量浓烟和毒气。为确保合成材料制品的安全性，减少因火灾造成的损失，迫切需要解决合成材料的阻燃问题。阻燃剂是添加到有机高分子合成材料中去的一种添加剂，它可以实现使聚合物难燃的目的。

研究发现 $Al(OH)_3$(或水合氧化铝 $Al_2O_3 \cdot 3H_2O$)、$Mg(OH)_2$、硼的化合物(如硼酸和锌的硼酸盐)等是一类优良的无机阻燃剂。研究表明，当 $Al(OH)_3$ 和 $Mg(OH)_2$ 混合使用时效果更佳。$Al(OH)_3$ 分解时的吸热量(以 $J \cdot g^{-1}$ 计)比 $Mg(OH)_2$ 要大得多。前者为 $1965\ J \cdot g^{-1}$，后者为 $769\ J \cdot g^{-1}$；它们的分解温度也相差较大。由于无机阻燃剂具有毒性小、发烟率低、热稳定性好、价格低廉等优点，它们的应用日益引起人们的重视。

$Al(OH)_3$ 和 $Mg(OH)_2$ 是用量较大的无机阻燃剂，它们具有阻燃和填料的双重功能。其阻燃作用可归纳为以下三点：①当氢氧化物分解时需要吸收大量的热，可以降低燃烧区的温度、减缓可燃物热分解反应速度，切断热源；②分解放出的大量水分在燃烧温度下迅速变为水蒸气，除降低周围温度外，水蒸气还能稀释可燃性气体，降低其浓度，阻断空气，降低氧气含量，抑制燃烧反应过程进行；③热解产生的氧化物能与燃烧物表面炭化产

物形成保护膜，覆盖于制品上，阻止延燃。

另外，$MgCO_3$（或碱式碳酸镁）、铝酸钙（$3CaO \cdot Al_2O_3 \cdot 6H_2O$）、碱式碳酸铝［$NaAl(OH)_2CO_3$或 $Na_2O \cdot Al_2O_3 \cdot 2CO_2 \cdot 2H_2O$］等，也是一类价廉物美的无机阻燃剂。

2.8.3 加料顺序对 $\alpha-Al_2O_3$ 晶体形貌和性质的影响

制备 $\alpha-Al_2O_3$ 采用正加法和反加法可以得到沉淀组成不同的化合物，由不同的沉淀产物经灼烧所获得的 $\alpha-Al_2O_3$ 晶体形貌也有差别，进而影响 $\alpha-Al_2O_3$ 的性能。

制备 $\alpha-Al_2O_3$ 的初始原料是硫酸铝铵［$NH_4Al(SO_4)_2$］和碳酸氢铵（NH_4HCO_3），配成一定浓度的溶液备用。

1. 加料顺序对沉淀物组成的影响

正加法（沉淀剂加入原料液中）：把 NH_4HCO_3 滴入 $NH_4Al(SO_4)_2$ 中得到白色沉淀物 $Al(OH)_3$（无定形）。

$$3NH_4HCO_3+NH_4Al(SO_4)_2 = Al(OH)_3+3CO_2\uparrow+2(NH_4)_2SO_4$$

反加法（原料液加入沉淀剂中）：把 $NH_4Al(SO_4)_2$ 滴入 NH_4HCO_3 中得到的沉淀产物为 $NH_4AlO(OH)HCO_3$（晶态）。

$$4NH_4HCO_3+NH_4Al(SO_4)_2 = NH_4AlO(OH)HCO_3+2(NH_4)_2SO_4+3CO_2\uparrow+H_2O$$

将沉淀物用水洗、无水乙醇脱水、烘干。用红外光谱和 X 射线相分析对产物进行表征。

产生上述差别的原因可能是由于加料方式不同导致 Al^{3+} 周围 HCO_3^- 浓度发生变化引起的。当 NH_4HCO_3 滴入 $NH_4Al(SO_4)_2$ 时，由于 Al^{3+} 过量而产生$Al(OH)_3$沉淀。相反当 $NH_4Al(SO_4)_2$ 滴入 NH_4HCO_3 时，由于 Al^{3+} 的周围 HCO_3^- 的浓度大而产生 $NH_4AlO(OH)HCO_3$ 沉淀。

2. 不同沉淀产物对 $\alpha-Al_2O_3$ 形貌和性质的影响

实验结果表明，上述两种不同组成的沉淀物在 1473 K 煅烧后均转变为 $\alpha-Al_2O_3$（晶态），晶粒大小均为 0.1 μm，但形貌和性质都有差别。列出相关内容如下：

前驱物		产物	比表面/($m^2 \cdot g^{-1}$)	形貌（晶粒）	制备法
$NH_4AlO(OH)HCO_3$	$\xrightarrow[1473\ K]{\triangle}$	$\alpha-Al_2O_3$	18.16	形状不规则	反加法
$Al(OH)_3$		$\alpha-Al_2O_3$	17.83	近乎球形	正加法

以上表明，前驱物组成结构上的差异对最终产物的性质和形貌有影响。

除了正加法和反加法外还有并流法，即将原料液和沉淀剂分别按一定流速单独且同时加到沉淀器中。加料速度直接影响产物性质和颗粒大小。

2.9 专题讨论：BX_3 的成键特点与路易斯酸性

硼的卤化物是否也由于中心 B 原子的缺电子性而发生二聚呢？事实表明 BX_3 并不发生二聚。二聚的桥式结构(如 Al_2Cl_6)只是成键的形式之一,除此之外,还可能有其他表现形式。实测 B—X 键键长均小于 B 和 X 单键键长之和(或共价半径之和)。以 BF_3 成键为例来说明这一事实,可以认为中心 B 原子采取 sp^2 杂化与三个 F 原子形成三个 σ 键,未参与杂化的 p 轨道(空的)与三个 F 的 p 轨道平行重叠,形成 π_4^6 离域 π 键,六个电子由三个 F 原子所提供(图 2-13),由于电子的离域,在 BF_3 中,B—F 键含有双键的成分,可看成附加的成键效应,从而使键长缩短,键能增强。p-pπ 重叠程度是随 X 半径的增大而减小的,其大小顺序是 B—F>B—Cl>B—Br>B—I。BX_3 中,F 的半径最小,p-pπ 重叠程度最大,键长最短,键能最大。说明 BX_3 是通过分子内形成多重键,使体系稳定。

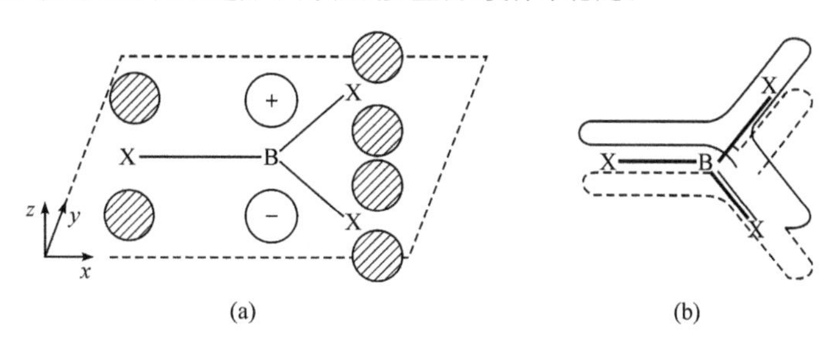

图 2-13 BX_3 中 p-pπ 相互作用

BX_3 都是路易斯酸,具有接受电子对的能力,其路易斯酸强度顺序(或接受电子对能力的大小顺序)是

$$BF_3 < BCl_3 < BBr_3 \leqslant BI_3$$

如果简单地用电负性来判断则刚好相反,其酸强度顺序是

$$BF_3 > BCl_3 > BBr_3 \geqslant BI_3$$

矛盾的焦点究竟在哪儿?用电负性判断只说到了问题的一个方面,即 σ 键的形成对 B 原子上电荷发生的变化,而忽略了另一方面,即 p-pπ 重叠形成大 π 键(与 X 原子半径有关),使 B 原子的缺电子性发生了变化。若把二者结合起来,问题就迎刃而解了。下面进行具体分析。

BX_3 中 B 与 X 之间形成了 σ 键,电负性效应使成键电子对偏向 X,B 原子呈电正性(带上正电荷)。BF_3 中,由于 F 的电负性最大,电子对强烈偏向 F,使 B 所带正电荷比其他 BX_3 中的都要大;BF_3 接受电子对的能力似应最大,从 σ 键考虑确是这样。另一方面,BX_3 分子中还存在未参加杂化的 p 空轨道。X 原子上有孤对电子(或有充满电子的 p 轨道),通过电子的授受作用,使 B 原子的 p 轨道部分为 X 原子提供的电子所占据,而使 B 的缺电子性降低(符合电负性均衡原理),在这一过程中 BF_3 收益最大。从成键角度看 p-pπ 重叠程度与 X 的半径有关,F 是 X 原子中半径最小的,p-pπ 重叠程度最大,即 BF_3 中形成的大 π 键(π_4^6 离域键)强度最强,再接受电子对能力变为最弱(破坏 π 键所需能量最多),即酸强度为最弱。换言之,当 BX_3 作为路易斯酸再接受外来配体提供的电子对时,需断开 B—X 键中的 π 键成分,π 键强度是按 $BF_3 > BCl_3 > BBr_3 \geqslant BI_3$ 顺序递减[π 键键能($kJ \cdot mol^{-1}$)分别约为 201(BF_3),126(BCl_3),109(BBr_3)],同时中心 B 原子由 sp^2 杂化过渡到 sp^3 杂化(分子构型由平面三角形转变为四面体),在这种重组和改变构型过程中,其倾向大小顺序恰与 p-pπ 重叠程度的大小顺序相反(其构型改变能最低的是 BI_3)。因而 BX_3 作为路易斯酸,其强弱顺序应为 $BF_3 < BCl_3 < BBr_3 \leqslant BI_3$,这与实验事实一致。至于 BI_3 的强度并不如预期的那么大,可能与碘原子的半径大引起的空间位阻效应有关。

习 题

1. 画出 BF_3、BF_4^-、$[AlF_6]^{3-}$、$(AlCl_3)_2$ 的几何构型,中心原子杂化类型各是什么?

2. 为什么 Al_2S_3 和 $Al_2(CO_3)_3$ 不能用湿法制得？利用有关反应式加以说明。如何制备无水的 $AlCl_3$？
3. $GaCl_2$ 为什么是反磁性的？试加以说明。
4. Tl^+ 与 Ag^+ 在哪些性质上相似？举例说明。
5. Ga、In、Tl 氢氧化物酸碱性递变的趋势如何？
6. H_3BO_3 是三元酸吗？其酸性强弱如何？硼酸在水中呈酸性是与一般的酸一样给出质子吗？造成这种特殊性的原因是什么？
7. 解释下列各词的意义：
   (1) 缺电子化合物
   (2) 二聚体
   (3) 三中心键
   (4) 路易斯酸
   (5) 加合物
8. 完成并配平下列反应方程式：
   (1) $Mg_3B_2 + H_2O \longrightarrow$
   (2) $B_2H_6 + O_2 \longrightarrow$
   (3) $BF_3 + H_2O \longrightarrow$
   (4) $B_2O_3 + C + Cl_2 \xrightarrow{\triangle}$
   (5) $Tl_2O_3 + HI \longrightarrow$
   (6) $Tl + H_2SO_4$(稀) $\longrightarrow$
   (7) $B_2H_6 + LiH \longrightarrow$
   (8) $B_2H_6 + PR_3 \longrightarrow$
   (9) $BF_3 + NH_3 \longrightarrow$
   (10) $B_2H_6 + Cl_2 \longrightarrow$
   (11) $B + OH^- \xrightarrow{\triangle}$
   (12) $AlCl_3 + Na_2S + H_2O \longrightarrow$
   (13) $B_2H_6 + H_2O \xrightarrow{\text{乙醚}}$
   (14) $NaGa(OH)_4 + CO_2 \longrightarrow$
9. 说明下列物质的制备、性质、结构和用途：
   (1) 硼酸　　(2) 硼砂　　(3) 三氟化硼　　(4) 氮化硼
10. 给出合理解释：
   (1) Ga 的第一电离能($578.8\ kJ \cdot mol^{-1}$)比 Al 的第一电离能($577.6\ kJ \cdot mol^{-1}$)高。
   (2) AlF_3 的熔点比 $AlCl_3$ 高得多。
   (3) 熔融的 $AlBr_3$ 不导电，而它的水溶液却是良导体。
   (4) Tl(OH)与 KOH 的碱性一样。
   (5) Al(Ⅲ)可以形成 AlF_6^{3-}，而 B(Ⅲ)不能形成 BF_6^{3-}。
   (6) 能制得 TlF_3，但不能制得 TlI_3，却制得了 TlI。
   (7) 在蒸气下 $AlCl_3$ 为二聚体，而 BCl_3 却不能发生二聚。
   (8) TlI 与 KI 同晶形，但 TlI 不溶于水。
   (9) 用路易斯酸碱理论和结构知识分析 BF_3 和 NH_3 作为酸碱的可能性。
   (10) AlF_3 不溶于水，但可溶于 HF 中。

(11) BF_3 和 BCl_3 中,哪一个是更好的电子接受体?

(12) H_3BO_3 在冷水中的溶解度很小,加热时,溶解度增大。

(13) BH_3 不存在,而 BF_3 却能稳定存在。

11. 在焊接金属时使用硼砂,它在这里起了什么作用?写出硼砂与下列氧化物共熔时的反应方程式:

(1) NiO　　(2) CuO

12. 写出下列反应方程式:

(1) 固体碳酸钠同氧化铝一起熔烧,将熔块打碎后投入水中,产生白色乳状沉淀。

(2) 氢化铝锂与三氟化硼在醚溶剂中反应制备乙硼烷。

(3) 铝和热浓的 NaOH 溶液作用,放出气体。

(4) 三氟化硼通入碳酸钠溶液中。

(5) $[GaH_4]^-$ 与过量 HCl 反应的产物。

13. 根据下列数据,计算铝和镓按下列 $M(s) \rightleftharpoons M^{3+}(aq) + 3e$ 半反应时的能量变化,并判断哪一元素具有较强的还原性。

物　质	Al	Ga
升华热/(kJ·mol⁻¹)	326	277
第一至第三电离能/(kJ·mol⁻¹)	5140	5520
离子水合能/(kJ·mol⁻¹)	−4700	−4713

14. 比较 $Al(OH)_3$ 和 $Mg(OH)_2$ 的热稳定性、分解温度高低,并用结构知识加以说明。

15. 将 $Al(OH)_3$ 和 $Mg(OH)_2$ 添加到聚乙烯制品中可以起阻燃作用,为什么?它们的价格较高,请提供价廉的替代物。

16. 实验发现,在胺-BF_3 加合物中的 B—F 键键长(如 $H_3N—BF_3$ 中为 138 pm)比 BF_3 中的 B—F 键键长(131 pm)要长。请解释这一事实。

17. 说明下列两个反应在焓变上的差别:

(1) $C_5H_5N(溶液) + BF_3(g) \xrightarrow{(-143\ kJ \cdot mol^{-1})} C_5H_5N \cdot BF_3(溶液)$

(2) $C_5H_5N(溶液) + BBr_3(g) \xrightarrow{(-189\ kJ \cdot mol^{-1})} C_5H_5N \cdot BBr_3(溶液)$

18. 预测三卤化硼的反应产物,并写出相应的化学反应方程式:

(1) BF_3 与过量的 NaF 在酸性水溶液中的反应。加入过量 F^- 和控制酸性条件的目的是什么?

(2) BCl_3 与过量的 NaCl 在酸性水溶液中的反应。

(3) BBr_3 与过量 $NH(CH_3)_2$ 在烃类溶剂中的反应。

第3章　碳族元素

学习要点

(1) 掌握碳的单质、氧化物、碳酸及其盐的主要性质与结构的关系。

(2) 了解富勒烯的基本知识(发现,结构,衍生物,应用等)。

(3) 理解碳的成键特征及在本族中的特殊性,并与硅进行对比。

(4) 掌握硅的单质、氧化物、硅酸及其盐的基本性质与结构的关系以及重要应用。

(5) 掌握锡、铅及其化合物的基本性质(氧化还原性,水解性,溶解性等)和应用。

(6) 了解锗、锡及其化合物的结构特点和它们在半导体材料等领域方面的应用。

(7) 了解"惰性电子对效应"的含义,产生的原因并与氧化态的变化规律相关联。

3.1　概　　述

碳族元素是周期表中ⅣA族元素,包括碳(C)、硅(Si)、锗(Ge)、锡(Sn)、铅(Pb)五种元素。碳族元素的基本性质列于表3-1。

表3-1　碳族元素的基本性质

元素名称	碳	硅	锗	锡	铅
元素符号	C	Si	Ge	Sn	Pb
原子序数	6	14	32	50	82
相对原子质量	12.01	28.09	72.59	118.7	207.2
价电子构型	$2s^22p^2$	$3s^23p^2$	$4s^24p^2$	$5s^25p^2$	$6s^26p^2$
主要氧化态	(+2),+4	(+2),+4	+2,+4	+2,+4	+2,(+4)
熔点/K	3925(升华)	1683	1210	505	601
沸点/K	5100	2628	3103	3533	2017
共价半径/pm	77	113	122	141	147
M^{4+}半径/pm(CN=6)	16	42	53	69	78
M^{2+}半径/pm(CN=6)	—	—	73	93	120
第一电离能/$(kJ \cdot mol^{-1})$	1086	787	762	709	716
第二电离能/$(kJ \cdot mol^{-1})$	2353	1577	1537	1412	1450
第三电离能/$(kJ \cdot mol^{-1})$	4621	3232	3302	2943	3081
第四电离能/$(kJ \cdot mol^{-1})$	6512	4356	4410	3930	4083
电负性(χ_P)	2.55	1.90	2.01	1.96(Ⅳ),1.80(Ⅱ)	2.33(Ⅳ),1.87(Ⅱ)

碳族元素的价电子构型为 ns^2np^2。它们的最高氧化态为+4。在Ge、Sn、Pb中，随着原子序数的增大，+2氧化态的稳定性依次增加，+4氧化态的稳定性依次减小。这种递变规律在ⅢA、ⅤA等族中也同样存在。这主要是由于 ns^2 电子对随 n 值增大而逐渐稳定的结果，即所谓的“惰性电子对效应”(参见有关这方面的专题讨论)。

碳处于第二周期，半径较小，电负性较大，与同族其他成员相比表现出许多特殊性。碳原子间有强烈的自相成键的倾向，C—C键强度比Si—Si键、Ge—Ge键、Sn—Sn键等都大。除C—C键外，碳原子间还存在C═C键、C≡C键，而硅原子由于半径较大，形成重键的倾向比碳要弱得多。碳的最大的配位数通常为4(第二周期元素以2s,2p轨道参与成键)。本族其他元素的配位数超过4，如硅是第三周期元素，有d轨道可利用，最大配位数可达6。

硅和锗是重要的半导体元素。碳、硅、锗和锡及其化合物在材料领域应用广泛。

Sn和Pb存在多变的氧化态，它们的化合物具有氧化还原性，Pb的难溶盐特别多，常用于分离、鉴定。

3.2 碳的成键特征及在本族中的特殊性

碳与本族其他元素相比，由于处于第二周期的位置，半径较小，电负性较大，从而表现出许多特殊性。

3.2.1 碳原子间有强烈的自相成键倾向

C—C键的强度比Si—Si键、Ge—Ge键、Sn—Sn键等都大(表3-2)。这与C的半径在同族中为最小，轨道间重叠程度大有关。

表3-2 碳族元素一些化学键键能(单位:$kJ \cdot mol^{-1}$)

键	键能	键	键能	键	键能	键	键能
C—C	331	C—H	415	C—O	343	C═C	620
Si—Si	197	Si—H	320	Si—O	466	C≡C	812
Ge—Ge	163	Ge—H	289	Ge—O	385	Si═Si	272
Sn—Sn	146			C═O	805		
Pb—Pb	—			C≡O	1072		
				Si═O	640		

碳原子间除C—C键外，还存在C═C键、C≡C键。而硅原子形成重键的倾向比碳弱得多，直到1981年第一批稳定的硅重键化合物才分别由美国和加拿大科学家合成出来。例如，硅乙烯分子($H_2Si═SiH_2$)，其中Si═Si键键长由量子化学家计算得到，为210～215 pm(1978年)，而后来的实测结果为216 pm(1981年)，两者相当吻合。Si═Si键为什么难以形成呢？可能有以下两方面原因：①从键能看，Si═Si键比C═C键弱得多，因此在通常情况下，硅难以生成Si═Si键(一个 σ 键和一个 π 键)，而趋向于生成两个

等价的强度较大的单键；②从结构看，由于硅的半径(或原子体积)比碳大，3p 轨道比较扩散，难以平行重叠形成像 C ═C 键一样稳定的双键(当原子相互靠近时，由于内层电子间的排斥作用，它们形成 σ 单键较长，不利于 p 轨道的侧向重叠，即由于 Si 的半径较大，p - pπ 重叠程度较少，形成的多重键化合物不稳定)。

以上说明碳自相成键的能力在本族中是最强的。C—H 键、C—O 键、C—N 键、C—Cl键等与 C—C 键键能相差不大，故碳能形成种类繁多、千姿百态的有机化合物。

3.2.2 碳的配位数通常为 4(形成多中心桥键除外)

碳的配位数通常为 4，而本族其他元素的配位数超过 4。碳可以构成多种形状的分子或离子型分子，如直线形(sp)：CO_2、CS_2、C_2H_2、OCN^-；平面三角形(sp^2)：CO_3^{2-}、$COCl_2$、CH_3^+；三角锥(sp^3)：CH_3^-；四面体(sp^3)：CH_4、CX_4。

硅及本族其他较重元素以正常共价键(2c - 2e)形成的化合物中，其配位数超过 4(有 d 轨道参与成键)，如 $SiCl_4 \cdot N(Me)_3$(sp^3d)、SiF_6^{2-}(sp^3d^2)、$SnCl_6^{2-}$(sp^3d^2)等。SiF_6^{2-} 能稳定存在，而 $SiCl_6^{2-}$ 未发现其存在，是由于 Cl 原子的电负性较小，从 Si 拉走的电子较少，Si 核的有效核电荷增加不多，d 轨道难以收缩，与 s、p 轨道能量相差较大，不能形成稳定的 Si—Cl 键。另外，可能与 Cl^- 半径比 F^- 大，在 Si 的周围不易容纳 6 个半径较大的 Cl^- 有关。

3.2.3 CO_2 是分子晶体，而 SiO_2 为原子晶体

这种差别若从结构上考虑，与它们的半径大小有关；从能量上考虑，物质总倾向于采取能量最低的晶体结构。

对 C 和 Si 原子来说，都有可能形成 4 个键，当它们与 O 原子结合生成 CO_2 和 SiO_2 时，假设采用下列两种构型：

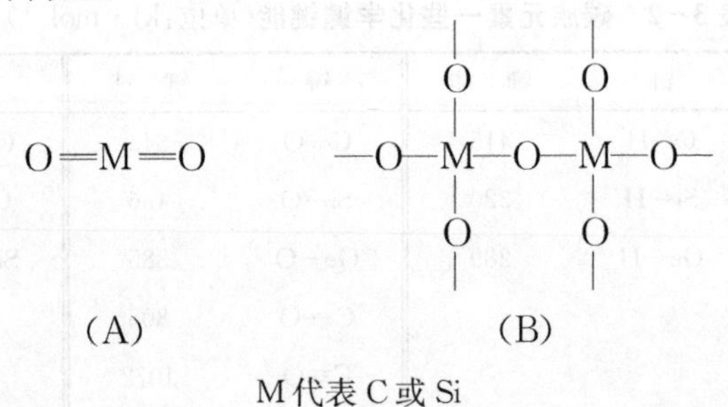

M代表 C 或 Si

(A)构型中，M 与 O 之间以双键相连(有限分子)，(B)构型为金刚石型结构(网状大分子)。C 或 Si 与 O 结合究竟采取哪种构型，就看哪种结构放出的能量更多。下面利用键能(E)的数据来估算一下：

对于 C，由于形成 2 个 C═O 键的键能(1610 kJ · mol^{-1})比生成 4 个 C—O 键的键能(1372 kJ · mol^{-1})大，即 $2E_{C=O} > 4E_{C-O}$，因此 CO_2 采取(A)构型更为有利。这就是 CO_2 为分子晶体的主要原因。

对于 Si，由于形成 4 个 Si—O 键的键能(1864 kJ · mol^{-1})比生成 2 个 Si ═O 键的键

能(1282 kJ・mol^{-1})大，即 $4E_{Si-O}>2E_{Si=O}$，因此 SiO_2 采用(B)构型更为有利，所以 SiO_2 为原子晶体。

3.2.4 碳的氢化物有最高的热稳定性

本族元素能形成 MH_4 氢化物，其中 CH_4 的生成热为负值，其他 MH_4 均为正值，且由族往下其稳定性降低，如下所示：

物　质	CH_4	SiH_4	GeH_4	SnH_4	PbH_4
$\Delta_f H_m^\ominus/(kJ \cdot mol^{-1})$	−74.9	34.3	90	163	正值

3.3　碳及其化合物

3.3.1 碳的同素异形体

碳的同素异形体有三种——石墨、金刚石和富勒烯(以 C_{60} 为代表)。

1. *石墨*

石墨是每个碳原子以 sp^2 杂化轨道和相邻的3个碳原子连接成的层状结构，C—C 键长 142 pm，层间每个碳原子未参加杂化的 p 轨道(各含一个 p 电子)彼此平行重叠，形成离域 π 键，这些离域电子可以在整个碳的子平面层中自由移动。石墨的层与层之间是以分子间力相结合，层间距离较大(335 pm)，因此石墨容易沿着与层平行方向滑动裂开，具有润滑性(图 3-1)。石墨的导电性和许多化学性质与其结构中存在自由电子有关。垂直于六角形平面方向上电导(5 S・cm^{-1}，298 K)很低，而且随温度上升而增大，意味着在这个方向上具有半导体的性质，平行于平面方向上的电导(3×10^4 S・cm^{-1}，298 K)却高得多，而且随温度上升而下降，这就意味着该方向具有金属导电性，说明石墨具有各向异性。

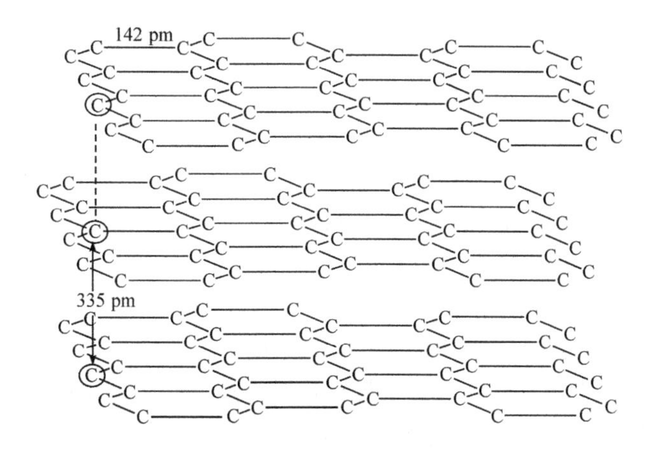

图 3-1　石墨的结构

石墨的各个碳原子层之间有较大的空隙，许多分子或离子能渗入石墨层间形成插入化合物或层间化合物（石墨片层和 π 电子体系不变）。例如，用过量钾处理石墨（金属 K 在 673 K 左右被石墨吸收）。由于 K 给出电子（$K \longrightarrow K^+ + e^-$），本身转化为 K^+，形成供体型石墨层间化合物（层间距离增加）。石墨与钾反应的一阶化合物（指每隔一个石墨碳原子层就插入一层反应物）C_8K 呈金黄色，在低温表现超导性。当溴单质与石墨反应时，则夺取石墨的电子，本身转化为阴离子，形成受体型石墨。把上述两种归为离子型。此外还有共价型（反应物原子与石墨中碳原子间形成 σ 键）。例如，氟化石墨 $(CF)_n$ 可以作电极材料，如锂电池的阴极材料[$(CF)_n + ne^- \longrightarrow nC + nF^-$]。

由于石墨能导电、耐高温、具有化学惰性、易于加工成型，被大量用来制作电极、高温热电偶、坩埚、电刷、润滑剂和铅笔芯等。无定形碳属石墨类，它有多种形式，如炭黑、焦炭、木炭等。木炭可加工成活性炭。活性炭由于有大的比表面广泛用于吸附剂和制糖工业，酒精工业及许多化学过程中用作脱色剂等。

2. 金刚石

金刚石是每个碳原子均以 sp^3 杂化轨道和相邻 4 个碳原子以共价键结合，形成无限的三维骨架，见图 3-2。它是典型的原子晶体，由于金刚石晶体 C—C 键很强，所有价电子都参与形成共价键，没有自由电子，所以金刚石不仅硬度大（在天然产物中是硬度最高的）、熔点高，而且不导电。在室温下，它对所有化学试剂都显惰性。

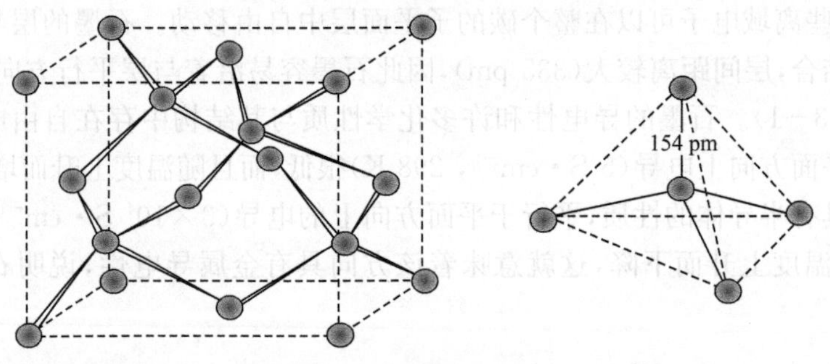

图 3-2 金刚石的结构

金刚石主要用于制造钻头和磨削工具。

3. 富勒烯

20 世纪 80 年代中期，人们发现了碳元素的第三种同素异形体——C_{60}，下面介绍 C_{60} 的发现过程、结构特点、反应性和应用前景。

1) C_{60} 的发现和结构特点

1985 年 9 月初，在美国莱斯（Rice）大学的斯莫利实验室里，克罗托（Kroto，英国人）和斯莫利（Smalley，美国人）等在用激光蒸发石墨模拟星际空间中碳原子簇（包括碳的长链分子）的形成过程中，由所得的质谱图中发现存在一系列由偶数个碳原子所形成的分子，其中有一个比其他峰的强度大 20～25 倍，此峰的质量数对应由 60 个碳原子组成的分子（或 C_{60} 原子簇），见图 3-3。在柯尔（Curl，美国人）的建议和参与下集中精力研究这个意外结果。经过优化实验条件,他们终于得到了十分稳定的 C_{60} 的质谱图。

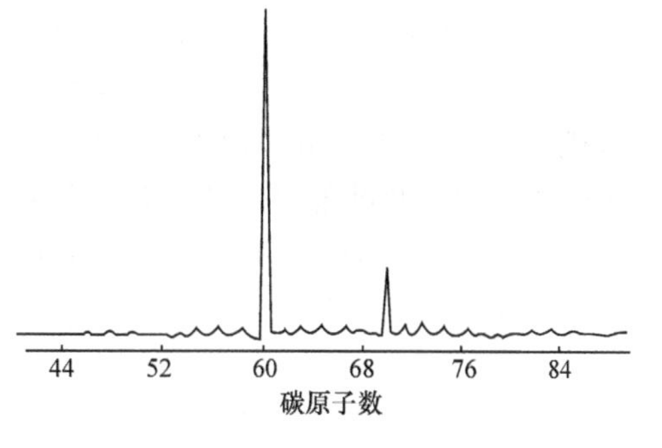

图 3-3 C_{60}/C_{70} 的质谱图

他们对实验中发现的由偶数个碳原子组成的原子簇分子结构感到费解,因为它们表现出石墨和金刚石不同的性质。若 60 个碳原子按照石墨层状结构或金刚石的四面体结构排列,就会出现许多悬键,会非常活泼,不会显示出如此稳定的质谱信号。这就意味着它们具有与石墨和金刚石完全不同的结构,为相当稳定的没有悬键的分子,应属于碳的一种新的存在形式。

这种由 60 个碳原子组成的新分子的结构究竟是怎样的呢?还是一个谜。克罗托教授后来回忆起 1967 年参加在加拿大蒙特利尔的万国博览会,那拱形圆顶建筑给他留下了深刻的印象,为日后解开 C_{60} 结构之谜带来了灵感。此拱形圆顶建筑是由五边形和六边形构成,是由著名的建筑学家富勒(Fuller)设计的。通过回忆后产生联想,克罗托认为 C_{60} 可能具有类似的球形结构,只有这样 C_{60} 分子才不存在悬键,才最稳定。他的这一想法,经过参与研究的成员进一步的研究和讨论,从而导致了 C_{60} 封闭笼形结构的建立。克罗托等认为 C_{60} 是由 60 个碳原子组成的球形 32 面体(12 个面是五边形和 20 个面是六边形),外形像足球,见图 3-4。为了纪念这位驰名于世界的建筑师,就把这种球形分子命名为"Buckminster Fuller",简称为"Fullerene",译为"富勒烯"或"巴基球",因为 C_{60} 分子外形像足球,称它为"球烯"、"碳烯"或"球碳"。他们预测 C_{60} 分子具有球面的芳香性,是一种超级润滑剂,C_{60} 笼内有一个空腔,可以填入金属原子而形成超原子分子等。这些预测后来都被实验所证实。

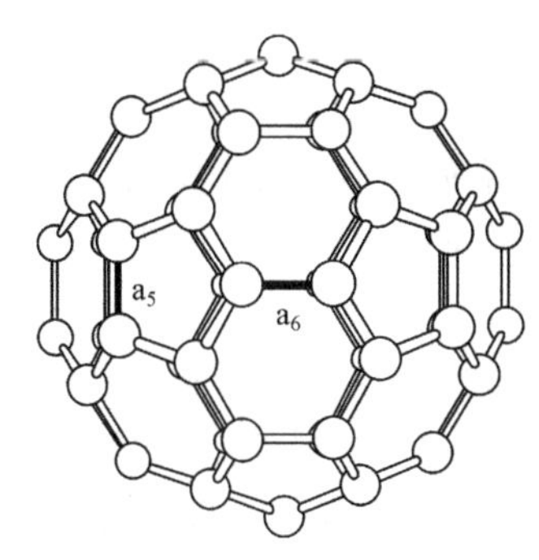

图 3-4 C_{60} 的结构

a_5 表示单键,a_6 表示双键

克罗托、柯尔和斯莫利三位教授从事不同学科的研究工作,具有交叉学科的研究特色,他们的合作导致了具有划时代意义的发现:得到了以 C_{60} 和 C_{70} 为主要成分的质谱图;建立了相关的理论模型;产生了一个全新的科学概念。由于对科学的重大贡献,他们获得了 1996 年诺贝尔化学奖。

多种测试方法(质谱,NMR 谱,粉末及单晶 X 射线衍射,中子衍射,电子隧道显微镜,红外光谱,拉曼光谱等)证实了 C_{60} 分子的笼形结构。

(1) C_{60} 是空心球状结构,球面上有 60 个顶点,由 12 个五边形、20 个六边形组成的 32 面球体,90 条棱(90 个 σ 键)。球的球心到每个碳原子的中心的平均距离为 350 pm,C_{60} 是一个直径为 700 pm 的空心球。

(2) C_{60} 中每个碳原子与周围三个碳原子形成 3 个 σ 键,参与形成 2 个六元环,1 个五元环。C—C—C 键夹角为 116°,3 个 σ 键键角总和为 348°,而不是平面三角形的 360°,故为球面形。由杂化轨道理论计算:C 原子是采取 $sp^{2.28}$ 杂化(C 原子利用介于 sp^3 和 sp^2 之间的杂化轨道和周围原子成键),用三个杂化轨道形成 σ 键,每个 C 原子剩下的一个轨道

($s^{0.09}p^{0.90}$)与球面成101.6°,形成离域π键,故具有芳香性。C_{60}中有两种C—C键键长(单键和双键,共60个单键和30个双键),五边形中仅有单键,而六边形环中单键与双键交替排列,故六边形与五边形的公共棱边为单键,而两个六边形环的公共棱边为双键。计算表明两种键长及键角的差别与温度有关。

(3) C_{60}晶体是分子晶体,呈棕黑色,C_{60}球间是范德华力,而不是化学键力。

三种碳单质的比较见表3-3。

表3-3　三种碳单质的比较

性　质	金刚石	石墨	C_{60}
C原子构型	四面体	平面三角形	球面形
C—C—C键键角(平均)	109.5°	120°	116°
杂化方式	sp^3	sp^2	$sp^{2.28}$
密度/($g \cdot cm^{-3}$)	3.541	2.266	1.678
C—C键键长/pm	154.4	141.8	139.1(6/6)　146.6(6/5)

除了C_{60}外,具有这种封闭笼状结构的还有C_{26}、C_{32}、C_{44}、C_{50}、C_{70}、C_{80}、C_{84}、C_{90}、C_{94}、C_{120}、…、C_{240}、C_{540}等,统称为富勒烯或球烯。因此,富勒烯是一系列由碳原子构成的高对称性的球形笼状分子或封闭的多面体纯碳原子簇。C_{60}是富勒烯家族中最具代表性一员。

2) 富勒烯的性能和应用前景

富勒烯是笼状中空的结构,它可能包封一个或多个金属形成"内含式"配合物$M_m@C_n$(其中M表示金属,m为金属的个数,@表示内含,C_n表示富勒烯,m和最初石墨棒中金属与石墨的比例密切相关)。以C_{60}为例,球笼的内径为0.70 nm,而金属离子的半径一般小于0.2 nm,为此完全可能把金属离子包封到球笼内以形成具有一定离子性的内含式金属富勒烯配合物。目前已发现或制得的$M_m@C_n$中金属M的品种是比较多的,如Li、Na、K、Rb、Cs、Mg、Ca、Sr、Ba、Sc、Y、La、Nb、Ce、Nd、Sm等。这些金属离子外层电子云均呈球形对称分布,如$La@C_{62}$、$Y@C_{62}$、$Sc@C_{62}$等。检测结果表明,金属与碳笼之间以类离子键形式结合,价态为$La^{3+}@C_{62}^{3-}$、$Y^{2+}@C_{62}^{2-}$、$Sc^{2+}@C_{62}^{2-}$。

当金属进入碳笼后,原富勒烯的结构将受到较大程度的影响。计算结果表明:正离子进入碳笼后能使碳笼膨胀;负离子则使其收缩;而中性原子对碳笼结构不影响。此外,碳笼半径的改变量还与外来离子的电荷有关。

金属离子或原子除了可以包封到碳笼中,也可以处于笼外,直接形成简单外接式富勒烯金属配合物M_mC_n,如K_3C_{60}、Rb_4C_{60}、$CsRb_2C_{60}$、$KCsRbC_{60}$、Na_3C_{60}、Na_4C_{60}、Li_mC_{60}(m=0.5,2,3,4,12)。富勒烯通过非金属原子桥与金属形成混配或金属富勒烯配合物,如$C_{60}O_2OsO_2Py_2$、$C_{60}[S_2Fe_2(CO)_6]_n$(n=1~6)等。

富勒烯上六元环间的碳碳双键常以η^2-形式与过渡金属结合,生成η^2-配合物,如(η^2-C_{60})$Rh(acac)(py)_2$、η^2-$C_{60}M(CO)_5$(M=Cr,Mo,W等)和(η^2-C_n)$RhH(CO)(PPh_3)_2$(C_n=C_{60}或C_{70})等。

球形结构是C_{60}分子最显著的特点,它具有很高的对称性,使得球面上的碳原子能分摊外部的压力,因此C_{60}分子不仅十分稳定,而且异常坚固。这种球形结构也决定了C_{60}

分子独特的电子结构，使它在光、电、磁方面都表现出奇异性能。

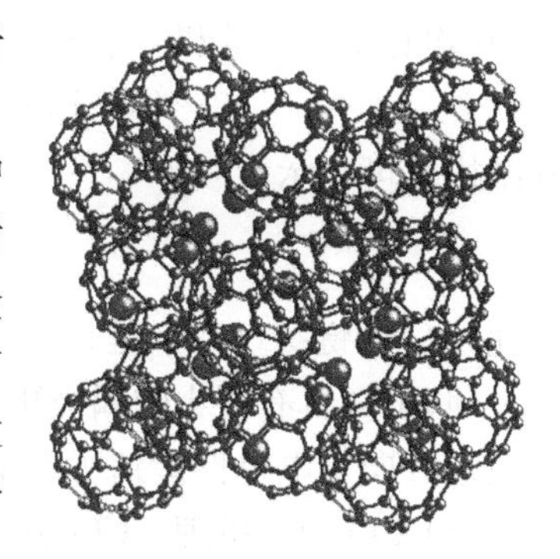
图3-5 K_3C_{60}的结构

在C_{60}的每个碳原子上添加一个氟原子，得到一种全氟化的$C_{60}F_{60}$，这种白色粉末状的物质是一种超级耐高温材料。采用激光蒸发法使C_{60}分子开笼，将各种金属原子封装在C_{60}的空腔内，如将锂原子嵌入碳笼内，有望制成高效锂电池，而嵌入稀土元素铕有望成为新型发光材料。若将Co-60等放射性元素植入笼内，这对于癌变部位的局部放射性药物植入治疗可能是很理想的。C_{60}本身是电的不良导体，掺杂碱金属（如金属钾，铷等）后转化为超导体。K_3C_{60}（图3-5）就是世界上第一个完美的三维超导体。

由于η^2-富勒烯配合物中的过渡金属通常是低价甚至零价，这就使得金属-富勒烯配位键上可能有较多的π电子，为此它在光照下电子容易流动，可能具有优良的光电转换性能，成为有实用价值的光电材料。

C_{60}的发现将一个全新的化学世界展现在我们面前：从平面或低对称性的分子到全对称性的球形分子；从平面的芳香性到球面的芳香性；从简单分子到富勒烯笼内包合物的"超原子"分子；从简单的配合物到多金属的富勒烯配合物等。从C_{60}被发现十多年以来，全碳富勒烯笼状结构概念已经广泛影响到化学、物理、材料科学等领域，丰富了科学理论，也显示出巨大的应用前景。

3.3.2 碳的氧化物

1. 一氧化碳

CO是无色、无臭的有毒气体。它的主要特点如下：

(1) 具有还原性。在高温下，可以从许多金属氧化物中夺取氧，使金属还原。在常温下，CO还能使一些化合物中的金属离子还原。例如，CO能把$PdCl_2$溶液、$Ag(NH_3)_2OH$溶液中的Pd(Ⅱ)、Ag(Ⅰ)还原为金属Pd和Ag，而使溶液呈黑色，前者可用于检测微量CO的存在。CO与I_2O_5反应可以定量地析出I_2，用$Na_2S_2O_3$滴定析出的I_2，用于定量分析CO。

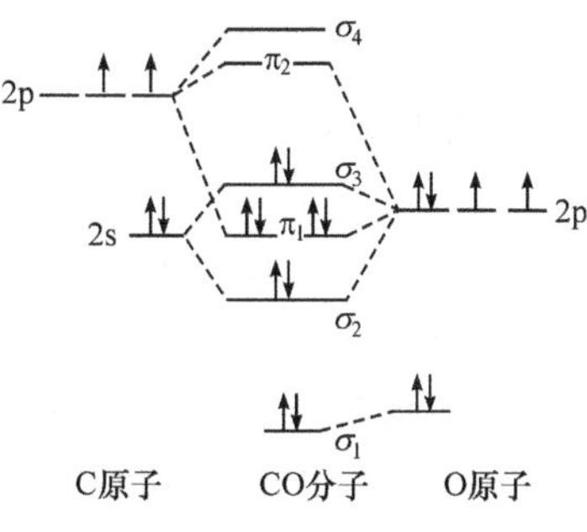

图3-6 CO的分子轨道能级图（未考虑杂化）

(2) 作为重要的配体。CO能与许多过渡金属配位生成羰基化合物，如$Fe(CO)_5$、$Ni(CO)_4$、$Cr(CO)_6$、$PtCl_2(CO)_2$等。在这些配合物中，CO是以C端给出电子对。因为它处于最高占有轨道上（参见图3-6）。CO不仅有给出电子对的能力，还有适宜的空轨道（π^*）接受中心金属反馈来的电子，从而增加了金属和CO之间的结合（σ和π两种成键作用产生协同效应），使羰基化合物能稳定存在（参见第9章）。

(3) CO与N_2是等电子体，均有10个价电子，结构

相似(均有 1 个 σ 键和 2 个 π 键)。根据分子轨道法处理,CO 的分子轨道表示式为

$$CO(10e)[(\sigma_{2s})^2(\sigma_{2s}^*)^2(\pi_{2p_y})^2(\pi_{2p_z})^2(\sigma_{2p_x})^2]$$

其结构式可表示为

$$:\overleftarrow{C\equiv O}:$$

因此,CO 的键级(3)大、键长(112.8 pm)短、键能(1070 kJ · mol^{-1})大。

(4) CO 具有很小的偶极矩。因 C 有空的轨道接受 O 提供的电子对,从而所产生的偶极矩方向与电负性差别所产生的偶极矩方向刚好相反。

(5) CO 中毒机理。CO 引起中毒的原因是:当 CO 通过呼吸道,经肺泡进入血液,与血红蛋白(Hb)结合。由于血红蛋白和 CO 分子生成的配合物(Hb · CO)比与 O_2 分子生成的氧合血红蛋白(Hb · O_2)稳定得多(高 200～300 倍),因此下列平衡向右移动的倾向性很大。

$$Hb \cdot O_2 + CO \xrightleftharpoons{335\ K} Hb \cdot CO + O_2$$

CO 具有较强的电子给予性,能从 Hb · O_2 中取代 O_2,使血红蛋白携带和转运氧气的功能被削弱,甚至丧失,造成组织缺氧,细胞能量代谢发生障碍,出现中毒,导致头痛、眩晕、肌肉麻痹、昏迷,甚至死亡。

另外,研究发现,Hb · CO 的解离速度比 Hb · O_2 慢得多(约 1/3600),这种动力学的阻力也增加了 CO 中毒的危险性。

2. 二氧化碳

CO_2 的主要特点如下:

(1) CO_2 是无色、无臭的气体。CO_2 无毒,但在空气中的含量过高时会导致缺氧而窒息,CO_2 也不助燃,空气中 CO_2 含量达到 2.5%时,火焰会熄灭。

(2) 高度冷却下,CO_2 凝结为白色雪状固体,压缩成块状的 CO_2 固体称为“干冰”(分子晶体),在常压下于 195 K 升华,它蒸发比较慢,常作制冷剂,其冷冻温度可以达到 203～195 K。

CO_2 的临界温度为 304 K,加压可液化(258 K,1.545 MPa),装入钢瓶,便于运输和计量。在该温度下,CO_2 可作为优良溶剂进行超临界萃取,选择性地分离各种有机化合物。例如,从甜橙皮中萃取柠檬油,从茶叶中萃取咖啡因,从鱼油中萃取具有降低胆固醇药理作用的二十碳五烯酸等。

(3) CO_2 是主要的温室气体,由于温室效应引起全球气候变暖,海平面上升等,有关这方面的内容见第 14 章。

(4) CO_2 为直线形非极性分子。实测碳氧键长为 116 pm,其数值介于 C═O 键(键长 124 pm)和 C≡O 键(键长 113 pm)之间;键能为 531.4 kJ · mol^{-1},也介于双键和三键键能之间,因此 CO_2 分子中应存在离域 π 键($2\pi_3^4$)。

CO_2 分子中 C 原子是以 sp 杂化轨道分别与 2 个 O 原子的 p_x 轨道重叠构成 σ 键(三个原子是在一直线上);y 轴方向三个原子的 p_y 轨道相互平行,形成三中心四电子的大 π

键 π_{y3}^{4}；在 z 轴方向也可以形成 π_{z3}^{4}。

$$\begin{array}{c} \pi_3^4 \\ :O——C——O: \\ \pi_3^4 \end{array}$$

3.3.3 碳酸及碳酸盐

1. 碳酸

CO_2 溶于水，298 K 时溶解度为 0.145 g·(100 g H_2O)$^{-1}$，CO_2 浓度约为 0.4 mol·L^{-1}。溶于水中的 CO_2 主要以水合分子形式存在，仅有极少部分生成 H_2CO_3。碳酸为二元弱酸，分两级电离。

2. 碳酸盐和碳酸氢盐

碳酸盐有正盐(碳酸盐)和酸式盐(酸式碳酸盐)两种。正盐中除碱金属(不包括 Li^+)和铵盐外，都难溶于水。有些金属的酸式盐的溶解度稍大于正盐，其溶解度和 $p(CO_2)$ 有关，$p(CO_2)$ 大，碳酸盐溶解于水；$p(CO_2)$ 小(或升温)析出碳酸盐。

$$MCO_3 + H_2CO_3 = M(HCO_3)_2$$

自然界的钟乳石就是这样形成的。暂时硬水加热软化就是因为生成了碳酸盐沉淀。利用难溶盐转化为酸式盐而溶解，是沉淀分离的常用方法。钠、钾和铵的酸式盐溶解度都小于相应正盐，这是由于 HCO_3^- 通过氢键形成多聚链状离子。在 $(NH_4)_2CO_3$ 溶液中通入 CO_2 至饱和可沉淀出 NH_4HCO_3。

同是酸式盐，为何钙盐的溶解度比钠盐大呢？可能是 Ca^{2+} 的水合能(1602 kJ·mol^{-1})比 Na^+ 的水合能(406 kJ·mol^{-1})要大得多，因此从总能量过程来看，对 $Ca(HCO_3)_2$ 的溶解更为有利。

碱金属碳酸盐的水溶液呈强碱性，而其酸式盐的水溶液呈弱碱性。

3. 金属离子与可溶性碳酸盐的反应特点

1) 水解性

CO_3^{2-} 具有强的水解性，当金属离子与碱金属碳酸盐溶液作用时，可能生成碳酸盐、碱式盐或氢氧化物。究竟生成何种产物，取决于金属离子(M^{n+})的水解性(与 M^{n+} 电荷、半径和电子层结构等因素有关)和生成物的溶解度等。以下举例说明：

(1) 若金属离子强烈水解，且氢氧化物的溶解度小于碳酸盐的溶解度，产物通常为氢氧化物。

$$2M^{3+} + 3CO_3^{2-} + 3H_2O = 2M(OH)_3\downarrow + 3CO_2\uparrow$$

(M=Fe,Cr,Al 等)

(2) 若金属离子有水解性，而且氢氧化物和碳酸盐的溶解度相近，则生成碱式盐。

$$2M^{2+} + 2CO_3^{2-} + H_2O = M(OH)_2\cdot MCO_3\downarrow + CO_2\uparrow$$

(M=Mg,Be,Cu,Zn,Pb,Cd 等)

(3) 若金属离子生成碳酸盐较生成氢氧化物的溶解度更小，通常得到碳酸盐沉淀。

$$M^{2+} + CO_3^{2-} \longrightarrow MCO_3 \downarrow$$

$[M=Ca,Sr,Ba,Ni,Mn,(Ag^+)$等$]$

2）碳酸盐的热稳定性

碳酸盐的热稳定性存在一定规律，其受热分解的难易程度与阳离子的极化力有关，这主要取决于阳离子的电荷数、离子半径及电子层结构(2、18+2、18、9~17、8 电子)。阳离子的极化力越强，它们的碳酸盐越不稳定；极化力小的阳离子相应的碳酸盐稳定性高。必须注意的是，在电荷数、离子半径、电子层结构的三个条件中，离子的大小与电荷数是决定性的条件，只有当这两个条件接近时，离子的价层构型才起明显作用。

以下举例加以说明：

(1) 碱金属碳酸盐、碳酸氢盐和碳酸的热稳定性顺序为

$$M_2CO_3 > M(HCO_3) > H_2CO_3$$

H^+ 的极化力很强(无外层电子，半径很小)，甚至可以钻到 O^{2-} 电子云中，使 H_2CO_3 极易发生分解产生 CO_2 和 H_2O。

(2) ⅡA 族碳酸盐的热稳定性顺序为

$$BeCO_3 < MgCO_3 < CaCO_3 < SrCO_3 < BaCO_3$$

它们的电荷数相同，极化力随阳离子半径递增而逐渐减弱，M^{2+} 争夺 O^{2-} 的能力逐渐减弱，热稳定性递增(参见第 1 章)。

(3) 当电荷数相同，半径相近时，非稀有气体构型的阳离子组成的碳酸盐的热稳定性通常低于稀有气体构型阳离子的碳酸盐。例如

MCO_3	$CaCO_3$	$SrCO_3$	$BaCO_3$	$FeCO_3$	$CdCO_3$	$PbCO_3$
M^{2+} 半径/pm(CN=6)	99	118	135	78	95	119
价电子构型	8	8	8	16	18	18+2
周期	4	5	6	4	5	6
分解温度/K	1173	1563	1633	555	633	573

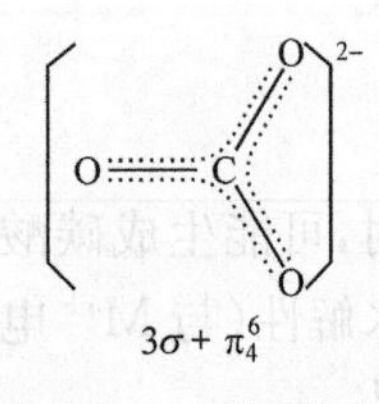

图 3-7 CO_3^{2-} 的结构

CO_3^{2-} 呈平面三角形，其中 C 原子以 sp^2 杂化，每个 sp^2 杂化轨道(各有一个电子)各与 O 的 $2p_x$ 轨道(有一个电子)重叠以构成 σ 键，C 的纯 p_z 轨道(C 有 1 个电子和 2 个外来电子)与每个 O 的 $2p_z$ 轨道(有一个电子)形成 π_4^6 大 π 键(图 3-7)。CO_3^{2-}、NO_3^-、BO_3^{3-} 及 BF_3 互为等电子体(24e)具有相同构型。

3.3.4 碳化物

碳和电负性较小的元素形成的二元化合物称为碳化物。从结构和性质上分，碳化物有离子型、共价型和金属型三种类型。它们大都可用碳或烃与其他元素单质或其氧化物在高温下反应而制得。

1. 离子型碳化物

电负性小的金属元素(主要是ⅠA,ⅡA 族元素和铝等)的碳化物，常具有无色、不透

明、固态时不导电等性质，但它们均可被水或稀酸分解并放出烃，表明其中碳以负离子形式存在，故称离子型碳化物。已知离子型碳化物中主要的碳负离子为 C^{4-} 和 C_2^{2-} 等。C_2^{2-} 的结构式为 $(C\equiv C)^{2-}$，在化合物中作为孤立单位存在，而金属离子以它们的正常氧化态存在。Be_2C 和 Al_4C_3 等化合物属于含有 C^{4-} 的离子型碳化物，它们在水解时放出 CH_4。含有 C_2^{2-} 的碳化物有 CaC_2、BeC_2、BaC_2、Li_2C_2、Cs_2C_2、ZnC_2、HgC_2 等，它们在水解时产生 C_2H_2，故又称乙炔型化合物。

2. 共价型碳化物

碳与一些电负性相近的非金属元素化合时，生成共价型碳化物，它们多属熔点高、硬度大的原子晶体。在这类化合物中 SiC 和 B_4C 最重要。

碳化硅俗称金刚砂，工业上是由石英和过量的焦炭加热到 2300 K 以上制得的。

$$SiO_2 + 3C \xlongequal{电炉} SiC + 2CO$$

在 H_2 气中将 CH_3SiCl_3 加热到 1770 K 进行热分解可以得到纯的 SiC。

SiC 为无色晶体，表面被氧化后变为蓝黑色。晶体结构中，C、Si 原子均为四面体配置(C，Si 原子交替排列)，每个 C 原子周围有 4 个 Si 原子，每个 Si 原子周围也有 4 个 C 原子以共价键相连，构成原子晶体。因此，SiC 熔点(2973 K)高、硬度(莫氏 9.2)大，是重要的工业磨料。如在其中掺入某些杂质原子，便成为半导体材料。例如，将 SiC 在 N_2 气中加热，N 进入晶格将形成 n 型半导体(N 的价电子比 Si 或 C 多出一个，为 5 比 4，这电子容易被热激发到导带而产生导电作用。由于电流的携带者是带负电的电子，故称为 n 型半导体或电子型半导体)。如果是三价元素(如 B，Al)进入 SiC 晶格，则形成 p 型半导体。B 或 Al 的价电子为 3，相当于使 Si 或 C 变为 Si^+ 或 C^+ 的状态，从而在价带中建立了“空穴”，此种空穴状态可以吸收其他原子上的电子来填充，这种由正的空穴迁移导电称为 p 型半导体。

SiC 的化学性质不活泼。在浓酸(甚至沸腾)中是稳定的。在加热时与铬酸钾和铬酸铅迅速反应，在高温时能被碱溶解。由于 SiC 有很好的热稳定性和化学稳定性、机械强度高而热膨胀率低，因此可作为高温结构陶瓷材料，如用作火箭喷嘴、热偶保护管、热交换器和耐磨、耐蚀零件等。

B_4C 是具有光泽的黑色晶体，其耐研磨能力比 SiC 高出 50%，现已广泛用作磨料、耐磨部件、轴承、防弹甲和核反应堆的保护及控制材料等。

工业上用焦炭和氧化硼在电炉中加热反应制得。

$$2B_2O_3 + 7C \xlongequal{电炉} B_4C + 6CO$$

制备 B_4C 的其他方法有镁还原法(B_2O_3 + Mg + C 反应生成 B_4C 和 MgO)和元素合成法(B + C 于高温下直接反应)。

3. 金属型碳化物

金属型碳化物保持了金属的光泽和导电性，许多 d 区和 f 区金属能形成金属型碳化物。它们的硬度、熔点和难溶性常超过母体金属，其组成一般不符合化合价规则，属于非整比化合物。

从价键观点看，金属型碳化物实质上是碳原子的价电子进入金属原子中空的 d 轨道而形成的。金属原子中空的 d 轨道越多，该金属和碳原子间的结合力就越强，碳化物就越稳定。例如，Ti、V 能形成稳定的 TiC、VC，而 Cu 则不形成碳化物。碳原子的进入，在金属键的基础上又增加了共价键成分，可能就是金属型碳化物硬度大、熔点高的重要原因。

WC 是工业上最重要的金属型碳化物，属超硬材料，用于制造刀具和耐高压装置。

3.4　硅及其化合物

硅在地壳中含量仅次于氧，分布很广，主要以二氧化硅和硅酸盐形态存在。高纯的单晶硅是重要的半导体材料。

3.4.1　单质硅

硅单质有无定形和晶态两种。晶态硅为原子晶体，属金刚石结构。晶态硅又分为单晶硅和多晶硅。硅单晶呈灰色、硬而脆、熔点和沸点均很高。工业制备的硅为多晶体，需经拉制成单晶硅后，才能制造硅器件。

硅在常温下不活泼（与 F_2 的反应除外）。高温下硅的反应活性增强，与氧、水蒸气反应生成 SiO_2；与卤素、N、C、S 等非金属作用，生成相应的二元化合物，如 SiX_4（X=Cl，Br，I）、Si_3N_4、SiC、SiS_2 等。其中生成的 SiO_2 和 Si_3N_4 结构致密，在硅表面附着牢固，是很好的钝化膜。硅能与强碱、氟和强氧化剂反应生成相应的化合物 Na_2SiO_3、SiF_4 和 SiO_2。

$$Si+2NaOH+H_2O \xlongequal{\triangle} Na_2SiO_3+2H_2(g)$$

$$Si+2F_2(g) \xlongequal{} SiF_4(g)$$

$$3Si+2Cr_2O_7^{2-}+16H^+ \xlongequal{} 3SiO_2(s)+4Cr^{3+}+8H_2O$$

硅不溶于盐酸、硫酸、硝酸和王水，但可与氢氟酸缓慢作用，在有氧化剂存在下，反应加快，因此常用 HF-HNO_3 混合液作硅器件的腐蚀液。

$$Si+4HNO_3(浓)+6HF \xlongequal{} H_2[SiF_6]+4NO_2\uparrow+4H_2O$$

硅的标准电极电势在 Sn 和 Pb 之间，在一定条件下，硅可从 Pb、Cu、Ag、Au 等重金属的盐溶液中，置换出这些金属。

因此，HF-HNO_3、重铬酸盐和重金属盐溶液（如 $CuSO_4$）均可作硅器件的腐蚀剂和化学抛光剂。

SiO_2 和 C 混合在电炉中加热得纯度为 96%～97%的 Si。SiH_4 热分解得多晶硅。超纯硅的制法是将 $SiCl_4$ 经蒸馏提纯后，再用 Na 或 Mg 还原得纯硅、熔成条状，经区域熔融得超纯硅（杂质含量在 10^{-10} 以下）。

3.4.2　硅的氢化物和卤化物

1. 硅的氢化物

硅能形成多种氢化物，其通式为 Si_nH_{2n+2}（n 可达 15）。硅的氢化物又称硅烷，其中最重要和稳定的是甲硅烷 SiH_4。

实验室中可由 Mg_2Si 和盐酸反应制得以甲硅烷为主要成分的硅烷。SiH_4 的工业制法是在低温下使 Mg_2Si 和 NH_4Cl 在液氨介质中反应制得的。

$$Mg_2Si + 4NH_4Cl \xlongequal[液氨]{243\ K} SiH_4 + 4NH_3 + 2MgCl_2$$

SiH_4 的主要化学性质是低的热稳定性(SiH_4 的生成热为正值,容易分解)、水解性和还原性。

$$SiH_4 \xlongequal{\triangle} Si + 2H_2$$

SiH_4 易发生水解反应,在碱催化下,水解反应加速。

$$SiH_4 + (n+2)H_2O \xlongequal{碱催化} SiO_2 \cdot nH_2O + 4H_2$$

显示 SiH_4 还原性的反应如:

$$SiH_4 + 2MnO_4^- = 2MnO_2 + SiO_3^{2-} + H_2O + H_2$$

$$SiH_4 + 8Ag^+ + 2H_2O = 8Ag + SiO_2 \downarrow + 8H^+$$

2. 硅的卤化物

硅能形成多种卤化物,它们是共价型的化合物。以下重点介绍 SiF_4 和 $SiCl_4$。卤化硅的性质见表 3-4。

表 3-4 卤化硅的基本性质

性 质	SiF_4	$SiCl_4$	$SiBr_4$	SiI_4
熔点/K	182.8	202.7	278.5	393.6
沸点/K	187.4	330.1	408	460.6
Si—X 键键能/($kJ \cdot mol^{-1}$)	565	381	310	234
键长/pm	154	201	215	243
$\Delta_f H^\ominus$/($kJ \cdot mol^{-1}$)	−1615(g)	−657(g)	−416(g)	−189(s)

SiO_2 与 HF 反应生成 SiF_4。SiF_4 是无色有刺激性臭味的气体,易溶于水,并强烈水解(反应是可逆的)。

$$SiF_4 + 2H_2O \rightleftharpoons SiO_2 + 4HF$$

无水 SiF_4 很稳定,干燥时不腐蚀玻璃。SiF_4 与 HF 作用生成氟硅酸 H_2SiF_6。

$$SiF_4 + 2HF = H_2SiF_6$$

气态 H_2SiF_6 易分解为 HF 和 SiF_4。H_2SiF_6 的水溶液为强酸,目前只制得了 60%的溶液(未制得纯净的 H_2SiF_6)。H_2SiF_6 溶液对玻璃有显著的腐蚀作用。它的 Na^+、K^+ 盐微溶于水,在沸水中会完全水解。

$$Na_2SiF_6 + 2H_2O = 2NaF + SiO_2 + 4HF \uparrow$$

SiF_4 气体能被 Na_2CO_3 溶液所吸收,得到白色的 Na_2SiF_6 晶体,工业上利用此反应除去生产磷肥时产生的有害废气 SiF_4。

$$3SiF_4 + 2Na_2CO_3 + 2H_2O = 2Na_2SiF_6 + H_4SiO_4 + 2CO_2$$

Si 和 Cl_2 在高温下反应生成 $SiCl_4$,大量生产 $SiCl_4$ 的方法是 SiO_2、Cl_2 和焦炭混合加热。

常温下 $SiCl_4$ 是液态。它极易水解，在空气中冒烟，常用作烟雾剂。

$$SiCl_4 + 2H_2O \xlongequal{} SiO_2 + 4HCl\uparrow$$

$SiCl_4$ 热稳定性高，只能用还原方法制备硅。

$$SiCl_4 + 2H_2 \xlongequal{} Si + 4HCl$$

3.4.3 二氧化硅、硅酸、硅胶和硅酸盐

1. 二氧化硅

天然存在的二氧化硅称为硅石。二氧化硅的形态大致可分为晶态和非晶态（无定形态），晶态二氧化硅存在三种变体——石英、鳞石英和方石英（每种又有 α-和 β-两种变体）。沙子是混有杂质的石英细粒。无色透明的纯石英称为水晶（含杂质时呈色）。硅藻土和蛋白石属非晶态二氧化硅。

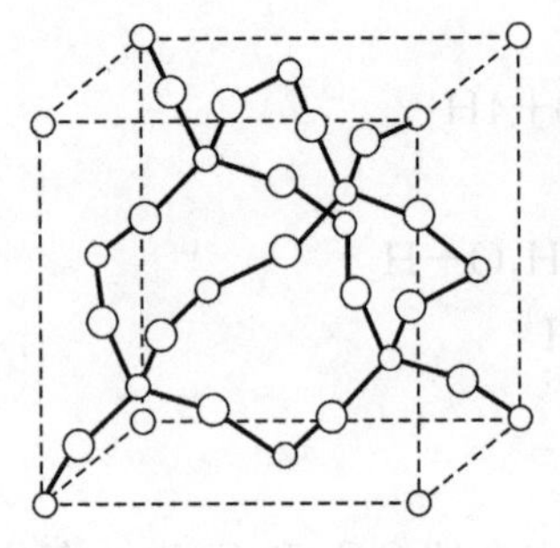

图 3-8 β-方石英的晶体结构示意图

晶态二氧化硅均由[SiO_4]四面体共用顶点连接而成三维骨架。β-方石英结构见图 3-8。晶态二氧化硅存在的三种变体中，硅氧四面体排列形式不相同。

SiO_2 不溶于水，室温下能与 HF 气体或溶液反应生成 $SiF_4(g)$ 或 H_2SiF_6。

SiO_2 与热碱反应得到硅酸盐，与 Na_2CO_3 混合共熔生成硅酸钠。

$$SiO_2 + 2NaOH \xlongequal{\triangle} Na_2SiO_3 + H_2O$$

$$SiO_2 + Na_2CO_3 \xlongequal{熔融} Na_2SiO_3 + CO_2\uparrow$$

SiO_2 为酸性氧化物，与碱性氧化物反应生成相应的硅酸盐。

$$NiO + SiO_2 \xlongequal{\triangle} NiSiO_3$$

$$CaO + SiO_2 \xlongequal{\triangle} CaSiO_3$$

与 SiO_2 反应并用于玻璃制造的氧化物还有 B_2O_3（降低硅酸盐玻璃的熔点，降低玻璃的膨胀系数）、Al_2O_3（提高玻璃熔点和增大玻璃晶化倾向等）、ZnO（增强玻璃的抗化学腐蚀性能）等。

石英玻璃（石英在高温下熔化成黏稠液体，在低温下冷却而成）具有热膨胀系数小，耐受温度的剧变的特点，用于制造耐高温的仪器。石英可以拉成丝，并具有很高的强度和弹性，是制作氧化物光导纤维的原料。

一般通信用的光导纤维主要由两部分构成，即纤芯和包覆纤芯的低折射率的包层。纤芯主要是由非晶态石英玻璃所组成，并掺杂了 Ge、P 和 B 等元素的氧化物以改变折射率。光纤的包层一般由高硅玻璃制成，其折射率低，并要求与纤芯的折射率相匹配，以减少光的散射。

2. 硅酸与硅胶

硅酸是无定形二氧化硅的水合物 $xSiO_2 \cdot yH_2O$，为白色胶状或絮状固体。目前已确

认的硅酸有正硅酸 H_4SiO_4($x=1$, $y=2$, $SiO_2 \cdot 2H_2O$)、偏硅酸 H_2SiO_3($x=1$, $y=1$, $SiO_2 \cdot H_2O$)、二偏硅酸 $H_2Si_2O_5$($x=2$, $y=1$, $2SiO_2 \cdot H_2O$)、焦硅酸 $H_6Si_2O_7$($x=2$, $y=3$, $2SiO_2 \cdot 3H_2O$)。习惯上以 H_2SiO_3 表示硅酸,实际上见到的硅酸通常是各种硅酸的混合物。

在低温下,$SiCl_4$ 于 pH = 2～3 的水溶液中水解,得 H_4SiO_4。H_2SO_4(80%)和 Na_2SiO_3 粉末在较低温度下反应生成 H_2SiO_3。

$$SiCl_4 + 4H_2O = H_4SiO_4 + 4HCl$$

$$Na_2SiO_3 + H_2SO_4 = H_2SiO_3 + Na_2SO_4$$

硅酸的工业制法是,将稀释好的硅酸钠和硫酸(经稀释冷却到室温)反应生成水凝胶,经水洗、干燥得成品。

根据硅酸钠浓度、酸度以及外加电解质的不同,可以制得各种不同的硅酸,各有不同用途。较浓的 Na_2SiO_3 溶液与酸作用所得的硅酸在失水过程中可经历下面几步:刚制得的硅酸是单个的小分子,能溶于水,在存放过程中会逐渐聚合,形成各种多硅酸。接着就形成不溶于水,但又暂不从水中沉淀出来的"硅溶胶"。如果向硅溶胶中加入电解质,则会失水转变为"硅凝胶",把硅凝胶烘干可得到"硅胶"。烘干的硅胶是一种多孔性物质,具有良好的吸水性,而且吸水后还能烘干重复使用。所以硅胶常作为干燥剂。如果将细孔球形硅胶用水蒸气进行吸湿处理,再倾入含有 $CoCl_2$ 的浸染液中,经干燥后得"变色硅胶"。

若用稀 Na_2SiO_3 溶液和酸作用,所得的硅胶经烘干脱水后成为无定形 SiO_2,称为"白炭黑",在造纸、橡胶工业上广泛用作填料。"白炭黑"表面羟基与橡胶有亲和力,使橡胶分子与填料粒子表面形成某种键合,因此具有很好补强性能,在胶鞋制造中大显身手。

3. 硅酸盐

将 Na_2CO_3 与 SiO_2 共熔可制得硅酸钠,其透明的浆状溶液称为"水玻璃",俗称"泡花碱"。工业上把水玻璃中 SiO_2 和 Na_2O 的物质的量之比称为水玻璃的"模数"(物质的量不是固定的)。碱金属硅酸盐能溶于水。水玻璃是纺织、造纸、制皂、铸造、建筑等工业的重要原料。

天然存在的硅酸盐都是不溶性的,在硅酸盐中,结构的基本单元是[SiO_4]四面体,四面体互相共用顶点连接成各种结构形式。由于 Al^{3+} 的大小和 Si^{4+} 相似,Al^{3+} 可以无序或有序地置换 Si^{4+}(置换数量有多有少),这时 Al 处在四面体配位中和 Si 组成硅铝氧骨干,形成硅铝酸盐。当骨干中有 Al^{3+} 置换 Si^{4+} 时,必须引入其他正离子,补偿其电荷,保持电中性。Al^{3+} 也可作为硅氧骨干外的正离子,起平衡电荷的作用。

硅酸盐的结构存在下列特点:①通常 Si 处于配位数为 4 的[SiO_4]四面体中;②[SiO_4]四面体的每个顶点上的 O^{2-} 至多只能共用两个四面体;③两个[SiO_4]四面体或[AlO_4]四面体结合时只能共用一个顶点,而不能共棱或共面,一般说来,两个[AlO_4]四面体不直接相连;④在硅酸盐中,硅铝氧骨干外的金属离子当被其他金属离子置换时,骨干的结构并无多大的变化,但对它的性能却影响很大。以下列出部分硅酸根阴离子的结构。

按硅酸盐结构中硅(铝)氧骨干的形式,分成四大类:岛状、链状、层状、骨架网状。图 3-9列出部分硅酸根阴离子的结构。

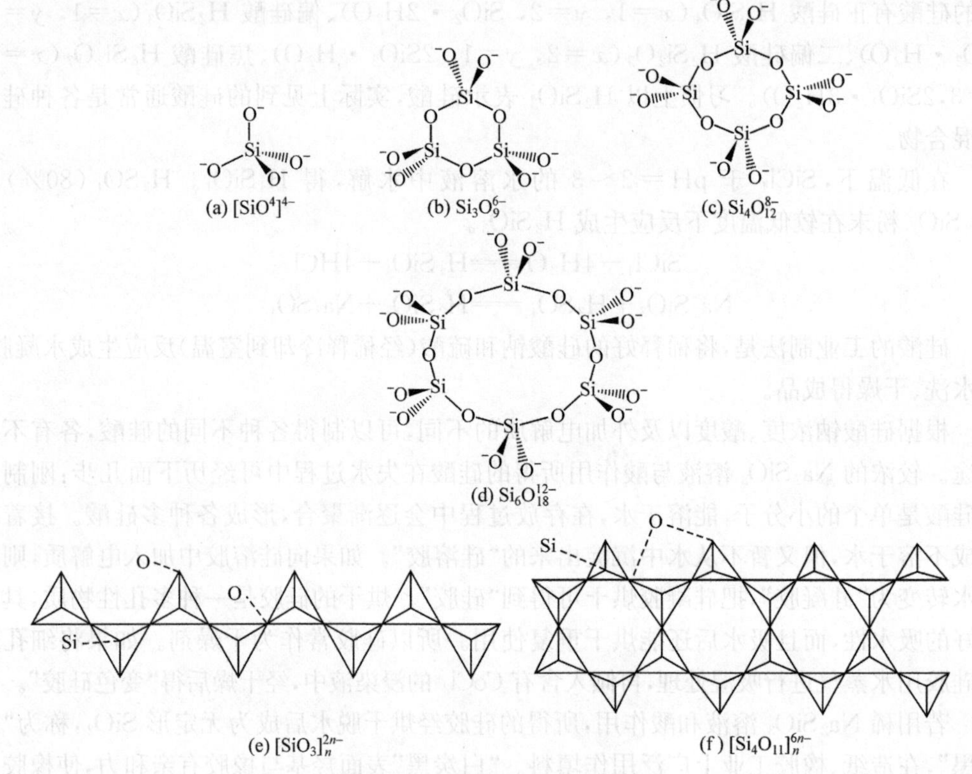

图 3-9 硅酸根阴离子的结构

岛状硅酸盐：含有分立的有限个硅氧骨干，因而也可称为孤立阴离子结构，如$[SiO_4]^{4-}$（锆英石 $ZrSiO_4$）、$Si_2O_7^{6-}$（钪钇石 $ScYSi_2O_7$）、$Si_6O_{18}^{12-}$［绿柱石 $Be_3Al_2(Si_6O_{18})$］。

链型硅酸盐：含有在一个方向上无限延伸的硅氧骨干，如$[SiO_3]_n^{2n-}$［透辉石 $CaMg(SiO_3)_2$］、$[Si_4O_{11}]_2^{6n-}$｛透闪石 $Ca_2Mg_5[Si_4O_{11}]_2(OH)_2$｝等。

层型硅酸盐：含有在二维平面上无限延伸的硅氧骨架，如$[Si_2O_5]_n^{2n-}$｛鱼眼石 $Ca_4[Si_2O_5]_4 \cdot KF \cdot 8H_2O$｝等。

骨架型硅酸盐：含有在三维空间连接的硅氧骨架，如$[AlSi_3O_8]_n^{n-}$（正长石 $KAlSi_3O_8$）等。

以下为几种常见的、重要的硅酸盐矿（也用复合氧化物的形式表示它们的化学成分）：

正长石 $K_2O \cdot Al_2O_3 \cdot 6SiO_2$ 或 $K_2Al_2Si_6O_{16}$

白云母 $K_2O \cdot 3Al_2O_3 \cdot 6SiO_2 \cdot 2H_2O$ 或 $K_2H_4Al_6(SiO_4)_6$

高岭土 $Al_2O_3 \cdot 2SiO_2 \cdot 2H_2O$ 或 $Al_2H_4Si_2O_9$

滑石 $3MgO \cdot 4SiO_2 \cdot H_2O$ 或 $Mg_3H_2(SiO_3)_4$

石棉 $CaO \cdot 3MgO \cdot 4SiO_2$ 或 $Mg_3Ca(SiO_3)_4$

泡沸石 $Na_2O \cdot Al_2O_3 \cdot 2SiO_2 \cdot nH_2O$ 或 $Na_2Al_2(SiO_4)_2 \cdot nH_2O$

我国盛产高岭土，它是一种以 SiO_2、Al_2O_3 和 H_2O 为主要成分的非金属矿物。该矿物中常有微量或少量的多种氧化物杂质（Fe_2O_3，TiO_2，CaO，MgO，K_2O 和 Na_2O）。它的用途非常广泛，如作橡胶、纸张的填料，石油裂化催化剂的载体，分子筛等。

3.5 锗、锡、铅及其化合物

3.5.1 存在

锗是分散性元素。许多硫化物矿中含有锗，如硫银锗矿（Ag_8GeS_6）等，某些煤灰中富含锗，是提取锗的重要原料。

锡和铅的主要矿石是锡石（SnO_2）和方铅矿（PbS）。

3.5.2 单质的性质

锗是灰白色金属，较硬，性质与硅相似。Ge 是典型的半导体元素。常温下锗不与空气中的氧气反应，高温下能与氧气反应生成 GeO_2。锗不与稀 HCl、稀 H_2SO_4 反应，但能被热浓 H_2SO_4 氧化而生成硫酸锗，与浓 HNO_3 反应生成 $GeO_2 \cdot xH_2O$，锗可溶于王水和 HF - HNO_3 的混合液。在有 H_2O_2 存在时，Ge 和碱液作用生成锗酸盐，如 Na_2GeO_3。因此，这些溶液均可做锗器件的腐蚀液，其中最常用的是 H_2O_2 - NaOH 混合液，认为是 Ge 先被 H_2O_2 氧化为 GeO_2 而后溶于 NaOH 中。

锡是银白色金属，较软，它有三种同素异形体，即灰锡（α-型）、白锡（β-型）及脆锡（γ-型），它们的转化温度如下：

$$\text{灰锡} \xrightleftharpoons{291\ K} \text{白锡} \xrightleftharpoons{434\ K} \text{脆锡}$$

灰锡是粉末状的，白锡低于 291 K 转化为灰锡，但转变速率极慢，225 K 左右转变很快。灰锡本身是这个转变反应的催化剂，因此一经转变，速率大为加快。锡制品（用白锡制造）长期处于低温而毁坏，就是白锡转变为灰锡时，由于体积骤然膨胀，锡器碎裂成粉末的缘故，这种现象称为“锡疫”。

据记载，在极地探险中使用的汽油桶（锡焊的铁桶）经不住寒冷的考验，锡疫发作，锡焊开裂，出现汽油全部漏光的严重事故。若将锡制成合金则可避免锡疫的发生。

常温下锡表面生成保护膜，所以锡在空气和水中是稳定的。若在铁皮表面镀锡（马口铁），可以增强防腐作用。

锡能与酸碱反应。它与盐酸反应生成 $SnCl_2$。

$$Sn + 2HCl = SnCl_2 + H_2\uparrow$$

与稀 HNO_3 和浓 HNO_3 反应产物分别为 $Sn(NO_3)_2$ 和 β-锡酸（组成不固定的含水二氧化锡）。

$$3Sn + 8HNO_3(\text{稀}) = 3Sn(NO_3)_2 + 2NO\uparrow + 4H_2O$$

$$Sn + 4HNO_3(\text{浓}) = H_2SnO_3 + 4NO_2\uparrow + H_2O$$

β-锡酸不溶于酸和碱。锡和浓 H_2SO_4 反应生成 $SnSO_4$。

$$Sn + 2H_2SO_4(\text{浓}) = SnSO_4 + SO_2\uparrow + 2H_2O$$

锡与热的碱溶液反应生成羟基配合物。

$$Sn + 2KOH + 4H_2O = K_2[Sn(OH)_6] + 2H_2\uparrow$$

在室温下锡与 Cl_2、Br_2，在微热时与 F_2、I_2 反应生成 SnX_4。

$$Sn+2X_2 \longrightarrow SnX_4$$

铅是很软的重金属。铅能防止 X 射线和 γ 射线的穿透，所以可用铅制造防护用品。铅能形成多种合金，如铅锑合金用作蓄电池极板的材料。

按 $E^{\ominus}$ 判断，Pb 能和稀酸反应生成铅盐和 H_2。但由于 H_2 在铅上的超电势及在铅表面形成难溶物，如 $PbCl_2$、$PbSO_4$，阻碍反应继续进行。在加热时 Pb 与 HCl 和 H_2SO_4 能发生反应。HNO_3 和 HAc 能溶解 Pb，这是由于分别生成可溶性 $Pb(NO_3)_2$ 和可溶性稳定配合物 $Pb(Ac)_3^-$、$Pb(Ac)_2$、$Pb(Ac)^+$[其中 $Pb(Ac)_3^-$ 最稳定，习惯上常写成 $Pb(Ac)_2$]，有 O_2 时，Pb 与 HAc 反应较完全。

$$Pb+4HNO_3 \longrightarrow Pb(NO_3)_2+2NO_2\uparrow+2H_2O$$

$$Pb+2HAc \longrightarrow Pb(Ac)_2+H_2\uparrow$$

铅在碱中能溶解生成可溶性的 $Pb(OH)_3^-$ 或 PbO_2^{2-}。

$$Pb+OH^-+2H_2O \longrightarrow Pb(OH)_3^-+H_2\uparrow$$

所有铅的可溶盐和铅蒸气都有毒。发生铅中毒时，可注射 EDTA 钙钠盐（用 $Na_2[CaY]$ 表示），生成比 $[CaY]^{2-}$ 更稳定的 $[PbY]^{2-}$，从尿中排出而解毒。

3.5.3 锡、铅的化合物

1. 氧化物和氢氧化物

锡、铅的重要氧化物有 SnO（黑）、SnO_2（白）、PbO（红或黄）、PbO_2（棕黑）、Pb_3O_4（红）。

锡、铅的两类氧化物中 MO 是两性偏碱性，MO_2 是两性偏酸性。它们都是不溶于水的固体。

Sn(Ⅱ)的特点是具有还原性，溶于酸和碱中分别生成 Sn^{2+} 和 $Sn(OH)_3^-$。SnO_2 与熔融碱作用生成 $Sn(OH)_6^{2-}$。

PbO 溶于硝酸、乙酸、酒石酸及高氯酸，生成 Pb(Ⅱ)盐，较难溶于碱。Pb(Ⅳ)在酸性介质具有强氧化性。PbO_2 与强碱共熔生成 $Pb(OH)_6^{2-}$。

Pb_3O_4 俗名红丹或铅丹，是混合价态氧化物（看成由 2PbO，PbO_2 组成）。当 Pb_3O_4 与 HNO_3 反应得到 PbO_2 和 $Pb(NO_3)_2$，可以看成其中碱性的 PbO 被酸溶解，而留下呈酸性的不溶物 PbO_2。

$$Pb_3O_4+4HNO_3 \longrightarrow PbO_2+2Pb(NO_3)_2+2H_2O$$

再通过进一步的实验证实 Pb_3O_4 中含有 Pb(Ⅱ)和 Pb(Ⅳ)。将黑色不溶物与浓盐酸反应，产生的气体可使淀粉 KI 试纸变蓝，说明 Pb(Ⅳ)的存在。在分离后的液相中加入 K_2CrO_4 有黄色沉淀物产生（$PbCrO_4$）说明有 Pb(Ⅱ)存在。

$Sn(OH)_2$ 和 $Pb(OH)_2$ 均具有明显的两性。在酸性介质中以 Sn^{2+}、Pb^{2+} 存在；在碱性介质中以 $Sn(OH)_3^-$、$Pb(OH)_3^-$ 存在。

Sn(Ⅳ)、Pb(Ⅳ)的氢氧化物是未知的。Sn(Ⅳ)盐水解可以得到组成不固定的二氧化锡的水合物 $xSnO_2 \cdot yH_2O$，称为锡酸，有两种变体——α-锡酸和 β-锡酸。α-锡酸能溶于酸和碱，β-锡酸不溶于酸和碱。前者由 Sn(Ⅳ)盐在低温下水解制得，后者通常在高温下水解制得。这两种变体溶解性的差别,有两种不同的观点,一种观点认为 α-锡酸为无定形粉末,而 β-锡酸是晶态的;另一观点认为是由于粒子大小和聚结程度不同造成的。

Sn(Ⅱ)的还原性和 Pb(Ⅳ)的氧化性将在下节详细讨论。

2. Sn(Ⅱ)的还原性和 Pb(Ⅳ)的氧化性

从电势图可知,Sn(Ⅱ)在酸性和碱性介质均具有还原性,而在碱性介质显得更为突出。

$$SnO_2 \xrightarrow{-0.094} Sn^{2+} \xrightarrow{-0.1375} Sn \qquad Sn(OH)_6^{2-} \xrightarrow{-(0.93)} SnOOH^- \xrightarrow{(-0.91)} Sn$$

$$Sn^{4+} \xrightarrow{0.15} Sn^{2+} \xrightarrow{-0.137} Sn$$

$$\alpha\text{-}PbO_2 \xrightarrow{1.46} Pb^{2+} \xrightarrow{-0.125} Pb \qquad PbO_2 \xrightarrow{0.247} PbO \xrightarrow{-0.58} Pb$$

$$\alpha\text{-}PbO_2 \xrightarrow{1.6913} PbSO_4 \xrightarrow{-0.356} Pb$$

Sn^{2+} 与 Fe^{3+}、Hg^{2+} 反应分别生成 Sn^{4+}、Fe^{2+} 及 Sn^{4+}、Hg_2^{2+} 或 Hg。后者在实验室用来检验 Sn^{2+} 和 Hg^{2+} 的存在。

$$2Fe^{3+} + Sn^{2+} = 2Fe^{2+} + Sn^{4+}$$

$$2Hg^{2+} + Sn^{2+} + 2Cl^- = Hg_2Cl_2\downarrow + Sn^{4+}$$

(白色)

$$Hg_2Cl_2 + Sn^{2+} = 2Hg\downarrow + Sn^{4+} + 2Cl^-$$

(黑色)

在碱性介质中,Sn(Ⅱ)可将 Bi(Ⅲ)还原成金属 Bi。

$$3Sn(OH)_3^- + 2Bi^{3+} + 9OH^- = 3Sn(OH)_6^{2-} + 2Bi\downarrow$$

Pb(Ⅳ)中,PbO_2 和混合价 Pb_3O_4 均具强的氧化性。以 PbO_2 为例,与浓 H_2SO_4 作用放出 O_2,与 HCl 反应放出 Cl_2,将 Mn^{2+} 氧化成 MnO_4^-。

$$PbO_2 + H_2SO_4 = PbSO_4 + H_2O + 1/2O_2\uparrow$$

$$PbO_2 + 4HCl = PbCl_2 + Cl_2\uparrow + 2H_2O$$

$$5PbO_2 + 2Mn^{2+} + 4H^+ \xlongequal{Ag^+} 2MnO_4^- + 5Pb^{2+} + 2H_2O$$

3. 卤化物

锡、铅的卤化物有 SnX_2、SnX_4、PbX_2、PbF_4 及 $PbCl_4$;PbX_2 的稳定性比 PbX_4 高得多。

$SnCl_2$ 是路易斯酸,在浓盐酸中形成 $SnCl_3^-$。在室温下与 NH_3 反应生成加合物 $SnCl_2 \cdot NH_3$ 和 $SnCl_2 \cdot 2NH_3$。气态 $SnCl_2$ 分子构型为 V 形。

$SnCl_2$ 具有还原性和水解性。由于 $SnCl_2$ 易于氧化和水解(产物为碱式盐),在配制溶液时,应在稀盐酸中进行,并在溶液中加入少量的锡粒。

$$SnCl_2 + H_2O = Sn(OH)Cl + HCl$$

$$2Sn^{2+} + O_2 + 4H^+ = 2Sn^{4+} + 2H_2O$$

$$Sn^{4+} + Sn = 2Sn^{2+}$$

$SnCl_4$ 是弱的路易斯酸,如它能形成 $SnCl_6^{2-}$ 和加合物 $SnCl_4 \cdot 4NH_3$。

$SnCl_4$ 极易水解，水解产物不是单一的，但主要是 α-锡酸，所以配制 $SnCl_4$ 溶液时也应先用盐酸酸化。

PbF_2、$PbCl_2$、$PbBr_2$ 为无色；PbI_2 为黄色。$PbCl_2$ 难溶于冷水。$PbCl_2$ 的溶解度随温度升高明显增大，冷却后析出针状晶体。$PbCl_2$ 溶于 HCl 中形成 $H_2[PbCl_4]$。PbI_2 的溶解度也随温度的升高而明显增大，在沸水中溶解而形成无色溶液。PbI_2 在热水中有部分水解生成碱式盐 Pb(OH)I。PbI_2 溶于 KI 生成配合物 $K_2[PbI_4]$。PbX_4 中，PbF_4 较稳定。$PbCl_4$ 为黄色油状液体，它在低温下稳定，室温下即分解为 $PbCl_2$ 和 Cl_2，在潮湿空气中因水解而冒烟。$PbBr_4$ 的稳定性更差。由于 Pb(Ⅳ)的氧化性与 I^- 强的还原性，PbI_4 不能稳定存在。

4. 硫化物

锡、铅的重要硫化物有 SnS、SnS_2 及 PbS。PbS_2 不能稳定存在[Pb(Ⅳ)的氧化性与 S^{2-} 的还原性所致]。通常由它们的盐通 H_2S 来制备相应的硫化物。锡、铅的硫化物均有颜色[SnS(暗棕)、SnS_2(黄)、PbS(黑)]且难溶于水。低价态硫化物通常偏碱性、高价态显酸性或两性偏酸。SnS 能溶于多硫化铵(具氧化性)生成硫代锡酸盐，也能溶于中等浓度 HCl 溶液中。

$$SnS + S_2^{2-} \longrightarrow SnS_3^{2-}$$

$$SnS + 2H^+ + 3Cl^- \longrightarrow SnCl_3^- + H_2S$$

在硫代锡酸盐中加酸，则析出 SnS_2 沉淀。

$$SnS_3^{2-} + 2H^+ \longrightarrow SnS_2 \downarrow + H_2S$$

SnS_2 能溶于 Na_2S、碱和浓 HCl(配位作用)中。

$$SnS_2 + S^{2-} \longrightarrow SnS_3^{2-}$$

$$3SnS_2 + 6OH^- \longrightarrow 2SnS_3^{2-} + Sn(OH)_6^{2-}$$

$$SnS_2 + 4H^+ + 6Cl^- \longrightarrow SnCl_6^{2-} + 2H_2S$$

SnS 由于呈碱性不溶于 Na_2S 中，这是 SnS_2 与 SnS 的差别之一。

在铅盐溶液中加入 H_2S 生成黑色的 PbS 沉淀(当有 HCl 存在时，开始显红色，可能有中间产物 PbS·$PbCl_2$ 生成，当继续加 H_2S 便消失)。

PbS 能溶于 HNO_3，在浓 HCl 中微溶。

黑色 PbS 与过氧化氢作用生成白色硫酸铅。反应由黑变白，此反应有时用于古油画的修复。

$$PbS + 4H_2O_2 \longrightarrow PbSO_4 + 4H_2O$$

5. Pb(Ⅱ)的难溶盐及其转化

铅的难溶盐有 PbS(黑)、$PbSO_4$(白)、$PbCO_3$(白)、$PbCrO_4$(黄)、$PbCl_2$(白)、PbI_2(黄)等。

将它们溶解的常用试剂有酸(HNO_3，HCl，H_2SO_4 等)、碱(KOH 等)、盐(如饱和 NH_4Ac)。通过氧化还原反应或生成配离子等途径，以降低离子的浓度使平衡发生移动，由难溶物转化为可溶物。常见可溶性铅盐有 $Pb(NO_3)_2$、$Pb(Ac)_2$、PbO_2^{2-} 等。

(1) PbS 可溶于 HNO_3、浓 HCl、NaOH(含 O_2)中。

$$3PbS+2NO_3^-+8H^+ = 3Pb^{2+}+3S+2NO+4H_2O$$

$$PbS+2H^++4Cl^- = PbCl_4^{2-}+H_2S$$

$$PbS+4OH^-+2O_2 = PbO_2^{2-}+SO_4^{2-}+2H_2O$$

(2) $PbSO_4$ 可溶于 HNO_3、浓 H_2SO_4、饱和 NH_4Ac 及苛性碱中。

$$PbSO_4+HNO_3 = HSO_4^-+Pb(NO_3)^+$$

$$PbSO_4+H_2SO_4 = Pb(HSO_4)_2$$

$$PbSO_4+3Ac^- = Pb(Ac)_3^-+SO_4^{2-}$$

$$PbSO_4+4OH^- = PbO_2^{2-}+SO_4^{2-}+2H_2O$$

注意:$Pb(Ac)_3^-$ 的稳定性比 $Pb(Ac)_2$ 和 $Pb(Ac)^+$ 都大。但习惯上常写为$Pb(Ac)_2$。

(3) $PbCrO_4$ 可溶于碱和 HNO_3 中。

$$PbCrO_4+3OH^- = Pb(OH)_3^-+CrO_4^{2-}$$

注意:黄色的 $SrCrO_4$ 和 $BaCrO_4$ 均不溶于碱。生成黄色 $PbCrO_4$ 的反应被用来鉴定 Pb^{2+} 或 CrO_4^{2-}。

$$2PbCrO_4+2H^+ = 2Pb^{2+}+Cr_2O_7^{2-}+H_2O$$

当酸控制一定量时,有 $HCrO_4^-$ 生成,过量时为 $Cr_2O_7^{2-}$。

(4) $PbCl_2$ 可溶于热水和 HCl 中。

$$PbCl_2+2Cl^- = PbCl_4^{2-}$$

(5) PbI_2 可溶于沸水和 KI 中。

$$PbI_2+2I^- = PbI_4^{2-}$$

3.6 应　　用

3.6.1 改进的铅酸蓄电池——密封胶体蓄电池

铅酸蓄电池是使用最广泛的一种二次电池。铅酸蓄电池的电池符号、电极反应和电池总反应如下:

$$Pb, PbSO_4 | H_2SO_4 | PbSO_4, PbO_2(\text{或 } Pb | H_2SO_4 | PbO_2)$$

负极　$PbSO_4+H^++2e^- \rightleftharpoons Pb+HSO_4^-$

正极　$PbO_2+HSO_4^-+3H^++2e^- \rightleftharpoons PbSO_4+2H_2O$

电池　$Pb+PbO_2+2H^++2HSO_4^- \underset{\text{充电}}{\overset{\text{放电}}{\rightleftharpoons}} 2PbSO_4+2H_2O$

蓄电池以海绵状铅为负极,PbO_2 为正极,开路电压为 2.10V,电解液是由纯 H_2SO_4 和电导水配制的(相对密度为 1.20～1.31,相当于质量分数 28%～41%)。

传统的铅酸蓄电池构造为开口式,充放电时易产生酸雾污染,设备腐蚀严重,且需经常加酸加水进行维护。近年来发展的密封式铅酸蓄电池,在结构、材质和工艺上作了重大改进:

(1) 采用凝胶电解质技术(SiO_2 细粉与一定量 H_2SO_4 形成二氧化硅凝胶),使电解液不流动、不漏液、不冒酸雾。

(2) 采用多孔(孔率>90%)超细(微米级)的玻璃纤维作隔板,为氧气在正负极之间的传输提供了快捷的通道。充电时在正极产生 O_2,通过隔膜扩散到负极,与活性物质 Pb 反应形成 PbO,进而与 H_2SO_4 反应生成 $PbSO_4$ 和 H_2O(充电时扩散到负极表面的 O_2 也可以直接被还原为水)。

$$H_2O-2e^- \longrightarrow 2H^+ + 1/2O_2$$

$$Pb+1/2O_2 \longrightarrow PbO$$

$$PbO+H_2SO_4 \longrightarrow PbSO_4+H_2O$$

$$2H^+ + 1/2O_2 + 2e^- \longrightarrow H_2O$$

上述一系列反应实现了氧气的循环、净结果是没有氧气的积累,没有水的损失。氧气的复合使负极去极化,减缓了氢气的析出。

(3) 采用阀控式,构成能承受压力,排出气体的密闭式蓄电池。考虑到电池的自放电和充电后期存在的氢析出的可能性,采用安全控制阀是十分必要的。

凝胶电解质技术和多孔超细玻璃纤维隔板在电池中的应用,实现了铅酸蓄电池的全密闭,达到低维护和免维护的要求,给古老的铅酸蓄电带来了勃勃生机,从而迅速占领了市场。

3.6.2 人工合成金刚石的新途径

中国科学技术大学化学系用金属钠还原四氯化碳(在催化剂存在下)的方法,在比传统低得多的温度下制得了金刚石,从而大大改善了合成条件,创造了一条人工合成金刚石的新途径。

$$CCl_4+4Na \xrightarrow[\text{Ni-Co}]{973\ \text{K}} \text{C(金刚石)}+4NaCl$$

用 X 射线衍射和拉曼光谱对产品进行了表征,证明了金刚石的存在,但产率很低(≈2%)。

3.7 石 墨 烯

1. 发现与结构

石墨烯一直被认为无法单独存在。但在 2004 年,英国曼彻斯特大学的物理学家海姆和诺沃肖洛夫真正制备出了石墨烯。他们利用一种特殊的透明胶带,对普通石墨片层进行微机械剥离时,第一次获得独立存在的单层或多层石墨烯。两人因"研究二维石墨烯材料的开创性实验"而共同获得 2010 年诺贝尔物理学奖。

石墨烯是一种二维晶体,实为单层石墨,厚度只有一个原子的直径,是世界上目前已知的最薄、最坚硬、导电导热性能最强的一种新型纳米材料,被称为"黑金"。它是"新材料之王",非常适合作为透明电子产品的原料。石墨烯的问世引起了全世界的关注,这种神奇的碳材料是 21 世纪备受瞩目的研究热点。

目前石墨烯的主要制备方法有：①固相法（机械剥离和外延生长法）；②液相法（氧化还原、超声分离、有机合成、溶剂热法）；③气相法（化学气相沉积、电弧放电法）。

石墨烯是由单层碳原子构成的，每个碳原子以 sp^2 杂化轨道（s、p_x、p_y）和相邻的 3 个碳原子连接形成三个等距离的 σ 键，由此碳原子以六元环形式连接成片。C—C 键键长为 142 pm(0.142 nm)，键角为 120°。层内每个碳原子未参加杂化的 p 轨道（各含 1 个电子）彼此平行重叠形成离域 π 键（与石墨烯层平面垂直方向），这些离域 π 电子可以在整个石墨烯晶体平面内自由移动，使得石墨烯具有良好的导电性。石墨烯中既有 σ 键又有 π 键，碳碳键的强度很大，这意味着石墨烯有高的力学性能。实验观察发现石墨烯呈现六边形网状结构，看起来很像蜂巢或细铁丝网；表面并不是完全平整的，而是具有波状起伏；这也反映出物质微观状态下固有的特性。图 3-10 为石墨烯的结构示意图。石墨烯的原子尺寸结构非常特殊，必须用量子场论才能描绘。

图 3-10　石墨烯结构示意图

2. 性质与应用

石墨烯具有优良的导电性、透光性和巨大的比表面积，其电子传导速率高达 $8\times10^5 m\cdot s^{-1}$，透光率达 97%以上，比表面积高达 2630 $m^2\cdot g^{-1}$。单层石墨烯片的厚度约 0.335 nm，20 万张叠加起来也只有一根头发丝那么厚；几克石墨烯材料就能覆盖整个足球场。石墨烯除了具有薄、硬、化学性质稳定、导电、导热、透光性最佳等特性外，还具有优良的柔韧性和可拉伸性。根据石墨烯的上述特性，可以用它来替代现有电子器件中的透明导电材料，如应用于触摸屏、太阳能电池、有机发光二极管、高频晶体管、智能窗等领域。

1）在太阳能电池中的应用

传统的导电材料，如金属能导电，但不透明；玻璃能透光，但为绝缘体，无法导电。石墨烯薄膜则能同时满足导电和透明这两个重要条件，而且比现在广泛使用于太阳能电池中的氧化铟锡(ITO)和掺氟氧化锡(FTO)导电薄膜的价格便宜（铟资源稀缺，价格昂贵）；并克服了氧化铟锡和掺氟氧化锡电极均对红外光透过率低的问题，提高了光电转换效率。特别是石墨烯的机械强度和柔韧性都比氧化铟锡优良，而氧化铟锡脆性高，容易损坏。现将石墨烯导电薄膜的优点归纳如下：导电性好，可见光和红外光的透过率高，力学、化学、热学性能稳定，原料来源广泛，价格便宜，制备工艺简单等。

2）在污水处理中的应用

石墨烯巨大的比表面将成为优良的吸附剂，但其憎水性和易聚集性限制了它在污水处理中的应用。通过化学修饰引入新的官能团或分子链；石墨烯经氧化还原处理后，获得石墨烯的复合物。这种复合物表面含有许多含氧基团（C═O、—OH、—COOH 等），使得它除了具有良好的亲水性之外，这些含氧基团还能与金属离子发生配位反应。经改性后石墨烯具备吸附和静电的双重作用，用于清除重金属离子和有机污染物的效果很好。

3）在其他方面的应用

研究人员发现，以石墨烯为基本原料经改性后，具有特殊的结构和性能。例如，石墨烯氧化物对抑制大肠杆菌的生长特别有效，而且不会伤害人体细胞，制成的产品可用于医疗、食品等行业。以石墨烯为主要原料制成的碳纤维，强度和韧性都很高，可望用于飞机、防弹衣等。经氧化还原法改性的石墨烯，形成了纳米级的天然孔洞（孔径为 1～2 nm）。这种超薄纳米过滤膜有望用于环保过滤、水淡化等领域。

4）原子级全碳电子器件的研制

厦门大学化学化工学院与英国兰卡斯大学的四方团队合作，制备了世界首例具有原子精度的全碳（富勒烯和石墨烯）电子器件。将具有原子级规整结构、优良电学特性的富勒烯（如 C_{60}、C_{70}、C_{76} 和 C_{90}）与石墨烯结合，制备的原子级全碳电子器件与传统的硅基半导体的微纳电子器件相比，具有传输速度更快、能耗更低的特点，这将是最有希望取代现有硅基半导体器件的一项先进技术。该研究成果于 2019 年 4 月发表于 *Nature Communications* 期刊上。

5）石墨烯超导性的发现

众所周知，石墨烯具有特殊结构，以及优良的力学、电学、磁学和热学性能，所以石墨烯的改性一直都是科技界研究的热点。2017 年，21 岁的中国学生曹原在美国麻省理工学院攻读博士学位期间，解决了困扰物理学界 107 年的难题。他发现了石墨烯中的非常规超导电性，按照他的理论推测：当叠在一起的两层石墨烯彼此之间发生轻微偏移时，材料会发生剧变！然而，当时国际上诸多有名望的物理学家都心存怀疑。面对物理前辈们的质疑，曹原唯一能做的就是用实验事实来证明自己的设想。然而把理论转为实验十分困难，把平行的两层石墨烯旋转某一"魔角"并不容易。不知经历了多少不眠之夜后，在一次实验中曹原将两层石墨烯以 1.1°的角度，在温度降低至 1.7 K（−271.45 ℃），奇迹终于出现，这种双层石墨烯材料表现出了超导现象：零电阻、完全抗磁性，发生了从绝缘体向超导体的转变，从此敲开了非常规超导的大门！

曹原制备出的石墨烯超导体属于低温超导体，其超导临界温度远低于冰点 0 ℃，所以这种材料并非室温超导体。

曹原的导师 Jarillo-Herrero 说：曹原动手能力超强，他的实验技巧至关重要，"他是个修补匠"。

2018 年 3 月，曹原以第一作者身份在 *Nature* 期刊上连续发表了两篇相关的论文，他的发现让学界认识到简单的旋转就能让碳原子薄膜进入复杂的电子态。如今物理学家都争着要在其他扭转的二维材料上寻找激动人心的发现，希望通过曹原的"魔角"石墨烯来揭开复杂材料高温超导的奥秘！

3.8 专题讨论

3.8.1 惰性电子对效应

“惰性电子对效应”是英国化学家西奇威克(Sidgwick)在总结大量有关ⅢA、ⅣA、ⅤA族元素的族数氧化态稳定性的基础上提出的用于分析其化合物不同氧化态表观稳定性的一种原子结构效应。他认为,对较重元素来说,其族数氧化态不稳定的原因在于ns电子具有强钻穿效应所造成的。

关于“惰性电子对效应”的定义有两种说法:

(1) ⅢA～ⅤA族自上而下,与族数相同的高氧化态的稳定性依次减小,比族数少2的低氧化态趋于稳定。这是由于ns^2电子对不易参加成键,特别不活泼,其中尤以$6s^2$电子对特别惰性,常称为惰性电子对效应。例如,在ⅢA族元素中,B、Al的氧化态为+3,Ga、In、Tl氧化态有+3也有+1,Ga、In以+3稳定,Tl却以+1氧化态稳定;在ⅣA族元素中Pb以+2氧化态稳定;ⅤA族元素中Bi以+3氧化态稳定。众所周知,Tl(Ⅲ)、Pb(Ⅳ)、Bi(Ⅴ)均是强的氧化剂,其还原产物分别为Tl(Ⅰ)、Pb(Ⅱ)和Bi(Ⅲ)。

(2) 认为“惰性电子对效应”并非只表现在ⅢA、ⅣA、ⅤA族元素中,还存在于周期系其他元素之中(如第六周期d区,ds区等元素)。称为“惰性价电子效应”或广义“惰性电子对效应”。

关于“惰性电子对效应”产生的原因有以下一些研究的结果和论述:①利用有效核电荷、半径等结构参数,对“惰性电子对效应”的本质作了较深入的探讨;②用热力学观点讨论了“惰性电子对效应”产生的原因及其在同族中的变化规律;③用电子云的钻穿效应对“惰性电子对效应”作了较详细的说明;④用相对论观点分析了“电子对”惰性的本质。

下面只简单介绍其中的①和②。

1) 有效核电荷(Z^*)解释

有人提出,影响价电子惰性的主要因素是由元素的原子(或离子)中的原子核对ns电子的吸引能力的大小来决定的。这种吸引能力的大小与元素的原子(或离子)的有效核电荷及半径有关。有效核电荷越高,半径越小,其原子核吸引外层价电子的能力越强,反之亦然。吸引能力越强,外层价电子越不易参与化学反应,这就表现出价电子的惰性。

由于镧系收缩,第六周期元素的原子(或离子)的半径与第五周期同族元素的相近,在忽略半径改变因素的前提下,元素的原子(或离子)的原子核对外层ns电子的吸引能力的大小主要取决于有效核电荷(Z^*)的大小,即由Z^*的大小可以说明ns价电子的惰性效应。表3-5列出ⅢA、ⅣA、ⅤA族较重元素的离子的有效核电荷Z^*。

表3-5 某些元素的离子的Z^*

ns^2	ⅢA	Z^*	ⅣA	Z^*	ⅤA	Z^*
$4s^2$	Ga^+	7.95	Ge^{2+}	8.95	As^{3+}	9.95
$5s^2$	In^+	8.35	Sn^{2+}	9.35	Sb^{3+}	10.35
$6s^2$	Tl^+	10.51	Pb^{2+}	11.51	Bi^{3+}	12.51

由表3-5可知,比族数少2的低氧化态(如Ga^+,In^+,Tl^+)随有效核电荷的增加,核对外层价电子(ns^2)的吸引力增强,低氧化态的稳定性自上而下提高,$6s^2$电子对表现出较高的稳定性或一定的化学惰性。以Ⅳ族元素为例,价电子构型为ns^2np^2,当失去2个p电子后变为ns^2,即Ge^{2+}、Sn^{2+}、Pb^{2+}的稳定性随原子序数的增加,稳定性增加。由于Pb^{2+}的Z^*(10.51)比同族的Ge、Sn大得多,$6s^2$受到核的吸引力增强,不易参与成键,特别不活泼,因此把$6s^2$电子对称为惰性电子对。

有人认为,“惰性电子对效应”并非只表现在ⅢA～ⅤA族元素中,也存在于周期系的第六周期d

区、ds 区、p 区的元素之中。例如，Hf、Ta、W、Re、Os、Ir、Pt、Au 等金属的化学惰性是较为突出的，称为广义“惰性电子对效应”或“惰性价电子效应”。

表 3-6 列出一些元素的原子的原子核对外层 ns 电子产生的作用力以有效核电荷 Z^*（计算值）来量度的结果。从表中可以看出：

(1) 第六周期镧系后所有元素的有效核电荷与第五周期同族元素相比均有一定的突变(Pd,Pt 之间不明显)。由于第六周期元素的原子的有效核电荷较同族的四、五两周期元素原子的有效核电荷增加较多，因此其原子核对外层 6s(Pd 除外)价电子吸引力较强，从而使得 6s 价电子不易发生化学反应，表现出化学惰性，称为“惰性价电子效应”。

(2) 镧系前 6s 电子没有惰性效应。例如，ⅠA、ⅡA、ⅢA 族元素中，五、六周期同族元素的 Z^* 值几乎一致，而其半径递增，核对外层价电子的吸引力自上而下减弱，使金属活泼性依次增强，故 6s 价电子无惰性。

表 3-6 某些元素原子的 Z^*

ⅠA	Z^*	ⅡA	Z^*	ⅢB	Z^*	ⅣB	Z^*	ⅤB	Z^*	ⅥB	Z^*
K	2.20	Ca	2.85	Sc	3.26	Ti	3.77	V	4.18	Cr	4.25
Rb	2.20	Sr	2.85	Y	3.30	Zr	3.75	Nb	4.00	Mo	4.45
Cs	2.20	Ba	2.85	La	3.49	Hf	5.39	Ta	6.03	W	6.62
ⅦB	Z^*	Ⅷ	Z^*	Ⅷ	Z^*	Ⅷ	Z^*	ⅠB	Z^*	ⅡB	Z^*
Mn	4.90	Fe	5.29	Co	5.72	Ni	6.13	Cu	6.30	Zn	6.95
Tc	5.10	Ru	5.35	Rh	6.80	Pd	8.25	Ag	7.70	Cd	7.35
Re	7.31	Os	7.95	Ir	8.59	Pt	9.22	Au	9.86	Hg	9.51

2) 热力学解释

利用热力学循环，计算低氧化态(族数少 2)化合物的歧化反应过程的焓变，讨论同族元素的族数氧化态与族数减 2 氧化态的相对稳定性，并以此分析惰性电子对效应的内在原因。

现以ⅣA 族金属 MO(M=Ge,Sn,Pb)的歧化反应为例：

$$2MO(s) \xrightarrow[\Delta_r H_m^\ominus]{\Delta_r G_m^\ominus} MO_2(s) + M(s)$$

上述反应的 $\Delta_r G_m^\ominus$、$\Delta_r H_m^\ominus$ 和 $\Delta_r S_m^\ominus$ 见表 3-7。

表 3-7 GeO、SnO、PbO 歧化反应的 $\Delta_r G_m^\ominus$、$\Delta_r H_m^\ominus$ 和 $\Delta_r S_m^\ominus$

金 属	Ge	Sn	Pb
$\Delta_r G_m^\ominus/(kJ \cdot mol^{-1})$	−122.6	−7.2	+162.0
$\Delta_r H_m^\ominus/(kJ \cdot mol^{-1})$	−126.8	−9.9	+161.7
$\Delta_r S_m^\ominus/(J \cdot K^{-1} \cdot mol^{-1})$	−14.06	−9.11	−0.83

以上歧化反应数据说明：①由 MO 歧化形成高氧化态(+4)的倾向自上到下减弱，PbO_2 是难以稳定存在的(焓变为正值)；②熵引起的能量变化很小，MO(s)歧化反应的自由能变主要取决于过程的焓变，而歧化反应的焓变又与晶格能、电离能等项能量有关(在此未列出)。

对 Pb 来说，电离能和晶格能都倾向于取+2 氧化态。即所放出的能量远不足以补偿 $6s^2$ 电子所需的电离能，故 Pb 的+2 氧化态反而比+4 氧化态稳定。

3.8.2 共价化合物的水解过程

本节拟就共价化合物(卤化物 MX_n 为例)的水解，从热力学和动力学入手，对影响水解的因素从结构上进行归纳。

1. 水解反应机理

水解类似配体取代反应，可能有三种反应机理。以卤化物(MX_n)水解为例：

(1) 水分子先与中心原子M缔合，形成新键M—OH_2，使中间态的配位数增一，然后旧键M—X断裂，脱H^+完成水解。这是“先立后破”的过程，称为缔合机理，以A表示。

(2) 在水分子扰动下，旧键M—X先断开，生成配位数少一的中间态，然后取代基团插入。这是“先破后立”的过程，称为解离机理，以D表示。

(3) 反应中一边断开M—X键，一边形成M—OH_2键，中间态具有较高配位数。这是个“边破边立”的过程，称为交换机理，以I表示。

2. 影响水解反应的主要因素

影响共价化合物水解反应的主要因素大致归纳为以下三方面：①中心原子价层结构(中心原子所处周期，配位情况，空轨，半径大小等)；②空间效应(中心原子半径，配体的大小和数量等)；③电负性效应(中心原子与配体电负性的差异)。

3. 实例分析

(1) $SiCl_4$在常温下激烈水解，而CCl_4却不水解。这是因为中心硅原子有3d空轨道，可供水分子立足，而硅的半径相对较大，配位Cl原子难以屏蔽水分子的进攻。在水分子的攻击下，形成五配位的中间态[H_2O与Si发生缔合，同时分子构型发生改变(杂化类型由sp^3过渡到sp^3d)，Si—OH_2新键形成]，然后脱出HCl。反应按图3-11所示A机理进行。此过程重复发生，最终产物为$SiO_2\cdot xH_2O$。

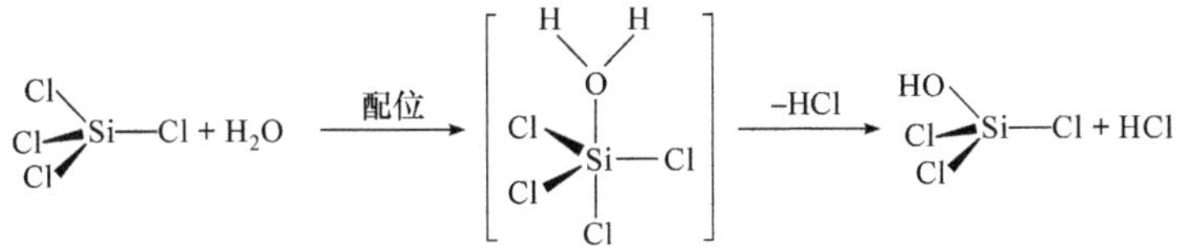

$$SiCl_4 + H_2O \xrightarrow{\text{配位}} [SiCl_4(OH_2)] \xrightarrow{-HCl} HOSiCl_3 + HCl$$

图3-11　$SiCl_4$的水解过程示意图

由于C的半径小，受到4个Cl的有效屏蔽，水分子难以钻进去，且C原子处于第二周期，配位已达饱和(最大共价数为4或最大配位数为4)，无能量低的空轨道接受水分子(同时发生构型改变)，形成五配位的中间态，即不能按A机理进行水解。另外，由于C原子半径小与周围Cl原子轨道的重叠程度大，C—Cl键很牢固，难以断裂形成三配位的中间态，让水分子插入，按D机理进行水解，因此CCl_4在常温下不发生水解，即对水是惰性的。

同理可以预测SF_4、$SeBr_4$、TeF_6的水解，因中心原子S、Se和Te都未达到配位饱和结构，即在这些中心原子中有能量低的空轨道，可用来接受水分子，形成高配位数的中间态(如Te有空的f轨道)，水解按A机理进行，产物分别为SO_2+HF、H_2SeO_3+HBr和H_6TeO_6+HF。

(2) CCl_4和SF_6在常温下均不发生水解，究竟是热力学原因还是动力学阻力？由下述水解反应式可知它们是热力学上可行的反应。在常温下不水解，应归于动力学阻力。

$$CCl_4(l)+2H_2O(l) \xlongequal{} CO_2(g)+4HCl(g) \quad \Delta_rG^\ominus=-377\ kJ\cdot mol^{-1}$$

$$SF_6(l)+4H_2O(l) \xlongequal{} H_2SO_4(aq)+6HF(g) \quad \Delta_rG^\ominus=-423\ kJ\cdot mol^{-1}$$

在CCl_4和SF_6中，由于配位原子(Cl,F)把相对较小的中心原子(C,S)严密包住，水分子难钻进去。

且中心原子配位已饱和(最大共价数 C 为 4,S 为 6),要生成高配位数的中间态,预期活化能很高。若先断开旧键(C—Cl,S—F),让水分子插入,常温下难实现。这是因为配位原子的空间效应,它们是动力学上非常稳定的化合物。当条件改变,如外界提供能量则水解可发生。例如,在过热水蒸气条件下,CCl_4 可水解产生 $COCl_2$ 和 HCl。

$$CCl_4(g)+H_2O(g) = COCl_2(g)+2HCl(g) \quad \Delta_r G^{\ominus}=-103.7\ kJ\cdot mol^{-1}$$

图 3-12 NF_3 的结构

(3) NF_3 在常温下不发生水解。NF_3 和 NCl_3 均为角锥形分子(中心 N 原子采用 sp^3 杂化),价轨道中的四个位置都已被电子占满(3 对成键电子和一对孤对电子)。在常温下 NCl_3 会发生水解,而 NF_3 却不水解。这是由于F的电负性特别大,使 N 上电子云密度降低(图 3-12),孤对电子缺乏给予性(受 N 上正电场的吸引),对水中质子的吸引力很弱,且 F 缺乏合适的空轨道接受水中氧提供的孤对电子。说明不论是中心 N 原子或配体 F 原子都与水分子"无缘"。因而,NF_3 在通常条件下难发生水解。然而在电火花的情况下水解产生 N_2O_3 和 HF。

(4) PCl_3 在常温下能发生水解。PCl_3 水解产物为 H_3PO_3 和 HCl。在 PCl_3 中,水分子负端攻击中心 P 原子(图 3-13),在水分子的攻击下,中心 P 原子由 sp^3 杂化过渡到 sp^3d 杂化,H_2O 分子由极点进攻,形成五配位的中间态,孤对电子占据赤道平面的位置,经多次配位和脱 HCl,最终产物为 $P(OH)_3$ 和 HCl,$P(OH)_3$ 经分子内重排得 H_3PO_3。

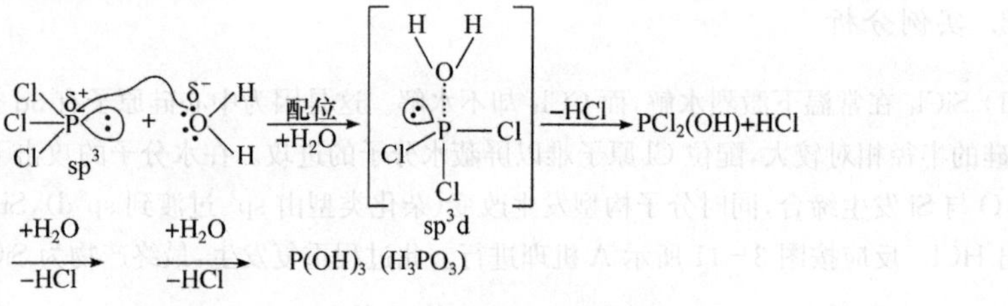

PCl_3 (sp^3) + H_2O $\xrightarrow[+H_2O]{配位}$ [五配位中间态 (sp^3d)] $\xrightarrow{-HCl}$ $PCl_2(OH)+HCl$ $\xrightarrow[-HCl]{+H_2O}$ $\xrightarrow[-HCl]{+H_2O}$ $P(OH)_3$ (H_3PO_3)

图 3-13 PCl_3 的水解过程示意图

对 PCl_3 的水解,也有另外一种观点*,但其基本要素与上面所归纳的是一致的,即中心原子价层结构(中心原子所处的周期、配位情况、空轨、半径大小等)和中心原子与配体电负性的差异等。它们的主要差别是在第一步水解时 P 原子上的孤对电子是否被利用和 H_2O 分子的进攻形式上(正、负端同时发动进攻,还是只有负端攻击中心原子)。后一种观点认为:由于中心 P 原子处于第三周期,有空的 d 轨道供利用,最大配位数可以达到 6,加上 P 和 Cl 两原子之间有一定的电负性差,由于 Cl 原子较强的拉电子作用,使 P 原子上的电子云密度较低,带上部分正电荷,有利于同 H_2O 分子的负端产生电性的相互作用,而 P 原子上存在的孤对电子也能与 H_2O 分子的正端发生相互作用,其结果是形成了一个五配位的中间态(中心 P 原子由 sp^3 杂化过渡到 sp^3d 杂化,接受 H 和 OH 的同时配位,PCl_3 的分子构型发生改变,由三角锥变为三角双锥的结构),然后脱出 HCl 生成一个四配位的中间态 $HPOCl_2$(分子构型为四面体,H,O 原子将直接与中心 P 原子相连)。以下过程是 H_2O 分子经多次配位、发生构型改变和脱 HCl,可得最终产物 H_3PO_3。这一机理的详细过程如下:

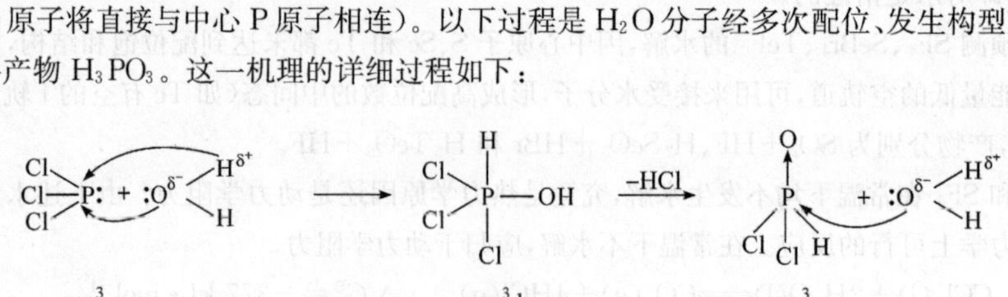

PCl_3 (sp^3) + H_2O → $PHCl_3(OH)$ (sp^3d) $\xrightarrow{-HCl}$ $HPOCl_2$ (sp^3) + H_2O

---

* 蔡少华. 1988. 元素无机化学. 广州:中山大学出版社。

$\longrightarrow$ $Cl_2P(O)(H)(OH_2)$ $\xrightarrow{-HCl}$ $ClP(O)(OH)H$ $+ H_2O \longrightarrow$ $(H_2O)ClP(O)(OH)H$ $\xrightarrow{-HCl}$ $(OH)_2P(O)H$

sp^3d　　　(sp^3)　　　(sp^3d)　　　(sp^3)

习　题

1. 解释下列事实：
   (1) 金刚石比石墨密度大、硬度高、绝缘性好，但化学活性稍差。
   (2) Ge(Ⅳ)、Sn(Ⅳ)、Pb(Ⅳ)的稳定性依次降低。
   (3) 常温下，CO_2 是气体，SiO_2 是固体。
   (4) C_{60} 与 F_2 在一定条件下，可以反应生成 $C_{60}F_{60}$。
   (5) $PbCl_4$ 存在，PbI_4 不能稳定存在。
   (6) CCl_4 不水解，而 $SiCl_4$ 易水解。
   (7) 配制 $SnCl_2$ 溶液时要加盐酸和锡粒。
2. 在 0.2 mol・L^{-1} 的 Ca^{2+} 盐溶液中加入等浓度等体积的 Na_2CO_3 溶液，将得到什么产物？若以 0.2 mol・L^{-1} 的 Cu^{2+} 盐代替 Ca^{2+} 盐，产物是什么？再以 0.2 mol・L^{-1} 的 Al^{3+} 盐代替 Ca^{2+} 盐，产物又是什么？用计算结果说明。
3. 在实验室鉴定碳酸盐和碳酸氢盐，一般用下列方法。试写出有关反应方程式。
   (1) 若试样中仅有一种固体，在加热(423 K 左右)时放出 CO_2，则样品为碳酸氢盐。
   (2) 若试样为溶液，可加 $MgSO_4$，立即有白色沉淀的为正盐，煮沸后才得到沉淀的为酸式盐。
   (3) 若试液中二者均有，可先加过量 $CaCl_2$，正盐先沉淀。继续在滤液中加氨水，有白色沉淀出现说明有酸式盐。
4. 在硅酸钠溶液中加入氯化铵时生成沉淀；露置在空气中的水玻璃日久会产生白色沉淀。写出它们的反应式并说明。
5. 在 298 K 时，将含有 $Sn(ClO_4)_2$ 和 $Pb(ClO_4)_2$ 的某溶液与过量的粉末状 Sn－Pb 合金一起振荡后，测得溶液中平衡浓度之比[Pb^{2+}]/[Sn^{2+}]为 0.46。已知 $E^{\ominus}_{Pb^{2+}/Pb}=-0.126$ V，计算 $E^{\ominus}_{Sn^{2+}/Sn}$值。
6. 完成并配平下列反应方程式：
   (1) $Sn+HCl \longrightarrow$
   (2) $Sn+Cl_2 \longrightarrow$
   (3) $SnCl_2+FeCl_3 \longrightarrow$
   (4) $SnCl_4+H_2O \longrightarrow$
   (5) $SnS+Na_2S_2 \longrightarrow$
   (6) $SnS_3^{2-}+H^+ \longrightarrow$
   (7) $Sn+SnCl_4 \longrightarrow$
   (8) $PbS+HNO_3 \longrightarrow$
   (9) Pb_3O_4+HI(过) $\longrightarrow$
   (10) $Pb^{2+}+OH^-$(过) $\longrightarrow$
   (11) $Pb_3O_4+HNO_3 \longrightarrow$
   (12) $PbO_2+H_2O_2 \longrightarrow$

(13) $PbO_2+H_2SO_4$(浓)$\longrightarrow$

(14) $GeCl_4+H_2O\longrightarrow$

(15) $GeCl_4+Ge\xrightarrow{\triangle}$

(16) $GeS+(NH_4)_2S_2\longrightarrow$

(17) $Ge+HNO_3\longrightarrow$

(18) PbO_2+HCl(浓)$\longrightarrow$

7. 今有一瓶白色固体，可能含有 $SnCl_2$、$SnCl_4$、$PbCl_2$、$PbSO_4$ 等化合物，从下列实验现象判断哪几种物质确实存在，并用反应式表示实验现象：

(1) 白色固体用水处理得一乳浊液 A 和不溶固体 B。

(2) 乳浊液 A 加入适量 HCl 则乳浊状基本消失，滴加碘-淀粉溶液可褪色。

(3) 固体 B 易溶于 HCl，通 H_2S 得黑色沉淀，此沉淀与 H_2O_2 反应后，又生成白色沉淀。

8. 试从结构上分析碳的三种同素异形体——金刚石、石墨和 C_{60} 在性质上的差异。

9. 选用适当的电极反应的标准电势，说明下列反应中哪个能进行。

(1) $PbO_2+4H^++Sn^{2+}\longrightarrow Pb^{2+}+Sn^{4+}+2H_2O$

(2) $Sn^{4+}+Pb^{2+}+2H_2O\longrightarrow Sn^{2+}+PbO_2+4H^+$

计算能进行的反应的 $\Delta G^\ominus$ 和平衡常数。

10. 某灰黑色固体 A 燃烧的产物为白色固体 B。B 与氢氟酸作用时能产生一无色气体 C，C 通入水中产生白色沉淀 D 及溶液 E。D 用适量 NaOH 溶液处理可得溶液 F，F 中加入 NH_4Cl 溶液则 D 重新沉淀。溶液 E 加过量的 NaCl 时，得一无色晶体 G。该灰黑色物质是什么？写出有关的反应式。

11. 有一红色固体粉末 A，加入 HNO_3 后得棕色沉淀 B，把此沉淀分离后，在溶液中加入 K_2CrO_4 溶液得黄色沉淀 C；向 B 中加入浓盐酸则有气体 D 发生，且此气体有氧化性。A、B、C、D 各为何物？

12. 锗作为半导体材料，必须具有极高的纯度。制备化学纯锗的流程如下：

$$\text{锗矿石}\longrightarrow\text{富集}\xrightarrow{\text{转化}}\text{粗 }GeO_2\xrightarrow[\text{处理}]{\text{盐酸}}\text{粗 }GeCl_4\xrightarrow{\text{精馏法提纯}}\text{纯 }GeCl_4\xrightarrow{\text{水解}}\text{纯 }GeO_2\xrightarrow[Zn]{\text{还原}}\text{化学纯锗}$$

根据上述流程回答：

(1) 为了提高 $GeCl_4$ 的产率可采取哪些简便措施？如果温度控制过高，将出现何种结果？

(2) 在粗的 GeO_2 中常含有少量杂质 As_2O_3，为除掉它可加入浓盐酸，并通入大量氯气，使其转化为可溶物而留在溶液中。可溶物是什么？请写出上述两步的反应方程式。

(3) 用纯水将 $GeCl_4$ 水解并加热得到高纯度的 GeO_2，再用锌还原得到纯度为 4 个“9”(99.99%)的锗，请写出上述各步的反应方程式。

13. 提供两种硅器件的腐蚀剂，写出有关的反应方程式。半导体工业生产单质硅过程中有三个重要反应，请写出生产纯硅有关反应方程式。

(1) 二氧化硅用碳还原为粗硅。

(2) 硅被氯气氧化生成四氯化硅。

(3) 四氯化硅被镁还原生成纯硅。

14. 固体 C_{60} 与金刚石比较，哪个熔点高？为什么？

15. 试说明为什么三甲硅烷基胺分子 $(SiH_3)_3N$ 是弱的路易斯碱，而三甲基胺分子 $(CH_3)_3N$ 的碱性较强(前者为平面三角形，后者为三角锥形)。

16. 有一块合金和适当浓度的 HNO_3 共煮至反应终止。将不溶解的白色沉淀和溶液过滤分离后，试验它们的性质时发现：此白色沉淀不溶于一般的酸和碱，只溶于熔融的苛性碱和热的浓盐酸中；当将滤液调至弱酸性，并加入 K_2CrO_4 时，则有黄色沉淀生成。此合金由哪两种金属组成？并用化学反应方程式表示各性质实验。

第4章　氮族元素

学习要点

(1) 熟悉氮族元素氢化物、氧化物、含氧酸及其盐的结构、性质。
(2) 了解磷酸及磷酸盐的结构特点，了解 p－dπ 键的形成特点。
(3) 比较氮、磷单质的成键特点和稳定性。
(4) 了解氮和铋与本族元素在成键和性质上的差异。
(5) 熟悉本族元素卤化物的水解特性。
(6) 掌握本族元素一些重要的氧化还原反应及应用。
(7) 分析引起 NCl_3 和 NF_3 性质(如给予性，水解性，热稳定性)差异的主要原因。

4.1　概　　述

氮族元素属周期表中ⅤA族元素，包括氮(N)、磷(P)、砷(As)、锑(Sb)、铋(Bi)五种元素。氮族元素的基本性质列于表4－1。氮族元素的价电子构型为 ns^2np^3。最高氧化态为＋5，最低氧化态为－3。主要氧化态是＋3和＋5。在As、Sb、Bi中，随着原子序数的增大，＋3氧化态的稳定性依次增加，＋5氧化态的稳定性依次减小(惰性电子对效应)。

表4－1　氮族元素的基本性质

元素名称	氮	磷	砷	锑	铋
元素符号	N	P	As	Sb	Bi
原子序数	7	15	33	51	83
相对原子质量	14.01	30.97	74.92	121.8	208.98
价电子构型	$2s^22p^3$	$3s^23p^3$	$4s^24p^3$	$5s^25p^3$	$6s^26p^3$
主要氧化态	－3，－2，－1，＋1，＋2，＋3，＋4，＋5	－3，＋1，＋3，＋5	－3，＋3，＋5	＋3，＋5	＋3，＋5
共价半径/pm	70	110	122	141	152
M^{3-}半径/pm(CN＝6)	171	212	222	245	213
M^{3+}半径/pm(CN＝6)	16	44	58	76	103
M^{5+}半径/pm(CN＝6)	13	38	47	60	76
第一电离能/($kJ\cdot mol^{-1}$)	1402.3	1011.8	944	831.6	703.3
第二电离能/($kJ\cdot mol^{-1}$)	2856.1	1903.2	1797.8	1595	1610

续表

元素名称	氮	磷	砷	锑	铋
第三电离能/(kJ·mol^{-1})	4578.1	2912	2735.5	2440	2466
第四电离能/(kJ·mol^{-1})	7475.1	4957	4837	4260	4370
第五电离能/(kJ·mol^{-1})	9444.9	6237.9	6043	5400	5400
电负性(χ_P)	3.04	2.19	2.18	2.05	2.02

氮存在多种氧化态(从−3连续变化到+5),As、Sb、Bi也有可变氧化态(如+3,+5),它们的氧化还原性较为突出。

氮族元素的电势图如下:

酸性溶液 $E_A^\ominus$/V

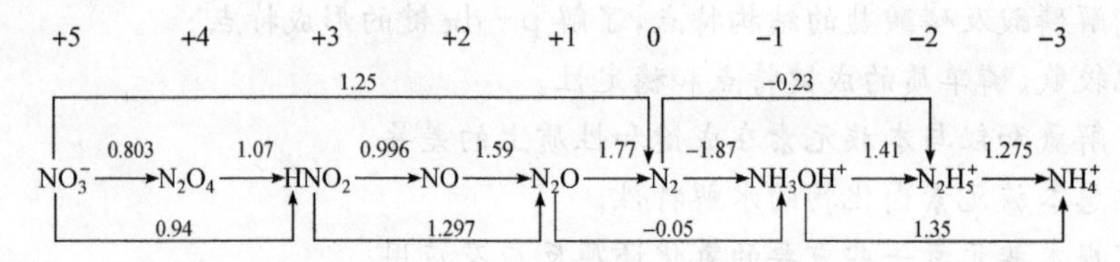

碱性溶液 $E_B^\ominus$/V

+5 +4 +3 +2 +1 0 −1 −2 −3

$$NO_3^- \xrightarrow{-0.85} N_2O_4 \xrightarrow{0.867} NO_2^- \xrightarrow{-0.46} NO \xrightarrow{0.76} N_2O \xrightarrow{0.94} N_2 \xrightarrow{-3.04} NH_2OH \xrightarrow{0.73} N_2H_4 \xrightarrow{0.1} NH_3$$

$NO_3^- \xrightarrow{0.25} N_2$;$N_2 \xrightarrow{-1.16} N_2H_4$;$NO_3^- \xrightarrow{0.01} NO_2^-$;$NO_2^- \xrightarrow{0.15} N_2O$;$N_2O \xrightarrow{-1.05} NH_2OH$;$NH_2OH \xrightarrow{-0.42} NH_3$

酸性溶液 $E_A^\ominus$/V

+5 +4 +3 +1 0 −3

$$H_3PO_4 \xrightarrow{-0.933} H_4P_2O_6 \xrightarrow{0.380} H_3PO_3 \xrightarrow{-0.499} H_3PO_2 \xrightarrow{-0.508} P \xrightarrow{-0.063} PH_3$$

$H_3PO_4 \xrightarrow{-0.276} H_3PO_3$;$H_3PO_3 \xrightarrow{-0.502} P$

$$H_3AsO_4 \xrightarrow{0.560} HAsO_2 \xrightarrow{0.240} As \xrightarrow{-0.225} AsH_3$$

$$Sb_2O_5 \xrightarrow{1.055} Sb_2O_4 \xrightarrow{0.342} Sb_4O_6 \xrightarrow{0.150} Sb \xrightarrow{-0.510} SbH_3$$

$Sb_2O_5 \xrightarrow{0.699} Sb_4O_6$

$$(Bi_2O_5) \xrightarrow{1.6} (BiO^+) \xrightarrow{0.317} Bi \xrightarrow{-0.8} BiH_3$$

碱性溶液 $E_B^\ominus$/V

+5 +3 +1 0 −3

$$PO_4^{3-} \xrightarrow{-1.12} HPO_3^{2-} \xrightarrow{-1.57} H_2PO_2^- \xrightarrow{-2.05} P \xrightarrow{-0.89} PH_3$$

$HPO_3^{2-} \xrightarrow{-1.73} P$

$$AsO_4^{3-} \xrightarrow{-0.67} AsO_2^- \xrightarrow{-0.68} As \xrightarrow{-1.37} AsH_3$$

$$Sb(OH)_6^- \xrightarrow{-0.465} Sb(OH)_4^- \xrightarrow{-0.639} Sb \xrightarrow{-1.338} SbH_3$$

$$Bi_2O_3 \xrightarrow{-0.452} Bi$$

氮是第二周期元素，半径较小，电负性较大，与同族元素相比表现出许多特殊性。铋是第六周期元素，存在 $6s^2$ 电子，在成键上和性质上都有其自身的特点，如 Bi(Ⅴ)的化合物具有很强的氧化能力。

本族元素从上到下金属性增强，氮、磷为非金属，砷为半金属（或准金属），锑、铋为金属。

4.2 氮的成键特征

氮在形成化合物时有不同于本族其他元素的一些特征，主要包括：

(1) 氮在化合物中的最大共价数为 4，这是因为氮是第二周期元素，能够提供的符合条件的原子轨道为 2s、2p 轨道，即提供 4 个价轨道，最多可形成 4 个共价单键。如 NH_4^+，$(C_2H_5)_4N^+$。第三周期、第四周期等较重元素的原子有 d 轨道可以利用来成键，其最大共价数可超过 4，如 PF_5、PF_6^-、AsF_5、$Sb(OH)_6^-$。

(2) 氮氮间能以重键结合成化合物，如偶氮（—N ═N—），叠氮（N_3^-）化合物，而磷、砷、锑、铋同种原子间形成重键的、稳定的化合物的倾向比氮要小得多。这是因为氮属第二周期元素，原子半径较小，原子间轨道(2p)重叠程度较大，可形成稳定的 p－pπ 键。第三周期元素原子半径较大，相互间轨道(3p)重叠较小，不易形成稳定的 p－pπ 键。

(3) 氮的氢化物（如 NH_3），可参与形成氢键，这与 N 原子有较高的电负性和较小半径有关。

4.3 分子氮

N_2 是无色无臭的气体，微溶于水。

N_2 的结构式为 ∶N≡N∶，N_2 分子中具有三重键（1σ 和 2π），每个 N 原子上有一对孤对电子。N_2 的总键能很高（约 941.7 kJ·mol^{-1}），具有很高的稳定性（破坏 N≡N 键十分困难，反应活化能很高）。故 N_2 常作为惰性气体使用，如用于保护粮油、食品以及作为精密实验中的保护气体。

N_2 只能和少数金属如 Li、Mg、Ca、Sr、Ba、B、Ti 等直接化合生成 Li_3N、Mg_3N_2、BN、TiN 等氮化物。

N_2 与 H_2、O_2、Cl_2 等化合生成 NH_3、NO、NCl_3 等氮化物。

这些氮化物可分为三类：离子型氮化物（与碱金属，碱土金属所形成的）、共价型氮化物（与ⅢA～ⅦA 族一些元素组成的）和金属型氮化物（与过渡金属元素组成的），VN、TiN 等金属型氮化物通常有高的化学稳定性，高硬度、高熔点。

N_2 特别不活泼的内在原因是：① N≡N 键强度大，断裂键需要很高的能量；②最高占据轨道与最低空轨道之间的能量间隔很大（约 8.2 eV），使分子不易发生简单的电子转移氧化还原过程；③N_2 分子中电子对称分布和键没有极性，难以形成高极性过渡态。

N_2 分子的最高占据轨道（σ_3）与最低空轨道（π_2）之间的能量间隔很大，表示 N_2 的最高占据轨道的能量很低（－15.59 eV），由 N_2 转移一个电子到接受体是很困难的，而 N_2

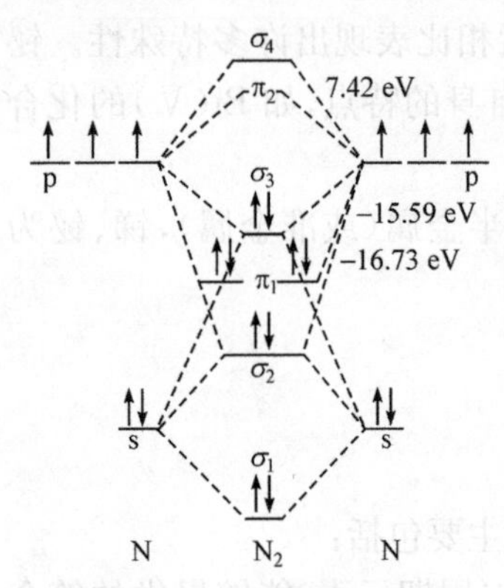

图 4-1　N_2 的分子轨道

的最低空轨道比最高占据轨道高约 8.2 eV，由授体原子送一个电子到 N_2 也是非常困难的（换言之，电子由低能级激发到高能级是十分困难的，反映 N_2 不易活化）。这说明 N_2 给予电子能力是比较小的，而接受电子的能力也是非常差的，即 N_2 既是一个弱的电子给予体，又是一个弱的 π 电子接受体，这是 N_2 分子显化学惰性的重要原因，参见图 4-1。

N_2 与 CO 是等电子体，二者结构相似，又都是 π 酸配体，然而 N_2 分子和 CO 分子与过渡金属形成的配合物在稳定性上（σ-π 键）是有差别的。

N_2 分子中最高占有轨道的能级（σ_3、−15.59 eV）低于 CO 分子中最高占有轨道的能级（−14 eV），反映 N_2 分子不易给出电子（端基上的孤对电子）到过渡金属原子的空 d 轨道，形成 σ 配键。

另外，N_2 分子的最低空轨道的能级（π_2，7.42 eV）又比 CO 分子相应的 π 空轨道的能级（6.03 eV）高，说明 N_2 分子的 π 接受能力也不如 CO。因此，N_2 分子较 CO 分子不易接受由过渡金属原子充满电子的 dπ 轨道提供的电子，形成反馈 π 键。

由于 N_2 分子的 σ 给予能力和 π 接受能力都不如 CO，因此双氮配合物的稳定性比羰基配合物差。

生成双氮配合物使 N_2 分子活化的途径参考第 9 章。

4.4　氮的氢化物、铵盐

4.4.1　氨

在 NH_3 分子中，N 采取不等性 sp^3 杂化，3 个 sp^3 杂化轨道（各有一个电子）分别与 H 的 1s 轨道（有一个电子）重叠以构成 3 个 σ 键，另一个 sp^3 杂化轨道容纳孤对电子（NH_3 作为路易斯碱给出电子对）。由于孤对电子较肥大而压缩成键电子，因此键角∠HNH 减小为 107.3°（正四面体键角为 109.5°），NH_3 分子结构是三角锥形，见图 4-2。

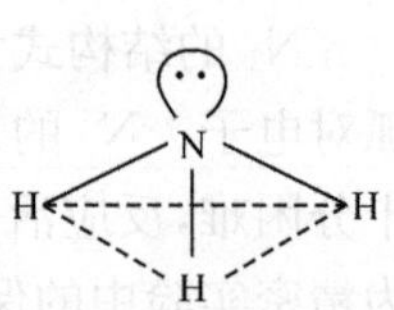

图 4-2　NH_3 的分子结构

氨是具有臭味的无色气体。NH_3 为极性分子，在水中溶解度大。NH_3 在水中形成 NH_4^+ 和 OH^-，使 NH_3 呈碱性（$K_b = 1.75\times10^{-5}$），NH_3 分子间存在氢键，其熔点和沸点高于同族的膦（PH_3）。氨在低温下形成两种稳定的水合物，即 $NH_3\cdot H_2O$ 和 $2NH_3\cdot H_2O$。

液氨和水一样，也能发生自解离。

$$NH_3 + NH_3 \longrightarrow NH_4^+ + NH_2^- \quad K = 1.9\times10^{-33}\ (218\ \text{K})$$

$$H_2O + H_2O \longrightarrow H_3O^+ + OH^- \quad K = 1.6\times10^{-16}\ (295\ \text{K})$$

液氨中 NH_4^+（酸）及 NH_2^-（碱）的许多反应，类似于 H_3O^+ 及 OH^- 在水中的反应。例如

酸碱反应　$NH_4Cl + KNH_2 \longrightarrow KCl + 2NH_3$

两性反应　$ZnCl_2 + 2KNH_2 \longrightarrow Zn(NH_2)_2\downarrow + 2KCl$

$$Zn(NH_2)_2+2KNH_2 = K_2Zn(NH_2)_4$$

沉淀反应 $$AgNO_3+KNH_2 = AgNH_2\downarrow+KNO_3$$

活泼金属置换酸中氢的反应

$$Na+NH_4Cl = 1/2H_2\uparrow+NaCl+NH_3\uparrow$$

碱金属和碱土金属(除 Be,Mg 外)等电正性金属能溶于液氨形成均相溶液(参考第1章相关的内容)。金属溶解后,形成氨合金属正离子和氨合电子而使金属-液氨溶液具有光学、电学和磁学性质(如稀溶液呈蓝色,高的电导率,顺磁性)。

金属-液氨溶液具有还原性(含氨合电子),能使低价化合物趋向稳定,是无机合成中一种优良的介质。例如

$$K_3[Cr(CN)_6]+3K \xrightarrow{\text{液氨}} K_6[Cr(CN)_6]$$

$$K_2[M(CN)_4]+2K \xrightarrow{\text{液氨}} K_4[M(CN)_4] \quad (M=Ni,\ Pd,\ Pt)$$

液氨的气化热($23.35\ kJ\cdot mol^{-1}$)较大,故液氨可用作制冷剂。

氨参与的化学反应有以下三种类型:加合反应、取代反应和氧化反应。

(1) 加合反应。NH_3 分子中 N 原子上的孤对电子,它可以作为路易斯碱与路易斯酸(分子或离子中有适宜的空轨道接受电子对)发生加合反应。例如,NH_3 和 BF_3 反应形成加合物 $F_3B\leftarrow NH_3$。许多过渡金属离子与 NH_3 以配位键相结合组成配位化合物,如 $[Ag(NH_3)_2]^+$、$[Cu(NH_3)_4]^{2+}$、顺-$Pt(NH_3)_2Cl_2$ 等。

(2) 取代反应。NH_3 中三个 H 可被某些原子或原子团取代,生成—NH_2(氨基化物,如 $NaNH_2$)、=NH(亚氨基化物,如 CaNH)和≡N(氮化物,如 AlN);$COCl_2$(光气)与 NH_3 反应生成 $CO(NH_2)_2$(尿素),$HgCl_2$ 与 $NH_3\cdot H_2O$ 反应生成 $HgNH_2Cl$(氨基氯化汞)等。

(3) 氧化反应。NH_3 分子中 N 的氧化态为−3,在一定条件下有失电子的倾向(显还原性),形成较高氧化态物质。例如,O_2、Cl_2、Br_2、H_2O_2、NaOCl、$KMnO_4$ 等氧化剂能将 NH_3 氧化。

$$4NH_3+3O_2 = 2N_2+6H_2O$$

$$4NH_3+5O_2 \xlongequal{Pt} 4NO+6H_2O$$

$$2NH_3+3Cl_2 = N_2+6HCl$$

$$NH_3+3Cl_2(\text{过量}) = NCl_3+3HCl$$

$$2NH_3+3H_2O_2 = N_2+6H_2O$$

$$2NH_3+2MnO_4^- = 2MnO_2+N_2+2OH^-+2H_2O$$

$$2NH_3+OCl^- = N_2H_4+Cl^-+H_2O$$

高温下,NH_3 作为还原剂能还原某些氧化物、氯化物等。例如,CuO 与 NH_3 反应生成 Cu、N_2 和 H_2O;$CuCl_2$ 与 NH_3 反应生成 CuCl、N_2 和 HCl。

4.4.2 铵盐

铵盐的主要性质有酸性、热稳定性及还原性。

铵盐和碱金属盐,它们阳离子电荷相同(NH_4^+ 与 M^+),半径相近($r_{NH_4^+}=148\ pm$,

$r_{K^+}=133$ pm，$r_{Rb^+}=148$ pm)，在性质上有许多相似之处(如晶体结构，溶解度)。NH_4^+ 和 CH_4 是等电子体，呈四面体构型。

NH_4Cl 是由强酸弱碱组成的盐，水解呈酸性。

$$NH_4^+ + H_2O \rightleftharpoons NH_3 + H_3O^+$$

铵盐的一个重要性质是它的热稳定性差，固态铵盐加热易分解为氨和相应的酸。

$$NH_4HCO_3 \xlongequal{常温} NH_3\uparrow + CO_2\uparrow + H_2O$$

$$NH_4Cl \xlongequal{\triangle} NH_3\uparrow + HCl\uparrow$$

如果酸是不挥发的，则只有氨挥发逸出，而酸或酸式盐留在容器中。

$$(NH_4)_2SO_4 \xlongequal{\triangle} NH_3\uparrow + NH_4HSO_4$$

$$(NH_4)_3PO_4 \xlongequal{\triangle} 3NH_3\uparrow + H_3PO_4$$

如果相应的酸具氧化性，则分解出来的 NH_3 会立即被氧化，例如 NH_4NO_3 受热分解时被氧化成 N_2O，如果加热温度高于 573 K，N_2O 又分解为 N_2 和 O_2。

$$NH_4NO_3 \xlongequal{\triangle} N_2O\uparrow + 2H_2O$$

$$2NH_4NO_3 \xlongequal{} 2N_2\uparrow + O_2\uparrow + 4H_2O$$

具有氧化性的含氧酸铵盐由于分解时放出大量的热及气体，在密闭容器下进行便发生爆炸。基于这个性质，NH_4NO_3 可用于制造炸药。

4.4.3 羟胺

羟胺的主要性质有碱性、配位性、氧化还原性。

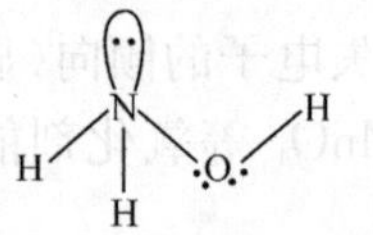

羟胺(NH_2OH)可以看作 NH_3 分子中的一个 H 原子被羟基—OH取代的衍生物。它的分子结构见图 4-3。

图 4-3 NH_2OH 的分子结构

在 NH_2OH 分子中，N 原子的氧化态为 −1，N 原子上有一对孤对电子。它的碱性比氨弱，因为 OH 基团的电负性大于 H，中心 N 原子上电子云向 OH 基转移，使 N 上电子云密度降低(N 核的有效正电荷较大)，电子对较难给出，碱性减弱。

$$NH_2OH + H_2O \rightleftharpoons NH_3OH^+ + OH^- \qquad K_b = 6.6\times10^{-9}\ (298\ K)$$

由于孤对电子的存在，羟胺也可以作为配位体生成配位化合物，如$Co(NH_2OH)_6Cl_3$、$Ni(NH_2OH)_4X_2$($X=Cl, Br, NO_3, ClO_4$)、$Zn(NH_2OH)_2X_2$[$X=Cl, Br, (1/2)SO_4$]。在形成配合物时，NH_2OH 既能以 N 原子又能以 O 原子作为配位原子($M\leftarrow NH_2OH$ 和 $M\leftarrow ONH_2$)。

NH_2OH 是白色固体，熔点 306 K，但必须保存在 273 K，以免分解。常见的都是羟胺的水溶液或盐，如$(NH_3OH)Cl$、$(NH_3OH)NO_3$ 及$(NH_3OH)_2SO_4$ 等(盐比较稳定)。NH_2OH 在碱性溶液中的分解产物为 NH_3、N_2 和 H_2O，而在酸性溶液中，主要的分解产物为 NH_3、N_2O 和 H_2O。

NH_2OH 分子中，N 的氧化态为 −1，处于中间价态，因此它既可作氧化剂又可作还原剂，但以还原性为主。当作为还原剂时 NH_2OH 的氧化产物在不同情况下不同。例如，它与 AgBr 反应，产生 N_2 及 N_2O，Ag^+ 变为 Ag；而若 NH_2OH 与 $Hg_2(NO_3)_2$ 反应，则主要产物为 N_2O，Hg_2^{2+} 变为 Hg。

NH_2OH 作为氧化剂时，其还原产物通常为 NH_4^+（或 NH_3）。

4.4.4 联氨

联氨 $NH_2—NH_2(N_2H_4)$ 又称肼，可以看成是 NH_3 分子内一个 H 原子被氨基—NH_2 取代的衍生物。$NH_2—NH_2$ 分子中 N 原子以 sp^3 杂化轨道成键，N—N 键键长 144.9 pm，N—H 键键长 102.2 pm，N—N—H 键键角 112°，每个 N 原子上都有一对孤对电子，可接受两个质子，见图 4-4。

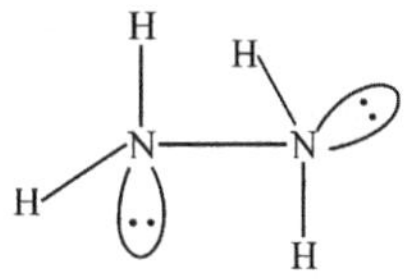

图 4-4 $NH_2—NH_2$ 的分子结构

联氨为无色发烟液体，熔点 275 K，沸点 387 K，介电常数高。联氨的主要特性是碱性、氧化还原性、配位性。

N_2H_4 为二元碱。碱性比氨弱（N_2H_4 中 N 的氧化态为 −2，孤对电子受到吸引力比 NH_3 要强，碱性比 NH_3 弱）。$K_{b_1}^\ominus=8.5\times10^{-7}$；$K_{b_2}^\ominus=8.9\times10^{-16}$(298 K)。它可以得到一系列的联氨盐，如 $[N_2H_5]Cl$、$[N_2H_6]SO_4$ 等。

N_2H_4 分子中，N 的氧化态为 −2，处于中间价态，既有还原性又有氧化性，但以还原性为主。

N_2H_4 在空气中燃烧时放出大量的热，作为高能燃料。

$$N_2H_4(l)+O_2(g)=\!=\!=N_2(g)+2H_2O(l) \qquad \Delta_r H_m^\ominus=-629\ kJ\cdot mol^{-1}$$

N_2H_4 选作火箭燃料是基于下列原因：①N_2H_4 燃烧反应的热效应很大；②N_2H_4 质量小，1 kg N_2H_4 燃烧可产生的热量特别高；③燃烧产物是一些小分子，有助于形成高压喷射；④在常温下为液态，便于储藏和运输；⑤N_2H_4 为弱碱，对设备的腐蚀性很小。

N_2H_4 和 O_2 的反应，可用来除去锅炉水中 O_2，以减缓腐蚀。

N_2H_4 是路易斯碱，作为配位体（双齿或单齿）可以和过渡金属离子形成配合物，如 $Co(N_2H_4)_6Cl_2$（$CoCl_2$ 与无水 N_2H_4 反应）、$Fe(N_2H_4)_2Cl_2$（$FeCl_2$ 的 C_2H_5OH 溶液和无水 N_2H_4 反应）等。

4.4.5 叠氮酸及其盐

纯叠氮酸 HN_3 为无色液体，极易爆炸分解（产物为 N_2 和 H_2）。HN_3 在水溶液是稳定的，是弱酸（$K_a=1.9\times10^{-5}$）。

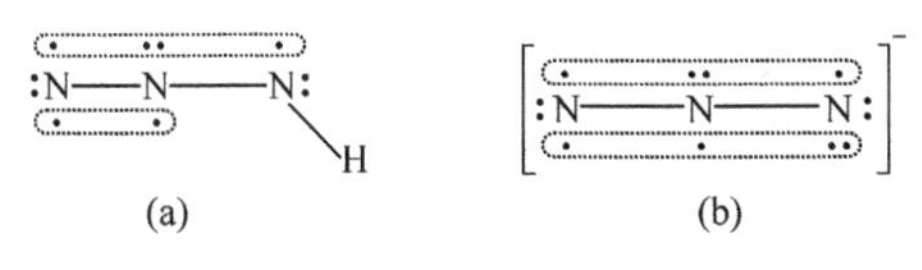

图 4-5 HN_3(a)和 N_3^-(b)的结构

在 HN_3 分子中，三个 N 原子在一直线上（以 σ 键和 π 键相连），两个 N—N 键的长度是不相等的，N—N—N 键与 N—H 键间的夹角为 110.9°。N_3^- 和 CO_2 互为等电子体，有两个 σ 键，两个 π_3^4 键。HN_3 和 N_3^- 的结构见图 4-5。

N_2H_4 和 HNO_2 作用生成 HN_3 和 H_2O；H_2SO_4(40%)和 NaN_3 反应，经蒸馏可得含 HN_3 的溶液(3%)。

HN_3 和 Zn 反应，产物为 $Zn(N_3)_2$、NH_3 和 N_2。

金属叠氮化物中，NaN_3 比较稳定，是制备其他叠氮化物的主要原料，通过下列反应可制得 NaN_3：

$$2NaNH_2 + N_2O = NaN_3 + NaOH + NH_3 \uparrow$$

$$2Na_2O + N_2O + NH_3 = NaN_3 + 3NaOH$$

碱金属叠氮化物并不像重金属那样有爆炸性，在室温下比较稳定，但在加热或撞击时会发生分解，在通常情况下分解产物为氮气和金属。NaN_3 易溶于水，并可在水溶液中重结晶。

$Pb(NO_2)_2$ 的水溶液和 HN_3 的醇溶液反应，可制得 $Pb(N_3)_2$。叠氮化铅广泛地用作起爆剂。

$$Pb(NO_2)_2 + 4HN_3 = Pb(N_3)_2 + 2N_2 \uparrow + 2N_2O \uparrow + 2H_2O$$

N_3^-、CNO^- 和 NCO^- 是等电子体。N_3^- 的性质和卤素离子相似，视为拟卤素离子。N_3^- 作为配位体能和金属离子形成一系列配合物，如 $Na_2[Sn(N_3)_6]$、$Cu(N_3)_2(NH_3)_2$ 等。

4.5 氮的卤化物

氮和卤素能形成一系列的化合物，如 NX_3、N_2F_2、N_2F_4 等。NX_3 的稳定性是不同的。以下将重点介绍 NF_3 和 NCl_3。

NF_3 在室温下是无色、无味的气体，沸点 154 K。它可由电解熔融 NH_4F、HF 制得，也可由 NH_3 和 F_2 在 Cu 催化剂存在下反应而直接得到。

$$4NH_3 + 3F_2 \xlongequal{Cu} NF_3 + 3NH_4F$$

NF_3 分子具有三角锥的结构（N 采取不等性 sp^3 杂化，有一对孤对电子），类似于 NH_3 分子。但 $NF_3(g)$ 和 $NH_3(g)$ 在键角、分子偶极矩、键长等结构参数上有一定的差别，见表 4-2。

表 4-2 NF_3 和 NH_3 分子的结构参数

结构参数	$NF_3(g)$	$NH_3(g)$
分子构型	三角锥	三角锥
杂化类型	不等性 sp^3	不等性 sp^3
键角	102.5°	107.3°
分子偶极矩	0.234 deb	1.47 deb
键的极性	大	小
N—X 键键长	137 pm	113 pm

NF_3 和 NH_3 键角差别较大，这与电负性有关。在 NF_3 分子中，由于 F 的电负性很大，成键电子对靠近 F 原子，电子对（成键）之间的斥力较小，因而键角较小。在 NH_3 分子中，由于 H 的电负性比 N 的电负性小，成键电子对靠近 N 原子，相互间斥力较大，因而键角较大。

NF_3 分子和 NH_3 分子偶极矩的差别可以这样来解释：由于 F 的电负性大，N—F 键偶极矩是朝向下方(见图 4-6,$N^{\delta+}\rightarrow F^{\delta-}$ 键偶极矩的方向一般由电负性较小的原子指向电负性较大的原子),而孤对电子与 N 原子的偶极矩是朝向上方(孤对电子作为负端),两者方向不一致,它们相互抵消了一部分,致使 NF_3 分子偶极矩很小。在 NH_3 分子中孤对电子与 N 原子的偶极矩和 N—H 键偶极矩的方向一致,这两部分偶极矩加合结果(分子的偶极矩等于分子中所有键偶极矩的矢量和),使 NH_3 分子的偶极矩增大而具有强的极性。NF_3 和 NH_3 分子结构见图 4-6。

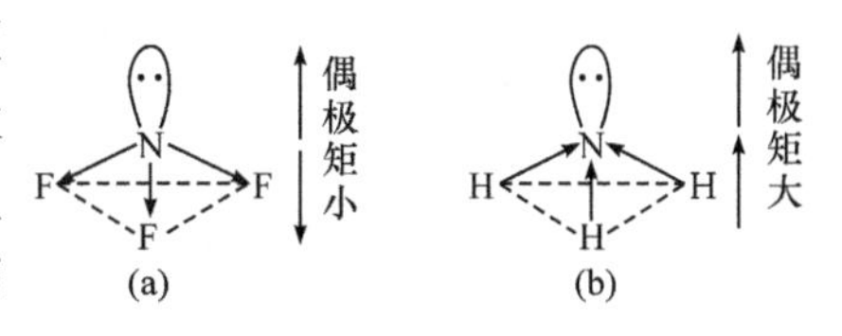

图 4-6　NF_3(a)和 NH_3(b)的分子结构

NF_3 的生成热为$-124.4\ kJ\cdot mol^{-1}$,说明 NF_3 是很稳定的分子。常温下它不与水、稀酸或稀碱作用。NF_3 似乎不具有碱性,即孤对电子缺乏给予性,这是因为 F 的电负性大,成键电子对靠近 F 原子,使 N 原子上电子云密度降低(N 核的有效正电荷增大),对孤对电子的引力增大。

NCl_3 是淡黄色的油状物,沸点约 344 K,易溶于 CCl_4、C_6H_6 等有机溶剂中。在铵盐溶液中通入 Cl_2 可以得到它的水溶液。

$$NH_4Cl+3Cl_2 = NCl_3+4HCl$$

NCl_3 具有光敏性和爆炸性,这和它的生成热为正值($230\ kJ\cdot mol^{-1}$)一致,说明 NCl_3 是热力学上不稳定的化合物。

在温度高于沸点或受到撞击时 NCl_3 会发生爆炸(分解产物为 Cl_2 和 N_2),而 NF_3 却是稳定的。

NCl_3 易发生水解反应(最终产物为 $N_2+OCl^-+Cl^-$),NF_3 在常温下却不发生水解。

总之,与 NF_3 相比,NCl_3 具有热稳定性低、易发生爆炸、常温易发生水解等特点。

4.6　氮的氧化物、含氧酸及其盐

4.6.1　氮的氧化物

氮和氧能形成多种化合物,如 N_2O、NO、N_2O_3、NO_2、N_2O_4、N_2O_5 等。在这些氧化物中,由于氮的电负性比氧小,氧化态均为正值(+1 到+5 之间)。它们的性质和结构列于表 4-3。

1. NO

基态时,NO(11 个价电子)的分子轨道式为$(\sigma_{2s})^2(\sigma_{2s}^*)^2(\pi_{2p_y})^2(\pi_{2p_z})^2(\sigma_{2p_x})^2(\pi_{2p_y}^*)^1$。$\pi^*$ 轨道上只有一个电子,使 NO 为奇电子分子,显顺磁性。NO 分子中有一个 σ 键、一个 π 键和一个三电子 π 键,键级为 2.5,键解离能为 $627.5\ kJ\cdot mol^{-1}$,键长115 pm。

表 4-3　氮和氧化物的物理性质和结构

化学式	熔点/K	沸点/K	性 质	结 构
N_2O	182.4	184.7	无色、有甜味气体 易溶于水	113 119 :N—N—O: $2\pi_3^4$
NO	109.5	121.4	气体和固体无色 液体淡蓝色，顺磁性	115 :N—O:
N_2O_3	172.6	276.7 (分解)	深蓝色液体、淡蓝色固体 (可逆地分解为 NO 和 NO_2)	187, 122, 114
NO_2	262.0	294.3	红棕色气体、顺磁性	π_3^4, 139
N_2O_4	262.0	294.3	无色固体 气相中与 NO_2 呈平衡	121, 175
N_2O_5	—	305.4 (升华)	无色固体($NO_2^+ + NO_3^-$) 气态下不稳定	119, 150

注：键长单位为 pm。

NO 反键轨道 π_{2p}^* 上的单电子容易丢失[NO 分子的第一电离能为 9.23 eV，比 N_2(15.6 eV)，O_2(12.1 eV)均低]形成 NO^+（亚硝酰离子）。稳定的 NO^+（键级为 3，N—O 键键长为 106.2 pm）在许多亚硝酰盐中出现，如(NO)(HSO_4)、(NO)ClO_4、(NO)BF_4、(NO)$FeCl_4$、(NO)AsF_6、(NO)PtF_6、(NO)$PtCl_6$ 和(NO)N_3 等，说明 NO^+ 是强的路易斯酸。在 HNO_2 的酸性溶液中也存在 NO^+。

$$HNO_2 + H^+ \longrightarrow NO^+ + H_2O$$

NO^+ 的电子数和 N_2、CO、CN^- 相同，结构相似，它们互为等电子体(10 个价电子)。

NO 除以上提及的顺磁性和低电离能外，还具有氧化还原性和配位性。

NO 中 N 原子的氧化态为+2，位于中间氧化态，因此既具还原性，又具氧化性。NO 作还原剂时，其氧化产物通常为 NO_2。例如，NO 与空气中的 O_2 作用生成 NO_2；NO 能将 O_3 还原为 O_2；在高温下 NO 将 CO_2 还原为 CO；NO 能与 F_2、Cl_2、Br_2 反应生成相应的卤化亚硝酰 XNO(g)；NO 能将 I_2 还原为 I^-，自身被氧化为 NO_3^-。

$$2NO + 3I_2 + 4H_2O \longrightarrow 2NO_3^- + 8H^+ + 6I^-$$

NO 在一定条件下显示氧化性，其还原产物通常为 N_2。例如，NO 与 H_2 反应生成 N_2 和 H_2O；NO 与 P_4 反应生成 N_2 和 P_4O_6 等。关于 NO 与过渡金属形成的配合物参考第 9 章。

2. NO_2 和 N_2O_4

NO_2 为红棕色的有毒气体。NO_2 能发生聚合作用，形成 N_2O_4。NO_2 具有顺磁性，N_2O_4 为无色、反磁性物质。

$$2NO_2 \xrightleftharpoons{\text{低温}} N_2O_4$$

NO_2 和 N_2O_4 之间的平衡与温度密切相关[如低于熔点(262 K)完全由固态 N_2O_4 分子组成,到 423 K 时,N_2O_4 完全分解为 NO_2]。纯固体的 N_2O_4 完全是无色的,当温度升高,因其中含有少量的 NO_2 而呈现颜色(淡黄或深红棕色)。

NO_2 分子中,N 原子采取不等性 sp^2 杂化。以 2 个 sp^2 杂化轨道与 2 个 O 的 $2p_x$ 轨道重叠构成 N—O σ 键,另 1 个 sp^2 杂化轨道则容纳 1 个电子。N 的纯 p_z 轨道(有 2 个电子)与 2 个 O 的 $2p_z$ 轨道(各有 1 个电子)平行重叠形成 π_3^4 大 π 键(也有 π_3^3 的说法,两种观点相左,仍在争论之中)。结构式见图 4-7。

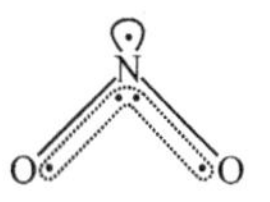

图 4-7 NO_2 的分子结构

NO_2 的键角为 134°,由于其中一个 sp^2 杂化上只容纳 1 个电子,对成键电子的斥力相对较小(与容纳 2 个电子相比),因此∠ONO 比预期的要大。电子顺磁共振谱已证明未成对电子是在 σ 型的非键轨道上(不在 π 型轨道上),量子化学计算也支持这种观点,由于 NO_2 中的未成对电子主要定域在 N 原子上,这就可以解释 NO_2 易发生的聚合作用。

NO_2 的键角很大,以及它能二聚成 N_2O_4 的特性,有一种观点认为与 NO_2 的成键有关,可以用价键共振结构来说明,见图 4-8。

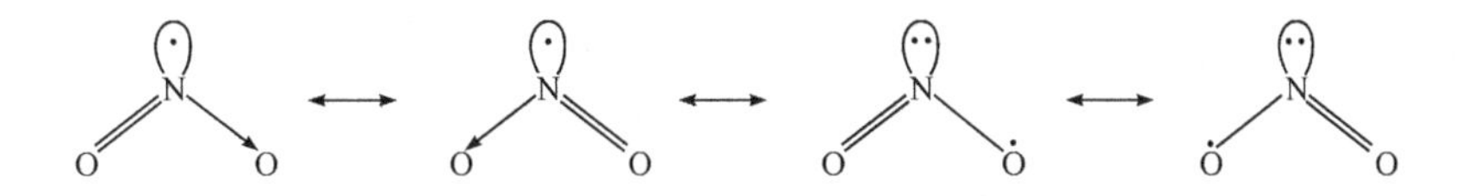

图 4-8 NO_2 的价键共振结构

NO_2 除聚合外,也易发生电离作用,当失去一个电子(9.91 eV)形成 NO_2^+,获得一个电子形成 NO_2^-(与 O_3 等电子)。NO_2^+、NO_2、NO_2^- 中的价电子分别为 16e、17e、18e,随价电子数的增加和杂化类型等的变化,键角逐渐缩小,而 N—O 键键长增大。NO_2^+、NO_2 及 NO_2^- 的结构参数见图 4-9。

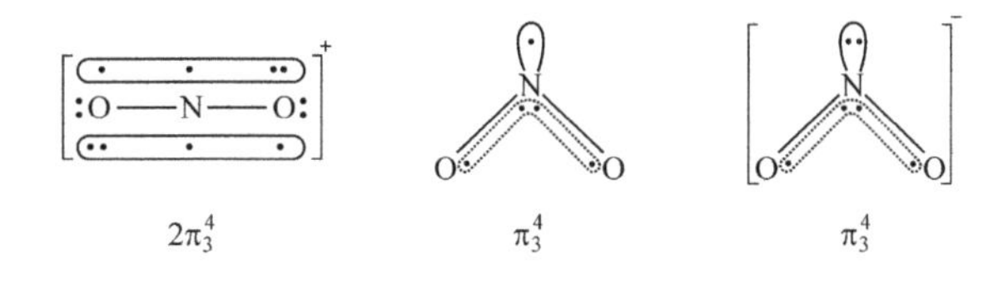

图 4-9 NO_2^+、NO_2 和 NO_2^- 结构比较

NO_2^+ 中的 N 原子采取 sp 杂化,离子中有 2 个 σ 键和 $2\pi_3^4$ 大 π 键,键角 180°;NO_2^- 中的 N 原子采取 sp^2 杂化,离子中有 2 个 σ 键、一个 π_3^4 大 π 键和 1 对孤对电子(sp^2 杂化轨道上),键角为 115°,NO_2^- 键角比 NO_2 小是因为孤对电子的电子云比单电子的电子云肥大,对成键电子的排斥作用较大。表 4-4 列出了 NO_2^+、NO_2、NO_2^- 的几项结构参数。

表 4-4 NO_2^+、NO_2、NO_2^- 的结构参数

分子或离子	键长/pm	键角(∠ONO)	π_m^n	分子构型	杂化类型
NO_2^+	110	180°	$2\pi_3^4$	直线形	sp
NO_2	119	134°	π_3^4	V形	sp^2
NO_2^-	124	115°	π_3^4	V形	sp^2

NO_2 的氧化态为+4，处于中间价态，因此既显氧化性又显还原性。常见产物为 NO（作氧化剂），NO_3^-（作还原剂）。

$$4NO_2 + H_2S = 4NO + SO_3 + H_2O$$

$$NO_2 + CO = NO + CO_2$$

$$NO_2 + 2HX \xlongequal{\triangle} NO + H_2O + X_2 \ (X = Cl, Br)$$

$$10NO_2 + 2MnO_4^- + 2H_2O = 2Mn^{2+} + 10NO_3^- + 4H^+$$

NO_2 可溶于水生成 HNO_3 和 HNO_2；NO_2 与 NaOH 反应生成 $NaNO_3$ 和 $NaNO_2$。

液态 N_2O_4 的自电离用下式表达：

$$N_2O_4(l) = NO^+ + NO_3^- \qquad \Delta H^\ominus = 49.8\ kJ \cdot mol^{-1}$$

在有强质子给体存在时，N_2O_4 能生成 HNO_3 和 NO^+ 的溶液。

$$N_2O_4 + H^+ = HNO_3 + NO^+$$

N_2O_4 与 $ZnCl_2$ 反应生成 $Zn(NO_3)_2$ 和 NOCl。

$$ZnCl_2 + 2N_2O_4 \xlongequal{N_2O_4} Zn(NO_3)_2 + 2NOCl$$

这类反应可用于制取无水硝酸盐。

许多金属与液体 N_2O_4 反应生成金属硝酸盐和 NO^+ 的还原产物（将 N_2O_4 看成 $NO^+NO_3^-$，电子由金属原子转移到 NO^+ 还原为 NO）。

$$M + N_2O_4 = MNO_3 + NO \qquad (M = 碱金属, Ag, 1/2Pb, 1/2Zn, 1/2Cu)$$

上述反应是制备无水金属硝酸盐较为方便的方法。液体 N_2O_4 作为火箭推进系统的燃料。

3. N_2O_5

把 N_2O_5 看作 HNO_3 的酸酐。通过 P_4O_{10} 使浓 HNO_3 在低温下(263 K)的脱水反应或通过 O_3 氧化 NO_2 的反应来制备。

$$2HNO_3 = N_2O_5 + H_2O$$

$$4HNO_3 + P_4O_{10} \xlongequal{263\ K} 2N_2O_5 + 4HPO_3$$

$$2NO_2 + O_3 = N_2O_5 + O_2$$

室温下，N_2O_5 是易挥发的、很不稳定的、对光和热敏感的无色晶体。

研究表明，固体 N_2O_5 是由直线形的 NO_2^+（N—O 键键长 115.4 pm）和平面正三角形的 NO_3^-（N—O 键键长 124.0 pm）组成。气相 N_2O_5 的分子结构见表 4-3。

N_2O_5 具有强的氧化性，如将 Na、I_2 等转变为 Na^+、I_2O_5 等。

N_2O_5 与无水 H_2SO_4、$HClO_4$ 等反应能产生硝鎓离子(NO_2^+)，是制取硝鎓盐的一条途径。

$$N_2O_5 + 3H_2SO_4 = 2NO_2^+ + 3HSO_4^- + H_3O^+$$

$$N_2O_5 + 3HClO_4 = 2NO_2^+ + 3ClO_4^- + H_3O^+$$

4.6.2　亚硝酸及其盐

本节主要介绍它们的结构特点、热稳定性、氧化还原性、毒性和配位性(见第 9 章)。

气态时 HNO_2 分子的结构示于图 4-10 中(HNO_2 有反式和顺式两种结构，反式较稳定，$\Delta G^\ominus$ 相差约 2.3 $kJ \cdot mol^{-1}$)。

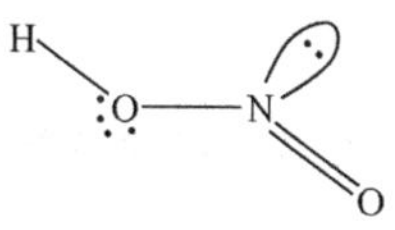

图 4-10　HNO_2 的结构

HNO_2 是弱酸($K_a \approx 5 \times 10^{-4}$)，很不稳定、易分解。

$$3HNO_2 = HNO_3 + 2NO\uparrow + H_2O$$

目前尚未制得纯的 HNO_2，但其盐相对稳定。

亚硝酸盐具有较高的热稳定性(重金属亚硝酸盐热分解温度较低)。亚硝酸盐一般都易溶于水($AgNO_2$ 微溶于水除外)。

1. 氧化还原性

亚硝酸及其盐既有氧化性，又有还原性(氮的氧化态为+3，处于中间价态)，其氧化还原能力与介质的酸碱性、氧化剂与还原剂的特性、浓度、温度等因素有关。由标准电势看出，在酸性介质中，HNO_2 的氧化性较突出，但当遇到很强的氧化剂(如 $KMnO_4$、Cl_2)时它又起还原剂的作用。HNO_2 作为氧化剂时，产物(它的低氧化态)可以是 NO、N_2O、N_2 等，以 NO 为常见。HNO_2 作还原剂时通常产物为 NO_3^-。在碱性介质中，NO_2^- 的还原性是主要的，其产物通常为 NO_3^-。

$$2HNO_2 + 2I^- + 2H^+ = 2NO + I_2 + 2H_2O$$

这个反应可用于鉴定 NO_2^-(NO_3^- 不能氧化 I^-，这是 NO_3^- 和 NO_2^- 的重要区别之一)。

$$5NO_2^- + 2MnO_4^- + 6H^+ = 5NO_3^- + 2Mn^{2+} + 3H_2O$$

$$NO_2^- + Cl_2 + H_2O = NO_3^- + 2H^+ + 2Cl^-$$

2. 毒性

亚硝酸盐有毒性，并认为是致癌物。亚硝酸盐能将血红蛋白中的 Fe^{2+} 氧化成 Fe^{3+} 而失去载氧能力，发展为高铁血红蛋白症。纯亚硝酸盐中毒时，会出现四肢发冷，心跳加快和血压下降，严重的会发生循环衰竭和水肿现象。

根据医学研究和检测证实，环境中有 300 多种亚硝基化合物，其中 90%可以诱发癌症(如肝癌、胃癌、食道癌)。由于亚硝基化合物的前体物亚硝酸盐、硝酸盐和胺类广泛存在于环境中，它可以在环境中合成(化学途径)，也可以在体内合成(生物途径)多样的亚硝基化合物。亚硝基化合物结构式为 $\begin{matrix} R^1 \\ \quad\diagdown \\ \quad N-N=O \\ \quad\diagup \\ R^2 \end{matrix}$，它分为亚硝胺类和亚硝酰胺类两

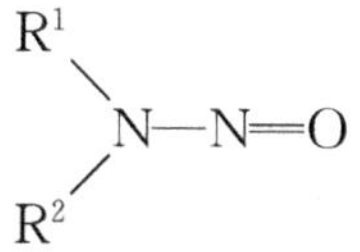

大类。

硝酸盐和亚硝酸盐在蔬菜中含量很高，如芹菜、韭菜、萝卜、莴苣等。当对蔬菜进行加工处理，长期储存时（如刚收获的菠菜不含亚硝酸盐，室温下放置4天后，则含有亚硝酸盐 $360\ mg\cdot kg^{-1}$），蔬菜和瓜果中的胺类、亚硝酸盐在微生物参与下，会生成微量的亚硝胺。肉类腌制时，为了防腐添加了硝酸盐和亚硝酸盐，在一定条件下它会转变为亚硝基化合物。因此，食品加工时必须严格控制这两种盐的最大容许使用量和残留量。

研究表明，下列食物可以阻碍或抑制体内亚硝胺的合成：新鲜花菜、豆芽、白菜、大蒜、胡萝卜、卷心菜、南瓜、桃、橙、茶叶等。

4.6.3 硝酸及其盐

硝酸最重要的特性是它的强氧化性，浓硝酸和浓盐酸的混合物称为王水，它的氧化性比硝酸更强，浓 HNO_3 与 HF 的混合液兼有氧化性和配位性。浓 HNO_3 和浓 H_2SO_4 的混合液是硝化剂。

硝酸盐都易溶于水。硝酸盐受热分解时的产物与金属的活泼性和氧化物的稳定性有关。

气态 HNO_3 分子呈平面结构（4σ键和 π_3^4）。在 HNO_3 中，N 原子采取 sp^2 杂化，与 H 接触的 $O^{(1)}$ 原子采取不等性 sp^3 杂化。N 以两个 sp^2 杂化轨道分别与 $O^{(2)}$ 和 $O^{(3)}$ 的 $2p_x$ 轨道以构成σ键，此外 N 的另一个 sp^2 杂化轨道与 $O^{(1)}$ 的一个 sp^3 杂化轨道重叠以构成σ键，$O^{(1)}$ 的另一个 sp^3 杂化轨道则与 H 的 1s 轨道重叠构成 O—H σ键，$O^{(1)}$ 上的两孤对电子则分别占据另外二个 sp^3 杂化轨道。除σ键外，N、$O^{(2)}$ 和 $O^{(3)}$ 都有互相平行的 p_z 轨道，可构成 π_3^4 的大π键，HNO_3 分子中还有一个内氢键。气态 HNO_3 的结构见图 4-11。

图 4-11 HNO_3 的结构　　图 4-12 NO_3^- 的结构

NO_3^- 为平面三角形结构。NO_3^- 中的 N 以 sp^2 杂化轨道和 3 个 O 的 p 轨道形成 3 个σ键。另外，N 的未参与杂化的 p_z 轨道与 O 的 p_z 轨道平行重叠形成 π_4^6 大π键，N—O 键介于单双键之间，见图 4-12。NO_3^-、CO_3^{2-}、BX_3 互为等电子体（24 个价电子），具有相同构型（平面三角形）。

HNO_3 受热，见光都能分解。无水硝酸是无色的液体，但它常带黄色或红棕色，这是由于它分解产生的 NO_2 溶于其中。

$$4HNO_3 \xlongequal{} 4NO_2\uparrow + O_2\uparrow + 2H_2O$$

在 HNO_3 中 N 的氧化态为+5，它是氮的最高价态，具有强氧化性。

1. 与非金属反应

HNO_3 可以将许多非金属单质氧化为相应的氧化物或含氧酸。例如，碳、硫、磷、砷、

碘等和 HNO_3 共煮时，分别被氧化成 CO_2、H_2SO_4、H_3PO_4、H_3AsO_4、HIO_3，HNO_3 则被还原为 NO 或 NO_2。

$$3C+4HNO_3 \xlongequal{\triangle} 3CO_2\uparrow+4NO\uparrow+2H_2O$$

$$S+6HNO_3 \xlongequal{\triangle} H_2SO_4+6NO_2\uparrow+2H_2O$$

$$3P+5HNO_3+2H_2O \xlongequal{\triangle} 3H_3PO_4+5NO\uparrow$$

$$As+5HNO_3 \xlongequal{\triangle} H_3AsO_4+5NO_2\uparrow+H_2O$$

$$3I_2+10HNO_3 \xlongequal{\triangle} 6HIO_3+10NO\uparrow+2H_2O$$

2. 与金属反应

除少数不活泼金属（如 Au、Ta、Rh、Ir）外，其他所有金属都能与 HNO_3 反应。硝酸作为氧化剂与金属反应，它的产物有多种（如 NO_2，HNO_2，NO，N_2O，N_2，NH_4^+ 等氮的低氧化态物种）。这与 HNO_3 的浓度、金属的活泼性、温度和催化剂等因素有关。一般来说，浓 HNO_3（12～16 $mol \cdot L^{-1}$）的还原产物以 NO_2 为主，稀 HNO_3（6～8 $mol \cdot L^{-1}$）的还原产物以 NO 为主，极稀（<2 $mol \cdot L^{-1}$）的冷 HNO_3，它最后的还原产物则为 NH_4^+。活泼金属（如 Zn、Mg 等）与稀 HNO_3 的反应产物为 N_2O 或 NH_4^+。

$$Cu+4HNO_3(浓) = Cu(NO_3)_2+2NO_2\uparrow+2H_2O$$

$$3Cu+8HNO_3(稀) = 3Cu(NO_3)_2+2NO\uparrow+4H_2O$$

$$4Zn+10HNO_3(稀) = 4Zn(NO_3)_2+N_2O\uparrow+5H_2O$$

$$4Zn+10HNO_3(稀) = 4Zn(NO_3)_2+NH_4NO_3+3H_2O$$

Fe、Cr、Al 和冷、浓 HNO_3 作用，在金属表面形成一层不溶于冷浓 HNO_3 的保护膜（钝化膜），从而阻碍反应进行。

Sn、Sb、Mo、W 等和浓硝酸作用生成含水的氧化物或含氧酸，如 β-锡酸 $SnO_2 \cdot nH_2O$、H_2MoO_4。

其余金属和 HNO_3 都生成可溶性硝酸盐。

实际工作中常用含有 HNO_3 的混合液。例如

(1) 王水为 1 体积浓 HNO_3 和 3 体积浓 HCl 的混合液，兼有 HNO_3 的氧化性及 Cl^- 的配位性特点，因此可溶解 Au、Pt 等金属。

$$Au+HNO_3+4HCl = HAuCl_4+NO\uparrow+2H_2O$$

(2) HNO_3-HF 混合物也兼有氧化性及配位性，它能溶解 Nb、Ta（它们在王水中都不溶）。

(3) HNO_3-浓 H_2SO_4 混合液在有机化学中用作硝化剂，其中浓 H_2SO_4 是脱水剂。例如

$$C_6H_6+HNO_3 \xlongequal[\triangle]{H_2SO_4} C_6H_5NO_2+H_2O$$

硝酸盐都易溶于水。绝大多数硝酸盐都是离子型化合物。固体硝酸盐加热能分解，其产物与金属离子的特性有关，一般分为三种类型：

(1) 电位序在 Mg 以前的金属(主要是碱金属和碱土金属)的硝酸盐，受热分解为相应的亚硝酸盐，并放出 O_2。例如

$$2NaNO_3 \xlongequal{\triangle} 2NaNO_2 + O_2\uparrow$$

$$Ca(NO_3)_2 \xlongequal{\triangle} Ca(NO_2)_2 + O_2\uparrow$$

当然，在更高温度下，相应的亚硝酸盐也会再行分解。例如

$$4NaNO_2 \xlongequal{1073\ K以上} 2Na_2O + 4NO\uparrow + O_2\uparrow$$

(2) 电位序为 Mg～Cu 的金属硝酸盐。受热分解生成相应的氧化物，并放出 NO_2 和 O_2。例如

$$2Pb(NO_3)_2 \xlongequal{\triangle} 2PbO + 4NO_2\uparrow + O_2\uparrow$$

(3) 电位序在 Cu 以后的金属硝酸盐，受热分解生成金属单质，并放出 NO_2 和 O_2。例如

$$2AgNO_3 \xlongequal{\triangle} 2Ag + 2NO_2\uparrow + O_2\uparrow$$

$$Hg_2(NO_3)_2 \xlongequal{\triangle} 2HgO + 2NO_2\uparrow$$

$$\xrightarrow[\triangle]{573\ K} 2Hg + O_2\uparrow$$

(电位序：K，Na，Mg，Zn，Fe，Ni，Sn，Pb，H，Cu，Hg，Ag，Au)

除上述情况外，还有一些例外，如 $LiNO_3$ 热分解产物是 Li_2O，而不是 $LiNO_2$；$Sn(NO_3)_2$、$Fe(NO_3)_2$ 热分解产物是被氧化生成 SnO_2、Fe_2O_3，而不是 SnO、FeO。

4.7 磷及其化合物

4.7.1 磷的同素异形体

1. 磷的三种同素异形体

磷有三种主要的同素异形体：白磷、红磷及黑磷。

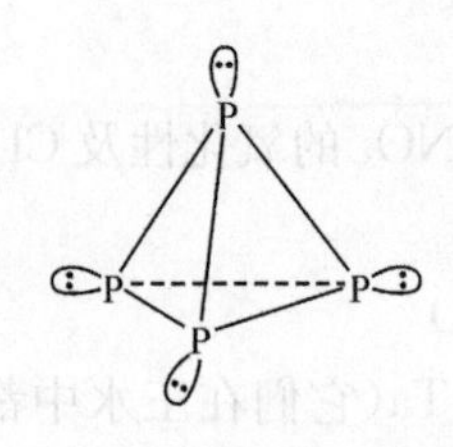

图 4-13 P_4 分子结构

纯白磷是无色透明的晶体，遇光逐渐变为黄色，所以又称黄磷。白磷是由 P_4 分子(非极性分子)组成的分子晶体。P_4 分子是四面体构型(图 4-13)。分子中 P—P 键键长 221 pm、键角∠PPP 是 60°，这比用纯 P 轨道成键时键角为 90°要小得多，使得 P_4 分子 P—P键具有较大的张力[键的张力 95.4 kJ · mol⁻¹(P_4)]，形成弯键，易于断裂。这种结构的不稳定性使白磷在常温下有很高的化学活性。

白磷隔绝空气在 673 K 加热数小时可以转化为红磷(放热效应)，红磷比白磷稳定。

$$白磷 \rightleftharpoons 红磷 \qquad \Delta_r H_m^\ominus = -18\ kJ \cdot mol^{-1}$$

紫外光也能促进白磷转化为红磷，所以纯的白磷应保存在暗处。红磷有多种变体，熔点为 858～873 K。红磷颜色由深红、褐色到紫色(一般大晶体呈紫色，粉末状固体呈深红色)。

黑磷是白磷在高压(1215.9 MPa)和较高温度下(497 K)或在常压用 Hg 作催化剂并以小量黑磷做“晶体”,在 493～643 K 加热数天可以得到黑磷。黑磷结构和石墨相似,能导电,不溶于有机溶剂。

白磷、红磷和黑磷的化学活性有较大差别,白磷最活泼,黑磷最不活泼。

2. 白磷的性质

白磷不溶于水,易溶于 CS_2、C_6H_6、$(C_2H_5)_2O$ 等非极性溶剂中(红磷,黑磷则不溶)。它和空气接触时缓慢氧化,部分反应能量以光能的形式放出,这便是白磷在暗处发光的原因,称之为磷光现象。当白磷在空气中缓慢氧化直至表面上积聚的热量使温度达到 313 K,便达到了白磷的燃点,发生自燃(黑磷和红磷在空气中稳定),因此白磷一般要储存在水中以隔绝空气。白磷是剧毒物质。

白磷的主要反应如下:

(1) 白磷在空气中自燃生成氧化物 P_4O_6 或 P_4O_{10}(O_2 充分时,P_4O_{10}为主)。

(2) 白磷和卤素、硫都能直接化合,生成相应的化合物。大量 P_4S_3 被用来制造火柴。

$$2P+3X_2 \xlongequal{\triangle} 2PX_3 \qquad (PX_3+X_2 = PX_5)$$

$$4P+3S \xlongequal{\triangle} P_4S_3 \qquad (P_4S_4, P_4S_{10})$$

(3) 白磷和浓碱(热的)发生歧化反应生成磷化氢和次磷酸盐。

$$P_4+3NaOH+3H_2O \xlongequal{\triangle} PH_3+3NaH_2PO_2$$

(4) 白磷还可以把金、银、铜和铅从它们的盐中取代出来。例如,白磷和热的铜盐反应生成磷化亚铜,在冷溶液中则析出铜。

$$11P+15CuSO_4+24H_2O \xlongequal{\triangle} 5Cu_3P+6H_3PO_4+15H_2SO_4$$

$$P_4+10CuSO_4+16H_2O \xlongequal{冷} 10Cu+4H_3PO_4+10H_2SO_4$$

$CuSO_4$ 是白磷中毒的解毒剂。如不慎将白磷沾到皮肤上,可用 $CuSO_4$ 溶液冲洗,利用其氧化还原性来解毒。

(5) 白磷可被 H_2 还原生成 PH_3。

$$P_4+6H_2 = 4PH_3$$

(6) 白磷能被硝酸氧化成磷酸(参见 4.6.3)。

4.7.2 磷的成键特征

磷为第三周期元素,P 原子的价电子构型是 $3s^23p^33d^0$,与 N 原子的最大差别是有空的 3d 轨道,且半径比 N 原子大。P 作为配位原子(如 PH_3,PX_3,PR_3 等)除提供电子对外,还有空轨道接受中心原子(或离子)提供的电子,从而加强它们之间的作用(σ 键和 π 键双重作用),使键能增强,配合物的稳定性提高。由于 P 原子半径较 N 原子大,且有 3d 空轨道,允许在中心 P 原子周围容纳较多的配位体,形成较高配位数的化合物或形成多重键化合物。例如,$PdCl_2 \cdot 2PF_3$ 比 $PdCl_2 \cdot 2NH_3$ 稳定性高;PCl_3 与 NCl_3 水解产物有明显的差异;PCl_5 能稳定存在,NCl_5 却不存在,P 还存在如 PF_6^-、PCl_6^- 这类高配位数化合物；在PO_4^{3-}中，除了磷以sp^3杂化轨道形成P—O σ键外，还有氧的p轨道与磷的d轨道重叠，形成p-d π键。而在NO_3^-中，除了氮以sp^2杂化轨道形成N—O σ键外，还有氧的p轨道和氮的p轨道重叠，形成π_4^6大π键。它们在性质上和成键上的差异与P原子存在3d空轨道和半径较大等结构特性是密切相关的。

4.7.3 磷化氢

常见的磷的氢化物有PH_3（膦）、P_2H_4（双膦）。常温下，膦是无色极毒气体。膦的熔点为140 K，沸点为185.3 K；双膦的熔点为174.2 K，沸点为329.2 K。高于室温，双膦会发生分解。

制备PH_3的方法如下：①金属磷化物和水作用；②白磷和碱溶液（≈30%）作用（为工业制法，产物中含双膦，利用PH_3和P_2H_4沸点的差别进行分离）。

$$Ca_3P_2+6H_2O \xlongequal{} 3Ca(OH)_2+2PH_3\uparrow$$

$$AlP+3H_2O \xlongequal{} Al(OH)_3+PH_3\uparrow$$

$$P_4+3KOH+3H_2O \xlongequal{} PH_3\uparrow+3KH_2PO_2$$

PH_3的主要特点有还原性、配位性、毒性等。

(1) PH_3具有强的还原性（氧化态为−3）。例如，PH_3与Ag^+、Cu^{2+}等某些金属离子发生氧化还原反应，使Ag^+还原成Ag，当PH_3通入$CuSO_4$溶液中，即有Cu_3P和Cu析出。

$$PH_3+6Ag^++3H_2O \xlongequal{} 6Ag+H_3PO_3+6H^+$$

$$PH_3+8Cu^{2+}+4H_2O \xlongequal{} H_3PO_4+8Cu^++8H^+$$

$$6Cu^++2PH_3 \xlongequal{} 2Cu_3P+6H^+$$

$$8Cu^++PH_3+4H_2O \xlongequal{} H_3PO_4+8Cu+8H^+$$

PH_3在空气中能自燃（自燃温度约423.2 K），这是由于PH_3中常含有少量P_2H_4，其燃点比PH_3更低，在空气中燃烧生成H_3PO_4，而呈还原性。

(2) PH_3具有配位能力。PH_3为三角锥构型，分子中有一对孤对电子，可作为电子对给予体，能和路易斯酸反应生成加合物，如低温下和BF_3反应生成$H_3P\cdot BF_3$。PH_3与无水AlX_3作用形成$H_3P\cdot AlX_3$（X=Cl，Br，I，其中P和Al都为四配位）。PH_3和某些固态盐形成配合物，如$CuCl\cdot 2PH_3$、$AgI\cdot PH_3$等。PH_3在与过渡金属形成配合物时，除把P原子上电子对给予金属原子形成σ键外，P原子上的空轨道还能和过渡金属d轨道发生重叠形成π键（d电子反馈到P的空轨道），通过σ和π的键合，使配合物稳定性得到加强，如$Fe(CO)_4(PH_3)$、$Ni(BF_3)_2(PH_3)_2$等，PH_3在配合物中既是电子给体又是电子接受体。

(3) PH_3是剧毒性气体。PH_3在空气中的最高允许量为0.3 ppm。气体中的PH_3可用$K_2Cr_2O_7$、Ag_2CrO_4、活性炭、漂白粉的悬浮液消除其毒性。空气中微量的PH_3可根据用$AgNO_3$浸过的硅胶变黑情况指示出来。AlP、Zn_3P_2和空气中水蒸气反应生成PH_3，因此要密封保存。这一特性使其被用作粮食仓库的烟熏消毒剂。

(4) PH_3在水中的溶解度小于NH_3。PH_3水溶液的$K_a=10^{-29}$、$K_b=10^{-28}$，微显碱性。PH_3的碱性比NH_3弱得多，它不易形成PH_4^+（鏻）盐，只有在与强酸（HI，$HClO_4$等）

作用时才生成膦盐(如 PH_4I)。PH_4I 与水作用产生 PH_3、H_3O^+ 和 I^-,在水溶液不存在 PH_4^+。

4.7.4　磷的卤化物

磷和卤素反应生成 PX_3、PX_5(PI_5 不稳定)和 P_2X_4,此外还存在混合卤化磷 PX_2Y、PX_2Y_3 和多卤化物[X/P≥7(原子数比)的卤化磷称为多卤化磷,如 PCl_3Br_{10},PCl_3Br_8,PBr_7 等]。

配位数为6的卤化磷,PF_6^-、PCl_6^- 能较稳定存在。

下面重点介绍 PX_3 和 PX_5。

1. 三卤化磷

PX_3 分子为三角锥形结构,P上有孤对电子可作为电子对的给予体,能形成一系列配位化合物,如 $Ni(PCl_3)_4$、$Fe(PF_3)_4$、$Pt(PF_3)_4$ 等。作为 π 受体,PF_3 强于其他配位体(NO^+ 除外):$PF_3 > CO > PCl_3 > P(OR)_3 > PR_3$。

PX_3 是弱的路易斯碱,碱性随卤素相对原子质量的增大而加强。PF_3 不易和 BF_3、$AlCl_3$ 形成加合物,而 PCl_3、PBr_3 易和强的路易斯酸(如 BBr_3)形成加合物。

PX_3 的主要性质是水解性、还原性、两种 PX_3 分子间的交换性等。

(1) 四种 PX_3 都是易挥发、活泼的具有毒性的化合物,最重要的是 PCl_3。

(2) PX_3 均易水解,通常生成 H_3PO_3 和 HX。

(3) PX_3 极易被 O_2、S、X_2 氧化,产物分别为 POX_3、PSX_3、PX_5。

(4) 两种 PX_3 分子间能发生卤离子交换反应。例如,PCl_3 和 PBr_3 混合则得 PCl_2Br、$PClBr_2$;PBr_3 和 PI_3 混合生成 PBr_2I、$PBrI_2$ 等。

混合三卤化物的化学性质与 PX_3 有许多相似之处,如水解性、加合性和还原性,另外还容易发生歧化反应。

2. 五卤化磷

气态 PX_5 分子(如 PF_5,PCl_5)为三角双锥构型(图4-14),分子中两轴向 P—X 键键长略长于赤道面 P—X 键键长(PF_5 中分别为 158 pm 和 153 pm,PCl_5 中分别为 214 pm 和 202 pm)。

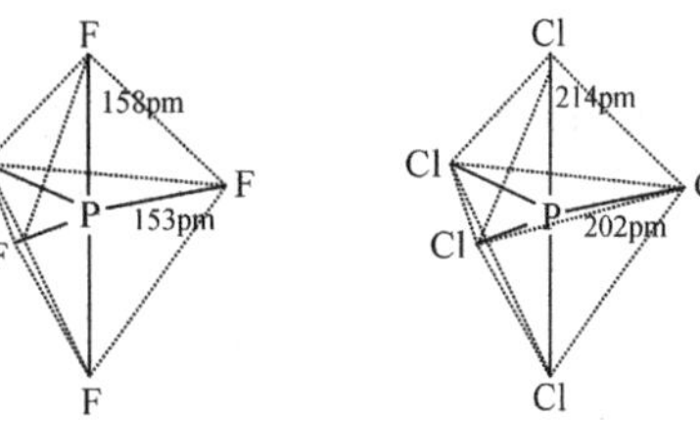

图4-14　PF_5 和 PCl_5 的分子结构

处于两轴上 P—X 键中的成键电子对受到夹角为90°的赤道上的3个成键电子对的排斥,而赤道面上只受到2个成键电子对排斥,因此轴向上的 P—X 键长于赤道上的 P—X 键。

固态 PCl_5 中的结构单元是 $PCl_4^+PCl_6^-$(排列方式类似于 CsCl 中 Cs^+ 和 Cl^-)。PCl_4^+ 中 P 以 sp^3 杂化轨道成键,P—Cl 键键长为 197 pm;PCl_6^- 中 P 以 sp^3d^2 杂化轨道,键长分别为 204 pm(平面)、208 pm(端)。固态 $PCl_4^+PCl_6^-$ 升华得 PCl_5,溶于非极性溶剂(如 CCl_4,C_6H_6)中以 PCl_5 存在;溶于极性溶剂(如硝基苯、甲腈)中有下列两个平衡:

$$2PCl_5 \rightleftharpoons PCl_4^+ + PCl_6^-$$

$$PCl_5 \rightleftharpoons PCl_4^+ + Cl^-$$

浓度大时，以前一种平衡为主，低浓度时则以后一种平衡为主。固态 PBr_5 和 PI_5 的结构单元分别是 $PBr_4^+Br^-$ 和 $PI_4^+I^-$。

PX_5 的主要性质是热稳定性、水解性、加合性。

(1) PX_5 的热稳定性按卤素相对原子质量增大依次急剧减弱，即 $PF_5>PCl_5>PBr_5>PI_5$。对 PI_5 还没有找到确切证据说明它的存在。

(2) PX_5 极易水解生成 H_3PO_4 和 HX。水解能力 PF_5 为最弱。PCl_5 和限量水作用生成 $POCl_3$。

(3) PCl_5 能和醇类反应，产物为 $POCl_3$、RCl 和 HCl(R 为烷基)。

(4) PCl_5 和许多金属氯化物形成加合物，如 $PCl_5 \cdot AlCl_3$、$PCl_5 \cdot FeCl_3$ 等。PCl_5 在加合物中含有 PCl_4^+，形成离子型化合物（如 $PCl_4^+AlCl_4^-$）。PBr_5 和金属溴化物形成的加合物中也含有 PBr_4^+。

4.7.5 磷的氧化物

P_4 完全燃烧的产物是 P_4O_{10}（磷酸的酸酐）；若氧供应不足，则生成 P_4O_6（亚磷酸的酸酐）。它们的气体分子结构见图 4-15。固态、液态 P_4O_{10} 的结构比较复杂。常温下 P_4O_{10} 至少有三种晶体和两种无定形变体。

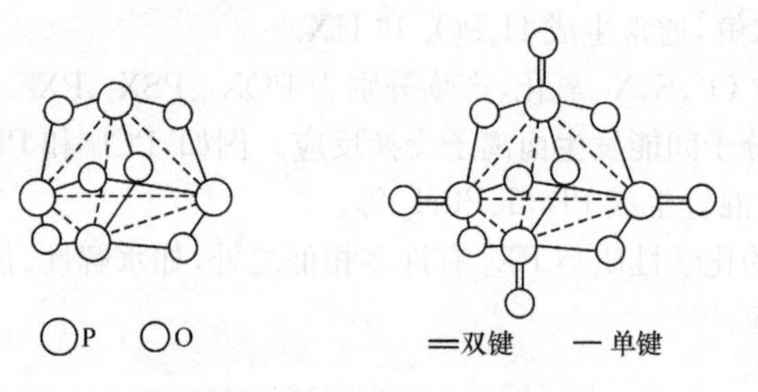

图 4-15 P_4O_6 和 P_4O_{10} 的结构

P_4O_{10} 是白色粉末状固体，熔点 693 K，573 K 时升华。它有很强的吸水性，在空气中很快潮解，因此它是一种最强的干燥剂。它甚至能从其他物质中夺取化合态的水。例如，它能使 H_2SO_4 和 HNO_3 脱水变成 SO_3 和 N_2O_5。

P_4O_{10} 与水反应生成各种 P(Ⅴ)的含氧酸（最终产物是 H_3PO_4），并放出大量的热。

$$P_4O_{10} \xrightarrow{2H_2O} \underset{\text{偏磷酸}}{4HPO_3} \xrightarrow{2H_2O} \underset{\text{焦磷酸}}{2H_4P_2O_7} \xrightarrow{2H_2O} \underset{\text{磷酸}}{4H_3PO_4}$$

P_4O_6 与冷水作用缓慢，生成亚磷酸；与热水作用剧烈，歧化成膦和磷酸。

$$P_4O_6 + 6H_2O(\text{冷}) = 4H_3PO_3$$

$$P_4O_6 + 6H_2O(\text{热}) = PH_3(g) + 3H_3PO_4$$

P_4O_6 与 HCl(g)反应生成 H_3PO_3 和 PCl_3。P_4O_6 易溶于有机溶剂中。

4.7.6 磷的含氧酸及其盐

磷有多种含氧酸(表4-5),它们的特点如下:

(1) 按氧化态(+1,+3,+4,+5)分类,可归为四类含氧酸,其中P原子都是采取 sp^3 杂化成键。

(2) 正磷酸(H_3PO_4)、亚磷酸(H_3PO_3)和次磷酸(H_3PO_2),它们的区别是O原子依次相差1,氧化态则依次相差2。H_3PO_4 中含有三个可电离的P—OH(为三元酸),H_3PO_3 中含有两个可电离的P—OH(为二元酸);H_3PO_2 中只含有一个可电离的P—OH(为一元酸),P—H是不能电离的。

(3) 含氧酸根中的P都是四配位的,其中至少含一个P═O,H_3PO_4 通过受热脱水缩合(由若干 H_3PO_4 分子通过脱水作用由O原子连接而成为多磷酸),以P—O—P相连形成链状、环状的结构。如焦磷酸 $H_4P_2O_7$($2H_3PO_4-H_2O$ 缩合而成),三聚偏磷酸[环状,$(HPO_3)_3$;由 $3H_3PO_4-3H_2O$ 缩合成环状结构],三聚磷酸(链状)$H_5P_3O_{10}$($3H_3PO_4-2H_2O$ 缩合成链状结构),见图4-16。

表4-5 磷的含氧酸分类

名　称	正磷酸	亚磷酸	次磷酸	焦磷酸	三聚磷酸
化学式	H_3PO_4	H_3PO_3	H_3PO_2	$H_4P_2O_7$	$H_5P_3O_{10}$
氧化态	+5	+3	+1	+5	+5
名　称	偏磷酸	连二磷酸	焦亚磷酸	偏亚磷酸	
化学式	$(HPO_3)_n$	$H_4P_2O_6$	$H_4P_2O_5$	HPO_2	
氧化态	+5	+4	+3	+3	

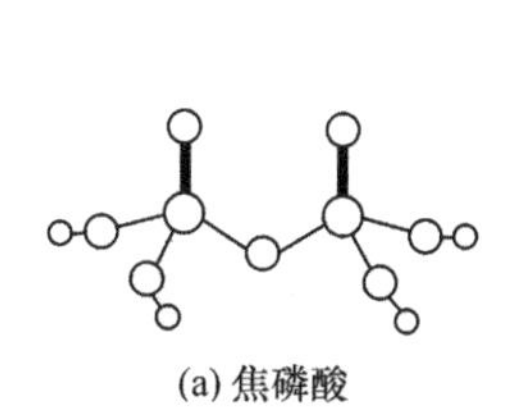

(a) 焦磷酸

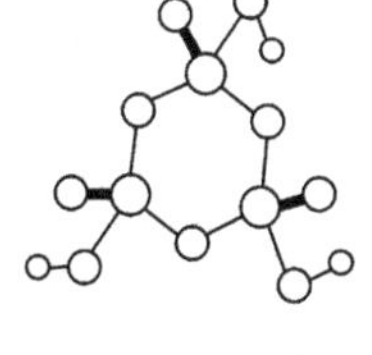

(b) 环状三聚偏磷酸

(c) 链状三聚磷酸

▬双键　—单键

图4-16 多磷酸的结构

1. 正磷酸及其盐

工业上生产磷酸是用硫酸(约76%)分解磷酸钙来制得的。HNO_3(30%)和白磷作用可制得纯 H_3PO_4 溶液。

H_3PO_4 的基本性质:

(1) H_3PO_4 是无氧化性和无挥发性的三元中强酸。磷酸溶液的黏度较大是由于溶液中存在氢键。

(2) PO_4^{3-} 具有很强的配位能力,能与许多金属离子生成可溶性配合物。例如,Fe^{3+}

和 PO_4^{3-} 可以生成无色的可溶性的配合物$[Fe(HPO_4)_2]^-$、$[Fe(PO_4)_2]^{3-}$，利用这一性质，分析化学上常用 PO_4^{3-} 掩蔽 Fe^{3+}。

(3) 磷酸受强热时脱水，缩合生成多磷酸，如 $H_4P_2O_7$、$H_5P_3O_{10}$ 和多聚偏磷酸。缩合酸的酸性一般强于 H_3PO_4。

由于 P(Ⅴ)酸的种类繁多，所以磷酸盐也是多种多样。以下主要介绍其溶解性、水解性、配位性、热稳定性及它们的用途。

(1) 磷酸的钠、钾、铵盐及所有的磷酸二氢盐都易溶于水，而磷酸一氢盐和磷酸正盐(除钠、钾、铵盐外)一般都难溶于水。

(2) Na_3PO_4、Na_2HPO_4、NaH_2PO_4 在水中会发生水解，其溶液依次显强碱性、碱性和酸性(如 0.10 mol·L^{-1} 的 NaH_2PO_4，Na_2HPO_4，Na_3PO_4 溶液的 pH 分别为 4.66，9.77 和 12.57)。

(3) PO_4^{3-}、HPO_4^{2-}、$H_2PO_4^-$ 可分别与 Ag^+ 反应，若要获得 Ag_3PO_4 沉淀，必须在中性或弱碱性的条件下进行，因为后两个反应产生 H^+，pH 降低，溶液呈酸性，促使 Ag_3PO_4 溶解。

$$3Ag^+ + HPO_4^{2-} = Ag_3PO_4 + H^+$$

$$3Ag^+ + H_2PO_4^- = Ag_3PO_4 + 2H^+$$

(4) 固体酸式磷酸盐受热脱水生成偏磷酸盐、焦磷酸盐及聚磷酸盐(如偏磷酸钠 $NaPO_3$，焦磷酸钠 $Na_4P_2O_7$，三聚磷酸钠 $Na_5P_3O_{10}$)。实际上酸式磷酸盐的热分解产物是很复杂的，产物因酸式盐的种类、用量及反应温度而异。

固体酸式磷酸钠受热脱水发生的主要反应如下：

$$NaH_2PO_4 \xlongequal{\triangle} NaPO_3 + H_2O$$

$$2Na_2HPO_4 \xlongequal{\triangle} Na_4P_2O_7 + H_2O$$

$$2Na_2HPO_4 + NaH_2PO_4 = Na_5P_3O_{10} + 2H_2O$$

2. 三聚磷酸钠

三聚磷酸钠(链状)$Na_5P_3O_{10}$ 为白色粉末，能溶于水。其结构见图 4-17。常见的有无水合物和有水合物($Na_5P_3O_{10}\cdot 6H_2O$)两种。

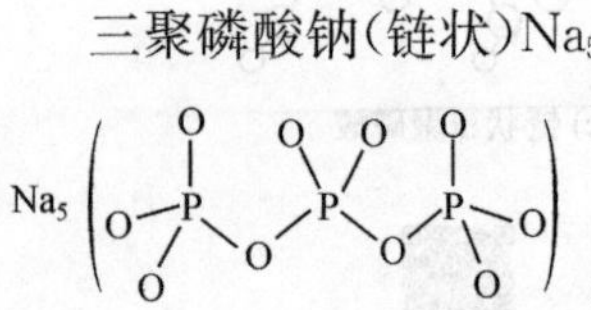

图 4-17 三聚磷酸钠

以下主要介绍 $Na_5P_3O_{10}$ 的水解性、配位性和应用及给环境带来的影响。

(1) $Na_5P_3O_{10}$ 的水溶液呈碱性(如 1%溶液的 pH=9.7)，在水中会逐渐水解生成正磷酸盐。水解速率与 pH、浓度和温度有关。例如，常温下，$Na_5P_3O_{10}\cdot 6H_2O$ 于封闭体系中的水解产物是 $Na_4P_2O_7$ 和 $Na_3HP_2O_7$，而在 373 K 水解产物是 $Na_3HP_2O_7$ 和 Na_2HPO_4。

$$2Na_5P_3O_{10}\cdot 6H_2O \xlongequal{\text{室温}} Na_4P_2O_7 + 2Na_3HP_2O_7 + 11H_2O$$

$$Na_5P_3O_{10}\cdot 6H_2O \xlongequal{373\ K} Na_3HP_2O_7 + Na_2HPO_4 + 5H_2O$$

(2) $P_3O_{10}^{5-}$ 和金属离子有较高的配位能力，生成某些可溶性的配合物。

$$P_3O_{10}^{5-} + M^{2+} = MP_3O_{10}^{3-} \qquad (M = Ca^{2+}, Mg^{2+}, Fe^{2+}等)$$

$Na_5P_3O_{10}$的主要用途有：合成洗涤剂的主要添加剂（或助剂）、工业用水软化剂、制革预鞣剂、染色助剂、油漆、高岭土、氧化镁等悬浮液处理的有效分散剂等。

$Na_5P_3O_{10}$作为合成洗涤剂的助剂，其主要作用包括：①与水中的 Ca^{2+}、Mg^{2+} 配位（软化水），防止生成金属"皂垢"沉淀在纤维上；②有较强的缓冲能力，维持洗涤液在适宜的 pH 范围内，减少对皮肤的刺激；③能与表面活性剂起协同作用，改善洗涤剂的功能。

当含磷酸盐的废水被大量排入江河湖海中造成环境污染，即使水体富营养化（富含氮、磷等植物所需营养元素的水），从而引起藻类和浮游生物迅速繁殖（如使水体呈红色、绿色、紫色等），水体溶解氧气减少、透明度下降、水质恶化导致水中鱼类、贝类等因缺氧中毒死亡。由于死亡藻类分解时放出 CH_4、H_2S 等气体，将使水变得腥臭难闻。

$Na_5P_3O_{10}$的无机替代品有碳酸钠、硅酸钠、4A 分子筛等。也可通过加入 Fe^{3+} 或 Al^{3+} 使废水中可溶物$[MP_3O_{10}]^{3-}$（$M = Ca^{2+}, Mg^{2+}$）生成沉淀而除去。

3. 直链偏磷酸盐

由 NaH_2PO_4 加热脱水可得$(NaPO_3)_n$，再将产物加热到 973 K，然后迅速冷却，生成一种水溶性的玻璃状直链偏磷酸盐——格氏盐，链长为 20～100 PO_3^- 单位（多聚偏磷酸根阴离子），见图 4－18。它能同 Ca^{2+}、Mg^{2+} 等配位生成可溶性配合物，因此可作为锅炉用水的软化剂（阻止水垢形成机理可能是晶体表面被吸附的多阴离子遮盖，使晶体生长变得缓慢，晶体严重变形，从而难以聚结成为水垢）。

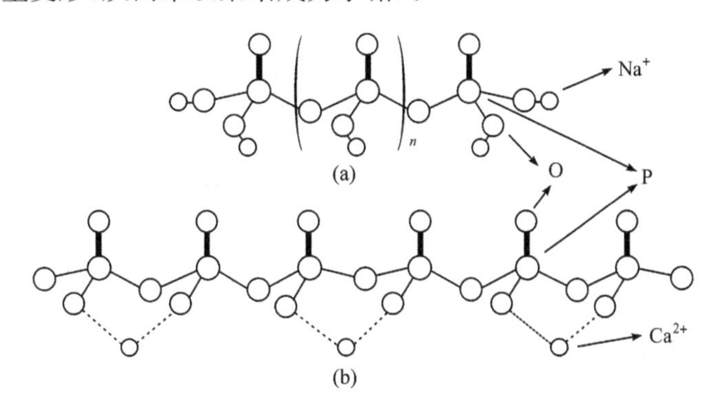

图 4－18　多聚偏磷酸根阴离子

4. 亚磷酸及其盐

H_3PO_3 是无色，易潮解的固体，极易溶于水。H_3PO_3 的结构见图 4－19，H_3PO_3 在加热时会发生歧化反应。

$$4H_3PO_3 \xlongequal{\triangle} 3H_3PO_4 + PH_3\uparrow$$

O
‖
HO—P—OH
|
H

图 4－19　H_3PO_3 的结构

H_3PO_3 是二元酸，可生成两种类型的盐：亚磷酸盐，如 $Na_2HPO_3 \cdot 5H_2O$；亚磷酸氢盐，如 $NaH_2PO_3 \cdot 2.5H_2O$。

H_3PO_3 是强的还原剂，能还原 Ag^+ 为 Ag，还原热浓 H_2SO_4 为 SO_2，还原 $HgCl_2$ 为 Hg_2Cl_2，而 H_3PO_3 被氧化成 H_3PO_4。

5. 次磷酸及其盐

H_3PO_2 是无色晶体，熔点 299.6 K，易溶于水。H_3PO_2 是一元酸（只有 OH 中的 H 原子是可以电离的），H_3PO_2 呈四面体结构，见图 4-20。最重要的盐是 $NaH_2PO_2 \cdot H_2O$。H_3PO_2 及其盐都是强的还原剂，能把 Ag^+、Hg^{2+}、Cu^{2+}、Ni^{2+} 等还原为金属单质。于 413 K，H_3PO_2 分解为 H_3PO_4、PH_3 及 H_2。在碱性介质中 $H_2PO_2^-$ 分解为 HPO_3^{2-} 和 H_2，分解速度随碱浓度增大而加快。

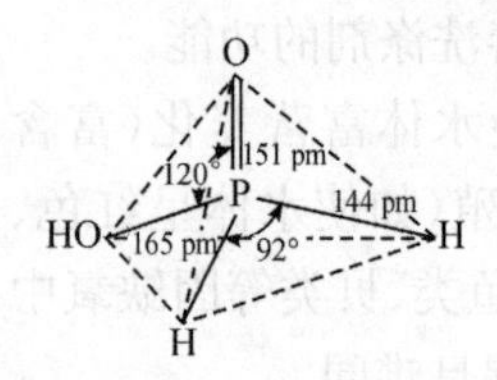

图 4-20 H_3PO_2 的结构

$$H_2PO_2^- + OH^- = HPO_3^{2-} + H_2\uparrow$$

室温下 H_3PO_2 不和空气中氧气反应；能被 Cl_2、Br_2、I_2 氧化成 H_3PO_3（或 H_3PO_4）。遇强的还原剂（如锌），H_3PO_2 被还原成 PH_3。

白磷和热的碱溶液反应可制得次磷酸盐。例如，将次磷酸钡和硫酸反应，就得到次磷酸。基于 $NaH_2PO_2 \cdot H_2O$ 的还原性，工业上被广泛用于金属、非金属或塑料表面化学镀镍（镀镍后能耐腐蚀。表面镀层一般含无定形镍及一定量的磷，当加热镀层，因生成 Ni_3P 使硬度增强）。NaH_2PO_2 也被用于化学镀钴、锡。

$$H_2PO_2^- + Ni^{2+} + H_2O = HPO_3^{2-} + Ni + 3H^+$$

6. 磷酸根的结构

在 PO_4^{3-} 中，由于 d 轨道参与成键（d-pπ 键），P—O 键的键长缩短至 154 pm（P—O 共价单键半径之和为 179 pm，P—O 键键长缩短值为 25 pm）。PO_4^{3-} 中心 P 原子采用 sp^3 杂化，4 个 sp^3 杂化轨道与 4 个 O 原子的 p 轨道重叠形成 σ 键外，中心 P 原子上空的 $d_{x^2-y^2}$、d_{z^2} 轨道（空轨道 $d_{x^2-y^2}$，d_{z^2}，重叠效果强于 d_{xy}，d_{yz}，d_{xz}）和 O 的 $2p_y$ 和 $2p_z$ 轨道（充满电子）发生重叠形成 d-pπ 键（或中心 P 原子上空 d 轨道接受由 O 原子 p 轨道送来的电子，形成 d←pπ 键）。也可视为 P—O 之间形成多重键（σ 键和两个反馈 π 键，用 P═O 表示）。由于 σ 键附加了 π 键成分，P—O 键的键长缩短，见图 4-21(b)[PO_4^{3-} 中 P—O 键实测键长为 154 pm，介于单键（179 pm）和双键（150 pm）之间]。

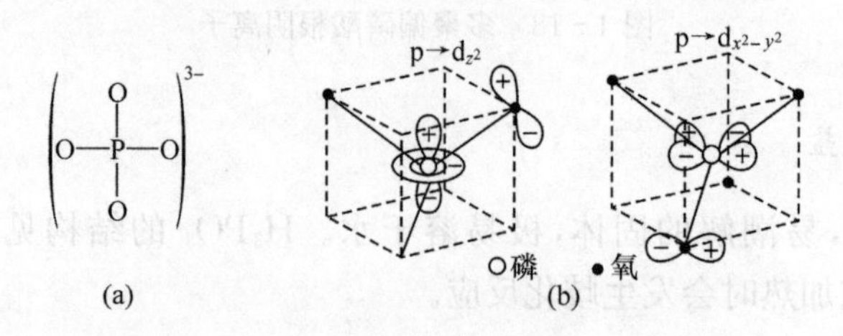

图 4-21 PO_4^{3-} 的结构(a)和 PO_4^{3-} 中 d-pπ 重叠成键(b)示意图

另一种说法是，在 PO_4^{3-} 中，P 原子除以 sp^3 杂化轨道与 4 个 O 原子的 p_x 轨道形成 4 个 σ 键外，P 原子的 $d_{x^2-y^2}$、d_{z^2} 还分别和 4 个 O 原子的 p_y、p_z 轨道发生重叠，形成 2 个 π_5^8 键，即 5 中心(P 与 4 个 O)8 电子(4 个 O 的 p_y 轨道或 p_z 轨道各提供 2 个电子)，使得 PO_4^{3-} 中 P—O 键具有重键的特征。有关 PO_4^{3-} 的结构参考图4－21。

SO_4^{2-}、SiO_4^{4-}、ClO_4^- 与 PO_4^{3-} 互为等电子体(共计 32 个价电子)，应具有相似的结构。实测键长比理论单键键长都要短，见表 4－6。

表 4－6　XO_4^{n-} 的键长

含氧酸根 XO_4^{n-}	PO_4^{3-}	SiO_4^{4-}	SO_4^{2-}	ClO_4^-
实验测定值/pm	154	163	149	146
共价单键半径之和/pm	179	186	175	172

4.8　砷、锑、铋

4.8.1　存在和性质

砷、锑、铋主要以硫化物存在于自然界，如雌黄(As_2S_3)、雄黄(As_4S_4)、辉锑矿(Sb_2S_3)和辉铋矿(Bi_2S_3)等。我国锑矿蕴藏量居世界首位。

砷、锑、铋单质的制取方法主要是，先将硫化物燃烧成氧化物，然后用还原剂(如 C，CO 等)将氧化物还原为单质。

砷、锑具有两性和准金属的性质，铋呈金属性。它们的熔点较低和易挥发。在气态时能以多原子分子存在，如 As_2、As_4、Sb_2、Sb_4、Bi_2。

砷、锑、铋与 HNO_3 作用分别生成 H_3AsO_4、$Sb_2O_5 \cdot nH_2O$ 和 $Bi(NO_3)_3$。As、Sb 和 Ga、In 之间的化合物可作半导体材料，如 GaAs、GaSb、InAs、InSb。

铋与铅、锡可制成低熔点合金，如 Bi－Pb－Sn 合金，可用作保险丝。

4.8.2　砷、锑、铋的成键特征

砷、锑、铋原子的价电子构型 ns^2np^3(与氮、磷相同)，它们与氮、磷的显著差别是次外层为 18 电子构型，其原子半径也大于氮、磷。它们的氧化态通常是＋3 和＋5，对＋3 氧化态，Sb(Ⅲ)、Bi(Ⅲ)是特征的。由于惰性电子对效应加强，铋的＋5 氧化态化合物是强氧化剂(如 $NaBiO_3$)。砷、锑、铋能与碱金属和碱土金属组成氧化态为－3 的化合物，如 Li_3As、Na_3Sb、Mg_3As_2、Ca_3Sb_2、K_3Bi、Ba_3Bi_2 等(并不真正存在 M^{3-}，有的类似合金)。

4.8.3　氧化物及其水合物

砷、锑、铋有两个系列的氧化物(＋3 氧化态和＋5 氧化态)。＋3 氧化态的有 As_4O_6、Sb_4O_6(它们在较高温度下分别解离为 As_2O_3，Sb_2O_3)、Bi_2O_3。＋5 氧化态的有 As_2O_5、Sb_2O_5、Bi_2O_5(是否存在尚无定论)。

As_4O_6 是两性偏酸性的氧化物，Sb_4O_6 是两性偏碱性的氧化物，Bi_2O_3 是弱碱性氧化物。

As_4O_6（又称砒霜）为白色晶体，有剧毒。As_4O_6 在水中的溶解度与溶液的 pH 有关。As_4O_6 在水溶液中的物种也取决于溶液的 pH。在中性或稀酸溶液中，主要物种是 $As(OH)_3$（还未离析出来）。在碱性介质中，已证明它以 $AsO(OH)_2^-$、$AsO_2(OH)^{2-}$、AsO_3^{3-} 形式存在。

亚砷酸 H_3AsO_3 是两性的。碱金属亚砷酸盐易溶于水，如 Na_3AsO_3。偏亚砷酸 $HAsO_2$ 在溶液中存在的证据不多，但其盐存在，如 $NaAsO_2$。

As(Ⅲ)既可作氧化剂，也可作还原剂。

Sb_2O_3 几乎不溶于水和稀 H_2SO_4，但溶于浓 H_2SO_4、HNO_3、HCl 形成相应酸的盐或配离子：$Sb_2(SO_4)_3$、$Sb(NO_3)_3$、$SbCl_3$ 或 $SbCl_4^-$。Sb_2O_3 也溶于强碱中，形成亚锑酸盐。由亚锑酸盐溶液酸化制得的含水氧化物的组成为 $Sb_2O_3 \cdot nH_2O$。偏亚锑酸盐和聚亚锑酸盐也是已知的，如 $NaSbO_2$、$NaSb_3O_5 \cdot H_2O$。

$Bi(OH)_3$ 是碱性的（由铋盐溶液与碱液或氨水作用生成的），与酸反应生成 Bi(Ⅲ)盐，随溶液 pH 升高，在碱式盐（如 $BiONO_3$）沉淀前，溶液中有聚合铋氧阳离子存在，如在中性的高氯酸盐中主要的物种有$[Bi_6(OH)_{12}]^{6+}$或 $Bi_6O_6^{6+}$。

As_2O_5 易潮解，极易溶于水。As_2O_5 溶于水或 H_3AsO_3 被 HNO_3 氧化得 H_3AsO_4（三元酸）。H_3AsO_4 可生成酸式盐、正盐和偏砷酸盐，如 MH_2AsO_4（$M=K^+, Rb^+, Cs^+, NH_4^+$）、$Na_3AsO_4$ 和 $NaAsO_3$。

锑酸为六配位的化合物，其化学式为 $HSb(OH)_6$，由 Sb 与浓 HNO_3 作用制得。$HSb(OH)_6$为一元弱酸。将 Sb_2O_5 溶于碱金属氢氧化物或与其固体共熔即得锑酸盐 $M^I[Sb(OH)_6]$，如 $NaSb(OH)_6$、$LiSb(OH)_6$。

Bi_2O_5 是否存在尚无定论，目前还没有分离出铋(Ⅴ)的含氧酸，但 $NaBiO_3$ 确实存在[可由 $Bi(NO_3)_3$ 在碱性介质中被 Cl_2 氧化生成]。

4.8.4 氢化物

As、Sb、Bi 可以生成氢化物 MH_3，它们是有毒、不稳定的无色气体。按 AsH_3、SbH_3、BiH_3 顺序热稳定性逐渐减弱。这三种氢化物热分解为单质的反应是检验 As、Sb、Bi 非常灵敏的方法——马希法。如用强还原剂在稀 H_2SO_4 或 HCl 的存在下，将+3 氧化态砷的化合物还原生成 AsH_3，再加热到一定温度时 AsH_3 即分解为 As 和 H_2（As 沉积于器壁呈亮黑色的“砷镜”）。

$$As_2O_3 + 6Zn + 6H_2SO_4 \xlongequal{} 2AsH_3 + 6ZnSO_4 + 3H_2O$$

$$2AsH_3 \xlongequal{\triangle} 2As + 3H_2\uparrow$$

锑和铋的化合物用同法处理，也得亮棕色的“锑镜”和“铋镜”（SbH_3 在室温下即分解，BiH_3 在 228 K 以上分解）。“砷镜”溶于 NaClO 溶液，而“锑镜”和“铋镜”不溶于 NaClO溶液。

$$5NaClO + 2As + 3H_2O \xlongequal{} 2H_3AsO_4 + 5NaCl$$

MH_3 都是强的还原剂。例如，AsH_3 能将 $AgNO_3$ 还原为 Ag，因此可用 $AgNO_3$ 来吸收气体中的 AsH_3。MH_3 的碱性很弱，以至于在水溶液中不能形成 MH_4^+。

利用高纯 AsH_3 与金属有机化合物加热，已制备了一系列Ⅲ～Ⅴ族的化合物，用于半导体材料中。例如

$$Ga(CH_3)_3 + AsH_3 \xlongequal{\triangle} GaAs + 3CH_4$$

4.8.5 卤化物

砷、锑、铋可以形成三卤化物和某些五卤化物（AsF_5，SbF_5，BiF_5，$AsCl_5$，$SbCl_5$）。

三卤化物可由单质或三氧化物与卤素反应制得。

三卤化物的主要化学性质是水解性和配位性。例如，$AsCl_3$(l) 与水反应生成 H_3AsO_3，$SbCl_3$(s)、$BiCl_3$(s)水解产生碱式盐（氯氧化物）沉淀。

$$AsCl_3 + 3H_2O \xlongequal{} H_3AsO_3 + 3HCl$$

$$SbCl_3 + H_2O \xlongequal{} SbOCl\downarrow + 2HCl$$

$$BiCl_3 + H_2O \xlongequal{} BiOCl\downarrow + 2HCl$$

因此必须在相应酸溶液中配制 SbX_3、BiX_3 溶液。$Sb(NO_3)_3$ 和 $Bi(NO_3)_3$ 水解也生成碱式盐沉淀（如 $BiONO_3$），因此应该在 HNO_3 溶液中进行配制，以防水解产生沉淀。

AsX_3 作为电子对的接受体，常形成配合物 $AsX_3 \cdot L$ 和 $AsX_3 \cdot L_2$（L 是单齿配体），如 AsX_4^- 和 AsX_5^{2-}。SbX_3 也可形成 SbX_4^-、SbX_5^{2-} 等配离子。

液态 $AsCl_3$ 和 $SbCl_3$ 的导电性可视为是自解离作用。

$$2AsCl_3 \rightleftharpoons AsCl_2^+ + AsCl_4^-$$

$$2SbCl_3 \rightleftharpoons SbCl_2^+ + SbCl_4^-$$

AsF_3 和 SbF_3 是将非金属卤化物转化为氟化物的重要试剂。

$$PCl_3 + AsF_3 \xlongequal{} PF_3 + AsCl_3$$

$$3PCl_5 + 5AsF_3 \xlongequal{} 3PF_5 + 5AsCl_3$$

五卤化物是强的氧化剂，也有形成配合物的强烈倾向。例如

$$Me_3As + SbF_5 \xlongequal{} Me_3AsF_2 + SbF_3$$

$$AsCl_3 + SbCl_5 + Cl_2 \xlongequal{} [AsCl_4]^+ + [SbCl_6]^-$$

4.8.6 硫化物

砷、锑、铋可形成+3 氧化态的硫化物 M_2S_3 和某些+5 氧化态的硫化物 As_2S_5、Sb_2S_5。

砷、锑、铋硫化物都具有颜色，As_2S_3（黄）、Sb_2S_3（橙色）、Bi_2S_3（黑色）、As_2S_5（黄色）、Sb_2S_5（橙色）。这些硫化物都不溶于水。

硫化物的化学性质与相应氧化物性质相似，主要表现在与酸、碱及硫化物的反应性上。

(1) 与非氧化性酸作用。砷的硫化物偏酸性，不与非氧化性酸作用，但锑和铋的硫化物 Sb_2S_3、Bi_2S_3 具有碱性可溶于浓 HCl。例如，Sb_2S_3 溶于热的浓 HCl，产物为 $SbCl_4^-$ 和 H_2S；Bi_2S_3 与浓 HCl 反应产物为 $BiCl_3$ 和 H_2S。

(2) 与碱作用。砷、锑硫化物与碱作用生成相应的含氧酸盐和硫代酸盐。

$$M_2S_3+6OH^- \xlongequal{} MO_3^{3-}+MS_3^{3-}+3H_2O \quad (M=As,Sb)$$

$$3M_2S_5+6OH^- \xlongequal{} MO_3^-+5MS_3^-+3H_2O \quad (M=As,Sb)$$

(3) 与碱金属硫化物和多硫化物作用。As_2S_3、Sb_2S_3 偏酸性，可与碱金属硫化物[如 Na_2S，$(NH_4)_2S$]作用，而 Bi_2S_3 偏碱性，故不能发生反应。

$$M_2S_3+3Na_2S \xlongequal{} 2Na_3MS_3 \quad (M=As,Sb)$$

$$M_2S_5+3Na_2S \xlongequal{} 2Na_3MS_4 \quad (M=As,Sb)$$

As_2S_3、Sb_2S_3 具有还原性，与具有氧化性的多硫化物[如 Na_2S_2，$(NH_4)_2S_2$]作用生成+5 氧化态的硫代酸盐。Bi_2S_3 的还原性极弱，不发生这类反应。

所有硫代酸盐只能在碱性介质中存在，遇酸即分解为硫化物和硫化氢。用此法可以制得纯五硫化物。例如

$$2(NH_4)_3SbS_4+6HCl \xlongequal{} Sb_2S_5\downarrow+3H_2S\uparrow+6NH_4Cl$$

由 $SbCl_5$ 溶液中通入 H_2S 得不到纯净的 Sb_2S_5，因伴随着 Sb_2S_5 的生成，溶液的酸度提高，Sb(Ⅴ)氧化能力提高，与 H_2S 发生氧化还原反应，有 Sb_2S_3 和 S 沉淀生成。

$$2Sb^{5+}+5H_2S \xlongequal{} Sb_2S_5\downarrow+10H^+$$

$$2Sb^{5+}+5H_2S \xlongequal{} Sb_2S_3\downarrow+2S\downarrow+10H^+$$

4.8.7 氧化还原反应

砷、锑、铋随核电荷增加，+3 氧化态的还原性减弱，+5 氧化态的氧化性增强。Na_3AsO_3 是常用的还原剂，$NaBiO_3$ 是常用的氧化剂。

介质的酸碱性对 AsO_4^{3-} 和 AsO_3^{3-} 的氧化还原性有显著的影响，在碱性介质中 AsO_3^{3-} 能被 I_2 氧化成 AsO_4^{3-}；酸性介质中，H_3AsO_4 能将 I^- 氧化为 I_2。

$$AsO_3^{3-}+I_2+2OH^- \xlongequal{} AsO_4^{3-}+2I^-+H_2O$$

$$H_3AsO_4+2H^++2I^- \xlongequal{} H_3AsO_3+I_2+H_2O$$

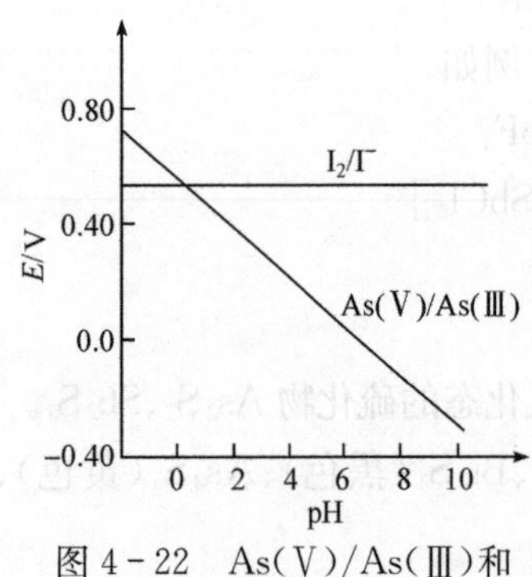

图 4-22 As(Ⅴ)/As(Ⅲ)和 I_2/I^- 系统 E-pH 图

电对 As(Ⅴ)/As(Ⅲ)的电极电势随溶液 pH 的变化而改变。电对 I_2/I^- 的电极电势在一定的 pH 范围内不随溶液 pH 而变化(pH 大于 9，I_2 本身发生歧化反应生成 $I^-+IO_3^-$)。这两个电对的电极电势与溶液 pH 的关系见图4-22(电势 E-pH 图)，由图可见，在溶液酸性较强时，H_3AsO_4 可以氧化 I^- 成 I_2[$E>0$，电对 As(Ⅴ)/As(Ⅲ)位于 I_2/I^- 的上方]；而在酸性稍弱时，H_3AsO_3 可以还原 I_2[电对 I_2/I^- 位于 As(Ⅴ)/As(Ⅲ)上方]。显然，H_3AsO_4 只有在强酸性介质中才表现出明显的氧化性。AsO_3^{3-} 与 I_2 反应的 pH 应控制为 5～9(采用硼砂-硼酸或 Na_2HPO_4-NaH_2PO_4 作缓冲溶液)。当 $pH<4$ 时反应不完全，$pH>9$ 时 I_2 会发生歧化。

在酸性溶液中 $NaBiO_3$ 是很强的氧化剂，可将 Mn^{2+} 氧化成 MnO_4^-。

$$2Mn^{2+}+5NaBiO_3(s)+14H^+ \xlongequal{} 2MnO_4^-+5Bi^{3+}+5Na^++7H_2O$$

这一反应可以用于鉴定 Mn^{2+}。

Sb^{3+}、Bi^{3+}也具有一定的氧化性，可以被较强的还原剂还原为单质，可以用于鉴定反应中。例如

$$2Sb^{3+} + 3Sn \xlongequal{} 2Sb + 3Sn^{2+}$$

$$2Bi^{3+} + 3Sn(OH)_4^{2-} + 6OH^- \xlongequal{} 2Bi + 3Sn(OH)_6^{2-}$$

4.9 应用(NO应用研究进展)

在无机与生物无机化学中，NO(nitric oxide)是一个得到最广泛研究的分子，1992年曾被美国*Science*杂志命名为明星分子。它是当今生命科学和医学研究的热点之一。弗奇戈特(Furchgott)、伊格纳罗(Ignarro)和穆拉德(Murad)等三人的研究发现NO是心血管系统中传播信息的分子，开创了NO的生物化学，为深入研究探讨NO在调节血压、控制血流、抵御感染和传输信息等作用奠定了基础。由于他们开创性的工作而获得了1998年度诺贝尔生理学-医学奖。

NO究竟扮演了什么角色而被誉为明星分子？现举例说明如下：

(1) NO能使血管平滑肌松弛，血管扩张，调节血压。这是由于它与一种含血红素的酶中的铁离子配位而推动一系列变化造成的。例如，人们早已应用硝酸甘油(nitrogly-cerin)治疗心绞痛，现在发现它和体内某些物质反应，可释放出NO，缓解心血管痉挛，改善心脏供血状况，消除心绞痛。

(2) NO能抑制血小板聚集黏附于内皮细胞，有抗凝的功能，对调节心脑的血液循环的正常流动起着重要作用。

(3) NO具有脂溶性，可快速扩散通过生物膜，它是细胞之间传递信息的信使，可调节神经活动。

(4) NO对杀伤入侵的细菌和肿瘤细胞起重要作用，能提高免疫功能。

4.10 专题讨论：p区元素组成的AB_m型分子或离子几何构型的简易、快速确定

周期表中p区有31种元素，有金属也有非金属，它们的氧化态和成键呈现多样性，因此p区元素构成了大量的分子和离子(原子间以共价键相结合)，如BF_3、$B(OH)_4^-$、CO_2、N_2O、O_3、PH_3、PF_6^-、SO_2、OCN^-、ClO_3^-、I_3^+、XeF_2等。由于不同原子间成键方式不同，几何形状不同，表现出的性质也不同。

众所周知，分子或离子的结构与性质之间具有相关性，了解物质的结构对学习元素化学很有帮助。

价层电子对互斥理论(简称VSEPR理论)在定性判断和合理阐明分子或离子几何形状方面是比较成功的。该理论认为价层电子对数目和排列是决定分子几何形状的主要因素。

下面介绍一种简易、快速计算孤对电子数和确定分子或离子几何构型的方法。这是作者在总结教学经验的基础上提出的，它吸收了VSEPR理论的精华，用一个公式概括出来，简称$m+n$规则。

利用$m+n$规则对近180种由p区元素组成的简单无机分子或离子(简称AB_m型)进行处理，获得了较满意的结果(鉴于氢的特殊性，将它归为p区元素之中)。从20世纪90年代初开始，在无机化学教学中，就向历届学生介绍这一方法，均收到了较好的效果，下面是该方法的基本思路。

4.10.1 $m+n$ 规则的要点

(1) 把 p 区元素构成的简单无机分子或离子(原子间以共价键相结合),视为 AB_m 型分子或离子(其中 A 为中心原子,B 为成键原子或配位原子,m 为成键原子数或配位数),如 $B(OH)_4^-$、CO_2、PH_4^+、$O_3(OO_2)$、$H_3O^+(OH_3^+)$、$I_3^+(II_2^+)$、$IO(OH)_5$、XeF_3^+ 等。

(2) 把确定 AB_m 型分子或离子的几何构型简化为处理中心原子 A 上价电子对的排布方式。价电子对包括成键电子对(m)和孤对电子(n)。m 一般用视察法确定,n 则通过一简单计算式确定。

(3) m 和 n 的确定。

(i) m 的确定。

成键电子对 m,即成键原子数或配位数,直接用视察法确定。例如,$NO_2^+(m=2)$,$ClO_3^-(m=3)$,$PH_4^+(m=4)$,$N_2O(NNO)(m=2)$,$I_3^-(II_2^-)(m=2)$,$O_3(OO_2)(m=2)$,$H_3O^+(OH_3^+)(m=3)$,$IO(OH)_5$ $(m=6)$等。

(ii) n 的确定。

孤对电子 n 按下式计算得到:

$$n=\frac{V-C-\sum E}{2}$$

式中,V 为中心原子 A 上价电子数(与 A 所处族有关);C 为 AB_m型离子所带正或负电荷数(令 AB_m 型分子的 $C=0$);$\sum E$ 为处于中心原子 A 周围的每个成键原子或基团达到稳定的电子结构需接受的电子数之和。

(4) 中心原子 A 上价电子对总数 s 的确定。

$$s=m+n$$

(5) 分子或离子几何构型的确定。

s 一旦确定,即可确定中心原子价电子对排布方式和相应的杂化轨道类型,便可定性推测 AB_m 型分子或离子的大致几何构型。

分子或离子的几何构型还与孤对电子有关。孤对电子的存在,是使分子或离子的几何构型与价电子对的排布方式不一致的重要原因。

4.10.2 应用 $m+n$ 规则的几点说明

(1) 在 AB_m 型分子或离子中,中心原子通常是指电负性小的,数量少的那个原子。

(2) 把离子所带电荷视为中心原子获得电子(负离子)或失去电子(正离子)。

(3) 当计算得到的价电子对总数 s 为小数时(存在奇电子),则按 1 个奇电子占 1 个位置的原则,转换为整数。例如,NO_2,$s=2.5$,可视为中心原子 N 上的 2.5 对价电子,也要占三个位置,按三角形排布。

4.10.3 实例分析

1. NO_2^+

$m=2$

$$n=\frac{V-C-\sum E}{2}=\frac{5-1-2\times2}{2}=0$$

$V=5$,中心 N 原子属ⅤA 族元素,有 5 个价电子;$C=+1$,NO_2^+ 为带 1 个正电荷的离子(视为 N 失去 1 个价电子);$\sum E=4$,每个成键 O 原子达到稳定电子结构需接受 2 个电子。

$s=m+n=2$

$s=m+n=2$，表示中心 N 原子上价电子对数为 2，价电子对按直线形排布（对应 sp 杂化）。由于无孤对电子存在，因此 NO_2^+ 的几何构型与价电子对的排布方式相同，为直线形。

$$[O—N—O]^+$$

2. I_3^-（$I I_2^-$）

$m=2$

$$n=\frac{V-C-\sum E}{2}=\frac{7+1-2\times1}{2}=3$$

$V=7$，中心 I 原子属ⅦA 族元素，有 7 个价电子；$C=-1$，I_3^- 为带 1 个负电荷的离子（视为中心 I 原子获得 1 个价电子）；$\sum E=2$，成键时，每个 I 原子达到稳定电子结构需接受 1 个电子。

$$s=m+n=5$$

$s=5$，表示中心原子上的价电子对数为 5，价电子对取三角双锥排布（对应 sp^3d 杂化）。由于有 3 对孤对电子存在，它们排在同一平面斥力最小，两对成键电子则按轴向排列形成 2 个 σ 键支撑 I_3^- 的骨架，而成直线形。这与实验事实是一致的。

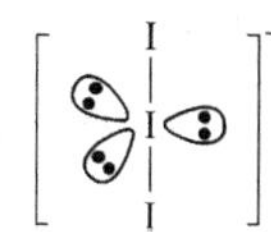

3. ClF_3

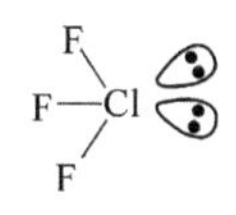

$s=m+n=3+2=5$，表示中心原子 Cl 上价电子对数为 5，在空间的理想排布为三角双锥（对应 sp^3d 杂化）。由于孤对电子的存在和各电子对间排斥力大小程度上的差别，ClF_3 分子的实际构型近似 T 形。

4. NO_2（奇电子分子）

$s=m+n=2+0.5=2.5$，可视为中心原子 N 上的 2.5 对价电子也要占据 3 个位置，即价电子对按三角形排布（对应 sp^2 杂化）。NO_2 是靠 2 个 σ 键支撑分子的骨架，孤单电子的存在，对成键电子有排斥作用，但对成键无贡献，因此 NO_2 几何构型为弯曲形，而不是按价电子对的三角形排布。

这个孤单电子究竟处在非键轨道，还是 π 键轨道，不是互斥理论本身能解决的，必须借助有关实验确定（参见第 4 章的相关内容）。

N
O O

上述方法也适用于对 O_3^+、ClO_2 等含奇电子的分子或离子构型的确定。

4.10.4 讨论

(1) 当中心原子 A 与配位原子之间形成多重键，配位原子的电负性等因素都在一定程度上影响分子或离子的构型。$m+n$ 规则只是定性推测分子或离子的大致几何构型，忽略上述因素对构型的影响。

(2) 由于价层电子对互斥理论不适用于处理含 d 电子的过渡金属的非球形对称的化合物，如 $FeCl_3(g)$ 等；也不能应用于ⅠA 和ⅡA 族元素所组成的比较典型的离子型分子，如 $CaF_2(g)$、$SrF_2(g)$、$BaF_2(g)$ 等。同样 $m+n$ 规则也不能应用于上述体系。

(3) $m+n$ 规则在预测由 p 区元素组成的简单无机分子或离子的几何构型上，简便、快速、准确。由于 VSEPR 理论不适用于比较复杂的无机分子或离子体系，对某些简单无机分子的几何形状的预测也有局限性，因此 $m+n$ 规则也存在上述同样的问题。

习 题

1. 从 N_2 分子的结构如何看出它的稳定性？哪些数据可以说明 N_2 分子的稳定性？
2. NF_3 的沸点低(－129 ℃)，且不显碱性，而 NH_3 沸点高(－33 ℃)却是众所周知的路易斯碱。请说明它们挥发性差别如此之大及碱性不同的原因。
3. 为什么在化合物分类中往往把铵盐和碱金属盐列在一起？
4. 加热固体的碳酸氢铵、氯化铵、硝酸铵和硫酸铵将发生什么反应？写出有关反应方程式。
5. 写出联氨、羟胺、氨基化钠和亚氨基化锂的分子式，指出它们在常温下存在的状态及其特征化学性质。将联氨选作火箭燃料的根据是什么？
6. 为什么亚硝酸和亚硝酸盐既有还原性，又有氧化性？试举例说明。
7. 比较亚硝酸盐在不同介质中的氧化还原性。
8. 为什么硝酸在不同浓度时被还原的程度大小并不是和氧化性的强弱一致的？例如，浓 HNO_3 通常被还原为 NO_2 只得一个电子，而氧化性较差的稀 HNO_3 却被还原为 NO 得 3 个电子。
9. 提供实验室制取氮气的两种方法，并写出相应的反应方程式。
10. 写出钠、铅、银等金属硝酸盐热分解反应方程式。
11. 在 P_4 分子中 P—P—P 键的键角约为多少？说明 P_4 分子在常温下具有高反应活性的原因。
12. 通常如何存放金属钠和白磷？为什么？
13. 试讨论为什么 PCl_3 的水解产物是 H_3PO_3 和 HCl，而 NCl_3 的水解产物却是 HOCl 和 NH_3。
14. 讨论 H_3PO_4 的分子结构、挥发性和酸性强弱。从结构上判断下列酸的强弱：

$$H_3PO_4 \qquad H_4P_2O_7 \qquad HNO_3$$

15. 固体五氯化磷是由阴、阳离子组成的能导电的离子型化合物，但其蒸气却是分子型化合物。试画图确定固态离子和气态分子的结构及杂化类型。
16. 写出由 PO_4^{3-} 形成 $P_4O_{12}^{4-}$ 聚合物的平衡方程式。
17. 为什么磷酸在分析化学中可用于掩蔽 Fe^{3+}？
18. 在 Na_2HPO_4 和 NaH_2PO_4 溶液中加入 $AgNO_3$ 溶液均析出黄色沉淀，而在 PCl_5 完全水解后的产物中加入 $AgNO_3$ 只有白色沉淀而无黄色沉淀，试对上述事实加以说明。
19. 在地球电离层中，可能存在下列五种离子，你认为哪一种最稳定？为什么？

$$N_2^+ \qquad NO^+ \qquad O_2^+ \qquad Li_2^+ \qquad Be_2^+$$

20. 砒霜的分子式是什么？比较 As_2O_3、Sb_2O_3、Bi_2O_3 及它们的水化物酸碱性，自 As_2O_3 到 Bi_2O_3 递变规律如何？
21. 讨论 $SbCl_3$ 和 $BiCl_3$ 的水解反应的产物。
22. 为什么铋酸钠是一种很强的氧化剂？As、Sb、Bi 三元素的＋3、＋5 氧化态化合物氧化还原性变化规律如何？
23. As、Sb、Bi 三元素的硫化物分别在浓 HCl、NaOH 或 Na_2S 溶液中的溶解度如何？它们的硫代酸盐生成与分解情况如何？
24. 画出 PF_5、PF_6^- 的几何构型。
25. 分别往 Na_3PO_4 溶液中加过量 HCl、H_3PO_4、CH_3COOH，则这些反应将生成磷酸还是酸式盐？
26. Sb_2S_3 能溶于 Na_2S 或 Na_2S_2，而 Bi_2S_3 既不能溶于 Na_2S，也不能溶于 Na_2S_2。请根据以上事实比较 Sb_2S_3、Bi_2S_3 的酸碱性和还原性。
27. 用电极电势说明：在酸性介质中 Bi(Ⅴ)氧化 Cl^- 为 Cl_2，在碱性介质中 Cl_2 可将 Bi(Ⅲ)氧化成Bi(Ⅴ)。

28. 如何鉴定 NO_2^- 和 NO_3^-、NO_3^- 和 PO_4^{3-}？

29. (1) 计算 0.1 mol·L^{-1} K_2HPO_4、KH_2PO_4、K_3PO_4 溶液的 pH。

    (2) 计算 KH_2PO_4 和等体积、等物质的量 K_3PO_4 混合液的 pH。

30. 试说明 $H_4P_2O_7$ 的酸性比 H_3PO_3 强。

31. 完成并配平下列反应方程式：

    (1) $P_4+NaOH+H_2O \longrightarrow$

    (2) $KMnO_4+NaNO_2+H_2SO_4 \longrightarrow$

    (3) $AsCl_3+Zn+HCl \longrightarrow$

    (4) $Bi(OH)_3+Cl_2+NaOH \longrightarrow$

    (5) $Ca_3P_2+H_2O \longrightarrow$

    (6) $Sb_2S_3+(NH_4)_2S \longrightarrow$

    (7) $N_2H_4+AgNO_3 \longrightarrow$

    (8) $As_2O_3+HNO_3$(浓)$+H_2O \longrightarrow$

    (9) $(NH_4)_3SbS_4+HCl \longrightarrow$

    (10) $BiCl_3+H_2O \longrightarrow$

    (11) $Mg_3N_2+H_2O \longrightarrow$

    (12) $PI_3+H_2O \longrightarrow$

32. 解释下列事实：

    (1) NF_3 的偶极矩非常小，且很难发生水解。

    (2) PCl_5 存在，但 NCl_5 不存在。PH_5 和 PI_5 是未知的化合物。

    (3) NH_3、PH_3 和 AsH_3 的键角分别为 107°、94°和 91°，为什么变小？

    (4) PF_3 可以和许多过渡金属形成配合物，而 NF_3 几乎不具有这种性质。

    (5) 用 $Pb(NO_3)_2$ 热分解来制取 NO_2，而不用 $NaNO_3$。

    (6) 不能把 $Bi(NO_3)_3$ 直接溶于水中来制取 $Bi(NO_3)_3$ 溶液。

    (7) 白磷燃烧后的产物是 P_4O_{10}，而不是 P_2O_5。

    (8) 在 PF_5 中，轴向 P—F 键键长(158 pm)大于水平 P—F 键键长(153 pm)。

33. CO 和 N_2 是等电子体，而 CO_2 与 N_2O 也是等电子体，比较它们的性质和结构。

34. 废切削液中含 2%～5% $NaNO_2$，若直接排放将造成对环境的污染，则下列 5 种试剂中哪些能使 $NaNO_2$ 转化为不引起二次污染的物质？为什么？

    (1) NH_4Cl　(2) H_2O_2　(3) $FeSO_4$　(4) $CO(NH_2)_2$　(5) $NH_2SO_3^-$(氨基磺酸盐)

35. AlP 和 Zn_3P_2 可以用作粮食仓库的烟熏消毒剂，这是利用了它们的何种特性？

36. 提供消除空气中 PH_3 污染的三种试剂。写出相关的反应方程式。

37. 磷矿粉肥料施用在什么性质的土壤中较适宜？为什么？

38. 试说明磷污染产生的后果，并提供治理磷污染的办法。

39. 试画出三聚磷酸钠的结构。将三聚磷酸添加到洗衣粉中起什么作用？提供三聚磷酸钠的替代物。

40. 制备 $MgNH_4PO_4$ 通常是在镁盐的溶液中加入 Na_2HPO_4、氨水、NH_4^+ 溶液。根据以上信息写出有关离子反应方程式，并说明加铵盐的目的是什么。

第5章 氧族元素

学习要点

(1) 掌握氧族元素的价电子构型及氧、硫的成键特征。了解超酸的性质和应用。

(2) 运用有关结构知识讨论 O_3、SO_2、SO_3、SO_4^{2-} 等的结构特点(分子构型、键长、大π键、d－pπ键等)。

(3) 掌握氧气、臭氧和过氧化氢的典型特性、与环境的关系和它们的重要用途。

(4) 掌握硫、硫化物、多硫化物、硫的含氧酸及其盐的结构特点、重要性质和应用。

(5) 了解硒、碲的重要性质,并与硫的相关性质进行对比。

氧族元素位于周期表ⅥA族,包括氧(O)、硫(S)、硒(Se)、碲(Te)和钋(Po)五种元素(钋为放射性元素),除氧以外的其余元素又称为硫族元素。本章重点讨论氧、硫及其典型化合物的性质和应用。

氧族元素的一些性质汇列于表5－1。

表5－1 氧族元素的一些性质

元素名称	氧	硫	硒	碲
共价半径/pm	66	102	117	135
M^{2-}半径/pm(CN=6)	140	184	198	221
M^{6+}半径/pm(CN=6)	9	29	42	56
价电子构型	$2s^22p^4$	$3s^23p^4$	$4s^24p^4$	$5s^25p^4$
主要氧化态	－2,－1	－2,＋4,＋6	－2,＋4,＋6	－2,＋4,＋6
第一电离能/(kJ·mol^{-1})	1410	1000	941	869
第一电子亲和能/(kJ·mol^{-1})	－141	－200	－195	－190
第二电子亲和能/(kJ·mol^{-1})	781	590	421	—
单键的解离能/(kJ·mol^{-1})	142	268	192	126
电负性(χ_P)	3.44	2.58	2.55	2.10

本族元素的原子半径、离子半径、电离能、电负性和非金属性具有一定的变化趋势。从氧到碲随着原子半径的增大,由上往下电离能、电负性和非金属性也依次降低,本族元素在性质上表现为从非金属过渡到金属,氧和硫是典型的非金属,硒和碲的非金属性较弱,称为准金属(性质介于典型金属和典型非金属之间的金属),具有放射性的钋呈现显著的金属性。钋是居里夫人在钍矿和铀矿中发现的,它的所有同位素都是放射性的,最稳定

的同位素其半衰期为138天。

氧族元素的价电子构型为ns^2np^4，它们趋向于得到两个电子形成具稀有气体的稳定的电子层结构。氧化态为−2的化合物的稳定性从氧到碲依次降低，其还原性依次增强。从电子亲和能的数据来看，本族第一电子亲和能是负值，而第二电子亲和能为正值，说明结合第二个电子要吸收能量，但离子型的氧化物和硫化物是普遍存在的，这是因为形成晶体时，从晶格能得到了补偿。

氧族元素的电势图如下：

O系统

酸性溶液 $E_A^\ominus$/V

$$O_3 \xrightarrow{2.08} O_2 \xrightarrow{0.694} H_2O_2 \xrightarrow{1.76} H_2O$$

($O_2 \to H_2O$：1.23)

碱性溶液 $E_B^\ominus$/V

$$O_3 \xrightarrow{1.247} O_2 \xrightarrow{-0.065} HO_2^- \xrightarrow{0.867} OH^-$$

($O_2 \to OH^-$：0.401)

S系统

酸性溶液 $E_A^\ominus$/V

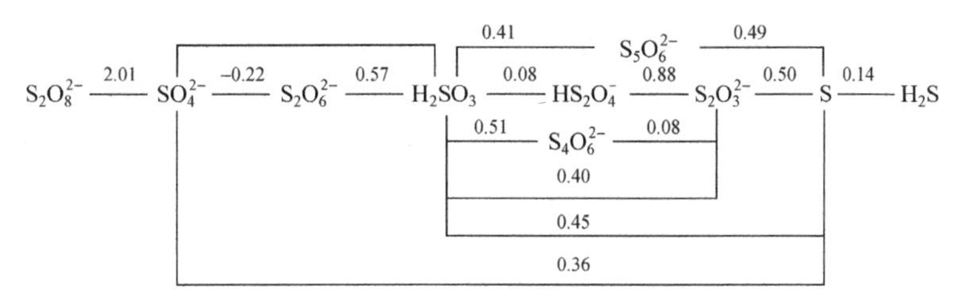

碱性溶液 $E_B^\ominus$/V

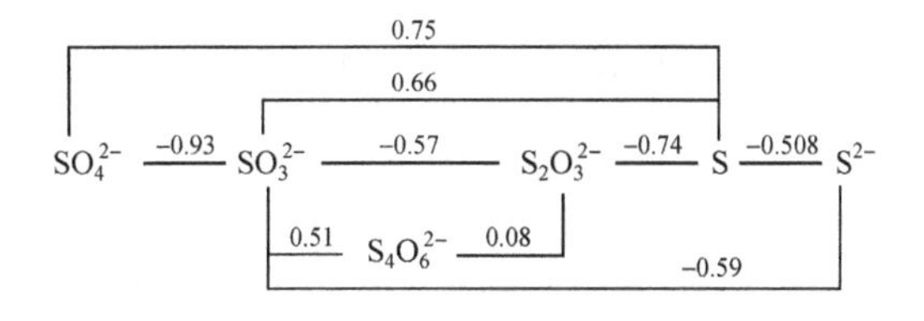

Se、Te系统

酸性溶液 $E_A^\ominus$/V

$$SeO_4^{2-} \xrightarrow{1.15} H_2SeO_3 \xrightarrow{0.74} Se \xrightarrow{-0.40} H_2Se$$

$$H_6TeO_6 \xrightarrow{1.02} TeO_2 \xrightarrow{0.53} Te \xrightarrow{-0.72} H_2Te$$

碱性溶液 $E_B^\ominus$/V

$$SeO_4^{2-} \xrightarrow{0.05} SeO_3^{2-} \xrightarrow{-0.37} Se \xrightarrow{-0.92} Se^{2-}$$

$$TeO_4^{2-} \xrightarrow{\leq 0.4} TeO_3^{2-} \xrightarrow{-0.57} Te \xrightarrow{-1.14} Te^{2-}$$

5.1 氧、硫的成键特征

5.1.1 氧的成键特征

氧的成键特征是根据氧原子的价轨道数(4个)和价电子数(6个)，按化合物中氧的结构单元(O,O_2,O_3)进行分类,以分析它们的成键情况。

1. 氧原子

(1) 氧原子的电负性仅次于氟,它可以从电负性较小的其他元素的原子夺取电子形成 O^{2-} 而构成离子型氧化物,如 Na_2O、CaO 等。当氧与氟化合时,表现出正的氧化态,如 OF_2。

(2) 氧原子与电负性相近的元素(高氧化态金属元素和非金属元素)共用电子形成共价键,构成共价型化合物,如 OsO_4、ClO_2、Cl_2O_7 等。

(3) 氧原子可以与其他原子形成三重键(:O≡),如 CO、NO。

(4) 氧原子能形成两个共价单键(—$\ddot{\underset{\cdot\cdot}{O}}$—)或共价双键(═$\ddot{O}$:),如 H_2O、$R_2C{=}O$。氧原子中的孤对电子可作为给予体与接受体成键,如 H_3O^+、$Cu(H_2O)_4^{2+}$ 等。

(5) 氧原子可以把两个成单电子挤入一个轨道(激发态),从而空出一个 2p 轨道接受给予体提供的电子而成键,2p 轨道上的两对孤对电子又反馈给中心原子(原给予体)的空轨道形成反馈键,如含氧酸根中的 d-pπ 键。这种一送一拉能使成键作用增强,如在 PO_4^{3-} 中的 P—O 键具有双键的特征。

(6) 当 H 原子以共价键和 O 原子结合时,由于 O 原子半径较小,电负性较大,吸引价电子的能力强,共用电子对强烈地偏向 O 端,使 H 原子带部分正电荷,它可以通过氢键(电性的作用力)与另一含有孤对电子的 O 原子或其他电负性大的元素相结合。如 $Cu(H_2O)_4SO_4 \cdot H_2O$ 中就含有 O—H…O 形式的氢键,通过氢键将 $Cu(H_2O)_4^{2+}$ 和 SO_4^{2-} 相连。

2. 氧分子

(1) O_2 可以结合两个电子,形成过氧离子 O_2^{2-},组成离子型过氧化物,如 Na_2O_2、BaO_2 等;或通过过氧键—O—O—组成共价型过氧化物,如 H_2O_2、ZnO_2、CdO_2 或过氧酸、过氧酸盐等。

(2) O_2 可以结合一个电子,形成超氧离子 O_2^-,组成超氧化物,如 KO_2。

(3) O_2 分子还可以失去一个电子,生成二氧基阳离子 O_2^+,组成离子型二氧基盐。用光谱已检测到二氧基阳离子 O_2^+,它是一个短寿命的离子。当 O_2 与 PtF_6 反应时,产生一种橘黄色的固体为 $O_2^+PtF_6^-$。在化合物 $O_2^+PtF_6^-$、$O_2^+BF_4^-$ 中都存在二氧基阳离子 O_2^+。

(4) O_2 中含有孤对电子,可以作为电子对给予体向具有空轨道的金属离子配位。众所周知,血红蛋白(Hb)具有载氧的功能,它是一种含有 4 个 Fe^{2+} 的蛋白质,其中的 Fe^{2+} 具有容纳孤对电子的空位,能够可逆地同 O_2 配位,形成氧合血红蛋白。

$$Hb-Fe_4+4O_2 \rightleftharpoons Hb-Fe_4-(O_2)_4$$

有关上述详细内容参见 15.5(3)。

3. 臭氧分子

(1) 臭氧分子可以结合一个电子形成 O_3^-,所形成的化合物为离子型臭氧化合物,

如 KO_3。

(2) 臭氧分子 O_3 也可以形成臭氧链—O—O—O—，构成共价型臭氧化物，如 O_3F_2。

5.1.2 硫的成键特征

(1) 硫可以从电负性较小的原子接受两个电子形成 S^{2-}，构成离子型化合物，如 Na_2S、CaS 等。

(2) 硫以两个共价单键构成共价型硫化物，如 H_2S、SCl_2、S_8 等。

(3) 硫与相结合的原子除形成 σ 键外，还可形成离域 π 键，如 $SO_2(\pi_3^4)$、$SO_3(\pi_4^6)$等。

(4) 在某种条件下，硫的成对电子可以拆开，激发到 3d 空轨道上，形成高配位数、高氧化态的化合物，如 SF_4、SF_6 等。

(5) 硫可以利用 3d 空轨道，接受配位原子提供的孤对电子，形成 d-pπ 键，如 SO_4^{2-} 等。

(6) 硫原子能彼此以共价键相连形成硫链，如多硫化物 M_2S_x($x=2\sim22$)和连多硫酸 $H_2S_xO_6$($x=2\sim6$)等。多硫阴离子 S_x^{2-} 可以作为配位体形成配合物，如$[Mo_2(S_2)_6]^{2-}$、$[Mo_2S(S_4)_2]^{2-}$等。

多硫阴离子 S_x^{2-} 总是采用末端与中心金属离子配位，这可能与 S 链两端的电子云密度较高有关。

(7) S_8 可以失去两个电子形成阳离子 S_8^{2+}(S_8 在液态 SO_2 中被 AsF_5 氧化得到的产物为$[S_8][AsF_6]_2$ 和 AsF_3)。

5.2 氧和臭氧

氧是地壳中分布最广和含量最高的元素，广泛存在岩石层、水层和大气层。

5.2.1 氧气的性质及制备

氧气在常温下是无色无臭的气体，在 90 K 凝成淡蓝色的液体，进一步冷到 54 K 凝成淡蓝色的固体，液态和固态的氧有明显的顺磁性。这是因为按分子轨道理论，O_2 的电子排布为$(\sigma_{1s})^2(\sigma_{1s}^*)^2(\sigma_{2s})^2(\sigma_{2s}^*)^2(\sigma_{2p_x})^2(\pi_{2p_y})^2(\pi_{2p_z})^2(\pi_{2p_y}^*)^1(\pi_{2p_z}^*)^1$，在 O_2 分子中有两个成单电子，所以 O_2 呈现顺磁性。

O_2 为非极性分子，难溶于极性溶剂中，293 K 时 1 dm^3 水中只能溶解 30 cm^3 氧气，溶解度虽小，但是却是水生动植物在水中赖以生存的基础。

O_2 主要表现为氧化性，用 O_2 饱和的中性水是较好的氧化剂。

实验室通常采用下列方法制备氧气：

$$2BaO_2 \xrightarrow{\triangle} 2BaO + O_2\uparrow$$

$$2NaNO_3 \xrightarrow{\triangle} 2NaNO_2 + O_2\uparrow$$

$$2KClO_3 \xrightarrow[\triangle]{MnO_2} 2KCl + 3O_2\uparrow$$

工业上主要是通过液态空气的分馏制取氧气。

5.2.2 三线态氧与单线态氧

依据分子轨道理论(分子轨道中电子的排布遵循三个原则:泡利不相容原理、能量最低原理和洪德规则)可知,基态 O_2 分子中两个简并的 π 反键轨道上各有一个电子,且自旋相同(π_{2p}^* ↑ ↑)。氧分子中电子运动的这种状态称为三线态氧或三重态氧 $^3O_2$,用符号 $^3\Sigma_g$ 表示。

电子的状态、符号	π_{2p}^* 轨道电子排布		高出基态的能量
单线态 $^1O_2$ ($^1\Sigma_g$)(第二激发态)	↑	↓	155 $kJ \cdot mol^{-1}$
单线态 $^1O_2$ ($^1\Delta_g$)(第一激发态)	↑↓	—	92 $kJ \cdot mol^{-1}$
三线态 $^3O_2$ ($^3\Sigma_g$)(基态)	↑	↑	

在通常情况下,氧分子处于基态,当基态氧分子受到激发后,这两个电子可以有两种排布:两个电子以自旋相反的方式占据一个 π 反键轨道(π_{2p}^* ↑↓),其能量较基态高出 92 $kJ \cdot mol^{-1}$,把电子运动的这种状态称为单线态氧 $^1O_2$,用符号 $^1\Delta_g$ 表示;两个电子也可以分占两个简并的 π 反键轨道(π_{2p}^* ↑ ↓),且自旋相反,其能量较基态高出 155 $kJ \cdot mol^{-1}$,这种状态也称为单线态氧 $^1O_2$,用符号 $^1\Sigma_g$ 表示。以上说明两种单线态氧中电子都是处于激发态,但两种单线态氧在能量上和寿命上是有差别的,$^1\Sigma_g$($^1O_2$)比 $^1\Delta_g$($^1O_2$)能量更高、寿命更短。显然,处于激发态的氧由于能量较高而具有较强的化学活性,而且 $^1\Sigma_g$($^1O_2$)比 $^1\Delta_g$($^1O_2$)活性更高。现将氧的基态和激发态的 π_{2p}^* 轨道中电子排布和能量差列于上表。

基态 O_2 不能直接吸收光能产生单线态 O_2,只有通过光敏化反应、微波放电或化学反应等方法得到。(光敏化反应:光敏化剂在光作用下吸收能量成为激发态,当与 O_2 作用,能量传递给 O_2 使它发生自旋改变形成单线态 O_2。荧光黄、亚甲基蓝、植物叶绿素、人体内卟啉均属于光敏化剂)。

$$\text{敏化剂(基态)} \xrightarrow{h\nu} \text{敏化剂 } T_1 \text{(激发态)}$$

$$\text{敏化剂 } T_1 + {}^3O_2 \xrightarrow{\text{能量传递}} \text{敏化剂} + {}^1O_2$$

究竟产生何种单线态氧,与敏化剂所提供的能量大小有关。在敏化剂存在下产生单线态氧的反应称为光敏化氧化反应。

下面介绍几种产生单线态氧的方法:①用蓝光(452 nm)照射 $[Ru(bipy)_3]^{2+}$,可得激发态物种 $^*[Ru(bipy)_3]^{2+}$,后者可将能量转移给溶液中的 O_2($^3\Sigma_g$),使它发生自旋改变而形成激发态的单线态氧 $^1O_2$($^1\Delta_g$);②在乙醇溶液中,当过氧化氢与次氯酸盐反应则产生 $^1O_2$($^1\Delta_g$)($H_2O_2 + OCl^- \longrightarrow {}^1O_2 + H_2O + Cl^-$);③通过臭氧化物的热分解也能产生 $^1O_2$($^1\Delta_g$)。

有一种卟啉病,起因是人体内的血卟啉过多地集中在某一区域,经光照形成单线态氧,由于它有高化学活性,会严重损害皮肤及组织,破坏人体内不饱和脂肪的不饱和键,破坏 DNA。一旦患上该病，可待在黑屋子（避光）里服用胡萝卜素医治，因为胡萝卜素内含有不饱和双键，是单线态氧的猝灭剂。

但是单线态 O_2 对人体的病毒、病菌、肿瘤是强有力的武器，最近发现血卟啉衍生物（HPD）有一个特性，它往往集中在肿瘤的周围，在远离肿瘤的地方浓度较小。给癌症病人注射 HPD 再经 630 nm 光辐射，HPD 作为光敏化剂，产生单线态氧，它进攻肿瘤细胞，几小时后肿瘤细胞便开始死亡，这叫光驱动方法，是一种有效、方便的方法。

单线态氧由于能量较高，具有较高的化学活性，在有机合成中起重要作用。这将在后续课程中作介绍。

5.2.3 氧化物

1. 氧化物

氧化物大体上可分成共价型、离子型和介于这两种之间的过渡型氧化物三类。另外，氧化物又可分成酸性氧化物、碱性氧化物、两性氧化物、中性氧化物（既不与酸又不与碱反应，如 CO、NO 等）和其他一些复杂的氧化物（如 Fe_3O_4 等）。

2. 氧化物的酸碱性

大多数非金属氧化物和某些高氧化态的金属氧化物均显酸性；大多数金属氧化物呈碱性；一些金属氧化物和少数非金属氧化物呈两性。氧化物酸碱性的一般规律是：同周期各元素最高氧化态的氧化物，从左到右由碱性到两性到酸性。例如

Na_2O MgO	Al_2O_3	SiO_2，P_4O_{10} SO_3，Cl_2O_7
碱性	两性	酸性

相同氧化态的同族各元素的氧化物从上到下碱性依次增强，酸性依次减弱。例如

N_2O_3 P_4O_6	As_4O_6	Sb_4O_6	Bi_2O_3
酸性	两性偏酸	两性	碱性

同一元素有几种氧化态的氧化物，其酸性随氧化态的升高而增强，这种递变规律在 d 过渡元素中更为常见。例如

As_4O_6	两性偏酸	As_2O_5	酸性
PbO	碱性	PbO_2	两性
CrO	碱性	Cr_2O_3	两性
CrO_3	酸性	VO	碱性
VO_2	两性	V_2O_5	酸性

氧化物的酸碱性与它们的离子-共价性之间有较密切的联系。离子型氧化物通常为碱性或两性，共价型氧化物通常为酸性，介于两者之间的过渡型氧化物一般具有弱酸性（如 SiO_2）、弱碱性或两性。另一种观点认为，氧化物的酸碱性与中心离子和氢离子对氧离子的结合力的相对大小有关。

5.2.4 臭氧

1. 臭氧分子结构

臭氧是氧气的同素异形体，因其具有特殊的腥臭味而得名。臭氧分子呈弯曲形对称结构。在臭氧分子中，中心氧原子采取 sp^2 杂化，两个 sp^2 杂化轨道分别与其他两个氧原子的 p 轨道重叠形成两个 σ 键，另一杂化轨道容纳孤对电子，除此之外，互相平行 $2p_z$ 轨道重叠形成三中心四电子的大 π 键（两个电子来自中心氧原子，其他氧原子各提供一个电子，用符号 π_3^4 表示），见图 5-1。O_3 分子中的键长为127.8 pm，介于单、双键之间（氧原子间单键长为 148 pm，双键长为 112 pm），键角为 116.8°。O_3 是极性分子。这可能与 O_3 为 V 形结构，其中孤对电子和 π 键电子所产生的偶极矩不能相互抵消有关。

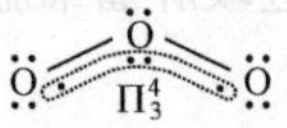

图 5-1 臭氧分子的结构

2. 臭氧的性质

臭氧不稳定，但在常温下分解较慢，437 K 以上迅速分解。MnO_2、PbO_2、铂黑等催化剂的存在可加速臭氧的分解。臭氧分解生成氧气，并放出能量。从电极电势可知，无论在酸性或碱性条件下臭氧都比氧气具有较强的氧化性，除金和铂族金属外，它能氧化所有的金属和大多数非金属。

$$2Ag + 2O_3 \longrightarrow Ag_2O_2 + 2O_2$$

$$O_3 + XeO_3 + 2H_2O \longrightarrow H_4XeO_6 + O_2$$

$$O_3 + 2I^- + H_2O \longrightarrow I_2 + O_2 + 2OH^-$$

臭氧能氧化 CN^-，故常用于治理电镀工业中的含氰废水。

$$O_3 + CN^- \longrightarrow OCN^- + O_2$$

$$4OCN^- + 4O_3 + 2H_2O \longrightarrow 4CO_2 + 2N_2 + 3O_2 + 4OH^-$$

臭氧能杀死细菌（基于氧化性），可用作消毒杀菌剂。臭氧在污水处理中有广泛的应用，为优良的污水净化剂、脱色剂。空气中的臭氧含量超过一定量时，对人体，动、植物和暴露在大气中的物质均有害（参见第 14 章）。

3. 臭氧的制备

从能量的观点来看，只要给氧气以足够的能量（光、电、热）即可转变成臭氧。在雷雨天，由于大气中放电而生成臭氧。在电动机和复印机旁边也经常可以闻到臭氧的特殊腥味。

实验室制备臭氧主要靠紫外光（<185 nm）照射氧气或使氧气通过放电装置而获得臭氧与氧气的混合物（含臭氧可达 10%）。图 5-2 为臭氧发生装置简图。

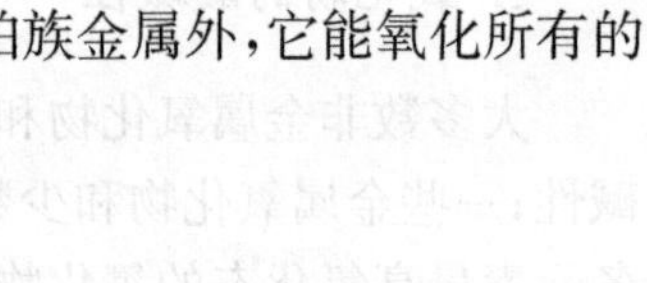

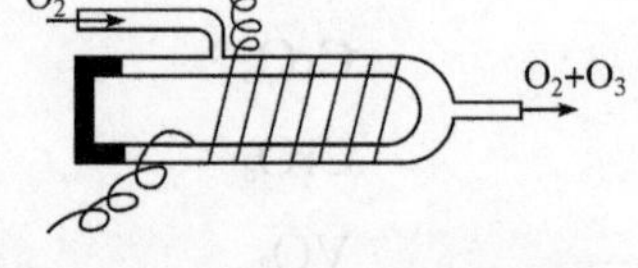

图 5-2 臭氧发生装置简图

臭氧发生器是由两根玻璃套管所组成的，内层玻璃管内镶有锡箔，外层玻璃管壁绕有铜线，当锡箔与铜线间接上高电压时，两管的管壁之间发生无声放电（没有火花的放电），O_2 就部分转变成了 O_3。经除杂质和分馏处理可获得纯的 O_3。

5.3 过氧化氢

5.3.1 过氧化氢的结构

过氧化氢 H_2O_2 俗称双氧水。纯过氧化氢为浅蓝色液体，它能与水以任何比例相混合。市售试剂为30%的 H_2O_2 水溶液。H_2O_2 的沸点高（约423 K），意味着分子间存在较强的氢键。消毒用的 H_2O_2 为3%溶液。

H_2O_2(g)是非平面形分子，分子中存在过氧键。H_2O_2 中的氧原子均采取 sp^3 杂化，其中一个 sp^3 杂化轨道同氢原子的1s轨道重叠形成 H—O σ键，另一个 sp^3 杂化轨道则同第二个氧原子的 sp^3 杂化轨道以头对头的形式重叠形成 O—O σ键，剩下的两个 sp^3 杂化轨道则容纳孤对电子，见图5-3。在晶体和气相中，H_2O_2 分子的结构像一本半展开的书，但键长和键角稍有差别，如它们的O—O键键长分别为145.8 pm(晶体)和147.5 pm(气相)；O—H键键长分别为98.8 pm(晶体)和95.0 pm(气相)。液态时，受氢键的影响，非平面形分子结构会发生变形。

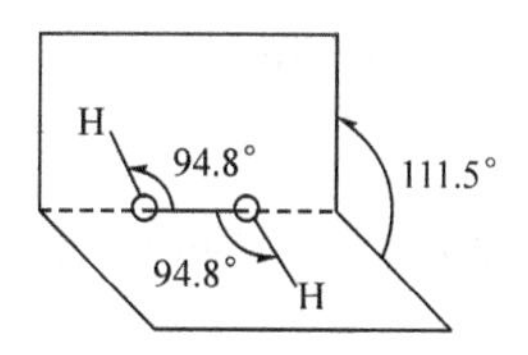

图5-3 H_2O_2 分子的结构(气相中)

5.3.2 过氧化氢的性质

过氧化氢显弱酸性，也显弱碱性，它可以接受质子和脱出质子，形成 $(H_2OOH)^+$ 或 $(O—OH)^-$。过氧化氢也能脱出两个质子形成过氧离子 O_2^{2-}，它和金属离子配位形成多种形式的配合物。H_2O_2 的重要特性是氧化还原性。

1. 过氧化氢的酸性

H_2O_2 为二元弱酸，酸性比水强，能形成 HO_2^- 盐和 O_2^{2-} 盐。

$$H_2O_2 \rightleftharpoons H^+ + HO_2^- \qquad K_{a_1}=2.4\times10^{-12}$$

$$HO_2^- \rightleftharpoons H^+ + O_2^{2-} \qquad K_{a_2}\approx10^{-25}$$

当 H_2O_2 与过量 NaOH 反应的产物是 $NaHO_2$ 和 H_2O，反应中它只提供一个质子，因为该反应($H_2O_2+OH^- \longrightarrow HO_2^- + H_2O$)的 K 值较大。H_2O_2 与 $Ba(OH)_2$ 反应的产物为 BaO_2。

2. 过氧化氢的氧化-还原性

H_2O_2 中氧的氧化态为-1，处于中间价态，因此它的特征化学性质是氧化还原性。

H_2O_2 在较低温度和高纯度时还是比较稳定的，若受热到426 K以上便发生分解，光照射也会使它的分解速度加快。

$$2H_2O_2 \longrightarrow 2H_2O+O_2\uparrow \qquad \Delta H^\ominus=-196\ \text{kJ}\cdot\text{mol}^{-1}$$

重金属离子 Fe^{2+}、Mn^{2+}、Cu^{2+} 和 Cr^{3+} 等的存在能大大加速 H_2O_2 的分解。因为它们在酸性溶液中的电势介于 H_2O_2 的电势(0.694～1.76 V)之间，如 $E_A^\ominus(Fe^{3+}/Fe^{2+})=0.770$ V、$E_A^\ominus(MnO_2/Mn^{2+})=1.23$ V，它们都是 H_2O_2 分解的催化剂。以 Fe^{3+} 的催化过

程为例，认为 H_2O_2 把 Fe^{3+} 还原为 Fe^{2+} ($E_1^{\ominus}>0$)，而本身被氧化成 O_2，产生的 Fe^{2+} 又被 H_2O_2 氧化为 Fe^{3+} ($E_2^{\ominus}>0$)，H_2O_2 被还原为 H_2O。

(1) $$2Fe^{3+}+H_2O_2 = 2Fe^{2+}+O_2\uparrow+2H^+$$

(2) $$H_2O_2+2Fe^{2+}+2H^+ = 2Fe^{3+}+2H_2O$$

(1)+(2)得 $$H_2O_2+H_2O_2 = 2H_2O+O_2\uparrow$$

这说明 Fe^{3+} 在反应中扮演了催化剂的角色。同理，若起始的杂质是 Fe^{2+}，也同样促使 H_2O_2 分解。

实验室里常把过氧化氢装在棕色瓶内存放在阴凉处。有时加入一些稳定剂，如微量的锡酸钠(Na_2SnO_3)、焦磷酸钠($Na_4P_2O_7$)或 8-羟基喹啉(N, OH)等来抑制所含杂质的催化作用。

在处理无水或浓缩 H_2O_2 时，必须在无尘、无金属杂质等条件下进行，以防止发生爆炸。

在一定的条件下，H_2O_2 既是一个强氧化剂，又是一个还原剂，也能自身发生氧化还原($2H_2O_2 = 2H_2O+O_2\uparrow$)。

由电极电势可知，H_2O_2 在酸性溶液中表现强氧化性；当遇到强氧化剂时，也表现出还原性。以下列出几个典型的反应：

$$H_2O_2+2I^-+2H^+ = I_2+2H_2O$$

$$H_2O_2+H_2SO_3 = SO_4^{2-}+2H^++H_2O$$

$$4H_2O_2+PbS = PbSO_4+4H_2O$$

$$H_2O_2+Mn(OH)_2 = MnO_2\downarrow+2H_2O$$

$$3H_2O_2+2NaCrO_2+2NaOH = 2Na_2CrO_4+4H_2O$$

$$5H_2O_2+2MnO_4^-+6H^+ = 2Mn^{2+}+5O_2\uparrow+8H_2O$$

$$3H_2O_2+2MnO_4^- = 2MnO_2\downarrow+3O_2\uparrow+2OH^-+2H_2O$$

当过氧化氢与某些物质作用时，可发生过氧键的转移反应。例如，在酸性溶液中过氧化氢能使重铬酸盐生成过氧化铬。

$$4H_2O_2+Cr_2O_7^{2-}+2H^+ \xlongequal{\text{乙醚}} 2CrO_5+5H_2O$$

蓝色的 CrO_5 不稳定，易分解，在乙醚或戊醇等有机相中较稳定。这个反应可以用来检验 H_2O_2 和 CrO_4^{2-} 或 $Cr_2O_7^{2-}$，反应前需向溶液中加入乙醚或戊醇，在水溶液中 CrO_5 进一步与 H_2O_2 反应，蓝色迅速消失。

$$7H_2O_2+2CrO_5+6H^+ = 7O_2\uparrow+2Cr^{3+}+10H_2O$$

利用 H_2O_2 的氧化性，可漂白毛、丝织物和油画，3%的 H_2O_2 在医学上用于消毒杀菌。纯过氧化氢还可作火箭燃料的氧化剂。它的优点是氧化性强，还原产物是水，不引入杂质，不污染环境。

很多颜料、涂料中含有铅白[$2PbCO_3 \cdot Pb(OH)_2$]。使用铅白的油画、壁画等艺术品长时间暴露于空气中，与 H_2S 作用生成 PbS，会变暗发黑，当用 H_2O_2 涂刷后，由于生成白色 $PbSO_4$，使其复原，就是利用了 H_2O_2 的氧化性。

5.3.3 过氧化氢的制备

制备过氧化氢的方法有化学法、电解法和蒽醌法等，以下仅作简单介绍。

(1) 用稀硫酸与过氧化钡反应或将过氧化钠加到稀硫酸或稀盐酸中都可以制得过氧化氢。

$$BaO_2 + H_2SO_4 + 10H_2O \xlongequal{\text{低温}} BaSO_4 \cdot 10H_2O + H_2O_2$$

(2) 工业上采取电解 NH_4HSO_4 溶液制过氧化氢的过程如下：

$$2NH_4HSO_4 \xrightarrow{\text{电解}} (NH_4)_2S_2O_8(\text{阳极}) + H_2\uparrow(\text{阴极})$$

$$(NH_4)_2S_2O_8 + 2H_2O \xrightarrow{H_2SO_4} 2NH_4HSO_4 + H_2O_2$$

生成的硫酸氢铵可以循环使用，得到的 H_2O_2 溶液经减压蒸馏可得 30%～35% H_2O_2 溶液。电解法能耗大，成本高，但产品质量好，能加工成高浓度的试剂级的产品，适应特殊行业的使用。

(3) 蒽醌法制 H_2O_2。

将乙基蒽醇溶于有机溶剂中，通入空气氧化生成乙基蒽醌和 H_2O_2。分离出 H_2O_2 后，以 Pd 为催化剂，通入 H_2，还原乙基蒽醌为乙基蒽醇。整个生产过程中，只消耗 H_2 和 O_2，乙基蒽醌可循环使用。

$$H_2 + O_2 \xrightarrow[\text{Pd 催化剂}]{\text{乙基蒽醌}} H_2O_2$$

通过减压蒸馏 H_2O_2 水溶液，可得到较浓的 H_2O_2 溶液。纯的和无水的 H_2O_2 可通过分级结晶或有机溶剂萃取得到。

蒽醇法由于工艺成熟，自动化程度高，比电解法经济，是目前工业上生产 H_2O_2 的主要方法。

5.4 硫及其化合物

硫在地壳中的原子含量为 0.03%，是一种分布较广的元素。它在自然界以两种形式出现——单质硫和化合态的硫。天然硫化合物包括硫化物和硫酸盐两大类，如黄铁矿 FeS_2、石膏 $CaSO_4 \cdot 2H_2O$ 和芒硝 $Na_2SO_4 \cdot 10H_2O$。

5.4.1 单质硫

硫有许多同素异形体，最常见的是晶状的斜方硫和单斜硫。菱形硫(斜方硫)又称 α-硫，单斜硫又称 β-硫(图 5-4)。斜方硫在 369 K 以下稳定，单斜硫在 369 K 以上稳定。

$$\text{斜方硫} \xrightleftharpoons[\text{369 K 以下}]{\text{369 K 以上}} \text{单斜硫}$$

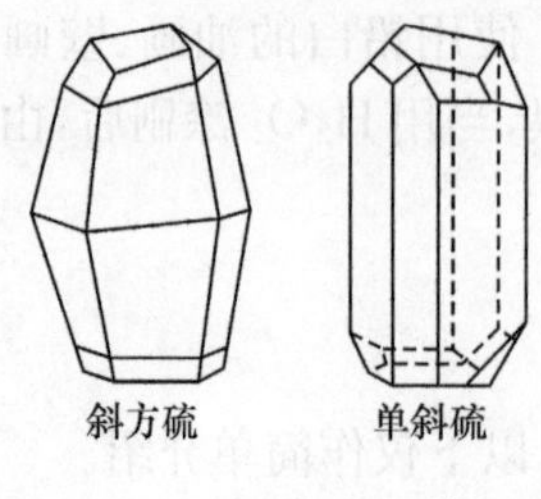

图 5-4 硫的晶体

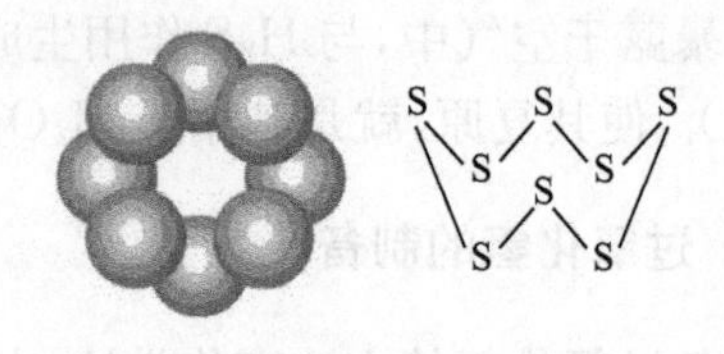

图 5-5 S_8 分子的结构

斜方硫和单斜硫都易溶于 CS_2 中，都是由 S_8 环状分子组成的，见图 5-5。在这个环状分子(S_8)中，每个硫原子以 sp^3 杂化轨道中的两个轨道与相邻的两个硫原子形成 σ 键，而剩余的 sp^3 杂化轨道则容纳孤对电子。S_8 分子之间以弱的分子间力相结合，熔点较低。

当单质硫加热熔化后，得到浅黄色、透明、易流动的由 S_8 环状分子组成的液体，继续加热到 433 K，S_8 环开始断开，形成开链的线形分子，并且聚合成长链的大分子，此时液体颜色变暗，黏度增大。进一步加热到 473 K 左右，黏度最大。继续加热时长硫链断裂为较短的小分子，因此黏度下降。温度达 717.6 K 时液体沸腾，蒸气中有 S_8、S_6、S_4、S_2 等分子存在。温度越高，分子中硫原子数目越少。在约 2273 K 时，开始有单原子硫解离出来。把 S_2 蒸气迅速冷却至 77 K 时，得到紫色顺磁性固体。

若把熔融的硫急速倾入水中，长链的硫被固定下来，成为能拉伸的弹性硫，但放置会发硬并逐渐变为晶状硫。

在火山地区常隐藏有天然单质硫的矿床，这可能是由地下的硫化物矿床与高温水蒸气作用生成硫化氢，它受氧气或二氧化硫作用而形成了单质硫的沉积矿床。

$$2H_2S+SO_2 = 3S+2H_2O$$

$$2H_2S+O_2 = 2S+2H_2O$$

工业上也利用这两个反应从工业废气中回收单质硫。

5.4.2 硫化氢和硫化物

1. 硫化氢

H_2S 是无色有恶臭味的有毒气体。空气中含 0.1%的 H_2S 就会迅速引起头痛、晕眩等症状，吸入大量 H_2S 会造成昏迷或死亡。经常与 H_2S 接触会引起感觉变坏、消瘦、头痛等慢性中毒，空气中 H_2S 的允许含量不得超过 0.01 $mg \cdot L^{-1}$(使用 H_2S 时必须在通风橱中进行)。

硫化氢能溶于水，其饱和溶液的浓度为 0.1 $mol \cdot L^{-1}$。它是二元弱酸($K_1=1.1\times10^{-7}$，$K_2=1.2\times10^{-15}$)。同水一样，H_2S 是弯曲形分子，中心硫原子采取 sp^3 杂化，键角为 92.2°，S—H 键键长为 135 pm。

硫化氢中的硫处于最低氧化态−2，所以硫化氢具有还原性，能被氧化成单质硫或更高氧化态的硫。例如

$$H_2S+I_2 = 2HI+S\downarrow$$

$$2H_2S+O_2 = 2H_2O+S\downarrow$$

$$2H_2S+3O_2 = 2H_2O+2SO_2$$

$$H_2S+4Br_2+4H_2O = H_2SO_4+8HBr$$

2. 硫化物

许多金属离子能与硫化氢或硫离子作用，生成溶解度很小的硫化物。金属硫化物大多数有颜色且难溶于水，只有碱金属的硫化物易溶，碱土金属硫化物如 CaS、SrS、BaS 等微溶(表5-2)。硫化物的溶解度与金属离子的特性有关，也受温度、pH 和 H_2S 的分压等的影响。金属硫化物在水中不同的溶解性和特征的颜色可用于鉴别和分离上。所有硫化物无论是易溶或是难溶都会产生一定程度的水解，而使溶液呈碱性。如 Na_2S 溶于水时几乎全部水解使溶液至碱性。Cr_2S_3、Al_2S_3 在水中完全水解，以致使这些硫化物不可能用湿法从溶液中制备。难溶硫化物 CuS 和 PbS 则微弱水解。

表5-2 硫化物的颜色和溶解性

名　称	化学式	颜　色	在水中	在稀酸中	溶度积
硫化钠	Na_2S	白色	易溶	易溶	—
硫化锌	ZnS	白色	难溶	易溶	1.2×10^{-23}
硫化锰	MnS	肉色	难溶	易溶	1.4×10^{-15}
硫化亚铁	FeS	黑色	难溶	易溶	3.7×10^{-19}
硫化铅	PbS	黑色	难溶	难溶	3.4×10^{-28}
硫化镉	CdS	黄色	难溶	难溶	3.6×10^{-29}
三硫化二锑	Sb_2S_3	橘红色	难溶	难溶	2.9×10^{-93}
硫化亚锡	SnS	褐色	难溶	难溶	1.4×10^{-28}
硫化汞	HgS	黑色	难溶	难溶	4.0×10^{-53}
硫化银	Ag_2S	黑色	难溶	难溶	1.6×10^{-49}
硫化铜	CuS	黑色	难溶	难溶	8.5×10^{-45}

硫化物的组成、性质与相应的氧化物相似。它们的酸碱性变化规律与相应的氧化物相同。同一元素相同氧化态的硫化物的碱性弱于相应的氧化物。

$$S^{2-}+H_2O = HS^-+OH^-$$

$$Na_2S+H_2O = NaHS+NaOH$$

$$Al_2S_3+6H_2O = 2Al(OH)_3\downarrow+3H_2S$$

$$PbS+H_2O = Pb^{2+}+HS^-+OH^-$$

Na_2S 是一种可溶性硫化物，熔点 1453 K，在空气中易潮解。它广泛用于涂料、食品、漂染、制革、荧光材料等工业中。

通过芒硝还原生产 Na_2S 的主要反应如下：

(1) 用煤粉高温还原。

$$Na_2SO_4 + 4C \xrightarrow[1373\ K]{高温转炉} Na_2S + 4CO$$

(2) 用氢气还原。

$$Na_2SO_4 + 4H_2 \xrightarrow[1373\ K]{沸腾炉} Na_2S + 4H_2O$$

$(NH_4)_2S$是一种常见的可溶性硫化物，可以将H_2S通入氨水中制备，它只存在于水溶液中。

$$2NH_3 \cdot H_2O + H_2S = (NH_4)_2S + 2H_2O$$

3. *多硫化物*

碱金属（包括NH_4^+）硫化物的浓溶液能溶解单质硫（硫粉）生成多硫化物。通式如下：

$$S^{2-} + (x-1)S = S_x^{2-} \quad (x=2,3,\cdots,6)$$

$$Na_2S + (x-1)S = Na_2S_x$$

$$(NH_4)_2S + (x-1)S = (NH_4)_2S_x$$

多硫化物溶液一般显黄色，随着x值的增加，由黄色、橙色至红色，如K_2S_2（淡黄）、K_2S_5（橙红）、K_2S_6（红～红褐）。

多硫离子具有链状结构，硫原子之间是通过共用电子对相互连接成硫链。S_3^{2-}、S_5^{2-}的结构见图5-6。

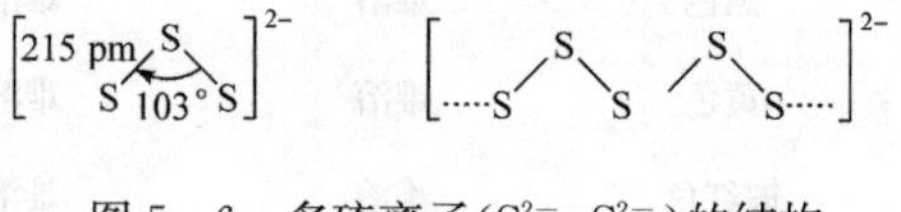

图5-6 多硫离子（S_3^{2-}，S_5^{2-}）的结构

多硫化物在酸性溶液中生成H_2S_x，它很不稳定，易分解为H_2S和S。H_2S_2与H_2O_2的结构相似，为非平面形分子。

$$S_x^{2-} + 2H^+ = H_2S + (x-1)S$$

试剂Na_2S、$(NH_4)_2S$遇酸产生浑浊，就是因为其中所含多硫化物发生了上述分解反应。

由于在多硫化物中存在过硫键，它与过氧化氢中的过氧键类似，因此多硫化物具有氧化性并能发生歧化反应。例如

$$Na_2S_2 = Na_2S + S$$

$$Na_2S_2 + SnS = Na_2SnS_3$$

多硫化物是分析化学中常用的试剂。Na_2S_2在制革工业中用作原皮的脱毛剂，CaS_4在农业中用来杀灭害虫。

5.4.3 硫的含氧化合物

硫呈现多种氧化态，能形成种类繁多的氧化物和含氧酸。在氧化物中以二氧化硫和三氧化硫最稳定，以下将做重点介绍。某些含氧酸的化学式和结构式见表5-3。

表5-3 硫的若干含氧酸

名 称	化学式	硫的氧化态	结构式	存在形式
次硫酸	H_2SO_2	+2	H—O—S—O—H	盐
连二亚硫酸	$H_2S_2O_4$	+3	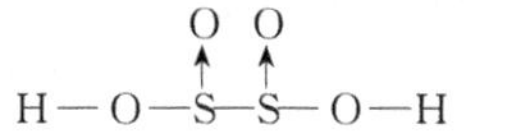 O O ↑ ↑ H—O—S—S—O—H	盐
亚硫酸	H_2SO_3	+4	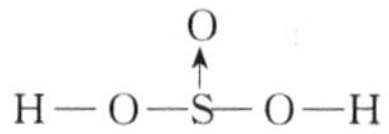 O ↑ H—O—S—O—H	盐
硫酸	H_2SO_4	+6	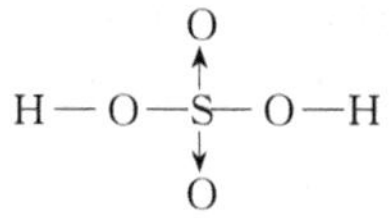 O ↑ H—O—S—O—H ↓ O	酸、盐
焦亚硫酸	$H_2S_2O_5$	+4	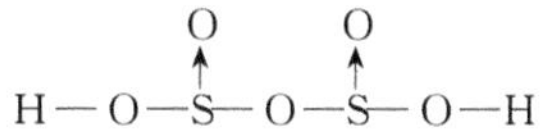 O O ↑ ↑ H—O—S—O—S—O—H	盐
焦硫酸	$H_2S_2O_7$	+6	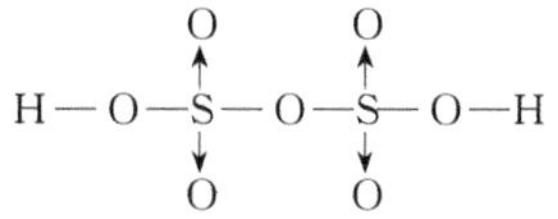 O O ↑ ↑ H—O—S—O—S—O—H ↓ ↓ O O	酸、盐
硫代硫酸	$H_2S_2O_3$	+2	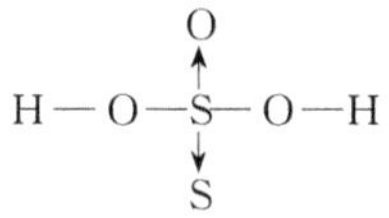 O ↑ H—O—S—O—H ↓ S	盐
过一硫酸	H_2SO_5	+8	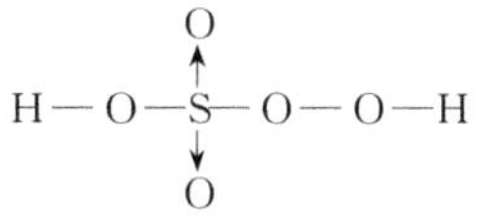 O ↑ H—O—S—O—O—H ↓ O	酸、盐
过二硫酸	$H_2S_2O_8$	+7	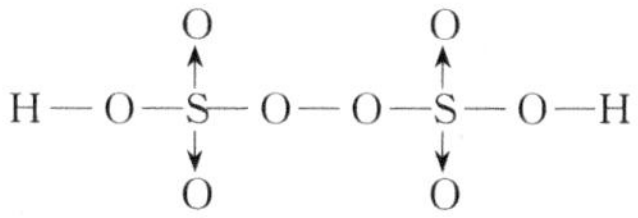 O O ↑ ↑ H—O—S—O—O—S—O—H ↓ ↓ O O	酸盐
连多硫酸	$H_2S_xO_6$ $x=2\sim6$	—	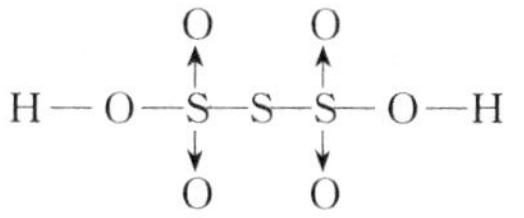 O O ↑ ↑ H—O—S—S—S—O—H $x=3$ ↓ ↓ O O	盐

1. 二氧化硫、亚硫酸和亚硫酸盐

硫在空气中燃烧即得到二氧化硫，许多金属硫化物在空气中灼烧时，能生成氧化物，同时放出SO_2。

$$2ZnS+3O_2 \xlongequal{} 2ZnO+2SO_2$$

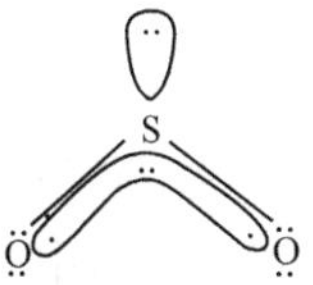

图5-7 SO_2分子的结构

SO_2分子为V形的结构(图5-7)，中心硫原子采取sp^2杂化，两个sp^2杂化轨道分别与两个氧原子的p轨道重叠形成σ键，另一个sp^2杂化轨道则容纳孤对电子。硫原子中未参与杂化的p轨道(有两个电子)与两个氧原子的 p 轨道(各提供一个电子)形成一个 π_3^4 的离域大 π 键,因此 S—O 键具有双键的特征。

二氧化硫无色、有刺激臭味,易溶于水,生成的 H_2SO_3 为二元弱酸。它只存在于水溶液中,未分离出游离的纯 H_2SO_3。主要存在形式为 $SO_2 \cdot nH_2O$。液态 SO_2 气化热较高,可作为制冷剂,它也是一种良好非水溶剂($2SO_2 \rightleftharpoons SO^{2+} + SO_3^{2-}$)。

$$SO_2 + H_2O \rightleftharpoons SO_2 \cdot H_2O \rightleftharpoons H^+ + HSO_3^- \qquad K_1 = 1.54 \times 10^{-2}$$

$$HSO_3^- \rightleftharpoons H^+ + SO_3^{2-} \qquad K_2 = 1.02 \times 10^{-7} (291\ K)$$

在 SO_2 中硫的氧化态为+4,处于中间价态,故它可以作为氧化剂又可作为还原剂,通常是作为还原剂,当遇到强还原剂时,才表现出氧化性。

$$KIO_3 + 3SO_2(\text{过量}) + 3H_2O = KI + 3H_2SO_4$$

$$Br_2 + SO_2 + 2H_2O = 2HBr + H_2SO_4$$

$$2SO_3^{2-} + 4HCOO^- = S_2O_3^{2-} + 2C_2O_4^{2-} + 2OH^- + H_2O$$

$$SO_2 + 2H_2S = 3S + 2H_2O$$

SO_2 能和一些有机色素结合成为无色的化合物,因此可用于漂白纸张、草编制品等。它主要用于制造硫酸和亚硫酸盐,还大量用于制造合成洗涤剂,用作食物和果品的防腐剂、住所和用具的消毒剂等。

碱金属亚硫酸盐易溶于水,溶液显碱性,其他金属的正盐均微溶于水,而所有的酸式亚硫酸盐均易溶于水。

亚硫酸盐受热易发生歧化反应而分解。

$$4Na_2SO_3 \xlongequal{\triangle} 3Na_2SO_4 + Na_2S$$

亚硫酸盐或酸式亚硫酸盐遇强酸就分解,放出 SO_2 气体。

$$SO_3^{2-} + 2H^+ = H_2O + SO_2 \uparrow$$

$$HSO_3^- + H^+ = H_2O + SO_2 \uparrow$$

实验室可用这种方法制取少量 SO_2。

亚硫酸盐有许多实际用途,如 $Ca(HSO_3)_2$(由 $CaSO_3$ 溶液中通入 SO_2 转化而得)大量用于造纸工业,即利用它能溶解木质素的特性以制造纸浆。Na_2SO_3 和 $NaHSO_3$ 大量用于染料工业。它们也用作漂白织物时的去氯剂。

$$H_2O + SO_3^{2-} + Cl_2 = SO_4^{2-} + 2Cl^- + 2H^+$$

农业上使用 $NaHSO_3$ 作为抑制剂,促使水稻、小麦、油菜、棉花等农作物增产,这是因为 $NaHSO_3$ 能抑制植物的光呼吸(消耗能量和营养)从而提高净光合作用。

2. 三氧化硫、硫酸和硫酸盐

纯三氧化硫是无色易挥发的固体,它有三种变体 α、β、γ,其稳定性依次降低,γ 型为三聚体 $(SO_3)_3$ 环状结构;α、β 型有类似石棉的结构,SO_3 原子团相连接成螺旋式长链。

在蒸气状态下 SO_3 主要是以单分子的形式存在。SO_3 分子为平面三角形结构。在该分子中,中心硫原子除以 sp^2 杂化轨道形成 3 个 σ 键外,还有一个 π_4^6 的离域 π 键,因此 S—O 键具有双键的特征(SO_3 中的 S—O 键键长为 143 pm,而 S—O 单键的键长约为 155 pm),键角为 120°。

在液态时，单体SO_3和三聚体$(SO_3)_3$处于平衡，温度越高三聚体越少。

三氧化硫在工业上由SO_2的催化氧化制备，常用V_2O_5作为SO_2转化的催化剂。将SO_3溶解在浓硫酸中所生成的溶液称为发烟硫酸。纯硫酸是无色油状液体，密度为$1.854\ g\cdot cm^{-3}$，相当于$18\ mol\cdot L^{-1}$。

SO_3具有很强的氧化性。高温时能把HBr、P分别氧化成Br_2、P_4O_{10}；也能氧化Fe、Zn等金属。SO_3极易与水化合生成H_2SO_4，同时放出大量的热。

无水硫酸有高的介电常数(在293 K时为110)，这种高的极性使它成为很多离子型化合物的良好溶剂。它的自偶解离如下：

$$2H_2SO_4 \rightleftharpoons H_3SO_4^+ + HSO_4^- \qquad K=2.7\times10^{-4}$$

100%的硫酸具有高的电导率也是由于生成这两种离子。

硫酸作为强酸是因为第一步完全电离，第二步电离较低($K_2=1.2\times10^{-2}$)。

$$H_2SO_4 \longrightarrow H^+ + HSO_4^-$$

$$HSO_4^- \rightleftharpoons H^+ + SO_4^{2-} \qquad K_2=1.2\times10^{-2}$$

硫酸对水有极大的亲和力，并形成几种稳定的水合物，如$SO_3\cdot H_2O$和$H_2S_2O_7$($2SO_3\cdot H_2O$)等。由于它有强烈的吸水性，在工业上和实验室里常用它来作干燥剂，干燥那些不与硫酸发生反应的气体，如Cl_2、H_2、CO_2等。它不但能吸收游离的水分，还能从一些有机化合物中夺取与水分子组成相当的氢和氧，使这些有机物炭化，因此它又是一个强的脱水剂。例如

$$C_{12}H_{22}O_{11} \xrightarrow{\text{浓}H_2SO_4} 12C + 11H_2O$$

浓H_2SO_4是一种氧化性酸，加热时氧化性更显著，它可以氧化许多金属和非金属。通常浓硫酸被还原为SO_2；比较活泼的金属(如Zn)也可以将浓硫酸还原为S或H_2S。浓硫酸氧化金属并不放出氢气。稀硫酸与比氢活泼的金属(如Mg，Zn，Fe等)作用时，能放出氢气。冷的浓H_2SO_4不与Fe、Al等金属作用。这是因为Fe、Al在冷的浓H_2SO_4中表面形成了一层致密的保护膜保护了金属，所以可用Fe、Al器皿盛放浓硫酸。

$$Fe + H_2SO_4(\text{稀}) = FeSO_4 + H_2\uparrow$$

$$Cu + 2H_2SO_4(\text{浓}) = CuSO_4 + SO_2\uparrow + 2H_2O$$

$$C + 2H_2SO_4(\text{浓}) = CO_2\uparrow + 2SO_2\uparrow + 2H_2O$$

$$4Zn + 5H_2SO_4(\text{浓}) = 4ZnSO_4 + H_2S\uparrow + 4H_2O$$

硫酸能形成酸式盐和正盐。在酸式硫酸盐中只有最活泼的碱金属元素(Na，K)能形成稳定的固态酸式硫酸盐。

$$Na_2SO_4 + H_2SO_4 = 2NaHSO_4$$

大多数硫酸盐都易溶于水。银、碱土金属(Be，Mg除外)中的钙、锶和铅的硫酸盐微溶。硫酸钡难溶于水，在酸中的溶解度也很小。

硫酸根离子SO_4^{2-}是四面体结构，中心S原子采用sp^3杂化，4个sp^3杂化轨道与4个O原子的p轨道重叠形成σ键外，中心S原子上空的$d_{x^2-y^2}$、d_{z^2}轨道(空轨道$d_{x^2-y^2}$、d_{z^2}，重叠效果强于d_{xy}、d_{yz}、d_{xz})和O的$2p_y$和$2p_z$轨道(充满电子)发生重叠形成d－pπ键(或中心S原子上空d轨道接受由O原子p轨道送来的电子，形成d←pπ键)。也可视为S—O之间形成了多重键(σ键和两个反馈π键)。σ键附加了π键成分，使S—O键的键长

缩短(在 SO_4^{2-} 中 S—O 键键长为 149 pm,而共价单键半径之和为 175 pm)。

许多硫酸盐结晶时往往带"阴离子结晶水",如 $CuSO_4 \cdot 5H_2O$ 和 $FeSO_4 \cdot 7H_2O$,它们的组成分别写成为$[Cu(H_2O)_4][SO_4(H_2O)]$和$[Fe(H_2O)_6][SO_4(H_2O)]$,一般认为水分子通过氢键而和 SO_4^{2-} 中的氧原子相连。参见第 4 章和第 8 章的相关内容。

多数硫酸盐有形成复盐的趋势,复盐中的两种硫酸盐是同晶形的化合物,这种复盐又称为"矾"。常见的复盐有两类。一类组成为 $M_2^{I}SO_4 \cdot M^{II}SO_4 \cdot 6H_2O$,其中 $M^{I}=NH_4^+$、K^+、Rb^+、Cs^+,$M^{II}=Fe^{2+}$、Co^{2+}、Ni^{2+}、Zn^{2+}、Cu^{2+}、Mg^{2+},如莫尔盐$[(NH_4)_2SO_4 \cdot FeSO_4 \cdot 6H_2O]$、镁钾矾$(K_2SO_4 \cdot MgSO_4 \cdot 6H_2O)$。另一类组成为 $M_2^{I} \cdot SO_4 \cdot M_2^{III}(SO_4)_3 \cdot 24H_2O$,其中 $M^{I}=$碱金属(Li 除外)、NH_4^+、Tl^+,$M^{III}=Fe^{3+}$、Cr^{3+}、V^{3+}、Cr^{3+}、Al^{3+}等,如明矾$[K_2SO_4 \cdot Al_2(SO_4)_3 \cdot 24H_2O]$,参见第 2 章。

硫酸盐基本上都是离子型化合物,除碱金属和碱土金属外,其他都有不同程度的水解。

硫酸盐的热稳定性与相应阳离子的电荷、半径及最外层的电子构型有关。例如,K_2SO_4、Na_2SO_4、$BaSO_4$ 等硫酸盐较稳定,在 1273 K 时也不分解,这是由于这些阳离子极化能力较小。而 $CuSO_4$、Ag_2SO_4、$Al_2(SO_4)_3$、$Fe_2(SO_4)_3$、$PbSO_4$ 等硫酸盐的阳离子极化能力强,阳离子起向硫酸根离子争夺氧的作用,在高温下这些金属盐一般先分解成金属氧化物和 SO_3。例如

$$CuSO_4 \xlongequal{1273\ K} CuO + SO_3\uparrow$$

$$Ag_2SO_4 \xlongequal{\triangle} Ag_2O + SO_3\uparrow$$

$$Ag_2O \xlongequal{\triangle} 2Ag + 1/2O_2\uparrow$$

3. 焦硫酸及其盐

焦硫酸($H_2S_2O_7$)是无色的晶体(当冷却发烟硫酸时,可以析出焦硫酸的晶体),其熔点为 308 K。可以把焦硫酸看成是由两分子硫酸脱去一分子水所得到的产物。

$$\text{HO—S(O}_2\text{)—OH} + \text{H—O—S(O}_2\text{)—OH} \xrightarrow{-H_2O} \text{HO—S(O}_2\text{)—O—S(O}_2\text{)—OH}$$

焦硫酸比浓硫酸具有更强的氧化性、吸水性和腐蚀性。焦硫酸和水作用生成硫酸。它在制造某些染料、炸药中用作脱水剂。

把碱金属的酸式硫酸盐加热到熔点以上,可以得到焦硫酸盐,进一步加热焦硫酸盐生成硫酸盐和三氧化硫。

$$2KHSO_4 \xlongequal{\triangle} K_2S_2O_7 + H_2O$$

$$K_2S_2O_7 \xlongequal{\triangle} K_2SO_4 + SO_3\uparrow$$

焦硫酸盐在无机合成上的一种重要用途是将一些难溶的(不溶于水甚至也不溶于酸)的金属氧化物(如 Fe_2O_3,Al_2O_3,TiO_2 等)与 $K_2S_2O_7$(或 $KHSO_4$)反应转化为可溶性的硫酸盐,焦硫酸盐在分析化学中作熔矿剂就是基于这个性质。

$$Fe_2O_3 + 3K_2S_2O_7 \longequal Fe_2(SO_4)_3 + 3K_2SO_4$$
$$Al_2O_3 + 3K_2S_2O_7 \longequal Al_2(SO_4)_3 + 3K_2SO_4$$

4. 硫代硫酸钠

硫代硫酸钠($Na_2S_2O_3 \cdot 5H_2O$)又称海波或大苏打。将硫粉溶于沸腾的亚硫酸钠溶液中或将 Na_2S 和 Na_2CO_3 以 2∶1 的物质的量之比配成溶液再通入 SO_2 等制备方法都能得到硫代硫酸钠。

$$Na_2SO_3 + S = Na_2S_2O_3$$
$$2Na_2S + Na_2CO_3 + 4SO_2 = 3Na_2S_2O_3 + CO_2$$
$$2NaHS + 4NaHSO_3 = 3Na_2S_2O_3 + 3H_2O$$
$$2Na_2S + 3SO_2 = 2Na_2S_2O_3 + S\downarrow$$

硫代硫酸钠是无色透明的结晶，易溶于水，其水溶液显弱碱性。硫代硫酸钠在中性、碱性溶液中很稳定，在酸性溶液中迅速分解。

$$Na_2S_2O_3 + 2HCl = 2NaCl + S\downarrow + SO_2\uparrow + H_2O$$

硫代硫酸钠是一种中等强度的还原剂，当与碘反应时，它被氧化为连四硫酸钠；与氯气、溴等反应时被氧化为硫酸盐。因此，硫代硫酸钠可作为脱氯剂。

$$2Na_2S_2O_3 + I_2 = Na_2S_4O_6 + 2NaI$$
$$Na_2S_2O_3 + 4Cl_2 + 5H_2O = 2H_2SO_4 + 2NaCl + 6HCl$$

$S_2O_3^{2-}$ 可看成是 SO_4^{2-} 中的一个 O 原子被 S 原子取代的产物，但在 $S_2O_3^{2-}$ 中两个 S 原子在结构上所处的位置是不同的。它与 SO_4^{2-} 具有相似的四面体构型，见图 5-8。在 $S_2O_3^{2-}$ 中 S 的平均氧化态为+2。

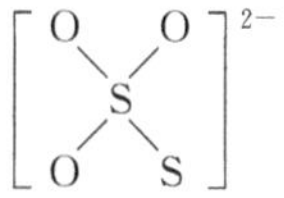

图 5-8 $S_2O_3^{2-}$ 的结构

$S_2O_3^{2-}$ 有强的配位能力，与一些金属离子如 Ag^+、Cd^{2+} 等形成稳定的配合物。它可以利用 S 端(单齿)或 O 端(双齿)与金属离子配位生成配合物。

$$2S_2O_3^{2-} + Ag^+ = [Ag(S_2O_3)_2]^{3-}$$

黑白照相底片上未曝光的溴化银在定影液中由于形成上述配离子而溶解。

由于游离的硫代硫酸遇水便迅速分解，因此由硫代硫酸盐经酸化制硫代硫酸没有获得成功。后来科学家在无水条件下成功地合成了硫代硫酸。例如，以 H_2S 和 SO_2 为原料，Et_2O 作为溶剂，于 195 K 的低温下得到的产物为 $H_2S_2O_3 \cdot nEt_2O$。

硫代硫酸钠主要用途是在化工生产中作还原剂，棉织物漂白后的脱氯剂，照相行业的定影剂，另外还用于电镀、鞣革等部门。

5. 过硫酸及其盐

过硫酸可以看成是过氧化氢中氢原子被—SO_3H 基团取代的产物。HO—OH 中一个氢被—SO_3H 基团所取代得 HO—OSO_3H，即过一硫酸(H_2SO_5)；若两个氢都被—SO_3H基团所取代，则得 HSO_3O—OSO_3H，即过二硫酸($H_2S_2O_8$)，它们的结构式如下：

$$H-O-\overset{\overset{O}{\uparrow}}{\underset{\underset{O}{\downarrow}}{S}}-O-O-H$$

过一硫酸的结构

$$H-O-\overset{\overset{O}{\uparrow}}{\underset{\underset{O}{\downarrow}}{S}}-O-O-\overset{\overset{O}{\uparrow}}{\underset{\underset{O}{\downarrow}}{S}}-O-H$$

过二硫酸的结构

在无水条件下由氯磺酸和过氧化氢反应可得过一硫酸。

$$HSO_3Cl + H_2O_2 \longequal H_2SO_5 + HCl$$

工业上用电解硫酸溶液的方法制备过二硫酸(副产物为过一硫酸)。

过二硫酸盐可通过电解 HSO_4^- 的方法制备。

阳极：$$2SO_4^{2-} = S_2O_8^{2-} + 2e^-$$

阴极：$$2H^+ + 2e^- = H_2\uparrow$$

总的反应：$$2HSO_4^- \xlongequal{\text{电解}} S_2O_8^{2-} + H_2\uparrow$$

过二硫酸分步水解形成过一硫酸和过氧化氢。

$$HSO_3OOSO_3H + H_2O \longrightarrow HOOSO_3H + H_2SO_4$$

$$HOOSO_3H + H_2O \longrightarrow H_2SO_4 + H_2O_2$$

过二硫酸及其盐都是强氧化剂(含过氧键)，过二硫酸不仅能使纸炭化，还能烧焦石蜡。硝酸银可作过二硫酸根氧化反应的催化剂。例如

$$2Mn^{2+} + 5S_2O_8^{2-} + 8H_2O \xlongequal{Ag^+} 2MnO_4^- + 10SO_4^{2-} + 16H^+$$

$$2Cr^{3+} + 3S_2O_8^{2-} + 7H_2O \xlongequal{Ag^+} Cr_2O_7^{2-} + 6SO_4^{2-} + 14H^+$$

过二硫酸钾能把铜氧化成硫酸铜。

$$K_2S_2O_8 + Cu = CuSO_4 + K_2SO_4$$

过二硫酸及其盐都是不稳定的，在加热时容易分解。例如

$$2K_2S_2O_8 \xlongequal{\triangle} 2K_2SO_4 + 2SO_3\uparrow + O_2\uparrow$$

6. 连多硫酸及其盐

连多硫酸的通式是 $H_2S_xO_6$，$x=2\sim6$。根据分子中硫原子的总数，可将它们分别命名为连二硫酸($H_2S_2O_6$)、连三硫酸($H_2S_3O_6$)、……、连六硫酸($H_2S_6O_6$)，在这些化合物中硫都以长链硫的形式存在。

游离的连多硫酸不稳定，易分解为 S、SO_2 或 SO_4^{2-} 等。

连多硫酸的酸式盐不存在。连二硫酸及其盐看起来是连多硫酸的同系物中最简单的一种，但它们在制备和性质上与其他连多硫酸及其盐不同。一些典型的反应表示如下：

$$MnO_2 + 2SO_3^{2-} + 4H^+ = Mn^{2+} + S_2O_6^{2-} + 2H_2O$$

$$3SO_2 + 2S_2O_3^{2-} = 2S_3O_6^{2-} + S\downarrow \quad (\text{副产物 } K_2S_4O_6, K_2S_5O_6)$$

$$4H_2O_2 + 2S_2O_3^{2-} = S_3O_6^{2-} + SO_4^{2-} + 4H_2O$$

$$2S_2O_3^{2-} + I_2 = S_4O_6^{2-} + 2I^-$$

把 H_2S 通入 SO_2 水溶液，直到 SO_2 全部反应完，再加入 KOH，可得到 $K_2S_5O_6$。把

浓盐酸加到硫代硫酸钠和亚硝酸盐的混合溶液中可制得 $Na_2S_6O_6$，这些盐都可从溶液中结晶析出。

连多硫酸和连多硫酸盐的溶液都会慢慢地析出硫。

连二硫酸不易被氧化，而其他连多硫酸易被氧化。例如，在室温时 $H_2S_3O_6$ 与 Cl_2 反应，而 $H_2S_2O_6$ 不与 Cl_2 作用。

$$H_2S_3O_6+4Cl_2+6H_2O=\!=\!=3H_2SO_4+8HCl$$

连二硫酸不与硫结合产生较高的连多硫酸，而其他连多硫酸则可以。例如

$$H_2S_4O_6+S=\!=\!=H_2S_5O_6$$

连二硫酸与其他连多硫酸的根本差别是前者酸根中仅有一个$[O_3S—SO_3]^{2-}$结构，而后者的酸根中至少含有一个或一个以上仅与其他硫原子相连的硫原子$[O_3S—S—SO_3]^{2-}$。一些连多硫酸根离子的结构见图 5-9。

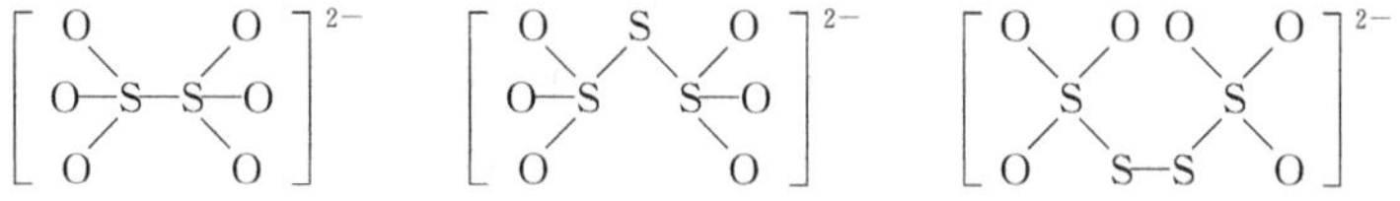

$S_2O_6^{2-}$ $S_3O_6^{2-}$ $S_4O_6^{2-}$

图 5-9 连多硫酸根离子的结构

7. 连二亚硫酸钠

连二亚硫酸钠($Na_2S_2O_4\cdot 2H_2O$)俗称保险粉。在无氧条件下，用锌汞齐还原亚硫酸氢钠可以得到连二亚硫酸钠，加石灰水除去过量的亚硫酸盐，而后在氯化钠溶液中结晶得 $Na_2S_2O_4\cdot 2H_2O$。$Na_2S_2O_4$ 为白色粉末状固体，受热时发生分解。

$$2Na_2S_2O_4=\!=\!=Na_2S_2O_3+Na_2SO_3+SO_2\uparrow$$

$Na_2S_2O_4$ 是一个强的还原剂，能将 I_2、MnO_4^-、H_2O_2、Cu^{2+}、Ag^+ 等还原；空气中的氧气能将 $Na_2S_2O_4$ 氧化。在气体分析中用它来吸收氧气，就是基于这一性质。

连二亚硫酸($H_2S_2O_4$)为二元弱酸，很不稳定，遇水会立即分解为硫和亚硫酸。

连二亚硫酸钠是印染工业上常用的还原剂，还广泛用于造纸、食品工业及医学上。

5.4.4 硫的其他化合物

1. 二氯化二硫

将干燥氯气通入熔融的硫中，可以制得二氯化二硫(S_2Cl_2)。它是一种橙黄色有恶臭的液体，遇水很容易水解。S_2Cl_2 分子的结构类似于 H_2O_2，4 个原子不在同一平面上。在橡胶硫化时，S_2Cl_2 是硫的溶剂。

$$Cl_2+2S=\!=\!=S_2Cl_2$$

$$2S_2Cl_2+2H_2O=\!=\!=4HCl+SO_2\uparrow+3S\downarrow$$

2. 六氟化硫

硫与氟激烈反应生成六氟化硫(SF_6)。

SF_6 是无色、无臭的气体，它的特点是惰性大，不与水、酸反应，甚至与熔融的碱也不反应。但它与水反应的热力学趋势很大，它在常温下不水解应归于动力学阻力。参见第3章有关水解部分的内容。

$$SF_6(g)+3H_2O(g)=\!=\!=SO_3(g)+6HF(g) \quad \Delta_r G^{\ominus}=-460\ kJ\cdot mol^{-1}$$

SF_6 的惰性可能是下列诸多因素的综合结果：S—F 键的强度较大、SF_6 分子有高的对称性和中心硫原子的配位数已达到饱和等。

由于 SF_6 具有高的稳定性，它的主要用途是作为高压发电机或其他高压电器设备中的绝缘气体。

3. 氯化亚硫酰

亚硫酸分子中的两个—OH 基被 Cl 原子取代后的衍生物为氯化亚硫酰或亚硫酰氯($SOCl_2$)，为无色易挥发的液体，遇水发生剧烈水解生成 SO_2 和 HCl。

$$SOCl_2+H_2O=\!=\!=2HCl+SO_2$$

将 $SOCl_2$ 加热到一定温度便完全分解为 SO_2、Cl_2 和 S_2Cl_2。

$$4SOCl_2 \xlongequal{\triangle} 3Cl_2+2SO_2+S_2Cl_2$$

$SOCl_2$ 用作有机合成的氯化剂。利用 $SOCl_2$ 与水剧烈反应的特性，常用于金属水合氯化物(如 $MgCl_2\cdot 6H_2O$、$FeCl_3\cdot 6H_2O$ 等)的脱水剂，以制备无水金属氯化物，参见第16章相关部分。

通过下列反应可以制得 $SOCl_2$。

$$SO_2+PCl_5=\!=\!=SOCl_2+POCl_3$$

$$SO_3+SCl_2=\!=\!=SOCl_2+SO_2$$

4. 卤磺酸

硫酸分子中的一个羟基被卤原子取代后的衍生物称为卤磺酸，如氟磺酸 HSO_3F、氯磺酸 HSO_3Cl 等。

氟磺酸是一种很重要的强酸性溶剂，它的自解离反应式是

$$2HSO_3F \rightleftharpoons H_2SO_3F^+ + SO_3F^-$$

当 SbF_5(它是一种较强的路易斯酸)与 HSO_3F 反应后，生成的产物是一种更强的酸称为超强酸或超酸：

$$SbF_5+HSO_3F \longrightarrow H[SbF_5(OSO_2F)] \xrightleftharpoons{HSO_3F} H_2SO_3F^+ + [SbF_5(OSO_2F)]^-$$

超酸大多由强质子酸和强路易斯酸混合而成。吉莱斯宾(Gillespine)对超酸所下的定义是，比无水 H_2SO_4 更强的酸称为超强酸。衡量超强酸的强弱是看它与特定碱反应时，给予质子能力的大小。常用酸度函数 H_0 来表征，用以定量描述超强酸溶液的酸度，如 H_2SO_4、$HClO_4$、$H_2S_2O_7$ 和 HSO_3F-SbF_5 的 H_0 分别是 −11.9、−13.0、−14.4 和 −26.5。由此可见，HSO_3F-SbF_5 是一种典型的超强酸，是一种极强的质子化作用试剂。焦硫酸、高氯酸(比无水 H_2SO_4 强10倍)均属于超强酸，硝酸就不是超强酸。

超强酸的重要用途是它能向链烷烃供给质子，使其质子化产生正碳离子。

$$R_3CH + H_2SO_3F^+ \rightleftharpoons R_3CH_2^+ + HSO_3F \rightleftharpoons H_2\uparrow + R_3C^+ + HSO_3F$$

这将出现在不需要高温的条件下，引发一系列正碳离子的反应。这是有机化学中一个新的研究领域。

在超酸介质中，可以制备出许多卤素阳离子，如 I_2^+、I_3^+、Br_2^+、Br_3^+ 等。当 S、Se、Te 单质溶于某些超强酸时，产生有颜色的溶液，存在某些阳离子物种，如 S_{16}^{2+}、Se_8^{2+}、Te_6^{2+} 等。

$$8Se + 6H_2S_2O_7 = Se_8^{2+} + 2HS_3O_{10}^- + 5H_2SO_4 + SO_2\uparrow$$

5.5 硒和碲简介

硒和碲是分散的稀有元素，自然界中无单独的硒和碲矿。通常极少量的硒存在于一些硫化物矿内，在煅烧这些矿时硒就富集于烟道灰内。碲化物仅作为硫化物矿的次要成分，比硒化物更为罕见。最重要的碲矿为叶碲矿，是铅、铜、银、锑、金等金属的硫化物和碲化物的同晶形混合物，所以硫酸工业的烟道尘和洗涤塔淤泥、电解铜的阳极泥等成为制取硒和碲的主要原料。

硒和碲的游离态也存在几种同素异形体，最稳定的是灰硒和灰碲，它们都是带有金属光泽的脆性晶体。灰硒是由螺旋状长链分子构成。它们都有无定形的同素异形体，无定形硒有红色和黑色两种。

Se_8 和 S_8 分子的结构相似，硒和硫可相互取代形成混合八元环状分子 Se_nS_{8-n}。由于碲原子和硫原子半径相差较大，碲原子不易嵌入 S_8 环中，因此生成的环状化合物稳定性差，含碲越多，越不稳定。

硒和碲也存在多聚阴离子(如 Se_3^{2-}，Te_3^{2-})和多聚阳离子(如 Se_4^{2+}，Se_8^{2+}，Te_4^{2+})。

硒是典型的半导体材料。硒最突出的性质是在光照射下导电性可提高近千倍，故可用于制造光电管。少量的硒加到普通玻璃中可消除由于玻璃中含有 Fe^{2+} 而产生的绿色(少量硒的红色与绿色互补成为无色)。碲也是半导体材料。Te 与 Zn、Al、Pb 能生成合金，其机械性能及抗腐蚀性均得到改进。

5.5.1 硒化氢和碲化氢

硒化氢和碲化氢都是无色、有恶臭的气体，分子构型与硫化氢相似，为弯曲形结构，毒性比 H_2S 更大，热稳定性和在水中的溶解度比 H_2S 小，但它们的水溶液的酸性却比 H_2S 强。这是因为硒、碲离子的半径大，与氢离子之间的引力逐渐减弱，电离度逐渐增大。它们的还原性也强于 H_2S，只要 H_2Se 与空气接触便逐渐分解析出硒。燃烧 H_2Se 时，有 SeO_2 产生，若空气不足则生成单质硒。加热至 573 K，硒化氢即分解，形成硒镜。碲化氢更易分解。

5.5.2 硒和碲的含氧化合物

像硫一样，硒和碲在空气或氧中燃烧能形成 SeO_2、TeO_2，它们都是无色晶体，结晶 SeO_2 是由无限长的 SeO_2 链和桥式氧原子构成，见图 5-10。TeO_2 为离子型晶体，存在两种晶形：金红石结构和钙铁矿结构。和 SO_3 一样，Se 和 Te 也可形成三氧化物 MO_3 和

五氧化物 M_2O_5（由二氧化物和三氧化物形成的一种氧化物）。

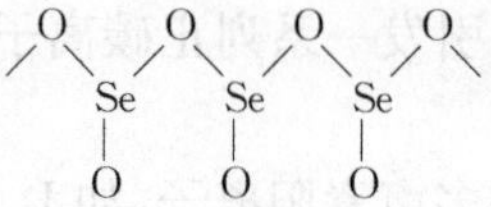

图 5-10 SeO_2 无限链中的一个碎片

SeO_2 易挥发，在 588 K 升华，在加压下可以熔融，液态 SeO_2 是橙黄色的。SeO_2 易溶于水，其水溶液呈弱酸性，蒸发其水溶液可得到无色结晶的亚硒酸。亚硒酸具有吸湿性，它是二元酸（$K_1=4\times10^{-3}$，$K_2=10^{-8}$）。SeO_2 或 H_2SeO_3 主要显氧化性，当遇到强氧化剂时，它也显还原性。

$$H_2SeO_3+2SO_2+H_2O \xlongequal{} 2H_2SO_4+Se$$

$$H_2SeO_3+Cl_2+H_2O \xlongequal{} H_2SeO_4+2HCl$$

硒酸 H_2SeO_4 为无色晶体（熔点 330 K），熔融时为浓的油状液体。它和硫酸有许多相似的性质：是一种不挥发的强酸，有强的吸水性，溶于水中放出大量的热，能使有机物炭化，它的氧化性比硫酸强得多（这与ⅦA 族中溴酸的氧化性比氯酸更强相似，同属于 p 组元素里中间横排元素的不规则性）。硒酸与盐酸反应有氯气产生，热的浓硒酸能溶解铜、银和金，生成相应的硒酸盐，热硒酸与浓盐酸的混合液像王水一样，可以溶解铂。

亚硒酸可形成亚硒酸盐（M_2SeO_3）和亚硒酸氢盐（$MHSeO_3$）。硒酸也可形成 M_2SeO_4 和 $MHSeO_4$，硒酸盐和硫酸盐是同结构的。硒酸的钡盐和铅盐与硫酸钡、硫酸铅一样是难溶的。

TeO_2 是两性氧化物，微溶于水，加硝酸酸化，有白色片状 H_2TeO_3 析出。TeO_2 溶于 NaOH 溶液，也可以溶于 H_2SO_4、HCl 中，说明它具有两性。亚碲酸的性质和亚硒酸一样主要呈氧化性，但在强氧化剂作用下，也呈还原性。例如

$$5TeO_3^{2-}+2ClO_3^-+9H_2O+12H^+ \xlongequal{} 5H_6TeO_6+Cl_2\uparrow$$

碲酸 H_6TeO_6 是白色固体，加热时它失去两分子水变成中间产物 H_2TeO_4，最后生成黄色的 TeO_3。与硫酸、硒酸不同，碲酸是一种很弱的酸（$K_1=1.53\times10^{-8}$，$K_2=4.7\times10^{-11}$），能生成二取代盐 $Na_2H_4TeO_6$、三取代盐 $Ag_3H_3TeO_6$ 及六取代盐 Zn_3TeO_6。由于它的弱酸性及能形成六取代物，所以化学式是 H_6TeO_6 或 $Te(OH)_6$。X 射线研究证明在 H_6TeO_6 分子内的 6 个 OH^- 是排列在 Te 原子周围形成八面体结构。H_6TeO_6 也有较强的氧化性，如在稀 H_2SO_4 介质中，可使 HBr 和 HI 氧化成 Br_2 和 I_2，而自身被还原成 TeO_2 和 Te 的混合物；用 SO_2、Zn、Fe^{2+}、N_2H_4 等可把它还原成 Te。

硒和碲的一切化合物均有毒。

口服适量的亚硒酸钠可预防和治疗克山病，效果较好且安全，是我国医学上近几年来取得的较大成果之一。

5.6 应用（钠硫电池）

钠硫电池是一种高能量可充电的电池，是由美国福特公司于 1967 年最先开发的。

钠硫电池与传统电池的结构不同，电极是液态的，电解质是固体的。电池负极和正极

的活性物质分别是熔融金属钠和熔融的多硫化钠。固体电解质是β-Al_2O_3(由Na_2O和Al_2O_3合成得到,通常为非整比化合物,含有过量的Na^+,化学组成为$Na_{1+x}Al_{11}O_{17+x/2}$),它是一种能将两个电极(液态金属钠和液态非金属硫)隔开,并允许Na^+在二维空间自由通过的陶瓷材料或Na^+导体(这类导体是由尖晶石基块组成的层状结构,层中有空位,Na^+在层中容易自由流动,300 ℃以上时的电导率与NaCl水溶液相似)。由这种离子导电陶瓷材料制成的陶瓷管,在钠硫电池中起到电解质和隔膜的双重作用。

电池的工作温度为300～350 ℃,放电初期电压为2.1 V。

钠硫电池的符号可简单表示为

$$(-)Na|\beta\text{-}Al_2O_3|S(Na_2S_x)C(+)$$

电极反应为

负极(钠电极)　$$2Na \underset{\text{充电}}{\overset{\text{放电}}{\rightleftharpoons}} 2Na^+ + 2e^-$$

正极(硫电极)　$$xS + 2Na^+ + 2e^- \underset{\text{充电}}{\overset{\text{放电}}{\rightleftharpoons}} Na_2S_x$$

电池总反应　$$2Na \mid xS \underset{\text{充电}}{\overset{\text{放电}}{\rightleftharpoons}} Na_2S_x$$

钠硫电池的主要优点是:①比能量高,是铅酸蓄电池的3～4倍;②充放电效率高,无自放电和副反应;③钠和硫等的资源丰富;④钠硫电池系统的质量相对较轻,只有铅酸蓄电池的五分之一,使用寿命也较长(循环使用1000次以上)。钠硫电池用于固定储能有其发展前景。

钠硫电池工作温度较高,若要作为汽车动力电源还需要解决以下问题:陶瓷膜的老化,材料的保温性和耐腐蚀性,电池的密封技术和寿命等。安全问题是阻碍钠硫电池发展的一个主要问题。钠硫电池的正、负极分别是熔融态钠、硫(钠和硫的熔点分别为98 ℃和119 ℃),为保持高的电导率,运行温度需达300 ℃以上。陶瓷管一旦破损形成短路,高温的液态钠和硫就会直接接触,引发剧烈的放热反应,产生2000 ℃的高温,这是相当危险的。说明钠硫电池面临的技术挑战是多方面的。

日本在钠硫技术方面遥遥领先于其他国家和地区,其标志性的机构就是著名的NGK公司。

习　题

1. 少量Mn^{2+}可以催化分解H_2O_2,其反应机理解释如下:H_2O_2能氧化Mn^{2+}为MnO_2,后者又能使H_2O_2氧化,试用电极电势说明上述解释的合理性,并写出离子反应方程式。
2. 为什么SF_6的水解倾向比SeF_6和TeF_6要小得多?
3. 解释下列事实:

(1) 将H_2S通入$Pb(NO_3)_2$溶液得到黑色沉淀,再加H_2O_2,沉淀转为白色。

(2) 把H_2S通入$FeCl_3$溶液得不到Fe_2S_3沉淀。

(3) 通H_2S入$FeSO_4$溶液不产生FeS沉淀,若在$FeSO_4$溶液中加入一些氨水(或NaOH溶液),再通H_2S则可得到FeS沉淀。

(4) 在实验室内H_2S、Na_2S和Na_2SO_3溶液不能长期保存。

(5) 纯 H_2SO_4 是共价化合物，却有较高的沸点(675 K)。

(6) 稀释浓 H_2SO_4 时一定要把 H_2SO_4 加入水中，边加边搅拌，而稀释浓 HNO_3 与 HCl 没有这么严格规定。

4. 以 Na_2CO_3 和硫磺为原料，怎样制取 $Na_2S_2O_3$？写出有关的反应式。
5. 有四种试剂：Na_2SO_4、Na_2SO_3、$Na_2S_2O_3$、Na_2S，其标签已脱落，设计一个简单方法鉴别它们。
6. 完成并配平下列反应方程式：

(1) 用盐酸酸化多硫化铵溶液

(2) $H_2O_2+H_2S \longrightarrow$

(3) $Ag^++S_2O_3^{2-} \longrightarrow$

(4) $Na_2S_2O_8+MnSO_4 \longrightarrow$

(5) $H_2S+Br_2 \longrightarrow$

(6) $H_2S+I_2 \longrightarrow$

(7) $Te+ClO_3^- \longrightarrow$

(8) $H_2O_2+S_2O_8^{2-} \longrightarrow$

(9) $H_2O_2+PbS \longrightarrow$

(10) $H_2O_2+KMnO_4 \longrightarrow$

(11) $Na_2S_2O_3+Cl_2 \longrightarrow$

(12) $Na_2S_2O_3+I_2 \longrightarrow$

(13) $SO_2+Cl_2+H_2O \longrightarrow$

7. 确定 O_3 的结构；如何利用特征反应来鉴别 O_3？写出有关反应方程式。
8. SO_2 与 Cl_2 的漂白机理有什么不同？
9. 试确定 SO_2 的结构，它能作为路易斯酸吗？为什么？请举例加以说明。说明为什么$SOCl_2$既是路易斯酸又是路易斯碱。画出它们的空间结构图。
10. 硫代硫酸钠在药剂中可作解毒剂，可解卤素(如 Cl_2)、重金属离子(如 Hg^{2+})中毒。试说明它作为解毒剂的作用原理及反应生成的主要产物。
11. SF_6 和 $C_{10}H_{22}$(癸烷)的相对分子质量相近，它们的沸点也相近吗？为什么？
12. 工业上制取 $Na_2S_2O_3$ 是将 Na_2SO_3 和硫粉在水溶液中加热反应制得。在硫粉与 Na_2SO_3 混合前一般先用少量乙醇润湿，其作用是什么？
13. 许多有氧和光参加的生物氧化过程及染料光敏氧化反应过程中都涉及单线态氧。单线态氧是指处于何种状态的氧？
14. 在酸性的 KIO_3 溶液加入 $Na_2S_2O_3$ 可能有哪些反应发生？写出有关反应方程式。
15. 一种钠盐 A 溶于水后，加入稀 HCl，有刺激性气体 B 产生，同时有黄色沉淀 C 析出，气体 B 能使 $KMnO_4$ 溶液褪色。若通 Cl_2 于 A 溶液中，Cl_2 消失并得到溶液 D，D 与钡盐作用，产生白色沉淀 E。试确定 A～E 各为何物，并写出各步的反应方程式。
16. 某液体物质 A，结构与性质类似 CO_2，与 Na_2S 反应生成化合物 B，B 遇酸能产生恶臭有毒的气体 C 及物质 A，C 可使湿乙酸铅试纸变黑。A 与 Cl_2 在 $MnCl_2$ 催化下可得一不能燃烧的溶剂物质 D；A 与氧化二氯作用则生成极毒气体 E 和透明液体 F。试确定 A～F 各代表何种物质。

第6章　卤　　素

学习要点

(1) 掌握卤素单质的性质及制备方法。了解氟在本族中的特殊性。

(2) 掌握氢卤酸的制备及酸性变化规律。

(3) 掌握含氧酸及其盐的重要性质、应用及结构特点。

(4) 应用价层电子对互斥理论讨论卤素化合物的分子或离子的空间构型。

(5) 了解卤素互化物和多卤化物的组成和性质的变化规律,用有关结构的知识加以说明。

(6) 通过与卤素性质的对比,了解拟卤素的组成和性质。

6.1　概　　述

元素周期系ⅦA族元素包括氟、氯、溴、碘和砹五种元素,总称为卤素,这些元素是活泼的非金属,它们在自然界中总以化合状态存在。砹是放射性元素。

6.1.1　卤素的主要特点

1. 基本特性

卤素是相应各周期中原子半径最小、电子亲和能和电负性最大的元素,它们的非金属性是同周期元素中最强的。卤素的某些基本性质列于表6-1。

表6-1　卤素的某些基本性质

元素名称	氟	氯	溴	碘
元素符号	F	Cl	Br	I
原子序数	9	17	35	53
相对原子质量	18.99	35.45	79.90	126.905
价电子构型	$2s^22p^5$	$3s^23p^5$	$4s^24p^5$	$5s^25p^5$
主要氧化态	−1,0	−1,0,+1,+3,+5,+7	−1,0,+1,+3,+5,+7	−1,0,+1,+3,+5,+7
共价半径/pm	64	99	114	133
X^-半径/pm(CN=6)	133	181	196	220

续表

元素名称	氟	氯	溴	碘
第一电子亲和能/(kJ·mol^{-1})	322	348.7	324.5	295
第一电离能/(kJ·mol^{-1})	1682	1251	1141	1008
X^-水合能/(kJ·mol^{-1})	−507	−368	−335	−293
电负性(χ_P)	3.98	3.16	2.96	2.66

2. 氧化态与氧化还原性

卤素原子的价电子构型为ns^2np^5，它们容易获得一个电子达到稳定的八隅体结构，即形成氧化态为−1的X^-。因此，卤素单质具有强的得电子能力，是强的氧化剂。卤素单质的氧化性按F_2、Cl_2、Br_2、I_2的顺序减弱(参考有关的$E^{\ominus}_{X_2/X}$值)。X^-的还原性则按F、Cl、Br、I的顺序增强。

在卤素化合物中，Cl、Br、I可呈现多种正的氧化态。因为参加反应时，除未成对的电子可参与成键外，成对的电子也可拆开参与成键，这可能与它们的nd轨道能容纳由p轨道激发来的电子有关。

在水溶液中，氟的稳定氧化态是−1。氯、溴、碘的主要氧化态是−1、+1、+3、+5和+7。卤素的含氧酸都是强氧化剂。除−1和+7氧化态外，其他氧化态都易发生歧化反应。

卤素各氧化态(除−1外)的氧化能力总的趋势是自上而下逐渐降低，但属于第四周期的溴却有些反常(与次周期性有关)。例如，在高卤酸中，高溴酸BrO_4^-是最强的氧化剂。

氧化还原反应是卤素的一大特色，在制备和分析上有重要的应用。

3. 配位性

X^-离子作为配位体能与许多金属离子形成稳定的配合物。影响这类配合物稳定性的因素主要有中心金属的电荷、半径、电子层结构以及配体的半径大小等。

(1) 一些金属(一般指硬酸)与X^-组成的配合物(具有明显的离子性)其稳定性顺序为$F^- > Cl^- > Br^- > I^-$。对另一些金属(一般指软酸)与X^-形成的配合物(具有明显的共价性)其稳定性顺序却是$F^- < Cl^- < Br^- < I^-$。

(2) 由于F^-的半径最小、电负性最大，F^-作为配体可以稳定高氧化态的中心元素，能达到高的配位数，如RuF_8、UF_6、AlF_6^{3-}、IF_7、VF_5、K_2AgF_4、XeF_6、Cs_2KAgF_6等。

4. 卤素阳离子

卤素能够形成多种同一元素或不同卤素间的复合阳离子，如X_2^+(F_2^+为气相中瞬间存在)X_3^+、XY_2^+、X_5^+、XY_4^+、X_7^+、XY_6^+。

单原子卤素阳离子X^+的价电子构型为ns^2np^4，生成这种离子要吸收大量的热[如F^+(g)为1766 kJ·mol^{-1}，I^+(g)为1112 kJ·mol^{-1}]，因此卤素原子难以失去一个电子成为X^+。Cl^+、Br^+、I^+，它们作为单个的化学实体存在还缺乏证据，但这些阳离子与某些给予体形成的配合物是已知的，如$[Cl(py)_2]^+$、$[Br(py)_2]^+$、$[I(py)_2]^+$。其中，$[I(py)_2]^+$是由$AgNO_3$、I_2和py在$CHCl_3$溶液中反应得到。

5. 卤素互化物

不同卤素原子间以共价键相互结合而形成的一系列化合物，称为卤素互化物。一般的通式为 XY_n，其中较重的、电负性较低的卤素原子(X)为中心原子，n=1、3、5 和 7。

卤素互化物的物理性质介于组成元素的分子性质之间。由于卤素互化物都是卤素原子间以共价键相互结合的“有限分子”，所以熔点、沸点都较低。

卤素互化物(XY_n)的化学性质与构成它的相应卤素密切相关。大多数卤素互化物是不稳定的，易发生歧化或分解为相应的卤素。所有卤素互化物都是氧化剂和卤化剂。这些特性可用于无机制备和有机合成上。卤素互化物遇水会发生水解，其水解产物与中心原子的电荷和半径等因素有关。

卤素互化物的分子结构可以用价层电子对互斥理论预测，用杂化轨道理论加以说明。

卤素互化物的键能大小与组成元素的原子半径、它所处的周期、电负性、n 的大小等因素有关。

在+7 氧化态的卤素互化物中(XY_7 型)只有 IF_7 能稳定存在，ClF_7 和 BrF_7 均不存在。这与中心原子所处的周期和半径大小有关。中心原子的半径大，允许增加其配位数，而 F 的半径最小，可以使中心原子达到高的配位数，因此多原子卤素互化物中氟化物居多。

有关卤素互化物的详细内容参见 6.4.2。

6. 多卤化物

由金属卤化物或离子型卤化物与卤素单质或卤素互化物发生反应而形成的一类化合物称为多卤化物，如 KI_3、KI_5、$CsIBr_2$、NH_4IBrCl、$CsICl_2$、$RbBrF_6$、$CsIF_6$、$NOIF_6$ 等。

发现大阳离子如 Rb^+、Cs^+、NR_4^+(四烷基铵离子)、PCl_4^+ 等往往与大的三元多卤阴离子 $X_mY_nZ_p^-$(X，Y，Z 表示相同或不同的卤素原子，$m+n+p$ 是奇数，一般小于 9)及许多种多碘阴离子 I_n^-(n=3，5，7，9)相匹配，以增大其稳定性。

重卤素分子对电子对给予体表现出路易斯酸性(有空的 nd 轨道存在)，这种酸性若表现在卤素分子与给予体卤素离子的相互作用上，就产生多卤离子。这些多卤离子均为路易斯酸碱配合物。例如，I_2 与 I^- 反应生成 I_3^-，I_3^- 进一步与 I_2 分子作用生成通式为 $[(I_2)_n(I^-)]$的负一价多碘离子。

实验测定表明，多卤化物晶体的热稳定性有如下规律：

(1) 含有相同阴离子的多卤化物的热稳定性，随阳离子体积的增大而增加。

(2) 当多卤化物发生解离时，生成的金属卤化物中往往含有电负性最高或半径最小的那些卤原子，这可能与晶格能增大有关。例如，$CsICl_2$ 解离时，生成的是 CsCl 和 ICl，而不是 CsI 和 Cl_2。同样，CsIBrCl 解离时，其产物是 CsCl 和 IBr，而不是 CsBr 和 ICl 或 CsI 和 BrCl。

(3) 对相同的阳离子来说，多卤阴离子的对称性越高，中心原子越大，则其稳定性也越高。例如，$I_3^- > Br_3^-$，$ICl_2^- > BrCl_2^-$，$IBr_2^- > I_2Br^-$。

实验发现在直线形的 I_3^- 中，两个 I—I 键的键长并不总是相等的。这与 I_3^- 相匹配的阳离子的特性有关也与 I_3^- 所处的状态(如溶液中，晶体中)有关。

有关多卤化物的详细内容参见 6.4.3。

7. 拟卤素

由若干非金属原子组成的原子团在自由状态时，有与卤素单质相似的性质；它们的阴离子也与卤素的性质相似，这些原子团称为拟卤素。拟卤素是与卤素相仿的一类化合物。拟卤素主要有氰[$(CN)_2$]、硫氰[$(SCN)_2$]、硒氰[$(SeCN)_2$]和氧氰[$(OCN)_2$]。它们相应的阴离子有氰离子(CN^-)、氰酸根离子(OCN^-)、硫(代)氰酸根离子(SCN^-)、硒(代)氰酸根离子($SeCN^-$)。

它们与卤素有相似的化学反应特性，可作为配体形成配合物等。

有关拟卤素的详细内容参见 6.6 节。

6.1.2 氟的特殊性

氟在本族中显示出特殊性，这与氟的电负性最大、原子半径或离子半径特别小以及氟为第二周期 p 区元素、参加成键的轨道通常为 2s2p 等因素有关。氟的特殊性表现如下：

(1) 卤素的电子亲和能不是沿一族向下平稳地减少，而是按 F＜Cl＞Br＞I 的顺序变化，出现 F 的亲和能反而比 Cl 的小的情况。这是由于 F 的半径特别小，当氟原子获得一个电子后，F 的孤对电子对外来电子产生强烈的排斥作用，抵消了一部分核对外层电子的引力。

(2) 氟在成键时通常表现 －1 价，一般不出现正价，而其他卤素则有－1、＋1、＋3、＋5、＋7 等价态。

(3) F_2 的键解离能反常地小（键解离能按 F—F＜Cl—Cl＞Br—Br＞I—I 的顺序变化）。其原因是由于 F 的半径特别小，两原子的非键电子对之间产生强烈的排斥作用，从而大大地削弱化学键的强度，而 Cl、Br、I 有空的 *n*d 轨道，能容纳邻近原子提供的电子，除可减少电子之间的排斥作用外，还能增加成键效应。

(4) F^- 的半径特别小，形成氟化物时，有利于增大中心元素的配位数（氟化物能达最高配位数）；同时形成化合物时其静电作用更强，表现在键能或晶格能和水合能上升更大。

卤素的元素电势图如下：

酸性溶液 $E^\ominus_A$/V

$F_2 \xrightarrow{3.06} F^-$

$ClO_4^- \xrightarrow{1.23} ClO_3^- \xrightarrow{1.21} HClO_2 \xrightarrow{1.64} HClO \xrightarrow{1.63} Cl_2 \xrightarrow{1.36} Cl^-$

$ClO_3^- \xrightarrow{1.15} ClO_2 \xrightarrow{1.27} HClO_2$

$ClO_3^- \xrightarrow{1.43} HClO$

$ClO_3^- \xrightarrow{1.47} Cl_2$

$BrO_4^- \xrightarrow{1.76} BrO_3^- \xrightarrow{1.49} HBrO \xrightarrow{1.59} Br_2 \xrightarrow{1.07} Br^-$

$Br_2(aq) \xrightarrow{1.09} Br^-$

$BrO_3^- \xrightarrow{1.51} Br_2$

$H_5IO_6 \xrightarrow{1.70} IO_3^- \xrightarrow{1.14} HIO \xrightarrow{1.45} I_2 \xrightarrow{0.54} I^-$

$IO_3^- \xrightarrow{1.09} I^-$

$IO_3^- \xrightarrow{1.20} I_2$

$IO_3^- \xrightarrow{1.23} ICl_2^- \xrightarrow{1.06} I_2$

碱性溶液 $E_B^{\ominus}/V$

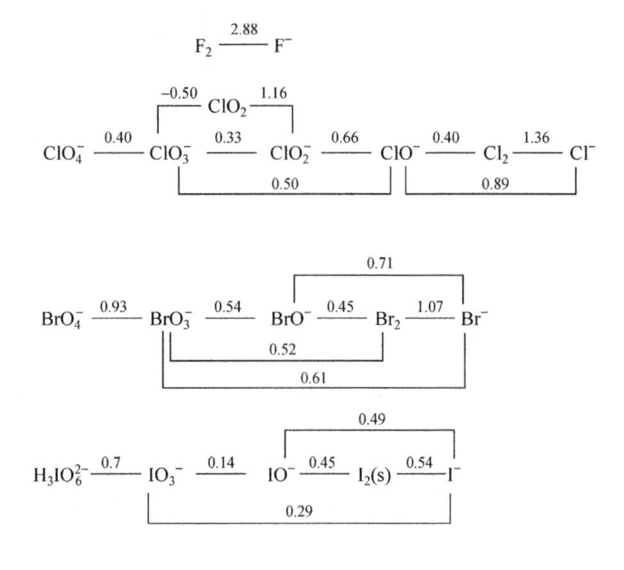

6.2 卤素单质

6.2.1 卤素在自然界中的存在形式

卤素单质具有较高的化学活性,因此在自然界多以化合物形式存在。在陆地上氟多半以难溶的化合物形式存在,如萤石 CaF_2、冰晶石 Na_3AlF_6 和氟磷灰石$Ca_5F(PO_4)_3$。其次在动物的骨骼、牙齿、毛发、鳞、羽毛等组织内部也含有氟的成分。

氯、溴和碘一般以溶解状态同时存在于海洋中。海水中大约含氯 1.9%、溴 0.0065% 和碘 5×10^{-8}%。氯与溴在海水中的总质量之比约为 300∶1。

氯也存在于某些盐湖、盐井和盐床(如钾岩盐 KCl 和光卤石 $KCl \cdot MgCl_2 \cdot 6H_2O$)中。

溴与氯相似,大多是以与锂、钠及镁形成的化合物形式存在,只是数量比氯少得多。溴也存在于一些盐湖和盐井中。

碘在海水中含量极少,但某些海洋生物(如海蜇,海带等)具有富集碘的功能。

6.2.2 单质的性质

1. 物理性质

卤素单质的一些物理性质见表 6-2。

表 6-2 卤素单质的物理性质

性 质	氟	氯	溴	碘
常况下聚集状态	气	气	液	固
常况下颜色	淡黄	黄绿	棕红	紫黑

续表

性 质	氟	氯	溴	碘
熔点/℃	−219.62	−100.98	−7.2	113.5
/K	53.38	172.02	265.8	386.5
沸点/℃	−188.14	−34.6	58.78	184.35
/K	84.86	238.40	331.78	457.35
密度/($g\cdot cm^{-3}$)	1.108	1.51	3.12	4.93
熔化热/($kJ\cdot mol^{-1}$)	0.5	6.4	10.5	15.7
气化热/($kJ\cdot mol^{-1}$)	6.32	20.41	30.71	46.61
在水中溶解度/[$g\cdot(100\ g\ H_2O)^{-1}$,293 K]	分解	0.732	3.58	0.029
解离能/($kJ\cdot mol^{-1}$)	154.8	246.8	193.2	150.9

卤素分子内原子间以共价键相结合，分子间仅存在微弱的分子间作用力（色散力）。卤素单质的颜色从 $F_2 \rightarrow I_2$ 逐渐加深，这是由从反键轨道 π_{np}^* 激发一个电子到反键轨道 σ_{np}^* 上所需要的能量不同引起的。$(\sigma_{np})^2(\pi_{np})^4(\pi_{np}^*)^4 \xrightarrow{\text{激发电子}} (\sigma_{np})^2(\pi_{np})^4(\pi_{np}^*)^3(\sigma_{np}^*)^1$。卤素吸收可见光使电子在相应 $\pi_{np}^* \rightarrow \sigma_{np}^*$ 间跃迁，随着卤素原子序数的增加，π_{np}^* 与 σ_{np}^* 间的能量差由族往下减小，所以电子跃迁能降低，使电子跃迁吸收光波产生红移，而不被吸收光波往蓝移，相应卤素单质的颜色逐渐加深，出现由绿→黄→棕红→紫色的变化。

卤素单质为非极性分子，它们在有机溶剂中的溶解度比在水中大得多。溴和碘可溶于乙醇、乙醚、氯仿、四氯化碳、二硫化碳等溶剂中。

碘在水中溶解度很小，但易溶于 KI、HI 和其他碘化物溶液中，这是因为 I^- 靠近 I_2 分子时，使 I_2 极化产生诱导偶极，进一步形成了配离子 I_3^-、I_5^-，其中以 I_3^- 最稳定。I_2 溶于 I^- 溶液中得到一种深棕色溶液，这是多碘离子 I_3^- 和 I_5^- 呈现的颜色。

$$I_2 + I^- \rightleftharpoons I_3^- \qquad K^\ominus = 725$$

在 I_3^- 中，I_2 作为路易斯酸，而 I^- 作为路易斯碱，I_3^- 进一步与 I_2 分子作用生成通式为 $[(I_2)_n(I^-)]$ 的 −1 价多碘离子。

氯和溴也能形成 Cl_3^- 和 Br_3^-，但都很不稳定（$K^\ominus$ 分别为 0.01 和 17.8）。

所有卤素均有刺激气味，强烈刺激眼、鼻、气管等黏膜，吸入较多的蒸气会发生严重中毒，甚至造成死亡，它们的毒性从氟到碘减轻，液溴与皮肤接触产生疼痛并造成难以治愈的创伤，因此使用时要特别小心。发生较重的氯气中毒时，可吸入乙醇和乙醚混合蒸气作为解毒剂，吸入氨水蒸气也有效。受溴腐蚀致伤，用苯或甘油洗伤口，再用水洗，伤势较重时立即送医院治疗。

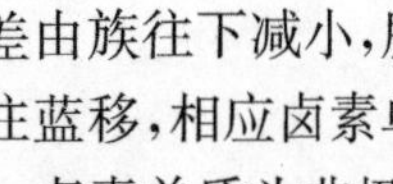

I_5^- 的结构见图 6−1。

I 317 pm 281 pm

图 6−1 I_5^- 的结构

2. 化学性质

化学活泼性是卤素单质的重要特性。它们都是很强的氧化剂，但随着原子半径的增大，它们的氧化能力减弱，氟气是最强的氧化剂。

卤素的活泼性和化学反应的条件有关，以下是按热化学循环的观点讨论反应的倾向性，并与有关结构知识相关联，以加深对卤素“活泼性”的理解。

无论在水溶液中进行的反应，如 $X_2(g)$形成水合离子的反应 $X_2(g)+2e \longrightarrow 2X^-(aq)$，还是在无水条件下进行的反应，如与金属或非金属的反应，对 F_2 来说，就同类反应而言，所放出的总能量是最多的(按热化学循环进行的相关计算)。这与氟的半径最小，$F^-(g)$ 形成水合离子 $F^-(aq)$ 时的水合能最大而处于支配地位，使反应 $F_2(g) \longrightarrow 2F^-(aq)$放出的能量最多；当形成氟化物 MF 时，其晶格能最大，而 F_2 分子的解离能却最小，使形成的 MF 非常稳定；当形成共价键时，由于氟的半径特别小，轨道重叠程度大，而氟的电负性又最大，使成键中的离子成分的贡献增大，因此总键能最大。由于 F_2 在上述成键过程中的贡献大，放出的总能量最多，故氟的活泼性高于其他卤素。

卤素的化学性质主要表现在以下几个方面。

1）与金属作用

在低温或高温下，氟气能强烈地与所有金属作用，生成高价氟化物，反应通常很猛烈，伴随燃烧和爆炸。

氯气也能与各种金属作用，反应较为激烈，但有些反应要加热。钙在通常情况下就能与氯气作用；钠、铁、铜、锡等只有在加热下才能与氯气作用，氯气还能使有变价的金属氧化成高价。干燥的氯气不与铁作用，因此可将氯气储存在钢瓶中。

溴和碘在常温或不太高的温度下可与活泼的金属反应。

一般可与氯气反应的金属也同样能与溴、碘反应，只是有的要在较高的温度下进行。

2）与非金属反应

氟气几乎与所有的非金属直接作用，甚至在低温下仍能与硫、磷、硼、碳、硅等非金属元素猛烈反应产生火焰。

氯气也能与大多数非金属直接作用，但作用程度不如氟气。

$$2S(s)+Cl_2(l) = S_2Cl_2(l)$$

$$S(s)+Cl_2(g,\text{过量}) = SCl_2(l)$$

$$2P(\text{过量})+3Cl_2 = 2PCl_3$$

$$2P+5Cl_2(\text{过量}) = 2PCl_5$$

溴和碘也有类似作用，但反应较氯气为和缓。

$$2P+3Br_2 = 2PBr_3$$

$$2P+3I_2 = 2PI_3$$

上述反应要控制在干燥条件下，不然会发生水解。

3）与氢气的作用

卤素活泼性的差别最突出的表现在它们与氢气的相互作用上。氟气和氢气的化合非常激烈，甚至在很低的温度(20 K)，固态氟和液态氢在黑暗中就能猛烈化合，放出大量热。氯气和氢气的混合气体在黑暗中是安全的，在常温及散射光照射反应进行很慢，但在强光照射或加热时，氯气和氢气立即反应并发生爆炸。

$$H_2+Cl_2 = 2HCl \qquad \Delta H=-184.1\ \text{kJ}\cdot\text{mol}^{-1}$$

这类因光而引起的化学反应称为光化学反应。其反应的机理为紫外光(或加热)提供的能量($h\nu$)使氯分子解离为活化的氯原子 Cl^*。

$$Cl_2 + h\nu = 2Cl^*$$

活化的氯原子 Cl^* 与 H_2 分子反应生成 HCl 分子和活化的 H^* 原子。

$$Cl^* + H_2 = HCl + H^*$$

H^* 再与 Cl_2 分子反应生成 HCl 分子和活化的 Cl^*。

$$H^* + Cl_2 = HCl + Cl^*$$

依此类推,形成了连续反应的链,这类反应称为连锁反应。

溴和碘与氢气的化合则需在加热和催化剂作用下才具有明显的速度。例如

$$Br_2 + H_2 \xlongequal[473\ K]{Pt} 2HBr$$

碘和氢气要在更高的温度下才能作用,且反应不完全,因为高温时生成的碘化氢便开始分解。

4) 与水的反应

卤素与水发生两类重要的化学反应。第一类反应是卤素置换水中氧的反应;第二类反应是卤素的歧化反应。卤素与水的作用情况是有差别的。氟气的氧化性最强,只能与水发生第一类反应;碘与水不发生第一类反应。

$$X_2 + H_2O = 2H^+ + 2X^- + 1/2\ O_2 \quad (1)$$

$$X_2 + H_2O = H^+ + X^- + HXO \quad (2)$$

在第一类反应中,卤素单质 X_2 被还原为 X^-,H_2O 被氧化而放出 O_2,两电对的半反应为

$$1/2\ X_2 + e^- \rightleftharpoons X^- \qquad \begin{aligned} E^\ominus_{F_2/F^-} &= 2.87\ V \\ E^\ominus_{Cl_2/Cl^-} &= 1.358V \\ E^\ominus_{Br_2/Br^-} &= 1.065\ V \\ E^\ominus_{I_2/I^-} &= 0.535V \end{aligned}$$

$$1/2\ O_2 + 2H^+ + 2e^- \rightleftharpoons H_2O \qquad E = 0.815\ V \quad (\text{pH}=7\ \text{的溶液中})$$

$$1/2\ O_2 + 2H^+ + 2e^- \rightleftharpoons H_2O \qquad E^\ominus = 1.229V$$

卤素在水溶液中的氧化性按 $F_2 > Cl_2 > Br_2 > I_2$ 的次序递变。

从图 6-2 看出,F_2 与水反应的趋势最大,氯气次之,它们在一般酸性溶液中就能发生反应,当水溶液的 pH>3 时,溴才能反应,水溶液的 pH>12 碘才能发生反应。

实验事实证明,氟气与水反应激烈放出氧气,而 Cl_2 和 Br_2 与水的反应从热力学上是可能进行的,但由于反应的活化能较高,反应速度很慢。氯气只有在光的照射下与水反应缓慢放出 O_2。从热力学倾向上,溴同样会分解水($\Delta E^\ominus = 1.065\ V - 0.815\ V = 0.25\ V$),但由于动力学因素,$Br_2$ 与水反应放出氧的速度更慢。碘不会氧化水($\Delta E^\ominus = 0.535\ V - 0.815\ V = -0.28\ V$),相反将氧气通入碘化氢水溶液中会析出碘,因此碘的水溶液是稳

定的。

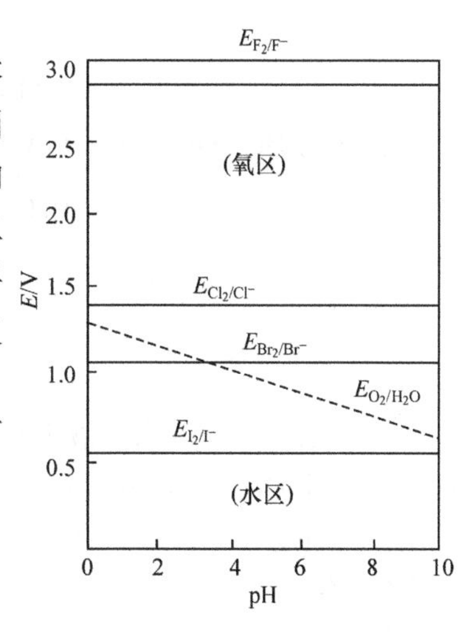

图 6-2 卤素与水反应的 pH 电位图

从歧化反应的平衡关系式看，卤素歧化反应与溶液的酸度有关，加酸有利于平衡向左移动，加碱平衡则向右移动，这是因为加碱与歧化反应产生的氢卤酸和次卤酸发生中和反应。Cl_2、Br_2、I_2 与水主要发生第二类反应，反应是可逆的。在 298 K 时，其歧化反应的平衡常数分别为 4.2×10^{-4}、7.2×10^{-9}、2.0×10^{-13}。反应进行的程度随原子序数的增大依次减小。

在碱性介质中不同卤素（F_2 除外）在不同温度下的歧化产物不同。

$$Cl_2+2OH^- \xlongequal{\text{低于室温}} Cl^- + ClO^- + H_2O$$

$$3Cl_2+6OH^- \xlongequal{>75\ ℃} 5Cl^- + ClO_3^- + 3H_2O$$

前者用于制备次卤酸盐，后者用于制备卤酸盐。

$$Br_2+2OH^- \xlongequal{0\ ℃\text{左右}} Br^- + BrO^- + H_2O$$

$$3Br_2+6OH^- \xlongequal{50\sim80\ ℃} 5Br^- + BrO_3^- + 3H_2O$$

$$3I_2+6OH^- \xlongequal{\text{冷}} 5I^- + IO_3^- + 3H_2O$$

IO^- 不稳定，立即歧化为 I^- 和 IO_3^-。

F_2 在碱中将发生以下两个反应：

$$2F_2+2OH^-(2\%) \xlongequal{} 2F^- + OF_2\uparrow + H_2O$$

当碱较浓时

$$2F_2+4OH^- \xlongequal{} 4F^- + O_2 + 2H_2O$$

6.2.3 单质的制备

1. 氟气的制备

氟气的制备采用中温（373 K）的电解氧化法。电解质是三份氟氢化钾（KHF_2）和两份 HF（含水量低于 0.02%）的混合物（熔点 345 K）。

阳极（无定形碳）　　$2F^- \longrightarrow F_2\uparrow + 2e^-$

阴极（电解槽）　　$2HF_2^- + 2e^- \longrightarrow H_2\uparrow + 4F^-$

在电解槽中有一隔膜将阳极生成的氟气和阴极生成的氢气分开，防止两种气体相混合发生爆炸。

1986 年，也就是用电解法第一次制得单质氟后的整 100 年，人们成功地用化学方法制得了氟气。以 $KMnO_4$ 和 $SbCl_5$ 等基本原料，分别制得 K_2MnF_6 和 SbF_5；利用较强的路易斯酸（SbF_5）将弱的路易斯酸（MnF_4）从其盐中置换出来，生成的 MnF_4 是不稳定的，立即分解为 MnF_3 和 F_2。

$$2KMnO_4+2KF+10HF+3H_2O_2 \xrightarrow{50\%HF\text{溶液}} 2K_2MnF_6+8H_2O+3O_2$$

$$SbCl_5 + 5HF \longrightarrow SbF_5 + 5HCl$$

$$K_2MnF_6 + 2SbF_5 \xrightarrow{423\ K} 2KSbF_6 + MnF_3 + 1/2\ F_2\uparrow$$

人们常用 $BrF_5(g)$或 $IF_7 \cdot AsF_5(s)$这类互卤化物的热分解方法制取少量 F_2。

$$BrF_5(g) \xlongequal{\triangle} BrF_3(g) + F_2(g)$$

$$IF_7 \cdot AsF_5 + 2KF \xlongequal{\triangle} KIF_6 + KAsF_6 + F_2\uparrow$$

2. 氯气的制备

氯气的制备可采取水溶液电解法,熔盐电解法和氧化法。工业上制氯气采用电解饱和食盐水溶液的方法,阴极、阳极上发生的反应如下:

阴极:铁网 $2H_2O + 2e^- \longrightarrow H_2\uparrow + 2OH^-$

阳极:石墨 $2Cl^- \longrightarrow Cl_2\uparrow + 2e^-$

电解反应的总结果为

$$2NaCl + 2H_2O \xlongequal{通电} H_2\uparrow + Cl_2\uparrow + 2NaOH$$

在实验室中可以用 MnO_2、$KMnO_4$ 与浓盐酸反应制取少量氯气。

$$MnO_2 + 4HCl(浓) \xlongequal{\triangle} MnCl_2 + 2H_2O + Cl_2\uparrow$$

$$2KMnO_4 + 16HCl \xlongequal{} 2KCl + 2MnCl_2 + 8H_2O + 5Cl_2\uparrow$$

3. 溴和碘的制备

溴离子和碘离子具有明显的还原性,常用氯气将 Br^- 和 I^- 氧化以制取 Br_2 和 I_2;Br_2 和 MnO_2 等在酸性溶液中也能将碘离子氧化为单质碘,析出的碘可用有机溶剂如 CS_2 或 CCl_4 萃取分离。

$$2Br^- + Cl_2 \xlongequal{} Br_2 + 2Cl^-$$

$$2I^- + Cl_2 \xlongequal{} I_2 + 2Cl^-$$

$$2NaI + 3H_2SO_4 + MnO_2 \xlongequal{} 2NaHSO_4 + I_2 + 2H_2O + MnSO_4$$

当用氯气来氧化 I^- 以制取 I_2 时,必须控制氯气的用量,否则过量的氯气会使 I_2 进一步氧化。

$$5Cl_2 + I_2 + 6H_2O \xlongequal{} 10Cl^- + 2IO_3^- + 12H^+$$

$$I_2 + Cl_2 + 2Cl^- \xlongequal{} 2ICl_2^-$$

工业上从海水制溴,先把盐水加热到 363 K 后,控制 pH 为 3.5,通入氯气把溴置换出来,再用空气把溴吹出,用碳酸钠吸收,这时溴歧化生成 Br^- 和 BrO_3^-,最后用硫酸酸化,单质 Br_2 又从溶液中析出。

$$Cl_2 + 2Br^- \xlongequal{} 2Cl^- + Br_2$$

$$3Br_2 + 3Na_2CO_3 \xlongequal{} 5NaBr + NaBrO_3 + 3CO_2\uparrow$$

$$5Br^- + BrO_3^- + 6H^+ \xlongequal{} 3Br_2 + H_2O$$

在实验室中还可用制备氯气的方法来制备溴和碘。

$$2NaBr(s) + 3H_2SO_4(浓) + MnO_2 \xlongequal{} 2NaHSO_4 + MnSO_4 + 2H_2O + Br_2$$

$$2NaI(s) + 3H_2SO_4(浓) + MnO_2 \xlongequal{\triangle} 2NaHSO_4 + MnSO_4 + 2H_2O + I_2$$

后一反应是从海藻灰中提取碘的主要反应。

大量的碘是从自然界的碘酸钠制取，经浓缩的碘酸盐用亚硫酸氢钠还原而析出碘。

$$2IO_3^- + 5HSO_3^- = 3HSO_4^- + 2SO_4^{2-} + H_2O + I_2$$

实际的做法是先用适量的亚硫酸氢盐将碘酸盐还原成碘化物。

$$IO_3^- + 3HSO_3^- = I^- + 3SO_4^{2-} + 3H^+$$

再将所得的酸性碘化物溶液与适量的碘酸盐溶液作用便析出 I_2。

$$IO_3^- + 5I^- + 6H^+ = 3I_2 + 3H_2O$$

6.2.4　卤素的用途

卤素在工业生产、大众生活领域和科学研究中有着广泛的用途。

元素氟的直接利用和原子能工业的发展有着密切的关系。自从发现 U－235 的原子核具有裂变性质之后，科学家们立即研究分离 U－235 和 U－238 两种同位素的方法。在铀的化合物中 UF_6 具有挥发性，因此可以用 F_2 将 UF_4 氧化成 UF_6，然后用气体扩散法将两种铀的同位素分离。SF_6 是很稳定的气体，在高温下也不分解，因此可作为理想的气体绝缘材料。大量的氟气用于制取氟的有机化合物，如氟利昂－12（CCl_2F_2）可用作制冷剂，CCl_3F 可用作杀虫剂，CBr_2F_2 可用作高效灭火剂。液态氟也是火箭、导弹和发射人造卫星方面所用的高效燃料。

氯气可用于纸浆和棉布的漂白，也可用于饮水的消毒。大量的氯气用于制取盐酸、农药、染料以及对碳氢化合物的氯化，用来制取氯仿和聚氯乙烯等聚合物。

大量的溴用于制造染料，生产照相用的光敏物质溴化银，医药中用作镇静剂和安眠药的溴化钠、溴化钾以及无机溴酸盐。溴的另一个主要用途是制取二溴乙烷（$C_2H_4Br_2$），它可作为抗震汽油的添加剂，提高发动机的工作效率。

碘和碘化钾的乙醇溶液即碘酒用作消毒剂，碘仿（CHI_3）用作防腐剂。碘是维持甲状腺正常功能所必需的元素，因此碘化物可以防止和治疗甲状腺肿大。碘化银用于制造照相软片并可作为人工降雨时的造云的“晶种”。

6.3　卤化氢与氢卤酸的性质与制备

6.3.1　性质

卤化氢是具有强烈刺激性的气体。它们的物理性质见表 6－3。

表 6－3　卤化氢的一些物理性质

性　质	HF	HCl	HBr	HI
熔点/K	189.61	158.94	186.28	222.36
沸点/K	292.67	188.11	206.43	237.80
生成热/(kJ·mol^{-1})	−271	−92	−36	+26

续表

性质		HF	HCl	HBr	HI
H—X 键键能/($kJ \cdot mol^{-1}$)		569.0	431	369	297.1
溶解度(293 K,101 kPa)/[$g \cdot (100\ g\ H_2O)^{-1}$]		混溶	42	49	57
恒沸溶液(101 kPa)	沸点/K	393	383	399	400
	密度/($g \cdot cm^{-3}$)	1.138	1.096	1.482	1.708
	质量分数/%	35.35	20.24	47	57

卤化氢分子有极性,在水中有很大的溶解度。273 K 时 1 m^3 水可溶解 500 m^3 氯化氢,氟化氢则可无限制地溶于水中。

在常压下蒸馏氢卤酸(不论是稀酸或浓酸),溶液的沸点和组成都将不断改变,但最后都达到溶液的组成和沸点恒定不变状态,此时的溶液叫做恒沸溶液。

卤化氢熔、沸点按 HI、HBr、HCl 的顺序呈规律性的变化,而 HF 的熔、沸点却发生突变,这是因为在 HF 分子中存在着氢键,分子之间存在相互作用引起的。固态时,HF 分子以锯齿链状存在。

(HF 锯齿链状结构示意:H…F 交替,键角 134°)

卤化氢都是极性分子,它们都易溶于水,水溶液称氢卤酸,氢卤酸中除 HF 以外都是强酸,酸性随着 HCl、HBr、HI 顺序增强。

与其他的氢卤酸不同,氢氟酸是相当弱的酸。在稀溶液中 HF 的解离过程可表示为

$$HF + H_2O \rightleftharpoons H_3O^+ + F^- \qquad (A)$$

由于 F^- 是一种强的质子接受体,而 H_3O^+ 是较强的质子给予体,H_3O^+ 与 F^- 通过氢键相互结合生成较稳定的离子对。

$$\begin{array}{l} H—O—H^+ \cdots F^- \\ \quad\ \ | \\ \quad\ \ H \end{array}$$

该离子对较难电离,实验发现在无限稀的溶液中,它的电离度也只有 15%。仅小部分电离这一事实,说明 HF 在稀溶液中表现出弱的酸性。随着 Cl、Br、I 半径的增大,离子对的强度大为减弱,故相应的酸的强度大为增强。

实验发现在很浓的 HF 水溶液(5~15 $mol \cdot L^{-1}$),HF 的电离度却急剧增大,变成强酸。这种"反常"现象可能是由于浓 HF 溶液电离的情况与稀溶液不同。它除了按式(A)进行外,还有另一反应发生。

$$HF + F^- = HF_2^- \qquad (B)$$

这时 F^- 与未电离的 HF 之间以氢键方式结合,生成稳定的 HF_2^-,有效地降低了溶液中 F^- 的浓度,从而拉动反应(A)向右移动($K_B^\ominus > K_A^\ominus$),使 HF 电离度增大,酸性变强。

氢氟酸具有与二氧化硅或硅酸盐(玻璃的主要成分)反应生成气态 SiF_4 的特殊性质,反应为

$$SiO_2 + 4HF \longrightarrow 2H_2O + SiF_4 \uparrow$$

$$CaSiO_3+6HF \longrightarrow CaF_2+3H_2O+SiF_4\uparrow$$

因此，HF 可以用于玻璃的刻画。

在氢卤酸中，盐酸是重要的强酸之一，能与许多金属、氧化物反应，在皮革、轧钢、焊接、电镀、医药等领域有广泛的应用。

6.3.2 氢卤酸的制备

卤化氢的水溶液称为氢卤酸。氢卤酸的制取主要采用单质还原和卤化物置换两种方法。

1. 直接合成

$$H_2+X_2 \longrightarrow 2HX$$

该方法实际上仅用于 HCl 的合成，因为氟气和氢气虽可以直接合成，但反应太猛烈且 F_2 成本高，这个方法没有实用价值。溴、碘和氢气反应很不完全而且反应速度缓慢，也无工业生产价值。实际上只有氢气和氯气直接合成氯化氢是工业上生产盐酸的重要步骤之一，它是使氢气在氯气流中平静燃烧直接化合生成氯化氢的。

2. 浓硫酸与金属卤化物作用

以萤石为原料可制取氟化氢，反应在铅或铂蒸馏釜中进行。

$$CaF_2+H_2SO_4 \longrightarrow CaSO_4+2HF\uparrow$$

食盐和浓硫酸制备氯化氢。

$$NaCl+H_2SO_4(浓) \longrightarrow NaHSO_4+HCl\uparrow$$

用此方法不能制取溴化氢和碘化氢，因为热浓硫酸具有氧化性，它能把生成的溴化氢和碘化氢进一步氧化。

$$NaBr+H_2SO_4(浓) \longrightarrow NaHSO_4+HBr\uparrow$$

$$2HBr+H_2SO_4(浓) \longrightarrow SO_2\uparrow+Br_2+2H_2O$$

$$NaI+H_2SO_4(浓) \longrightarrow NaHSO_4+HI\uparrow$$

$$8HI+H_2SO_4(浓) \longrightarrow H_2S\uparrow+4I_2+4H_2O$$

如何解决这个问题呢？可采用无氧化性、高沸点的浓磷酸代替浓硫酸。

$$NaX+H_3PO_4 \xlongequal{\triangle} NaH_2PO_4+HX\uparrow \qquad (X=Br, I)$$

3. 非金属卤化物的水解

这类反应比较激烈，适宜溴化氢和碘化氢的制取。实验室中采取把溴逐滴加在磷和少许水的混合物上或把水逐滴加在磷和碘的混合物上制备 HBr 和 HI。

$$2P+3Br_2+6H_2O \longrightarrow 2H_3PO_3+6HBr\uparrow$$

$$2P+3I_2+6H_2O \longrightarrow 2H_3PO_3+6HI\uparrow$$

6.4 卤化物、卤素互化物及多卤化物

6.4.1 卤化物

卤素和电负性较小的元素形成的化合物称为卤化物。

大多数金属卤化物可由元素单质直接化合生成($nX_2+2M=2MX_n$)。金属卤化物的性质随着金属的离子半径、电荷、电子层结构、电负性及卤素本身的半径大小和电负性而有很大的差异。以下主要讨论卤化物熔、沸点的变化规律。

(1) 碱金属、碱土金属和若干镧系、锕系元素,它们的电负性小、离子半径大,且基本上是球形对称的离子,所形成的卤化物绝大多数是离子型的卤化物,它们一般有较高的熔点、沸点,能溶于极性溶剂中,溶液具有导电性,在熔融状态也能导电。

(2) 随着金属离子半径的减小和氧化态的增高,同一周期各元素的卤化物自左向右离子性依次降低,共价性依次增强。键型由离子键向共价键过渡,晶形发生改变,熔、沸点通常依次降低。对同一金属的不同氧化态的卤化物,它的高氧化态卤化物的离子性往往比低氧化态卤化物的离子性小,共价性则更显著。高氧化态的氯化物的熔点常低于低氧化态氯化物的熔点,如 $FeCl_2$ 的离子性比 $FeCl_3$ 的高,它们的熔点分别为 950 K 和 573 K。这是因为随着电荷的增加,极化能力增强,离子性减少、共价性提高,过渡型晶体特征明显增加,其熔点下降,在有机溶剂的溶解度增大,$FeCl_3$ 易溶于丙酮等有机溶剂中。

(3) 对一些由 d 区和 ds 区金属与卤离子组成的同一金属的卤化物,随着卤素离子半径的增大,变形性也增大,按 F、Cl、Br、I 的顺序其离子性依次降低,共价性依次增加。如 Ag^+ 具有较强的极化作用,随 X^- 半径的增大,相互极化能力增强,AgX 的键型逐步由离子键向共价键过渡,晶形也发生变化。AgF 为离子键型,属 NaCl 型晶体结构,而 AgI 主要为共价键型,属 ZnS 型晶体结构。AgF 易溶于水,而 AgCl、AgBr、AgI 的溶解度依次减小。

(4) 以离子性为主的卤化物(如碱金属卤化物),若它们具有相同的晶体结构和电子构型,则随卤离子半径的增大,其晶格能降低,熔点、沸点随着降低,见表 6-4。

表 6-4 卤化物的熔点和沸点

卤化物	NaF	NaCl	NaBr	NaI
熔点/K	1206	1074	1020	934
沸点/K	1968	1686	1663	1577

卤素与许多非金属直接反应通常形成共价型的小分子,如 B、C、S、N、P 等的卤化物都是以共价键结合,具有挥发性,有较低的熔点和沸点,有的不溶于水(如 CCl_4,SF_6),溶于水的往往发生强烈水解,如 PBr_3 水解产物为 H_3PO_3 和 HBr。

$$PBr_3+3H_2O=H_3PO_3+3HBr\uparrow$$

6.4.2 卤素互化物

由不同卤素原子以共价键相互结合而形成的化合物称为卤素互化物。一般的通式为

XY_n,其中较重的、电负性较低的卤素(X)为中心原子,$n=1$、3、5 和 7。卤素互化物中化学键基本上是共价的,形成“有限分子”,熔点、沸点一般较低。

在 XY 和 XY_3 两类型的卤素互化物中一般是由电负性差不很大的两种卤素生成的。高价卤素互化物 XY_5 和 XY_7 一般是由大原子如 Br 或 I 同小原子如 F 生成的,因为在一个大原子周围可以容纳较多的小原子。每个分子中包含的较轻卤原子数是随半径比($r_{大}/r_{小}$)增大而增多。在一个大原子周围可以排列较多的小原子,碘能形成 IF_7,氯和溴最高只能形成 BrF_5 和 ClF_5。部分已知卤素互化物的基本性质列于表 6-5。

表 6-5 部分卤素互化物的性质

类 型	化合物	平均键能 /(kJ·mol⁻¹)	性 状	熔点 /K	沸点 /K	电负性差 /Δχ
XY	ClF	248.7	无色稳定气体	117.5	173	0.82
	BrF	249.2	淡棕色气体	240	≈293(分解)	1.00
	IF	277.8	不稳定,歧化为 IF_5 和 I_2	—	—	1.32
	BrCl	215.7	红色气体	207	≈278	0.20
	ICl	207.1	暗红色固体	300.5	≈370	0.50
	IBr	175.1	暗灰紫色固体	309	389(分解)	0.30
XY_3	ClF_3	172.2	无色稳定气体	196.8	285	
	BrF_3	201.1	黄绿色稳定液体	281.9	401	
	IF_3	271.7	黄色固体	高于 245(分解)	—	
	ICl_3	—	橙色固体	384(分解)	—	
	IBr_3	—	棕色液体	—	—	
XY_5	ClF_5	142.1	稳定固体	170	260	
	BrF_5	186.8	无色稳定液体	212.6	314.4	
	IF_5	267.5	无色稳定液体	282.5	377.6	
XY_7	IF_7	230.7	无色稳定液体	278.5(升华)	277.5	

由表 6-5 可以看出,XY 型卤素互化物(如 IF,IBr,ICl 等)的键能大小与轨道重叠程度(共价成分的贡献)和电负性差(Δχ)(离子成分的贡献)等有关。气态双原子分子 XY 的稳定性与 X—Y 的键能具有相关性。

卤素互化物都可由卤素单质在一定条件下直接合成。例如

$$Cl_2 + F_2(\text{等体积}) \xlongequal{470\ K} 2ClF$$

$$Cl_2 + 3F_2(\text{过量}) \xlongequal{550\ K} 2ClF_3$$

卤素互化物 XY_n 的化学性质与构成它的相应卤素密切相关。绝大多数的卤素互化物是不稳定的,它们易发生歧化或分解为相应的卤素;它们都是强氧化剂和卤化剂,如卤氟化物常以制备各种氟化物;与大多数金属与非金属猛烈反应生成相应的卤化物;它们都易发生水解,对 XY 型其水解产物为 HY 和 HXO(电负性较大的 Y 与 H 结合,而由电负

性较小的 X 与 OH 结合）。XY_3、XY_5 等的水解反应较为复杂，产物出现多样性，如 BrF_3 的水解产物为 $HBrO_3$、Br_2、HF 和 O_2。

$$XY + H_2O = HY + HXO$$

$$2ICl_3 + 3H_2O = 5HCl + ICl + HIO_3$$

$$3BrF_3 + 5H_2O = HBrO_3 + Br_2 + 9HF + O_2\uparrow$$

$$IF_5 + 3H_2O = HIO_3 + 5HF$$

在卤素互化物中，以卤氟化物的氧化性最强，如 ClF_5 已作为火箭推进剂的高能氧化剂，ClF_3、ClF_5、BrF_3 用作氟化剂使金属、金属氧化物及金属的氯化物、溴化物和碘化物转化为氟化物。例如

$$W + 6ClF = WF_6 + 3Cl_2\uparrow$$

$$4BrF_3 + 2WO_3 = 2WF_6 + 2Br_2 + 3O_2\uparrow$$

ClF_3 和 BrF_3 能去除许多金属氧化物中的氧，氧化物转化为氟化物。例如

$$2Co_3O_4 + 6ClF_3 = 6CoF_3 + 3Cl_2\uparrow + 4O_2\uparrow$$

ClF_3 与 UF_4 反应产生 UF_6，用于富集核原料 U－235（UF_6 有两种：$^{235}UF_6$ 和 $^{238}UF_6$，利用它们蒸气扩散速度不同，可使两者分离，再以 $^{235}UF_6$ 进一步制得U－235核原料）。

$$UF_4 + ClF_3 = UF_6 + ClF$$

液态 BrF_3 能发生自电离反应，而具有较高导电性。

$$2BrF_3 \rightleftharpoons [BrF_2]^+ + [BrF_4]^-$$

液态 IF_5 也有类似的自电离反应。

$$2IF_5 \rightleftharpoons [IF_4]^+ + [IF_6]^-$$

纯的一卤化碘也具微弱的导电性。说明它发生了自解离，产物可能是

$$3IX \rightleftharpoons I_2X^+ + IX_2^-$$

或

$$4IX \rightleftharpoons I_2X^+ + I_2X_3^-$$

BrF_5 和 AsF_5 互相作用产物为离子型导电物质。

$$BrF_5 + AsF_5 \rightleftharpoons [BrF_4]^+[AsF_6]^-$$

图 6－3 给出几种典型多原子卤素互化物（XY_n）的构型，它们的结构符合价层电子对互斥理论推导的结果。

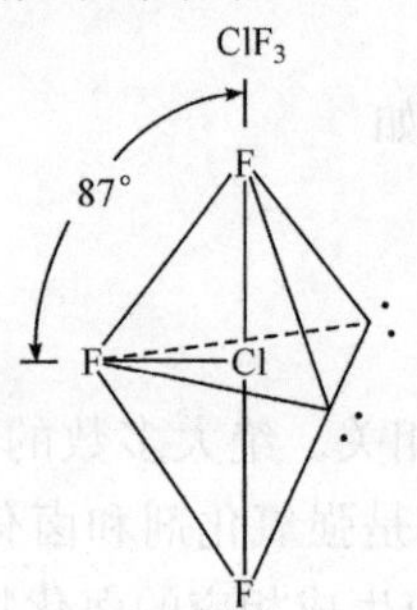

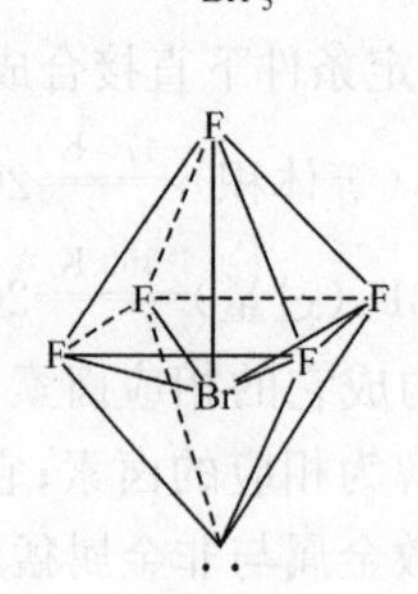

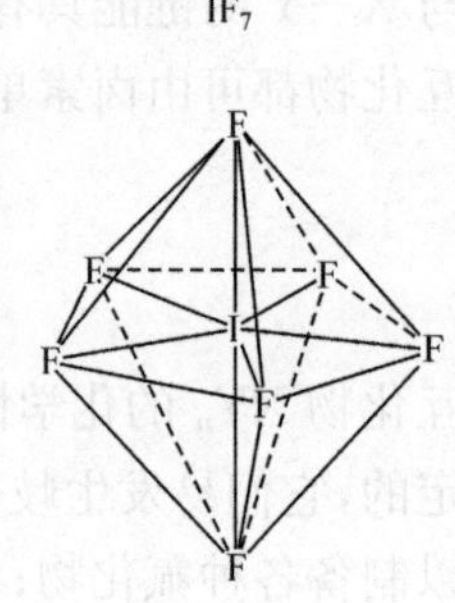

图 6－3 卤素互化物的分子结构

6.4.3 多卤化物

多卤化物是由金属卤化物或离子型卤化物与卤素单质或卤素互化物发生反应而形成的一类化合物。

$$CsBr + IBr = Cs^+[IBr_2]^-$$
$$KI + I_2 = K^+ I_3^-$$
$$CsF + IF_7 = Cs^+[IF_8]^-$$
$$N(CH_3)_4I + I_2 \xlongequal{\text{乙醇中}} N(CH_3)_4^+ I_3^-$$
$$NOF + ClF_3 = [NO]^+[ClF_4]^-$$

多卤素阴离子的通式为 $X_mY_nZ_p^-$（X，Y，Z 表示相同或不同的卤素原子，$m+n+p$ 是奇数，一般小于 9），如 I_3^-、I_5^-、$IBrCl^-$、ICl_2^-、BrF_6^-、IF_6^- 等。与之相结合的离子一般为大的阳离子，如 Cs^+、Rb^+、NH_4^+、NR_4^+、PBr_4^+、NO^+ 等。

加热多卤化物则分解为简单的卤化物和卤素单质。

$$CsBr_3 \xrightarrow{\triangle} CsBr + Br_2\uparrow$$

若为多种卤素的多卤化物，则加热应分解为具有最高晶格能的那一种卤化物，也就是分解反应中形成的金属卤化物，所含的卤素是电负性最高的那些卤素。同一类型的阴离子的多卤化物其热稳定性随阳离子体积的增大而增加。

$$K[IBrCl] \xrightarrow{\triangle} KCl + IBr$$
$$CsICl_2 \xrightarrow{\triangle} CsCl + ICl$$

由小体积的阳离子与大体积的多卤阴离子相结合是不稳定的，如在水溶液生成的 NaI_3，当水分蒸发之后即分解。

$$Na^+(aq) + I_3^-(aq) \xrightarrow{\text{蒸发}} NaI\,(s) + I_2(s)$$

实验发现在直线形的 I_3^- 中，两个 I—I 键的键长（单位为 pm）并不总是相等的（见下面所列数据），这与所结合的阳离子的特性有关。当 I_3^- 与较大阳离子[如 $(C_6H_5)_4As^+$]配对时，两个 I—I 键键长相等，而 I_3^- 与较小的阳离子（如 Cs^+ 或 NH_4^+）配对时，两个 I—I 键键长不相等。

在 $(C_6H_5)_4AsI_3$ 中的 $[I \overset{290}{—} I \overset{290}{—} I]^-$

在 CsI_3 中的 $[I \overset{283}{—} I \overset{304}{—} I]^-$

在 NH_4I_3 中的 $[I \overset{282}{—} I \overset{310}{—} I]^-$

这可能的原因是阳离子的极化能力在 I_3^- 体系中产生不平衡的结果。较大的阳离子具有较小的极化能力，使 I_3^- 受环境的影响较小，按对称方式排列，两个 I—I 键键长相等，并且具有较强的键合特征，I—I—I 间距离较短。较小的阳离子由于极化能力较大，I_3^- 发生畸变导致两个 I—I 键键长不相等，I—I—I 间的距离较长。值得注意的是，I_3^- 所处的状态（如溶液中，晶体中）不同也会影响键长。

多卤离子的结构都是已知的（图 6-4），它与卤素互化物一样，较大的卤素原子居中，较小的分布在四周。含有三个卤素的多卤化物阴离子，如 I_3^-、ICl_2^-、$IBrF^-$ 等都是直线形的。含五个卤素的多卤离子如$[ICl_4]^-$和$[BrF_4]^-$是四方平面形的。

ICl_2^- sp^3d杂化　　　　ICl_4^- sp^3d^2杂化

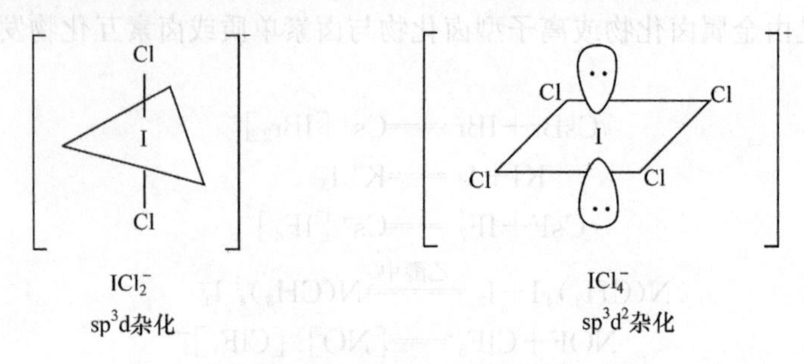

图 6-4　多卤离子的结构

6.5　卤素的含氧化合物

6.5.1　卤素的氧化物

卤素与电负性比它更大的氧化合时(除氟外)，能形成正氧化态的氧化物。由于氟具有最大的电负性，氟与氧的化合物是氧的氟化物而不是氟的氧化物。它在化合物中的氧化态是负的，如 OF_2 和 O_2F_2 中氟的氧化态为-1。

大多数卤素氧化物是不稳定的，当受到撞击甚至受光照射会爆炸分解。

在卤素的氧化物中重要的有 ClO_2、I_2O_5 和 OF_2。已知氯的氧化物有 Cl_2O、ClO_2、ClO_3(或 Cl_2O_6)、Cl_2O_7。

单质氟通入稀氢氧化钠(2%)溶液可生成 OF_2。

$$2F_2+2NaOH = 2NaF+H_2O+OF_2$$

OF_2 是无色气体，它是强氧化剂，与金属、硫、磷和卤素激烈作用生成氟化物和氧化物。

OF_2 溶于水时按照下面反应缓慢地放出氧气，它不是酸酐。

$$OF_2+H_2O = O_2+2HF$$

ClO_2 在室温下是黄色气体，冷凝时为红色液体，熔点 214 K，沸点 283 K，无论是气态或是液态都极易爆炸，是一种强的氧化剂和氯化剂，能氧化许多有机物和无机物，它可用于对水的净化和纸张、纤维、纺织品的漂白。

ClO_2 与碱作用生成亚氯酸盐和氯酸盐，所以它是混合酸的酸酐。

$$2ClO_2+2NaOH = NaClO_2+NaClO_3+H_2O$$

ClO_2 分子是顺磁的，是奇电子分子，中心氯原子采取 sp^2 杂化，电子对排布是平面三角形，分子构型是 V 形，见图 6-5。在 ClO_2 分子中的 Cl—O 键键长为 149 pm，比双键长，比单键短，这与分子中还存在离域 π 键(π_3^5)有关。

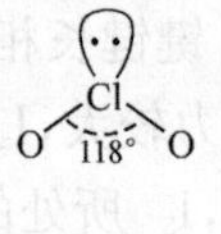

图 6-5　ClO_2 的分子结构

碘的氧化物中只有 I_2O_5 被广泛地研究，将 HIO_3 加热至 473 K 脱水即得 I_2O_5。

$$2HIO_3 \xlongequal{\triangle} I_2O_5+H_2O$$

I_2O_5 是白色粉末状固体，是稳定的化合物，在 573 K 分解为单质碘，是碘酸的酸酐。I_2O_5 作为氧化剂，使 H_2S、CO、HCl 等氧化；343 K 能将 CO 定量地转变为 CO_2。

$$I_2O_5 + 5CO \xlongequal{} 5CO_2 + I_2$$

用碘量法测定所生成的单质碘，就可以确定一氧化碳的含量。合成氨厂就曾用 I_2O_5 测定合成气中的一氧化碳含量。I_2O_5 的分子结构见图 6-6。

图 6-6　I_2O_5 的分子结构

6.5.2　卤素含氧酸及含氧酸盐

氯、溴和碘均有四种类型的含氧酸：HXO、HXO_2、HXO_3 和 HXO_4，碘还可以形成 H_5IO_6。它们的含氧酸根分别为 XO^-、XO_2^-、XO_3^- 和 XO_4^-，碘还有 $[IO_6]^{5-}$ 形式存在。各种卤酸根离子的结构见图 6-7。

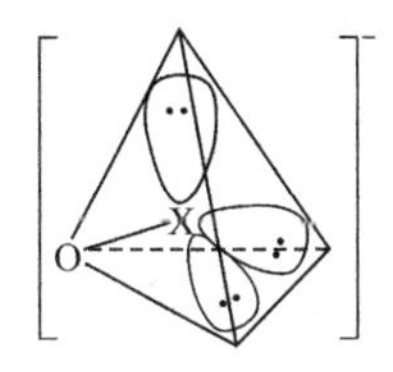
次卤酸根离子

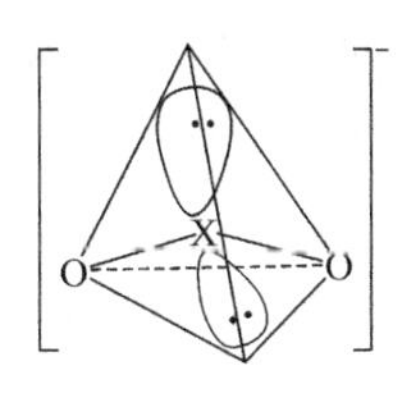
亚卤酸根离子

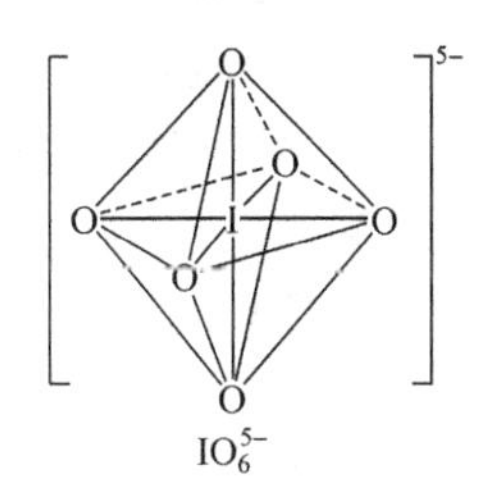
IO_6^{5-}

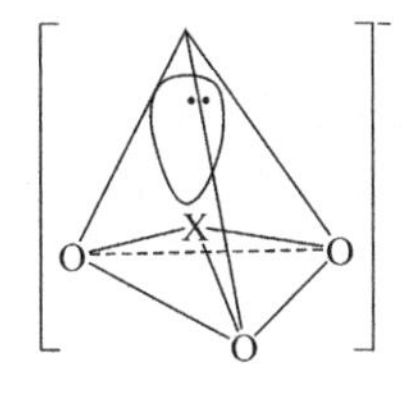
卤酸根离子

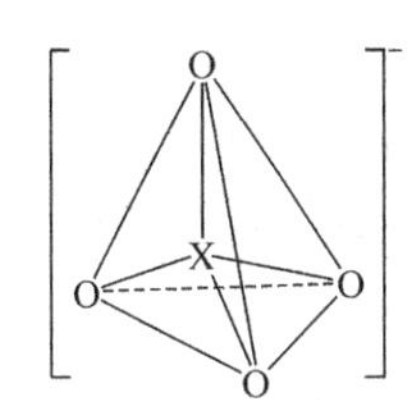
高卤酸根离子

图 6-7　各种卤酸根离子的结构

在这些离子结构中，除 IO_6^{5-} 的中心卤原子是 sp^3d^2 杂化外，其余均为 sp^3 杂化。

卤素原子和氧原子之间除用 sp^3 杂化轨道参与成键外，还有氧原子中充满电子的 2p 轨道与卤素原子空的 d 轨道间所成的 d-pπ 键。

很多卤素的含氧酸仅存在于溶液中，在卤素的含氧酸中只有氯的含氧酸有较多的实际用途。$HBrO_2$ 和 HIO 的存在是短暂的，往往只是化学反应的中间产物。

1. 次卤酸 HXO 及其盐

次卤酸包括 HClO、HBrO、HIO。次卤酸(除氟外)HXO 可通过卤素在水溶液中的歧化反应生成。

$$X_2 + H_2O \rightleftharpoons HX + HXO$$

1971 年，从冰的氟化作用中得到 HOF，但极不稳定，易分解成 O_2 和 HF。

$$F_2 + H_2O \xrightleftharpoons{-40\ ℃} HOF + HF$$

$$2HOF = 2HF + O_2$$

由卤素的歧化反应制备的 HXO 浓度很低。根据化学平衡原理，如能设法除去产物 HX，则反应向右移动。如往氯水溶液中加入能和 HCl 作用的、新鲜制备的 HgO、Ag_2O 或 $CaCO_3$ 则可制得较纯的 HClO 溶液。将反应混合物减压蒸馏可得 HClO 溶液。

$$2HgO + H_2O + 2Cl_2 = HgO \cdot HgCl_2 \downarrow + 2HClO$$

$$CaCO_3 + H_2O + 2Cl_2 = CaCl_2 + CO_2 \uparrow + 2HClO$$

次卤酸均为很弱的酸，并且都很不稳定，具有氧化性。至今尚未制得纯的 HXO。稳定性及酸性按 HClO、HBrO、HIO 顺序减小。次卤酸盐比较稳定，氧化性比相应的酸弱。

次卤酸及其盐的分解方式基本上有两种，其分解速度和溶液的浓度、pH 及温度等因素有关。HXO 的分解速度比 XO^- 还要快，光照加热、加酸都能促进分解。空气中的 CO_2 也能促进漂白粉起漂白作用。

$$2HXO \longrightarrow 2HX + O_2 \uparrow \quad 或\ 2XO^- \longrightarrow 2X^- + O_2 \uparrow \qquad (1)$$

$$3HXO \longrightarrow 2HX + HXO_3 \quad 或\ 3XO^- \longrightarrow 2X^- + XO_3^- \qquad (2)$$

在阳光直接作用下，次卤酸分解几乎全按照反应式(1)进行，当有容易与氧气化合的物质或者有催化剂如氧化钴或镍存在时，这种分解作用加速进行。因此，次卤酸都是强氧化剂。

加热则促进反应式(2)进行，这是次卤酸的歧化反应。在碱性介质中所有次卤酸根都发生歧化反应。实验证明，XO^- 的歧化速率与温度有关。室温或低于室温时，ClO^- 歧化速度极慢；在 348 K 左右的热溶液中，ClO^- 歧化速度相当快，产物是 Cl^- 和 ClO_3^-。

BrO^- 在室温时歧化速率已相当快，只有在 273 K 左右低温时才可能生成次溴酸盐，在 323～353 K 时产物全部是溴酸盐。

IO^- 的歧化速度很快，溶液中不存在次碘酸盐。I_2 与碱反应能定量得到碘酸盐。

$$3I_2 + 6OH^- = 5I^- + IO_3^- + 3H_2O$$

用氯气与 $Ca(OH)_2$ 反应，控制温度在 298 K 左右可得到次氯酸钙。

$$2Cl_2 + 2Ca(OH)_2 = Ca(ClO)_2 + CaCl_2 + 2H_2O$$

通常漂白粉是次氯酸钙、氯化钙和氢氧化钙所组成的水合复合盐。次氯酸钙是漂白粉的有效成分。漂白粉的质量是以有效氯的含量衡量。一定量漂白粉与稀盐酸反应，所逸出的 Cl_2 称为有效氯。

$$Ca(ClO)_2 + 4HCl = CaCl_2 + 2Cl_2 \uparrow + 2H_2O$$

次卤酸盐最大的用途是漂白和消毒，次卤酸是芳香族和脂肪族化合物的卤化剂。

2. 亚卤酸及其盐

已知的亚卤酸仅有亚氯酸($HClO_2$)，它存在于水溶液中，热稳定性差，极易分解。$HClO_2$ 酸性比 HClO 强，是中等强度的酸。

亚氯酸盐在溶液中较为稳定，有强氧化性，用作漂白剂。当加热或撞击固体亚氯酸盐,则其迅速分解发生爆炸。

$$3NaClO_2 \longrightarrow 2NaClO_3 + NaCl$$

$NaClO_2$ 主要用于纺织品的漂白和冲洗,作为生产 ClO_2 的原料,也可作为氧化剂除去工业废气中的一氧化氮等污染物。

纯的亚氯酸溶液可由硫酸和亚氯酸钡作用制取。

$$H_2SO_4 + Ba(ClO_2)_2 = BaSO_4 + 2HClO_2$$

亚氯酸的热稳定性差,制得的 $HClO_2$ 溶液不久将发生分解。

$$8HClO_2 \longrightarrow 6ClO_2 + Cl_2\uparrow + 4H_2O$$

3. 卤酸及其盐

除氟外,所有卤酸及其盐都是已知的,氯酸和溴酸都是强酸,碘酸是中强酸,酸性按 $HClO_3$、$HBrO_3$、HIO_3 的顺序依次减弱。氯酸和溴酸未得到过纯酸,它们存在于水溶液中,它们的浓度若是超过 40%与 50%就迅速分解,并发生爆炸。例如

$$8HClO_3 \longrightarrow 3O_2\uparrow + 2Cl_2\uparrow + 4HClO_4 + 2H_2O$$

$$4HBrO_3 = 2Br_2 + 5O_2\uparrow + 2H_2O$$

碘酸比较稳定,用浓硝酸氧化碘时,结晶析出碘酸白色晶体,加热至 175 ℃时分解为 I_2O_5。

氯酸与溴酸可用氯酸钡和溴酸钡与硫酸反应制备。

$$Ba(XO_3)_2 + H_2O + H_2SO_4 = BaSO_4\downarrow + 2HXO_3 \qquad (X=Cl,Br)$$

卤酸及其盐溶液都是强氧化剂,其中以溴酸及盐的氧化性最强($E^\ominus_{BrO_3^-/Br_2}=1.52\ V$,$E^\ominus_{ClO_3^-/Cl_2}=1.47\ V$,$E^\ominus_{IO_3^-/I_2}=1.19\ V$),这反映了第四周期元素的不规则性。

HNO_3、H_2O_2、O_3 都可将单质碘氧化为碘酸。例如,HNO_3 氧化 I_2 的反应为

$$I_2 + 10HNO_3(浓) = 2HIO_3 + 10NO_2\uparrow + 4H_2O$$

在酸性介质中,卤酸盐能氧化相应的卤离子生成卤素单质。在碱性介质中,卤酸盐的氧化能力相当弱。

$$XO_3^- + 5X^- + 6H^+ = 3X_2 + 3H_2O$$

卤酸盐的制备可采用两种方法:卤素单质在热的碱溶液中歧化;卤素单质用化学方法氧化或电解氧化。

碘酸盐可用单质碘与热的碱溶液作用制取。

$$3I_2 + 6NaOH = NaIO_3 + 5NaI + 3H_2O$$

也可用碘化物在碱溶液中用氯气氧化制得。

$$KI + 6KOH + 3Cl_2 = KIO_3 + 6KCl + 3H_2O$$

卤酸盐加热可分解。

$$4KClO_3 \xlongequal{668\ K} 3KClO_4 + KCl$$

$$2KClO_3 \xrightarrow[\triangle]{MnO_2} 2KCl + 3O_2\uparrow$$

氯酸盐是卤酸盐中比较重要的且有实用价值的盐。其中，最常见的是 $KClO_3$ 和 $NaClO_3$，$NaClO_3$易潮解，而 $KClO_3$ 不会潮解，可制得干燥产品。

氯酸钾固体是强氧化剂，它与易燃物质，如C、S、P及有机物混合时，一旦受到撞击即猛烈爆炸，因此 $KClO_3$ 大量用于制造火柴和烟火。氯酸钠用作除草剂，溴酸盐和碘酸盐可用作分析试剂。

4. 高卤酸及其盐

+7 氧化态的高卤酸有：高氯酸、高溴酸和高碘酸。

高氯酸是无机酸中最强的一种酸，水溶液中完全电离。冷的 $HClO_4$ 稀溶液的氧化能力低于 $HClO_3$，没有明显的氧化性，但浓热的高氯酸是强氧化剂，不稳定，受热分解为氯气、氧气和水。与有机物质接触可发生猛烈作用。稀溶液中 $HClO_4$ 完全解离，ClO_4^- 为正四面体结构，对称性高，ClO_4^- 比 ClO_3^- 结构稳定得多。具有四面体结构的 ClO_4^- 是阴离子中最难被极化的离子，对金属离子的配位能力很弱，所以常用于调节溶液的离子强度。

高氯酸盐是常用的分析试剂。大多高氯酸盐易溶于水，但是 Cs^+、Rb^+、K^+、NH_4^+ 的高卤酸盐溶解度较小。

大多数高氯酸盐是稳定的，其氧化能力比氯酸弱。

高溴酸的氧化能力比高氯酸、高碘酸要强。直到 1969 年才用 XeF_2 氧化 BrO_3^- 而获成功。目前较好的方法是用 F_2（碱性溶液中）氧化 BrO_3^- 来制备。

$$BrO_3^- + XeF_2 + H_2O = BrO_4^- + Xe + 2HF$$

$$BrO_3^- + F_2 + 2OH^- = BrO_4^- + 2F^- + H_2O$$

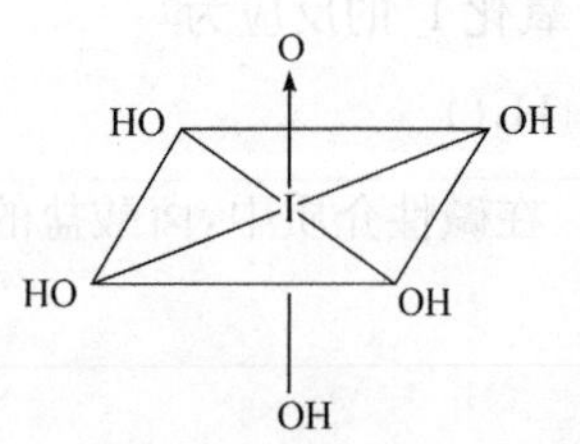

图 6-8 高碘酸 H_5IO_6 的分子结构

高碘酸及高碘酸盐有几种存在形式，常见的是正高碘酸 H_5IO_6 及盐或偏高碘酸 HIO_4 及盐。正高碘酸为八面体结构，见图 6-8。其中，I原子采用了 sp^3d^2 杂化态，I—O 键键长 193 pm；由于碘原子半径较大，周围可容纳六个氧原子。

高碘酸的酸性比高氯酸弱很多($K_1 = 2\times10^{-2}$)，但氧化能力比高氯酸强，与一些试剂作用时反应平稳而又迅速，因此在分析化学中得到应用。例如

$$2Mn^{2+} + 5IO_4^- + 3H_2O \longrightarrow 2MnO_4^- + 5IO_3^- + 6H^+$$

高碘酸一般难溶于水。通常将氯气通入碘酸盐的碱性溶液中可得到高碘酸盐。

$$Cl_2 + IO_3^- + 6OH^- = IO_6^{5-} + 2Cl^- + 3H_2O$$

卤素含氧酸和含氧酸盐的许多重要性质，如酸性、氧化性、热稳定性、阴离子碱的强度等，都随分子中氧原子数的改变而呈规律性的变化。以氯气的含氧酸和含氧酸盐为代表，将这些规律总结在表 6-6 中。

表 6-6 氯的含氧酸及其盐性质变化规律

氧化态	酸	热稳定性和酸性	氧化性	盐	热稳定性	阴离子的碱强度
+1	HClO	小	大	NaClO	小	大
+3	$HClO_2$	↓	↑	$NaClO_2$	↓	↑
+5	$HClO_3$	大	小	$NaClO_3$	大	小
+7	$HClO_4$			$NaClO_4$		

6.6 拟卤素和拟卤化物

某些−1 价的离子表现出与卤素离子相似的性质，在自由状态时，原子团的性质与卤素单质也很相似，将这些原子团称为拟卤素，将这些−1 价离子形成的化合物称为拟卤化物。

拟卤素主要包括：氰$(CN)_2$、硫氰 $(SCN)_2$、氧氰 $(OCN)_2$，它们的阴离子有 CN^-、氰酸根离子 OCN^-、硫氰酸根离子 SCN^-。

拟卤素与卤素的相似性质主要表现在以下几个方面：

(1) 游离状态均有挥发性。

(2) 与氢形成氢酸，氢氰酸是弱酸($K_a^{\ominus}=5.8\times10^{-10}$)，其余的酸性较强。

(3) 与金属化合生成盐。与卤素相似，它们的银、汞(Ⅰ)、铅(Ⅱ)盐均难溶于水。

(4) 与碱、水作用也和卤素相似。例如

$$Cl_2+2OH^- \longrightarrow Cl^-+ClO^-+H_2O$$

$$(CN)_2+2OH^- \longrightarrow CN^-+OCN^-+H_2O$$

$$Cl_2+H_2O \longrightarrow HCl+HClO$$

$$(CN)_2+H_2O \longrightarrow HCN+HOCN$$

(5) 形成与卤素类似的配合物。例如，$K_2[HgI_4]$和 $K_2[Hg(SCN)_4]$、$H[AuCl_4]$和 $H[Au(CN)_4]$。

(6) 拟卤离子与卤离子一样也具有还原性。例如

$$4H^++2Cl^-+MnO_2 \longrightarrow Mn^{2+}+Cl_2\uparrow+2H_2O$$

$$4H^++2SCN^-+MnO_2 \longrightarrow Mn^{2+}+(SCN)_2+2H_2O$$

拟卤离子和卤离子按还原性由小到大可以共同组成一个序列：F^-、OCN^-、Cl^-、Br^-、CN^-、SCN^-、I^-。

1. 氰和氰化物

氰$(CN)_2$ 是无色气体，有苦杏仁的臭味，极毒。氰分子的结构式为

$$:N\equiv C—C\equiv N:$$

在$(CN)_2$ 中 C—C 键不是单纯的 σ 键，还存在 π 键。

氰化氢是无色气体，极毒，可以和水以任何比例混合，其水溶液为氢氰酸，氢氰酸是弱酸，$K_a=5.8\times10^{-10}$。

重金属氰化物不溶于水，而碱金属氰化物溶解度很大，在水溶液中强烈水解而显碱性。CN^- 最重要的化学性质是作为配体，它极易与过渡金属及 Zn、Hg、Ag、Cd 形成稳定的配离子，如$[Ag(CN)_2]^-$、$[Hg(CN)_4]^{2-}$、$[Fe(CN)_6]^{4-}$等。

氰化物剧毒，极少量即可致死。当氰化物进入体内，其水解形态为 HCN，被吸收进入血液后，CN^- 与体内细胞色素氧化酶的 Fe^{3+} 配位结合（生成氰化高铁细胞色素氧化酶），酶的活性受到抑制，丧失了传递电子的能力，阻止了氧化酶的氧化还原作用，无法利用血液中的氧，导致呼吸链中断，造成细胞内窒息、死亡。

2. *硫氰和硫氰化合物*

在溶液中硫氰的氧化性与溴相似。

$$(SCN)_2+H_2S\longrightarrow 2H^++2SCN^-+S$$

$$(SCN)_2+2I^-\longrightarrow 2SCN^-+I_2$$

$$(SCN)_2+2S_2O_3^{2-}\longrightarrow 2SCN^-+S_4O_6^{2-}$$

大多数硫氰酸盐溶于水，而重金属的盐，如 Ag、Hg(Ⅱ)盐不溶于水。硫氰酸根离子 SCN^- 也是良好的配位体，与铁(Ⅲ)可生成深红色的硫氰酸根配离子。

$$Fe^{3+}+nSCN^-=\!=\!=[Fe(NCS)_n]^{3-n}\qquad (n=1,2,\cdots,6)$$

因此，硫氰酸盐可用作检验铁(Ⅲ)的试剂。

SCN^- 与 CO_2 互为等电子体，分子中有两个 σ 键和两个 π_3^4。由于其结构的特殊性（S，N 原子上都有孤对电子），它既可以利用 S 上的孤对电子配位，又可以利用 N 上的孤对电子配位。究竟采用哪一端去配位，这与阳离子的特性有关。因为 S 比 N 软，在与 Ag^+、Hg^{2+} 等软酸作用时以 S 配位，而与 Fe^{3+} 等硬酸作用时则以 N 配位。SCN^- 的结构见图 6-9。

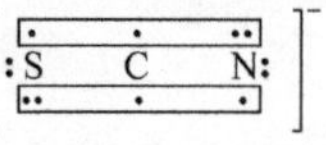

$$\left[:\!S\quad C\quad N\!:\right]^-\qquad 2\sigma+2\pi_3^4$$

图 6-9　SCN^- 的结构

习　题

1. 为什么氟的电子亲和能比氯小？为什么氟与氯比较仍然是强的氧化剂？
2. 从下列几方面考虑氟在卤素中有哪些特殊性。
   (1) 氟呈现的氧化态与其他卤素是否相同？
   (2) F_2 与水和碱溶液的反应与其他卤素有什么不同？
   (3) 制备 F_2 时能否采用一般氧化剂将 F^- 氧化？为什么？
   (4) 氢氟酸同硅酸作用的产物是什么？
   (5) 氟与氧的化合物与其他卤素与氧的化合物有何不同？
3. 电解制氟气中，为什么不用 KF 的水溶液，也不用熔融的 KF？为什么不采用无水液态 HF 电解？
4. 如何从海水提取溴和溴酸？写出有关的化学反应方程式。
5. 讨论 I_2O_5 的制备方法、结构和它在分析化学上的应用。
6. 写出 Cl_2、Br_2、I_2、$(CN)_2$、$(SCN)_2$ 在碱性溶液中的歧化反应式。比较 Cl_2、Br_2、I_2 在不同温度下歧化产物有什么不同。
7. 卤化氢中 HF 极性很强，熔、沸点最高，但其水溶液的酸性却最小，试分析其原因。

8. 写出 BrCl、BrF_3、ICl_3、IF_5、IF_7 的水解反应方程式。
9. 在卤素互化物中，较轻卤原子的数目为什么总是奇数？
10. 实验观察到多卤化铷没有相应的多卤化铯的热稳定性高，试加以说明。
11. 利用电极电势解释下列现象：在淀粉-碘化钾溶液中加入少量 NaClO 时，得到蓝色溶液 A，加入过量 NaClO 时，得到无色溶液 B，然后酸化之，并加少量固体 Na_2SO_3 于 B 溶液中，则 A 的蓝色复现，当 Na_2SO_3 过量时蓝色又褪去成为无色溶液 C，再加入 $NaIO_3$ 溶液蓝色的 A 溶液又出现。指出 A、B、C 各为何种物质，并写出各步的反应方程式。
12. 写出以 NaCl 为基本原料制备下列试剂的反应方程式(可加其他试剂)：

Cl_2、$NaClO_3$、$NaClO_4$、$HClO_4$、$KClO_3$、$KClO_4$、HClO、漂白粉

13. 确定下列分子或离子的结构：

$[ICl_2]^-$、H_5IO_6、$[IF_4]^+$、Cl_2O_7、$[ICl_4]^-$、SCl_3^+、IF_7、ClO_2、ClO_3^-、I_3^-、ClF_3、BrF_5

14. 完成并配平下列反应方程式：
   (1) $Cl_2 + KI + KOH \longrightarrow$
   (2) $B_2O_3 + Cl_2 + C \longrightarrow$
   (3) $KClO_4(s) + H_2SO_4$(浓)$\longrightarrow$
   (4) $I_2 + HNO_3 \longrightarrow$
   (5) $MnO_2 + HSCN \longrightarrow$
   (6) $BrO_3^- + XeF_2 \longrightarrow$
   (7) $BrO_3^- + F_2 + OH^- \longrightarrow$
   (8) $KClO + K_2MnO_4 + H_2O \longrightarrow$
   (9) $IO_3^- + Cl_2 + OH^- \longrightarrow$
   (10) $I_2 + Na_2S_2O_3 \longrightarrow$
15. 判断下列反应发生的现象，并写出反应方程式：
   (1) 将酸性 $KMnO_4$ 溶液加到过量的 KI 溶液中。
   (2) 将 KI 溶液加到过量的酸性 $KMnO_4$ 溶液中。
   (3) 往酸化的 $KBrO_3$ 溶液中逐滴加入不足量的 KI 溶液。
   (4) 往酸化的 KI 溶液中逐滴加入不足量的 $KBrO_3$ 溶液。
   (5) 先把等物质的量的 NO_2^- 和 I^- 混合并用 H_2SO_4 酸化，然后逐滴加入适量的 $KMnO_4$ 溶液。
   (6) 往 NO_2^- 和 I^- 的混合液中逐滴加入用 H_2SO_4 酸化的适量的 $KMnO_4$ 溶液。
16. 解释下列实验事实：
   (1) F_2 的解离能比 Cl_2 低。
   (2) 碘在碘化钾溶液中的溶解度比在水中大。
   (3) CCl_4 的熔点(176 K)比 CBr_4 的熔点(180 K)低，但 NaCl 的熔点(1073 K)比 NaBr 的熔点(1028 K)高。
17. 试确定 BrF_3 的结构，说明液态三氟化溴具有一定电导率的原因。
18. 在 SCl_3^+ 和 ICl_4^- 中，试预测 S—Cl 键和 I—Cl 键哪个键长较长。说明理由。
19. 下列物质在一定状态下能导电，这是为什么？

PCl_5　　PBr_5　　IF_5　　I_2

20. 有一种白色固体 A，加入油状无色液体 B，可得紫黑色固体 C，C 微溶于水，加入 A 后 C 的溶解度增大，成棕色溶液 D。将 D 分成两份，一份中加一种无色溶液 E，另一份通入气体 F，都褪色成无色透明溶液，E 溶液遇酸有淡黄色沉淀，将气体 F 通入溶液 E，在所得溶液中加入 $BaCl_2$ 溶液有白色沉淀，后者难溶于 HNO_3。A～F 各代表何物？

第7章　氢和氢能源

7.1　氢

7.1.1　氢的分布和同位素

氢是宇宙中最丰富的元素，在星际空间中大量存在（如太阳主要由氢组成），在地球上氢的含量也相当丰富，约占地壳质量的 0.76%，氢在生物体按质量计平均占 10%。

氢有三种同位素（是指质子数相同而中子数不同的同一种元素的不同原子），它们的名称和符号分别为氢或正常氢或质子氢（^1_1H，符号 H）、氘（^2_1H，符号 D）、氚（^3_1H，符号 T）。在自然界的氢中，^1_1H 的丰度为 99.984%（原子），^2_1H 占 0.0156%（原子），^3_1H 仅以痕量存在，约占 10^{-16} %（原子），它是一种不稳定的放射性同位素，半衰期为 12.4 年。

氢的三种同位素具有相同的电子构型（$1s^1$），化学性质十分相似；但在物理性质上差别较大，也反映在它们组成的双原子分子（如 H_2，D_2）和化合物（如 H_2O，D_2O）性质上的不同，这种差异源自核的质量数的不同，称为同位素效应。表 7-1 列出这三种同位素的某些性质。

表 7-1　氢的三种同位素的性质

元素名称	氢	氘	氚
元素符号	^1_1H 或 H	^2_1H 或 D	^3_1H 或 T
原子质量/u	1.0078	2.0141	3.0160
M_2 分子解离能/($kJ \cdot mol^{-1}$)	435.9	443.4	446.9
M_2 分子熔点/K	13.96	18.73	20.62
M_2 分子沸点/K	20.39	23.67	25.04
M_2O 的熔点/K	273.0	276.8	277.5
M_2O 的沸点/K	373.0	374.4	374.6

氘（^2_1H）和氚（^3_1H）是核聚变反应（指很轻的原子核在异常高的温度下，如高达 10^8 K 的温度，聚合成较重的原子核的反应）的原料。核聚变反应存在于宇宙之间，太阳发射出来的巨大能量，来源于组成太阳的氢原子几种同位素之间的核聚变反应（如 $^2_1H + ^3_1H \longrightarrow ^4_2He + ^1_0n$）。重水（$D_2O$）能作为核裂变反应的冷却剂。

7.1.2　正氢和仲氢

氢分子有两种变体，即正氢和仲氢，两者的区别在于分子内两个氢原子核的自旋方向不同，两个氢原子核的自旋方向相同的为正氢，两个氢原子核的自旋方向相反的为仲氢。普通氢是正氢和仲氢的平衡混合物，混合物中正、仲氢的百分比与温度有关。常温下，在平衡组分中正氢约占 75%，仲氢则占 25%，温度越低正氢越容易转化为仲氢，绝对零度时，仲氢含量达到 100%。

氢的两种变体（自旋异构体）的化学性质是相同的，但它们的物理性质稍有差别，如正氢比仲氢具有较高的熔、沸点。

7.2　氢的成键特征

氢是元素周期表中第一种元素，具有最简单的原子结构。氢原子由 1 个带正电荷的原子核和 1 个带负电荷的电子所组成，基态时该电子处在 1s 轨道（$1s^1$）。氢原子失去 1s 电子就成为 H^+[$H(g) \longrightarrow H^+(g) + e^-$，吸热 1312 kJ·mol^{-1}]；结合 1 个电子形成具有 $1s^2$ 结构的氢负离子 H^-[$H(g) + e^- \longrightarrow H^-(g)$，放热 73 kJ·mol^{-1}]。H、$H^+$、$H^-$ 的半径分别为 53 pm（自由原子）、0.0015 pm、208 pm（自由离子）。H 的电负性为 2.2。

随着合成化学和结构化学的发展，通过 H、H^+、H^- 等键合形式能组成性质各异的化合物，发现氢原子的成键形式是多种多样的，下面将进行这方面的讨论。

7.2.1　形成共价单键

氢原子同非金属元素（除稀有气体外）组成共价型氢化物，如 HCl、H_2O、NH_3、CH_4 等时，在成键过程中，氢原子的 1s 轨道与非金属原子的价轨道或杂化轨道发生重叠形成共价单键（σ 键）。当组成氢化物的两个原子的电负性不相同时，其共用电子对将发生偏离，形成极性键。

当两个 H 原子的 1s 轨道发生重叠便形成 1 个非极性的共价单键，组成 H_2 分子。H_2 分子的键长为 74 pm，键能为 436 kJ·mol^{-1}。

7.2.2　形成离子键

氢原子与活泼金属（如 Li，Na，K，Rb，Cs，Ca，Sr，Ba）能组成离子型氢化物（如 LiH，NaH，CaH_2 等）。活泼金属的电负性都很低，容易失去电子，成键时 H 获得 1 个电子形成 H^-，以离子键和正离子相结合。带 1 个正电荷的 H 原子对核外两个电子的控制力很弱，使 H^- 的半径很大，容易发生变形，这种弱的结合力导致 H^- 具有高的可压缩性，在这类离子型的氢化物中，H^- 半径为 126～154 pm（如从 LiH 中的 126 pm 到 CsH 的154 pm）。H^- 仅存在于离子型氢化物的晶体中，不能以水合离子的形式存在于水溶液中（发生水解产生 H_2）。

H^- 与 B^{3+}、Al^{3+}、Ga^{3+} 等组成通式为 XH_4^- 的复合型氢化物，如 $LiAlH_4$、$NaBH_4$、$LiGaH_4$等。

H^+ 半径小，具有很强的正电场，能使与它相邻的分子强烈地变形。因此，除气态离子束（如 H_3^+）外，并不存在自由的质子，它总是同其他含孤对电子的原子或分子结合在一起而存在，如 H_3O^+、$H_5O_2^+$、NH_4^+ 等。

$H_5O_2^+$ 的结构见图 7-1。在 20 多种晶体中已找到 $H_5O_2^+$ 存在的踪迹，如[H_5O_2][$PW_{12}O_{40}$]、[$V(H_2O)_6$][H_5O_2][CF_3SO_3]$_4$、[H_5O_2][$Mn(H_2O)(SO_4)_2$]等。

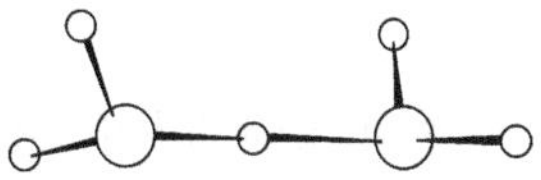

图 7-1　$H_5O_2^+$ 的结构

7.2.3 特殊的键型

1. 形成单电子(σ)键

当两个 H 原子组成 H_2^+ 时，这个电子占据成键轨道，H_2^+ 极不稳定。它的键长为 106 pm，键解离能为 255 kJ · mol^{-1}。

2. 形成三中心二电子键

H_3^+ 为三角形结构，是在气体放电中发现的，它比 H_2^+ 稳定得多。

3. 形成氢桥键

在硼烷等化合物中，氢原子可以与相邻原子形成氢桥键。例如，B_2H_6 中，H 原子与两个 B 原子形成三中心二电子氢桥键 B—H—B。

4. 金属型氢化物

氢原子能与许多金属特别是过渡金属或合金及稀土元素组成二元或多元型氢化物，如 VH_2、Mg_2NiH_4、$TiFeH_{1.9}$、$LaNi_5H_6$、$ZrCo_2H_4$、$MmCo_5H_3$(Mm＝混合稀土金属)。

现以 $LaNi_5H_6$ 的生成为例，说明氢的键合特征。H_2 分子与合金 $LaNi_5$ 接触时，先吸附于合金表面上，H_2 分子发生解离(金属 Ni 对 H_2 分子分解为 H 原子的过程起着催化作用)，成为原子态 H，原子态 H 经扩散，进入金属晶体的空隙中，形成 $LaNi_5H_6$。这可以把金属晶格看成是容纳氢原子的容器，H 原子占据由金属 La 和 Ni 形成的四面体和八面体孔隙中。

这类氢化物的结构有些完全不同于母体金属的结构(如 $LaNi_5H_6$ 为变态型结构)，有些却完全相同(如 PdH_x，$x<1$ 为间隙型金属氢化物)。

7.2.4 形成氢键

当 H 以共价键和 1 个电负性高而半径小(如 F,O,N 等)的 X 结合形成氢化物 H—X 时，共用电子对强烈地偏向 X 端，使 H 原子带部分正电荷($\overset{\delta^+}{H}—\overset{\delta^-}{X}$)，吸引价电子的能力增大。带有部分正电荷的 H 原子与含有孤对电子而电负性较强的 Y 原子(如 F,O,N 等)，它们之间存在静电吸引力和部分共价键力。这就表明以 H 原子为中心连接 X、Y 间(X—H…Y)形成了分子间或分子内氢键(在这体系中X—H键的 1 对成键电子和 Y 原子的 1 对孤对电子参加成键)，可以把氢键看成是三中心四电子键，氢键的本质是一种电性作用力，其键能介于共价键和范德华力之间，氢键的键长是指 X 和 Y 间的距离。

7.3 氢 化 物

在元素周期表中，除稀有气体外的几乎所有元素都能与氢结合生成不同类型二元化合物，这些化合物一般统称为氢化物。但严格来讲，氢化物是指含 H^- 的化合物。

氢化物按其结构和性质的不同可大致分为三类：离子型、金属型以及共价型(图7-2)。共价型氢化物已在有关章节进行了讨论，本节将重点介绍离子型氢化物。

Li	Be											B	C	N	O	F
Na	Mg											Al	Si	P	S	Cl
K	Ca	Sc	Ti	V	Cr	Mn	Fe	Co	Ni	Cu	Zn	Ga	Ge	As	Se	Br
Rb	Sr	Y	Zr	Nb	Mo	Tc	Ru	Rh	Pd	Ag	Cd	In	Sn	Sb	Te	I
Cs	Ba	La~Lu	Hf	Ta	W	Re	Os	Ir	Pt	Au	Hg	Tl	Pb	Bi	Po	At
Fr	Ra	Ac~Lr														

离子型　　金属型　　共价型

图7-2　氢化物分类

7.3.1　离子型氢化物

碱金属和碱土金属(除Be,Mg外)具有很低的电负性，可将电子转移给氢原子生成氢负离子(H^-)从而组成离子型氢化物。离子型氢化物的结构和物理性质与盐类(卤化物)相似，所以又称盐型氢化物。

离子型氢化物一般为白色晶体。熔点、沸点较高，熔融状态时能导电。最活泼的金属和氢气生成离子型氢化物时都放出大量的热，可由金属单质和氢气在高温条件下直接反应而得。碱金属氢化物的热稳定性按 LiH →CsH 递减(如 LiH 热分解产物压力达101 325 Pa时温度是1123 K，而 RbH 在大于473 K 时就明显分解了)，而其化学活性则按此顺序递增。

离子型氢化物都是优良的还原剂($E^{\ominus}_{H_2/H^-} \approx -2.25$ V)和氢气发生剂。

$$4NaH + TiCl_4 \xlongequal{\triangle} Ti + 4NaCl + 2H_2\uparrow$$

$$CaH_2 + 2H_2O \xlongequal{} Ca(OH)_2 + 2H_2\uparrow$$

$$UO_2 + CaH_2 \xlongequal{} U + Ca(OH)_2$$

$$NaH + CH_3OH \xlongequal{} NaOCH_3 + H_2\uparrow$$

$$LiH + H_2O \xlongequal{} LiOH + H_2\uparrow$$

氢化钙也可作为有效的干燥剂和脱水剂，氢化钙与水之间的反应在实验室用来除去溶剂或惰性气体(如 N_2,Ar)中的痕量水。

H^- 作为路易斯碱与 B^{3+}、Al^{3+}、Ga^{3+} 等缺电子离子生成通式为 XH_4^- 的复合氢化物，如 $LiAlH_4$、$NaBH_4$ 等。

$$4LiH + AlCl_3 \xlongequal{乙醚} LiAlH_4 + 3LiCl$$

复合氢化物(如 $LiAlH_4$、$NaBH_4$)是合成化学中的优良还原剂，用于制备其他氢化物。

$$SiCl_4 + LiAlH_4 \xlongequal{} SiH_4 + AlCl_3 + LiCl$$

$$4BF_3 + 3NaBH_4 \xlongequal{} 3NaBF_4 + 2B_2H_6$$

7.3.2 金属型氢化物

许多过渡金属以及镧系和锕系金属都能与氢结合生成金属氢化物。

氢化钛的制备是将海绵钛(或钛屑)在约 473 K 与氢气反应或在氢气氛中用氢化钙还原二氧化钛而得。氢化钛在一定的温度下又会脱氢。

$$Ti+H_2 \xlongequal{473\ K} TiH_2$$

$$TiO_2+CaH_2 \xlongequal{H_2} TiH_2+CaO+H_2O$$

氢化钛在制造电子管、显像管等真空电子管工业中作吸气剂,作高纯氢气的供源,在粉末冶金工业中向合金粉末中提供钛,在制造泡沫金属中作为氢源等的用途。氢化锆也有相似的特性。

稀土氢化物可由稀土金属与氢气直接反应制得,产物通常用 REH_x 表示($x=2\sim3$)。反应先生成 REH_2,大多数 REH_2 可继续反应生成 $REH_{2\sim3}$。

$$RE+\frac{x}{2}H_2 = REH_x$$

稀土金属与氢气作用生成氢化物,并伴随着晶形的改变,摩尔体积增大而具有脆性,稍加研磨就变成粉状。稀土金属氢化物经减压并释放出氢气后可得稀土金属的粉末,因此可以利用金属生成氢化物的方法来制取稀土金属粉末。

铀和氢气在一定的温度下可生成氢化铀。它的一个重要特性是能可逆地放出氢气,利用这个可逆吸放氢气的反应来获得超纯氢气。

$$U+\frac{3}{2}H_2 = UH_3$$

关于金属合金(如 $LaNi_5$,FeTi,$TiMn_{1.5}$,FeTiNi,$MgNi_2$ 等)作为储氢材料的论述,可参考第 13 章的相关内容。

7.4 制氢气方法

制氢气的方法很多,这里仅简单介绍几种实验室和工业上的制氢气方法。

7.4.1 金属与水、酸或碱反应制氢气

金属钠或钠汞齐、金属钙与水反应,产生 H_2 和氢氧化物。金属锌与酸(稀盐酸或稀硫酸)反应产生 H_2,如果锌中含有杂质,所得氢气纯度不高(常含有 PH_3,AsH_3,H_2S 等杂质气体)。硅、铝等金属与强碱溶液反应也能获得 H_2。

7.4.2 金属氢化物与水反应制氢气

常用 CaH_2 或 NaH 与水反应来发生 H_2。由于 CaH_2 最稳定,把它装在罐里,作为氢气源,便于野外工作时使用(如充填气象观测气球)。

7.4.3 电解水制氢气

在工业上用镀镍的铁电极电解15% KOH水溶液来制备H_2，该法产生的H_2纯度较高(99.9%)，但耗电量大。另外，在氯碱工业中，电解饱和NaCl水溶液，产生大量的H_2。

7.4.4 化石燃料制氢气

迄今，全球90%以上的氢气是由化石燃料(煤，石油或天然气等)制备的。在石油化学工业中，烷烃脱氢制取烯烃可以副产氢气。在催化剂存在下，甲烷高温脱氢或与水蒸气反应均能获得氢气。赤热的焦炭同水蒸气作用得到水煤气[$CO(g)+H_2(g)$]，在催化剂(氧化铁)的作用下，水煤气与水蒸气反应，CO转化为CO_2，经分离出CO_2，可得到氢气。

$$C_2H_6(g) \xrightarrow{\triangle} C_2H_4(g) + H_2(g)$$

$$CH_4(g) \xrightarrow[\text{催化剂}]{1273\ K} C(g) + 2H_2(g)$$

$$CH_4(g) + H_2O(g) \xrightarrow[\text{催化剂}]{1073\sim1173\ K} CO(g) + 3H_2(g)$$

$$C(\text{赤热}) + H_2O(g) \xrightarrow{1273\ K} \underbrace{H_2(g) + CO(g)}_{\text{水煤气}}$$

$$CO(g) + H_2(g) + H_2O(g) \xrightarrow[\text{催化剂}]{>723\ K} CO_2(g) + 2H_2(g)$$

传统的化石燃料制氢气都伴有大量CO_2排出(常用K_2CO_3溶液吸收生成$KHCO_3$)。近年来已开发的无CO_2排放的化石燃料制氢气技术，不向大气排放CO_2(转化为固体炭)，制得氢气纯度高，减轻了对大气环境的污染。

7.4.5 热化学循环制氢

纯水分解反应的标准吉布斯自由能变为正值($\Delta G^{\ominus}=238\ kJ\cdot mol^{-1}$)，若采用热化学法将水直接加热分解制氢所需温度高达2000 ℃。在实际操作中遇到高压、高温、能耗大等问题，很难实现水的直接分解制氢。

由于水的直接分解制氢，条件苛刻，于是人们设计了热化学循环制氢法。它是在水反应体系中加入一种中间物(如金属元素Fe、Mg、Ca、Cu、Cd、Hg、Li、Cs、Ni等，非金属元素S、I、Br、Cl等组成)，借助多步化学反应的耦合(几个反应的组合)，构成循环体系，经历不同的反应阶段，最终将水分解为氢气和氧气。该方法的特点是中间物可循环使用，各阶段的反应温度均较低。

现将Ca-Fe-Br的四步循环和S-I的三步循环制氢的有关化学反应方程式排列如下：

(1) Ca-Fe-Br的四步循环。

$$CaBr_2(s) + H_2O(g) \xrightarrow{973\sim1030\ K} CaO(s) + 2HBr(g)$$

$$CaO(s) + Br_2(g) \xrightarrow{773\sim1073\ K} CaBr_2(s) + 1/2\ O_2(g)$$

$$Fe_3O_4(s)+8HBr(g) \xrightarrow{473\sim573\ K} 3FeBr_2(s)+4H_2O(g)+Br_2(g)$$

$$3FeBr_2(s)+4H_2O(g) \xrightarrow{823\sim873\ K} Fe_3O_4(s)+6HBr(g)+H_2(g)$$

(2) S-I的三步循环。

$$2H_2O+SO_2+I_2 \xrightarrow{293\sim373\ K} 2HI+H_2SO_4$$

$$2HI \xrightarrow{573\sim773\ K} H_2+I_2$$

$$H_2SO_4 \xrightarrow[1073\ K(催化剂)]{673\sim773\ K} H_2O+SO_2+1/2\ O_2$$

S-I的三步循环中第三个方程式是 H_2SO_4 分解反应，实际上分两步进行。在 673～773 K 时，$H_2SO_4(g)$分解为 SO_3 和 H_2O，然后在高温（约 1073 K）和催化剂作用下，SO_3 分解为 SO_2 和 O_2。

以上两种循环的总反应：　$H_2O \longrightarrow H_2+1/2\ O_2$

利用耦合反应，组成一个封闭的热化学循环体系，促使反应在较低的温度下进行，反应中间物能循环使用，从而达到降低能耗和节省物料的目的。

人们正在探索将热化学循环反应与太阳能的利用结合，开发成本低廉的制氢工艺。

热化学循环制氢遇到的主要问题是工艺复杂，反应性差或产品分离困难，某些中间过程会产生有腐蚀性或有毒物质，造成设备腐蚀和环境污染。为适应未来大规模制氢的需要，还需就循环物质对环境的影响和耐腐蚀材料等方面做进一步的研究。

7.4.6 太阳能光催化分解水制氢

光分解水制氢的基本原理是在催化剂的作用下，将太阳能转化为化学能的方法。

水分解为 H_2 和 O_2 是一个自由能增加的非自发反应过程。

$$H_2O(l) = H_2(g)+1/2\ O_2(g) \qquad \Delta G^\ominus=238\ kJ\cdot mol^{-1}$$

因此，在标准状态下要实现水分解制氢，必须提供足够的能量，这相当于吸收 500 nm 波长以下的光$\left(E=h\nu=\dfrac{hc}{\lambda}\right)$。由于可见光的波长范围位于 $\lambda=380\sim700$ nm，因此水几乎不吸收可见光。

从电化学原理出发，使水分解需要施加的理论电压为 1.23 V($\Delta G^\ominus=-nFE^\ominus$)，考虑过电压等其他因素的影响，实际施加的电压远高于水分解时的理论电压。

太阳光不能直接分解水，然而在光催化剂的作用下，能够实现光分解水制氢。实验发现含过渡金属（如 Ti、Zr、Nb、Ta）的氧化物在紫外区是很好的光催化剂，但这些光催化剂的禁带宽度较宽（>3.0 eV），只能吸收紫外光。在太阳光谱中占分量较大的是可见光（约占 44.6%）和能量较低的红外光（约占 45.4%）。而紫外光的波长范围位于 $\lambda=4\sim380$ nm，在太阳光谱中所占份额很低（约占 8.7%），不能满足水完全分解的条件。

TiO_2 是一种具有半导体催化性能的材料，当加入助催剂后便具有光催化分解水的活性，助催剂通常为金属氧化物或贵金属颗粒（如 NiO、Pt、Ru、Pd 等），能有效地降低 H_2 和 O_2 析出的过电势，促进电子和空穴的有效分离，提高光催化分解水的效率。研究发现，TiO_2 的晶形、掺杂金属离子、催化剂载体等都对光催化活性产生影响。

TiO_2 为n型半导体(电流的携带者是带负电荷的电子),其禁带宽度为3.2 eV。当它受到一定波长的光照射时,价带上的电子便吸收光子,跃迁到导带,在价带上同时留下空穴。水在这种光生电子-空穴对的作用下,发生氧化还原反应,即吸附在 TiO_2 表面的 H_2O 中的 H^+ 获得电子,还原为 H_2,空穴将 H_2O 氧化放出 O_2。这表明悬浮在水中的 TiO_2 颗粒表面产生的"微光电池",发生了多相光催化分解水的反应。反应过程用简单方程式表述如下:

$$(TiO_2)\xrightarrow{h\nu}2e^-(\text{光生电子})+2h^+(\text{光生空穴})$$

$$2H^+ + 2e^- \longrightarrow H_2$$

$$H_2O+2h^+ \longrightarrow 2H^+ + 1/2\ O_2$$

总反应

$$H_2O\xrightarrow[\text{催化剂}]{h\nu}H_2+1/2\ O_2$$

TiO_2 作为光催化分解水的制氢材料,具有稳定性高、无毒、廉价、不产生光腐蚀(光激发产生的空穴具有强氧化性,对半导体材料本身产生的氧化作用)等优点,但它不能利用占太阳辐射能44.6%的可见光。

目前,光催化分解水的研究热点是设法将其激发波长扩展到可见光区,以提高对可见光的利用率。研究发现,可通过非金属的掺杂,调变 TiO_2 半导体的禁带宽度,使吸收边向可见光区延伸,提高 TiO_2 光催化活性。另外,如何促进光生电子和空穴对的有效分离和传递也是重要的研究方向。

7.4.7 生物制氢

生物制氢具有常温、常压、低能耗和对环境友好等特点,已成为世界各国氢能源发展的一个重要组成部分。

生物制氢是通过微生物来实现的。自然界中可利用产氢的微生物主要有光合生物(绿藻,蓝藻等)和非光合生物(厌氧细菌,兼性厌氧细菌,好氧菌等发酵生物)。在这些微生物体内存在能使质子还原为氢的特殊的酶,称为"产氢酶"(酶是由细胞按一定基因编码产生的具有催化功能的蛋白质)。"产氢酶"有两种:固氮酶和氢酶。固氮酶由蛋白质分子构成,为多功能的氧化还原酶,主要成分是钼铁蛋白和铁蛋白;氢酶是微生物体内调节氢代谢的活性蛋白,主要成分是铁硫蛋白,绝大多数氢酶中都含有镍。不同类型的微生物催化产氢的酶不完全相同。例如,绿藻不含固氮酶,氢代谢过程全部是由氢酶的催化完成的;蓝藻中却同时含有氢酶和固氮酶,联合调节氢的代谢。

利用微生物产氢的实际过程是比较复杂的,为方便叙述,将产氢模式大致概括为两类:光合生物产氢和非光合生物产氢。

光合生物的产氢模式是由该类微生物体内的光合作用系统吸收太阳能,光解水产生 H_2 和 O_2,在质子还原步骤中,电子的供体是水。

非光合生物(发酵生物)的产氢模式是通过发酵分解还原性有机物,产生 H_2 和 CO_2,在质子还原步骤中,电子的供体是还原性有机物。

研究发现,固氮酶和氢酶在微生物体内的控制氢代谢中扮演重要的角色。实际产氢过程是在"产氢酶"的催化作用下,通过含氢化合物的分解和质子还原两个主要步骤完成的。

以绿藻光解水制氢为例，反应通常分两步进行。第一步，绿藻通过光合作用系统，吸收光能，分解水产生质子和电子，并释放 O_2。第二步，在厌氧条件下，绿藻依靠体内“氢酶”的催化作用，还原质子产生 H_2。其过程示意如下：

$$H_2O \xrightarrow{h\nu} 2H^+ + 1/2\ O_2 + 2e^-$$

$$2H^+ + 2e^- \xrightarrow[\text{催化}]{\text{氢酶}} H_2$$

光解水产生的 O_2 对氢酶的活性有明显的抑制作用，大大缩短产氢的持续时间。

厌氧发酵制氢可以解决有机废水、污泥等污染物的处理问题，还能获得清洁的氢能。生物制氢在能源发展和环境治理中起着重要的作用。

生物制氢技术目前处于实验阶段，离实用化目标还有一段距离，需在降低成本、提高能量转化率、改造产氢酶、发现优良产氢微生物、分离产氢混合气体、纯化等方面有所突破。

7.5 氢　能　源

氢能是一种理想的二次能源。专家预言，它将成为化石燃料的最有希望的替代化石燃料的能源之一。氢能之所以成为未来的新能源，是基于它的以下特点：

(1) 氢气具有资源丰富、无毒、无污等优点，因而氢能被认为是一种理想的绿色洁净能源。

(2) 除核燃料外，氢气的发热值是所有化石燃料、化工燃料和生物燃料中最高的。1 kg氢气完全燃烧放出的热量为 1.43×10^5 kJ，是汽油发热值的 3 倍，是焦炭发热值的 4.5 倍(均为相同质量比较)。

(3) 氢气燃烧性能好，燃烧速度快、燃烧分布均匀、点火温度低。

(4) 在所有气体中，氢气的导热性最好，因此在能源工业中氢气是极好的传热载体。

(5) 氢气可以气态、液态或固态金属氢化物出现，能适应储运及各种应用环境的不同要求。氢气能发电、供热和提供动力等，是一种具有很大发展潜力的新能源，如液态氢已经被作为人造卫星和宇宙飞船中的能源。

(6) 作为二次能源，氢气的输送与储存损失比电力小。要使氢气成为广泛使用的能源，关键是要解决廉价的制氢气技术以及氢气的储存和运输的问题。

关于储氢技术参考第 13 章的相关内容。

习　题

1. 简述工业上和实验室制备氢气的方法，写出有关反应方程式。
2. 氢能具有哪些优点？为什么说氢能是未来最佳的清洁能源？
3. 简述光分解水制氢气的基本原理，TiO_2 是如何促进水分解为氢气的？
4. 简述化学法储存氢气的技术。

5. (1) 计算 1 mol $H_2(g)$与 0.5 mol $O_2(g)$结合生成 $H_2O(l)$所放出的热量。
   (2) 计算 1 kg H_2 完全燃烧放出的热量，并以此与同量的煤(设仅含^{12}C)完全燃烧放出的热量进行比较，得出何种结论？
6. 氢元素能以共价键、离子键、金属键和氢键等形成化合物，各举一例说明。
7. 发射航天飞机的火箭可用液氢和液氧作燃料，但用量非常之大，最好选用什么方法制备氢气？使用时要注意什么问题？
8. 在下列氢化物中，稳定性最好的是哪一个？

   RbH　　KH　　NaH　　LiH

9. 试通过计算回答：
   (1) 写出氢-氧燃料电池的电池总反应式。
   (2) 计算该电池的标准电动势($E^{\ominus}$)。
   (3) 燃烧 1 mol 氢气可获得的最大电功是多少？若该燃料电池的转化率为 83.0%，则燃烧 1 mol 氢气又可获得多少电功(以千焦计)？
10. 氢键的结合力的本质是什么？氢键的形成对于化合物的物理和化学性质产生哪些影响？

第 8 章　铜族与锌族元素

学习要点

(1) 从结构观点说明 ds 区元素与 s 区元素性质上的差异。

(2) 了解 ds 区元素单质的重要化学性质，主要掌握这些金属与酸碱反应的特性。

(3) 重点掌握铜、银、锌、汞的重要化合物的反应性，特别是氧化还原性和配合性及其相关应用。

(4) 理解 Cu(Ⅰ)与 Cu(Ⅱ)和 Hg(Ⅰ)与 Hg(Ⅱ)之间的相互转化条件及相关应用。

(5) 了解铜、银、锌、镉、汞的应用。

铜族与锌族位于周期表 ds 区，分别称为ⅠB 与ⅡB 族元素。虽然它们仅差一个 s 电子，但性质差别却很大，铜族与过渡元素性质更接近一些，它们具有可变的氧化态，而锌族则比较接近主族元素，氧化态以+2 为主。

8.1　铜 族 元 素

8.1.1　铜族元素通性

铜族元素包括铜、银、金三种元素。它们的价电子构型为$(n-1)d^{10}s^1$，最外层电子数与碱金属相同，但次外层却不同。铜族元素次外层为 18 个电子，对核的屏蔽效应比 8 电子结构的小得多，使有效核电荷较大，对外层电子的吸引力较强。因此，与同周期的碱金属相比，铜族元素的原子半径较小，第一电离能较大，标准电极电势为正值，金属活泼性远小于碱金属。

由于 18 电子结构的阳离子具有较强的极化力，对水分子的作用力强，所以阳离子的水合能也较大(当电荷相同，半径相近时)，铜族元素的阳离子具有较大的极化力和变形性，其氢氧化物的碱性较弱、阳离子易水解、易形成配离子、易与软碱相结合。铜族元素的氧化态有+1、+2、+3 三种，这是由于铜族元素的次外层$(n-1)d$轨道能量与最外层 ns 能量相差较小，与其他元素化合时，不仅 s 电子能参与成键，$(n-1)d$ 电子也可以部分参加成键，而呈现多变的氧化态。

铜族元素的基本性质列于表 8-1。

表 8-1　铜族元素的基本性质

元素名称	铜	银	金
元素符号	Cu	Ag	Au
原子序数	29	47	79
相对原子质量	63.546	107.868	196.9665
价电子构型	$3d^{10}4s^1$	$4d^{10}5s^1$	$5d^{10}6s^1$
常见氧化态	+1,+2	+1	+1,+3
金属半径/pm(CN=12)	127.8	144.4	144.2
M^+半径/pm(CN=6)	77	115	137
M^{2+}半径/pm(CN=6)	73	94	85(M^{3+})
第一电离能/($kJ \cdot mol^{-1}$)	750	735	895
第二电离能/($kJ \cdot mol^{-1}$)	1970	2083	1987
M^+(g)水合能/($kJ \cdot mol^{-1}$)	−582	−485	−644
M^{2+}(g)水合能/($kJ \cdot mol^{-1}$)	−2121	—	—
升华热/($kJ \cdot mol^{-1}$)	340	285	约 385
电负性(χ_P)	1.9	1.93	2.54
$E^{\ominus}$/V	0.522	0.799	1.68

8.1.2　金属单质

1. 物理性质

在常温下，铜、银、金都是晶体，纯铜为紫红色、金为黄色、银为银白色。它们的硬度较小，熔、沸点较高，这可能与 d 电子也参与形成金属键有关；有良好的延展性和优良的导电、导热性能，在所有金属中，银的导电性最强，铜其次。

铜、银、金也称货币金属，用于制造货币和装饰品。许多合金用途广泛，如黄铜(铜锌合金)的机械性能和耐磨性能均强，用于制造精密仪器、船舶的零件、枪炮的弹壳、乐器等。铜广泛用作导电材料，银主要用于制造照相材料、银镜、蓄电池等。银能微溶于水，水中微量银具有杀菌性就是利用银的灭菌性能(能与菌体中酶蛋白的巯基—SH 强烈地结合，使酶失去活性)。银或载银抗菌剂就像一个微型电荷发生器，它不停地放出电荷，细菌一旦与其接触，机体被毁灭亡，制成抗黏附的生物材料，可阻止细菌的初期繁殖，从而控制感染的发生。例如，涂有银的缝合线对 7 种细菌均有良好的灭菌效果；在聚氨酯导管表面涂银后，可使细菌黏附数量大幅度减少。值得一提的是一旦细菌生成，银的灭菌效果就不大显著。金的某些硫醇配合物已经用于治疗风湿性关节炎。表 8-2 列出它们的某些物理性质。

表 8-2　铜、银、金的物理性质

性　质	铜	银	金
颜色	紫红	银白	黄
密度/($g \cdot cm^{-3}$)	8.96	10.50	19.3
导电性(Hg 为 1)	58.6	61.7	41.7

续表

性 质	铜	银	金
硬度(金刚石为10)	3	2.7	2.5
熔点/K	1356	1234	1337
沸点/K	2868	2485	2933

2. 化学性质

铜族元素的化学活泼性远较碱金属低，并按Cu、Ag、Au的顺序递减。这与它们的原子半径、外电子结构和有效核电荷有关。

铜在常温下不与干燥空气中的氧气化合，加热能产生黑色的氧化铜，金、银则不反应。

铜久置于含CO_2的潮湿空气中，表面会慢慢生成一层铜绿。

$$2Cu+O_2+CO_2+H_2O = Cu(OH)_2\cdot CuCO_3$$

银、金无此性质。

当银接触含有H_2S的空气，表面形成Ag_2S的黑色薄膜，使它失去金属光泽。

铜族元素都能和卤素反应。但反应程度按Cu、Ag、Au的顺序逐渐下降。

铜族元素的标准电极电势均大于氢气，因此不能从稀酸中置换出氢气。但当有空气存在时，铜可缓慢溶解于这些稀酸中。

$$2Cu+4HCl+O_2 = 2CuCl_2+2H_2O$$

$$2Cu+2H_2SO_4+O_2 = 2CuSO_4+2H_2O$$

在加热时，铜也与浓盐酸反应。这是由于生成了较稳定的配离子和熵增有关，促使平衡向右移动。

$$Cu+4HCl(浓) \xlongequal{\triangle} H_2[CuCl_4]+H_2\uparrow$$

铜和银均可被硝酸或热的浓硫酸等氧化性酸所溶解，而金只能溶解在王水中。

$$Au+4HCl+HNO_3 = HAuCl_4+NO\uparrow+2H_2O$$

铜能溶于浓的碱金属氰化物溶液中，并放出H_2；在有空气存在下，银和金也有类似的性质。

$$2Cu+8NaCN+2H_2O = 2Na_3[Cu(CN)_4]+2NaOH+H_2\uparrow$$

$$4Ag+8NaCN+O_2+2H_2O = 4Na[Ag(CN)_2]+4NaOH$$

$$4Au+8NaCN+O_2+2H_2O = 4Na[Au(CN)_2]+4NaOH$$

铜、银、金还能溶于有氧化剂存在的其他酸性溶液中。例如，铜与三氯化铁的反应，银与$HgCl_2$的反应，硫脲提金的反应等。

$$Au+Fe^{3+}+2SC(NH_2)_2 = Au[SC(NH_2)_2]_2^+ +Fe^{2+}$$

8.1.3 铜族元素的重要化合物

铜有+1、+2、+3氧化态，特征氧化态为+1和+2；银有+1、+2、+3氧化态，特征氧化态为+1；金则有+1、+3氧化态，以+3氧化态最稳定。

1. 氧化铜和氧化亚铜

铜可以形成黑色的氧化铜(CuO)和红色的氧化亚铜(Cu_2O)。它们可以通过加热或还原方法得到。例如,加热氢氧化铜、碱式碳酸铜、硝酸铜都能得到氧化铜。

$$Cu(OH)_2 \xrightarrow{\triangle} CuO + H_2O$$

$$Cu_2(OH)_2CO_3 \xrightarrow{\triangle} 2CuO + CO_2\uparrow + H_2O$$

$$2Cu(NO_3)_2 \xrightarrow{\triangle} 2CuO + 4NO_2\uparrow + O_2\uparrow$$

选用温和的还原剂如葡萄糖、羟胺、酒石酸钾钠或亚硫酸钠在碱性溶液中还原Cu(Ⅱ)盐,可得到氧化亚铜。

$$2Cu^{2+} + 5OH^- + C_6H_{12}O_6 = Cu_2O\downarrow + C_6H_{11}O_7^- + 3H_2O$$

$$2Cu^{2+} + SO_3^{2-} + 4OH^- = Cu_2O\downarrow + SO_4^{2-} + 2H_2O$$

视其制备方法和条件不同,Cu_2O 可能为黄色、橙色、红色或暗褐色。前一反应医疗上用于诊断糖尿病,分析化学上利用这个反应测定醛,也可在实验室制取 Cu_2O。

CuO 和 Cu_2O 都不溶于水。当向 Cu^{2+} 溶液中加入强碱形成淡蓝色 $Cu(OH)_2$ 沉淀,它微显两性,以碱性为主,能溶于较浓的强碱形成$[Cu(OH)_4]^{2-}$。$Cu(OH)_2$ 溶于 $NH_3 \cdot H_2O$生成深蓝色$[Cu(NH_3)_4]^{2+}$。$[Cu(NH_3)_4]^{2+}$的溶液简称铜氨液,它有溶解纤维的能力,在溶解了纤维的溶液中加水或酸,纤维又可沉淀析出。纺织工业利用这种性质制造人造丝。

Cu_2O 在酸性溶液中立即歧化为 Cu^{2+} 和 Cu;当溶于氨水中形成无色的$[Cu(NH_3)_2]^+$,它会很快被空气中的氧气氧化为蓝色的$[Cu(NH_3)_4]^{2+}$。

Cu_2O 用于制造船舶底防污漆(杀死低级海生动物)、用作农业的杀菌剂、陶瓷和搪瓷的着色剂、红色玻璃染色剂、用于电器工业中的整流器的材料等。

CuO 可用作颜料、光学玻璃磨光剂、油类的脱硫剂、有机合成的催化剂,在有机分析中作为助氧剂用于测定化合物中的含碳量等。在熔点附近灼烧过的 CuO 是磷酸盐系列黏结剂的主要成分,它不仅用于黏合金属与金属、陶瓷与陶瓷,还能黏合金属与陶瓷。

2. 卤化铜和卤化亚铜

卤化物有无水 CuX_2(CuF_2 白色,$CuCl_2$ 棕色,$CuBr_2$ 棕色)和含结晶水的化合物。$CuCl_2$ 是最重要的卤化铜。经研究证明,$CuCl_2$ 是共价化合物,其结构是由$CuCl_4$单元通过氯原子桥组成无限长链结构。

```
      Cl      Cl      Cl
 \   /  \    /  \    /  \
  Cu      Cu      Cu
 /   \  /    \  /    \  /
      Cl      Cl      Cl
```

$CuCl_2$ 不但易溶于水,而且易溶于乙醇和丙酮。它在很浓的溶液中呈黄绿色,在较浓溶液中显绿色,在稀溶液中显蓝色。黄色是由于$[CuCl_4]^{2-}$等配离子存在,蓝色与$[Cu(H_2O)_4]^{2+}$等的存在有关,两者并存时显绿色。

$CuCl_2 \cdot 2H_2O$受热时按下式分解：

$$2CuCl_2 \cdot 2H_2O \xlongequal{\triangle} Cu(OH)_2 \cdot CuCl_2 + 2HCl + 2H_2O$$

所以制备无水$CuCl_2$时，要在HCl气流中加热脱水，无水$CuCl_2$进一步受热分解为CuCl和Cl_2。

$CuBr_2$溶于HBr呈特征的紫色，可能与$[CuBr_3]^-$存在有关。高温下CuX_2(X=Cl, Br, I)分解为CuX和X_2。

卤化亚铜CuX(X=Cl, Br, I)都是白色的难溶化合物，其溶解度依Cl、Br、I顺序减小。CuF呈红色。拟卤化亚铜也是难溶物，如CuCN的$K_{sp}=3.2\times10^{-20}$，CuSCN的$K_{sp}=4.8\times10^{-15}$。

用还原剂还原卤化铜可以得到卤化亚铜，常用的还原剂有$SnCl_2$、SO_2、$Na_2S_2O_4$、Cu等。

$$2CuCl_2 + SnCl_2 = 2CuCl\downarrow + SnCl_4$$

$$2CuCl_2 + SO_2 + 2H_2O = 2CuCl\downarrow + H_2SO_4 + 2HCl$$

$$CuCl_2 + Cu = 2CuCl$$

CuI可由Cu^{2+}和I^-直接反应制得。

$$2Cu^{2+} + 4I^- = 2CuI + I_2$$

此反应进行很完全，是滴定法测定铜的基础。

干燥的CuCl在空气中比较稳定，但湿的CuCl在空气中易发生水解和被空气中的氧氧化为Cu(Ⅱ)的化合物。

$$4CuCl + O_2 + 4H_2O = 3CuO \cdot CuCl_2 \cdot 3H_2O + 2HCl$$

$$8CuCl + O_2 = 2Cu_2O + 4Cu^{2+} + 8Cl^-$$

CuCl易溶于盐酸，由于形成配离子($[CuCl_4]^{3-}$，$[CuCl_3]^{2-}$，$[CuCl_2]^-$等)，溶解度随盐酸浓度增加而增大。用水稀释氯化亚铜的浓盐酸溶液则又析出CuCl沉淀。

$$[CuCl_3]^{2-} + [CuCl_2]^- \underset{\text{浓 HCl}}{\overset{\text{稀释}}{\rightleftharpoons}} 2CuCl\downarrow + 3Cl^-$$

CuCl也溶于氯化钾或氯化钠等氯化物的浓溶液中。

实验室制备CuCl可采用往热的$CuCl_2$的浓盐酸溶液中加入铜屑的方法，再加热至溶液转变为深棕色。深棕色是由于产生包括Cu^+及Cu^{2+}的配合物(包括两种氧化态的混合物或化合物，常有此颜色加深的现象)，稀释后即得CuCl沉淀。

工业上合成CuCl有多种方法，现介绍硫酸铜法，其工艺流程和反应式简述如下：

$$\xrightarrow[\text{合成}]{CuSO_4+NaCl} \xrightarrow[\text{还原}]{SO_2} \xrightarrow[\text{配合}]{CuCl_2^-} \xrightarrow[\text{稀释}]{H_2O} \text{洗涤} \longrightarrow \text{干燥} \longrightarrow CuCl$$

$$2Cu^{2+} + SO_2 + 4Cl^- + 2H_2O = 2[CuCl_2]^- + SO_4^{2-} + 4H^+$$

$$[CuCl_2]^- \xlongequal{H_2O} CuCl + Cl^-$$

反应中温度宜控制在70～80 ℃，一定要加入足够量的NaCl，中间过程有配离子(如$[CuCl_2]^-$，$[CuCl_3]^{2-}$等)生成，用大量水稀释可以破坏它们。初产品要迅速洗涤和干燥，以保证产品的产量和质量。

CuX(包括拟卤化亚铜)易和X^-(包括拟卤离子)形成配离子，其中$[Cu(CN)_4]^{3-}$极为稳定。

卤化亚铜及其亚铜盐都是反磁性的化合物，表明 Cu(Ⅰ)中没有未成对电子，因此要用 CuX 表示其组成。

CuCl 可作催化剂、脱硫剂及脱色剂等。CuCl 的盐酸溶液能吸收 CO，形成双核配合物 $Cu_2Cl_2(CO)_2 \cdot 2H_2O$，这个反应可用于测量气体混合物中的 CO 含量。此外还用于冶金、电镀、医药、农药工业中。

3. 硫酸铜

$CuSO_4 \cdot 5H_2O$ 俗称胆矾。可用铜屑或氧化物溶于硫酸中制得。$CuSO_4 \cdot 5H_2O$ 在不同温度下可逐步失水。

$$CuSO_4 \cdot 5H_2O \xlongequal{375\ K} CuSO_4 \cdot 3H_2O + 2H_2O$$

$$CuSO_4 \cdot 3H_2O \xlongequal{386\ K} CuSO_4 \cdot H_2O + 2H_2O$$

$$CuSO_4 \cdot H_2O \xlongequal{531\ K} CuSO_4 + H_2O$$

实验证明，各个水分子的结合力不完全一样，四个水分子以配位键与 Cu^{2+} 相结合(配位水)，第五个水分子以氢键与两个配位水分子和 SO_4^{2-} 相连(阴离子水)。

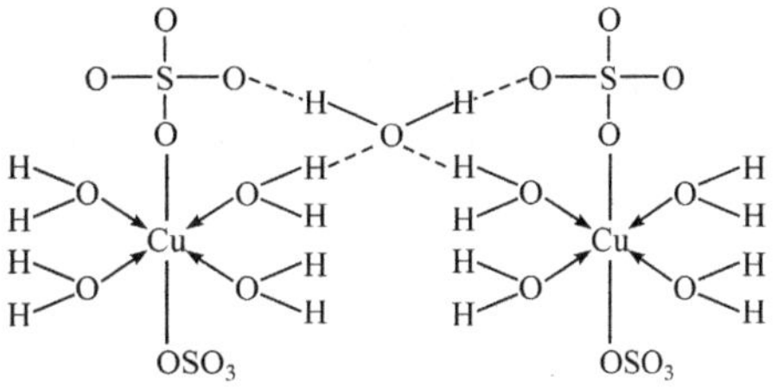

加热失水时，先失去 Cu^{2+} 周围的两个非氢键配位水，再失去两个氢键配位水，最后失去阴离子水。加热 $CuSO_4$，高于 873 K，分解为 CuO、SO_2、SO_3 和 O_2。

$CuSO_4$ 是制备其他铜化合物的重要原料，在工业上用作铜的电解精炼、电镀、丹尼耳电池、颜料的制造，纺织工业的媒染剂等。由 $CuSO_4$ 溶液与石灰乳混合而成的波尔多液具有杀虫能力。无水硫酸铜为白色粉末，不溶于乙醇和乙醚，吸水性很强，吸水后呈蓝色，利用这一性质可检验乙醇和乙醚等有机溶剂中的微量水，并可作干燥剂。

4. 乙酸铜

CuO 或 $Cu(OH)_2$ 与 CH_3COOH 反应可得到 $Cu(CH_3COO)_2 \cdot H_2O$。

$$CuO + 2CH_3COOH \xlongequal{\quad} Cu(CH_3COO)_2 \cdot H_2O$$

经研究发现 $Cu(CH_3COO)_2 \cdot H_2O$ 为二聚体结构(由磁性判断)，见图 8-1。其中两个铜原子被乙酸根桥连在一起，Cu—Cu 之间还存在金属-金属键，Cu—Cu 间距为 264 pm。键能为 $4\ kJ \cdot mol^{-1}$，这样弱的相互作用有人认为 Cu—Cu之间是以 $3d_{x^2-y^2}$ - $3d_{x^2-y^2}$ 轨道进行面对面重叠形成的 δ 键(这种观点仍有争议)。乙酸铜是常用的杀虫剂。

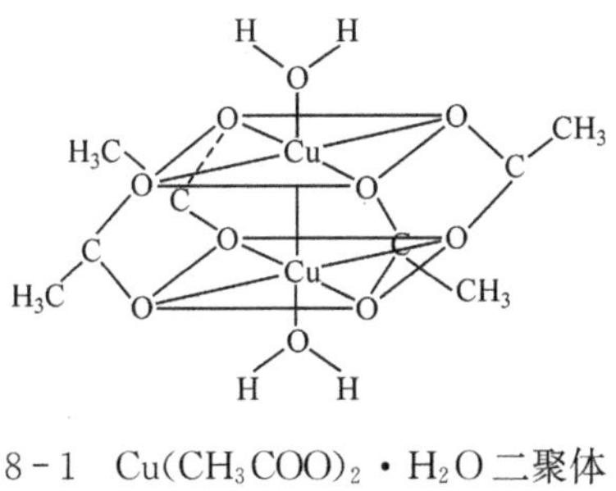

图 8-1　$Cu(CH_3COO)_2 \cdot H_2O$ 二聚体

5. 氧化银和氢氧化银

将碱金属氢氧化物同硝酸银反应，可以得到 Ag_2O。氧化银为棕黑色固体，温度升高时会发生分解，放出 O_2，并得到 Ag，也能被光分解。潮湿的氧化银具有弱碱性，它容易从大气中吸收 CO_2；当溶于碳酸铵、氰化钠和氰化钾溶液时分别生成$[Ag(NH_3)_2]_2CO_3$、$Na[Ag(CN)_2]$和$K[Ag(CN)_2]$。

在温度低于−45 ℃，用碱金属氢氧化物和硝酸银的90%乙醇溶液作用，则可能得到白色的 AgOH 沉淀。

AgO 为黑色沉淀，用 $K_2S_2O_8$ 的碱性溶液与沸腾的 $AgNO_3$ 溶液反应，或用臭氧氧化金属银制得。

$$2Ag^+ + S_2O_8^{2-} + 2H_2O \xlongequal{} 2AgO + 4H^+ + 2SO_4^{2-}$$

$$Ag + O_3 \xlongequal{} AgO + O_2$$

对 AgO 是否真正为二价银的氧化物，还在争论之中。有一种观点认为(根据中子衍射实验)，AgO 的组成应为 Ag(Ⅰ)Ag(Ⅲ)O_2[AgO 晶格中含有 Ag(Ⅰ)和 Ag(Ⅲ)两种银]。AgO 很不稳定，在97 ℃即分解为 Ag_2O 和 O_2。

Ag_2O 是构成银锌蓄电池的重要原材料；Ag_2O 和 MnO_2、Cr_2O_3、CuO 等的混合物能在室温下将 CO 迅速氧化成 CO_2，用于防毒面具中。

AgO 是构成银锌蓄电池的重要材料，是目前使用的蓄电池中比功率最高的电池。充、放电反应为

$$AgO + Zn + H_2O \underset{\text{充电}}{\overset{\text{放电}}{\rightleftharpoons}} Ag + Zn(OH)_2$$

6. 卤化银

Ag^+分别和Cl^-、Br^-、I^-作用得到难溶 AgCl、AgBr、AgI，由于 AgF 易溶，可将 Ag_2O 溶于氢氟酸中，然后进行蒸发，可制得 AgF。

$$Ag^+ + X^- \xlongequal{} AgX\downarrow \qquad (X=Cl,Br,I)$$

$$Ag_2O + 2HF \xlongequal{} 2AgF + H_2O$$

AgX 的某些性质列于表 8-3。

表 8-3 AgX 的某些性质

化合物	AgF	AgCl	AgBr	AgI
颜色	白	白	浅黄	黄
熔点/K	708	728	703	829
沸点/K	—	1830	1806	1777
溶解度/$(g \cdot L^{-1})$(298 K)	1800	0.03	0.0055	5.6×10^{-5}
溶度积	—	1.8×10^{-10}	5.0×10^{-13}	8.9×10^{-17}
AgX 键长/pm	246	277	288	281
$(r_{Ag^+}+r_{X^-})$/pm	246	307	321	342
键型	离子	过渡	过渡	共价
晶格类型	NaCl	NaCl	NaCl	ZnS

卤化银中只有 AgF 易溶于水，其余均难溶于水，而且溶解度依 Cl、Br、I 的顺序降低。这反映了从 AgF 到 AgI 键型的变化，即从主要为离子型化合物递变到主要为共价型的化合物[从 AgCl，AgBr，AgI 的实测键长比两共价半径之和($r_{Ag^+}+r_{X^-}$)缩短了许多说明化学键的共价性明显增加]，这是卤离子 X^- 的变形性从 F^- 到 I^- 依次增大，而 Ag^+ 有强的极化力和易变形所致。

卤化物按 Cl、Br、I 的顺序颜色加深。可用电荷迁移跃迁来说明(电荷迁移跃迁，简称荷移跃迁或电荷跃迁。表示在化合物中，电子从主要为某一组分原子性质的分子轨道迁移到主要为另一组分原子的分子轨道中去)。发生荷移跃迁时，若吸收频率为 ν 的可见光，化合物就有颜色。由于荷移跃迁一般为允许跃迁，所以有下述规律：由相同阳离子和结构相似变形性不同的阴离子所组成的化合物，阴离子的变形性越大，则基态与激发态的能量间隔越小，化合物的吸收光谱的谱带向长波方向移动，使化合物颜色发生变化；另外，因为高能级空轨道与低能级轨道的分布区域靠近，使得轨道间的重叠增大，使跃迁概率变大，即化合物的颜色加深。在卤化银中，阴离子的变形性是 $Cl^- < Br^- < I^-$，所以 AgI 的颜色最深。

AgX(包括拟卤化物)在相应 X^-(包括拟卤离子)溶液中的溶解度比在水中的大，这是因为生成了 AgX_2^-、AgX_3^{2-}、AgX_4^{3-}。

AgCl、AgBr、AgI 都有感光分解的性质，可作感光材料。

$$2AgX \xlongequal{h\nu} 2Ag + X_2 \qquad (X = Cl, Br, I)$$

人们曾利用卤化银这种性质于黑白照相术上。照相底片上涂上含 AgX 的明胶凝胶，在光的作用下，AgX 分子活化形成“银核”。将感光后的底片用还原剂(对苯二酚，米吐尔等)处理，银核中的 AgX 粒子被还原成银粒，这一过程称为显影。未曝光的 AgX 用 $Na_2S_2O_3$ 溶液(定影液的主要成分)处理，产生可溶性的配离子$[Ag(S_2O_3)_2]^{3-}$，这一过程称为定影。由于剩下的金属银粒不再变化，就得到一张印有“负像”的底片。把底片附在洗相纸上重复一次曝光、显影和定影，就得到具有正像的照片，此过程称作印相。

α-AgI 是一种固体电解质。把 AgI 固体加热，在 418 K 时发生相变，这种高温形态 α-AgI具有异常高的电导率($\approx 10\Omega^{-1}\cdot cm^{-1}$)，比室温时的值大 4 个数量级。$\alpha$-AgI 的导电活化能仅为 0.05 eV，这与银和碘之间的化学键本质有关。实验证实 AgI 晶体中，I^- 仍保持原先位置，而 Ag^+ 的移动只需一定的电场力作用就可发生迁移(类似于液体的方式自由地从一个位置移到另一个位置)而导电。

7. 银(Ⅰ)化合物

$AgNO_3$ 和 AgF 是易溶盐，$AgNO_3$ 是制备其他银盐的原料。$AgNO_3$ 见光分解，痕量有机物促进其分解，因此把 $AgNO_3$ 保存在棕色瓶中。

工业上用 Ag 与 HNO_3 作用制备 $AgNO_3$ 时，在 $AgNO_3$ 产品中常含有$Cu(NO_3)_2$杂质，可利用 $Cu(NO_3)_2$ 和 $AgNO_3$ 热分解温度的差别进行提纯。

$$2AgNO_3 \xlongequal{717\ K} 2Ag + 2NO_2\uparrow + O_2\uparrow$$

$$2Cu(NO_3)_2 \xlongequal{473\ K} 2CuO + 4NO_2\uparrow + O_2\uparrow$$

将粗产品加热至473～573 K，使$Cu(NO_3)_2$分解，然后用水溶解已加热过的$AgNO_3$，过滤除去CuO，浓缩得到$AgNO_3$的纯品。另一种除$Cu(NO_3)_2$的方法是向制备溶液中加适量新制的Ag_2O，使Cu^{2+}沉淀为$Cu(OH)_2$，反应后过滤除去$Cu(OH)_2$。

$$Cu^{2+}+Ag_2O+H_2O \xlongequal{} 2Ag^++Cu(OH)_2\downarrow$$

$AgNO_3$和某些试剂反应，得到相应的难溶化合物，如白色Ag_2CO_3、黄色Ag_3PO_4、浅黄色$Ag_4[Fe(CN)_6]$、橘黄色$Ag_3[Fe(CN)_6]$、砖红色Ag_2CrO_4。

$AgNO_3$是一种氧化剂，即使室温下，许多有机物都能将它还原成黑色的银粉。例如，$AgNO_3$遇到蛋白质即生成黑色的蛋白银，所以皮肤或布与它接触后都会变黑。

8. 金的化合物

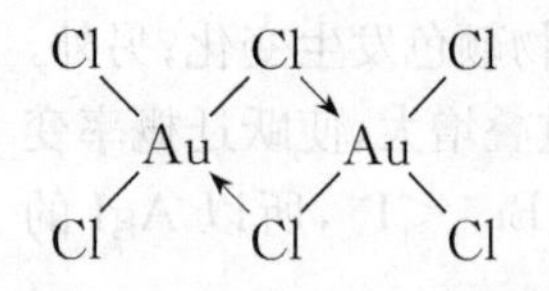

Au(Ⅲ)是金的常见氧化态，如AuF_3、$AuCl_3$、$[AuCl_4]^-$、$AuBr_3$、$Au_2O_3 \cdot H_2O$等。

三氯化金是一种褐红色的晶体，金与氯气在473 K下反应可制得$AuCl_3$。$AuCl_3$无论在气态或固态，都是以二聚体Au_2Cl_6的形式存在，对每个Au基本上是平面正方形结构。

$AuCl_3$在加热到523 K时开始分解为AuCl和Cl_2，在538 K时开始升华但并不熔化，说明其共价性显著。

$$AuCl_3 \xlongequal{\triangle} AuCl+Cl_2\uparrow$$

将$AuCl_3$溶于盐酸中，生成配阴离子$[AuCl_4]^-$。氯金酸铯$Cs[AuCl_4]$的溶解度很小，可用它来鉴定金元素。

Au^+在水溶液中易歧化为Au^{3+}和Au。

$$3Au^+ \xlongequal{} Au^{3+}+2Au \qquad K\approx10^{13}$$

因而Au^+在水溶液中不能存在，即使溶解度很小的AuCl也会发生歧化。只有当Au^+形成配合物如$[Au(CN)_2]^-$，才能在水溶液中稳定存在。

$[AuCl_4]^-$与Br^-作用得到$AuBr_3$，同I^-反应得到不稳定的AuI。$[AuCl_4]^-$中加碱得到水合$Au_2O_3 \cdot H_2O$，与过量碱反应能形成$[Au(OH)_4]^-$。

8.1.4 配合物

铜族元素的离子具有18电子构型，它们既呈现较大的极化力，又有明显的变形性，因而化学键带有部分共价性；它们可以形成多种配离子，大多数阳离子以sp、sp^2、sp^3、dsp^2等杂化轨道和配体成键；它们易和H_2O、NH_3、X^-(包括拟卤离子)等形成配合物。

1. 铜(Ⅰ)配合物

Cu^+为d^{10}电子构型，具有空的外层sp轨道，它能以sp、sp^2或sp^3等杂化轨道和X^-(除F外)、NH_3、$S_2O_3^{2-}$、CN^-等易变形的配体形成配合物，如$[CuCl_3]^{2-}$、$[Cu(NH_3)_2]^+$、$[Cu(CN)_4]^{3-}$等，大多数Cu(Ⅰ)配合物是无色的。

Cu^+的卤配合物的稳定性顺序为I>Br>Cl，这是符合硬软酸碱原理的软亲软原则的。其实质是随 X^- 变形性增大，化学键的共价性增加，稳定性增强。

Cu_2O 溶于氨水能形成无色的 $[Cu(NH_3)_2]^+$，在空气中很快被氧化成蓝色的 $[Cu(NH_3)_4]^{2+}$。

$$Cu_2O + 4NH_3 \cdot H_2O = 2[Cu(NH_3)_2]^+ + 2OH^- + 3H_2O$$

$$2[Cu(NH_3)_2]^+ + 4NH_3 \cdot H_2O + 1/2\ O_2 = 2[Cu(NH_3)_4]^{2+} + 2OH^- + 3H_2O$$

利用这种性质可以除去气体中的氧气。$[Cu(NH_3)_2]Ac$ 用于合成氨工业中的铜洗工序，除去加入合成塔前混合气体中的CO(它能使催化剂中毒)。反应可能是

$$[Cu(NH_3)_2]Ac + CO + NH_3 \underset{\text{减压加热}}{\overset{\text{加压降温}}{\rightleftharpoons}} [Cu(NH_3)_3]Ac \cdot CO$$

若向 Cu^{2+} 溶液中加入 CN^-，则溶液的蓝色消失。这是由于发生了氧化还原反应。

$$Cu^{2+} + 5CN^- = [Cu(CN)_4]^{3-} + 1/2\ (CN)_2$$

$[Cu(CN)_4]^{3-}$ 和 $[Zn(CN)_4]^{2-}$ 都很稳定，它们的电势相近，因此镀黄铜的电镀液为 $[Cu(CN)_4]^{3-}$ 和 $[Zn(CN)_4]^{2-}$ 的混合液。

2. 铜(Ⅱ)配合物

Cu^{2+} 为 d^9 构型，带两个正电荷，与配体的静电作用强，因此更容易形成配合物。Cu^{2+} 的配位数有2、4、6等，常见配位数为4。Cu(Ⅱ)八面体配合物中，如 $[Cu(H_2O)_6]^{2+}$、$[Cu(NH_3)_4(H_2O)_2]^{2+}$、$[CuF_6]^{4-}$ 等，大多为四短两长键的拉长八面体，只有少数为压扁的八面体，这是由姜-泰勒效应引起的。$[Cu(H_2O)_4]^{2+}$、$[Cu(NH_3)_4]^{2+}$ 等则为平面正方形。$[CuX_4]^{2-}$ $(X=Cl^-, Br^-)$ 为压扁的四面体(对配体 Cl^-，可能有两种构型，即压扁的四面体和平面正方形)。

3. 铜(Ⅲ)配合物

Cu(Ⅲ)的配合物较少见，由于它不稳定，非常容易被还原。最近发现与某些生物过程有关，而受到重视。Cu(Ⅲ)有8个3d电子，它可能形成具有顺磁性和抗磁性两类配合物，前一类较少见，K_3CuF_6 是唯一的顺磁性铜(Ⅲ)的配合物。可以由氟气与氯化钾和氯化铜(Ⅰ)的3∶1混合物反应制备。该化合物易水解并放出氧气。其余的Cu(Ⅲ)化合物为抗磁性，通常为平面正方形结构，如在 $Cu[TeO_4(OH)_2]_2^{5-}$ 中铜原子与其中的4个氧原子构成了平面正方形。

4. 银的配合物

Ag^+ 通常以sp杂化轨道与配体如 Cl^-、NH_3、$S_2O_3^{2-}$、CN^- 等形成稳定性不同的配离子。$[Ag(NH_3)_2]^+$、$[Ag(S_2O_3)_2]^{3-}$ 及 $[Ag(CN)_2]^-$ 的稳定性依次增强。这三种配离子和三种难溶卤化物有以下溶解-沉淀平衡(通过比较多重平衡常数大小，可以预测反应进行的倾向)。

$$AgCl \xrightarrow{NH_3 \cdot H_2O} [Ag(NH_3)_2]^+ \xrightarrow{Br^-} AgBr \xrightarrow{S_2O_3^{2-}} [Ag(S_2O_3)_2]^{3-}$$

K_{sp} 或 $K_{稳}$　1.8×10^{-10}　1.1×10^{7}　5.0×10^{-13}　4.0×10^{13}

$$\xrightarrow{I^-} AgI \xrightarrow{CN^-} [Ag(CN)_2]^- \xrightarrow{S^{2-}} Ag_2S$$

K_{sp} 或 $K_{稳}$ $\quad 8.9\times10^{-17} \quad 3.5\times10^{20} \quad 2\times10^{-49}$

配离子的形成有实用的意义，如$[Ag(NH_3)_2]^+$具有氧化性，它可以被醛或葡萄糖还原为金属银。

$$2[Ag(NH_3)_2]^+ + HCHO + 2OH^- = 2Ag\downarrow + HCOO^- + NH_4^+ + 3NH_3 + H_2O$$

工业上用此反应制造镜子和保温瓶镀银，有机化学上用它鉴定醛基。$[Ag(NH_3)_2]^+$在放置过程中逐渐变成具有爆炸性的Ag_2NH和$AgNH_2$，因此切勿将含$[Ag(NH_3)_2]^+$的溶液长时间放置储存，用毕后必须及时处理(可加盐酸破坏银氨配离子使其转化为AgCl)。在金属上镀银，常用含$[Ag(CN)_2]^-$作电镀液，使银镀层光洁、致密、牢固，但氰化物剧毒，近年来国内外对无氰电镀研究较多，目前用的一种电镀液是$[Ag(SCN)_2]^-$和KSCN混合液。$[Ag(CN)_2]^-$特别稳定，是氰化法提取银的基础，广泛用于银的冶炼中。将含银的矿粉或回收的银以氰化钾或氰化钠浸取，然后用锌或铝还原得到粗产品，最后通过电解法制成纯银。

$$4Ag + 8NaCN + 2H_2O + O_2 = 4Na[Ag(CN)_2] + 4NaOH$$

$$Ag_2S + 4NaCN = 2Na[Ag(CN)_2] + Na_2S$$

$$2[Ag(CN)_2]^- + Zn = 2Ag + [Zn(CN)_4]^{2-}$$

5. 金的配合物

$HAuCl_4 \cdot H_2O$(或$NaAuCl_4 \cdot 2H_2O$)和$K[Au(CN)_2]$是金的典型配合物，后者是氰化法提取金的基础，广泛用于金的冶炼中。通过下列反应可以得到粗金产品：

$$2Au + 4CN^- + 1/2\ O_2 + H_2O = 2[Au(CN)_2]^- + 2OH^-$$

$$2[Au(CN)_2]^- + Zn = 2Au + [Zn(CN)_4]^{2-}$$

8.1.5 Cu(Ⅰ)与Cu(Ⅱ)的相互转化

铜的常见氧化态为+1和+2，同一元素不同氧化态之间可以相互转化。这种转化是有条件的、相对的，这与它们存在的状态、阴离子的特性、反应介质等有关。

(1) 气态时，$Cu^+(g)$比$Cu^{2+}(g)$稳定，由$\Delta_r G_m^\ominus$的大小可以看出这种热力学的倾向。

$$2Cu^+(g) = Cu^{2+}(g) + Cu(s) \qquad \Delta_r G_m^\ominus = 897\ kJ\cdot mol^{-1}$$

说明在标准状态下$Cu^+(g)$能稳定存在。

(2) 常温时，固态Cu(Ⅰ)和Cu(Ⅱ)的化合物都很稳定。

$$Cu_2O(s) = CuO(s) + Cu(s) \qquad \Delta_r G_m^\ominus = 16.3\ kJ\cdot mol^{-1}$$

$$2CuO(s) = Cu_2O(s) + 1/2\ O_2(g) \qquad \Delta_r G_m^\ominus = 113.4\ kJ\cdot mol^{-1}$$

以上两个反应的$\Delta_r G^\ominus > 0$，说明在标准状态下和常温时$Cu_2O(s)$和$CuO(s)$都能稳定存在。

(3) 高温时，固态的Cu(Ⅱ)化合物能分解为Cu(Ⅰ)化合物，说明Cu(Ⅰ)的化合物比Cu(Ⅱ)稳定。

$$2CuCl_2(s) \xlongequal{773\ K} 2CuCl(s) + Cl_2\uparrow$$

$$4CuO(s) \xlongequal{1273\ K} 2Cu_2O(s) + O_2 \uparrow$$

$$2CuS(s) \xlongequal{728\ K} Cu_2S(s) + S$$

气态 Cu(Ⅰ)或高温时固态 Cu(Ⅰ)的稳定性，可以从能量的角度出发，用结构的观点和电离能的有关数据加以粗略的说明。Cu(Ⅰ)为 $3d^{10}$ 结构，比 Cu(Ⅱ)的 $3d^9$ 结构稳定。Cu 原子的价电子构型为 $3d^{10}4s^1$，Cu 原子失去一个 4s 电子，形成气态 Cu(Ⅰ)需要的第一电离能为 751 $kJ \cdot mol^{-1}$，Cu(Ⅰ)再失去一个 3d 电子，形成气态离子 Cu(Ⅱ)，需要 1958 $kJ \cdot mol^{-1}$ 的能量。因而，Cu(Ⅰ)很难再失去一个电子。说明气态时 Cu(Ⅰ)比 Cu(Ⅱ)稳定。

(4) 在水溶液中，简单的 Cu^+ 不稳定，易发生歧化反应，产生 Cu^{2+} 和 Cu。由于 Cu^{2+} 的电荷高、半径小，与水的结合力强于 Cu^+，使 Cu^{2+} 的水合能（$-2121\ kJ \cdot mol^{-1}$）高于 Cu^+（$-582\ kJ \cdot mol^{-1}$），因此在水溶液中 Cu^{2+} 稳定。例如，将 Cu_2O 溶于稀 H_2SO_4 中，生成 $CuSO_4$ 和 Cu，而不是 Cu_2SO_4。现在用铜的元素电势图加以分析：

$$Cu^{2+} \xrightarrow{0.153\ V} Cu^+ \xrightarrow{0.521\ V} Cu$$

由于 $E^\ominus_{右} > E^\ominus_{左}$，$Cu^+$ 歧化为 Cu^{2+} 和 Cu。

$$2Cu^+ \xlongequal{\quad} Cu + Cu^{2+}$$

在 298 K 时，此反应的标准平衡常数为

$$\lg K = \frac{1 \times (0.521 - 0.153)}{0.0591} = 6.23 \qquad \left[\lg K = \frac{n(E^\ominus_+ - E^\ominus_-)}{0.0591}\right]$$

$$K = \frac{[Cu^{2+}]}{[Cu^+]^2} = 1.70 \times 10^6$$

此反应的 K 值很大。说明歧化反应进行得很完全，Cu^{2+} 能稳定存在，达到平衡时 Cu^{2+} 的浓度是 Cu^+ 浓度平方的 1.7×10^6 倍。

由 $K = \frac{[Cu^{2+}]}{[Cu^+]^2} = 1.70 \times 10^6$ 的关系式，可得出$[Cu^+]$与 Cu^{2+} 的相关浓度值：

$[Cu^+]/(mol \cdot L^{-1})$	10^{-2}	10^{-4}	10^{-5}	10^{-6}	10^{-7}	10^{-8}
$[Cu^{2+}]/(mol \cdot L^{-1})$	1.70×10^2	1.70×10^{-2}	1.70×10^{-4}	1.70×10^{-6}	1.70×10^{-8}	1.70×10^{-10}

从上可以得到如下的变化规律：当$[Cu^+] > 10^{-6}\ mol \cdot L^{-1}$时，$[Cu^{2+}] > [Cu^+]$；当$[Cu^+] < 10^{-6}\ mol \cdot L^{-1}$时，$[Cu^{2+}] < [Cu^+]$。表明在水溶液中 Cu(Ⅰ)的歧化是有条件的相对的，与 Cu^+ 的浓度密切相关。$[Cu^+]$较大时，平衡向生成 Cu^{2+} 方向移动，易溶盐将发生歧化；$[Cu^+]$降到非常低时（如生成难溶盐，稳定的配离子等），反应将发生倒转（用反歧化表示），此时$[Cu^{2+}]$降低，Cu(Ⅰ)可稳定存在。

在水溶液中，要使 Cu(Ⅰ)的歧化朝相反方向进行，必须具备两个条件：有还原剂存在（如 Cu，SO_2，I^- 等）；有能降低$[Cu^+]$的沉淀剂或配合剂（如 Cl^-，I^-，CN^- 等）。

$$2Cu^+ \underset{\text{反歧化}}{\overset{\text{歧化}}{\rightleftharpoons}} Cu^{2+} + Cu$$

以下举几个反歧化的典型实例：

(1) 将 $CuCl_2$ 溶液、浓盐酸和铜屑共煮，可得到$[CuCl_2]^-$，用大量水稀释$[CuCl_2]^-$，

则得到白色 CuCl 沉淀。溶液呈现深棕色，可能是由于多聚配离子生成(混合氧化态的物种)。这是实验室制取 CuCl 的基础。

$$Cu^{2+}+Cu+4Cl^- \xlongequal{\triangle} 2[CuCl_2]^-$$

$$[CuCl_2]^- \xlongequal{} CuCl\downarrow +Cl^-$$

在此配合物的水溶液中，设$[Cl^-]=1.00\ mol\cdot L^{-1}$，则

$$[Cu^+]=\frac{K_{不稳[CuCl_2]^-}}{[Cl^-]^2}=\frac{3.20\times10^{-6}}{1.0}=3.20\times10^{-6}(mol\cdot L^{-1})$$

由$[Cu^+]=3.20\times10^{-6}\ mol\cdot L^{-1}$，可得到下列电势图中的电极电势值：

$$Cu^{2+}\xrightarrow{0.478\ V}CuCl_2^-\xrightarrow{0.196\ V}Cu$$

由于$E^\ominus_右<E^\ominus_左$，故$[CuCl_2]^-$不发生歧化，能稳定存在于水溶液中。

(2) $CuSO_4$ 溶液与 KI 溶液作用可生成 CuI 沉淀。

$$2Cu^{2+}+4I^- \xlongequal{} 2CuI\downarrow +I_2$$

设$[I^-]=1.00\ mol\cdot L^{-1}$，此时$[Cu^+]=1.27\times10^{-12}\ mol\cdot L^{-1}$，再利用能斯特方程求出有关电极电势值。

$$Cu^{2+}\xrightarrow{0.860\ V}CuI\xrightarrow{-0.183\ V}Cu$$

由电势图可知 CuI 能稳定存在于水溶液中，不发生歧化。

同理可得下列电势图。CuCl 和$[Cu(CN)_2]^-$可以稳定存在。

$$Cu^{2+}\xrightarrow{0.554\ V}CuCl\xrightarrow{0.125\ V}Cu$$

$$Cu^{2+}\xrightarrow{1.57\ V}[Cu(CN)_2]^-\xrightarrow{-0.894\ V}Cu$$

(3) 工业上用 CuO(将废铜氧化得到)和饱和食盐-盐酸水溶液在 85～90 ℃下反应，再加入铜粉，使两价铜还原为一价铜。经漂洗、醇洗、过滤、干燥即得产品氯化亚铜。

$$CuO+2HCl+2NaCl+Cu \xlongequal{} 2Na[CuCl_2]+H_2O$$

$$Na[CuCl_2] \xlongequal{} CuCl\downarrow +NaCl$$

Cu(Ⅰ)与 Cu(Ⅱ)的相对稳定性还与溶剂有关。在非水、非络合溶剂中，若溶剂的极性小可大大减弱 Cu(Ⅱ)的溶剂化作用，则 Cu(Ⅰ)可稳定存在，如在 CH_3CN 中即如此。

以上表明铜的两种氧化态的化合物各以一定条件存在，当条件变化时，又相互转化。一般来说，在气态、高温固态和溶剂极性小时，Cu(Ⅰ)稳定；在强极性溶剂中由于 Cu(Ⅱ)的溶剂合能高，Cu(Ⅱ)稳定。在水溶液中，当有还原剂和能使 Cu^+ 浓度大大降低的沉淀剂或配合剂存在时，则 Cu(Ⅰ)以难溶物或稳定性较大的配合物形式稳定存在。

8.1.6 ⅠB 族元素与ⅠA 族元素性质对比

ⅠA 族元素与ⅠB 族元素最外层都仅有一个电子，但由于次外层电子构型不同，因而性质相差很多。特别是ⅠB 族离子为 18 电子构型，具有很强的极化能力和明显的变形性，所以本族元素易形成共价化合物，它们的化合物大多有色。另外，本族元素离子的 d、s、p 轨道能量相差不大，能级较低的空轨道多，具有形成配合物的强烈倾向。ⅠA 族与ⅠB族元素的物理化学性质列于表 8-4。

表 8-4 ⅠA 族元素与ⅠB 族元素的对比

物理化学性质	ⅠA	ⅠB
价电子构型	ns^1	$(n-1)d^{10}ns^1$
密度、熔点、沸点及金属键	较ⅠB 低，金属键较弱	较ⅠA 高，金属键较强
导电、导热及延展性	不如ⅠB	很好
第一电离能、升华热、水合能	较ⅠB 低	较ⅠA 高
第二、三电离能	较ⅠB 高	较ⅠA 低
化学活泼性和性质变化规律	是极活泼的轻金属，活泼性自上而下增强	是不活泼的重金属，活泼性自上而下减弱
标准电极电势	$E^{\ominus}_{M^+/M}$很负	$E^{\ominus}_{M^+/M}$较正
化合物键型、颜色和还原性	离子键居多，M^+无色，极难被还原	有离子键，如 Cu_2SO_3，$CuSO_4$；不少为共价键如 CuI、AgI、$M^+(aq)$无色，其他多为有色，金属离子易被还原
主要氧化态	+1	有变价，如 +1(CuCl，AgCl)； +2($CuSO_4$，AgF_2)； +3(Ag_2O_3，$KCuO_2$，$AuCl_3$)
单质在空气中的稳定性	迅速被氧化生成 M_2O_2，M_2O 和 MO_2	铜生成铜锈 $Cu_2(OH)_2CO_3$，银生成 Ag_2S
盐类溶解情况	绝大多数易溶	绝大多数难溶
与水作用	剧烈	无反应
与非氧化性、非配位性酸作用	剧烈	无作用
与卤素作用	生成离子型化合物	反应缓慢，且要加热
氢氧化物碱性及稳定性	强碱，稳定	弱碱，不稳定容易脱水
配位能力	较弱	较强

8.2 锌族元素

8.2.1 锌族元素的通性

锌族元素包括锌、镉、汞三种元素，它们的价电子构型为$(n-1)d^{10}ns^2$。锌族元素的基本性质列于表 8-5。

表 8-5 锌族元素的基本性质

元素名称	Zn	Cd	Hg
原子序数	30	48	80
相对原子质量	65.39	112.41	200.59
价电子构型	$3d^{10}4s^2$	$4d^{10}5s^2$	$5d^{10}6s^2$
金属半径/pm(CN=12)	133.9	150.8	151.2

续表

元素名称	Zn	Cd	Hg
熔点/K	693	594	234
沸点/K	1182	1038	648
M^{2+}半径/pm(CN=6)	74	95	102
第一电离能/(kJ·mol^{-1})	906	873	1007
第二电离能/(kJ·mol^{-1})	1743	1641	1809
第三电离能/(kJ·mol^{-1})	3837	3616	3299
硬度	2.5	2.0	液
密度/(g·cm^{-3})	7.33	8.65	13.546
M^{2+}(g)水合能/(kJ·mol^{-1})	−2054	−1816	−1833
升华热/(kJ·mol^{-1})	131	112	62
气化热/(kJ·mol^{-1})	115	100	59
电负性(χ_P)	1.65	1.69	2.00

本族元素都有完整的 d 电子壳层，它们一般不参与成键。当它们失去两个最外层 s 电子后变成二价，+2 氧化态是本族元素的特征价态。本族也存在+1 氧化态，其中最重要的是 Hg(Ⅰ)的化合物，它们常以二聚体 Hg_2^{2+} 形式存在。这可能与 6s 电子受到核的吸引力较大，较难失去，使电离能特别高，形成高氧化态的倾向下降有关(Hg 的第一电离能为 1007 kJ·mol^{-1}，是所有金属中最大的)。汞还存在 Hg_3^{2+}、Hg_4^{2+} 等多聚离子，也发现有镉和锌的多聚离子，如 Cd_2^{2+}、Zn_2^{2+}，它们仅在高温下存在，且均不稳定。

与其他 d 区元素不同，本族中 Zn 和 Cd 有相似之处，而同 Hg 有很大差别。这可从下面锌族元素的标准电势图看出：

$E_A^\ominus$/V

$$Zn^{2+} \xrightarrow{-0.7628} Zn$$

$$Cd^{2+} \xrightarrow{>-0.6} Cd_2^{2+} \xrightarrow{<-0.2} Cd \quad (Cd^{2+} \xrightarrow{-0.403} Cd)$$

$$Hg^{2+} \xrightarrow{+0.905} Hg_2^{2+} \xrightarrow{+0.7986} Hg \quad (Hg^{2+} \xrightarrow{+0.851} Hg)$$

$$HgCl_2 \xrightarrow{+0.63} Hg_2Cl_2 \xrightarrow{+0.26} Hg$$

(饱和溶液)

$E_B^\ominus$/V

$$ZnO_2{}^{2-} \xrightarrow{-1.216} Zn$$

$$Cd(OH)_2 \xrightarrow{-0.809} Cd$$

$$HgO \xrightarrow{+0.0984} Hg$$

Hg 的第一、第二电离势非常高，使其标准电极电位 $E^\ominus_{Hg^{2+}/Hg}$ 比 $E^\ominus_{Zn^{2+}/Zn}$、$E^\ominus_{Cd^{2+}/Cd}$ 的数值要正得多。所以锌族元素中，锌和镉在化学的性质上有许多相似之处，而汞则表现出非常独特的性质。

锌、镉、汞的化学活泼性随原子序数的增大而递减，可以用金属原子转变为水合离子所需总能量值来说明这种变化倾向，见表 8－6。对于锌族元素，形成M^{2+}(aq)时，锌所需要的能量最少，汞最多，因此锌比汞更易形成 M^{2+}(aq)，最为活泼，汞最不活泼。这一能

量变化与 $E^{\ominus}$ 的变化趋势一致。

表 8-6　锌族元素原子转为水合 M^{2+} 的能量变化

性　质	Zn	Cd	Hg
升华热/($kJ \cdot mol^{-1}$)	131	112	62
第一、第二电离能之和/($kJ \cdot mol^{-1}$)	2658	2514	2833
M^{2+}(g)水合能/($kJ \cdot mol^{-1}$)	−2054	−1816	−1833
总热效应/($kJ \cdot mol^{-1}$)	735	810	1062

锌族元素升华热较小，这与它们结构有关。锌、镉、汞为畸变的六方紧密堆积，原子层间距比理想的约大 15%，相互作用力小，因此升华热小，熔、沸点比铜族金属要低得多。在所有金属中汞的熔点最低，常温下是液体，称为低熔点金属。

在锌族元素中，M^{2+} 都能形成配合物。常见配位数为 4。由于 Hg^{2+} 的极化能力强，极易与大的可极化的配体形成稳定的配合物，如 Cl^-、Br^-、I^-、CN^-、SCN^- 等，其中以 CN^- 的配合物最为稳定。当配位体相同时，则 Hg^{2+} 的配合物比 Zn^{2+} 和 Cd^{2+} 的配合物要稳定得多。通常情况下，Hg_2^{2+} 难以形成配合物，因为它能与配体作用发生歧化反应，生成稳定的 Hg^{2+} 配合物和金属汞。

8.2.2　金属单质

Zn、Cd、Hg 都是银白色的金属，由于 d 电子没有参与形成金属键，本族元素都相当软，汞是常温下唯一的液体金属。汞的密度大($13.546\ g \cdot cm^{-3}$)，蒸气压又低，可以用来制造压力计。Zn、Cd、Hg 之间及与其他金属间易形成合金，锌最重要的合金是黄铜。汞可以溶解许多金属形成汞齐，如 Na、K、Ag、Au、Zn、Cd、Sn、Pb 等，因组成不同，汞齐可呈液态或固态。

锌在含有 CO_2 的潮湿空气中生成一层碱式碳酸锌，这层膜很致密，可起到保护作用。

$$4Zn + 2O_2 + 3H_2O + CO_2 = ZnCO_3 \cdot 3Zn(OH)_2$$

Zn 和 Cd 易溶于非氧化性酸，且在加热时直接与氧、硫、磷和卤素化合。锌具有两性，还可溶于强碱溶液与氨水。

$$Zn + 2NaOH + 2H_2O = Na_2[Zn(OH)_4] + H_2\uparrow$$

$$Zn + 4NH_3 + 2H_2O = [Zn(NH_3)_4]^{2+} + H_2\uparrow + 2OH^-$$

Hg 只能溶于氧化性酸，汞与氧气化合较慢，而与硫、卤素则很容易反应。

$$3Hg + 8HNO_3 = 3Hg(NO_3)_2 + 2NO\uparrow + 4H_2O$$

$$6Hg(过) + 8HNO_3(冷,稀) = 3Hg_2(NO_3)_2 + 2NO\uparrow + 4H_2O$$

锌是制造干电池的重要材料，近年来锌-氧化银电池有了相当大的发展，这种电池以 AgO 为正极，Zn 为负极，用 KOH 做电解质。锌-氧化银电池比容量高、内阻小、工作电压高而平稳，目前主要用于各种宇宙空间技术的主电源或应急电源。纽扣式锌-氧化银电池用作助听器、计算器以及电子手表的电源。

8.2.3 锌族元素的主要化合物

锌和镉在常见的化合物中氧化态为+2，汞有+1和+2两种氧化态。多数盐类含有结晶水。

1. 氧化物与氢氧化物

锌、镉、汞的氧化物可以通过锌、镉、汞加热时与氧气反应制得；锌、镉的碳酸盐加热分解也可制得 ZnO 和 CdO。

$$ZnCO_3 \xlongequal{568\ K} ZnO + CO_2 \uparrow$$

$$CdCO_3 \xlongequal{600\ K} CdO + CO_2 \uparrow$$

这些氧化物几乎不溶于水。ZnO、CdO 的生成热较大，较稳定，加热升华而不分解。HgO 加热到 573 K 时，分解为汞和氧气。

$$2HgO \xlongequal{573\ K} 2Hg + O_2 \uparrow$$

锌族元素氧化物的稳定性按 Zn、Cd、Hg 的顺序递降，这与它们的生成热数据是一致的，见表 8-7。

表 8-7 锌族元素氧化物的生成热

性　质	ZnO	CdO	HgO
颜色	白色粉末	棕灰色粉末	红色晶体或黄色晶体
生成热/($kJ \cdot mol^{-1}$)	−348.0	−256.9	−90.9

ZnO 受热时是黄色的，但冷时是白色的。氧化镉在室温下是黄色的，加热最终为黑色，冷却又复原。这是晶体缺陷所造成的。黄色 HgO 在低于 573 K 加热时可转变成红色 HgO，两者晶体结构相同，颜色不同仅是晶粒大小不同所致。黄色晶粒较细小，红色晶粒粗大。

ZnO 俗名锌白，常用作白色颜料，它的优点是遇到 H_2S 气体不变黑，因为 ZnS 也是白色的，但与 TiO_2 比遮盖力稍低。Zn^{2+} 有收敛性和一定的杀菌能力，医药上常调制成软膏应用。ZnO 还用于压敏、光催化、光电极、彩色显影等领域。

与普通氧化锌相比，活性氧化锌由于其粒度小、比表面大、表观密度小，性能更为优良，应用更为广泛。

在锌盐、镉盐和汞盐的可溶性溶液中加入适量碱，可得到白色的 $Zn(OH)_2$、$Cd(OH)_2$ 和黄色的 HgO 沉淀，因为 $Hg(OH)_2$ 不稳定，立即分解为 HgO。

$$Zn^{2+} + 2OH^- \xlongequal{} Zn(OH)_2 \downarrow$$

$$Cd^{2+} + 2OH^- \xlongequal{} Cd(OH)_2 \downarrow$$

$$Hg^{2+} + 2OH^- \xlongequal{} HgO \downarrow + H_2O$$

本族氧化物和氢氧化物的碱性按锌、镉、汞顺序递增。ZnO 和 $Zn(OH)_2$ 是两性的。溶于强酸生成锌盐，溶于强碱生成四羟基合锌配离子。

$$Zn(OH)_2+2H^+ = Zn^{2+}+2H_2O$$

$$Zn(OH)_2+2OH^- = [Zn(OH)_4]^{2-}$$

$Cd(OH)_2$ 具有两性，但酸性很弱，难溶于强碱中，只能缓慢溶于热浓的碱中。$Cd(OH)_2$溶于稀酸中。

$Zn(OH)_2$ 和 $Cd(OH)_2$ 还溶于氨水中，生成氨配离子。

$$Zn(OH)_2+4NH_3 = [Zn(NH_3)_4]^{2+}+2OH^-$$

$$Cd(OH)_2+4NH_3 = [Cd(NH_3)_4]^{2+}+2OH^-$$

$Zn(OH)_2$、$Cd(OH)_2$ 加热易脱水生成 ZnO 和 CdO。锌、镉、汞的氧化物和氢氧化物都是以共价性为主的化合物，共价性依 Zn、Cd、Hg 的顺序而增强。

2. 硫化物

在 Zn^{2+}、Cd^{2+}、Hg^{2+}溶液中分别通入 H_2S，产生相应的硫化物沉淀。各硫化物的颜色和溶度积见表 8-8。

表 8-8 锌族元素硫化物的性质

性　质	ZnS	CdS	HgS
K_{sp}	1.2×10^{-23}	3.6×10^{-29}	3.5×10^{-53}
颜色	白	黄	黑

从 $Zn^{2+}\rightarrow Hg^{2+}$，硫化物的 K_{sp}依次减小，颜色加深。ZnS 溶于稀盐酸，不溶于乙酸。往中性的锌盐溶液中通入 H_2S 气体，ZnS 沉淀不完全，因在沉淀过程中，生成的 H^+ 浓度增大，导致$[S^{2-}]$降低，阻碍了 ZnS 的进一步沉淀。

CdS 不溶于稀酸，但能溶于浓盐酸、浓硫酸及热稀硝酸中（在稀硝酸中的溶解反应与 CuS 相似），所以可以控制溶液的酸度使锌、镉分离。

HgS 溶解度较小，它在浓硝酸中也不溶解，只能溶于王水或 Na_2S 溶液。

$$3HgS+8H^++2NO_3^-+12Cl^- = 3HgCl_4^{2-}+3S\downarrow+2NO\uparrow+4H_2O$$

$$HgS+Na_2S = Na_2[HgS_2]\text{（二硫合汞酸钠）}$$

黑色的 HgS 加热到 659 K 转变为较稳定的红色变体。

ZnS 可用作白色颜料，它同 $BaSO_4$ 共沉淀所形成的混合晶体 $ZnS\cdot BaSO_4$ 称为锌钡白，也称为立德粉，是一种优良的白色颜料。

$$ZnSO_4(aq)+BaS(aq) = ZnS\cdot BaSO_4\downarrow$$

ZnS 在 H_2S 气氛中灼烧，即转变为晶体 ZnS。在晶体 ZnS 中加入微量的金属作活化剂，经光照后能发出不同颜色的荧光（加银为蓝色，加铜为黄绿色，加锰为橙色）。这种材料称为荧光粉，可用于制作荧光屏、夜光表中的材料等。ZnS 还具有某些光学特性，如受到紫外线照射时可变成灰色（可能是由于部分分解为单质）。阴极射线、X 射线也能使 ZnS 发出各种颜色的荧光或冷光，通过添加微量的各种金属或用 Cd 取代 Zn、用 Se 取代 S 还可以扩大其颜色范围。因此，ZnS 广泛用于制造阴极射线管和雷达屏幕，在橡胶、塑料、玻璃和造纸工业等领域也有广泛的应用。

CdS用作黄色颜料，称为镉黄。纯的镉黄可以是CdS，也可以是 CdS · ZnS 的共熔体。CdS 主要用作半导体材料、搪瓷、陶瓷、玻璃及油画着色，也可用于涂料、塑料行业及电子荧光材料等。

3. 卤化物

目前已知的锌、镉、汞的卤化物及熔点列于表 8-9。

表 8-9　锌、镉、汞的卤化物及熔点

单　质	Zn	Cd	Hg
氟化物	ZnF_2 白色 (1145 K)	CdF_2 白色 (1322 K)	HgF_2 白色(>918 K 分解) Hg_2F_2 黄色(>843 K 分解)
氯化物	$ZnCl_2$ 白色 (548 K)	$CdCl_2$ 白色 (841 K)	$HgCl_2$ 白色(553 K) Hg_2Cl_2 白色(656 K 升华)
溴化物	$ZnBr_2$ 白色 (667 K)	$CdBr_2$ 浅黄 (839 K)	$HgBr_2$ 白色(511 K) Hg_2Br_2 白色(618 K 升华)
碘化物	ZnI_2 白色 (719 K，>973 K 分解)	CdI_2 白色 (661 K)	α-HgI_2 为红色、β-HgI_2 为黄色(530 K) Hg_2I_2 黄色(413 K 升华)

下面介绍几种卤化物。

1) $ZnCl_2$

氯化锌是用 Zn 或 ZnO 或 $ZnCO_3$ 与盐酸反应，经过浓缩冷却制得 $ZnCl_2$ 晶体。要制备无水 $ZnCl_2$ 必须在干燥的 HCl 气氛中加热脱水。如果将氯化锌溶液蒸干只能得到碱式氯化锌而得不到无水氯化锌，这是氯化锌水解造成的。

$$ZnCl_2 + H_2O \xlongequal{\triangle} Zn(OH)Cl + HCl\uparrow$$

无水氯化锌是白色易潮解的固体，它的溶解度很大(283 K，333 g/100 g H_2O)，吸水性很强，有机化学中常用它作去水剂和催化剂。$ZnCl_2$ 溶液也用作木材的防腐剂。

氯化锌的浓溶液形成如下的配合酸：

$$ZnCl_2 + H_2O = H[ZnCl_2(OH)]$$

这个配合物具有显著的酸性，能溶解金属氧化物，如氧化亚铁。

$$FeO + 2H[ZnCl_2(OH)] \xlongequal{\quad} Fe[ZnCl_2(OH)]_2 + H_2O$$

在焊接金属时，用 $ZnCl_2$ 浓溶液清除金属表面上的氧化物不损害金属表面，且在焊接时，水分蒸发，熔化物覆盖表面使之不再氧化，能保证焊接金属的直接接触。

2) $HgCl_2$

$HgCl_2$ 为白色针状晶体，微溶于水，在水中很少电离，主要以 $HgCl_2$ 分子形式存在，还有少量的 $HgCl^+$、Cl^-、$HgCl_3^-$ 和极少量的 $HgCl_4^{2-}$、Hg^{2+}。$HgCl_2$ 是共价型分子，熔融时不导电，易升华，俗称升汞，极毒，内服 0.2～0.4 g 可致死，具有杀菌作用，在外科上用作消毒剂。

$HgCl_2$ 在水中稍水解。

$$HgCl_2 + H_2O \xlongequal{} Hg(OH)Cl + HCl$$

在酸性溶液中 $HgCl_2$ 是较强的氧化剂，同还原剂如 $SnCl_2$ 反应生成白色的 Hg_2Cl_2 或黑色的 Hg。在分析化学上常用 $HgCl_2$ 和 $SnCl_2$ 反应检验 Hg^{2+} 或 Sn^{2+}。

$$2HgCl_2 + SnCl_2 \xlongequal{} Hg_2Cl_2 \downarrow (白) + SnCl_4$$

$$Hg_2Cl_2 + SnCl_2 \xlongequal{} 2Hg \downarrow (黑) + SnCl_4$$

$HgCl_2$ 遇到氨水发生下列三个反应：

$$HgCl_2 + 2NH_3 \xlongequal{} [Hg(NH_3)_2Cl_2] \quad (1)$$

$$[Hg(NH_3)_2Cl_2] \xlongequal{} [Hg(NH_2)Cl] \downarrow (白) + NH_4Cl \quad (2)$$

$$2[Hg(NH_2)Cl] + H_2O \xlongequal{} [Hg_2NCl(H_2O)] + NH_4Cl \quad (3)$$

通常产物的量是互成比例的，主要取决于 NH_3 与 NH_4^+ 浓度与反应温度，如果大量 NH_4^+ 存在可抑制反应(2)、(3)，主要产物是 $[Hg(NH_3)_2Cl_2]$，如果一开始没有 NH_4^+，则主要为反应(2)，生成白色沉淀 $Hg(NH_2)Cl$。

3) Hg_2Cl_2

Hg_2Cl_2 味甜，通常称为甘汞，无毒，不溶于水的白色固体。由于两个 Hg(Ⅰ)中电子配对的结果，因此 Hg_2Cl_2 为抗磁性。Hg_2Cl_2 对光不稳定，在光的照射下分解为 $HgCl_2$ 和 Hg，所以应保存在棕色瓶中。

Hg_2Cl_2 常用来制作甘汞电极，电极反应为

$$Hg_2Cl_2(s) + 2e^- \xlongequal{} 2Hg(l) + 2Cl^-$$

Hg_2Cl_2 在医院用作轻泻剂。

4. 磷酸锌

磷酸锌 $[Zn_3(PO_4)_2 \cdot nH_2O]$ 是一种低毒的防锈颜料，用作各类防腐防锈颜料、涂料、钢铁等金属表面的磷化剂和医药、牙科用的黏合剂等，也可用于电子功能材料和荧光材料等的制造上。

磷酸锌的生产方法有化学法和机械法两大类。化学法是从氧化锌或碳酸锌和磷酸为原料直接反应或是以锌盐与磷酸盐为原料来制备。

$$3ZnO + 2H_3PO_4 + nH_2O \xlongequal{} Zn_3(PO_4)_2 \cdot nH_2O$$

$$3Zn^{2+} + 2HPO_4^- + nH_2O \xlongequal{} Zn_3(PO_4)_2 \cdot nH_2O$$

机械化学法是以锌的化合物 $[ZnO, Zn(OH)_2, ZnCO_3, ZnHPO_4 \cdot mH_2O, Zn(H_2PO_4)_2 \cdot nH_2O$ 等$]$和磷的化合物 $[H_3PO_4, ZnHPO_4 \cdot mH_2O, Zn(H_2PO_4)_2 \cdot nH_2O$ 等$]$按照 $Zn : P = 1.50 : 1$(物质的量之比)的化学理论量配合，用混炼机进行混炼，使之进行机械活化和化学反应，即可制得平均粒径小于 10 μm 的结晶性磷酸锌化合物粉末。

无水磷酸锌熔点为 1173 K，基本上不溶于水和乙醇，但溶于稀酸、氨水和碳酸铵溶液。

8.2.4 Hg(Ⅰ)与 Hg(Ⅱ)的相互转化

从元素电势图和歧化反应平衡常数看出，Hg_2^{2+} 较 Hg^{2+}、Hg 更稳定。

$$Hg^{2+} \xrightarrow{0.911\ V} Hg_2^{2+} \xrightarrow{0.796\ V} Hg$$

$$Hg_2^{2+} \longrightarrow Hg + Hg^{2+} \qquad K^0_{歧} = 1.14 \times 10^{-2}$$

Hg_2^{2+} 在水溶液中可以稳定存在，歧化趋势很小，因此常利用 Hg^{2+} 与 Hg 反应制备亚汞盐。例如

$$Hg(NO_3)_2 + Hg \xlongequal{振荡} Hg_2(NO_3)_2$$

$$HgCl_2 + Hg \xlongequal{研磨} Hg_2Cl_2$$

但是当改变条件，使 Hg^{2+} 生成沉淀或配合物大大降低 Hg^{2+} 浓度，歧化反应便可发生。例如

$$Hg_2^{2+} + S^{2-} \longrightarrow HgS\downarrow(黑) + Hg\downarrow$$

$$Hg_2^{2+} + 4CN^- \longrightarrow [Hg(CN)_4]^{2-} + Hg\downarrow$$

$$Hg_2^{2+} + 4I^- \longrightarrow [HgI_4]^{2-} + Hg\downarrow$$

$$Hg_2^{2+} + 2OH^- \longrightarrow Hg\downarrow + HgO\downarrow + H_2O$$

用氨水与 Hg_2Cl_2 反应，Hg^{2+} 同 NH_3 生成了比 Hg_2Cl_2 溶解度更小的氨基化合物 $HgNH_2Cl$，使 Hg_2Cl_2 发生歧化反应。

$$Hg_2Cl_2 + 2NH_3 \longrightarrow HgNH_2Cl(白) + Hg\downarrow(黑) + NH_4Cl$$

可溶性 $Hg_2(NO_3)_2$ 也发生氨解。

$$Hg_2(NO_3)_2 + 2NH_3 \longrightarrow HgNH_2NO_3\downarrow(白) + Hg\downarrow(黑) + NH_4NO_3$$

因此，可用氨水来鉴别 Hg_2^{2+} 与 Hg^{2+}。

综上所述，Hg_2^{2+} 在溶液中能稳定存在，但是当条件改变，有使 Hg^{2+} 浓度大大降低的沉淀剂和配合剂存在时，则 Hg_2^{2+} 可发生歧化反应，生成 Hg(Ⅱ)的难溶物或配合物。因此，Hg(Ⅰ)与 Hg(Ⅱ)之间的相互转化取决于反应条件的控制。

8.2.5 配合物

由于锌族的离子为 18 电子层结构，具有很强的极化力与明显的变形性，因此比相应主族元素有较强的形成配合物的倾向。在配合物中，常见的配位数为 4，Zn^{2+} 和 Cd^{2+} 的配位数有 4 或 6。

1. 氨配合物

Zn^{2+}、Cd^{2+} 与氨水反应，生成稳定的氨配合物。

$$Zn^{2+} + 4NH_3 \longrightarrow [Zn(NH_3)_4]^{2+}(无色) \qquad K_{稳} = 5.0 \times 10^8$$

$$Cd^{2+} + 6NH_3 \longrightarrow [Cd(NH_3)_6]^{2+}(无色) \qquad K_{稳} = 1.4 \times 10^6$$

2. 氰配合物

Zn^{2+}、Cd^{2+}、Hg^{2+} 与氰化钾均能生成很稳定的氰配合物。

$$Zn^{2+} + 4CN^- \longrightarrow [Zn(CN)_4]^{2-} \qquad K_{稳} = 1.0 \times 10^{16}$$

$$Cd^{2+} + 4CN^- \longrightarrow [Cd(CN)_4]^{2-} \qquad K_{稳} = 1.3 \times 10^{18}$$

$$Hg^{2+} + 4CN^- \longrightarrow [Hg(CN)_4]^{2-} \qquad K_{稳} = 3.3 \times 10^{41}$$

Hg_2^{2+} 形成配离子的倾向较小，因为与配体作用生成了 Hg^{2+} 的稳定配合物，促进了

歧化反应的进行。

3. 其他配合物

Hg^{2+}可以与卤素离子和SCN^-形成一系列配离子。

$$Hg^{2+}+4Cl^- = [HgCl_4]^{2-} \qquad K_{稳}=1.6\times10^{15}$$

$$Hg^{2+}+4Br^- = [HgBr_4]^{2-} \qquad K_{稳}=1.0\times10^{21}$$

$$Hg^{2+}+4I^- = [HgI_4]^{2-} \qquad K_{稳}=7.2\times10^{29}$$

$$Hg^{2+}+4SCN^- = [Hg(SCN)_4]^{2-} \qquad K_{稳}=7.7\times10^{21}$$

配离子的组成同配位体的浓度有密切关系。在$0.1\ mol\cdot L^{-1}\ Cl^-$的溶液中，$HgCl_2$、$[HgCl_3]^-$和$[HgCl_4]^{2-}$的浓度大致相等，在$1\ mol\cdot L^{-1}\ Cl^-$的溶液中主要存在的是$[HgCl_4]^{2-}$，$Hg^{2+}$与卤素离子形成配合物的稳定性依Cl、Br、I顺序增强。

Hg^{2+}与过量的KI反应，首先产生红色碘化汞沉淀，然后沉淀溶于过量的KI中，生成无色的碘配离子。

$$Hg^{2+}+2I^- = HgI_2\downarrow \qquad 红色$$

$$HgI_2\downarrow+2I^- = [HgI_4]^{2-} \qquad 无色$$

$K_2[HgI_4]$和KOH的混合溶液称为奈斯勒试剂，如溶液中有微量NH_4^+存在时，滴入试剂立即生成特殊红棕色的碘化氨基·氧合二汞(Ⅱ)沉淀。

$$NH_4Cl+2K_2[HgI_4]+4KOH = \left[O\begin{matrix}Hg\\ \\Hg\end{matrix}NH_2\right]I\downarrow+KCl+7KI+3H_2O$$

这个反应常用来鉴定NH_4^+或Hg^{2+}。

8.2.6 ⅡB族元素与ⅡA族元素性质对比

ⅡB族元素的最外层电子数和ⅡA族一样，有两个s电子，其次外层不同(ⅡB为18e，ⅡA为8e)，ⅡB族离子具有很强的极化力和明显的变形性。这导致ⅡB与ⅡA性质不同。

1. 熔、沸点

ⅡB族金属的熔、沸点比ⅡA族金属低，汞常温下是液体。

2. 化学活泼性

ⅡB族元素化学活泼性比ⅡA族元素低，它们的金属性比碱土金属弱，并按Zn、Cd、Hg的顺序减弱，与碱土金属递变的方向相反。ⅡB族元素的电极电势比ⅡA族元素高得多，它们在常温下和在干燥的空气中都不发生变化，都不能从水中置换出氢气。在稀酸中，锌易溶解，镉溶解度较小，汞完全不溶。

3. 键型和配位能力

ⅡB族元素形成共价化合物和配离子的倾向比碱土金属强得多。

4. 氢氧化物的酸碱性及变化规律

$Ca(OH)_2$	$Sr(OH)_2$	$Ba(OH)_2$
强 碱	强 碱	强 碱

$\xrightarrow[\text{碱性增强}]{}$

$Zn(OH)_2$	$Cd(OH)_2$	HgO
两 性	弱 碱	弱 碱

$\xrightarrow[\text{碱性增强}]{}$

5. 盐的性质

两族元素的硝酸盐都易溶于水，ⅡB族元素的硫酸盐是易溶的，而钙、锶、钡的硫酸盐则是微溶的。两族元素的碳酸盐又都难溶于水。ⅡB族元素的盐在溶液中都有一定程度的水解，而钙、锶、钡的盐则不水解。

习 题

铜 分 族

1. 在Ag^+溶液中，先加入少量的$Cr_2O_7^{2-}$，再加入适量的Cl^-，最后加入足够量的$S_2O_3^{2-}$，估计每一步会有什么现象出现，写出有关的离子反应方程式。
2. 具有平面正方形结构的Cu^{2+}配合物$[CuCl_4]^{2-}$（黄色）、$[Cu(NH_3)_4]^{2+}$（蓝色）、$[Cu(en)_2]^{2+}$（蓝紫色）的颜色变化是由什么原因引起的？
3. 利用金属的电极电势，说明铜、银、金在碱性氰化物水溶液中被溶解的原因，空气中的氧气对溶解过程有何影响？CN^-在溶液中的作用是什么？
4. 将黑色CuO粉末加热到一定温度后，就转变为红色Cu_2O。加热到更高温度时，Cu_2O又转变为金属铜，试用热力学观点解释这种实验现象，并估计这些变化发生时的温度。
5. 完成并配平下列反应方程式：

(1) $Cu_2O + HCl \longrightarrow$

(2) $Cu_2O + H_2SO_4$(稀)$\longrightarrow$

(3) $CuSO_4 + NaI \longrightarrow$

(4) $Ag + HI \longrightarrow$

(5) $Ag^+ + CN^- \longrightarrow$

(6) $Ag + O_2 + H_2S \longrightarrow$

(7) $Cu^+ + CN^- \longrightarrow$

(8) $Cu^{2+} + CN^- \longrightarrow$

(9) $HAuCl_4 + FeSO_4 \longrightarrow$

(10) $AuCl \xrightarrow{\triangle}$

(11) $Ag_3AsO_4 + Zn + H_2SO_4 \longrightarrow$

(12) $[Ag(S_2O_3)_2]^{3-} + H_2S + H^+ \longrightarrow$

(13) Au＋王水$\longrightarrow$

6. 为什么在高温、干态Cu^+化合物更为稳定，而在水溶液中Cu^{2+}化合物更为稳定？若在水溶液中形成难溶物或配离子时，是Cu(Ⅰ)化合物还是Cu(Ⅱ)化合物稳定？在什么情况下可使Cu^{2+}转化为

Cu^+？试举例说明，并解释之。

7. 判断下列各字母所代表的物质：化合物 A 是一种黑色固体，它不溶于水、稀乙酸和氢氧化钠，而易溶于热盐酸中，生成一种绿色溶液 B，如溶液 B 与铜丝一起煮沸，逐渐变棕黑(溶液 C)，溶液 C 若用大量水稀释，生成白色沉淀 D，D 可溶于氨溶液中，生成无色溶液 E，E 若暴露于空气中，则迅速变蓝(溶液 F)，往溶液 F 中加入 KCN 时，蓝色消失，生成溶液 G，往溶液 G 中加入锌粉，则生成红棕色沉淀 H，H 不溶于稀的酸和碱，可溶于热硝酸，生成蓝色溶液 I，往溶液 I 慢慢加入 NaOH 溶液，生成蓝色胶冻沉淀 J，将 J 过滤，取出，然后加热，又生成原来化合物 A。

8. 用反应方程式说明下列现象：

(1) 铜器在潮湿空气中慢慢生成了一层铜绿。

(2) 金溶于王水。

(3) 热分解 $CuCl_2 \cdot 2H_2O$ 得不到无水 $CuCl_2$。

9. 解释下列现象：

(1) $CuCl_2$ 浓溶液逐渐加水稀释时，溶液颜色由黄棕色经绿色而变成蓝色。

(2) 当 SO_2 通入 $CuSO_4$ 与 NaCl 的浓溶液中析出白色沉淀。

(3) 往 $AgNO_3$ 溶液中滴加 KCN 溶液时，先生成白色沉淀而后溶解，再加入 NaCl 溶液时并无沉淀生成，但加入少许 Na_2S 溶液时，就析出黑色沉淀。

10. 如何用最简便的方法分离 $Cu(NO_3)_2$ 和 $AgNO_3$ 的混合物？

11. 计算下列元素电势图中的 $E^{\ominus}$ 值：

$$\mathrm{CuS}\xrightarrow{E_2^{\ominus}}\mathrm{Cu_2S}\xrightarrow{E_3^{\ominus}}\mathrm{Cu}\qquad (\mathrm{CuS}\to\mathrm{Cu}:\ E_1^{\ominus})$$

(已知 $E^{\ominus}_{Cu^{2+}/Cu^+}=0.15\ V$，$E^{\ominus}_{Cu^+/Cu}=0.52\ V$，$K^{\ominus}_{sp,CuS}=7.94\times10^{-36}$，$K^{\ominus}_{sp,Cu_2S}=1.0\times10^{-48}$)

12. 已知下列反应 $Cu(OH)_2(s)+2OH^- = [Cu(OH)_4]^{2-}$ 的平衡常数 $K^{\ominus}=10^{-3}$，在 1 L NaOH 溶液中，若欲使 0.01 mol $Cu(OH)_2$ 溶解，则 NaOH 的浓度至少应为多少？

13. 计算 400 mL 0.50 $mol \cdot L^{-1}$ $Na_2S_2O_3$ 溶液可溶解多少克 AgBr 固体。

14. 铁置换铜这一经典反应具有节能、无污染等优点，但通常只用于铜的回收，不用作铁件镀铜，因得到的镀层疏松、不牢固。能否把铁置换铜的反应开发成镀铜工艺呢？下面就这一问题进行讨论，找出解决的途径。

(1) 先不考虑溶液的 pH 范围，若向 $CuSO_4$ 溶液中投入表面光滑的纯铁件后，可能发生的所有反应。

(2) 实验证实造成镀层疏松的原因之一是夹杂固体杂质(CuOH 或 Cu_2O)。试通过电化学计算证实这一点(设镀槽的 pH=4，$CuSO_4$ 的浓度为 0.040 $mol \cdot L^{-1}$)。

(3) 通过计算说明在所给实验条件下，是否发生水解、放氢等反应。

(4) 为了实现化学镀铜工业化，提出三种以上抑制副反应发生的(化学的)技术途径，不必考虑实施细节，说明理由。

(5) 请提出铁置换铜反应的可能机理。

(6) 混在铜镀层中的 Cu_2O 与 Cu 颜色相近，如何鉴别？

实验条件及有关数据如下：

① 实验条件：镀槽的 pH=4；$CuSO_4$ 溶液的浓度为 0.040 $mol \cdot L^{-1}$；温度 298 K

② 有关数据：$E^{\ominus}_{Fe^{2+}/Fe}=-0.440\ V$；$E^{\ominus}_{Fe^{3+}/Fe^{2+}}=0.770\ V$；$E^{\ominus}_{Cu^{2+}/Cu}=0.342\ V$；$E^{\ominus}_{Cu^{2+}/Cu^+}=0.160\ V$

平衡常数：$K^{\ominus}_w=1.0\times10^{-14}$；$K^{\ominus}_{sp,CuOH}=1.0\times10^{-14}$；$K^{\ominus}_{sp,Cu(OH)_2}=1.0\times10^{-20}$；$K^{\ominus}_{sp,Fe(OH)_2}=1.0\times10^{-14}$；$K^{\ominus}_{sp,Fe(OH)_3}=1.0\times10^{-36}$

15. 合成 CuCl 通常采用 SO_2 还原 $CuSO_4$ 的方法，其工艺流程如下：

$\xrightarrow[CuSO_4+NaCl]{\text{合成}}\xrightarrow[\text{通入}SO_2]{\text{还原}}\xrightarrow[\text{大量水}]{\text{稀释}}\xrightarrow{\text{洗涤}}\xrightarrow{\text{干燥}}$成品

已知：

$Cu^{2+}\xrightarrow{}Cu^{+}\xrightarrow{0.521\ V}Cu$ （Cu^{2+}—Cu：0.337 V）　　$SO_4^{2-}\xrightarrow{0.17\ V}H_2SO_3\xrightarrow{0.45\ V}S\xrightarrow{0.14\ V}H_2S$

$K^{\ominus}_{sp,CuCl}=1.2\times10^{-6}$

(1) 通过计算说明，为什么合成反应中一定要加入 NaCl。

(2) 为了加快氯化亚铜的合成速度，温度高一点好(70～80 ℃)，还是低一点好(30～40 ℃)？请提出观点，并加以分析。

(3) 写出合成中的总反应(离子方程式)，如何判断反应已经完全？

(4) 合成反应结束后，为什么要迅速洗涤和干燥？

16. 工业上以废铜为原料经氯化生产氯化亚铜，其反应如下：

① $Cu+Cl_2\xrightarrow{H_2O}Cu^{2+}+2Cl^-$

② $Cu^{2+}+Cu+2Na+4Cl^-\longrightarrow 2Na[CuCl_2]$

③ $Na[CuCl_2]\xrightarrow{H_2O}CuCl\downarrow+NaCl$

在操作中为了保证质量，必须按一定规范程序进行操作。请回答下列问题：

(1) 制备中当氯化完成后须经中间步骤(生成配合物 $Na[CuCl_2]$)，为什么不用一步法制取 CuCl？($Cu^{2+}+Cu+2Cl^-\longrightarrow 2CuCl\downarrow$)

(2) 为什么必须外加 NaCl 且控制接近饱和？

(3) 为什么要在反应体系中加入少量盐酸，它起何作用？

(4) 合成结束后为什么先用稀盐酸洗涤，再用乙醇洗？为什么必须在真空密闭条件下进行抽滤操作？

17. 次磷酸 H_3PO_2 中加入 $CuSO_4$ 水溶液，加热到 40～50 ℃，析出一种红棕色的难溶物 A。经鉴定：反应后的溶液是硫酸和磷酸的混合物；X 射线衍射证实 A 是一种六方晶体，结构类同于纤锌矿(ZnS)，组成稳定；A 的主要化学性质如下：①温度超过 60 ℃，分解成金属铜和一种气体；②在氯气中着火；③与盐酸反应放出气体。根据以上信息：

(1) 写出 A 的化学式和分解反应的方程式。

(2) 写出 A 的生成反应方程式。

(3) 分别写出 A 与氯气和 A 与盐酸反应的化学方程式。

18. 化合物 A 是白色固体，不溶于水，加热时剧烈分解，产生固体 B 和气体 C。固体 B 不溶于水或盐酸，但溶于热的稀硝酸，得溶液 D 及气体 E。E 无色，但在空气中变红。溶液 D 以盐酸处理时，得白色沉淀 F。气体 C 与普通试剂不起反应，但与热的金属镁作用生成白色固体 G。G 与水作用得另一种白色固体 H 及气体 J。气体 J 使湿润的红色石蕊试纸变蓝，固体 H 可溶于稀硫酸得溶液 I。化合物 A 以硫化氢处理时得黑色沉淀 K、无色溶液 L 和气体 C，过滤后，固体 K 溶于浓硝酸得气体 E、黄色固体 M 和溶液 D。D 以盐酸处理得沉淀 F。滤液 L 以氢氧化钠溶液处理又得气体 J。请指出 A～M 所表示的物质名称，并用化学反应式表示各过程。

19. 比较下列配合物稳定性，并加以说明。

(1) 为什么$[Cu(en)_3]^{2+}$与$[Cu(H_2O)_4(en)]^{2+}$和$[Cu(H_2O)_2(en)_2]^{2+}$相比特别不稳定？

(2) $[Cu(H_2O)_2(en)_2]^{2+}$的两个几何异构体中，哪个是主要存在形式？

(3) $[Ag(en)]^+$不如$[Ag(NH_3)_2]^+$稳定。

(4) $[Cu(en)_2]^{2+}$比$[Cu(NH_3)_4]^{2+}$稳定。

20. 通过计算说明金属银在通空气时可溶于氰化钾溶液中。已知：$E^{\ominus}_{Ag^{+}/Ag}=0.80\ V$，$[Ag(CN)_2]^-$ 的 $K^{\ominus}_{稳}=1.0\times10^{21}$，$H_2(g)+1/2\ O_2(g)=\!=\!=H_2O(l)$ 的 $\Delta_rG^{\ominus}_m=-237\ kJ\cdot mol^{-1}$。

21. 将 $CuSO_4\cdot5H_2O$ 加热时逐渐失水：

$$CuSO_4\cdot5H_2O\xrightarrow{102\ ℃}CuSO_4\cdot3H_2O\xrightarrow{113\ ℃}CuSO_4\cdot H_2O\xrightarrow{258\ ℃}CuSO_4$$

由失水温度上的差异推测各水分子所处的环境与结合力的关系，并画出其结构图。

锌 分 族

1. 解释下列事实：

(1) 焊接铁皮时，常先用浓 $ZnCl_2$ 溶液处理铁皮表面。

(2) HgS 不溶于 HCl、HNO_3 和 $(NH_4)_2S$ 中，而能溶于王水或 Na_2S 中。

(3) HgC_2O_4 难溶于水，但可溶于含有 Cl^- 的溶液中。

2. 试选用合适的配合剂分别将下列各种沉淀物溶解，并写出反应方程式：

$Hg_2C_2O_4$　　HgS　　$Zn(OH)_2$　　HgI_2

3. (1) 用一种方法区别锌盐和铝盐。

(2) 用两种方法区别锌盐和镉盐。

(3) 用三种不同的方法区别镁盐和锌盐。

(4) 用两种方法区别 Hg^{2+} 和 Hg_2^{2+}。

4. 分离下列各组混合物：

(1) $CuSO_4$ 和 $ZnSO_4$

(2) $CuSO_4$ 和 $CdSO_4$

(3) CdS 和 HgS

5. 为防止硝酸亚汞溶液被氧化，常在溶液中加入少量 Hg，为什么？试根据相应的 $E^{\ominus}$ 值计算反应 $Hg^{2+}+Hg=\!=\!=Hg_2^{2+}$ 的平衡常数。

6. 在什么条件下可使 Hg(Ⅱ)转化为 Hg(Ⅰ)，Hg(Ⅰ)转化为 Hg(Ⅱ)？试举三个反应式说明Hg(Ⅰ)转化为 Hg(Ⅱ)。

7. 如何从 $Hg(NO_3)_2$ 制备下列化合物？

(1) Hg_2Cl_2　　(2) HgO　　(3) $HgCl_2$　　(4) $Hg_2(NO_3)_2$　　(5) $HgSO_4$

8. 利用汞的电势图 $Hg^{2+}\xrightarrow{0.92\ V}Hg_2^{2+}\xrightarrow{0.793\ V}Hg$，通过计算说明，在 Hg_2^{2+} 盐溶液中加入 S^{2-}，反应产物是什么。

已知：HgS 的 $K^{\ominus}_{sp}=1.6\times10^{-52}$；$Hg_2S$ 的 $K^{\ominus}_{sp}=1.0\times10^{-47}$。

9. 试仅用一种试剂来鉴别下列几种溶液：

KCl　　$Cu(NO_3)_2$　　$AgNO_3$　　$ZnSO_4$　　$Hg(NO_3)_2$

10. 从结构上说明下列物质在性质上的差异：

	沸点/℃	溶解性
HgF_2	650	不溶解在有机溶剂中
$HgCl_2$	300	溶解在有机溶剂中

11. 为什么ⅡB族元素比其他过渡金属有较低的熔点？

12. 完成并配平下列反应方程式：

(1) $KI+HgCl_2\longrightarrow$

(2) $SnCl_2+HgCl_2\longrightarrow$

(3) $NH_3+HgCl_2\longrightarrow$

(4) $SO_2 + HgCl_2 \longrightarrow$

(5) $NaOH$(过量)$+ ZnSO_4 \longrightarrow$

13. 计算半反应 $Hg_2SO_4 + 2e^- \rightleftharpoons 2Hg + SO_4^{2-}$ 的电极电势。已知：$E^{\ominus}_{Hg_2^{2+}/Hg} = 0.792\ V$；$K^{\ominus}_{sp, Hg_2SO_4} = 6.76 \times 10^{-7}$。

14. 回答下列问题：

(1) 为什么不能用薄壁玻璃容器盛汞？

(2) 为什么汞必须密封储藏？

(3) 汞不慎落在地上或桌上，应如何处理？

15. 制备下列化合物：

(1) 由 ZnS 制备无水 $ZnCl_2$。

(2) 从金属汞制备甘汞。

16. 由 $CdSO_4$ 通 H_2S 制 CdS 有两种工艺操作条件：

条件一：$CdSO_4$ 溶液的酸度 pH=2～3，所得产品颗粒细，发黏，不易过滤。

条件二：$CdSO_4$ 溶液的酸度[H^+]=1～1.5 mol·L^{-1}，通入 H_2S 时溶液的温度为 70～80 ℃，所得产品为砂粒状，不黏，易过滤。

试用所学基本原理说明，为了提高产品质量：

(1) 为什么要有意提高溶液的酸度？

(2) 为什么要升高反应温度？

17. HgS 溶于王水后，为什么有时溶液呈红棕色，且没有 S 析出？

18. 在下列各对盐中，哪一个与理想离子型结构有较大的偏离？为什么？

(1) $CaCl_2/ZnCl_2$　(2) $CdCl_2/CdI_2$　(3) ZnO/ZnS　(4) $CaCl_2/CdCl_2$

19. 电解 $CdCl_2$ 水溶液时电导率会出现反常，可能的原因是什么？

20. 氧化锌长时间加热后将由白色变成黄色，这是由于在加热过程中发生了什么变化引起的？

21. Ca 与二甲基汞的反应产物是什么？

22. 写出 HgS 溶于王水的反应方程式。有位学生在操作中发现有时溶液是无色，请分析产生这种实验现象的原因。如何用最简便的方法来证明这一结果？

23. (1) 实验测得 Hg_2Cl_2 是抗磁性，请通过对汞价电子构型的分析，说明"性能反映结构"这一论点的正确性，如果写成 HgCl 是否符合实验事实？

(2) 消除 Hg^{2+} 污染的办法有哪些？举两例说明，要求适用性、经济性。

第 9 章　过渡元素概论

学习要点

(1) 了解过渡元素的结构特点以及与之相关联的性质。

(2) 理解过渡元素的“三多”特征——配合物多、变价多、颜色多。

(3) 掌握过渡元素的成键特征(如配位键、σ－π 键、金属多重键等)。

(4) 了解低氧化态化合物组成、结构特征和稳定性。

(5) 掌握过渡元素重要化合物的组成、结构、性能和应用。

目前对过渡元素包括的元素范围有几种不同的观点。通常是指ⅢB族到第Ⅷ族的元素(d 区元素),称为过渡元素;另一种观点认为,ds 区的铜分族在化学性质上与 d 区元素有许多共同特性,也被列入过渡元素之中;为了叙述的方便,有时把ⅠB族和ⅡB族(ds 区元素)元素全部包括在内,统称过渡元素(广义过渡元素)。因为它们都是金属,又称过渡金属,见表 9－1。将这些元素按周期分为三个系列。第四周期中从 Sc 到 Zn 为第一过渡

表 9－1　过渡元素的位置

ⅠA	ⅡA	ⅢB	ⅣB	ⅤB	ⅥB	ⅦB	Ⅷ			ⅠB	ⅡB	ⅢA	ⅣA	ⅤA	ⅥA	ⅦA	ⅧA
		21 Sc	22 Ti	23 V	24 Cr	25 Mn	26 Fe	27 Co	28 Ni	29 Cu	30 Zn						
		39 Y	40 Zr	41 Nb	42 Mo	43 Tc	44 Ru	45 Rh	46 Pd	47 Ag	48 Cd						
		*57 La	72 Hf	73 Ta	74 W	75 Re	76 Os	77 Ir	78 Pt	79 Au	80 Hg						
		*89 Ac															

系元素；第五周期中从 Y 到 Cd 为第二过渡系元素；第六周期中从 La 到 Hg 为第三过渡系元素。在讨论第Ⅷ族元素性质时，根据元素性质的相似性，把第Ⅷ族细分为两个组：铁系元素(Fe，Co，Ni)和铂系元素(Ru，Rh，Pd，Os，Ir，Pt)。第六周期中从 57(La)到71(Lu)的 15 种元素，新增加的电子都是依次填充在 f 轨道上，统称为镧系元素(用 Ln 表示)。第七周期中从第 89 号元素 Ac 到第 103 号元素 Lr 共 15 种元素，称为锕系元素(用 An 表示)，它们都是放射性元素。钪、钇和镧系元素一起共 17 种元素总称稀土元素，用 RE 表示。本章将重点叙述过渡元素的特性和应用。

9.1 过渡元素的通性

广义过渡元素位于周期表的 d 区和 ds 区，其特征电子构型分别为$(n-1)d^{1\sim9}ns^{1\sim2}$(Pd 为 $4d^{10}5s^0$ 例外)和$(n-1)d^{10}ns^{1\sim2}$。在同一周期中自左至右逐渐填充 d 电子，最外层电子数几乎不变。元素的物理化学性质主要取决于电子结构。过渡元素有许多不同于 s 区和 p 区元素的特征，如“变价多”(d 电子参与成键有关)、“颜色多”(d-d 跃迁或荷移跃迁等引起的)、“配合物多”[能量相近的$(n-1)d$，ns，np 等价层轨道参与杂化成键，离子的有效核电荷较大，半径较小以及与配位体的作用力强等有关]。因此，过渡元素化学在相当程度上可以说是“d 轨道的化学”。

9.1.1 原子半径

由于$(n-1)d$ 电子对 ns 电子的屏蔽作用较小，有效核电荷增加，对外层电子的吸引力增大，所以在同一过渡系的元素中自左至右原子半径依次缓慢减小，直到铜分族附近，d 轨道全充满，电子之间相互排斥作用增强，原子半径才略有增加(图 9-1)。主族元素中原子半径自上而下逐渐增大，这是由于随着电子层数增加，核对外层电子的吸引力逐渐减弱起了主要作用的结果。过渡元素的原子半径从上到下发现有不寻常的变化。第一、二过渡系同族上下两个元素的原子半径与主族元素自上而下的变化相似，原子半径略有增加。第二、三过渡系同族上下两个元素的原子半径却极为接近，其中 Zr 与 Hf、Nb 与 Ta、Mo 与 W 表现特别明显。这主要是“镧系收缩”效应的结果。在第六周期中，从 Ba 到 Hf

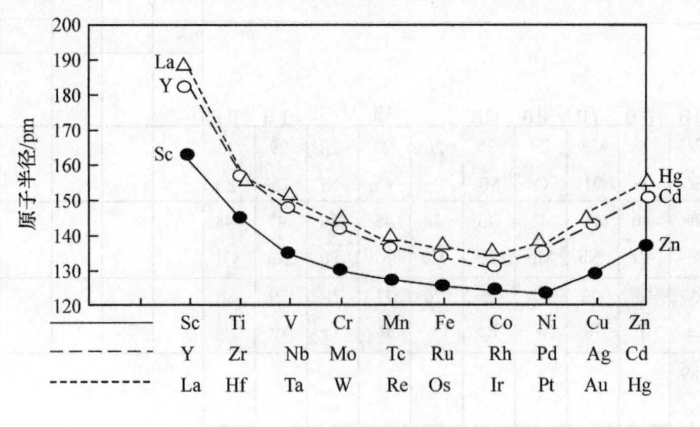

图 9-1 过渡元素的原子半径

推移中经过了从第 57 号 La 到第 71 号 Lu 的镧系元素，核电荷数增加 15，而所增加的 4f 电子不能完全屏蔽外层电子，从而使 Hf 的外层电子经受较大有效核电荷的吸引，半径减小，这与电子层数增加使半径增大的另一种作用势均力敌，从而使 Zr 和 Hf 的原子半径十分接近。Nb 和 Ta 等的半径变化规律可依此类推。

9.1.2 物理性质

在 d 区元素中，不仅 s 电子参与形成金属键，d 电子也可以参与成键，所以它们一般都有较高的熔点、沸点、气化热等(表 9-2)。一般熔点高的金属也具有较大数目的未成对电子，硬度亦高，如 W 是熔点(3410 ℃)最高的金属，Cr 是硬度(9)最大的金属，Os 是密度(22.48 g·cm^{-3})最大的金属。一般升华热高的金属，尤其是第六周期 Hf 以后的过渡金属都是较为惰性的金属。这些典型特性使它们在工业生产和科研领域中得到广泛的应用。据文献报道，由 C_{60} 组成的分子以惊人的速度自转，为了进行 X 光拍照必须将它减速或停下来，科学家巧用 Os 密度大的特性，用含有两个 Os 原子的配合物 $C_{60}[OsO_4(4-$叔丁基吡啶$)_2]_2$ 将它紧紧钳住(图 9-2)，达到了拍照的目的，获得了第一个 C_{60} 的配合物，直接证明 C_{60} 的球形结构。

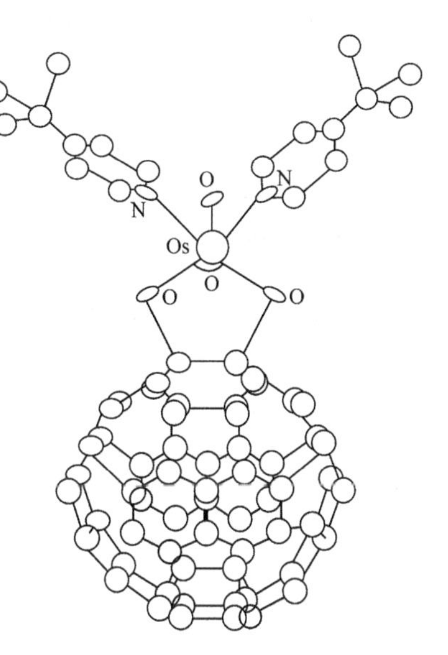

图 9-2 第一个 C_{60} 配合物(含 Os)晶体结构示意图 $C_{60}\{OsO_4[4-C(CH_3)_3C_5H_5N]_2\}_2$

表 9-2 过渡金属的性质

第一过渡金属										
金 属	Sc	Ti	V	Cr	Mn	Fe	Co	Ni	Cu	Zn
价电子构型	$3d^14s^2$	$3d^24s^2$	$3d^34s^2$	$3d^54s^1$	$3d^54s^2$	$3d^64s^2$	$3d^74s^2$	$3d^84s^2$	$3d^{10}4s^1$	$3d^{10}4s^2$
熔点/℃	1539	1675	1890	1857	1204	1535	1495	1453	1083	419
沸点/℃	2727	3260	3380	2672	2077	3000	2900	2732	2595	907
金属半径/pm(CN=12)	164	145	135	129	127	126	125	125	128	134
M^{2+}半径/pm(CN=6)	—	86	79	80	83	78	75	69	73	74
第一电离能/(kJ·mol^{-1})	631	658	650	652.8	717.4	759.4	758	736.7	745.5	906.4
第二电离能/(kJ·mol^{-1})	1866	1968	2064	2149	2227	2320	2404	2490	2703	2640
M^{2+}水合能/(kJ·mol^{-1})	—	—	—	−1850	−1845	−1920	−2054	−2106	−2100	−2045
气化热/(kJ·mol^{-1})	304.8	428.9	456.6	348.8	219.7	351.0	382.4	371.8	341.1	131
室温密度/(g·cm^{-3})	2.99	4.5	5.96	7.20	7.20	7.86	8.9	8.90	8.92	7.14
氧化态	3	−1,0,2,3,4	−1,0,2,3,4,5	−2,−1,0,2,3,4,5,6	−3,−2,−1,0,1,2,3,4,5,6,7	−1,−2,0,2,3,4,5,6,8	−1,0,2,3,4	−1,0,2,3(4)*	1,2,3	(1),2
$E^{\ominus}_{M^{2+}/M}$/V	—	−1.63	−1.18	−0.91	−1.18	−0.44	−0.28	−0.25	−0.34	−0.76
$E^{\ominus}_{M^{3+}/M}$/V	−2.08	−1.18	−0.88	−0.74	0.28	0.037	0.42	—	—	—
电负性(χ_P)	1.36	1.54	1.63	1.66	1.55	1.83	1.88	1.91	1.90	1.65

续表

第二过渡金属										
金　属	Y	Zr	Nb	Mo	Tc	Ru	Rh	Pd	Ag	Cd
价电子构型	$4d^1 5s^2$	$4d^2 5s^2$	$4d^4 5s^1$	$4d^5 5s^1$	$4d^6 5s^1$	$4d^7 5s^1$	$4d^8 5s^1$	$4d^{10} 5s^0$	$4d^{10} 5s^1$	$4d^{10} 5s^2$
熔点/℃	1495	1952	2468	2610	—	2250	1966	1552	960.8	326.9
沸点/℃	2977	3578	4927	5560	—	3900	3727	2927	2212	765
金属半径/pm(CN=12)	180	160	147	140	135	134	134	137	144	152
第一电离能/(kJ·mol⁻¹)	616	674	664	685	702	711	720	805	731	876
气化热/(kJ·mol⁻¹)	393.3	581.6	772	651	577.4	669	577	376.6	289	99.8
室温密度/(g·cm⁻³)	4.34	6.49	8.57	10.2	—	12.30	12.4	11.97	10.5	8.64
氧化态	3	2,3,4	2,3,4,5	0,2,3,4,5,6	−1,0,4,5,6,7	−2,0,3,4,5,6,7,8	−1,0,1,2,3,4,6	0,1,2,3,4	1,2,(3)	(1),2
电负性(χ_P)	1.22	1.33	1.60	2.16	1.90	2.20	2.28	2.20	1.93	1.69
第三过渡金属										
金　属	La	Hf	Ta	W	Re	Os	Ir	Pt	Au	Hg
价电子构型	$5d^1 6s^2$	$5d^2 6s^2$	$5d^3 6s^2$	$5d^4 6s^2$	$5d^5 6s^2$	$5d^6 6s^2$	$5d^7 6s^2$	$5d^9 6s^1$	$5d^{10} 6s^1$	$5d^{10} 6s^2$
熔点/℃	920	2150	2996	3410	3180	3000	2410	1769	1063	−38.87
沸点/℃	3469	5440	5425	5927	5627	~5000	4527	3827	2966	356.58
金属半径/pm(CN=12)	188	159	147	139	137	135	136	139	144	151
第一电离能/(kJ·mol⁻¹)	538.1	654	761	770	764	840	880	870	890.1	1007
气化热/(kJ·mol⁻¹)	399.6	611.1	774	844	791	728	690	510.4	344.3	56.9
室温密度/(g·cm⁻³)	6.194	13.31	16.6	19.35	20.53	22.48	22.42	21.45	19.3	13.59
氧化态	3	2,3,4	2,3,4,5	0,2,3,4,5,6	−1,0,2,3,4,5,6,7	−2,0,2,3,4,5,6,7,8	−1,−2,0,(2),3,4,5,6	0,1,2,3,4,5,6	1,3	1,2
电负性(χ_P)	1.10	1.30	1.50	2.36	1.90	2.20	2.20	2.28	2.40	2.00

*（ ）内为不稳定氧化态。

9.1.3 化学性质

$$
\begin{array}{ccc}
M_{(s)} & \xrightarrow{\Delta_f H^\ominus} & M^{n+}_{aq} + ne \\
\downarrow \Delta H^\ominus_s & & \uparrow \Delta H^\ominus_h \\
M_{(g)} & \xrightarrow{\Delta H^\ominus_I} & M^{n+}_{(g)}
\end{array}
$$

过渡金属单质的化学“活性”(指热力学倾向)有较大的差别，钪分族是较活泼的金属，铂系金属为惰性金属。第一过渡系金属较活泼，第二、三过渡系金属较稳定。从有关的标准电极电势可以说明这种倾向。电极电势的大小与金属的升华热、水合能、电离能有关，用电极反应可以粗略说明这种能量的变化趋势，即设计热化学循环比较金属单质变成水合离子的难易程度。其中，$\Delta H^\ominus_s$ 为金属单质的升华热，$\Delta H^\ominus_I$ 为气态金属原子的电离能，$\Delta H^\ominus_h$ 为气态金属离子的水合能，$\Delta_f H^\ominus$ 为金属单质变成水合离子的能量变化。比较整个过程的热效应：$\Delta_f H^\ominus = \Delta H^\ominus_s + \Delta H^\ominus_I + \Delta H^\ominus_h$，就能大致了解金属单质的“活泼性”。对活泼金属($E^\ominus$ 为负值)，它们能从非氧化性酸中置换出氢气，但有些金属(如 Ti，V，Cr)由于表面形成氧化膜，变为钝态，观察不到氢气放出。由于过渡元素具有价态的多样性，氧化还原性是它们的重要特征。过渡元素的离子既有接受孤对电子的空轨道，又有较高的正电荷吸引配位体，因此有形成配合物的强烈倾向。

过渡元素中，V、Nb、Ta、Cr、Mo、W 等它们的含氧酸容易发生“缩合”反应，形成比较复杂的酸，称为多酸(同多酸或杂多酸)。某些多酸的化合物有高的催化活性。研究发现，许多具有抗癌活性的金属配合物的中心金属大都为过渡金属，如 Pt、Ir、Ru、Rh、Pd、Os、Cu 等。

9.1.4　氧化态及其稳定性

过渡元素存在多种氧化态，这与它们有未饱和的价电子构型及$(n-1)$d 和 ns 能量相近有关。除了 s 电子可以参与成键外，d 电子也可以部分或全部参加成键，这是导致d 区元素具有价态多样性的根本原因。例如，Mn 的价电子构型为 $3d^5 4s^2$，有 0、1、2、3、4、5、6、7 等氧化态。

除第Ⅷ族的铁系、铂系元素外，d 区元素的最高氧化态与它们所处的族号相同。例如，第Ⅳ族的 Ti、Zr、Hf 都以+4 氧化态为特征，Ti 还有+3 和+2 等氧化态，Zr 和 Hf 较难形成低氧化态化合物。至今发现第Ⅷ族元素具有+8 氧化态的只有 Ru、Os 和 Fe 三种元素，如 RuF_8、OsO_4、FeO_4 等。过渡元素氧化态变化具有一定的规律性：

(1) 在同一周期中自左至右，氧化态首先逐渐升高，但高氧化态又逐渐不稳定，随后氧化态又逐渐变低，到第Ⅷ族又是低氧化态稳定。当 d 电子超过 5 个时全部参加成键的可能性减少，因此氧化态呈现一种角锥体形式的变化(表 9－3)。

表 9－3　过渡元素的氧化态(斜体代表较稳定的氧化态)

Sc	Ti	V	Cr	Mn	Fe	Co	Ni	Cu	Zn
	(−1)	(−1)	(−1−2)	(−1−2−3)	(−1−2)	(−1)	(−1)		
3	0 2 3 *4*	0 1 2 3 *4* *5*	0 *2* *3* 4 5 *6*	0 1 *2* 3 *4* 5 6 *7*	0 1 *2* *3* 4 5 6 8	0 1 *2* 3 4 5	0 1 *2* 3 4	0 1 *2* 3	1 *2*
Y	**Zr**	**Nb**	**Mo**	**Tc**	**Ru**	**Rh**	**Pd**	**Ag**	**Cd**
				(−1)	(−2)	(−1)			
3	2 3 *4*	2 3 4 *5*	0 2 3 *4* *5* *6*	0 1 2 *3* *4* 5 *6* 7	0 1 2 *3* *4* 5 *6* 7 8	0 1 2 *3* 4 5 6	0 1 *2* 3 *4* 6	*1* 2 3	1 *2*
La	**Hf**	**Ta**	**W**	**Re**	**Os**	**Ir**	**Pt**	**Au**	**Hg**
				(−1)	(−2)	(−1−2)			
3	2 3 *4*	2 3 4 *5*	0 2 3 *4* *5* *6*	0 1 2 3 *4* *5* *6* 7	0 1 2 3 *4* 5 *6* 7 8	0 1 2 *3* *4* 5 6	0 1 *2* 3 *4* 5 6	*1* *3*	*1* *2*

(2) 在同一族中，自上而下高氧化态趋向于稳定，这种规律性的表现和主族元素有点相反。因为过渡元素中随周期数的增大，$(n-1)$d 和 ns 能量越来越接近，$(n-1)$d更易全部参加成键。换言之，由于 5d 轨道较为分散，离核较远，5d 电子逐级电离能之和比 3d 电子的要小，5d 电子比 3d 电子更易全部参与成键，呈现较稳定的高氧化态。

过渡元素可形成高、中、低三种氧化态的化合物，这与中心元素、配位体的本性及成键方式有关。高氧化态的化合物常见于过渡金属的含氧化合物(氧化物或含氧酸盐)或氟化物中，如 MnF_6^{2-}、MnO_4^-、FeO_4^{2-}、CrO_4^{2-}、OsO_4、RuF_6 等。如果中心原子与配位原子之间形成了多重键，且 π 键与 σ 键的方向相同($L \rightrightarrows M$)时，中心原子常呈现高氧化态。中等氧化态常指 +2 和 +3 的化合物。它们多为简单水合离子，其化合物常为离子型化合物或由这些简单离子形成的大量配位化合物，如$[Fe(H_2O)_6]^{2+}$、$FeSO_4 \cdot 7H_2O$、$[Fe(CN)_6]^{3-}$。从成键方式来看，中心原子与配位原子之间形成 σ 单键时($L \rightarrow M$)，中心原子通常呈现中等氧化态。过渡元素的低氧化态(+1，0，−1，−2，−3)常见于 CO、CN^-、NO^+ 及某些含磷、砷、硫、硒的配位体和过渡金属形成的配位化合物中，如 $Ni(CO)_4$、$Ni(PCl_3)_4$、$[Ni(CN)_4]^{4-}$、$Fe(CO)_2(NO)_2$、$[V(phen)_3]^+$、$NaMn(CO)_5$ 等。这类配位体除提供孤对电子外，还有能量合适的前沿空轨道，能够接受中心原子的具有相同对称性的 d 轨道上的电子形成反馈 π 键($M \rightleftarrows L$)。它能分散一部分由于 σ 键的形成而在中心原子上聚集起来的负电荷，从而消除了电荷不平衡状态，使低氧化态化合物能稳定存在。

现以 Cr、C、H 和 O 元素为例，说明它们组成化合物时的成键方式与高、中、低氧化态之间的关系：

$Cr(CO)_6$	$[Cr(H_2O)_6]^{3+}$	CrO_4^{2-}
$Cr \underset{\sigma}{\overset{\pi}{\rightleftarrows}} CO$	$Cr \underset{\sigma}{\leftarrow} OH_2$	$Cr \underset{\sigma}{\overset{\pi}{\leftleftarrows}} O$
低氧化态	中等氧化态	高氧化态

9.1.5 形成配位化合物的倾向

相对于 s 区和 p 区元素来说，过渡元素的明显特征是常作为配合物的形成体(中心离子或原子)，形成众多的配位化合物。由于过渡元素的离子具有能量相近的$(n-1)$d、ns、np 等价轨道，有利于形成各种成键能力较强的杂化轨道，以接受配位体提供的孤对电子；过渡元素的离子一般有较高的正电荷，它们的离子半径较小，对配位体的静电作用强；未充满的$(n-1)$d 轨道上的电子屏蔽作用较小，使离子的有效核电荷较大，对配位体的极化能力较强，d 电子层结构的不饱和性，使它具有较大的变形性，从而增强了与配位体之间的共价结合。过渡元素中除离子可作配合物的形成体外，某些原子也可作为形成体组成配合物。过渡元素由于具备了这些成键条件使它容易形成多种多样的配位化合物。

简单离子形成配合物后其性质发生变化，如氧化还原性、溶解性、磁性、颜色和稳定性等。利用这些特性，配合物在电镀、分离、萃取、合成等方面有广泛的应用。

9.1.6 颜色

过渡元素的离子和化合物一般都呈现颜色。产生颜色的原因很复杂，目前主要用d－d跃迁光谱和电荷转移光谱来解释。表9－4列出第一过渡系列水合离子的颜色，从中可以看出有一个大致的规律，水合离子呈现颜色与它们的d电子的数目有关。

表9－4 某些过渡元素水合阳离子的颜色

价电子构型	阳离子	未成对电子数	水合离子颜色
$3d^0$	Sc^{3+}	0	无色
	Ti^{4+}	0	无色
$3d^1$	Ti^{3+}	1	紫色
$3d^2$	V^{3+}	2	绿色
$3d^3$	V^{2+}	3	紫色
	Cr^{3+}	3	紫色
$3d^4$	Mn^{3+}	4	紫色
	Cr^{2+}	4	蓝色
$3d^5$	Mn^{2+}	5	粉色
	Fe^{3+}	5	浅紫色
$3d^6$	Fe^{2+}	4	绿色
$3d^7$	Co^{2+}	3	粉红色
$3d^8$	Ni^{2+}	2	绿色
$3d^9$	Cu^{2+}	1	蓝色
$3d^{10}$	Zn^{2+}	0	无色

9.1.7 磁性

过渡金属及其化合物中由于含有未成对电子而呈现顺磁性。铁系金属（Fe，Co，Ni）和它们的合金中可以观察到铁磁性，铁磁性物质和顺磁性物质一样其内部均含有未成对电子，都能被磁场所吸引，只是磁化程度上的差别。铁磁性物质与磁场间的相互作用要比顺磁性物质大几千到几百万倍，在外磁场移走后仍可保留很强的磁性，而顺磁性物质不再具有磁性。

研究过渡金属配合物的磁性，不仅有助于了解中心金属离子的电子结构，区分高自旋和低自旋配合物，还有助于预测配合物的几何构型。

此外，通过磁性测定，还有助于确定某些特殊类型的化学键，如金属-金属多重键。例如，$CrCl_3 \cdot 6H_2O$和CH_3COOH在还原剂Zn存在下，于惰性气氛中制得了含水乙酸亚铬，磁性测定呈抗磁性。Cr^{2+}为d^4构型，按洪德规则有未成对电子存在，应为顺磁性。若以$Cr(CH_3COO)_2H_2O$形式存在则与实验事实不相符。磁性测定结果表明，电子全部配对，乙酸亚铬只有形成二聚体$[Cr(CH_3COO)_2H_2O]_2$才能满足。在二聚体中，由于两个

Cr^{2+} 的 8 个电子均已配对，所以乙酸亚铬呈抗磁性。可以设想 Cr 与 Cr 之间形成了金属-金属四重键($\sigma+2\pi+\delta$)(参考 9.2.7)。

9.2 过渡元素的成键特征

本节将通过过渡金属的配合物，重点讨论 $\sigma-\pi$ 配键、金属和金属多重键、过渡金属和配体的配位方式对配合物性质的影响、配合物的空间结构等。

9.2.1 含氮的配合物

含氮的配合物中，主要介绍过渡金属的双氮配合物、一氧化氮配合物、亚硝酸根配合物、硝基配合物和硝酸根配合物。

1. 双氮配合物与 N_2 分子的活化

1965 年，加拿大的艾伦(Allen)等用水合肼还原三氯化钌时，意外地得到第一个双氮配合物$[Ru(NH_3)_5(N_2)]Cl_2$[二氯化双氮·五氨合钌(Ⅱ)]，打破了长期以来认为稳定的氮分子不能形成配合物的传统观念。此后新的过渡金属双氮配合物不断地被合成出来，生成双氮配合物是使氮分子活化的重要途径。

N_2 在形成配合物时，可以端基配位(以 σ 电子给予金属 M)，也可以侧基配位(以 π 电子给予金属)。这两种配位形式见图 9-3。

(a) 端基配位　　M···N≡N　　M···N≡N···M

(b) 侧基配位　　M···(N≡N 侧向)　　(M 代表过渡金属)

图 9-3　N_2 的两种配位方式

$[Ru(NH_3)_5(N_2)]^{2+}$ 为端基配位。形成双氮配合物时，N_2 分子中，最高占有轨道上的电子给予金属空的 d 轨道($M\leftarrow N_2$)，通过 σ 型给予键(σ 配键)把电荷转移到中心金属上(如 Ru^{2+})，同时金属 M 充满电子的 d 轨道则向 N_2 空的 π 轨道反馈电子($M\rightarrow N_2$)，通过 π 型接受键($d\rightarrow p\pi$ 反馈键)，把中心金属(如 Ru^{2+})的过剩电荷转移到配体 N_2 上。这种 $\sigma-\pi$ 键的协同效应，其净结果相当于 N_2 配位基分子上的电子从基态跃迁到激发态，从而削弱了N≡N 三重键，两氮原子间距离由 109.7 pm 增至 112 pm，使 N_2 分子受到一定程度的活化。$[(NH_3)_5Ru(N_2)Ru(NH_3)_5]^{4+}$ 为端基配位(多核双氮配合物)。由于 N_2 从两个过渡金属原子得到反馈电子，从而加强了反馈键，因此 N_2 分子活化的程度比$[Ru(NH_3)_5(N_2)]^{2+}$ 中的更大，即形成多核双氮配合物对削弱N≡N 键更为有利。

在 $RhCl(N_2)[P(C_3H_7)_3]_2$ 中，N_2 分子是以侧基的形式和 Rh 原子配位的，一般以侧基键合的双氮配合物比端基键合的要少(与给出的是能量更低 π 成键电子和使用的是内层 N_2 轨道，其重叠程度小有关)。

把空气中的 N_2 转化为可利用的含氮化合物称为固氮。某些微生物和藻类，豆科植物和花生的根瘤菌都有在常温、常压下将 N_2 分子催化还原为 NH_3 的能力，称为生物固氮。生物固氮的核心是固氮酶的催化作用。研究表明，固氮酶结构组分中含有铁硫蛋白和钼铁硫蛋白。化学模拟生物固氮就是寻找合适的催化剂，它能像固氮酶那样在温和条件下固氮。过渡金属双氮配合物的出现为常温、常压下固氮提供了途径（通过配位作用，削弱 N≡N 键，使 N_2 分子受到一定程度的活化，有利于还原成氨）。例如，$[Mo(PR_3)_2(N_2)_2]$在强酸性条件下能够发生质子诱导的还原反应产生 NH_4^+。

$$[Mo(PR_3)_2(N_2)_2]+8H^+ \longrightarrow 2NH_4^+ + N_2 + Mo(VI) + \cdots$$

过渡金属双氮配合物的研究虽然取得了一些进展，但要实现化学模拟生物固氮还有一系列问题需要解决，离实际应用尚远。

2. 一氧化氮配合物(亚硝酰配合物)

NO 作为配位体(NO^+ 为亚硝酰离子)与过渡金属原子通常有三种键合方式：直线形端基配位、弯曲形端基配位和桥基配位。在同种配位化合物中往往存在混合型配位方式(直线、弯曲共存或桥式、弯曲共存)。

1) 直线形端基配位

NO 比 CO 多一个电子，在一些配位反应中，可将 NO 看作 3 电子给予体，即先将 NO 上的一个电子给予金属原子 M，使金属原子氧化态降低 1，NO 变成 NO^+ ($NO \longrightarrow NO^+ + e^-$，电离能为 9.23 eV)，$NO^+$ 的键长(106.2 pm)比 NO 的要短(115.1 pm)，然后 NO^+ 作为 2e 给予体与金属原子相结合(形成 N—M 配位键)，与此同时金属 d 轨道上的电子反馈到 $NO^+ \pi^*$ 反键轨道上，形成 $d \rightarrow \pi^*$ π 反馈键。NO^+ 和 CO 是等电子体，所以这种配位方式的 M—N—O 键角和直线形的M—C—O相似(许多实例说明 M—N—O 键角接近 180°，为 160°～180°)。直线形端基配位时，其简化的结构式为 $M \rightleftarrows N{=}O$。这种直线形的配位方式使 NO 成为 3 电子给予体(先后提供 3 个电子参与成键)，按电子数规则，在金属羰基化合物中，3 个端接的 CO 可用 2 个 NO 置换。因此，$Ni(CO)_4$、$Fe(CO)_2(NO)_2$、$Co(CO)_3(NO)$、$Mn(CO)(NO)_3$、$Cr(NO)_4$ 为等电子分子(18e)。

2) 弯曲形端基配位

采取弯曲形端基配位时，N 原子以 sp^2 杂化向过渡金属提供一个电子(视 NO 为 1 电子给予体)形成 σ 键，∠MNO 约 120°。例如，$[Co(NH_3)_5NO]^{2+}$、$[Ir(CO)Cl(NO)(PPh_3)_2]BF_4$、$Rh(Cl)_2(NO)(PPh_3)_2$、$[CoCl(en)_2(NO)]ClO_4$ 和 $[RuCl(NO)_2(PPh_3)_2]^+$ (直线和弯曲端基混合配位)，见图 9-4。

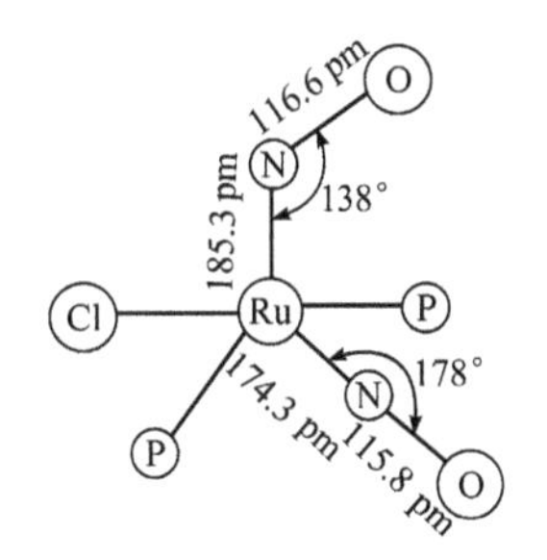

图 9-4　$[RuCl(NO)_2(PPh_3)_2]^+$ 的结构

在混合型配位化合物中，NO 究竟是以直线形端基还是以弯曲形端基配位，可以通过红外光谱进行鉴别(NO 的伸缩振动频率不同)。直线形端基配位的 N—O 键较短，NO 伸缩振动频率较大，而弯曲形端基配位的 N—O 键较长，NO 伸缩振动频率较小。弯曲形端基配位时，其简化的结构式为

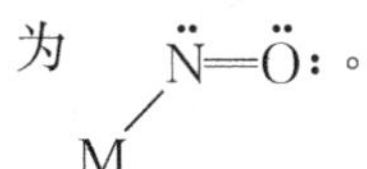

。

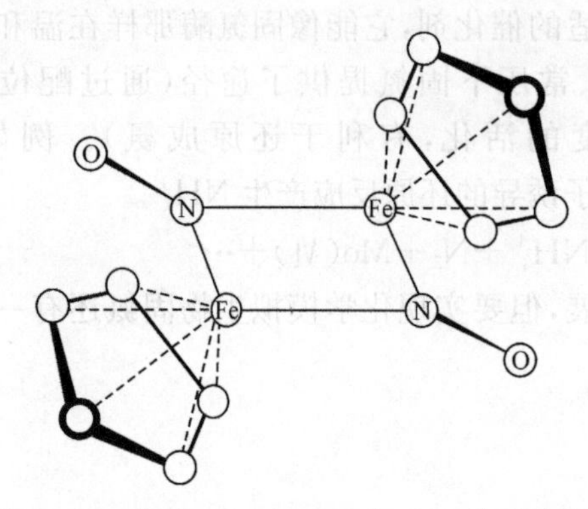

图 9-5 $[(\eta^5-C_5H_5)Fe(\mu^2-NO)]_2$ 的结构

3）桥基配位

桥基配位时，NO 为 3 电子给予体与 2 个或 3 个金属原子相连，如 $[(\eta^5-C_5H_5)Fe(\mu^2-NO)]_2$，见图 9-5。在 $(\eta^5-C_5H_5)_3Mn_3(NO)_4$ 中，三个 NO 是二桥基配位，一个 NO 是三桥基配位。当分子中 NO 以桥基配位（用 μ 表示）也以直线端基配位时，可通过红外光谱进行鉴别，直线端基配位 NO 的伸缩振动频率较大，而桥基配位 NO 的伸缩振动频率较小。

3. 棕色环与亚硝酰配合物

在酸性介质中 NO_3^- 与 Fe^{2+} 反应，呈现“棕色环”，常用来鉴定 NO_3^- 的存在。在放有 Fe^{2+}（$FeSO_4$）和硝酸盐的混合溶液的试管中，小心地加入浓 H_2SO_4，在浓 H_2SO_4 和溶液的界面出现“棕色环”。这是由于生成了配合物 $[Fe(NO)(H_2O)_5]^{2+}$ 而呈现的颜色。

$$3Fe^{2+}+NO_3^-+4H^+ = 3Fe^{3+}+NO+2H_2O$$

$$[Fe(H_2O)_6]^{2+}+NO = \underset{\text{棕色}}{[Fe(NO)(H_2O)_5]^{2+}}+H_2O$$

磁性测定表明，上述配合物中有 3 个未成对电子，从它的红外光谱得知，有亚硝酰离子 NO^+ 存在。根据上述实验结果推断，配合物中心原子 Fe 的氧化态为+1，配位体为 NO^+。也就是说 NO 与 Fe^{2+} 成键时，NO 先后提供 3 个电子（其中 1 个电子给予 Fe^{2+}，另 2 个电子则参与形成配位键），$[Fe(NO)(H_2O)_5]^{2+}$ 中的电子分配如下：

3d					4s	4p			4d	
⇅	⇅	↑	↑	↑	⇅	⇅	⇅	⇅	⇅	⇅
					↑	↑	↑	↑	↑	↑
					NO^+	H_2O	H_2O	H_2O	H_2O	H_2O

此配合物是不稳定的。微热或振荡溶液，“棕色环”立刻消失。

研究发现，Fe^{2+} 和 NO_3^- 反应生成 Fe^{3+} 和 NO，反应机理很复杂，主要分为 7 步，棕色环是由 $[Fe(NO)(H_2O)_5]^{2+}$ 所引起的（第 4 步）。

4. 亚硝酸根配合物

NO_2^- 是一个常见的配位体（N，O 原子都能和金属离子 M 配位），至少能以五种不同的方式配位：硝基、亚硝酸根、螯合、非对称桥连（N，O）、η^2-O 桥连，见图9-6。

在 $[Ni(NO_2)_6]^{4-}$ 中是以硝基配位（N 端与 Ni 相结合）；在 $Cr(ONO)_2(NO)(Py)_3$ 中是以 O 端与 Cr 相连；$[Hg(O_2N)_4]^{2-}$ 中则以螯合形式（双齿亚硝酸根）配位，即 NO_2^- 是以两个 O 与 Hg 相连……当中心离子相同，由于配体的键合方式不同（同一配体以不同的配位原子与 M 相结合），性质上是有差别的。例如，$[Co(NH_3)_5ONO]Cl_2$ 为红色，并容易

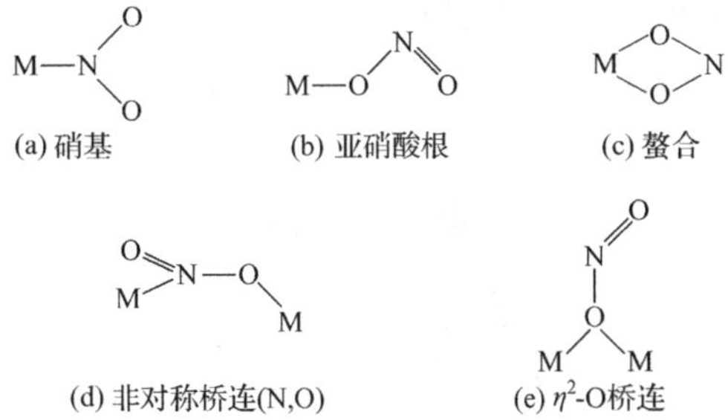

(a) 硝基　(b) 亚硝酸根　(c) 螯合

(d) 非对称桥连(N,O)　(e) η^2-O桥连

图 9-6　NO_2^- 和金属离子(M)的几种配位方式

被酸分解产生 HNO_2，而[$Co(NH_3)_5NO_2$]Cl_2 为黄色，并且对酸是稳定的。它们为一对键合异构体(配合物的键合异构体是由同一个配体通过不同的配位原子跟中心原子配位而形成的多种配合物)。

通过测定具有键合异构体配合物的红外光谱可以确定如 NO_2^- 这类配体是采用 N 端或 O 端与中心离子(如 Co^{3+})配位的。例如，比较配合物[$Co(NH_3)_5NO_2$]Cl_2 和[$Co(NH_3)_5ONO$]Cl_2 的红外光谱图，可以识别哪一个配合物是通过 N 原子配位的硝基配合物，哪一个是通过 O 原子配位的亚硝酸根配合物。亚硝酸根(NO_2^-)中的 N 或 O 原子与 Co^{3+} 配位时，对N—O 键的强度和对称性都产生影响。反映在配合物的红外光谱图上，其红外吸收带的数目及吸收带的频率是有差异的。当 NO_2^- 以 N 端与 Co^{3+} 配位时，其中两个N—O 键是等价的，应出现两个特征吸收带(对称和反对称伸缩振动带)。当 NO_2^- 以 O 端与 Co^{3+} 配位时，则两个N—O 键不等价，这时应出现一个近乎 N═O 键的特征吸收带及一个近乎 N—O 键的特征吸收带：

Co^{3+}←N(O)(O)：1430 cm^{-1} (反对称，ν_{as})；1315 cm^{-1} (对称，ν_s)

Co^{3+}←O—N—O：1065 cm^{-1} (双键，$\nu_{N=O}$)；1460 cm^{-1} (单键，ν_{N-O})

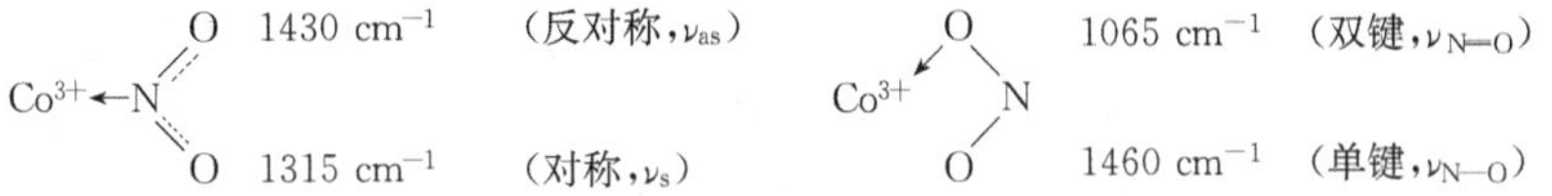

5. 硝酸根配合物

NO_3^- 是一个常见的配体，它能和金属离子以不同的方式配位，如单齿、双齿、桥连等，见图 9-7。在配合物 $Ti(NO_3)_4$、$Sn(NO_3)_4$ 和 $Co(NO_3)_3$ 中，NO_3^- 为对称双齿配位(金属离子和两个配位氧原子间的距离基本上等同)，中心离子的配位数分别为 8、8、6(8 个和

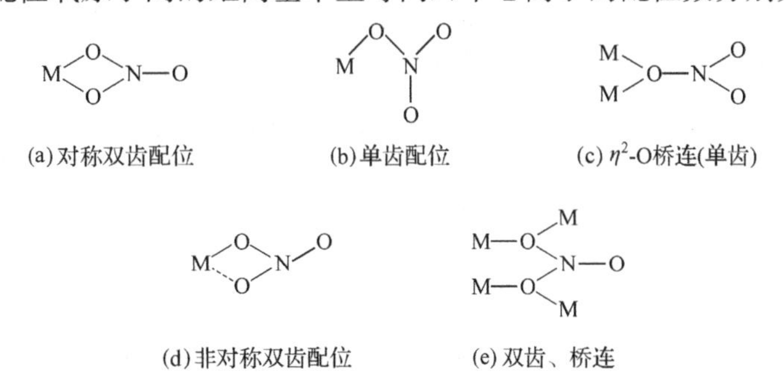

图 9-7　NO_3^- 和金属离子(M)的配位方式

6个配位原子来自4个双齿的NO_3^-配体或3个双齿的NO_3^-配体）。四硝酸钛$Ti(NO_3)_4$中有4个双齿硝酸根，是8配位钛化合物（十二面体结构），其中所有8个Ti—O键都是等同的，见图9-8。

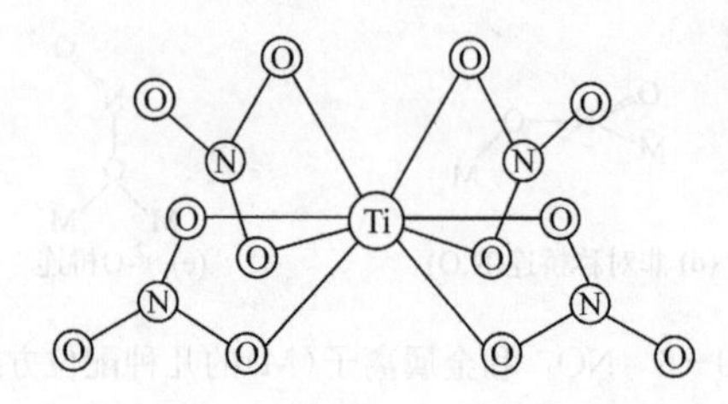

图9-8 四硝酸钛$Ti(NO_3)_4$的结构

9.2.2 低氧化态配合物的稳定性

CO、CN^-、NO^+及某些含磷、砷、锑、硫的配体（π酸配体，如PF_3，PCl_3，PR_3，$AsCl_3$，$SbCl_3$等）常和过渡金属形成许多低氧化态（中心金属的氧化态为+1，0，−1，−2，…）配合物，如$Ni(CO)_4$、$Ni(PCl_3)_4$、$[Ni(CN)_4]^{4-}$、$Fe(CO)_2(NO)_2$、$Cr(CO)_6$、$Co(CO)_3NO$、$[V(phen)_3]^+$等。在这些以共价键相结合的配合物中，尽管金属原子的氧化态为零，甚至负值，配位原子或基因电负性也低，组成的体系似乎不稳定，但是，实际上它们是稳定的。其原因就在于这些配体有其特殊性。它除提供孤对电子外，还有能量合适的前沿空轨道，能够接受中心金属原子的具有相同对称性的d轨道的电子，而形成反馈π键。它能分散一部分由于σ键的形成而在金属原子上聚集起来的负电荷，从而消除了电荷不平衡状态，满足了电中性的要求（鲍林指出：稳定的分子和晶体的电子结构，在于使每个原子的净电荷接近于零或介于±1单位电荷之间，即电中性原理）。反馈的实质是过剩电荷分散的一种方式，它是在过高电荷的推动下，达到一种稳定分布结构。也就是通常所说的σ配位键和反馈π键，这两类成键作用相互配合和相互促进（协同成键效应）的结果，导致低氧化态配合物的稳定。

当配位体一定时，这种反馈作用还与金属上负电荷多少有关。例如，$[Mn(CO)_6]^+$、$Cr(CO)_6$、$[V(CO)_6]^-$为等电子体（18e）。随金属原子上负电荷的逐渐增加，这种反馈作用逐渐增强，M—C键就越强（伸缩振动频率ν增大，参见表9-5），C—O键被削弱程度越大（伸缩振动频率ν降低）。上述过程同样受电中性原理的支配。

表9-5 某些羰基配合物的红外吸收特性

配离子	$[Mn(CO)_6]^+$	$Cr(CO)_6$	$[V(CO)_6]^-$
ν_{MC}/cm^{-1}	416	441	460
ν_{CO}/cm^{-1}	2096	1981	1859
氧化态	+1	0	−1

注：CO分子的伸缩振动频率为2143 cm^{-1}。

实验还证实许多羰基化合物的M—C键比正常单键计算值短10%（表9-6），而键能较大，说明M—C键具有某些双键特征。依电中性原理计算结果，当Ni—C之间双键在78%左右，可以使镍原子上净电荷等于零。这与实验事实基本一致。

表 9-6　某些羰基配合物的键参数

配合物	$Ni(CO)_4$	$Cr(CO)_6$
M—C键键长/pm	184	192
两共价半径之和/pm	198	202
键能/($kJ \cdot mol^{-1}$)	352	271

CO或CN^-容易使人体中毒的生理机制，就可从上述化学原理中得到解释。血红素是氧的运载者。CO或CN^-很容易把血红素的$Fe—O_2$键破坏，形成牢固的取代物Fe—C≡O或Fe—C≡N，使血红素丧失载氧的功能，致使人窒息而死。这一取代反应的动力就在于CO或CN^-是一类π接受性很强的配体，能与铁形成键能很强的稳定的低氧化态配合物。例如，在人体肺部，即使CO的浓度低至千分之一，这一配合物仍优先生成。

9.2.3　羰基配合物与CO的活化

一氧化碳是重要的π酸配位体，能和许多过渡金属形成羰基配合物（单核，多核羰基配合物以及混合配位的羰基配合物）。其成键特征如下：

(1) CO主要以C原子端和过渡金属原子M配位（CO最高占据轨道的主要成分为C的孤对电子）。

(2) 单核羰基配合物中，配位形式为M—C—O，它们在一直线上（端基配位）。在多核羰基配合物中还有多种配位形式（如边桥基，面桥基，侧基，氧配等）。

(3) 在羰基配合物中同时存在M←CO的σ给予（σ配键）和M→CO的π接受（反馈π键）两种相互作用（M⇄CO，σ-π配键），见图9-9。

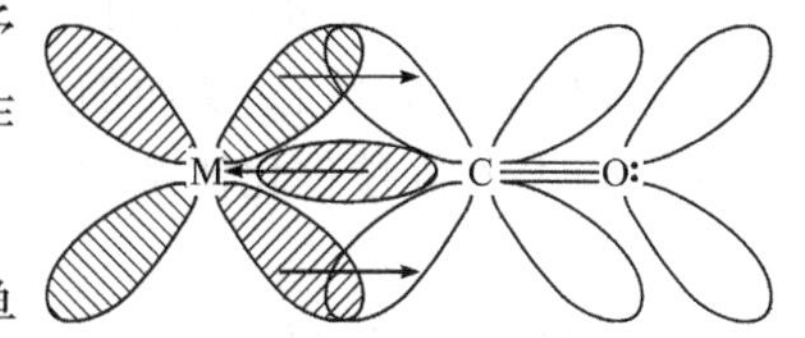

图 9-9　羰基配合物中的σ-π配键（画线部分为已占原子或分子轨道，不画线部分为空轨道，箭头指示电子给予方向）

(4) σ-π协同成键效应，使M—C间的键比共价单键要强（具有双键特征，羰基配合物能稳定存在），M—CO中C—O间的键比CO分子中C—O键要弱（CO π轨道上的电子被提升到π^*轨道上）。其结果使CO中的键受到削弱而活化。

(5)构成羰基配合物除CO为π酸配体外，过渡金属必须为低氧化态。

在过渡金属中唯有Fe和Ni能够在相对温和条件下与CO反应，形成羰基化合物。$Ni(CO)_4$中Ni的氧化态虽为零，却是稳定的。

$$Ni + 4CO \xrightarrow[p^{\ominus}]{303\ K} Ni(CO)_4$$

$Ni(CO)_4$为四面体构型，抗磁性。中心Ni原子采取sp^3杂化，由四个CO提供（C原子端）的四对孤对电子占据了Ni的sp^3杂化（Ni中2个4s电子被挤到3d轨道）轨道，形成4个σ配键（Ni←CO）。这时在Ni原子上将有大量的负电荷聚集，恰好CO分子有空

的 π^* 反键轨道，可以接受由金属 Ni 原子充满电子的 d 轨道反馈来的电子(Ni→CO)，从而消除 σ 键生成所积累的过多负电荷，见图 9-10。由于金属电子转移到 CO 反馈轨道，导致金属上有效核电荷增加，更有利于 σ 键的形成。反过来，σ 配键的加强使金属上堆积起来的负电荷也促使反馈 π 键形成，σ 配键和 π 反馈键这两类成键作用相互配合和相互促进(σ-π 协同效应)，最终使Ni—C 键键长缩短，组成一个稳定的$Ni(CO)_4$配合物(满足了一种稀有气体结构的电子数，即 18 电子结构)。

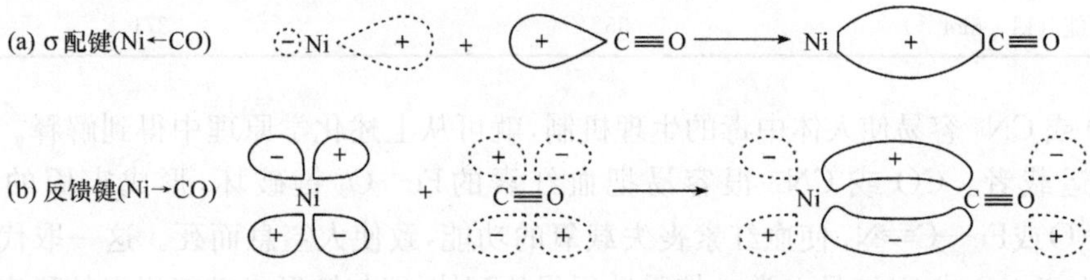

(a) σ配键(Ni←CO)

(b) 反馈键(Ni→CO)

图 9-10　Ni-CO 间的 σ-π 配键示意图

由于 CO 分子空的 π^* 反键轨道接受中心原子 Ni d 轨道反馈来的电子(CO 送出的却是能级较低轨道上的电子)，其净结果相当于把 CO 低能级上的电子提升到高能级上(CO π^* 轨道上)，从而削弱了 C≡O 键(因为反键轨道上有了一定数量的电子)，使 CO 分子受到一定程度的活化。在 $Ni(CO)_4$ 中的 C—O 键键长为 115 pm，而自由的 CO 键长为 112.8 pm。另外，σ-π 配键的形成使 Ni—C 键键长缩短(181 pm)，而 Ni 和 C 的共价半径之和为 198 pm。

9.2.4　配位催化作用

配位催化作用是指催化剂与反应物分子配位，使反应物分子在催化剂上处于有利于进一步反应的活化状态，从而加速反应的进行。最后产物自催化剂的中心金属解离。大量事实表明，在配位催化体系中，催化剂主要是过渡金属化合物，因为它们有配位催化反应进行的结构特点。

现以 Pt(Ⅱ)与 C_2H_4 反应生成配合物为例，说明乙烯是如何活化的。在 K_2PtCl_4 的稀盐酸溶液中通入乙烯可以得到柠檬黄色的晶体，其晶体组成是 $K[PtCl_3(C_2H_4)]\cdot H_2O$，这种配位化合物称为蔡斯(Zeise)盐。反应式如下：

$$[PtCl_4]^{2-} + C_2H_4 \longrightarrow [PtCl_3(C_2H_4)]^- + Cl^-$$

反应物分子乙烯的活化是通过 σ-π 配位来达到的。蔡斯盐阴离子$[PtCl_3(C_2H_4)]^-$中，Pt(Ⅱ)采取 dsp^2 杂化，接受三个 Cl 的三对孤对电子和 C_2H_4 中的 π 电子形成四个 σ 键，同时 Pt(Ⅱ)充满电子的 d 轨道和 C_2H_4 的 π^* 反键空轨道重叠形成反馈 π 键，见图 9-11 和图 9-12。

当乙烯分子与 Pt(Ⅱ)配位后，乙烯中 π 成键轨道上的电子与 Pt(Ⅱ)形成 σ 配键而偏离乙烯，另一方面乙烯分子的 π^* 反键轨道又进入了 Pt(Ⅱ)的电子，两者都起了削弱乙烯分子中碳原子间化学键的作用，因而达到了使乙烯活化易发生反应的目的。在蔡斯盐中，

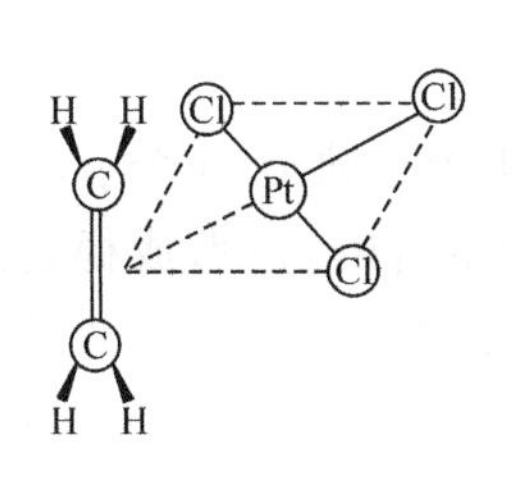

图 9-11　$[PtCl_3(C_2H_4)]^-$ 的结构

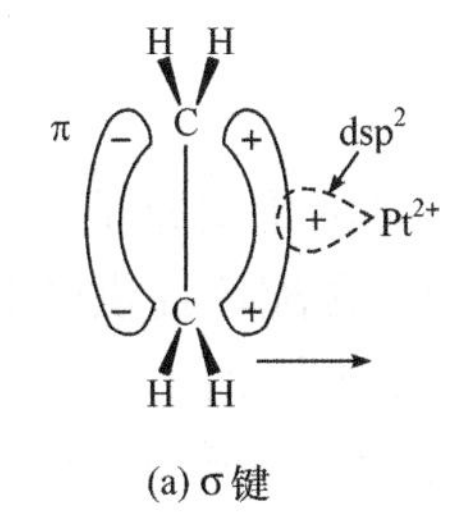

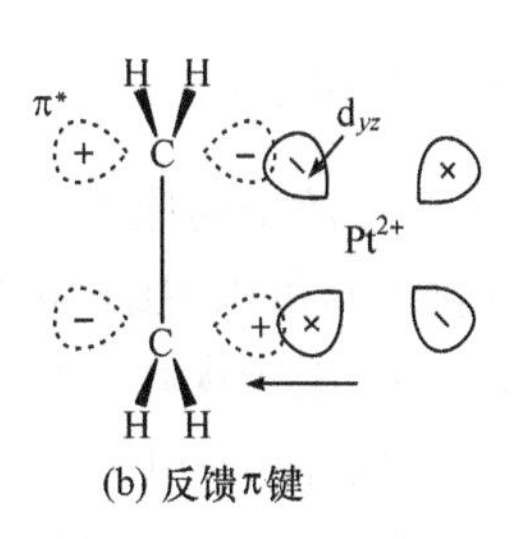

图 9-12　Pt(Ⅱ)-C_2H_4 间的 σ 键和反馈 π 键示意图

C_2H_4 配位的C═C键从自由 C_2H_4 的 133.7 pm 增加到 137 pm，表明 σ-π 键的形成削弱了乙烯中的化学键，说明 Pt(Ⅱ)在反应中起了催化活化的作用。不仅烯类，其他不饱和烃基都可与 d 轨道上含有电子的过渡金属离子形成 σ-π 配位。若过渡金属离子的 d 电子较多，则反馈能力较强。

9.2.5　羰基簇合物

金属簇状化合物(简称簇合物)是指具有两个或两个以上金属原子以金属-金属(M—M)键直接结合而成的化合物。金属-金属(M—M)键是原子簇合物最基本的共同特点。

本节仅介绍羰基簇合物中的双核和三核簇合物。过渡元素能和 CO 形成许多羰基簇合物。羰基簇合物中金属原子多为低氧化态和具有适宜的 d 轨道。

双核和多核羰基簇合物中，金属原子与羰基的结合方式有：①端基(1 个 CO 和 1 个成簇原子相连)；②边桥基(1 个 CO 与 2 个成簇原子相连)；③面桥基(1 个 CO与 3 个成簇原子相连)，见图 9-13。

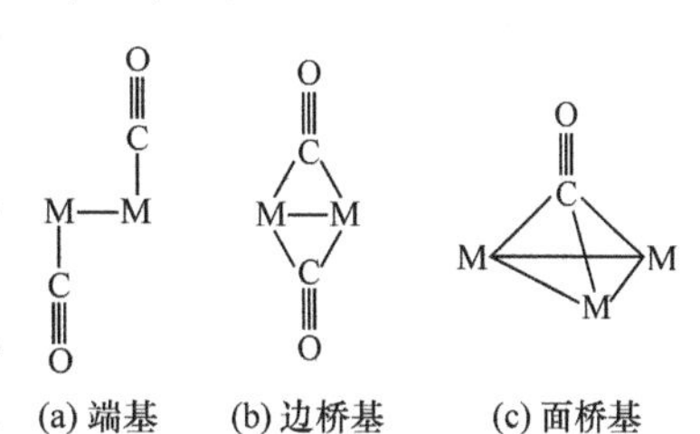

图 9-13　CO 和金属原子(双核和三核)的配位方式

以下举几例加以说明：$Mn_2(CO)_{10}$ 中 CO 是以端基与簇原子 Mn 结合的(图 9-14)。$Co_2(CO)_8$ 中 2 个 CO 是以边桥基与 Co 相连，而其他 6 个 CO 是以端基方式与 Co 相连接(图9-15)。$[Pt_3(CO)_6]$中，Pt_3 形成三角形骨架，3 个 Pt 原子分别各与 1 个 CO 以端基键合，有 3 个 CO 以边桥基方式分别和 Pt 原子两两相连(图 9-16)。

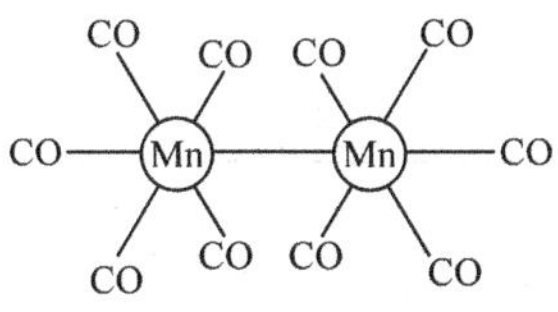

图 9-14　$Mn_2(CO)_{10}$ 的结构

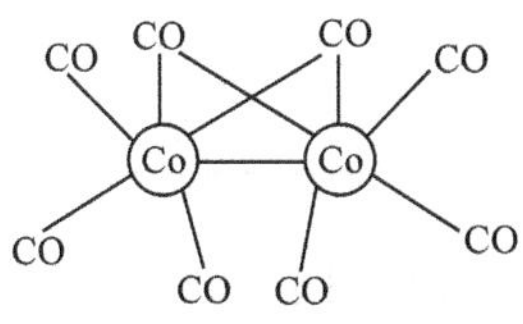

图 9-15　$Co_2(CO)_8$ 的结构

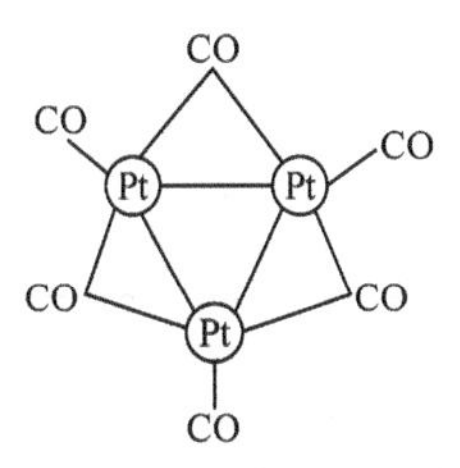

图 9-16　$Pt_3(CO)_6$ 的结构

9.2.6 18 电子规则

每个过渡金属原子(M)参加成键的价层原子轨道有 9 个(1 个 s 轨道,3 个 p 轨道和 5 个d 轨道),可以容纳 18 个价电子(含配体提供的和金属原子本身的)以形成稳定的结构,此即 18 电子规则(由西奇威克最早提出的)。过渡金属化合物大体上可分两种情况:

(1) 化合物电子构型完全不遵循 18 电子规则。例如,$[TiF_6]^{2-}$(12e)、$[Co(H_2O)_6]^{2+}$(19e)、$Mn(CO)_3(PPh_3)_2$(17e)、$[Mn(CN)_6]^{3-}$(16e)、$[MnF_6]^{2-}$(15e)、$Ni(\eta^5-C_5H_5)_2$(20e)、$[Ni(en)_3]^{2+}$(20e)、$[Cu(NH_3)_6]^{2+}$(21e)、$[Mn(H_2O)_6]^{2+}$(17e)、$[PtF_6]^-$(17e)、$[Fe(C_2O_4)_3]^{3-}$(17e)、$[Cr(NCS)_6]^{3-}$(15e)、$[OsCl_6]^{2-}$(16e)等。

(2) 基本遵循 18 电子结构规则(表 9-7)。这类配体一般的特点是:①分裂能 Δ 值高;②具有能形成强反馈键的配体,如 CN^-、CO 等。

表 9-7 遵循 18 电子规则的配合物

配合物	中心金属 d 电子数	配体电子数	价电子总数	说明
$W(CO)_6$	6	12	18	
$Mo(CO)_6$	6	12	18	
$[Co(NH_3)_6]^{3+}$	6	12	18	
$[PtF_6]^{2-}$	6	12	18	
$[V(CO)_6]^-$	6	12	18	
$H_5Mn(PR_3)_3$	12	6	18	
$Ni(CO)_4$	10	8	18	
$[Co(CO)_4]^-$	10	8	18	
$Fe(CO)_5$	8	10	18	
$Cr(CO)_6$	6	12	18	
$[Fe(CN)_6]^{4-}$	6	12	18	
$[Ni(CN)_5]^{3-}$	8	10	18	
$Mo(CO)_3(PF_3)_3$	6	12	18	
$[Ir(CO)_3(PPh_3)_2]^+$	8	10	18	
$Mn(CO)_4(NO)$	8	10	18	Mn^-、NO^+
$Fe(CO)_2(NO)_2$	10	8	18	Fe^{2-}、NO^+
$Cr(\eta^6-C_6H_6)_2$	6	12	18	Cr、C_6H_6 3 对 π 电子
$Fe(\eta^5-C_5H_5)_2$	6	12	18	Fe^{2+}、$C_5H_5^-$ 3 对 π 对电子
$Mn(CO)_4(\eta^3-C_3H_5)$	6	12	18	Mn^+、$C_3H_5^-$ 2 对 π 电子
$Co(CO)_3(\eta^3-C_3H_5)$	8	10	18	Co^+、$C_3H_5^-$ 2 对 π 电子

CO、CN^-、NO^+、H^-、PR_3、PF_3、PPh_3、C_2H_4、NH_3、X^-(卤素离子)等配体为 2 电子(1 对电子)给予体。从表 9-7 可以看出许多配合物是满足 18 电子规则的。

9.2.7　金属-金属多重键

在原子簇化合物中，金属原子之间可以形成单键、双键、三键、四键和五键[据报道，量子化学计算和研究表明，在一定条件下，2 个 Cr 原子间可形成五重键Cr$\equiv$Cr($\sigma+2\pi+2\delta$)]。

1. 乙酸亚铬

乙酸亚铬 $Cr_2(CH_3COO)_4 \cdot 2H_2O$ 的结构示于图 9－17 中，该化合物为变形八面体，两个 Cr^{2+} 的配位数均为 6。实测结果表明：①在 $Cr_2(CH_3COO)_4 \cdot 2H_2O$中Cr—Cr 键键长为 235 pm，比 Cr—Cr单键键长(328 pm)要短；②乙酸亚铬为抗磁性。什么作用力使 Cr 和 Cr 间的距离缩短呢？这与Cr—Cr之间形成多重键有关，由此提出了Cr—Cr 间存在四重键的理论。

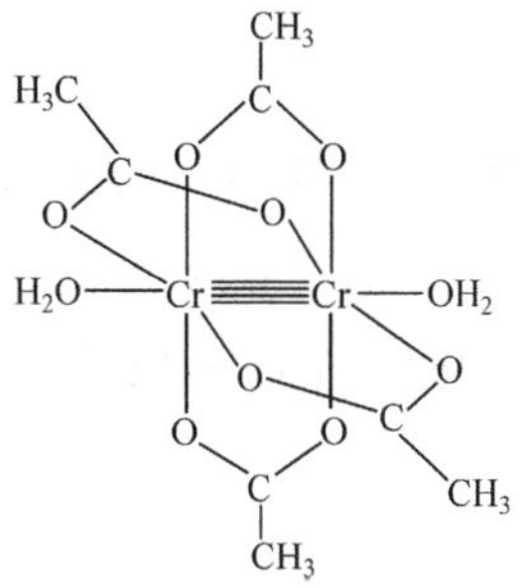

图 9－17　$Cr_2(CH_3COO)_4 \cdot 2H_2O$ 的结构

Cr^{2+}的价电子构型为 $3d^4$，4 个价电子占据 4 个 d 轨道(d_{z^2}，d_{xz}，d_{yz}，d_{xy})。当两个 Cr 原子沿 z 轴方向接近时，两个 Cr 原子的 $3d_{z^2}$ 轨道以"头碰头"的方式重叠形成 Cr—Cr σ 键；两个 Cr 原子的 $3d_{xz}$ 和 $3d_{yz}$ 轨道分别在 xz 和 yz 平面内以"肩并肩"的方式重叠，形成两个 d－dπ 键；而两个 Cr 原子的 $3d_{xy}$ 轨道以"面对面"方式重叠形成 δ 键。两个 Cr 原子的 d 轨道之间的重叠情况见图 9－17 和图 9－18。

Cr^{2+}	$3d^4$	d_{z^2}	d_{xz}	d_{yz}	d_{xy}
		$\int\sigma$	$\int\pi$	$\int\pi$	$\int\delta \xrightarrow{8e} \sigma^2\pi^4\delta^2$
Cr^{2+}	$3d^4$	d_{z^2}	d_{xz}	d_{yz}	d_{xy}
		头碰头	肩并肩		面对面

图 9－18　两个 Cr 原子 d 轨道间的重叠成键示意图

以上表明在乙酸亚铬中两金属铬原子间形成了四重键 Cr$\equiv$Cr($\sigma+2\pi+\delta$)或四对成键电子的存在($\sigma^2\pi^4\delta^2$)，这是造成该化合物Cr—Cr 距离很短的根本原因。由于两个 Cr^{2+} 的 8 个电子都已配对，所以乙酸亚铬呈抗磁性。

d 轨道之间重叠程度按以下顺序增加，即

$$\delta \ll \pi < \sigma$$

则轨道的能量应按下列顺序依次升高：

$$\sigma < \pi \ll \delta < \delta^* \ll \pi^* < \sigma^*$$

2. $Re_2Cl_8^{2-}$

$Re_2Cl_8^{2-}$ 的结构见图 9－19。其中，Re 和 Re 原子间的距离为 224 pm，比金属 Re 晶体中 Re—Re 间的距离 274 pm 短得多。$Re_2Cl_8^{2-}$ 是抗磁性的，它的成键情况分如下三方面来讨论。

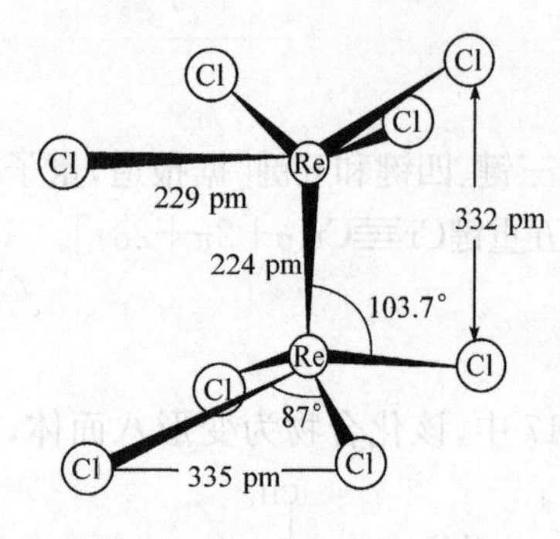

图 9-19 $Re_2Cl_8^{2-}$ 的结构

1）重键和抗磁性

1964 年科顿测定了 $Re_2Cl_8^{2-}$ 的结构，提出了 Re—Re 间存在四重键的观点。在 $Re_2Cl_8^{2-}$ 中 Re 的氧化态为 +3，价电子构型为 $5d^4$。当两个 Re 原子沿 z 轴方向相互靠近时，两个 Re 原子的 d_{z^2} 轨道以"头碰头"重叠形成 σ 键；两个 Re 原子的 d_{xz} 轨道 d_{yz} 轨道以"肩并肩"重叠形成两个 d-dπ 键；而两个 Re 原子的 d_{xy} 轨道以"面对面"重叠形成 δ 键说明 Re 和 Re 原子之间形成四重键 Re$\equiv$Re($\sigma+2\pi+\delta$)，8 个价电子把 2 个 Re 原子紧紧连接起来，构成一类强的化学键，使 $Re_2Cl_8^{2-}$ 中 Re—Re 键距离缩短（键能值为 481～544 kJ · mol^{-1}，与 P$\equiv$P 键的键能值 523 kJ · mol^{-1} 在同一范围内）。由于两个 Re(Ⅲ) 的 8 个（4 对电子均在成键轨道上）电子都已配对（$\sigma^2\pi^4\delta^2$），所以 $Re_2Cl_8^{2-}$ 是抗磁性的。

Re^{3+} $5d^4$ d_{z^2} d_{xz} d_{yz} d_{xy}

σ π π δ $\xrightarrow{8e}$ $\sigma^2\pi^4\delta^2$

Re^{3+} $5d^4$ d_{z^2} d_{xz} d_{yz} d_{xy}

2）重叠构型

在配体的攻击下，中心 Re 原子均采取 dsp^2（$5d_{x^2-y^2}$、6s、$6p_x$、$6p_y$）杂化，4 个 dsp^2 杂化轨道分别与 4 个 Cl 原子轨道重叠形成 4 个 Re—Cl σ 键。$Re_2Cl_8^{2-}$ 中，不同 Re 原子上的 Cl 原子上下对齐构成四方柱形（图 9-19），即取重叠构型以满足最大重叠原则，使两个 d_{xy} 轨道间的 δ 重叠达到最大；若取相互错开的交错构型，配体 Cl 间距离拉远，斥力可以减小，但两个 d_{xy} 轨道间净的 δ 重叠减小甚至为零，也就是说，不存在 δ 键（图 9-20）。对某些四重键化合物，由于空间位阻的关系，有出现部分交错的构型，但对 δ 键的强度影响不大（当扭曲角度小时）。

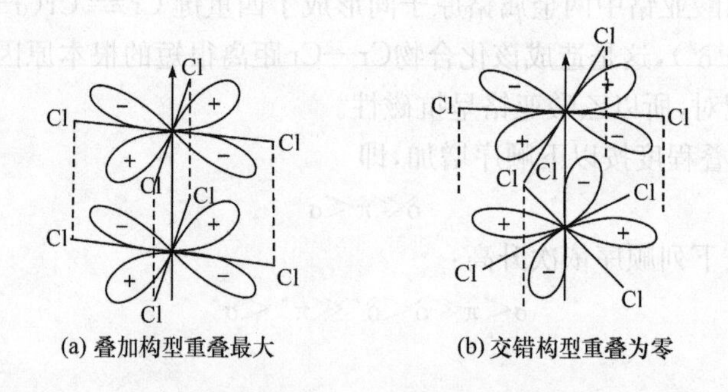

(a) 叠加构型重叠最大　　(b) 交错构型重叠为零

图 9-20 两个轨道 δ 重叠成键示意图

3）键长和键角

在 $Re_2Cl_8^{2-}$ 中，Re—Re 键键长为 224 pm，Re—Cl 键键长都在（229±3）pm，所有的

Cl—Re—Cl 键角为(87±2)°，而所有的Re—Re—Cl 键角为(103.7±2.1)°，Cl—Cl 键键长为 332 pm，小于范德华半径之和 360 pm。

9.3　过渡金属与富勒烯配合物

富勒烯上六元环间的碳碳双键C═C（看作 π 酸配体）常以 η^2 -形式与过渡金属（如 Pt，Pd，Rh，Ru，Ir，Ni，Cr，Mo，W 等）结合生成配合物。这些富勒烯配合物可稳定存在的原因是：①富勒烯上烯键（六元环间的碳碳双键）与中心金属组成 σ－π 反馈键，此类键通常具有较强的键能；②在这类复杂的配合物内存在配体-金属-配体之间的超共轭作用，电子的离域增大了配合物的稳定性。例如，$(\eta^2-C_{60})Pt(PPh_3)_2$、$Os(O)_2(Py)_2(OC_{60}O)$、$\eta^2-C_{60}[RhCl(CO)(PPh_3)_2]$、$\eta^2-C_{60}[Ru(NO)(PPh_3)]_2$（以上四种化合物见图 9－21）、$(\eta^2-C_{70})Ir(CO)(Cl)(PPh_3)_2\cdot 2.5C_6H_5$、$(\eta^2-C_{60})M(CO)_5$（M=Cr，Mo，W）、$C_{60}RhH(CO)(PPh_3)_2$等。$\eta^2$ -富勒烯配合物中的过渡金属通常呈低氧化态，金属-富勒烯配位键上可能有较多的 π 电子存在。

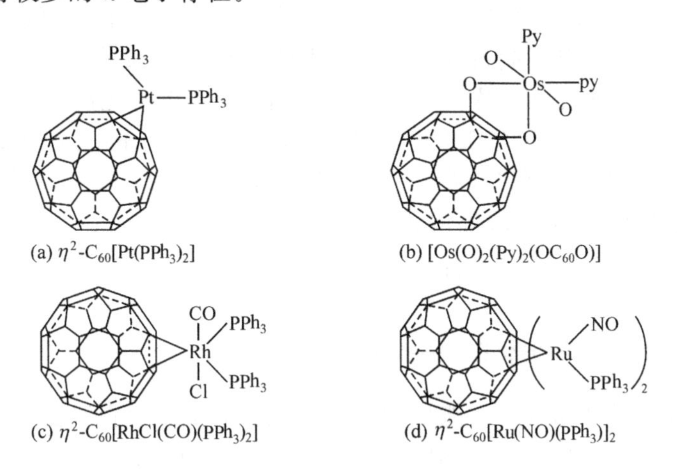

图 9－21　过渡金属富勒烯配合物

$(\eta^2-C_{70})Pd(PPh_3)_2$ 同$(\eta^2-C_{60})Pd(PPh_3)_2$ 的组成与结构相类似，是四配位的配合物，其中 2 个三苯基磷占据 2 个配位位置，Pd 与 C_{70} 是以 σ－π 键结合的，即 C_{70} 上碳碳双键（六元环与六元环相邻的）类似于乙烯与钯以 σ－π 键结合。

9.4　应　　用

9.4.1　电镀合金

Ni^{2+} 和 Sn^{2+} 电势相差较大（$E^{\ominus}_{Ni^{2+}/Ni}=-0.241$ V，$E^{\ominus}_{Sn^{2+}/Sn}=-0.136$ V），它们以简单离子形式存在时，不能在同一电压下于镀件上得到合金镀层。可以通过加入 NH_4F，使 Sn^{2+} 生成 SnF_3^- 而改变了电势（往负的方向移动），达到镀上镍锡合金的要求。

9.4.2 分离

在下列多种离子的平衡体系中,如何分离出配离子$[CuCl_5]^{3-}$?

$$2Cl^- + [CuCl_3]^- \rightleftharpoons Cl^- + [CuCl_4]^{2-} \rightleftharpoons [CuCl_5]^{3-}$$

看起来很复杂,如果考虑到离子的电荷和大小,加入高电荷大半径的配阳离子就可将其沉淀下来。当加入$[Cr(NH_3)_6]^{3+}$时,它与$[CuCl_5]^{3-}$反应,由于两者电荷相同,大小相近,生成$[Cr(NH_3)_6][CuCl_5]$沉淀,使平衡发生移动,达到与其他离子分离的目的。同理,$[MCl_6]^{3-}$(M=Cr,Mn 或 Fe)可用配阳离子$[Co(Pn)_3]^{3+}$($Pn = H_2N—C_3H_6—NH_2$)将其从该体系中分离出来(参考第 1 章巴索洛经验规则)。

9.4.3 新一代合成氨钌基催化剂

钌基催化剂的开发成功是氨制造工业上的重大技术突破和进步,其特点是可在"低温、低压"下操作、节省能量、降低成本,效益可提高 40%以上,大大超越了已有 80 余年历史的铁系催化剂。

然而,这一梦想的实现经历了 20 年的艰难历程,克服了重重困难,一家英国公司(BP)的研究小组终于找到了制备催化剂中关键的一步是在石墨载体上(石墨起传递电子的作用),经巧妙地提纯去掉石墨中含的杂质硫之后[硫占据催化剂表面,毒死了催化剂,使之失去活性,这可能是硫含有孤对电子,使钌(Ru)接受电子的能力改变],石墨纯度提高、催化剂活性猛然突跃。在"低温、低压"下比铁基催化剂高 10~20 倍(钌基催化剂对 N_2、H_2 键均有拉松作用,而一般催化剂往往是单方面的)。

$$N_2 + 3H_2 \xrightarrow[\text{Ru-Rb}_2\text{O-石墨体系}]{\text{催化剂}} 2NH_3$$

9.4.4 SO_2 氧化为 SO_3 的催化剂——V_2O_5

V_2O_5 具有催化剂性能,与它能呈现可变氧化态有关。它在高温能可逆地得失氧。实测表明,V_2O_5 相中含有 V(Ⅳ),构成缺氧的半导体。有人认为与混合价(4 和 5)物相 V_6O_{13} 的形成有关。

研究表明,V^{4+} 被氧化为 V^{5+} 的反应为决速步骤。催化循环示意如下:

$$1/2\ O_2 + 2V^{4+} \longrightarrow O^{2-} + 2V^{5+}$$

$$SO_2 + 2V^{5+} + O^{2-} \longrightarrow 2V^{4+} + SO_3$$

9.4.5 Tl^+ 氧化为 Tl^{3+} 的催化剂——Mn(Ⅱ)

$$Tl^+ + 2Ce^{4+} \longrightarrow 2Ce^{3+} + Tl^{3+} \qquad K = 1.5 \times 10^{12}$$

上述反应在热力学上反应自发进行的倾向很大,可是实际上观察不到产物的生成,在动力学上是惰性的。

当加入 Mn^{2+} 反应速度明显加大,即 Mn^{2+} 能催化此反应,它的作用机理可能是

第一步 $Ce^{4+} + Mn^{2+} \longrightarrow Ce^{3+} + Mn^{3+}$

第二步 $Ce^{4+} + Mn^{3+} \longrightarrow Ce^{3+} + Mn^{4+}$

第三步 $Tl^+ + Mn^{4+} \longrightarrow Tl^{3+} + Mn^{2+}$

$$2Ce^{4+} + Tl^{+} \longrightarrow 2Ce^{3+} + Tl^{3+}$$

这可能是 Mn^{2+} 的存在提供了一条新的途径，由三个较快的双体碰撞代替了一个慢的三体碰撞过程之故，因为要从 Tl^{+} 同时移走两个电子，就要在相同电荷离子间发生三体碰撞，显然这种机会很少。

习 题

1. 讨论过渡元素下列性质的变化倾向：

   (1) 半径 (2) 氧化态 (3) 电离能 (4) 磁性 (5) 颜色 (6) 熔点

2. 说明过渡元素的一些性质：

   (1) 有可变的氧化态。

   (2) 形成许多配合物。

   (3) 产生有色的顺磁性的离子和化合物。

   (4) 有好的催化活性。

   (5) $E^{\ominus}$ 虽为负值，但不是好的还原剂。

3. 解释下列事实：

   (1) 某些含氧酸根离子(如 MnO_4^-，CrO_4^{2-}，VO_4^{3-} 等)呈现颜色。

   (2) Cu^{2+} 是有色的、顺磁性的离子，而 Zn^{2+} 是无色的、抗磁性的。K^+、Ca^{2+} 是无色的，Fe^{2+}、Mn^{2+}、Ti^{2+} 都有颜色(通常指水合金属离子的颜色)。

   (3) 许多过渡元素 $E^{\ominus}$ 虽为负值，但不能从酸中放出氢气。

   (4) 实验测定四羰基合镍中的Ni—C键的键长要比理论推测的值约短10%。

4. 比较 N_2 与 CO 和过渡金属配合能力的相对大小。CO 与金属配合反应发生在哪一端？为什么？

5. 过渡元素低氧化态和高氧化态稳定存在的条件是什么？

6. 回答下列问题：

   (1) 过渡元素中有哪些元素容易形成多酸？

   (2) 过渡元素中有哪些元素容易形成高氧化态？

7. 回答下列问题：

   (1) 用空气氧化 TiO、MnO 和 NiO 时哪个最困难？

   (2) 还原 TiO、MnO 和 NiO 哪个最容易？

   (提示：回顾过渡元素氧化态的变化规律；金属氧化物的氧化还原性与溶液中离子的氧化还原性具有类比性。)

8. C_{60} 属哪种类型的配位体？富勒烯六元环之间的碳碳双键与中心金属形成何种类型的化学键？过渡金属与富勒烯形成的配合物能稳定存在的可能原因是什么？在这些配合物中，中心金属常呈现何种氧化态？

9. 为什么 PF_3 可以和过渡金属形成许多配合物，而 NF_3 几乎不具有这样的性质？PH_3 和过渡金属形成配合物的能力为什么比 NH_3 要强？

10. 简述 π 酸配体的特点。

11. 当一个分子或离子配位于金属离子时，哪些因素能使这分子或离子的反应活性发生变化？

12. 通过计算说明下列化合物是否遵循18电子规则。

    $Cr(CO)_6$　$[Mn(CO)_5]^-$　$Ni(CO)_4$　$Mn(CO)_4(NO)$　$Mo(CO)_3(PF_3)_3$

    $[Ni(en)_3]^{2+}$　$[MnF_6]^{2-}$　$[TiF_6]^{2-}$　$[Fe(CO)_4]^{2-}$

13. 试绘出 $Fe(CO)_5$、$Fe(CO)_4PPh_3$、$Co_2(CO)_8$ 和 $Mn_2(CO)_{10}$ 的空间结构图。

14. $Cr(NO)_n$ 已于 1972 年合成得到，其中 NO 是一个三电子配体，n 的数目是多少？
15. 列举一两种具有下列特殊功能的金属的名称。
(1) 耐高温金属 (2) 硬度很大的金属 (3) 低熔点金属 (4) 耐腐蚀金属 (5) 贵重金属
(6) 密度很大的金属 (7) 具有储氢功能的金属
16. 比较 d 区金属和 p 区金属自上而下族氧化态稳定性变化的趋势，引用有关电极电势的数据对这种变化趋势加以说明。
17. Mn_2O_7 和 Re_2O_7 哪个氧化性强？为什么 Re(Ⅶ)可以以 K_3ReO_5 形式存在，而 Mn(Ⅶ)却无 K_3MnO_5？
18. 在 $Cr(CO)_6$ 中 Cr—C 键键长(192 pm)为什么比两共价半径之和(202 pm)要短。请加以说明。$Cr(CO)_6$ 为抗磁性的羰基化合物。推测中心金属 Cr 与 CO 成键的价电子分布和杂化轨道类型。
19. 说明下列羰基配合物V—C和C—O键长的变化情况：

配合物	$[V(CO)_6]^-$	$V(CO)_6$
键长(V—C)	193 pm	200 pm

(1) 配合物$[V(CO)_6]^-$的V—C键长为什么比 $V(CO)_6$ 中的要短？
(2) 这两种配合物中的C—O键长比自由的 CO 键长要短或长？
20. 用有关结构知识分析下列物质所呈现的磁性：
(1) $[Cr(CH_3COO)_2 \cdot H_2O]_2$、$[Cu(CH_3COO)_2 \cdot H_2O]_2$(在一定温度下)均为抗磁性。
(2) $Ni(CO)_4$ 为抗磁性，$[NiCl_4]^{2-}$ 为顺磁性。
(3) $Mn(CO)_4NO$ 为抗磁性。
(4) $Fe(CO)_5$ 为抗磁性。
21. 在$[CuCl_4 \cdot 2H_2O]^{2-}$中，核间距是：两个Cu—O键 197 pm，两个Cu—Cl键 232 pm 和两个Cu—Cl键 295 pm。试画出该配离子的结构图，并解释引起各种键长差别的主要原因。
22. 把 SO_2 鼓泡通入稍微酸化的$[Cu(NH_3)_4]SO_4$ 溶液中，产生白色沉淀 A，元素分析表明 A 由五种元素组成，即 Cu、N、S、H 和 O，其中 Cu、N 和 S 的物质的量之比为 1∶1∶1，红外光谱和激光拉曼光谱表明，在 A 中存在一种三角锥结构的物种，另一个为四面体构型，另外测定结果表明 A 为抗磁性物质。
(1) 写出 A 的分子式。
(2) 给出产生 A 的反应方程式。
(3) 当 A 和 $1.0\ mol \cdot L^{-1}$ 的 H_2SO_4 加热时，产生沉淀 B、气体 C 和溶液 D，B 是一种普通的粉末状产物，写出反应方程式。
(4) 在(3)中 B 的最大理论产率是多少？
23. 说明下列问题：
(1) 在 NaCl 和 CuCl 中，阳离子半径相近(分别为 95 pm 和 96 pm)，晶格能和熔点的差别却很大，这似乎与所学理论发生矛盾，如何解释？

	CuCl	NaCl
$U/(kJ \cdot mol^{-1})$	929	777
熔点/℃	430	801

(2) Cu 与 K 同属第四周期元素，最外层均有一个 4s 电子。为什么它们在性质上(电离能，升华热和熔点)差别却非常之大？

	Cu	K
$I_1/(kJ \cdot mol^{-1})$	750	419
$\Delta H_s^{\ominus}/(kJ \cdot mol^{-1})$	331	90
熔点/℃	1083	64

第10章 过渡元素(一)

学习要点

(1) 理解过渡元素的结构特点与元素的氧化态、配合性、催化性、颜色等相关性质。

(2) 掌握第一过渡系列的钛、钒、铬、锰、铁、钴、镍及其重要化合物的组成、结构、性能和应用,高低氧化态之间相互转化的条件。

(3) 了解铬分族元素性质的递变规律及多酸化学。

过渡元素(一)是指周期表中第四周期的d区元素(它们均属于第一过渡系列元素),包括:钪、钛、钒、铬、锰、铁、钴、镍。它们都是金属,无论是单质或化合物都有许多优良的物理化学性能,是现代科学技术发展的重要材料,广泛应用于能源、生命及材料等领域中。

10.1 钛

钛主要是以二氧化钛和钛酸盐形态的矿物存在,如金红石(TiO_2)和钛铁矿($FeTiO_3$)等。进入21世纪后作为持续长时期的结构金属是铁、铝和钛,因此人们把钛称为未来的第三金属。现已探明的我国的钛矿储量居世界首位。四川攀枝花地区有极丰富的钒钛铁矿,其钛储量占全国92%,占世界45%。

钛属ⅣB族元素,钛的价电子构型为$3d^24s^2$,最高和最稳定的氧化态为+4,其次是+3、+2,低氧化态有+1、0、−1、−2等。较低氧化态的化合物很容易被空气、水或其他试剂氧化为Ti(Ⅳ)。水溶液中实际上不存在Ti^{4+}水合离子,金属离子上的电荷高达4,必然排斥质子使易脱出,由于发生强烈的水解,而是以羟基水合离子的形式存在,如$[Ti(OH)_2(H_2O)_4]^{2+}$、$[Ti(OH)_4(H_2O)_2]$,可简写为TiO^{2+}(钛氧离子)。氧化数为+4的Ti与Si、Ge、Sn和Pb有许多相似之处,尤其是Sn,如离子半径(Sn^{4+}:71 pm;Ti^{4+}:68 pm)和八面体共价半径[Sn(Ⅳ):145 pm;Ti(Ⅳ):136 pm]较接近。TiO_2(金红石)与SnO_2(锡石)是同晶形的,且加热时都由白色变为黄色。$TiCl_4$与$SnCl_4$一样为易水解的、可蒸馏的液体,都作为路易斯酸并与电子给予体形成加合物。它们还能形成相似的卤代阴离子,如$[TiF_6]^{2-}$、$[GeF_6]^{2-}$、$[TiCl_6]^{2-}$、$[SnCl_6]^{2-}$和$[PbCl_6]^{2-}$等。

钛的元素电势图如下:

$$\begin{array}{l}\text{TiF}_6^{2-}\ \overline{\quad -1.19\quad}\ \text{Ti}\\ E_A^\ominus/\text{V}\quad \text{TiO}^{2+}\ \overline{\ 0.1\ }\ \text{Ti}^{3+}\ \overline{\ -0.37\ }\ \text{Ti}^{2+}\ \overline{\ -1.63\ }\ \text{Ti}\\ \text{TiO}^{2+}\ \overline{\quad -0.86\quad}\ \text{Ti}\end{array}\qquad E_B^\ominus/\text{V}\quad \text{TiO}_2\ \overline{\ -1.69\ }\ \text{Ti}$$

10.1.1 单质钛的性质及用途

钛呈银白色，粉末钛呈灰色。钛的熔点高，密度小(比钢轻13%)，在硬度、耐热性及导电导热性方面，与其他过渡金属(如铁和镍)相似。但是钛比其他具有相似的机械和耐热性能的金属轻得多；在常温下，表面易生成致密的、钝性的、能自行修补裂缝的氧化物薄膜而具有优良的抗腐蚀性(不受硝酸，王水，潮湿氯气，稀硫酸，稀盐酸及稀碱的侵蚀)。由于钛有耐腐蚀、比钢轻、强度大、耐高温、抗低温等特性，成为制造宇航、航海、化工设备等的理想材料。此外，钛能与骨骼肌肉生长在一起，用于接骨和人工关节，故有“生物金属”之称。钛合金还有记忆功能(Ti-Ni合金)、超导功能(Nb-Ti合金)和储氢功能(Ti-Mn，Ti-Fe等合金)，因此是重要的功能材料。

在常温下，钛不与氧气、水、卤素等反应；当温度升高时，钛与大多数非金属直接反应，如 H_2、卤素、O_2、N_2、C、B、Si 和 S 等。由于高温时，钛和氧气、氮气作用生成氧化物、氮化物，所以钛是冶金中的消气剂。在室温下，钛不溶于无机酸甚至热碱溶液。它溶于热的 HCl、热的 HNO_3 及 HF 中，分别生成 $TiCl_3$、$TiO_2 \cdot nH_2O$ 及 $[TiF_6]^{2-}$。

10.1.2 钛的重要化合物

1. $TiCl_3$

$TiCl_3$ 有多种变体，颜色上有差别，如 α-$TiCl_3$ 为蓝紫色晶体。$TiCl_3$ 的熔点为 1073 K，它可溶于水，在空气中易潮解。

慢慢加热蒸发 $TiCl_3$ 水溶液时，可得到 $[Ti(H_2O)_6]Cl_3$ 紫色晶体。如果在浓的 $TiCl_3$ 水溶液中加入乙醚，再通入氯化氢至饱和，溶液将变为绿色，其组成可能是 $[Ti(H_2O)_5Cl]Cl_2 \cdot H_2O$ 和 $[Ti(H_2O)_4Cl_2]Cl \cdot 2H_2O$。颜色和性质不相同，是由于内界水分子数随制备时温度和介质不同而引起的一种水合异构现象(内界和外界发生水分子交换形成的)。

还原 $TiCl_4$ 可得 $TiCl_3$。目前工业上主要采用铝还原法。将四氯化钛和铝粉加入反应器内，为使铝粉反应完全，四氯化钛需过量加入。反应在接近 $TiCl_4$ 的沸点温度下进行，生成 $TiCl_3$ 和 $AlCl_3$。其反应式如下：

$$3TiCl_4 + Al + nAlCl_3 \longrightarrow 3TiCl_3 + (n+1)AlCl_3$$

通过蒸发、真空蒸馏和升华法分离出副产物和剩余反应物，得到 $TiCl_3$。

$TiCl_3$ 有较强的还原性($E^\ominus_{TiO^{2+}/Ti^{3+}} = 0.10$)，极易被空气或水氧化，遇水与空气立即分解，在空气中流动能自燃，冒火星。因而，$TiCl_3$ 必须储存在二氧化碳等惰性气体之中。

$TiCl_3$ 主要用作还原剂和 α-烯烃聚合的催化剂，用于比色法测定铜、铁、钒等含量。

Ti^{3+} 的还原性常用于钛含量的测定。一般将含钛试样溶解于强酸溶液中，加入铝片将 TiO^{2-} 还原为 Ti^{3+}，然后以 NH_4SCN 溶液为指示剂，用 $FeCl_3$ 标准溶液滴定。

$$3TiO^{2+} + Al + 6H^+ \longrightarrow 3Ti^{3+} + Al^{3+} + 3H_2O$$

$$Ti^{3+} + Fe^{3+} + H_2O \longrightarrow TiO^{2+} + Fe^{2+} + 2H^+$$

齐格勒-纳塔(Ziegler - Natta)反应就是在无水、无氧气、无二氧化碳的加氢汽油中加入$Al(C_2H_5)_3$和 $TiCl_3$ 作催化剂,通入丙烯聚合为聚丙烯。

$$nCH_3—CH═CH_2 \xrightarrow{Al(C_2H_5)_3 - TiCl_3} \left[\begin{array}{c} CH_3 \\ | \\ CH—CH_2 \end{array} \right]_n$$

由厦门大学化学化工学院开发研制的聚乙烯定向聚合催化剂,活性特别高,每克载体上含钛 100 mg 以上,通常聚合条件下每克钛可得 1~2 t 聚乙烯。

2. $TiCl_4$

$TiCl_4$ 为无色带有刺激性臭味的液体,其熔点为 250 K,沸点为 409 K。$TiCl_4$ 为共价型化合物,固态时为分子晶体,故不导电。它是制备一系列钛化合物及金属钛的重要原料。

$TiCl_4$ 极易水解,暴露在潮湿空气中发烟。部分水解生成钛酰氯,完全水解生成偏钛酸。

$$TiCl_4 + H_2O \longrightarrow TiOCl_2 + 2HCl\uparrow$$

$$TiCl_4 + 3H_2O \longrightarrow H_2TiO_3 + 4HCl\uparrow$$

可利用其水解性,作烟雾剂。

3. TiO_2

自然界中 TiO_2 有三种晶形,金红石型、锐钛矿型和板钛矿型,其中最重要的是金红石型,它属于简单四方晶系($a=b\neq c$,$\alpha=\beta=\gamma=90°$)。氧原子呈畸变的六方密堆积,钛原子占据一半的八面体空隙,而氧原子周围有 3 个近于正三角形配位的钛原子,所以钛和氧的配位数分别为 6 和 3,见图 10 - 1。

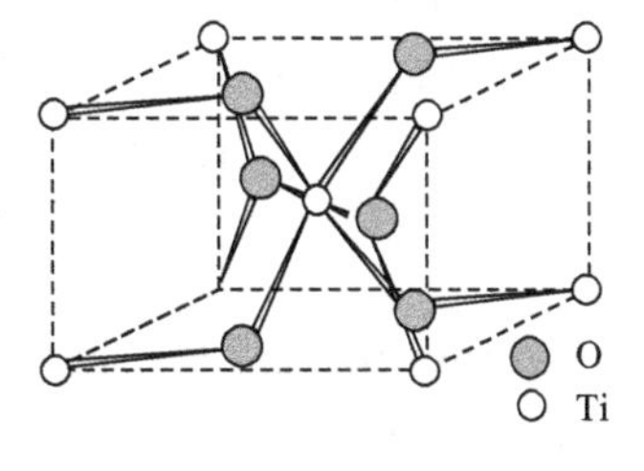

图 10 - 1　金红石的结构

TiO_2 不溶于水和稀酸,微溶于碱,属两性氧化物。在强碱和强酸溶液中均缓慢溶解。与碱反应生成偏钛酸盐;与热、浓的强酸,如 H_2SO_4 和 HCl 反应分别生成 $TiOSO_4$ 和 $TiOCl_2$ 及 H_2O。

纯净的 TiO_2 俗称钛白或钛白粉,室温下呈白色,加热时呈浅黄色。钛白是钛工业中产量最大并与国民经济密切相关的精细化工产品,世界钛矿的 90%以上是用于生产钛白。一个国家的钛白消费量已被认为是其消费水平高低的标志之一。在白色颜料中,钛白是迄今公认最好的。它既有铅白[$2PbCO_3 \cdot Pb(OH)_2$]的遮盖性,又有锌白(ZnO)的耐久性,着色力强,无毒等优点,是高级白色颜料。特别是耐化学腐蚀性、热稳定性、抗紫外线粉化及折射率高等方面显示出良好的性能,因而广泛用于涂料、印刷、油墨、造纸、塑料、橡胶、化纤、搪瓷、电焊条、冶金、电子陶瓷、日用化工等领域。由于钛白的折射率高,用作合成纤维的增白消光剂。用铂金属配合物浸泡的 TiO_2 可作为水的光分解反应的催化剂。最近研究表明,根据 TiO_2 的光半导体特性,可作为一种特殊的杀菌剂(见第 13 章)。

在 Ti(Ⅳ)盐溶液中加入 H_2O_2,呈现特征颜色。在强酸溶液中呈红色,在稀酸或中性溶液中呈橙黄色。这一特征反应常用于钛或 H_2O_2 的比色分析。

$$TiO^{2+} + H_2O_2 \longrightarrow [TiO(H_2O_2)]^{2+}$$

4. $BaTiO_3$(偏钛酸钡)

偏钛酸钡为白色或浅灰色粉末,熔点为1891 K,难溶于水,有五种晶形,以四方最重要。

制备偏钛酸钡的方法较多,现介绍其中的两类三例。

固相法:将二氧化钛与碳酸钡混合研磨,经高温煅烧得偏钛酸钡。

$$TiO_2 + BaCO_3 \xrightarrow{\triangle} BaTiO_3 + CO_2\uparrow$$

在室温下具有钙钛矿($CaTiO_3$)型晶体结构的 $BaTiO_3$ 是一种典型的铁电晶体(在外电场作用下能够随电场改变电偶极子方向的晶体),具有较高的介电常数和压电(机械能与电能相互转换)特性,由于钛离子带4个正电荷,半径很小,可在较大范围内发生位移,即 $BaTiO_3$ 晶体在外力作用下易发生极化,晶体能产生形变,是重要的功能材料。

共沉淀法:

(1) 将 $BaCl_2$ 和 $TiCl_4$ 按等物质的量混合溶解,加热至70 ℃,然后滴入草酸,得到水合草酸钡钛酰[$BaTiO(C_2O_4)_4 \cdot 4H_2O$]沉淀,经洗涤、干燥,再进行热解,最后得到具有化学计量组成的 $BaTiO_3$ 粉料。

$$BaCl_2 + TiCl_4 + 2H_2C_2O_4 + 5H_2O \longrightarrow BaTiO(C_2O_4)_2 \cdot 4H_2O\downarrow + 6HCl$$

$$BaTiO(C_2O_4)_2 \cdot 4H_2O \xrightarrow{\triangle} BaTiO_3 + 2CO_2\uparrow + 2CO\uparrow + 4H_2O$$

(2) 偏钛酸经打浆后加入 $BaCl_2$ 溶液,然后在搅拌下加入沉淀剂$(NH_4)_2CO_3$,生成 $BaCO_3$ 和 H_2TiO_3 共沉淀,经煅烧即得 $BaTiO_3$ 粉料。

$$BaCl_2 + (NH_4)_2CO_3 \longrightarrow BaCO_3 + 2NH_4Cl$$

$$H_2TiO_3 + BaCO_3 \xrightarrow{\triangle} BaTiO_3 + CO_2\uparrow + H_2O$$

方法(1)的优点在于制得的 $BaTiO_3$ 粉料纯度高。方法(2)是为了避免使用价格高的 $TiCl_4$ 和 $H_2C_2O_4$ 等原料,降低成本。而固相法属于机械混合,混合不均匀,反应活性差。

5. TiC

TiC是具有金属光泽的铁灰色晶体,有类似于金属的若干特性,高熔点(3723 K),高沸点(4573 K),硬度仅次于金刚石,有良好的导热和导电性,且导电性随温度的升高而降低,在温度极低时表现出超导性。

TiC不溶于水、盐酸和硫酸,但溶于硝酸、氢氟酸的混合酸及王水中。在碱中不溶,但可熔于碱性氧化性熔盐中。

TiC可在高温下用钛和碳直接反应制取,也可在电炉中于高温下用碳还原 TiO_2 而制得。用化学气相沉淀法可以在枪管的内表面涂复TiC层。

$$TiO_2 + 3C \xrightarrow{\triangle} TiC + 2CO$$

$$TiCl_4 + CCl_4 + 4H_2 \xrightarrow{\triangle} TiC + 8HCl$$

因为TiC的硬度大,所以它是硬质合金的重要原料。TiC和其他碳化物如WC、TaC、NbC等相比较,它的密度最小而硬度最大,能与WC等形成固熔体,它们都是重要的切削材料。

10.1.3 TiO_2 的制备简介

钛白的工业制法主要有硫酸法和氯化法。

1. 硫酸法

基本反应为

$$FeO \cdot TiO_2 + 2H_2SO_4 \longrightarrow TiOSO_4 + FeSO_4 + 2H_2O$$

$$TiOSO_4 + 2H_2O \longrightarrow H_2TiO_3 \downarrow + H_2SO_4$$

$$H_2TiO_3 \xrightarrow{\triangle} TiO_2 + 2H_2O$$

具体过程:钛铁矿($FeO \cdot TiO_2$)和 H_2SO_4(93%)以一定比例加入酸解器中,通水蒸气加热至 353 K,使钛铁矿分解成多孔状固相产物。产物用酸性水浸取,加铁屑(Fe^{3+}还原为 Fe^{2+}),经沉降除杂质,冷冻分离副产物硫酸亚铁后,加晶种使硫酸氧钛水解成白色偏钛酸。经水洗达标后在 1023~1223 K 煅烧,即转化成产品二氧化钛。

硫酸法制钛白工艺比较突出的问题是副产物的利用和环境保护。

副产物硫酸亚铁的综合利用有多种途径,如以硫酸亚铁为原料生产聚合硫酸铁无机高分子絮凝剂;用于生产各种氧化铁红;制造铁肥、改良盐碱地等。

废酸经处理可综合利用,如以石灰或石灰乳中和废酸达标排放,副产物石膏等回收利用。

2. 氯化法

基本反应为

$$TiO_2 + C + 2Cl_2 \longrightarrow TiCl_4 + CO_2$$

$$TiO_2 + 2C + 2Cl_2 \longrightarrow TiCl_4 + 2CO$$

$$TiCl_4 + O_2 \longrightarrow TiO_2 + 2Cl_2$$

具体过程大致是,金红石或富钛料经粉碎、干燥后与焦炭粉混合,装入氯化炉中,通入氯气发生氯化反应。用精馏和化学处理的综合方法除去原料中带入的杂质(铁、锰、硅、锆等氧化物转化为相应的氯化物)后,可得精 $TiCl_4$。在氧化炉内经气相氧化生成固体 TiO_2,再经过处理可得颜料二氧化钛。

为什么不用 TiO_2 与 Cl_2 直接反应的方法制备 TiO_2 呢? 主要是 TiO_2 的热稳定性较高,氯化反应的 $\Delta G^{\ominus} > 0$[$TiO_2(s) + 2Cl_2(g) \overline{\overline{\quad}} TiCl_4(l) + O_2(g)$,$\Delta_r H_m^{\ominus} = 141\ kJ \cdot mol^{-1}$,$\Delta_r S_m^{\ominus} = -39.19 J \cdot K^{-1} \cdot mol^{-1}$,$\Delta_r G_m^{\ominus} = 153\ kJ \cdot mol^{-1}$],且反应属于焓增、熵减类型,在标准态下的任何温度反应都不能自发进行。如果选用焦炭与金红石氯化反应所产生的氧气结合,即把两个反应组合起来构成一个偶合反应,从而改变体系的 $\Delta_r H^{\ominus}$ 和 $\Delta_r S^{\ominus}$ 的数值,使原来不能进行的反应转化成能自发进行的反应。

$$TiO_2(s) + 2Cl_2(g) \longrightarrow TiCl_4(l) + O_2(g)$$

$$C(s) + O_2(g) \longrightarrow 2CO(g)$$

二者偶合为 $$TiO_2(s) + 2Cl_2(g) + 2C \longrightarrow TiCl_4(l) + 2CO(g)$$

偶合后反应的 $\Delta_r G_m^\ominus = -121.3\ kJ \cdot mol^{-1}$，$\Delta_r H_m^\ominus = -80.14\ kJ \cdot mol^{-1}$，$\Delta_r S_m^\ominus = 139.42\ J \cdot K^{-1} \cdot mol^{-1}$，考虑到反应速度，工业上实际控制的反应温度在 1173～1273 K。

氯化法的优点在于以气相反应为主，能耗较低，氯气可循环使用，排出的废弃物约仅为硫酸法的十分之一，易生产出优质钛白。目前厦门电化厂生产的钛白产品质量已超过日本，接近美国钛白质量标准。

10.2 钒

钒属于ⅤB族元素，钒的价电子构型为 $3d^3 4s^2$，最高氧化态为+5，与族数相一致，其他常见氧化态还有+2、+3、+4，在某些配合物，可以呈低氧化态(+1，0，−1 等)。V(Ⅴ)和 V(Ⅳ)较为稳定，在水溶液中不存在简单的水合 V^{5+}、V^{4+}，主要以钒氧离子(VO_2^+ 和 VO^{2+} 的水合物)存在。V^{3+} 的还原性不如 Ti^{3+}，它在水中较为稳定，只是慢慢被空气氧化。V^{2+} 还原性较强，它与水反应并迅速被空气氧化；此外，它的固态化合物容易发生歧化反应生成 V(Ⅲ)和单质 V。钒的不同氧化态的离子颜色各不相同。若向紫色 V^{2+} 的酸性溶液中加入氧化剂如 $KMnO_4$，先得到绿色 V^{3+} 溶液，继续被氧化为蓝色 VO^{2+} 溶液，最终被氧化为黄色 VO_2^+ 溶液。

钒的元素电势图如下：

−0.25 (VO_2^+ → V)

$E_A^\ominus/V$　$VO_2^+ \xrightarrow{1.0} VO^{2+} \xrightarrow{0.36} V^{3+} \xrightarrow{-0.26} V^{2+} \xrightarrow{-1.19} V$

　　　　黄色　　　蓝色　　　绿色　　　紫色

$E_B^\ominus/V$　$HV_6O_{17}^{3-} \xrightarrow{-1.15} V$

最近的研究发现钒的某些化合物对治疗糖尿病有很好的疗效；钒在材料领域也有广泛的应用。

10.2.1 单质钒的性质及用途

钒为银灰色金属，有金属"维生素"之称。在许多方面表现出与钛相近的性质。如钒也容易形成钝态氧化膜，在常温下，块状钒不与空气、海水、苛性碱、硫酸、盐酸反应，但溶于氢氟酸、浓硫酸、硝酸和王水中。

$$2V + 6HF \longrightarrow 2VF_3 + 3H_2\uparrow$$

在高温时，钒能和大多数非金属化合，并可与熔融的苛性碱发生作用。

钒主要用于冶炼特种钢——钒钢，它具有很高的强度、弹性及优良的抗磨损和抗冲击的性能，广泛用于结构钢、弹性钢、工具钢、装甲钢和钢轨。

10.2.2 钒的重要化合物

1. V_2O_5

V_2O_5 是橙黄色或砖红色固体，无臭、无味，有毒。热分解偏钒酸铵可得 V_2O_5。

$$2NH_4VO_3 \xrightarrow{\triangle} V_2O_5 + 2NH_3\uparrow + H_2O$$

V_2O_5 在工业上用于接触法制 H_2SO_4[V_2O_5 具有催化性能，这与它具备可变价态有关。它在高温能可逆地得失氧。实测表明，V_2O_5 相中含有 V(Ⅳ)，构成缺氧的半导体。有人认为与混合价(4 和 5)物相 V_6O_{13} 的形成有关]及空气氧化萘($C_{10}H_8$)制邻苯二甲酸酐的催化剂。

V_2O_5 为两性氧化物，主要显酸性，溶于强碱生成钒酸盐；溶于强酸，生成含钒氧离子的盐。

$$V_2O_5+6NaOH \longrightarrow 2Na_3VO_4+3H_2O$$

$$V_2O_5+H_2SO_4 \longrightarrow (VO_2)_2SO_4+H_2O$$

V_2O_5 有一定的氧化性，若将其溶于浓盐酸时，钒(Ⅴ)则被还原成钒(Ⅳ)，并且放出氯气。

$$V_2O_5+6HCl \longrightarrow 2VOCl_2+Cl_2\uparrow+3H_2O$$

近期的研究表明，V_2O_5 薄膜(可用真空蒸镀，溅射，电沉积和溶胶-凝胶方法制备)具有电学(与 V^{4+} 有关)、光学、物理化学等方面的特性。主要用于湿度传感器、气体传感器抗静电涂料、电源开关、微电池以及电致变色显示器件等方面。

2. 钒酸盐和多钒酸盐

钒酸盐有偏钒酸盐 $M^{I}VO_3$ 和正钒酸盐 $M^{I}_3VO_4$，多钒酸盐有 $M^{I}_4V_2O_7$、$M^{I}_3V_3O_9$ 等。正钒酸根离子 VO_4^{3-} 和 ClO_4^-、SO_4^{2-} 和 PO_4^{3-} 等含氧酸根离子结构相似，均为四面体构型。但是V—O之间的结合并不十分牢固，其中的 O^{2-} 可以同 H^+ 结合成水。VO_4^{3-} 只存在于强碱性溶液中。在正钒酸盐溶液中加酸，会发生钒酸根的缩合作用，即由小分子经脱水缩合而形成较复杂的大分子。首先形成质子化离子，然后逐步脱水缩合成多钒酸根离子，并且随着 pH 的下降，多钒酸根缩合程度增大。

$$2VO_4^{3-}+2H^+ \rightleftharpoons 2HVO_4^{2-} \rightleftharpoons V_2O_7^{4-}+H_2O \qquad pH\geqslant 13$$

$$3V_2O_7^{4-}+6H^+ \rightleftharpoons 2V_3O_9^{3-}+3H_2O \qquad pH=8\sim 7.2$$

$$10V_3O_9^{3-}+12H^+ \rightleftharpoons 3V_{10}O_{28}^{6-}+6H_2O \qquad pH=6\sim 5.5$$

聚合度增大，溶液的颜色逐渐加深，由无色到黄色再到深红色。当溶液变为酸性后，聚合度不再增大，只是作为路易斯碱俘获 H^+。

$$[V_{10}O_{28}]^{6-}+H^+ \longrightarrow [HV_{10}O_{28}]^{5-} \xrightarrow{H^+} [H_2V_{10}O_{28}]^{4-} \xrightarrow{H^+} \cdots$$

在 pH=2 时，如浓度大于 0.1 mol·L^{-1}，则脱水生成 V_2O_5 水合物的红棕色沉淀，而当 pH≤1 时，溶液以黄色 VO_2^+ 形式存在。

$$[H_2V_{10}O_{28}]^{4-}+14H^+ \longrightarrow 10VO_2^++8H_2O$$

与 Ti(Ⅳ)相似，V(Ⅴ)也能与 H_2O_2 生成有色配合物(过氧化物)。在强酸性溶液中，得到红棕色的过氧钒离子$[V(O_2)]^{3+}$；在弱碱性、中性或弱酸性溶液中，生成黄色的二过氧钒酸根阴离子$[VO_2(O_2)_2]^{3-}$。

$$VO_2^++H_2O_2+2H^+ \longrightarrow [V(O_2)]^{3+}+2H_2O$$

$$VO_2^++2H_2O_2 \longrightarrow [VO_2(O_2)_2]^{3-}+4H^+$$

两者之间存在下述平衡，在一定条件下可以转化。

$$[VO_2(O_2)_2]^{3-} + 6H^+ \longrightarrow [V(O_2)]^{3+} + H_2O_2 + 2H_2O$$

钒酸盐与 H_2O_2 的反应,可以用来鉴定钒和过氧化氢的比色分析测定。

VO_2^+ 可以被 Fe^{2+}、草酸、酒石酸和乙醇等还原为 VO^{2+}。

$$VO_2^+ + Fe^{2+} + 2H^+ \longrightarrow VO^{2+} + Fe^{3+} + H_2O$$

$$2VO_2^+ + H_2C_2O_4 + 2H^+ \longrightarrow 2VO^{2+} + 2CO_2\uparrow + 2H_2O$$

这些反应可用于氧化还原法测定钒。

钒的盐类五颜六色,故可制成鲜艳的颜料,加到玻璃中可制成彩色玻璃,也可制成彩色墨水。

3. 卤化物

钒的卤化物是一类重要的化合物,它们可以作为合成钒的其他化合物的起始物质。各种不同氧化态的钒的卤化物其热力学稳定性很不相同,氧化数为+5 的卤化物,只有 VF_5 能稳定存在。VX_4、VX_3、VX_2(X=F,Cl,Br,I)都为已知。氧化态相同时,随着卤素相对原子质量的增加,卤化物的稳定性降低,一般来说,钒的碘化物是最不稳定的。钒的卤化物会发生歧化反应或自氧化还原反应。

$$2VCl_3 \longrightarrow VCl_2 + VCl_4$$

$$2VCl_3 \longrightarrow 2VCl_2 + Cl_2$$

钒的卤化物对氧气和潮湿气氛十分敏感,所有的卤化物都有吸湿性,并会水解,其水解趋势随氧化态升高而增加。

$$VCl_4 + H_2O \longrightarrow VOCl_2 + 2HCl\uparrow$$

10.3 铬

铬属于ⅥB 族元素,铬的价电子构型为 $3d^5 4s^1$,主要氧化态为+6、+3、+2。少数+5、+4 氧化态的化合物虽然存在,但不稳定,易发生歧化作用。铬在一些配合物中还表现出更低的氧化态,如−2、−1、0 和+1。在水溶液体系中,最稳定的氧化态为+3。

铬的元素电势图如下:

$$E_A^\ominus/V \quad Cr_2O_7^{2-} \xrightarrow{0.55} Cr(V) \xrightarrow{1.34} Cr(IV) \xrightarrow{2.10} Cr^{3+} \xrightarrow{-0.424} Cr^{2+} \xrightarrow{-0.90} Cr$$

$$Cr_2O_7^{2-} \xrightarrow{1.33} Cr^{3+} \qquad Cr^{3+} \xrightarrow{-0.74} Cr$$

$$E_B^\ominus/V \quad CrO_4^{2-} \xrightarrow{-0.11} Cr(OH)_3(s) \xrightarrow{-1.33} Cr$$

$$CrO_4^{2-} \xrightarrow{-0.72} Cr(OH)_4^- \xrightarrow{-1.33} Cr$$

10.3.1 单质铬的性质及用途

铬是银白色、有光泽的金属。由于它在构成金属键时可能提供 6 个电子,金属原子间结合力较强,因而其熔点和沸点都非常高,熔点在第一过渡系中仅次于钒,为 2130 K,沸点为 2945 K,硬度在所有金属中为最大,故极耐磨损。铬表面上容易形成一层钝化膜,因此有很高的耐腐蚀性。在常温下，王水和硝酸都不能溶解铬。但未钝化的铬很活泼，可从非氧化性酸中置换出 H_2，还能将 Cu、Sn、Ni 从其盐水溶液中置换出来。由于铬的光泽度好，抗腐蚀性强，硬度大，熔、沸点高，故广泛用作电镀保护涂层，它也是合金钢的最重要的组成之一，铬的加入不仅增加钢的抗蚀性、耐酸性，而且增强其硬度。

10.3.2 铬的重要化合物

1. Cr(Ⅵ)的化合物

Cr(Ⅵ)的化合物，主要有三氧化铬(CrO_3)、氯化铬酰(CrO_2Cl_2)、铬酸盐和重铬酸盐。Cr(Ⅵ)的特征配位数为 4，CrO_4^{2-} 可视为它的配阴离子，呈四面体构型。Cr(Ⅵ)的化合物因发生电荷转移跃迁常具有颜色。另外，Cr(Ⅵ)的化合物毒性较大。

1) 三氧化铬

在重铬酸钾(红矾钾)或重铬酸钠的浓溶液中加入浓硫酸，都可析出暗红色针状晶体 CrO_3。

$$K_2Cr_2O_7 + 2H_2SO_4(\text{浓}) = 2CrO_3 + 2KHSO_4 + H_2O$$

CrO_3 是铬氧四面体以角氧相连而成的链状结构。CrO_3 表现出强氧化性、热不稳定性和水溶性。它溶于水生成铬酸，过量的 CrO_3 也可与水反应生成重铬酸(从未分离出游离的铬酸和重铬酸)，故也称“铬酸酐”。有机物(如乙醇)遇 CrO_3 发生猛烈反应以至着火。本身被还原成 Cr_2O_3。加热 CrO_3 超过 470 K 则逐步分解，经一系列中间氧化态最后生成 Cr_2O_3。

$$CrO_3 \longrightarrow Cr_3O_8 \longrightarrow Cr_2O_5 \longrightarrow CrO_2 \longrightarrow Cr_2O_3$$

$$4CrO_3 = 2Cr_2O_3 + 3O_2\uparrow$$

CrO_3 的不稳定性被用于制备磁性颜料 CrO_2。CrO_2(由 CrO_3 分解为 Cr_2O_3 过程的中间产物)是棕黑色固体，具有金红石结构，它具有金属的电导率，而它的铁磁性质使它在记录磁带制造业方面占有重要地位，据称它比用铁氧化物制造的磁带分辨率和高频响应性能更好。CrO_3 主要用于电镀铬。

2) 铬酸盐和重铬酸盐

在水溶液中铬酸(H_2CrO_4)表现为中强酸。

$$H_2CrO_4 \rightleftharpoons H^+ + HCrO_4^- \qquad K_1 = 4.1$$

$$HCrO_4^- \rightleftharpoons H^+ + CrO_4^{2-} \qquad K_2 = 3.2\times10^{-7}$$

在溶液中存在下列平衡：

$$2CrO_4^{2-} + 2H^+ \rightleftharpoons Cr_2O_7^{2-} + H_2O \qquad K = 1.2\times10^{14}$$

当向黄色的 CrO_4^{2-} 溶液中加酸时，溶液变为橙色；反之，向橙色的 $Cr_2O_7^{2-}$ 溶液中加碱时，溶液又变为黄色的 CrO_4^{2-}。可见溶液颜色的转变与 pH 有关，pH 降低时，有利于 $Cr_2O_7^{2-}$ 的形成；pH 增大时，有利于 CrO_4^{2-} 的形成。

CrO_4^{2-} 在酸性溶液中的缩合程度比 VO_4^{3-} 要小，一般仅至重铬酸根($Cr_2O_7^{2-}$)或三铬酸根($Cr_3O_{10}^{2-}$)等。

碱金属、钙、镁的铬酸盐和重铬酸盐都溶于水。某些重金属离子(如 Ba^{2+}，Ag^+，Pb^{2+}

等)的铬酸盐难溶于水,并显示特征的颜色,可用以鉴定 CrO_4^{2-}。

$$Ba^{2+} + CrO_4^{2-} \longrightarrow BaCrO_4\downarrow(黄色) \qquad K_{sp}=1.2\times10^{-10}$$

$$Pb^{2+} + CrO_4^{2-} \longrightarrow PbCrO_4\downarrow(黄色) \qquad K_{sp}=2.8\times10^{-13}$$

$$2Ag^{+} + CrO_4^{2-} \longrightarrow Ag_2CrO_4\downarrow(砖红色) \qquad K_{sp}=2.0\times10^{-12}$$

$K_2Cr_2O_7$ 和 $Na_2Cr_2O_7$ 都是橙红色的晶体,在工业上分别被称为“红矾钾”和“红矾钠”。主要用于制备铬酐、其他铬盐和铬黄颜料,也用于制造安全火柴、烟火、炸药、油脂漂白剂及制革工业的皮革鞣制和皮革染色等。$K_2Cr_2O_7$ 不含结晶水,用重结晶法提纯后,常用作基准氧化试剂。Cr(Ⅵ)在酸性溶液中是强氧化剂,其还原产物均为 Cr^{3+}。例如

$$Cr_2O_7^{2-} + 6Fe^{2+} + 14H^{+} \longrightarrow 2Cr^{3+} + 6Fe^{3+} + 7H_2O$$

$$2Cr_2O_7^{2-} + 3CH_3CH_2OH + 16H^{+} \longrightarrow 4Cr^{3+} + 3CH_3COOH + 11H_2O$$

$$Cr_2O_7^{2-} + 6I^{-} + 14H^{+} \longrightarrow 2Cr^{3+} + 3I_2 + 7H_2O$$

$$Cr_2O_7^{2-} + 3SO_3^{2-} + 8H^{+} \longrightarrow 2Cr^{3+} + 3SO_4^{2-} + 4H_2O$$

$$Cr_2O_7^{2-} + 3H_2S + 8H^{+} \longrightarrow 2Cr^{3+} + 3S\downarrow + 7H_2O$$

在分析化学中,常用 $K_2Cr_2O_7$ 来测定 Fe 的含量;利用 $K_2Cr_2O_7$ 能将乙醇氧化成乙酸的反应,可以检测司机酒后开车的情况;$K_2Cr_2O_7$ 还被用来配制实验室常用的铬酸洗液,铬酸洗液的氧化性很强,在实验室中用于洗涤玻璃器皿上附着的油污。

Na_2CrO_4 也是一种优良的无机缓蚀剂,利用它的氧化性在金属表面形成氧化物保护膜,使金属与介质隔开,延长了金属材料的使用寿命,其反应机理如下:

$$2Na_2CrO_4 + 2Fe + 2H_2O \longrightarrow Cr_2O_3 + Fe_2O_3 + 4NaOH$$

由于生成了 Cr_2O_3 和 Fe_2O_3 两种氧化物而使铁件得到保护。

3) 铬(Ⅵ)的过氧化物

与 Ti、V 等类似,高氧化态的 Cr(Ⅵ)和 H_2O_2 也能生成不稳定的过氧化物。例如,重铬酸盐的酸性溶液中加入 H_2O_2 时,能生成深蓝色的过氧化铬 $CrO(O_2)_2$。

$$Cr_2O_7^{2-} + 4H_2O_2 + 2H^{+} \xlongequal{} 2CrO(O_2)_2 + 5H_2O$$

$CrO(O_2)_2$ 在水溶液中很不稳定,容易分解为 Cr^{3+} 和 O_2。

$$4CrO_5 + 12H^{+} \xlongequal{} 4Cr^{3+} + 7O_2\uparrow + 6H_2O$$

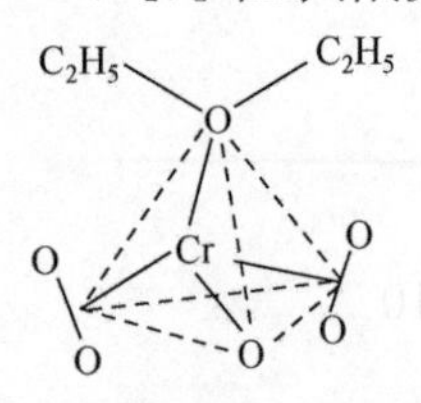

图 10-2 $[CrO(O_2)_2(C_2H_5)_2O]$ 的结构示意图

当 $CrO(O_2)_2$ 被萃取到乙醚、戊醇等溶剂中时,因生成溶剂配合物,如 $[CrO(O_2)_2(C_2H_5)_2O]$,而比较稳定,故定性分析中常在上述反应中加入乙醚,利用 $CrO(O_2)_2$ 的深蓝色来鉴定 Cr(Ⅵ)。在 $[CrO(O_2)_2(C_2H_5)_2O]$ 中,Cr(Ⅵ)周围的四个配位体呈四面体排布,过氧基离子 O_2^{2-} 是一种 π 配位体,它的O—O轴面对着中心原子铬(图 10-2)。

2. Cr(Ⅲ)的化合物

Cr^{3+} 的价电子构型是 $3s^2 3p^6 3d^3$,属 9～17 电子结构,离子半径比较小。Cr^{3+} 的配合能力较强,容易同 H_2O、NH_3、Cl^-、CN^-、$C_2O_4^{2-}$ 等配位体生成配位数为 6 的配位化合物。Cr^{3+} 中 3 个未成对 d 电子在可见光作用下发生 d-d 跃迁,使化合物都显颜色。

1) Cr_2O_3 或 $Cr(OH)_3$

Cr^{3+} 的化合物都显颜色，可能与 d－d 跃迁有关。绿色的 Cr_2O_3 可用金属铬在氧气中燃烧、S 还原重铬酸盐或重铬酸铵分解制得。例如

$$Na_2Cr_2O_7 + S \xrightarrow{\triangle} Cr_2O_3 + Na_2SO_4$$

$$(NH_4)_2Cr_2O_7 \xrightarrow{\triangle} Cr_2O_3 + N_2\uparrow + 4H_2O$$

Cr_2O_3 是暗绿色粉末，为难熔氧化物，熔点高(2608 K)，常用作绿色颜料，俗称铬绿。它也用于制耐高温陶瓷及用铝热法制备金属铬及有机合成的催化剂。

Cr_2O_3 与 $\alpha-Al_2O_3$ 的结构相同。天然或人工合成的红宝石是 $\alpha-Al_2O_3$ 中含有少量的 Cr^{3+}(取代 Al^{3+})形成的。

Cr_2O_3 与 Al_2O_3 相似，呈现两性，既能溶于酸，也能溶于浓碱，但不溶于水。

$$Cr_2O_3 + 3H_2SO_4 \longrightarrow Cr_2(SO_4)_3 + 3H_2O\text{(紫色)}$$

$$Cr_2O_3 + 2NaOH + 3H_2O \longrightarrow 2NaCr(OH)_4\text{(深绿色)}$$

但灼烧过的 Cr_2O_3 则不溶于酸中，因此只能用焦硫酸盐熔融，使它转化为可溶性铬盐。

$$Cr_2O_3 + 3K_2S_2O_7 \longrightarrow 3K_2SO_4 + Cr_2(SO_4)_3$$

向 Cr(Ⅲ)盐溶液中加碱，或亚铬酸钠溶液加热水解，都可以得到灰蓝色的氢氧化铬 $Cr(OH)_3$ 胶状沉淀，有人认为，灰蓝色沉淀不是 $Cr(OH)_3$，而是水合三氧化二铬 $Cr_2O_3 \cdot nH_2O$ 沉淀。

$$Cr^{3+} + 3OH^- \longrightarrow Cr(OH)_3\downarrow$$

$$CrO_2^- + 2H_2O \xrightarrow{\triangle} Cr(OH)_3\downarrow + OH^-$$

$Cr(OH)_3$ 也是两性的，溶于酸生成 Cr^{3+}，溶于碱生成 CrO_2^- 或 $[Cr(OH)_4]^-$。$Cr(OH)_3$ 在溶液中存在如下平衡：

$$\underset{\text{紫色}}{Cr^{3+} + 3OH^-} \rightleftharpoons \underset{\text{灰蓝色}}{Cr(OH)_3} \rightleftharpoons \underset{\text{亮绿色}}{H^+ + CrO_2^- + H_2O}$$

2) 铬(Ⅲ)盐和亚铬酸盐

最重要的铬(Ⅲ)盐有硫酸铬和铬矾。硫酸铬由于含结晶水不同而有不同的颜色，如 $Cr_2(SO_4)_3 \cdot 18H_2O$ 紫色、$Cr_2(SO_4)_3 \cdot 6H_2O$ 绿色、$Cr_2(SO_4)_3$ 桃红色。硫酸铬与碱金属硫酸盐形成铬矾 $MCr(SO_4)_2 \cdot 12H_2O$ 或 $M_2SO_4 \cdot Cr_2(SO_4)_3 \cdot 24H_2O$($M=Na^+, K^+, Rb^+, Cs^+, NH_4^+, Tl^+$)。用 SO_2 还原 $K_2Cr_2O_7$ 的 H_2SO_4 溶液可制得铬钾矾。

$$K_2Cr_2O_7 + H_2SO_4 + 3SO_2 = K_2SO_4 \cdot Cr_2(SO_4)_3 + H_2O$$

铬钾矾广泛用于皮革鞣制和染色过程中。鞣制的基本原理是利用 Cr^{3+} 的水解、缩聚及配位的特性。在水溶液中，Cr^{3+} 是以 $[Cr(H_2O)_6]^{3+}$ 形式存在，由于水解产生羟基水合离子和水合质子，溶液呈酸性。

$$[Cr(H_2O)_6]^{3+} + H_2O \rightleftharpoons [Cr(H_2O)_5(OH)]^{2+} + H_3O^+$$

在水解过程中，同时发生配聚作用(一般由两个或三个羟基作“桥”将 Cr^{3+} 联系起来，形成多核配合物的过程)。

$$2[Cr(H_2O)_5(OH)]^{2+} \rightleftharpoons [(H_2O)_4Cr\begin{matrix} H \\ | \\ O \\ \diagup \quad \diagdown \\ \diagdown \quad \diagup \\ O \\ | \\ H \end{matrix}Cr(H_2O)_4]^{4+} + 2H_2O$$

鞣制中铬盐和溶液中的酸和盐先渗透到裸皮内部，靠静电引力和分子间的范德华力将铬盐吸附到胶原分子上。这时铬的配阴离子和胶原的碱性基之间发生电价结合，而配阳离子则和分子侧链上的羧基逐渐配位，即水溶性的羧酸的阴离子进入铬配合物内界。这样就使胶原细微结构间产生交联，使裸皮再获得皮原有的一些特性。

由于Cr(Ⅲ)在水溶液中强烈水解，且$Cr(OH)_3$的溶度积非常小，故不能从水溶液中制取Cr_2S_3或$Cr_2(CO_3)_3$。

10.3.3 铬(Ⅲ)的配合物

Cr(Ⅲ)形成配合物的能力很强，除少数例外，其配位数都是6，其单核配合物的空间构型为八面体，Cr^{3+}提供6个空轨道，以d^2sp^3杂化轨道与配位体成键，形成配阳离子或配阴离子或中性配合物分子。

实验式为$CrCl_3 \cdot 6H_2O$的配位化合物有三种水合异构体（由于水合物的水分子取代不同数目的内界配位体而产生的）：紫色的$[Cr(H_2O)_6]Cl_3$、浅绿色的$[Cr(H_2O)_5Cl]Cl_2 \cdot H_2O$、暗绿色的反式$[Cr(H_2O)_4Cl_2]Cl \cdot 2H_2O$。

Cr^{3+}的配合物中，还因配位体在空间的排布不同而产生的空间异构体，又分为几何异构和旋光异构。例如，$K[Cr(C_2O_4)_2(H_2O)_2]$的阴离子有顺式和反式异构体（几何异构）。顺式表现出紫绿色的二色性，而反式异构体显紫色。此外，顺式异构体还有一个光学异构体（也称旋光异构），它们是实物与镜像的关系。

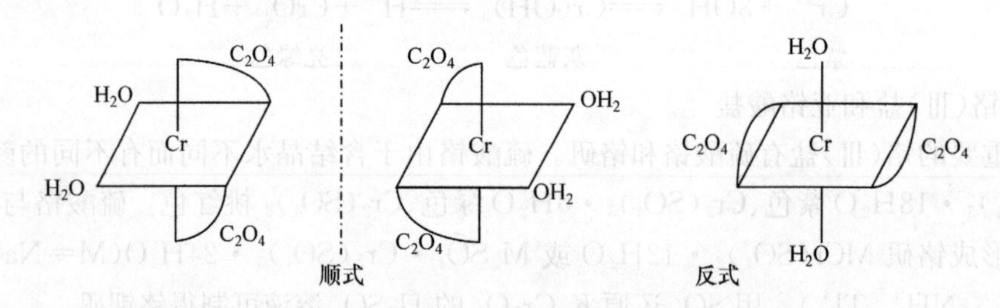

$[Cr(H_2O)_6]^{3+}$中的H_2O逐步被取代时，能形成一系列颜色不同的配合物：

$[Cr(H_2O)_6]^{3+}$	紫色	$[Cr(NH_3)_2(H_2O)_4]^{3+}$	紫红色
$[Cr(NH_3)_3(H_2O)_3]^{3+}$	浅红色		
$[Cr(NH_3)_4(H_2O)_2]^{3+}$	橙红色	$[Cr(NH_3)_5(H_2O)]^{3+}$	橙黄色
$[Cr(NH_3)_6]^{3+}$	黄色		

当内界的H_2O被NH_3取代时，因光谱化学顺序中$\Delta(NH_3) > \Delta(H_2O)$，故吸收区向短波方向移动，因而配离子呈现出吸收光的互补色。

10.3.4 铬(Ⅲ)与铬(Ⅵ)的相互转化

Cr(Ⅲ)、Cr(Ⅵ)在酸性溶液中以 Cr^{3+}、$Cr_2O_7^{2-}$ 形式存在，而在碱性溶液中以 $[Cr(OH)_4]^-$(或 CrO_2^-)、CrO_4^{2-} 形式存在。碱性溶液中 Cr(Ⅵ)-Cr(Ⅲ)的 $E^\ominus_{CrO_4^{2-}/CrO_2^-}=-0.72$ V，酸性溶液中 Cr(Ⅵ)-Cr(Ⅲ)的 $E^\ominus_{Cr_2O_7^{2-}/Cr^{3+}}=+1.33$ V。因此，在酸性溶液中，使 Cr^{3+} 氧化为 $Cr_2O_7^{2-}$ 是比较困难的，通常采用氧化性更强的过硫酸铵 $(NH_4)_2S_2O_8$、PbO_2 等作氧化剂，反应式如下：

$$2Cr^{3+}+3S_2O_8^{2-}+7H_2O \longrightarrow Cr_2O_7^{2-}+6SO_4^{2-}+14H^+$$

相反地，在碱性溶液中，$[Cr(OH)_4]^-$ 被氧化为铬酸盐就比较容易进行，选择的氧化剂较宽，如 H_2O_2、Br_2、Na_2O_2 等。

$$2[Cr(OH)_4]^-+3H_2O_2+2OH^- \longrightarrow 2CrO_4^{2-}+8H_2O$$

$$2[Cr(OH)_4]^-+3Br_2+8OH^- \longrightarrow 2CrO_4^{2-}+6Br^-+8H_2O$$

由 Cr(Ⅵ)转化为 Cr(Ⅲ)，常在酸性溶液中进行，其还原产物均为 Cr^{3+}，如 $Cr_2O_7^{2-}$ 与 I^-、Fe^{2+}、H_2SO_3、H_2S、$S_2O_3^{2-}$ 等的反应。若在碱性溶液中进行，其产物通常为 $Cr(OH)_3$，如 CrO_4^{2-} 与 $S_2O_4^{2-}$、SO_3^{2-} 等的反应。以上部分还原试剂可用于消除 Cr(Ⅵ)的污染，如 $FeSO_4 \cdot 7H_2O$、$NaHSO_3$、Na_2SO_3、$Na_2S_2O_4$ 等。

碱性溶液中 $[Cr(OH)_4]^-$ 与 H_2O_2 的反应产物通常为黄色的 CrO_4^{2-}，当 H_2O_2 加过量时(不加热)，与 CrO_4^{2-} 继续反应，可能有红色的 CrO_8^{3-} 产生，而 CrO_8^{3-} 与 CrO_4^{2-} 的混合色为红棕色。

$$2CrO_4^{2-}+7H_2O_2+2OH^- \longrightarrow 2CrO_8^{3-}+8H_2O$$

在水溶液中 CrO_8^{3-} 比 CrO_4^{2-} 不稳定。由于慢慢分解放出 O_2，会有气泡产生。

$$4CrO_8^{3-}+2H_2O \xrightarrow{\text{常温}} 4CrO_4^{2-}+4OH^-+7O_2\uparrow$$

10.3.5 铬(Ⅱ)的化合物

有相当数量的 Cr(Ⅱ)的化合物，包括所有的二卤化物和 CrO；也有许多配合物，但很易被氧化。在水中，可得天蓝色的 $[Cr(H_2O)_6]^{2+}$，这是一个强还原剂，可利用来除去氮气中的痕量氧气；它在非中性的溶液不稳定，有 H_2 放出，与空气反应很迅速。

在 Cr(Ⅱ)的盐中，最常见的是水合乙酸盐 $Cr_2(CH_3COO)_4 \cdot 2H_2O$。在酸性条件下，用锌还原高价化合物得到 Cr^{2+} 溶液，再在无氧的氢气氛下与饱和乙酸钠溶液发生复分解反应，析出红色的乙酸亚铬晶体。$Cr_2(CH_3COO)_4 \cdot 2H_2O$ 的结构见图 10-3。

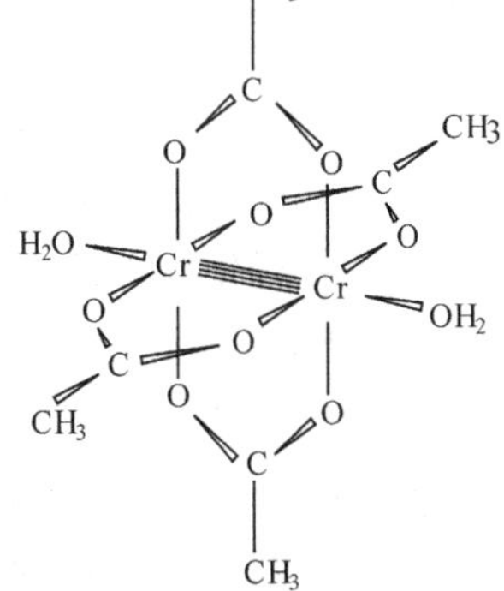

图 10-3 乙酸亚铬的结构

$$4Zn+Cr_2O_7^{2-}+14H^+ \longrightarrow 2Cr^{2+}+4Zn^{2+}+7H_2O$$

$$2Cr^{2+}+4CH_3COO^-+2H_2O \longrightarrow [Cr_2(CH_3COO)_4(H_2O)_2]$$

在 $Cr_2(CH_3COO)_4 \cdot 2H_2O$ 中，两个 Cr^{2+} 的配位数均为 6，为变形的八面体结构(图 10-3)。化合物的反磁性及两个

Cr之间具有较短的键长(235 pm,与Cr—Cr单键键长 328 pm 相比),表明 Cr 与 Cr 之间除形成 σ 键和 π 键之外,还形成了 δ 键。Cr^{2+} 为 $3d^4$ 型,4 个价电子分别占据 $3d_{z^2}$、$3d_{xz}$、$3d_{yz}$、$3d_{xy}$ 轨道,当它们相互接近时,Cr^{2+} 的 d_{z^2} 轨道,从 z 轴方向与另一个 Cr^{2+} 的 d_{z^2} 轨道以"头碰头"的方式重叠形成一个金属-金属 σ 键;每个 Cr 还有 3 个 3d 轨道没有参与杂化,且每个轨道上有 1 个单电子,其中 $3d_{xz}$、$3d_{yz}$ 分别与另一个 Cr 以"肩并肩"的方式重叠,形成两个金属-金属 π 键;而剩下的 $3d_{xy}$ 则彼此以"面对面"的方式重叠,形成一个 δ 键。因此,在乙酸亚铬中两金属铬原子间存在四重键Cr$\equiv$Cr(σ+2π+δ)或四对成键电子,是造成该化合物中 Cr—Cr 距离很短的根本原因。两个 Cr^{2+} 的八个电子都已配对(基态电子构型为 $\sigma^2\pi^4\delta^2$),所以乙酸亚铬呈反磁性。这类四重键也常出现在较重的过渡元素配合物中,如 $Re_2Cl_8^{2-}$ 等。

10.4 锰

锰属ⅦB族元素,锰原子的价电子构型为 $3d^5 4s^2$,它的最高氧化态与族数相同,为 +7,同时也有多变的氧化态:+6、+5、+4、+3、+2;+1、0、−1、−2、−3 等,低氧化态在配合物中可遇到。一般说来在酸性溶液中,锰比较稳定的氧化态是 +7、+4、+2,其中 d 电子处于半充满状态的 Mn(Ⅱ)最稳定。+3、+6 氧化态易发生歧化反应。锰最重要的矿是软锰矿($MnO_2 \cdot xH_2O$)和黑锰矿(Mn_3O_4)和水锰矿[MnO(OH)]。近年来在深海底发现大量的锰矿——锰结核(铁锰氧化物及铜,钴,镍等重要金属元素)。显而易见,锰的多变氧化态决定了锰的化合物具有氧化还原性的突出特点。锰的元素电势图如下:

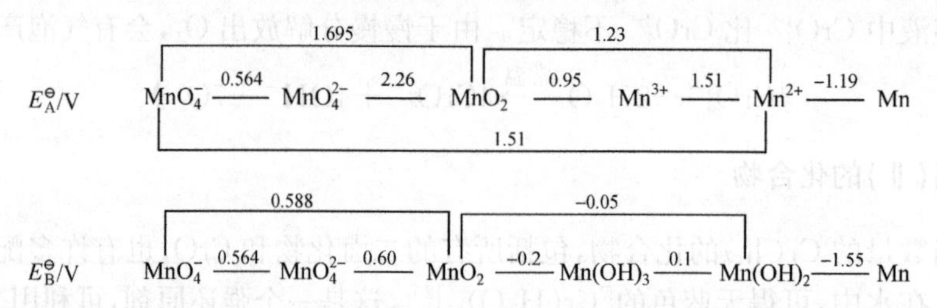

10.4.1 锰的单质及其性质

块状锰是银白色金属,外表像铁。粉末状锰是灰色的,呈顺磁性。锰是一种较活泼的金属,锰与氧化合的能力较强,在空气中金属锰的表面被一层褐色的氧化膜所覆盖,使其不再继续被氧化。在高温时,锰能够同卤素、氧气、硫、硼、碳、硅、磷等直接化合。在 1473 K以上,锰与氮气化合形成不同组成的氮化物如 Mn_3N_2;与铁相似,熔融的锰熔解碳后形成碳化物 Mn_3C;锰与硫共热则形成 MnS。

锰主要用于钢铁工业中生产锰合金钢,在炼钢中有脱硫作用,由于生成 MnS 而将硫除去。锰可以代替镍制造不锈钢。锰铜镍合金的膨胀系数很大,电阻温度系数很小。铜锰合金除了机械强度很大之外,还有一个优异特性——不会被磁化,用于船舰需要的防磁部位。

锰是人体不可缺少的微量元素，是人体多种酶的核心组成部分。缺锰会导致人的畸形和脑惊厥。锰对植物体的光合作用以及一些酶的活动、维生素的转化起着十分重要的作用，小麦、玉米若缺锰，叶子则会出现红色和褐色斑点，果树叶子会因此变黄。

10.4.2　锰的重要化合物

1. Mn(Ⅱ)的化合物

Mn(Ⅱ)常以氧化物、氢氧化物、硫化物、Mn(Ⅱ)盐、配合物等形式存在。

$$MnC_2O_4 \xrightarrow{\triangle} MnO + CO\uparrow + CO_2\uparrow$$

$$MnCO_3 \xrightarrow{\triangle} MnO + CO_2\uparrow$$

1) 氧化锰和氢氧化锰

MnO 是一种灰白色到暗绿色的粉末，在氢气或氮气气氛中焙烧碳酸盐或草酸盐而得到，也可以在氢气流中加热 MnO_2 而生成。

$$MnO_2 + H_2 \longrightarrow MnO + H_2O$$

MnO 具有岩盐结构，难溶于水，并具有可变组成($MnO \sim MnO_{1.5}$)，呈半导体性质。

Mn^{2+} 溶液遇 NaOH 或 $NH_3 \cdot H_2O$ 都能生成具有碱性特征的近白色的$Mn(OH)_2$沉淀。

$$Mn^{2+} + 2OH^- \longrightarrow Mn(OH)_2\downarrow$$

$$Mn^{2+} + 2NH_3 \cdot H_2O \longrightarrow Mn(OH)_2\downarrow + 2NH_4^+$$

$Mn(OH)_2$ 极易氧化，甚至溶于水中的少量氧气也能将其氧化成褐色。

$$2Mn(OH)_2 + O_2 \longrightarrow 2MnO(OH)_2$$

2) 锰(Ⅱ)盐的性质

(1) 水溶性。除 $MnCO_3$、$Mn_3(PO_4)_2$、MnS、MnC_2O_4 难溶于水外，其他强酸的锰盐都易溶于水中，通常锰的难溶盐都易溶于稀酸中。

(2) 还原性。由元素电势图可见，碱性条件下，$Mn(OH)_2$ 的还原性显著；酸性条件下，只有遇强氧化剂[如$(NH_4)_2S_2O_8$，$NaBiO_3$，H_5IO_6，PbO_2 等]才会被氧化。

$$Mn^{2+} + \begin{cases} S_2O_8^{2-} \\ NaBiO_3 \\ H_5IO_6 \\ PbO_2 \end{cases} \xrightarrow{H^+} MnO_4^- + \begin{cases} SO_4^{2-} \\ Bi^{3+} \\ I_2 \\ Pb^{2+} \end{cases}$$

前两个反应用于鉴定 Mn^{2+}。做这些实验时，Mn^{2+} 浓度不宜太大，用量不宜过多，因为尚未被氧化的 Mn^{2+} 能和已生成的 MnO_4^- 反应得到棕色 MnO_2。

$$2MnO_4^- + 3Mn^{2+} + 2H_2O \longrightarrow 5MnO_2 + 4H^+$$

(3) 锰(Ⅱ)可形成复盐和配离子。$MnCl_2$ 和碱金属氯化物形成相应的复盐 $MCl \cdot MnCl_2 \cdot nH_2O$；$MnSO_4$ 和碱金属硫酸盐也形成相应的复盐 $M_2SO_4 \cdot MnSO_4 \cdot nH_2O(n=2, 4, 6)$；在中性或酸性水溶液中，生成浅粉红色的六水合配离子 $[Mn(H_2O)_6]^{2+}$。由于 Mn(Ⅱ)为 d^5 的特殊构型，决定了 Mn(Ⅱ)的大多数配合物是高自旋的。许多配合物都显示出很浅的颜色，如$[Mn(NH_3)_6]Cl_2$、$[Mn(NH_3)_6](ClO_4)_2$、

$[Mn(en)_3]^{2-}$、$[Mn(C_2O_4)_2]^{2-}$等。这是由于在高自旋配合物中，d-d跃迁不仅涉及使一个电子从低能级跳到高能级，而且涉及该电子自旋方向的反转，这种跃迁称为“自旋禁阻”的跃迁。发生这种跃迁的概率很小，即对光的吸收的概率很小，因此颜色的强度很小，故Mn(Ⅱ)的高自旋八面体型配位化合物的颜色极淡，几乎无色，大多为很淡的粉红色。

Mn(Ⅱ)只有与一些强的配位体(如 CN^-)才能形成低自旋的配合物，如 $[Mn(CN)_6]^{4-}$(蓝紫色)。

锰是重要的微量元素肥料之一，它是植物合成叶绿素的催化剂。$MnSO_4$ 也用于电解制备金属锰，用作油漆的催干剂和杀菌剂的起始物，此外还被用作动物饲料的添加剂；$MnCl_2$ 主要用于制造抗腐蚀的锰合金，也用于砖的着色和干电池中。碳酸锰用于制备其他二价锰盐、铁氧体和焊条。

2. Mn(Ⅲ)的化合物

锰Mn(Ⅲ)的化合物都不太稳定，在水溶液中易发生歧化反应，并具有水解性。

$$2Mn^{3+}+2H_2O=\!=\!=MnO_2+Mn^{2+}+4H^+$$

$$Mn^{3+}+H_2O=\!=\!=Mn(OH)^{2+}+H^+$$

欲使Mn(Ⅲ)在水溶液中稳定存在，无非是抑制其歧化和水解反应。由上述方程式可见，可以采取强酸性溶液和提高 Mn^{2+} 的浓度以及生成配合物达到目的。据报道，将酸性 $KMnO_4$ 中加入足量的酸性Mn(Ⅱ)(约过量25倍)中，酸浓度约4 mol·L^{-1}，此时所得Mn(Ⅲ)溶液能稳定存在几天。或用固体的 $MnSO_4$ 使Mn(Ⅱ)大大过量于 MnO_4^-，用浓 H_2SO_4 形成强酸性环境，可使 Mn^{3+} 稳定存在。若欲在弱酸性、中性溶液中稳定Mn(Ⅲ)，则可通过加入合适的配合剂来实现，如 $[Mn(PO_4)_2]^{3-}$、$[Mn(C_2O_4)_3]^{3-}$、$[Mn(CN)_6]^{3-}$、$[Mn(acac)_2]^{3-}$(acac：乙酰丙酮)、$[MnCl_5]^{2-}$ 等都是已知的配合物。

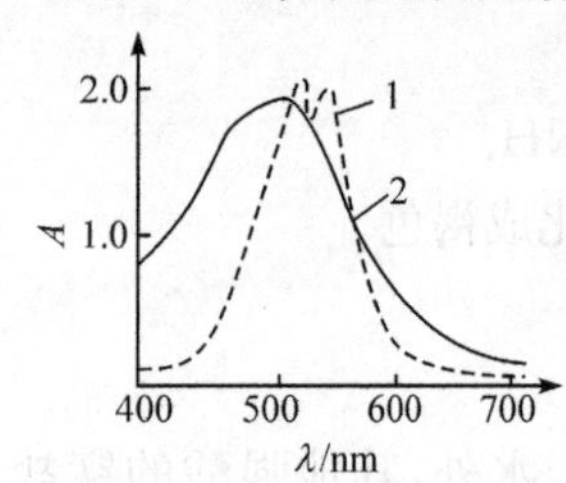

图10-4 MnO_4^- 与 $[Mn(H_2O)_6]^{3+}$ 的吸收光谱

1. MnO_4^-；2. $[Mn(H_2O)_6]^{3+}$

$[Mn(H_2O)_6]^{3+}$ 的颜色(深樱桃红色)与 MnO_4^-(紫红色)相近，可测定其吸收光谱，通过对比来确证Mn(Ⅲ)的存在，见图10-4。

制备Mn(Ⅲ)的主要途径是还原 $KMnO_4$ 或氧化Mn(Ⅱ)，如固体 $MnSO_4$ 和 $KMnO_4$ 溶液在硫酸介质中反应可得到Mn(Ⅲ)。

Mn(Ⅲ)在生命体系中参与光合作用和酶反应，是许多酶的核心组成部分。

3. Mn(Ⅳ)的化合物

最稳定且最重要的Mn(Ⅳ)化合物是 MnO_2，它是一种黑色粉末状固体物质，晶体呈金红石结构，不溶于水。MnO_2 显弱酸性。锰(Ⅳ)氧化数居中，既可作氧化剂又可作还原剂。

1) MnO_2 作氧化剂

在酸性介质中，MnO_2 是一种强氧化剂，如实验室常用 MnO_2 与浓盐酸反应制取氯气。

$$MnO_2+4HCl(浓)\xrightarrow{\triangle}MnCl_2+Cl_2\uparrow+2H_2O$$

MnO_2 与浓 H_2SO_4 作用，可得 $MnSO_4$ 并放出氧气。

$$2MnO_2+2H_2SO_4 \xrightarrow{\triangle} 2MnSO_4+2H_2O+O_2\uparrow$$

2) MnO_2 作还原剂

在碱性介质中，有氧化剂存在并加热时，被氧化成锰酸盐。

$$2MnO_2+4KOH+O_2 \xrightarrow{\triangle} 2K_2MnO_4+2H_2O$$

$$3MnO_2+6KOH+KClO_3 \xrightarrow{\triangle} 3K_2MnO_4+KCl+3H_2O$$

3) MnO_2 的用途

MnO_2 的用途很广。例如，将其加入熔态的玻璃中作为脱色剂，可以把 Fe(Ⅱ)盐氧化成 Fe(Ⅲ)盐而消除 Fe(Ⅱ)盐的绿色，呈浅的黄色。在锰-锌干电池中用作去极剂。

在锰锌干电池中，锌作为负极，石墨为正极，NH_4Cl 和淀粉糊作电解质。电解质中 NH_4Cl 水解，产生 H^+。

$$NH_4^+ +H_2O \rightleftharpoons NH_3\cdot H_2O+H^+$$

当有电流通过时，H^+ 在正极上得到电子产生 H_2，它有一定的超电势，将阻止电子的传递，所以要用 MnO_2 消去这种极化作用，即利用氧化性将氢氧化成水而除去，MnO_2 本身还原成 Mn(Ⅲ)。半反应如下：

$$MnO_2+NH_4^+ +2H_2O+e \rightleftharpoons Mn(OH)_3+NH_3\cdot H_2O$$

4. Mn(Ⅵ)的化合物

锰(Ⅵ)的化合物中比较稳定的是锰酸盐，如锰酸钾 K_2MnO_4 和锰酸钠 Na_2MnO_4。锰酸盐是制备高锰酸盐的中间产品。

锰酸盐在强碱性溶液中呈绿色，较稳定，但在酸性、中性及弱碱性溶液中立即歧化。

$$3K_2MnO_4+2H_2O \longrightarrow 2KMnO_4+MnO_2+4KOH$$

故 MnO_4^{2-} 只能在强碱性溶液中存在。固体 K_2MnO_4 加热至 493 K 以上，开始分解成 K_2MnO_3 和 O_2。

$$2K_2MnO_4 \xlongequal{\triangle} 2K_2MnO_3+O_2\uparrow$$

5. 锰(Ⅶ)的化合物

锰(Ⅶ)的化合物中最重要的是高锰酸钾 $KMnO_4$，$NaMnO_4$ 因易潮解而不常用。$KMnO_4$ 是一种深紫色的晶体，比较稳定，但加热时容易分解。

$$2KMnO_4 \longrightarrow K_2MnO_4+MnO_2+O_2\uparrow$$

实验室也可用上法制氧气。$KMnO_4$ 溶液为紫红色，不稳定，在酸性溶液中明显地分解。

$$4MnO_4^- +4H^+ \longrightarrow 4MnO_2\downarrow+3O_2\uparrow+2H_2O$$

在中性或弱碱性溶液中，$KMnO_4$ 分解十分缓慢。但光会使分解反应加速，故配制 $KMnO_4$ 的标准溶液时，要存放在棕色的瓶中。

$KMnO_4$ 是最重要和最常用的氧化剂之一，它的氧化能力和还原产物因介质的酸度不同而不同。另外，$KMnO_4$ 的加入方式也会影响最终产物。

1）介质酸度的影响

在酸性溶液中，$KMnO_4$ 是很强的氧化剂，它可以氧化 Cl^-、I^-、SO_3^{2-}、$C_2O_4^{2-}$、Fe^{2+} 等，本身被还原为 Mn^{2+}。

$$MnO_4^- + H^+ + \begin{cases} Cl^- \\ H_2C_2O_4 \\ Fe^{2+} \\ SO_3^{2-} \end{cases} \longrightarrow Mn^{2+} + \begin{cases} Cl_2\uparrow \\ CO_2\uparrow + H_2O \\ Fe^{3+} \\ SO_4^{2-} \end{cases}$$

在中性、微酸性或微碱性溶液中，$KMnO_4$ 被还原为 MnO_2。

$$2MnO_4^- + 3SO_3^{2-} + H_2O = 2MnO_2 + 3SO_4^{2-} + 2OH^-$$

$$2MnO_4^- + I^- + H_2O = 2MnO_2 + IO_3^- + 2OH^-$$

在强碱性溶液中，$KMnO_4$ 被还原为 MnO_4^{2-}。

$$2MnO_4^- + SO_3^{2-} + 2OH^- \longrightarrow 2MnO_4^{2-} + SO_4^{2-} + H_2O$$

2）$KMnO_4$ 加入方式的影响

以 $KMnO_4$ 与 $H_2C_2O_4$ 的反应为例。在酸性条件下，如果是 $KMnO_4$ 逐滴加入 $H_2C_2O_4$ 溶液中，其最终产物为 Mn^{2+}。相反，若 $H_2C_2O_4$ 逐滴加入 $KMnO_4$ 溶液中（相当于 $KMnO_4$ 过量），其最终产物为 MnO_2。

$KMnO_4$ 俗称灰锰氧，它是一种良好的氧化剂。常用来漂白毛、棉和丝，或使油类脱色，广泛用于滴定分析中[测定一些过渡金属离子（如 Ti^{3+}，VO^{2+}，Fe^{2+}）及过氧化氢，草酸盐，甲酸盐和亚硝酸盐等]。它的稀溶液（0.1%）可用于浸洗水果、碗、杯等用具的消毒，5%的 $KMnO_4$ 溶液可治疗轻度烫伤。在农业上作稻谷的浸种剂。在环境保护方面，大量用于水质处理及污水净化。

高锰酸钾与冷的浓硫酸作用生成绿色的油状 Mn_2O_7，Mn_2O_7 有强氧化性，遇有机物如乙醇即爆炸燃烧；极不稳定，易发生分解，放出 O_2。

$$2Mn_2O_7 \longrightarrow 4MnO_2 + 3O_2\uparrow$$

MnO_4^-（为四面体构型）在水溶液中呈紫色，但从 Mn(Ⅶ)的价电子构型（$3d^04s^0$）来看，并没有 3d 电子，似乎应当为无色。这是因为 MnO_4^- 中Mn—O之间有较强的极化效应（与 Mn 的氧化态高有关），当 MnO_4^- 吸收部分可见光后，O^{2-} 一端的电子向Mn(Ⅶ)跃迁，称为荷移跃迁，使 MnO_4^- 呈紫色。

10.5 铁系元素

铁系元素包括铁、钴、镍三个元素，它们同属周期表中第一过渡系的第Ⅷ族元素，其价电子构型分别是 $3d^64s^2$、$3d^74s^2$、$3d^84s^2$。它们的最外层都有两个电子，只是其次外层 3d 电子数不同，其原子半径又相近，因此它们的性质相似。

一般条件下，铁的常见氧化态是+2 和+3，与强氧化剂作用，铁可以生成不稳定的+6氧化态。据报道金属铁在强碱性中阳极溶解的情况下生成 FeO_4，证实有+8 价铁的存在。钴和镍的常见氧化态都是+2，与强氧化剂作用，钴可以生成+3 氧化态，而镍的

+3氧化态则少见。按 Fe、Co、Ni 的顺序，高价稳定性降低。

铁、钴、镍在+2、+3 氧化态时，半径较小，又有未充满的 d 轨道，使它们有形成配合物的强烈倾向，尤其是 Co(Ⅲ)形成配合物数量特别多。

铁系元素一般以氧化物或硫化物的形式存在于自然界，如磁铁矿(Fe_3O_4)、黄铁矿(FeS_2)、辉钴矿(CoAsS)等。下面给出铁系元素的元素电势图。

$$
\begin{array}{ll}
E_A^{\ominus}/\mathrm{V} & \mathrm{FeO_4^{2-}} \overset{2.20}{\overline{\qquad}} \mathrm{Fe^{3+}} \overset{0.771}{\overline{\qquad}} \mathrm{Fe^{2+}} \overset{-0.44}{\overline{\qquad}} \mathrm{Fe} \\
 & \mathrm{CoO_2} \overset{\geq 1.8}{\overline{\qquad}} \mathrm{Co^{3+}} \overset{1.808}{\overline{\qquad}} \mathrm{Co^{2+}} \overset{-0.277}{\overline{\qquad}} \mathrm{Co} \\
 & \mathrm{NiO_2} \overset{1.678}{\overline{\qquad\qquad\qquad}} \mathrm{Ni^{2+}} \overset{-0.25}{\overline{\qquad}} \mathrm{Ni} \\
E_B^{\ominus}/\mathrm{V} & \mathrm{FeO_4^{2-}} \overset{0.72}{\overline{\qquad}} \mathrm{Fe(OH)_3} \overset{-0.56}{\overline{\qquad}} \mathrm{Fe(OH)_2} \overset{-0.877}{\overline{\qquad}} \mathrm{Fe} \\
 & \mathrm{CoO_2} \overset{0.70}{\overline{\qquad}} \mathrm{Co(OH)_3} \overset{0.17}{\overline{\qquad}} \mathrm{Co(OH)_2} \overset{-0.73}{\overline{\qquad}} \mathrm{Co} \\
 & \mathrm{NiO_2} \overset{0.49}{\overline{\qquad\qquad\qquad\qquad}} \mathrm{Ni(OH)_2} \overset{-0.72}{\overline{\qquad}} \mathrm{Ni}
\end{array}
$$

10.5.1　铁、钴、镍的性质和用途

铁、钴、镍的物理性质和化学性质都比较相似，具有光泽的银白色金属，都有强磁性，许多铁、钴、镍合金是很好的磁性材料。

从元素电势图可以看出，Fe、Co、Ni 属于中等活泼金属。Fe 溶于稀 HCl 和稀 H_2SO_4 生成 Fe^{2+} 和 H_2；冷、浓 HNO_3、H_2SO_4 使其钝化；和 HNO_3 作用，若 Fe 过量，生成 $Fe(NO_3)_2$；若 HNO_3 过量，则生成 $Fe(NO_3)_3$。铁能形成 Fe(Ⅱ)和 Fe(Ⅲ)两类化合物。Co、Ni 在 HCl 和稀 H_2SO_4 中比 Fe 溶解慢。和铁一样，冷、浓 HNO_3 使其表面钝化。浓碱缓慢侵蚀铁，而钴、镍在浓碱中比较稳定。所以实验室中常用镍坩埚熔融碱性物质。在高温下它们分别和 O_2、S、Cl_2 等非金属作用生成相应的氧化物、硫化物和氯化物。

铁是当今最重要的结构材料，它在生物系统中也十分重要，如载氧的血红蛋白、电子传递剂细胞色素和酶系统的固氮酶都含有铁。钴主要用于制造特种钢(如高速切削钢)和磁性材料(如永久磁铁)。钴的化合物广泛用作颜料和催化剂。维生素 B_{12} 含有钴，它可防治恶性贫血病。镍是不锈钢的重要组分，含镍 2%～4%钢用于制造电传输、再生声音的器械。在玻璃仪器内熔封的导线是含镍 3.6%的合金，属于 Inconel 合金的一种，它的膨胀系数和玻璃相近。它还是重要的催化剂，如用于不饱和有机化合物的催化加氢及在水蒸气中甲烷裂解产生一氧化碳和氢气。

10.5.2　铁、钴、镍的氧化物和氢氧化物

1. 低价氧化物

低价氧化物 MO(M=Fe,Co,Ni)常用无氧化性含氧酸盐在隔绝空气条件下热分解制备(如碳酸盐，草酸盐)，可得到黑色的 FeO、灰绿色的 CoO 和暗绿色的 NiO。在制取 MO 时，若不隔绝空气或温度过高时，空气中氧容易将低价氧化物 MO 氧化为 M_2O_3，并且颜色加深。

$$\mathrm{MCO_3} \xrightarrow[\text{隔绝空气}]{\triangle} \mathrm{MO} + \mathrm{CO_2}\uparrow \qquad (\mathrm{M}=\mathrm{Fe},\mathrm{Co},\mathrm{Ni})$$

$$MC_2O_4 \xrightarrow[\text{隔绝空气}]{\triangle} MO + CO_2\uparrow + CO\uparrow \qquad (M=Co, Ni)$$

$$FeC_2O_4 \longrightarrow FeO + CO_2\uparrow + CO\uparrow$$

$$\xrightarrow{433\ K} Fe_3O_4 + CO_2\uparrow + CO\uparrow$$

2. 高价氧化物

高价氧化物 M_2O_3 (M＝Fe, Co, Ni)可用氧化性含氧酸盐(如硝酸盐)热分解制备。例如

$$4Fe(NO_3)_3 \xrightarrow{\triangle} 2Fe_2O_3(\text{红棕色}) + 12NO_2\uparrow + 3O_2\uparrow$$

$$4Co(NO_3)_2 \xrightarrow{\triangle} 2Co_2O_3(\text{黑色}) + 8NO_2\uparrow + O_2\uparrow$$

砖红色的 Fe_2O_3 在工业上称为氧化铁红,是一种重要颜料。Fe_2O_3 有多种变体。α-Fe_2O_3(云母氧化铁)为顺磁性,主要用作防锈漆。γ-Fe_2O_3 是介稳的,为铁磁性,它是在录音磁带的生产中最广泛使用的磁性材料。在冶金上,铁红作主要基料,用来冶炼各种磁性合金和高质合金钢。Co_2O_3 用于制钴和钴盐,生产硬质合金、陶瓷、釉料、颜料,还用作氧化剂和催化剂。

黑色的 Fe_3O_4、Co_3O_4 分别是其 M(Ⅱ)和 M(Ⅲ)的混合氧化物,它们均属于尖晶石($MgAl_2O_4$)结构,前者为反式尖晶石结构,后者为正常的尖晶石结构。在自然界 Fe_3O_4 以磁铁矿或磁石的形态存在,它是一种黑色的强铁磁性物质,不溶于水和酸,有良好的导电性,可能是电子在 Fe(Ⅱ)和 Fe(Ⅲ)之间传递的结果。

3. 氢氧化物

在隔绝空气条件下,向 Fe(Ⅱ)、Co(Ⅱ)、Ni(Ⅱ)盐溶液中加入碱分别得到白色的 $Fe(OH)_2$、粉红色的 $Co(OH)_2$ 及果绿色的 $Ni(OH)_2$。遇到空气时,$Fe(OH)_2$ 迅速地氧化成红棕色的 $Fe(OH)_3$ 沉淀,而 $Co(OH)_2$ 能缓慢地被空气中的氧气氧化为棕色的 $Co(OH)_3$,$Ni(OH)_2$ 不易被空气氧化,只有在更强氧化剂作用下(如NaClO或 NaBrO)才会氧化成黑色沉淀 $Ni(OH)_3$。

$$4Fe(OH)_2 + O_2 + 2H_2O \xlongequal{\text{快}} 4Fe(OH)_3\downarrow$$

$$4Co(OH)_2 + O_2 + 2H_2O \xlongequal{\text{慢}} 4Co(OH)_3\downarrow$$

$$2Ni(OH)_2 + NaClO + H_2O = 2Ni(OH)_3\downarrow + NaCl$$

$M(OH)_2$ 均为碱性,易溶于酸。而 $Fe(OH)_3$ 显两性,以碱性为主,溶于酸。新制备的 $Fe(OH)_3$ 能溶于强碱。$Co(OH)_3$ 和 $Ni(OH)_3$ 为碱性,溶于酸得不到相应的钴(Ⅲ)盐和镍(Ⅲ)盐,因为 Co(Ⅲ)和 Ni(Ⅲ)是强氧化剂,能将 H_2O、Cl^- 氧化成 O_2 或 Cl_2。

$$4M^{3+} + 2H_2O = 4M^{2+} + 4H^+ + O_2\uparrow \qquad (M=Co, Ni)$$

$$2M^{3+} + 2Cl^- = 2M^{2+} + Cl_2\uparrow \qquad (M=Co, Ni)$$

10.5.3 重要盐类

1. M(Ⅱ)的盐

笼统地说,铁系的 M^{2+} 与强酸酸根如 Cl^-、NO_3^-、SO_4^{2-} 等生成易溶盐;与弱酸酸根如

F^-、CO_3^{2-}、$C_2O_4^{2-}$、CrO_4^{2-}、PO_4^{3-}、S^{2-} 等生成难溶盐。这些性质与 Mg^{2+}(8e)类似(除 MgS 易溶外)。Mg 为 8e,M^{2+} 为不规则电子构型。

1) $MSO_4 \cdot 7H_2O$

将 MO 溶于稀 H_2SO_4 可结晶出 $MSO_4 \cdot 7H_2O$。七水合硫酸亚铁 $FeSO_4 \cdot 7H_2O$(绿色)俗称"绿矾"或"黑矾",在空气中易风化失去一部分水,也易被氧化成黄褐色的碱式硫酸铁 $Fe(OH)SO_4$。无论在酸性或碱性溶液中,空气中的氧气都能将 Fe^{2+} 氧化成 Fe^{3+}。为了不使 Fe^{2+} 氧化,$FeSO_4$ 溶液存放时常要外加一些金属铁。利用 Fe^{2+} 的还原性,可在酸性溶液中用较强的氧化剂如 MnO_4^-、$Cr_2O_7^{2-}$、H_2O_2 等将 Fe^{2+} 氧化成 Fe^{3+}。这些反应常用于滴定分析中。

铁、钴、镍的硫酸盐能与 NH_4^+、K^+、Na^+ 的硫酸盐生成复盐 $M_2^I SO_4 \cdot MSO_4 \cdot 6H_2O$,较重要的复盐是硫酸亚铁铵[$(NH_4)_2SO_4 \cdot FeSO_4 \cdot 6H_2O$],又称为莫尔盐,它比绿矾稳定得多,在分析化学中用以配制 Fe(Ⅱ)的标准溶液。$CoSO_4 \cdot 7H_2O$ 是红色,$NiSO_4 \cdot 7H_2O$是黄绿色,均比绿矾稳定,即不易氧化成 M(Ⅲ)。这类七水合物中均含有$[M(H_2O)_6]^{2+}$,另一分子水以氢键与 SO_4^{2-} 结合。

2) $CoCl_2$

$CoCl_2$ 由于化合物中所含结晶水的数目不同而呈现不同颜色。

$$\underset{\text{粉红色}}{CoCl_2 \cdot 6H_2O} \xrightleftharpoons{325\ K} \underset{\text{紫红色}}{CoCl_2 \cdot 2H_2O} \xrightleftharpoons{363\ K} \underset{\text{蓝紫色}}{CoCl_2 \cdot H_2O} \xrightleftharpoons{393\ K} \underset{\text{蓝色}}{CoCl_2}$$

制备硅胶时加入少量 $CoCl_2$,经烘干后硅胶呈蓝色,其中 $CoCl_2$ 可表示干燥剂的吸湿情况。当干燥硅胶吸水后,逐渐由蓝色变为粉红色,再经烘干驱水又能重复使用。用稀 $CoCl_2$ 溶液在白纸上写字后几乎看不出字迹,烘烤后显出蓝色字迹,历史上曾作为隐显墨水。

3) MS

在 M^{2+} 溶液中加入$(NH_4)_2S$ 溶液时,能生成黑色沉淀 MS。

$$\left.\begin{matrix} Fe^{2+} \\ Co^{2+} \\ Ni^{2+} \end{matrix}\right. + S^{2-} \longrightarrow \begin{matrix} FeS\downarrow \\ CoS\downarrow \\ NiS\downarrow \end{matrix}$$

这三种硫化物的 K_{sp} 均较大,故在酸性溶液中通入 H_2S 时,沉淀不完全。新沉淀的 CoS、NiS 易溶于稀酸中,静置陈化后转变成碱式盐沉淀 M(OH)S,就不易溶解。

2. M(Ⅲ)的盐

氧化态为+3 的可溶性盐中,由于 Co^{3+} 及 Ni^{3+} 的强氧化性,在热力学上不稳定,实际上只有铁形成稳定的可溶性 Fe^{3+} 盐。

比较常见的 Fe(Ⅲ)盐有橘黄色 $FeCl_3 \cdot 6H_2O$、浅紫色 $Fe(NO_3)_3 \cdot 9H_2O$、浅黄色 $Fe_2(SO_4)_3 \cdot 9H_2O$、浅紫色 $NH_4Fe(SO_4)_2 \cdot 12H_2O$。

将铁屑与氯气在高温下直接合成就可以得到棕黑色的无水 $FeCl_3$。它的熔点(555 K)、沸点(588 K)都比较低,能用升华法提纯。它具有明显的共价性,易溶于有机溶剂(如丙酮);673 K时,它的蒸气中有类似于Al_2Cl_6的双聚分子Fe_2Cl_6存在。

三氯化铁以及其他三价铁盐在酸性溶液中具有一定的氧化性,属中强氧化剂。例如,印刷电路的制版过程中,是将粘有铜箔的胶木板先制成薄膜线路,再将其浸入$FeCl_3$溶液中进行腐蚀而得。

$$Fe^{3+} + \begin{cases} 2I^- \\ Sn^{2+} \\ H_2S \\ Cu \\ SO_2 \end{cases} \longrightarrow \begin{cases} I_2 \\ Sn^{4+} \\ S \\ Cu^{2+} \\ SO_4^{2-} \end{cases} + Fe^{2+}$$

$[Fe(H_2O)_6]^{3+}$与$[Mn(H_2O)_6]^{2+}$均为$3d^5$构型,按预测其吸收光谱应非常类似。但$[Fe(H_2O)_6]^{3+}$呈淡紫色,是由于近紫外区的电荷跃迁峰扩展进入可见区,而将弱的d-d跃迁掩盖了。

Fe^{3+}有较高的正电荷,离子半径较小,因此有较大的电荷/半径比,在水溶液中明显地水解,使溶液显酸性。Fe^{3+}的水解过程很复杂,首先发生逐级水解。

$$\underset{\text{淡紫色}}{[Fe(H_2O)_6]^{3+}} + H_2O \rightleftharpoons \underset{\text{黄色}}{[Fe(OH)(H_2O)_5]^{2+}} + H_3O^+ \qquad K^\ominus \approx 2\times10^{-3}$$

$$[Fe(OH)(H_2O)_5]^{2+} + H_2O \rightleftharpoons [Fe(OH)_2(H_2O)_4]^+ + H_3O^+$$

与$[Cr(H_2O)_6]^{3+}$水解类似,当pH增大时,羟基离子缩合成二聚的羟桥配合物,$[Fe(H_2O)_4(OH)_2Fe(H_2O)_4]^{4+}$,进一步形成可溶的多聚体,溶液颜色由黄棕色变为深棕色;最终析出红棕色胶状沉淀$Fe_2O_3 \cdot xH_2O$[通常写成$Fe(OH)_3$]。加热和增大pH都能促进水解,使溶液颜色加深;反之,加酸时可抑制水解,使颜色变浅。这说明水解产物不是单一的,是多物种共存的体系。

水解是分散电荷的一种途径,即金属离子上的高电荷分散一部分到配体上,这种体系更加稳定。因为这符合电中性原理(鲍林指出:稳定的分子和晶体的电子结构在于使每个原子上的净电荷接近于零或介于±1单位电荷之间)。例如,配离子$[Fe(H_2O)_6]^{3+}$所带的3个正电荷呈球面分散在12个H原子上,使每个H原子带1/4正电荷,这样的带电体是满足稳定分布结构的。近来分析方法已证实在$[Fe(H_2O)_6]^{3+}$配合物中,金属铁原子确是接近电中性的。这也就不难理解H^+在水中是以H_3O^+形式存在的原因。

3. Fe(Ⅵ)的化合物

在浓碱中,用NaClO可以把$Fe(OH)_3$氧化为紫红色的FeO_4^{2-},或将Fe_2O_3、KNO_3和KOH混合、加热、共熔,也能制得K_2FeO_4。

$$2Fe(OH)_3 + 3ClO^- + 4OH^- = 2FeO_4^{2-} + 3Cl^- + 5H_2O$$

$$Fe_2O_3 + 3KNO_3 + 4KOH = 2K_2FeO_4 + 3KNO_2 + 2H_2O$$

FeO_4^{2-}的钠盐和钾盐是可溶的,钡盐为紫红色沉淀$BaFeO_4$。从元素电势图可以看出,FeO_4^{2-}只能在强碱性介质中稳定存在;在水或酸性介质中不稳定,会放出氧气。

$$4FeO_4^{2-} + 20H^+ = 4Fe^{3+} + 3O_2\uparrow + 10H_2O$$

高铁酸盐是比高锰酸盐更强的氧化剂,它安全、无毒、无污染、无刺激,是有机工业氧化剂理想的替代品。它也是一种优良的水处理剂，具有氧化杀菌性质及生成的 $Fe(OH)_3$ 对各种阴阳离子有吸附作用。实验证实 FeO_4^{2-} 对水体中的 CN^- 去除能力非常强。FeO_4^{2-} 为四面体结构，它的钾盐与 K_2CrO_4 和 K_2SO_4 同晶形。最近，有人研制了一种超铁碱性电池，它能储存比普通碱性电池多 50%的电能，因而它的寿命也相应延长。该电池的放电反应如下：

$$2MFeO_4 + 3Zn \longrightarrow Fe_2O_3 + ZnO + 2MZnO_2 \qquad (M=K_2 或 Ba)$$

10.5.4 铁、钴、镍的重要配合物

铁、钴、镍是很好的配位化合物形成体。$Fe^{2+}(d^6)$、$Co^{2+}(d^7)$常生成八面体或四面体配合物，但 Co^{2+} 与 X^-(除 F^-)、SCN^-、OH^- 等弱场配位体比 Fe^{2+} 较易形成四面体配合物(因四面体弱场中的 CFSE：$d^7 > d^6$)。$Ni^{2+}(d^8)$配位数为 4、5、6，且都是常见的几何构型。

$Fe^{3+}(d^5)$常形成八面体配合物；在弱场中也可形成四面体如 $FeCl_4^-$。$Co^{3+}(d^6)$比较特殊，它的简单盐虽然很少，但却能形成为数众多的八面体配合物。这主要由于 $Co^{3+}(d^6)$易生成低自旋的稳定的配合物，以致除了$[CoF_6]^{3-}$(高自旋)外，甚至$[Co(H_2O)_6]^{3+}$也是低自旋的；它也能形成多核配合物和许多同分异构体。另一特点是 Co^{3+} 的八面体配合物的配位体交换速度很慢，呈动力学惰性。

1. 氨配合物

Fe^{2+}、Fe^{3+} 与氨水作用都不能生成氨的配合物，生成的是它们的氢氧化物。只有它们的无水盐与氨气作用才能得到氨的配合物，但该配合物遇水即分解。

$$[Fe(NH_3)_6]Cl_2 + 6H_2O \longrightarrow Fe(OH)_2\downarrow + 4NH_3 \cdot H_2O + 2NH_4Cl$$

$$[Fe(NH_3)_6]Cl_3 + 6H_2O \longrightarrow Fe(OH)_3\downarrow + 3NH_3 \cdot H_2O + 3NH_4Cl$$

Co^{2+} 与过量的氨水反应，能形成土黄色的$[Co(NH_3)_6]^{2+}$，它在空气中会慢慢地被氧化转变为红褐色的$[Co(NH_3)_6]^{3+}$。

$$4[Co(NH_3)_6]^{2+} + O_2 + 2H_2O \longrightarrow 4[Co(NH_3)_6]^{3+} + 4OH^-$$

前面曾提到，Co^{3+} 氧化性很强，不稳定，在酸性溶液中容易还原成 Co^{2+}，所以钴盐在溶液中都是以 Co^{2+} 存在。(为什么 Co^{2+} 与 Co^{3+} 在生成配离子前后的稳定性会如此不同呢?)

向镍(Ⅱ)盐的溶液中加入过量的氨水，可以生成稳定的蓝色配离子。

$$Ni^{2+} + 6NH_3 \longrightarrow [Ni(NH_3)_6]^{2+}$$

将 $Ni(OH)_2$ 溶于 HBr 中并加入过量的氨水，就会沉淀出紫色的$[Ni(NH_3)_6]Br_2$(溴化六氨合镍)。

$$Ni(OH)_2 + 2HBr + 6NH_3 \longrightarrow [Ni(NH_3)_6]Br_2 + 2H_2O$$

2. 氰配合物

在 Fe^{2+} 的溶液中，加入 KCN 溶液，首先生成白色的氰化亚铁 $Fe(CN)_2$ 沉淀，当 KCN 过量时，$Fe(CN)_2$ 溶解生成$[Fe(CN)_6]^{4-}$。

$$Fe^{2+} + 2CN^- \longrightarrow Fe(CN)_2 \downarrow$$

$$Fe(CN)_2 + 4CN^- \longrightarrow [Fe(CN)_6]^{4-}$$

其钾盐 $K_4[Fe(CN)_6] \cdot 3H_2O$ 为黄色晶体，又称黄血盐。若向 Fe^{3+} 溶液中加入少量 $[Fe(CN)_6]^{4-}$ 溶液，生成难溶的蓝色沉淀 $KFe[Fe(CN)_6]$，俗称普鲁士蓝。利用此反应可鉴定 Fe^{3+} 的存在。

$$K^+ + Fe^{3+} + [Fe(CN)_6]^{4-} \longrightarrow KFe[Fe(CN)_6] \downarrow$$

$[Fe(CN)_6]^{4-}$ 是一个沉淀剂，它和一系列金属阳离子，如 Cu^{2+}、Cd^{2+}、Co^{2+}、Mn^{2+}、Ni^{2+}、Pb^{2+}、Zn^{2+} 形成难溶物，它们的溶度积为 $10^{-13} \sim 10^{-17}$，颜色分别为红棕、白、绿、白、绿、白和白。在实验室，常用黄血盐与 Cu^{2+} 生成的红棕色沉淀，鉴定 Cu^{2+} 的存在。

若用 Cl_2 或 H_2O_2 氧化黄血盐溶液，得到 $[Fe(CN)_6]^{3-}$ 溶液，可析出红色晶体 $K_3[Fe(CN)_6]$，俗称赤血盐。向 Fe^{2+} 溶液中加入 $[Fe(CN)_6]^{3-}$，生成蓝色难溶化合物 $KFe[Fe(CN)_6]$，又称滕氏蓝。这是鉴定 Fe^{2+} 的灵敏反应。

$$Fe^{2+} + K^+ + [Fe(CN)_6]^{3-} \longrightarrow KFe[Fe(CN)_6] \downarrow$$

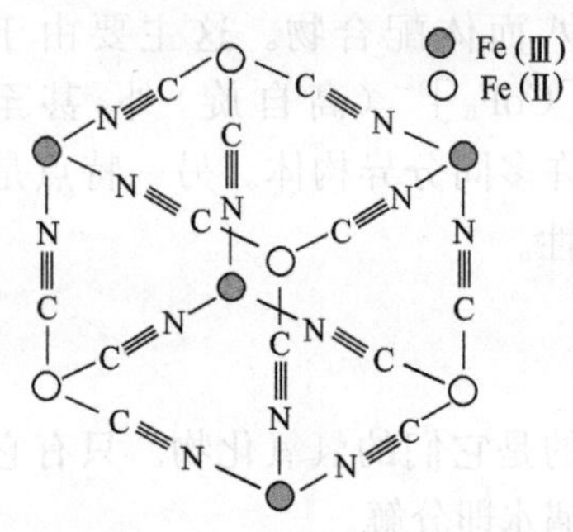

图 10-5　普鲁士蓝的结构示意图（K^+ 未表示出来）

滕氏蓝和普鲁士蓝经结构分析证明是同一化合物 $KFe[Fe(CN)_6]$，见图 10-5。图中表示出 Fe 原子和氰根的排布，Fe 原子位于每个小立方体的 8 个角顶，一半是 Fe(Ⅱ)，另一半是 Fe(Ⅲ)；氰根位于每一条边上，其中，N 与 Fe(Ⅲ)相连，C 与 Fe(Ⅱ)相连，K^+（和 H_2O）位于立方体的空穴中。每隔一个小立方体中含有一个 K^+。蓝色是电子在 Fe(Ⅲ)和 Fe(Ⅱ)之间传递的结果。

$[Fe(CN)_6]^{4-}$ 和 $[Fe(CN)_6]^{3-}$ 的 $K_{稳}$ 分别为 10^{35} 和 10^{42}，它们在热力学上都是很稳定的，而 $[Fe(CN)_6]^{3-}$ 的稳定性更大。可是在处理含 CN^- 的废水时，常选用 Fe(Ⅱ)盐，这是因为生成的 $[Fe(CN)_6]^{4-}$ 在动力学上是惰性的，很难与水中的其他配体发生交换反应，CN^- 难以解离出来，不易产生二次污染，可达到废水排放标准。相反地，$[Fe(CN)_6]^{3-}$ 在动力学上是活性的，由于交换反应迅速进行，$[Fe(CN)_6]^{3-}$ 的二次污染毒性大。这种动力学上的差异与它们的价电子构型不相同有关。

Co^{2+} 与 KCN 溶液反应，先生成红色的 $Co(CN)_2$ 沉淀，与过量的 KCN 溶液作用，形成紫红色的 $K_4[Co(CN)_6]$ 溶液。$[Co(CN)_6]^{4-}$ 比 $[Co(NH_3)_6]^{2+}$ 更不稳定，是一个相当强的还原剂。

$$[Co(CN)_6]^{3-} + e^- \longrightarrow [Co(CN)_6]^{4-} \qquad E^\ominus = -0.83\ V$$

而 $[Co(CN)_6]^{3-}$ 则比 $[Co(CN)_6]^{4-}$ 要稳定得多。稍加热 $[Co(CN)_6]^{4-}$ 的溶液，它就会被水中的 H^+ 氧化。

$$2[Co(CN)_6]^{4-} + 2H_2O \xrightarrow{\triangle} 2[Co(CN)_6]^{3-} + 2OH^- + H_2 \uparrow$$

向镍(Ⅱ)盐的溶液中加入过量的氰化钾，可以生成稳定的配阴离子 $[Ni(CN)_4]^{2-}$。实验表明 $[Ni(CN)_4]^{2-}$ 是抗磁性物质，Ni^{2+} 以 dsp^2 杂化成键，空间构型为平面正方形。

3. 羰基配合物

在金属羰基配合物中,金属原子处于低的氧化态(氧化态为零,甚至为负值),如 $Ni(CO)_4$、$Fe(CO)_4^{2-}$、$Co(CO)_4^-$。CO 作为配位体有稳定低氧化态的特征,与它的结构有密切关系。它不仅可以向金属原子提供电子对形成 σ 配位键(M←CO),同时又以空的反键 π^* 轨道接受金属原子送来的电子(M→CO),这种由金属原子单方面提供电子到配体的空轨道上形成的 π 键称为反馈 π 键,见图 10-6。这种反馈 π 键的形成减少了由于生成了 σ 配位键而引起的中心金属原子上过多的负电荷积累,从而促进了 σ 配位键的形成。σ 配位键和反馈 π 键,这两类成键作用相互配合和相互促进(协同效应),其结果比单独形成一种键时强得多,从而增强了配合物的稳定性。

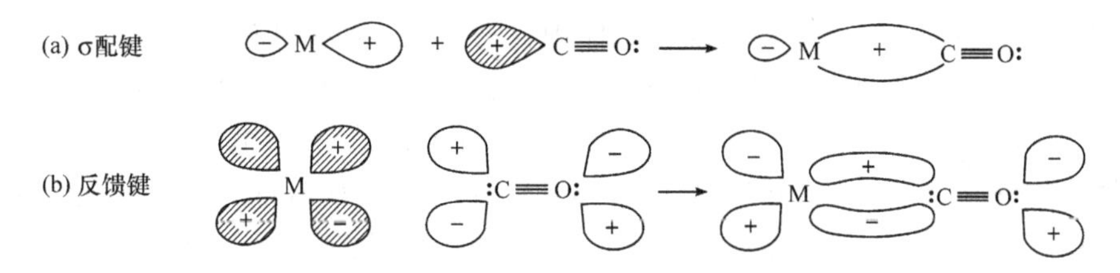

图 10-6　金属羰基配合物中的化学键

实验证实许多金属羰基配合物的键比正常单键计算值短 10%,而键能较大,说明 M—C 键具有某些双键特征。另外,在羰基配合物中C—O 键的键长比一氧化碳分子的键长(112.8 pm)要长,这是由于电子从 M 原子的 d 轨道反馈到 CO 的 π^* 轨道,从而削弱了羰基之间的键,使配合物中C—O 键变长,这时我们说 CO 活化了。反馈的实质是过剩电荷分散的一种方式,它是在过高电场的推动下,达到一种稳定分布结构,符合电中性原理。

几乎所有的过渡元素都能生成羰基配合物,不少羰基配合物可用过渡金属和一氧化碳直接反应合成。例如,常温常压下,活性 Ni 粉和 CO 作用得到无色$Ni(CO)_4$(沸点 316 K);473 K,2～20 MPa 下活性 Fe 粉和 CO 作用得到黄色$Fe(CO)_5$(沸点 376 K)。此外,还可通过其他方法制备羰基配合物。例如,橙黄色的八羰基合二钴[$Co_2(CO)_8$]可在 393～473 K 和 25～30 MPa 下,用碳酸钴在氢气气氛中同一氧化碳作用制得。

$$Ni + 4CO \longrightarrow Ni(CO)_4$$

$$Fe + 5CO \longrightarrow Fe(CO)_5$$

$$2CoCO_3 + 2H_2 + 8CO \longrightarrow Co_2(CO)_8 + 2CO_2 + 2H_2O$$

羰基配合物的熔点、沸点一般都比常见的相应金属化合物低,容易挥发,受热易分解为金属和一氧化碳,因此常用于分离或提纯金属。一般是先制成金属羰基配合物,然后使之挥发与杂质分离,最后使羰基配合物分解,得到很纯的金属。由此法可制得含碳很低的纯铁粉,用于制造磁铁心和催化剂。值得特别注意的是,羰基配合物有毒。吸入羰基配合物后,血红素便与 CO 相结合,并把胶态金属带到全身的器官,这种中毒很难治疗。所以,制备羰基配合物必须在与外界隔绝的密封容器中进行。

许多羰基配合物具有特殊的催化活性,如铑的多种羰基簇合物可使 CO 加氢生成醇,$Ir_4(CO)_{12}$能催化 CO 加氢生成甲烷等。

4. 其他重要配合物

向 Fe^{3+} 溶液中加入硫氰化钾 KSCN 或硫氰化铵 NH_4SCN，溶液立即呈现血红色。

$$Fe^{3+}+nSCN^- \longrightarrow [Fe(NCS)_n]^{3-n}$$

$n=1\sim6$，随 SCN^- 浓度而异。这是鉴定 Fe^{3+} 的灵敏反应之一，反应须在酸性介质中进行，否则 Fe^{3+} 会水解生成 $Fe(OH)_3$ 而破坏异硫氰合铁(Ⅲ)的配合物。

Co^{2+} 能与 SCN^- 形成蓝色的 $[Co(SCN)_4]^{2-}$，它在水中极不稳定(SCN^- 易被 H_2O 取代)，但在有机溶剂(丙酮或戊醇)中稳定，因此可用于鉴定 Co^{2+}。

Ni^{2+} 的异硫氰配合物 $[Ni(NCS)_4]^{2-}$ 无色，极不稳定。

Fe^{3+} 与 F^- 和 PO_4^{3-} 的配合物 $[FeF_6]^{3-}$ 和 $[Fe(PO_4)_2]^{3-}$ 常用于分析化学中对 Fe^{3+} 的掩蔽。例如，用 SCN^- 检验 Co^{2+} 时，若试样中含有 Fe^{3+}，其血红色将干扰 Co^{2+} 的检验。加入适量 F^- 使 Fe^{3+} 生成稳定的无色 $[FeF_6]^{3-}$，可消除 Fe^{3+} 对检验 Co^{2+} 的干扰。

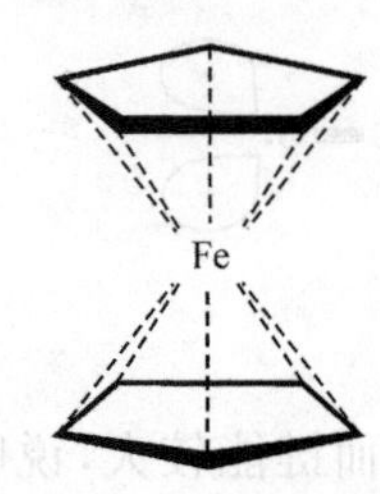

Fe
图 10-7　二茂铁

某些过渡金属还可以和烯烃、炔烃等不饱和烃生成配合物。例如，Fe(Ⅱ)与环戊二烯基生成化学式为 $Fe(C_5H_5)_2$ 的化合物，称为环戊二烯基铁(俗称二茂铁)，结构见图 10-7。这是一种夹心式结构的配合物。在 $C_5H_5^-$ 中的每个碳原子上都有一个未参与 σ 键的电子，这些电子占据与环的平面垂直的 p 轨道上。5 个 p 轨道肩并肩重叠形成离域的 π 轨道。Fe^{2+} 与 $C_5H_5^-$ 环之间的键是由茂环的 π 轨道与 Fe^{2+} 的空 d 轨道重叠形成的。二茂铁为橙黄色固体，熔点为 446 K，不溶于水，易溶于乙醚、苯、乙醇等有机溶剂中，373 K 即升华，是典型的共价化合物。它是燃料油的添加剂，用以提高燃烧的效率和去烟，它还可作导弹和卫星的涂料及高温润滑剂等。

Ni^{2+} 常与多齿配位体形成螯合物。例如，Ni^{2+} 与丁二酮肟(镍试剂)在稀氨水溶液中能形成二丁二酮肟合镍(Ⅱ)，它是一种鲜红色沉淀，是检验 Ni^{2+} 的特征反应(图 10-8)。反应的适宜 pH 是 5～10，太高有 $Ni(OH)_2$ 沉淀产生，太低则螯合物分解。Fe^{2+} 与镍试剂生成红色可溶性螯合物，加入 H_2O_2 将 Fe^{2+} 氧化为 Fe^{3+}，可消除干扰。螯合物中，Ni^{2+} 以 dsp^2 杂化轨道成键，Ni^{2+} 与配位的 4 个氮原子形成平面正方形的结构。

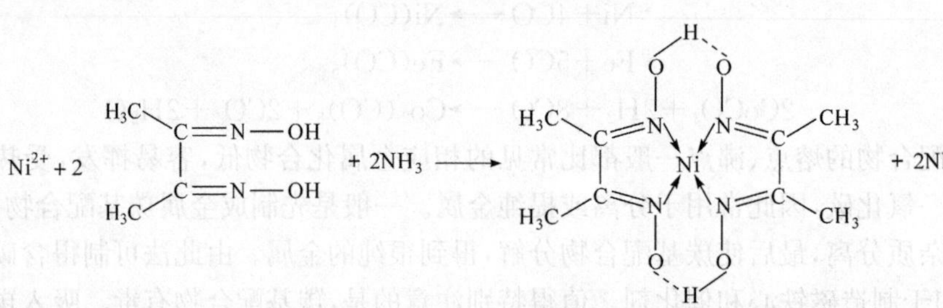

Ni2+ + 2
H3C
C=N—OH
C=N—OH
H3C
+ 2NH3
H
O
O
H3C
C
N
N
C
CH3
Ni
C
N
N
C
H3C
CH3
O
O
H
+ 2NH4+
图 10-8　Ni^{2+} 与丁二酮肟生成二丁二酮肟合镍(Ⅱ)

Fe^{2+} 的重要螯合物之一是血红蛋白，结构见图 10-9。中心离子为Fe(Ⅱ)，六个配位原子依八面体排布，其中五个配位原子是由螯合剂提供的氮原子，另一个配位原子是由水分子中的氧提供的,该水分子可与氧分子发生交换,从而起到输氧的作用。由于 CN^- 及 CO 对 Fe(Ⅱ)的配位能力比氧更强,因此人体一旦吸入 CN^- 或 CO 后,O_2 就不再与它们发生交换,导致人体中毒。

Co^{2+} 的重要螯合物是维生素 B_{12}。它是 Co(Ⅲ)的六配位配合物,其中 4 个配位 N 原子位于卟啉环,第 5 个配位 N 原子来自核糖核苷酸,第 6 个配位位置上是氰根。图 10-10 表示维生素 B_{12} 的基本结构,大环是咕啉(corrin)体系,它是卟啉体系的残基。维生素 B_{12} 是唯一已知的含有机金属离子的维生素。它参与蛋白质的合成,叶酸的储存及硫醇酶的活化等。其主要功能是促使红细胞成熟,如果没有它,血液中就会出现一种没有细胞核的巨红细胞,引起恶性贫血。它还用于治疗肝炎、肝硬化、多发性神经炎及银屑病等。

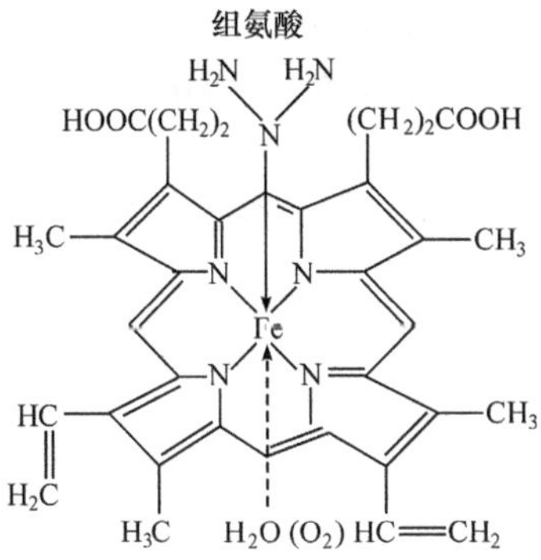

图 10-9 血红蛋白的结构

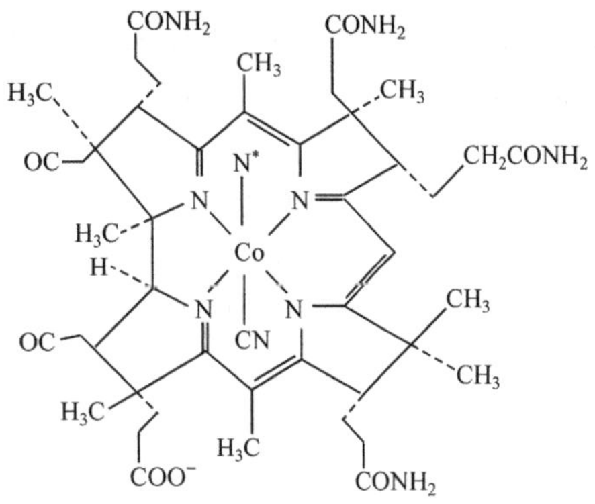

图 10-10 维生素 B_{12} 的基本结构

N* 是核糖核苷酸的氮原子

习 题

钛

1. 指出 TiO_2 分别与下列物质反应的产物。

   Ca　H_2SO_4　Al　$C+Cl_2$　NaOH　HF　C　$BaCO_3$

2. 给出合理的解释:

   (1) $TiCl_4$ 可用于制造烟幕。

   (2) Ti^{3+} 具有还原性。

   (3) Ti 易溶于 HF,难溶于 HNO_3 中。

   (4) 金属钛在低温下没有反应性。

   (5) Ca 与 Ti 是同一周期的邻近元素,Ti 的密度、熔点比 Ca 高。

   (6) Ca^{2+} 为无色,而 Ti^{2+} 为有色离子。

   (7) Ca 与 Ti 原子外层都是 $4s^2$,Ti 有+2、+3、+4 多种氧化态,而 Ca 只有+2 价态。

3. 金属钛有何宝贵的特性?基于这些特性的主要作用有哪些?

4. 以 TiO_2 为原料制取 $TiCl_4$ 的两种方法。写出有关反应方程式。

5. 完成并配平下列反应方程式:

   (1) $Ti+HF \longrightarrow$

(2) $TiO_2 + H_2SO_4 \longrightarrow$

(3) $TiCl_4 + H_2O \longrightarrow$

(4) $FeTiO_3 + H_2SO_4 \longrightarrow$

(5) $TiO_2 + BaCO_3 \longrightarrow$

(6) $TiO_2 + C + Cl_2 \longrightarrow$

(7) $Ti + HCl \longrightarrow$

6. 在敞开的容器中,被盐酸酸化了的三氯化钛紫色溶液会逐渐褪色。为什么?
7. 根据下列实验写出有关反应方程式:将一瓶 $TiCl_4$ 打开瓶塞时立即冒白烟,向瓶中加入浓 HCl 溶液和金属锌时生成紫色溶液,缓慢地加入 NaOH 溶液直至溶液呈碱性,于是出现紫色沉淀。沉淀过滤后,先用 HNO_3 处理,然后用稀碱溶液处理,生成白色沉淀。
8. 利用标准电极电势数据判断 H_2S、SO_2、$SnCl_2$ 和金属铝能否把 TiO^{2+} 还原成 Ti^{3+}。
9. 试说明$[Ti(H_2O)_6]^{2+}$、$[Ti(H_2O)_6]^{3+}$和$[Ti(H_2O)_6]^{4+}$中哪些离子不能在水溶液中存在。为什么?
10. 怎样鉴别 TiO^{2+} 和 Ti^{3+}?
11. (1) $[Ti(H_2O)_6]^{3+}$在约 490 nm 处显示一个较强吸收,试预测$[Ti(NH_3)_6]^{3+}$将吸收较长波长还是较短波长的光,为什么?

    (2) 已知$[TiCl_6]^{3-}$在 784 nm 处有一宽峰,这是由什么跃迁引起的?该配离子的 Δ_o 值为多少?

钒

1. 给出合理的解释:

   (1) VF_5 是已知的,而 VCl_5 不稳定。

   (2) 某些钒(V)的化合物,其离子虽为 d^0 结构,但却是有色的。

   (3) 钒是过渡元素,而磷是非金属,然而这两种元素有相似之处,请给予说明。

2. 已知 $E_A^\ominus$:$E^\ominus_{VO_2^+/VO^{2+}} = 1.0$ V;$E^\ominus_{VO^{2+}/V^{3+}} = 0.36$ V;$E^\ominus_{V^{3+}/V^{2+}} = -0.25$ V;$E^\ominus_{V^{2+}/V} = -1.2$ V;分别用 $1\ mol \cdot L^{-1}\ Fe^{2+}$、$1\ mol \cdot L^{-1}\ Sn^{2+}$ 和 Zn 还原 $1\ mol \cdot L^{-1}\ VO_2^+$ 时(在酸性溶液中),最终产物各是什么?
3. 完成并配平下列反应方程式:

   (1) $V_2O_5 + NaOH \longrightarrow$

   (2) $V_2O_5 + HCl(浓) \xrightarrow{\triangle}$

   (3) $VO_2^+ + Fe^{2+} + H^+ \longrightarrow$

   (4) $VO_2^+ + H_2C_2O_4 + H^+ \longrightarrow$

   (5) $V^{2+} + MnO_4^- + H^+ \longrightarrow$

   (6) $VO_2^+ + SO_3^{2-} + H^+ \longrightarrow$

   (7) $NH_4VO_3 \xrightarrow{\triangle}$

   (8) $NH_4VO_3 + H_2SO_4(浓) \xrightarrow{\triangle}$

4. 可溶性钒(V)的化合物在 $1\ mol \cdot L^{-1}$ 强酸,$0.1\ mol \cdot L^{-1}$ NaOH 和中性溶液中各以何种形式存在?各呈现什么颜色?
5. 一橙黄色固体钒的化合物 A,微溶于水,使蓝色石蕊试纸变红,在 A 中滴加 NaOH,A 完全溶解成为无色透明溶液 B,A 不溶于稀 H_2SO_4,但加浓 H_2SO_4 并加热,溶解成为淡黄色溶液 C。指出各字母符号代表的物质,写出有关反应方程式。以上事实可说明 A 的什么性质?
6. 写出钒的三种同多酸的化学式。

铬

1. 根据下列实验现象写出相应的化学反应方程式：

   (1) 往 $Cr_2(SO_4)_3$ 溶液中滴加 NaOH 溶液，先析出灰蓝色沉淀，后又溶解，再向所得的溶液中加入溴水，溶液由绿色变为黄色，用 H_2O_2 代替溴水也得到同样的结果。

   (2) 向黄色的 $BaCrO_4$ 沉淀中加入浓 HCl 得到一种绿色溶液。

   (3) 在酸性介质中，用锌还原 $Cr_2O_7^{2-}$ 时，溶液颜色由橙色经绿色而变成蓝色，放置时又变成绿色。

   (4) 把 H_2S 通入用 H_2SO_4 酸化的 $K_2Cr_2O_7$ 溶液中，溶液颜色由橙变绿，同时析出白色沉淀。

2. 实验室中常用的铬酸洗液如何配制？为什么它有去污能力？如何使用比较合理？失效时有何现象？

3. 为什么碱金属的重铬酸盐在水溶液中的 $pH<7$？

4. 溶液的 pH 怎样影响铬酸根离子、钼酸根离子和钨酸根离子的组成？

5. 如何分离下列离子？

   (1) Cr^{3+} 和 Al^{3+}　　(2) Cr^{3+}、Al^{3+} 和 Zn^{2+}

6. 在含有 Cl^- 和 CrO_4^{2-} 的混合溶液中逐滴加入 $AgNO_3$ 溶液，当$[Cl^-]$和$[CrO_4^{2-}]$均为 0.10 $mol\cdot L^{-1}$ 时，哪种离子先沉淀？当第二种离子沉淀时，第一种离子的浓度是多少？讨论 Ag_2CrO_4 可否作为 Ag^+ 滴定 Cl^- 时的指示剂。

7. $2CrO_4^{2-}+2H^+ = Cr_2O_7^{2-}+H_2O, K=10^{14}$。在起始浓度为 1 $mol\cdot L^{-1}$ 铬酸钾溶液中，pH 是多少时：

   (1) 铬酸根离子和重铬酸根离子浓度相等？

   (2) 铬酸根离子的浓度占 99%？

   (3) 重铬酸根离子的浓度占 99%？

8. 把重铬酸钾溶液和硝酸银混合，析出什么沉淀？

9. 铬的某化合物 A 是橙红色溶于水的固体，将 A 用浓 HCl 处理产生黄绿色刺激气体 B 和生成暗绿色溶液 C，在 C 中加入 KOH 溶液，先生成灰蓝色沉淀 D，继续加入过量的 KOH 溶液，则沉淀溶解，变成绿色溶液 E。在 E 中加入 H_2O_2，加热则生成黄色溶液 F，F 用稀酸酸化，又变成原来的化合物 A 的溶液。A～F 各是什么？写出各步变化的反应式。

10. 如何由铬铁矿和硝酸铅制备铬黄染料($PbCrO_4$)？试设计实验方案并写出反应方程式。

11. 写出从钨锰矿制备金属钨粉的整个过程。

12. 写出下列反应方程式：

    (1) 制备无水氯化铬。

    (2) 制备 CrO_3。

    (3) 在 Fe^{2+} 的水溶液中加入酸性的重铬酸根离子溶液。

    (4) 在酸性 $Cr_2O_7^{2-}$ 的溶液中加入 H_2O_2 和乙醚。

    (5) 加热重铬酸铵固体。

    (6) $K_2Cr_2O_7+H_2SO_4$(浓)$\longrightarrow$

    (7) $K_2Cr_2O_7+HCl$(浓)$\longrightarrow$

13. 用最简便的方法完成下列转变：

$$Cr^{2+}\longrightarrow Cr^{3+}\longrightarrow CrO_2^-\longrightarrow CrO_4^{2-}\longrightarrow Cr_2O_7^{2-}$$

14. 说明下列物质的制备、性质和用途：

    (1) $K_2Cr_2O_7$　　(2) K_2CrO_4　　(3) Cr_2O_3

15. 在 $K_2Cr_2O_7$ 的饱和溶液中加入浓 H_2SO_4，并加热到 200 ℃时，发现溶液的颜色变为蓝绿色，检查反应开始时，并无任何还原剂存在，试说明上述变化的原因。

16. 解释下列现象，并写出有关反应的离子方程式：酸化 K_2CrO_4 溶液，溶液由黄色变成橙色，加入 Na_2S

于溶液时，溶液变成绿色；继续加入 Na_2S 溶液时出现灰绿色沉淀。

17. 讨论氢离子浓度对 $2CrO_4^{2-}+2H^+ \rightleftharpoons Cr_2O_7^{2-}+H_2O$ 平衡移动的影响。为什么在 $K_2Cr_2O_7$ 溶液加入 Pb^{2+} 会生成黄色的 $PbCrO_4$ 沉淀？
18. 用浓 HCl 和 H_2SO_4 分别酸化铬酸钠的溶液，产物应该是什么？写出反应方程式。
19. 在浓度分别为 0.020 mol·L^{-1} Cr^{2+} 和 0.030 mol·L^{-1} Pb^{2+} 的混合液中，如何控制酸度（用 pH 表示）以氢氧化物的沉淀形式加以分离[$K^{\ominus}_{sp,Cr(OH)_3}=1.2\times10^{-15}$，$K^{\ominus}_{sp,Pb(OH)_2}=2.6\times10^{-31}$]？
20. 设有一液体含有 0.10 mol·L^{-1} Ba^{2+} 及 0.10 mol·L^{-1} Sr^{2+}，如欲借 K_2CrO_4 试剂使两种离子分离（设残留在溶液中的正离子浓度为 1.0×10^{-5} mol·L^{-1}），CrO_4^{2-} 浓度应控制在何种范围（$K^{\ominus}_{sp,BaCrO_4}=1.6\times10^{-10}$，$K^{\ominus}_{sp,SrCrO_4}=3.5\times10^{-5}$）？
21. 计算说明：为什么在碱性介质中 H_2O_2 能将 $Cr_2O_7^{2-}$ 氧化为 CrO_4^{2-}，在酸性介质中 H_2O_2 能将 $Cr_2O_7^{2-}$ 还原为 Cr^{3+}。
22. 电镀废水中 Cr(Ⅵ)的毒性极高，必须设法变成毒性较小的 Cr(Ⅲ)的沉淀物再进行回收处理。能否利用工厂排出的废弃物来进行以废治废？举例加以说明，并写出有关的反应方程式。
23. 用锌还原 $Cr_2O_7^{2-}$ 时，溶液颜色由橙色经绿色而变成蓝色，放置时又变成绿色。

    (1) 根据上述实验现象写出相应的化学反应方程式。

    (2) 对最后一步"放置时又变为绿色"，目前有两种观点：一种认为是空气中 O_2 引起的；另一种认为是水中的 H^+ 引起的。请利用有关标准电极电势的数据评论这些观点，并作出选择。

锰

1. 以二氧化锰为原料制备下列化合物：

    (1) 硫酸锰　　(2) 锰酸钾　　(3) 高锰酸钾
2. 解释下列现象：

    (1) 为什么标准的高锰酸钾溶液要保存在棕色瓶中？

    (2) 为什么不能用碱熔法从 MnO_2 直接制得 $KMnO_4$？

    (3) 通 SO_2 于 $KMnO_4$ 溶液中，先出现棕色沉淀；继续通 SO_2 使沉淀溶解后，溶液几乎为无色。
3. 根据下列电势图：

$$MnO_4^- \xrightarrow{1.69\text{ V}} MnO_2 \xrightarrow{1.23\text{ V}} Mn^{2+} \qquad IO_3^- \xrightarrow{1.19\text{ V}} I_2 \xrightarrow{0.535\text{ V}} I^-$$

    写出当溶液的 pH=0 时，在下列条件下，高锰酸钾和碘化钾反应的方程式，并加以讨论：

    (1) 碘化钾过量。

    (2) 高锰酸钾过量。
4. 棕黑色粉末状物 A，不溶于水，不溶于稀 HCl，但溶于浓 HCl，生成浅粉红色溶液 B 及气体 C，将 C 赶净后，加入 NaOH，生成白色沉淀 D，振荡 D 渐渐又转变为 A，将 A 加入 $KClO_3$，浓碱并加热得到绿色溶液 E，加入少量酸，绿色随即褪掉，变为紫色溶液 F，还有少量 A 沉淀出来。经分离后，在 F 中加入酸化的 Na_2SO_3，紫色褪掉变为 B。加入少量 $NaBiO_3$ 固体及 HNO_3，振荡并离心沉淀，又得到紫色溶液 F。确定各字母符号代表的物质，写出反应方程式。
5. 完成并配平下列反应方程式：

    (1) $PbO_2+Mn^{2+}+H^+ \longrightarrow$

    (2) $NaBiO_3+Mn^{2+}+H^+ \longrightarrow$

    (3) $MnO_4^-+Cl^-+H^+ \longrightarrow$

    (4) $MnO_4^{2-}+SO_3^{2-} \longrightarrow$

    (5) $MnO_4^{2-}+H_2O \longrightarrow$

(6) $MnO_4^- + Fe^{2+} + H^+ \longrightarrow$

(7) $MnO_4^- + H_2S + H^+ \longrightarrow$

(8) $MnO_4^- + Mn^{2+} \longrightarrow$

6. 在酸性溶液中，当过量的 Na_2SO_3 与 MnO_4^- 反应，为什么 MnO_4^- 总是被还原为 Mn^{2+} 而不能得到 MnO_4^{2-}、MnO_2 或 Mn^{3+}？

7. 已知下列电对值：$E^\ominus_{Mn^{3+}/Mn^{2+}} = 1.51\ V$；$E^\ominus_{[Mn(CN)_6]^{3-}/[Mn(CN)_6]^{4-}} = -0.233\ V$。通过计算说明锰的这两种氰合配离子的 $K_稳$ 哪个较大。

8. 已知下列配合物的磁矩：

	$[Mn(C_2O_4)_3]^{3-}$	$[Mn(CN)_6]^{3-}$
μ/(B. M.)	4.9	2.8

试回答：(1) 中心离子的价层电子对分布；(2) 中心离子的配位数；(3) 估计哪种配合物较稳定？

9. 计算在下列情况下能否生成 $Mn(OH)_2$ 沉淀：

(1) 10.0 mL 0.0015 mol・L^{-1} $MnSO_4$ 溶液加 5.0 mL 0.15 mol・L^{-1} $NH_3 \cdot H_2O$ 溶液。

(2) 在 100 mL 0.20 mol・L^{-1} $MnCl_2$ 溶液中加入等体积含 NH_4Cl 的 0.010 mol・L^{-1} $NH_3 \cdot H_2O$ 溶液，计算不生成 $Mn(OH)_2$ 沉淀所需 NH_4Cl 的质量。

铁、钴、镍

1. 完成并配平下列反应方程式：

(1) $Co(OH)_2 + H_2O_2 \longrightarrow$

(2) $Ni(OH)_2 + Br_2 + OH^- \longrightarrow$

(3) $FeCl_3 + NaF \longrightarrow$

(4) $FeCl_3 + H_2S \xrightarrow{(H^+)}$

(5) $FeCl_3 + KI \longrightarrow$

(6) $Co_2O_3 + HCl \longrightarrow$

(7) $Fe(OH)_3 + KClO_3 + KOH \xrightarrow{\triangle}$

(8) $K_4Co(CN)_6 + O_2 + H_2O \longrightarrow$

(9) $K_2FeO_4 + NH_3 + H_2O \longrightarrow$

2. 回答下列问题：

(1) 在 Fe^{3+} 的溶液中加入 KNCS 溶液时出现了血红色，但加入少许铁粉后，血红色立即消失。

(2) 在配制的 $FeSO_4$ 溶液中为什么需加一些金属铁？

(3) 为什么不能在水溶液中由 Fe^{3+} 盐和 KI 制得 FeI_3？

(4) 当 Na_2CO_3 溶液作用于 $FeCl_3$ 溶液时为什么得到的是氢氧化铁，而不是 $Fe_2(CO_3)_3$？

(5) 变色硅胶含有什么成分？为什么干燥时呈蓝色，吸水后变粉红色？

(6) 为什么 $[CoF_6]^{3-}$ 为顺磁性，而 $[Co(CN)_6]^{3-}$ 为抗磁性？

(7) 为什么 $[Fe(CN)_6]^{3-}$ 为低自旋，而 $[FeF_6]^{3-}$ 为高自旋？

(8) 为什么 $[Co(H_2O)_6]^{3+}$ 的稳定性比 $[Co(NH_3)_6]^{3+}$ 低得多(用晶体场理论解释)？

(9) 为什么将 FeO 溶解在酸化的 H_2O_2 溶液中，与此同时会从溶液中放出氧气？

3. 用反应式说明下列实验现象：

向含有 Fe^{2+} 的溶液中加入 NaOH 溶液后生成的白绿色沉淀逐渐变棕红色。过滤后，用盐酸溶解棕色沉淀，溶液呈黄色。加上几滴 KNCS 溶液，立即变血红色，通入 SO_2 时红色消失，滴加 $KMnO_4$ 溶液，其紫色会褪去，最后加入黄血盐溶液时，生成蓝色沉淀。

4. 指出下列实验现象，并写出反应式：

(1) 用浓盐酸处理 $Fe(OH)_3$、$Co(OH)_3$ 和 $Ni(OH)_3$。

(2) 在 $FeSO_4$、$CoSO_4$ 和 $NiSO_4$ 溶液中加入氨水。

5. 如何鉴别 Fe^{3+}、Fe^{2+}、Co^{2+} 和 Ni^{2+}？

6. 已知$[Co(NH_3)_6]Cl_x$ 是反磁性的，而$[Co(NH_3)_6]Cl_y$ 是顺磁性的。试判断这些化合物中钴的氧化态。x、y 的值为多少？

7. 金属 M 溶于稀盐酸时生成 MCl_2，其磁性为 5.0B. M.。在无氧操作条件下，MCl_2 溶液遇 NaOH 溶液，生成一白色沉淀 A。A 接触空气就逐渐变绿，最后变成棕色沉淀 B，灼烧时生成了棕红色粉末 C。C 经不彻底还原而生成了铁磁性的黑色物 D。B 溶于稀盐酸生成溶液 E，使 KI 溶液氧化成 I_2，但在加入 KI 前先加入 NaF，则 KI 将不被 E 所氧化。若向 B 的浓 NaOH 悬浮液中通入 Cl_2 气时可得到一紫红色溶液 F，加入 $BaCl_2$ 时就会沉淀出红棕色固体 G，G 是一种强氧化剂。试确认各字母符号所代表的化合物，并写出反应方程式。

8. 有一配位化合物是由 Co^{3+}、NH_3 分子和 Cl^- 所组成，从 11.67 g 该配位化合物中沉淀出 Cl^-，需要 8.5 g $AgNO_3$，又分解同样量的该配位化合物可得到 4.48 L 氨气(标准状态下)。已知该配位化合物的相对分子质量为 233.3，求它的化学式，并指出其内界、外界的组成。

9. 试从热力学观点出发推测下列配离子哪个毒性最大：$[Cr(CN)_6]^{3-}$、$[Fe(CN)_6]^{3-}$ 和$[Fe(CN)_6]^{4-}$。

10. 在 $0.1\ mol \cdot L^{-1}\ Fe^{3+}$ 溶液中加入足量的铜屑，室温下反应达到平衡，求 Fe^{2+}、Fe^{3+} 和 Cu^{2+} 的浓度。

11. $[Co(NH_3)_6]^{3+}$ 和 Cl^- 能共存于同一溶液中，而$[Co(H_2O)_6]^{3+}$ 和 Cl^- 却不能共存于同一溶液中，请根据有关数据给予解释(指氧化还原稳定性)。

12. 用反应方程式表示下列实验现象：

(1) 在血红色的 $Fe(CNS)_3$ 溶液中加入 $ZnCl_2$ 溶液无变化，加入 $SnCl_2$ 溶液血红色褪去。

(2) 用 NH_4SCN 溶液检出 Co^{2+} 时，加入 NH_4F 可消除 Fe^{3+} 的干扰。

(3) Fe^{2+} 溶液加入 NO_2^- 形成棕黑色溶液(保持酸性介质且 Fe^{2+} 过量)。

13. 如何分离 Ni^{2+} 与 Mn^{2+}？如何鉴别它们？

14. 含有 $ZnSO_4$ 109 g · L^{-1}的溶液，其主要杂质 Fe^{3+} 的含量为 0.056 g · L^{-1}，若以$Fe(OH)_3$形式沉淀除去，溶液的 pH 应控制在何范围$[K_{sp,Fe(OH)_3}=1.1\times10^{-36}$，$K_{sp,Zn(OH)_2}=1.8\times10^{-14}]$？

15. 通过计算说明：

(1) 为什么可用 $FeCl_3$ 溶液腐蚀印刷电路铜板？

(2) 为什么 HNO_3 与铁反应得到的是 $Fe^{3+}(aq)$而不是 $Fe^{2+}(aq)$？

16. Fe^{3+} 在水解过程中将生成哪些产物？加热对 Fe^{3+} 的水解有何作用？

17. 蒸发氯化铁溶液能否得到无水氯化铁固体？为什么？蒸干后的产物可能是什么？

18. 有两个化合物的分子式都是 $CoBr(SO_4)(NH_3)_5$。一个是红色的化合物，将它溶于水在所得溶液中加入 $AgNO_3$ 溶液时产生 AgBr 沉淀，但加入 $BaCl_2$ 时则没有沉淀生成。另一个是紫色的化合物，与 $BaCl_2$ 产生沉淀但与 $AgNO_3$ 不生成沉淀。根据上述实验现象：(1) 确定这两个化合物的结构式；(2) 命名这两个化合物。

19. Fe^{3+} 与 SCN^- 可形成一种血红色的配合物。Fe^{3+} 与 SCN^- 中的哪一端配位会更加稳定？用什么实验手段来确证？

20. 研究表明用高铁酸盐作消毒饮用水优于氯气，有可能成为氯源消毒和净水剂的替代品。简述用高铁酸盐作消毒饮用水的基本原理。

21. $FeCl_3$ 的蒸气中存在双聚分子，画出它的结构式，确定其杂化类型。$FeCl_3$ 易溶于有机溶剂的原因是什么？

22. 某过渡金属氧化物 A 溶于浓 HCl 后得溶液 B 和气体 C。C 通入 KI 溶液后用 CCl_4 萃取生成物，CCl_4 层出现紫红色。B 加入 KOH 溶液后析出粉红色沉淀。B 遇过量氨水时得不到沉淀。B 加入 KSCN 时生成蓝色溶液。试判断 A 是什么氧化物。

第 11 章　过渡元素(二)

学习要点

(1) 理解过渡元素的结构特点与元素氧化态、配位性、催化性、颜色等性质相关联。

(2) 了解铂系元素的特性(如催化性能,化学惰性)。

(3) 了解低氧化态化合物的组成、特性及应用。

(4) 了解锆与铪、铌与钽、锝与铼,与同族元素进行类比,找出变化的趋势。

过渡元素(二)是指周期表中ⅣB～Ⅷ族的五、六周期元素(它们均属第二、三过渡系元素),包括锆、铌、钼、锝、钌、铑、钯、铪、钽、钨、铼、锇、铱、铂,其中锝是放射性元素。它们都是稀有金属。

与第一过渡系金属相比,同族中第二、三过渡系金属因受镧系收缩效应的影响,其原子或离子半径很接近,化学性质相似并在自然界共生。第二、三过渡系元素的化学性质不如第一过渡系的活泼,高氧化态物质较稳定。例如,MoO_4^{2-}、WO_4^{2-}、TeO_4^-、ReO_4^- 很稳定,而与之相应的第一过渡系的 CrO_4^{2-}、MnO_4^- 却为强氧化剂;第二、三过渡系元素能形成最高氧化态化合物,如 RuO_4、OsO_4 等。又如,W 和 Pt 能形成 WCl_6、$PtCl_6$,而相应的第一过渡系元素则不能形成类似的化合物;易形成高配位数化合物,且低自旋态居多;配合物中四配位的化合物较少见,六配位的最常见,还存在 7、8、9 等更高的配位化合物;在一般情况下,较易形成 M—M 键化合物及多聚物或簇合物。第二、三过渡系金属比第一过渡系金属熔点、沸点高,硬度大,这是由于 4d、5d 轨道参与成键的能力增强。下面分别介绍 Zr - Hf、Nb - Ta、Mo - W、Re 和铂系元素。

11.1　锆　和　铪

由于镧系收缩的影响,锆和铪的原子半径及离子半径几乎相等,造成锆和铪的化学性质的相似性超过了任何同类的一对元素,分离它们非常困难。锆和铪的外观似钢而有光泽的金属(比钛软)。锆粉加热到 473 K 即开始燃烧,是良好的脱氧剂,主要用于原子反应堆的铀棒外套真空中作除氧剂。Zr 与 Hf 的元素电势图如下:

$$E_A^\ominus/V \qquad Zr^{4+} \xrightarrow{-1.53} Zr \qquad\qquad Hf^{4+} \xrightarrow{-1.70} Hf$$

$$E_B^\ominus/V \qquad ZrO(OH)_2 \xrightarrow{-2.63} Zr \qquad\qquad HfO(OH)_2 \xrightarrow{-2.50} Hf$$

锆、铪在化合物中主要呈+4氧化态，由于属 d^0 结构，它们的盐几乎都是无色的。它们的化合物中，以氧化物、卤化物、卤素配合物和 ZrC 较为重要。

ZrO_2 为白色粉末。它具有熔点和沸点高，硬度大，不溶于水，能溶于酸的特性；经高温处理后则除氢氟酸外不与其他酸作用。常温下为绝缘体，而高温下则具有导电性等优良性能。研究发现 ZrO_2 对紫外线和红外线的反射率高于 TiO_2 且密度较大。ZrO_2 是一种耐高温、耐磨损、耐腐蚀的无机非金属材料。ZrO_2 除传统应用于耐火材料和陶瓷颜料外，其在电子陶瓷、功能陶瓷和结构陶瓷等高科技领域有着广泛应用。ZrO_2 在电子陶瓷中的应用主要有压电元件，在功能陶瓷中有气体传感器如氧气分析仪和钢液测氧探头等。

$ZrO_2 \cdot xH_2O$ 有微弱的两性，它的碱性比 $TiO_2 \cdot xH_2O$ 强。它和强碱共熔时生成晶状的偏锆酸盐 $M_2^IZrO_3$ 和锆酸盐 $M_4^IZrO_4$。这些盐能水解生成水合二氧化锆。

$ZrCl_4$ 为白色晶体粉末，在 604 K 升华，密度为 2.8 g·cm^{-3}，在潮湿空气中产生盐酸烟雾，遇水剧烈水解。

$$ZrCl_4 + 9H_2O = ZrOCl_2 \cdot 8H_2O + 2HCl$$

此为部分水解，所得产物是水合氯化锆酰，难溶于冷盐酸中，但能溶于水。从溶液中结晶析出的是四方形晶体或针状晶体的 $ZrOCl_2 \cdot 8H_2O$，这可用于锆的鉴定和提纯。它可用作纺织品防水剂、防汗剂和防臭剂。

ZrF_4 为几乎不溶于水的无色晶体，与碱金属氟化物能生成 $M_2^IZrF_6$ 型配合物。其中最重要的为 $K_2[ZrF_6]$，它在热水中的溶解度比在冷水中大得多，化学性质稳定。在冶炼中利用 $K_2[ZrF_6]$ 的可溶性，将锆英石 $ZrSiO_4$ 与氟硅酸钾烧结，以氯化钾为填充剂，在 923～973 K发生下列反应：

$$ZrSiO_4 + K_2SiF_6 \longrightarrow K_2[ZrF_6] + 2SiO_2$$

用溶质的质量分数为 1%的盐酸在 358 K 左右进行沥取，沥取液冷却后便结晶析出氟锆酸钾。

六氟合锆酸铵 $(NH_4)_2[ZrF_6]$ 在稍加热下分解，释出 NH_3 和 HF，留下四氟化锆。

$$(NH_4)_2[ZrF_6] \longrightarrow ZrF_4 + 2NH_3\uparrow + 2HF\uparrow$$

ZrF_4 在 873 K 开始升华，利用这一特性可把锆与铁及其他杂质分离。也可利用锆和铪的含氟配合物的溶解度差别来分离锆和铪。

ZrC 是一种优良的金属陶瓷材料。ZrO_2 用碳热还原法和在氢气气氛中 $ZrCl_4$ 用烃还原的气相沉淀法均可制得 ZrC，后者是制造超细粉的方法之一。

11.2 铌 和 钽

铌和钽外形似铂，都是高熔点的很硬的稀有分散金属，二者的化学性质均不活泼，尤其是钽，不但和空气、水无作用，且能抵抗除氢氟酸以外的所有无机酸包括王水的腐蚀；但能溶于 HF－HNO_3 中。浓碱或熔碱能腐蚀它们。高温时它们能和 O_2、F_2、Cl_2、S、N_2、C 等非金属作用。

铌用于铬镍不锈钢中。钽主要用于耐酸的化工设备和修复骨折的各种器材，也用于电真空设备中作受热部件(因熔点高，能吸收气体)。

铌和钽化学行为也非常相似。与钒不同，它们基本上不形成简单阳离子，但可形成许多氧化态为+2、+3、+4和+5的化合物，其中以氧化物、含氧酸盐、卤化物及卤素配合物较重要。在较低的氧化态中形成非常大量的金属原子簇化合物。

铌、钽在空气中加热时生成白色的 Nb_2O_5 和 Ta_2O_5，但后者更稳定，甚至熔化时也不分解，而且不被 H_2 还原。

将 M_2O_5 同 NaOH 共熔则生成偏铌酸钠($NaNbO_3$)或钽酸钠(Na_3TaO_4)。这些含氧酸盐溶液用硫酸酸化时，析出白色胶状的 $M_2O_5 \cdot xH_2O$ 沉淀，通常称为铌酸或钽酸。铌酸盐和钽酸盐溶液中发现同多酸根离子 $[M_6O_{19}]^{8-}$，说明它们与钒酸盐类似也发生多聚现象。

常见的卤化物有氯化物和氟化物。将铌或钽在氯气中加热，或 M_2O_5 同过量的 CCl_4 在隔绝空气的条件下加热，可得 $NbCl_5$ 和 $TaCl_5$。MCl_5 在固态时是双聚分子(图11-1)。$NbCl_5$ 在空气中加热分解为 $NbOCl_3$，它易水解生成 $Nb_2O_5 \cdot xH_2O$ 沉淀。

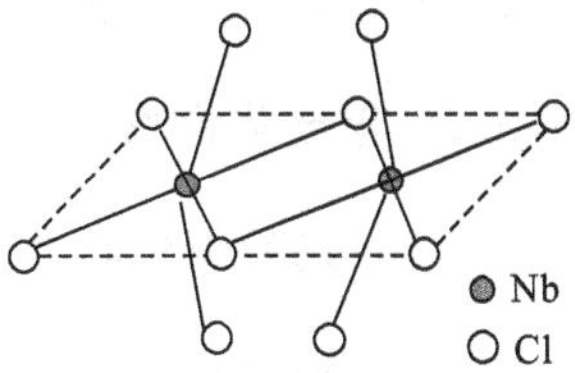

$$2NbOCl_3 + (x+3)H_2O \longrightarrow Nb_2O_5 \cdot xH_2O + 6HCl$$

图11-1　$NbCl_5$ 固体的双核结构

MX_5 中除 MF_5 为白色外，其他卤化物是黄色、棕色或紫色，这些颜色是由电荷转移光谱产生的。铌、钽的 MF_5 能同HF作用生成八面体的配离子 MF_6^- 或 $[NbOF_5]^{2-}$，当HF的浓度高时能生成七配位的 $[MF_7]^{2-}$(加冠三角棱柱)或八配位的 $[TaF_8]^{3-}$(正方反棱柱)，而Nb则生成 $[NbOF_6]^{3-}$(在八面体的一个面上有一个额外的氟原子)。K_2TaF_7 的溶解度比 M_2NbOF_5 溶解度小得多，利用它们性质上的差异可进行分离。

11.3　钼　和　钨

Mo与W属ⅥB族元素，它们的价电子构型分别为 $4d^55s^1$ 与 $5d^46s^2$。它们的最高氧化态为+6，若原子中的部分d电子参加成键，还有+5、+4、+3、+2氧化态，但以+6氧化态最稳定。钼和钨是我国的丰产元素，其储量占世界首位。最重要的矿物是辉钼矿(MoS_2)、黑钨矿[(Fe,Mn)WO_4]和白钨矿($CaWO_4$)。它们的元素电势图如下：

$$E_A^\ominus/V\quad H_2MoO_4 \xrightarrow{(0.4)} MoO_2^+ \xrightarrow{(0.0)} Mo^{3+} \xrightarrow{-0.2} Mo \qquad (H_2MoO_4 \rightarrow Mo:\ (0.0))$$

$$WO_3 \xrightarrow{-0.03} W_2O_5 \xrightarrow{-0.04} WO_2 \xrightarrow{-0.15} W^{3+} \xrightarrow{-0.11} W \qquad (WO_2 \rightarrow W:\ -0.12;\ WO_3 \rightarrow W:\ -0.09)$$

$$E_B^\ominus/V\quad MoO_4^{2-} \xrightarrow{-1.4} MoO_2 \xrightarrow{-0.87} Mo \qquad (MoO_4^{2-} \rightarrow Mo:\ -1.05)$$

$$WO_4^{2-} \xrightarrow{-1.05} W$$

11.3.1　性质和用途

钼、钨粉状时为深灰色，块状时为银白色金属。本族在过渡金属中熔点均最高，硬度也很大，而钨是熔点最高的金属[(3683±20)K]。通过还原它们的氧化物可获得钼和钨。

在常温下，钼和钨对于空气和水都是稳定的。在高温下，钼和钨都能与活泼的非金属元素反应，与C、N、B也能形成化合物。钼与稀酸和浓盐酸都不起作用，但与浓硝酸、热浓硫酸以及王水作用。而钨只能缓慢溶于王水或 HNO_3-HF 混合酸中。强碱液和熔融碱都不和 Mo、W 反应，与 KNO_3、$KClO_3$、Na_2O_2 共熔时生成相应的含氧酸盐。Mo 与 W 的差异要比 Zr 与 Hf、Nb 与 Ta 之间的差异显著，因而易于分离。

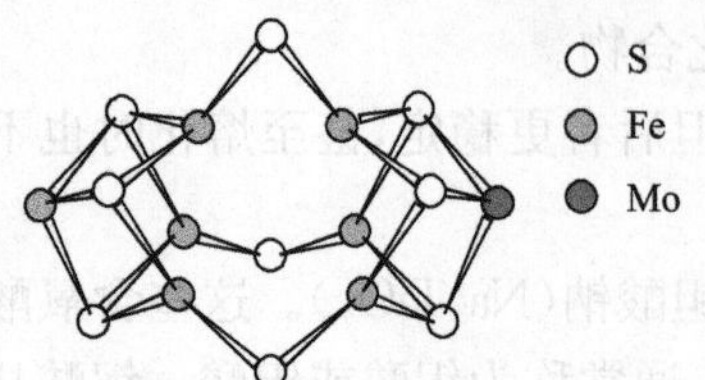

图 11-2　由 X 射线晶体学测定的固氮酶的 FeMo-辅酶的结构

钼与钨主要用于冶炼特种合金钢。钼钢用于制炮身、坦克、轮船甲板、涡轮机等。钨多用于冶炼高速切削钢。它们还用于电灯丝和其他无线电器材。钼是生命必需的微量元素，固氮酶是含钼酶的一种(图 11-2)。许多钼的化合物用作催化剂。

11.3.2　重要化合物

1. 钼、钨的氧化物

MoO_3 和 WO_3 都可用金属在空气中加热制取或以辉钼矿(MoS_2)、钨锰铁矿[$(Fe,Mn)WO_4$]和白钨矿($CaWO_4$)为原料来提取。部分制备过程如下：

$$MoS_2 \xrightarrow[\text{煅烧}]{\text{空气中}} MoO_3 \xrightarrow[\text{浸取}]{NH_3\cdot H_2O} (NH_4)_2MoO_4 \xrightarrow[\text{酸化}]{HCl} MoO_3\cdot nH_2O \xrightarrow[\text{分解}]{\triangle} MoO_3$$

$$(Fe,Mn)WO_4 \xrightarrow[\text{熔融}]{Na_2CO_3+O_2} Na_2WO_4(Fe_2O_3, Mn_3O_4, CO_2) \xrightarrow{\text{水浸取分离}}$$

$$Na_2WO_4\ \text{溶液} \xrightarrow[\text{酸化}]{HCl} WO_3\cdot nH_2O \xrightarrow{\triangle} WO_3$$

MoO_3 是白色固体，加热时变为黄色；WO_3 是深黄色，加热时变为橙黄色。这可能是缺陷所致。MoO_3 用作制取金属钼及钼化合物的原料和石油工业中作催化剂等。WO_3 用于硬质合金的原料和钨化合物及钨催化剂的制造等。纳米 WO_3 薄膜具有电致变色性能，即通过在 WO_3 上加电流会产生着色、褪色现象。

MoO_3 和 WO_3 都是酸性氧化物，难溶于水，但可溶于氨水和强碱溶液，生成相应的含氧酸盐。

$$MoO_3+2NH_3\cdot H_2O \longrightarrow (NH_4)_2MoO_4+H_2O$$

$$WO_3+2NaOH \longrightarrow Na_2WO_4+H_2O$$

将 MoO_3 和 WO_3 的悬浮液或 MoO_4^{2-} 盐和 WO_4^{2-} 盐的酸性溶液进行温和还原(如用 $SnCl_2$，SO_2，N_2H_4，H_2S 等还原剂)，则显出蓝色，称为“钼蓝”或“钨蓝”。它们是一种含有—OH 基团的+5 和+6 价钼或钨的混合价氧化物 WO_3。例如，“钨蓝”的组成可能为 $WO_{2.67}(OH)_{0.33}$，属于非化学计量的同素异价化合物的范畴。利用钨蓝的生成可以鉴定钨。

2. 钼酸和钨酸及其简单盐

MoO_3 和 WO_3 溶于强碱溶液时，能得到简单的钼酸盐和钨酸盐的结晶，其化学式分别为 $M_2^IMoO_4$ 和 $M_2^IWO_4$，不论在溶液或晶体中，MoO_4^{2-} 和 WO_4^{2-} 都是四面体结构。只有碱金属、铵、铍、镁、铊(Ⅰ)的简单钼酸盐和钨酸盐可溶于水，其他金属的盐难溶于水。最重要的易溶盐为钠盐和铵盐。难溶盐中 $PbMoO_4$ 可用于钼的重量分析测定。

将钼酸盐或钨酸盐溶液酸化，随 pH 的减小，MoO_4^{2-} 和 WO_4^{2-} 逐渐缩合成多钼酸盐和多钨酸盐；最后当 pH<1 时，析出黄色的二水合氧化钼 $MoO_3 \cdot 2H_2O$ 和白色的二水合氧化钨 $WO_3 \cdot 2H_2O$ 的沉淀。从热溶液中析出的是一水合物 $MoO_3 \cdot H_2O$ 和 $WO_3 \cdot H_2O$。这些水合物称为钼酸和钨酸，一般简写为 H_2MoO_4 和 H_2WO_4。

与铬酸盐相比，钼酸盐和钨酸盐的一个特点是氧化性很弱，这可从元素电势图明显看出。在酸性溶液中，只能用强还原剂才能将 H_2MoO_4 还原到 Mo^{3+}。例如，在 $(NH_4)_2MoO_4$ 的浓盐酸溶液中，用金属锌还原时，溶液最初显蓝色（可能是+6 和+5 的混合氧化物），然后还原为绿色的 $MoCl_5$，最后生成棕色的 $MoCl_3$。

$$2(NH_4)_2MoO_4 + 3Zn + 16HCl \longrightarrow 2MoCl_3 + 3ZnCl_2 + 4NH_4Cl + 8H_2O$$

而钨酸盐在相同反应中仅得到蓝色溶液——钨蓝，说明 W(Ⅵ)比 Mo(Ⅵ)更不容易还原到低价态。

3. 钼、钨的同多酸和杂多酸及其盐

钼、钨及许多其他元素不仅形成简单含氧酸，而且在一定条件下它们还能缩水形成同多酸及杂多酸。这是钼、钨化学的一个突出特点。

由两个或多个同种简单含氧酸分子缩合而成的酸称为同多酸。能够形成同多酸的元素有 V、Cr、Mo、W、Nd、Ta、U、B、Si、P 等。

同多酸根阴离子的形成和溶液的 pH 有密切关系，一般 pH 越小，缩合度越大。将三氧化钼的氨水溶液酸化，降低 pH，当 pH 降到大约为 6 时，生成 $Mo_7O_{24}^{6-}$。

$$7MoO_4^{2-} + 8H^+ \longrightarrow Mo_7O_{24}^{6-} + 4H_2O$$

可以得到仲钼酸铵[$(NH_4)_6Mo_7O_{24} \cdot 4H_2O$]，它是实验室里常用的试剂，也是一种微量元素肥料。将溶液稍微酸化，则形成八钼酸根离子($Mo_8O_{26}^{4-}$)。

多钨酸阴离子中较重要的有 $HW_6O_{21}^{5-}$ 和 $W_{12}O_{41}^{10-}$。

由两种不同含氧酸分子缩合而成的酸称为杂多酸。将含有钼酸盐(或钨酸盐)的溶液和另一种含氧酸盐溶液混合，酸化并加热，可制得钼(或钨)的杂多酸盐。例如，将 $(NH_4)_2MoO_4$ 溶液用硝酸酸化并加热至 323 K 左右，加入 Na_2HPO_4 溶液，可生成 12-钼磷酸铵的黄色晶状沉淀。

$$12MoO_4^{2-} + 3NH_4^+ + HPO_4^{2-} + 23H^+ \longrightarrow (NH_4)_3[P(Mo_3O_{10})_4] \cdot 6H_2O \downarrow + 6H_2O$$

这一反应常用来检验溶液中是否存在 MoO_4^{2-} 或 PO_4^{3-}。

钼、钨的多酸根阴离子的基本结构单元是八面体形的 MoO_6 和 WO_6。其结构特点是以八面体 MoO_6（或 WO_6）为基础，以共点、共棱或共面的形式构成多聚体，其连接的公共点均为氧原子。图 11-3 是通式为$[X^{n+}M_{12}O_{40}]^{(8-n)-}$的 12-钼或 12-钨杂多酸根阴离子的结构。根据 X 射线分析结果得知，以杂原子 X 为中心的四面体 XO_4 是整个杂多酸配合阴离子的中心，它被 MoO_6（或 WO_6）八面体所围绕。每三个八面体共用三个边构成一组，每一组 MoO_6（或 WO_6）八面体含有 $3\times(1/3+4\times1/2+1)=10$ 个氧原

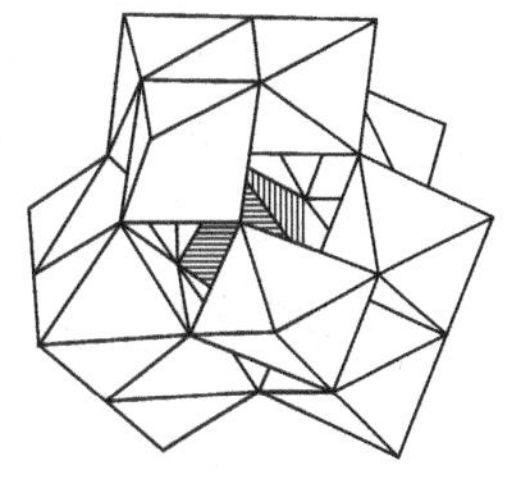

图 11-3　12-钼(钨)杂多酸根阴离子的结构

子，故成为 Mo_3O_{10}。每一组的共用角和四面体的一个角连接起来，因此共有 12 个八面体。每一组中的每个八面体与其他组中相邻的八面体还共用一个角顶氧原子。在 12-钼或 12-钨杂多酸根阴离子中有较大的空隙可以夹杂水分子和阳离子，因此它们常形成水合物，它们的难溶盐是很好的阳离子交换剂。

钼磷杂多酸和一些还原剂（如 $SnCl_2$、Zn）作用，杂多酸中部分 Mo(Ⅵ)被还原为 Mo(Ⅴ)，生成特征蓝色化合物，成为"钼磷蓝"。它的可能组成是 $H_3PO_4 \cdot 10MoO_3 \cdot Mo_2O_5$。它属于杂多蓝[杂多酸(盐)的还原产物]，是一类混合价态化合物。钢铁、土壤、农作物中的含磷量，常用生成"钼磷蓝"的比色法测定。

目前，关于多酸化合物功能特性（如光，电，磁，催化，液晶及抗病毒等方面）的研究方兴未艾。特别是多酸化合物作为抗艾滋病毒（HIV-1）、抗肿瘤、抗病毒的无机药物的研究开发备受瞩目，已申请专利的、可作为抗 HIV-1 药物的杂多酸化合物有杂多酸盐 $K_7PW_{10}Ti_2O_{40}$、$SiW_{12}O_{40}^{4-}$、$BW_{12}O_{40}^{5-}$、$W_{10}O_{32}^{4-}$ 和杂多酸阴离子的盐类或酸、钨锑杂多酸化合物及含铌的杂多酸化合物等。具有抗肿瘤活性且无细胞毒性的同多酸和杂多酸化合物有 $[Mo_7O_{24}]^{6-}$、$[XMo_6O_{24}]^{n-}$（$X = I, Pt, Co, Cr^{3+}, \cdots$）等。

4. 碳化钨

WC 是一种超硬材料，熔点为 2993 K。用金属钨粉和低灰分炭黑在高温下，于 H_2 中直接反应制取 WC。用气相沉淀法（如用 WF_6 和 CH_4 及 H_2 在高温下反应）可制得高纯度的碳化钨粉。

11.4 锝与铼

锝和铼属ⅦB 族元素，它们的价电子构型分别为 $4d^55s^2$ 和 $5d^56s^2$。它们的(Ⅶ)氧化态比锰(Ⅶ)要稳定得多，如 Tc_2O_7 和 Re_2O_7 比 Mn_2O_7 更稳定，表现出温和的氧化性；而低氧化态的简单化合物不稳定，只存在于配合物中。

锝和铼的块状金属在空气中较稳定，海绵状或粉状的金属则比较活泼。在高温下，它们能与活泼的非金属反应，如与氧气反应生成 M_2O_7。它们溶于氧化性的酸中（如浓或稀硝酸，浓硫酸，王水及溴水），生成相应的 HMO_4。当 $HReO_4$ 与 KCl 反应可得到 $KReO_4$。铼具有生成高配位数化合物的倾向，如 $K_2[ReH_9]$是用钾在乙二胺溶液中还原 $KReO_4$ 而制得的，为无色抗磁性化合物。铼的低氧化态易形成含有M—M 键的二聚或多聚（簇状）化合物，如 Re_3X_9、$Re_2X_8^{2-}$（X=Cl, Br）等。

早期制备 $Re_2Cl_8^{2-}$ 的方法是在盐酸溶液中还原 K_2ReO_4。

$$2K_2ReO_4 + 2NaH_2PO_2 + 8HCl \xlongequal{\text{高压}} K_2Re_2Cl_8 + 2NaH_2PO_4 + 4H_2O$$

$$2K_2ReO_4 + 3H_2 + 10HCl(\text{浓}) \xlongequal{\text{熔融}} K_2Re_2Cl_8 + 8H_2O + 2KCl$$

目前较常用的方法是使 Re_3Cl_9 与过量的熔融 Et_2NH_2Cl 反应。

$$2Re_3Cl_9 + 6Et_2NH_2Cl(过量) = 3(Et_2NH_2)_2Re_2Cl_8$$

冷却后溶于 HCl($6\ mol \cdot L^{-1}$)便得 $Re_2Cl_8^{2-}$。

$Re_2Cl_8^{2-}$ 有三个显著特点:

(1) 实验测得 $Re_2Cl_8^{2-}$ 中的Re—Re键键长是同核(M—M)键中(除C≡C、N≡N以外)键能较大,且键长较短的。

键能/($kJ \cdot mol^{-1}$)	Re—Re 480～540	C≡C 835	N≡N 942
Re—Re 键键长/pm	$Re_2Cl_8^{2-}$ 224	Re 金属晶体 275	Re_3Cl_9 248

(2) $Re_2Cl_8^{2-}$ 中,不同 Re 原子上的 Cl 原子上下对齐成四方柱形,即取重叠构型,而不取相互错开的交错构型。(按理相互错开,Cl 间距离可拉远,空间阻力小),这种重叠构型的 Cl…Cl 距离为 332 pm,小于范德华半径之和 360 pm。

(3) $Re_2Cl_8^{2-}$ 是反磁性的。双核金属原子簇合物的数目很多,其中 $Re_2Cl_8^{2-}$ 是这类簇合物中研究得最充分的一个离子,它的空间结构见图 11-4。1964 年科顿测定了 $Re_2Cl_8^{2-}$ 的结构,提出了Re—Re间存在四重键的观点。在 $Re_2Cl_8^{2-}$ 中,Re 的氧化态为+3,价电子构型为 $5d^4$。若取 z 轴为两个 Re 原子的键轴方向,当两个 Re 原子沿 z 轴相互靠近时,两个 Re 原子的 d_{z^2} 轨道以"头碰头"重叠形成 σ 键;两个 Re 原子的 d_{xz} 和 d_{yz} 轨道以"肩并肩"重叠形成两个 d-dπ 键;而两个 Re 原子的 d_{xy} 轨道以"面对面"重叠形成 δ 键。说明 Re 与 Re 之间形成了四重键Re≣Re($\sigma+2\pi+\delta$)。由于Re—Re之间的键很强,其键能就大。生成两个 d-dπ 键,一个 δ 键,必然要求 $Re_2Cl_8^{2-}$ 采取重叠构型,以满足最大重叠原则,尽管这种构型使Cl—Cl间的斥力较大。因为两个 Re(Ⅲ)的 8 个电子均已配对($\sigma^2\pi^4\delta^2$),所以 $Re_2Cl_8^{2-}$ 是抗磁性的。

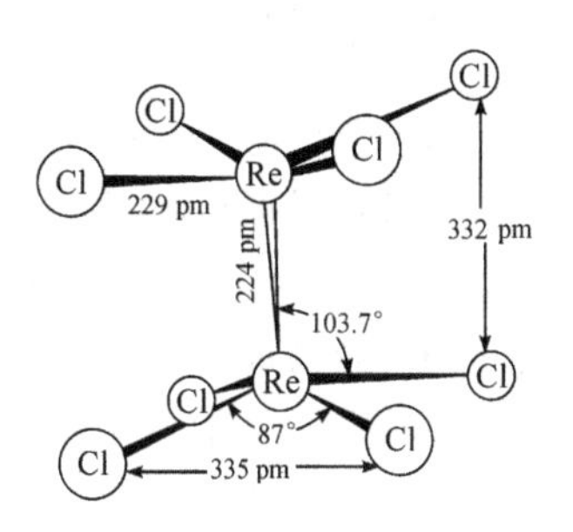

图 11-4 $Re_2Cl_8^{2-}$ 结构示意图

三氯化铼分子(Re_3Cl_9)是一个三聚物,为抗磁性。在 Re_3Cl_9 中三个 Re 原子形成一个等边三角形,三个氯原子则向 Re 配位。Re—Re 核间距为 248 pm,比金属晶体中的 Re—Re键短,说明Re—Re间存在二重键。

这些多重键的化合物如 $Re_2Cl_8^{2-}$ 具有光学特性,有望成为制造太阳能电池的新材料。

锝是用"人工制造"的方法发现的第一种"人工合成"的放射性元素,主要应用于核医疗中的器官成像。铼是用通常的物理学和化学方法最晚发现的一种稳定的化学元素,主要用作双金属的多相催化剂,如铼铂的合金用作石油重整的催化剂;由于它的熔点高、蒸气压低、电阻率大,可用于灯泡、电子管、闪光灯的加热丝及热电偶等;此外它还用于核技术的辐射屏蔽等尖端材料。

11.5 铂系元素

铂系元素属于Ⅷ族元素，包括钌、铑、钯、锇、铱、铂6种元素，它们的价电子构型分别为$4d^7 5s^1$、$4d^8 5s^1$、$4d^{10} 5s^0$、$5d^6 6s^2$、$5d^7 6s^2$、$5d^9 6s^1$。根据金属单质的密度，又分为轻铂金属(Ru,Rh,Pd)和重铂金属(Os,Ir,Pt)。铂系元素都是稀有元素。几乎完全以单质状态存在，高度分散于各种矿物中，并共生在一起。铂系元素除Ru和Os之外，它们的最高氧化态均低于族号。其主要氧化态为

Ru	Rh	Pd
+4，+8	+3	+2
Os	Ir	Pt
+6，+8	+3，+4	+2，+4

即从左到右，高氧化态稳定性逐渐降低；从上到下，高氧化态稳定性逐渐增加。

11.5.1 单质的性质

铂系金属除Os呈蓝色外，其余均为银白色。它们都是难熔金属(Os的熔点最高达3273 K，Pd最低也超过1773 K)，熔点从左到右逐渐降低；其密度很大，其中Os是密度($22.57\ g \cdot cm^{-3}$)最大的单质；其可塑性从左到右逐渐增大，如Ru和Os硬而脆，不易加工，而Pt最易加工。

化学惰性是铂系元素显著特点之一。它们对酸很不活泼，主要原因是铂系元素的升华热高且易钝化。前两对金属(Ru与Os，Rh与Ir)对酸的化学稳定性特别高，在常温下不溶于王水；Pt和Pd都能溶于王水，Pd还能溶于浓硝酸和热硫酸中。

$$Pd + 4HNO_3(浓) = Pd(NO_3)_2 + 2NO_2\uparrow + 2H_2O$$

$$3Pt + 4HNO_3 + 18HCl = 3H_2[PtCl_6] + 4NO\uparrow + 8H_2O$$

铂系金属在常温下对空气及氧气都是稳定的，只有在高温下才与活泼的非金属如氟气、氯气、氧气、硫、磷等作用。在有氧化剂存在时铂系金属与碱共熔，变成可溶性的化合物。例如

$$Ru + 2KOH + KClO_3 = K_2RuO_4 + KCl + H_2O$$

铂系元素的另一个显著特点是催化活性很高。大多数铂系金属能吸收气体，特别是氢气。Pd吸收氢气的能力最强，常温下，Pd溶解H_2的体积比为1∶700；而Pt较易吸收氧气，其溶解O_2的体积比为1∶70。铂系金属吸收气体并使其活化(通常认为H_2溶解于Pd时有原子氢生成)的特性与它们的高催化性能有密切关系。

11.5.2 重要化合物

铂系元素容易生成配合物，水溶液中几乎全是配合物的化学。Pd(Ⅱ)、Pt(Ⅱ)、Rh(Ⅰ)、Ir(Ⅰ)等d^8型离子与强场配体常常生成反磁性的平面正方形配合物。这些正方形配合物是配位不饱和的，在适当条件下，可在z轴方向上再加入某些配位体使配位数和(或)氧化态发生改变，并使分子活化，这是许多均相催化反应机理的一种解释。因此，它

们是可供选择的优良催化剂。

1. 卤配合物

PtF_6 是最强的氧化剂之一。巴特利特(Bartlett)在研究了 PtF_6 可以氧化 O_2 生成深红色的$[O_2]^+[PtF_6]^-$之后,基于 O_2 和 Xe 的电离能相近,认为 PtF_6 也可以氧化氙生成类似的化合物,并在 1962 年第一次合成了稀有气体化合物。

$$Xe + PtF_6 \longrightarrow \underset{(橙黄色)}{[Xe]^+[PtF_6]^-}$$

Pd、Pt 溶于王水得到红色氯钯酸(H_2PdCl_6)、橙红色氯铂酸(H_2PtCl_6)。氯铂酸与碱金属氯化物作用,生成相应的氯铂酸盐。Na_2PtCl_6 是橙红色晶体,易溶于水和乙醇;而$(NH_4)_2PtCl_6$、K_2PtCl_6、Rb_2PtCl_6、Cs_2PtCl_6 都是难溶于水(大阴离子配大阳离子难溶)的黄色晶体,故可用来分离 Pt(Ⅳ)或检出这些大阳离子。

氯铂酸及其盐是制备其他铂化合物的普通原料。氯铂酸还用作镀铂的电镀液及制铂黑电极等。

2. 氨配合物

二氯二氨合铂$[PtCl_2(NH_3)_2]$为反磁性物质,其结构为平面正方形。它有两种几何异构体——顺式和反式结构。现将其性质对比如下:

异构体	$PtCl_2(NH_3)_2$(反式)	$PtCl_2(NH_3)_2$(顺式)
颜色	淡黄色	棕黄色
溶解度/$[g\cdot(100\ g\ H_2O)]^{-1}$	0.0366	0.2577
偶极矩	$\mu=0$	$\mu\neq0$
几何构型	NH_3 Cl Pt Cl NH_3	NH_3 Cl Pt NH_3 Cl

顺式和反式异构体的鉴别,除利用它们的颜色、溶解度和偶极矩的差别以外,还可以用硫脲$[SC(NH_2)_2]$进行区分,顺式生成黄色针状晶体,氯化四硫脲合铂(Ⅱ);反式则生成无色晶体,氯化二氯二硫脲合铂(Ⅱ),也可通过它们的红外光谱来鉴定。顺式 $PtCl_2(NH_3)_2$(也称顺铂)具有抗癌性能,用作治癌药物。反式无抗癌作用。顺铂的合成路线有多种,现选其中一种用化学方程式表示如下:

$$\underset{红色}{K_2PtCl_6} + N_2H_2\cdot 2HCl \xrightarrow{50\sim60\ ℃} \underset{黄色}{K_2PtCl_4} + N_2\uparrow + 4HCl$$

$$K_2PtCl_4 + 2NH_4Ac \xrightarrow[pH\approx7.4\sim7.8]{\triangle, KCl} cis\text{-}[PtCl_2(NH_3)_2] + 2HAc + 2KCl$$

顺铂的抗癌机理一般认为是,顺铂攻击的主要靶分子是 DNA。顺铂穿过细胞膜进入细胞内,首先发生水解反应(水解作用的进程与 Cl^- 浓度及 pH 有关)。

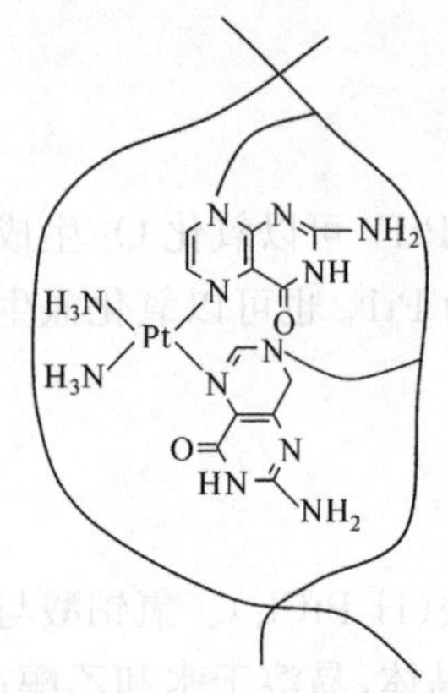

图 11-5 顺铂与DNA两个鸟嘌呤 N_7 链内交联的示意图

$$[Pt(NH_3)_2Cl_2]+2H_2O \rightleftharpoons [Pt(NH_3)_2(H_2O)_2]^{2+}+2Cl^-$$

顺铂水解后主要存在三种形式：$[Pt(NH_3)_2(H_2O)_2]^{2+}$、$[Pt(OH)(NH_3)_2(H_2O)]^+$、$[PtCl(OH)(NH_3)_2]$，然后与肿瘤细胞中的DNA碱基的氮原子配位，形成链内交联的Pt-DNA配合物(图11-5)，从而抑制DNA的复制。由于顺铂与DNA的特异性相互作用，最终导致癌细胞死亡。为什么反铂无抗癌作用？这可能是反铂与顺铂在立体构型和水解速率上的差异引起的。顺铂中的两个氯原子处在邻位，相距约330 pm，能与DNA链上相邻的碱基(含氮化合物)间两个氮原子距离340 pm相匹配；而反铂中两个氯原子位于对位，两者相距甚远，则不相匹配，引起DNA螺旋链在固定方向上的弯曲变形，因此反铂很难与DNA上的氮原子键合。另外，反铂的水解速率比顺铂快得多(5～10倍)，在输运过程中很容易和体内其他亲核基团发生反应，以致无法抵达发生癌变的部位。

3. 铂(Ⅱ)-乙烯配位化合物

在 K_2PtCl_4 的盐酸溶液中通入乙烯，得到稳定的黄色晶体水合三氯·乙烯合铂(Ⅱ)酸钾 $K[PtCl_3(C_2H_4)]\cdot H_2O$，又称蔡斯盐，这是第一个金属不饱和烃配合物。

$$K_2PtCl_4+C_2H_4 \longrightarrow K[PtCl_3(C_2H_4)]+KCl$$

此外，也可将 K_2PtCl_4 和 $SnCl_2$ 溶于HCl在搅拌下通乙烯来制备。有关详细内容参见第9章。

11.5.3 铂系金属与富勒烯配合物

铂系金属与富勒烯形成的配合物，其中心金属通常呈现低氧化态，这就使得金属-富勒烯配位键上可能有较多的π电子，光照下电子容易流动，有可能如金属酞菁或金属卟啉那样具有优良的光电转换性能，成为有实用价值的光电材料。

结构分析表明：当金属与富勒烯通过直接键合方式组成配合物后，与金属键合的碳碳双键端点稍微被拉离富勒烯表面，而且碳碳双键的键长也拉长了一些，其拉长的程度因化合物不同而异。例如，在$(\eta^2-C_{60})Rh(Me_2Py)_2(acac)$中碳碳双键的键距从原来的0.1400 nm拉长至0.1503 nm，而在$(\eta^2-C_{60})[Pt(Et_3P)_2]_6$中则拉长至0.1497 nm，同时也影响邻近的键被拉长。

富勒烯中含有多个C═C键，可看作π酸配体。研究发现，富勒烯具有球面的芳香性，与缺电子烯烃有某些类似的反应活性，可通过其骨架上的双键，以 η^2 的形式与低氧化物过渡金属配位，如Pt、Pd、Ir、Rh、Ru、Ni、Cr、Mo、W等键合，构成配合物，这类配合物种类繁多，结构新颖，常具有某些特殊性能，开发利用的潜力很大。

富勒烯金属配合物对氧气是敏感的，合成必须在惰性气氛中进行。以富勒烯取代金属有机配合物中的烯烃，以形成 η^2 配合物是常见的合成方法。合成反应的基本思路是：将铂系金属的盐类先还原为低氧化态，再与相关配体组成金属有机化合物，最后富勒烯以多个配位位置与金属有机化合物构成富勒烯金属配合物。由于受空间位阻及富勒烯所能承受的各金属原子反馈电荷值的影响，它所能键合的金属有机化合物的数目必然受到限制。

厦门大学化学系无机教研室在富勒烯金属配合物的合成和表征方面做了许多开创性的工作，取得了可喜的成果。以下简要介绍 Pt、Rh 富勒烯配合物的合成路线。

(1) $C_{60}[Pt(PPh_3)_2]_n$($n=1,3,4,6,8$)的合成。

合成路线：$K_2PtCl_6 \longrightarrow K_2PtCl_4 \longrightarrow Pt(PPh_3)_4 \longrightarrow C_{60}[Pt(PPh_3)_2]_n$

反应式：　$K_2PtCl_6 + (COOK)_2 \longrightarrow K_2PtCl_4 + 2KCl + 2CO_2\uparrow$

$$K_2PtCl_4 + 4PPh_3 + 2KOH + C_2H_5OH \longrightarrow Pt(PPh_3)_4 + 4KCl + CH_3CHO + 2H_2O$$

$$nPt(PPh_3)_4 + C_{60} \xrightarrow[N_2]{\text{甲苯}} C_{60}[Pt(PPh_3)_2]_n + 2nPPh_3$$

(2) $C_{60}[RuHCl(CO)(PPh_3)]_3$ 的合成。

合成按下列反应进行：

$$RuCl_2 + 3PPh_3 + HCHO \longrightarrow RuHCl(CO)(PPh_3)_3$$

$$RuHCl(CO)(PPh_3)_3 + C_{60} \longrightarrow C_{60}[RuHCl(CO)(PPh_3)]_3$$

采用元素分析、红外光谱、电子光谱对合成产物进行鉴定和表征，并推测其结构，见图 11-6。

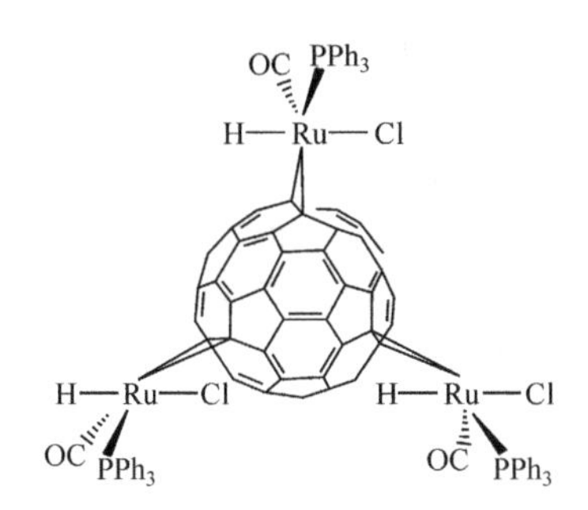

图 11-6　$C_{60}[RuHCl(CO)(PPh_3)]_3$ 结构图

习　题

1. 试回答和解释下列事实：

(1) $PdCl_2 \cdot 2PF_3$ 比 $PdCl_2 \cdot 2NH_3$ 稳定，而 $BF_3 \cdot NH_3$ 却比 $BF_3 \cdot PF_3$ 稳定得多，这是为什么？

(2) 相应的化学式为 $PtCl_2(NH_3)_2$ 的固体有两种异构体(顺，反)，它们的颜色不同，一种是棕黄色，另一种是淡黄色。它们在水中的溶解度也有差别，其中溶解度较大的应是哪一种？为什么？

(3) 钌和锇的四氧化物都是低熔点的固体(RuO_4 为 298 K，OsO_4 为 314 K)。

(4) ZrO_2 的碱性比 TiO_2 强，为什么？

(5) Nb 和 Ta 的原子半径几乎相同，为什么？

2. $Pt(NH_3)_2(NO_3)_2$ 有 α 和 β 两种构型。α 型与草酸反应生成 $Pt(NH_3)_2C_2O_4$，但 β 型与草酸反应得到的反应产物却是 $Pt(NH_3)_2(C_2O_4H)_2$。用什么物理方法区分 α 型和 β 型？请画出这两种配合物的结构式。

3. 完成并配平下列反应方程式：

(1) $Pt+HNO_3+HCl \longrightarrow$

(2) $PdCl_2+CO+H_2O \longrightarrow$

(3) $K_2PtCl_6+K_2C_2O_4 \longrightarrow$

(4) $MoO_4^{2-}+Zn+H^+ \longrightarrow$

(5) $Mo^{3+}+NCS^- \longrightarrow$

(6) $(NH_4)_2PtCl_6 \xrightarrow{\triangle}$

(7) $K_2PtCl_6+N_2H_2 \cdot 2HCl \xrightarrow{\triangle}$

(8) $ZrCl_4+H_2O \longrightarrow$

(9) $PtF_6+Xe \longrightarrow$

(10) $Ru+KClO_3+KOH \longrightarrow$

(11) $MoO_3+NaOH \longrightarrow$

(12) $WO_3+NaOH \longrightarrow$

(13) $WO_3 \cdot nH_2O \xrightarrow{\triangle}$

(14) $(NH_4)_2ZrF_6 \xrightarrow{\triangle}$

4. Zr 和 Hf 有何宝贵的特征？基于这些特性有哪些主要用途？

5. 锌汞齐能将钒酸盐中的钒(Ⅴ)还原至钒(Ⅱ)，将铌酸盐中的铌(Ⅴ)还原至铌(Ⅳ)，但不能使钽酸盐还原，此实验结果说明了什么规律性？

6. Re_3Cl_9 溶于含 PPh_3 的溶剂中形成化合物 $Re_3Cl_9(PPh_3)_3$，试画出其结构式。

7. 举例说明什么是多酸(同多酸和杂多酸)以及它们的主要用途。

8. 试指出铂制器皿中能否进行下述各试剂参与的化学反应。

(1) HF　(2) 王水　(3) $NaOH+Na_2O_2$　(4) Na_2CO_3

第 12 章　镧系元素和锕系元素

学习要点

(1) 了解镧系元素和锕系元素在周期表中的位置及稀土元素的含义。

(2) 了解镧系元素电子层结构的特点与氧化态、磁性、颜色等特性相关联。

(3) 理解镧系收缩及其影响。

(4) 掌握镧系和锕系金属及其化合物的重要性质和应用。

(5) 了解镧系元素的提取和分离。

(6) 掌握镧系金属在材料领域中的应用。

镧系元素按以往的习惯是指原子序数为 57～71 共 15 种元素的总称(用 Ln 表示)。它们的物理和化学性质等十分相似,都属于周期表中ⅢB 族元素[铈(58 号)至镥(71 号)的 14 个元素另立于横排中]。国际纯粹与应用化学联合会(IUPAC)在 1968 年推荐,把镧以后的原子序数为 58～71 的铈至镥共 14 种元素称为镧系元素。在本书的讨论中将 La 到 Lu 的 15 种元素全归入镧系元素。锕系元素是指原子序数为89～103共 15 种元素的总称(用 An 表示),它们都是放射性元素。

钪、钇和镧系元素同属ⅢB 族成员,化学性质上有相似之处,人们统称这 17 种元素为稀土元素(用 RE 表示)。稀土元素分为两组:轻稀土组(铈组)包括镧、铈、镨、钕、钷、钐、铕;重稀土组(钇组)包括钆、铽、镝、钬、铒、铥、镱、镥和钇。

镧系金属和它们的化合物及锕系的一些化合物是现代高新技术发展不可缺少的特殊材料。镧系元素具有特殊的电子结构和多种多样的电子能级而使其具有许多与众不同的光、电、磁和化学特性,在元素化学中占有非常重要的地位。我国有得天独厚的稀土资源,是一个亟待研究和开发的领域。稀土元素被人们称为新材料的"宝库",有人预言,随着稀土元素的开发,将会引发一场新的技术革命。

12.1　镧系元素

12.1.1　镧系元素的性质

镧系元素的最外两层电子构型基本相似,使它们的性质有许多相似之处。在化学反应中表现出典型的金属性质,易于失去 3 个电子,呈＋3 价。镧系元素中由于 4f 电子的依次填充，其许多性质都随之呈现规律性变化。另外，随核电荷的增加和4f电子数的不同，这组元素的每一种元素又具有特别的个性，在有些性质上也各有差别。这就是镧系元素得以分离的基础。表12-1列出镧系元素的一些性质。

表12-1 镧系元素的一些性质

原子序数	元素名称	元素符号	价电子构型*	主要氧化态	金属原子半径/pm(CN=12)	Ln^{3+}半径/pm(CN=6)	Ln^{3+}外层电子构型	$E^{\ominus}_{Ln^{3+}/Ln}$/V
57	镧	La	$5d^16s^2$	+3	187.9	106.1	[Xe]	−2.37
58	铈	Ce	$4f^15d^16s^2$	+3+4	182.5	103.4	$4f^1$	−2.34
59	镨	Pr	$4f^36s^2$	+3+4	182.8	101.3	$4f^2$	−2.35
60	钕	Nd	$4f^46s^2$	+3	182.1	99.5	$4f^3$	−2.32
61	钷	Pm	$4f^56s^2$	+3	(181.1)	97.9	$4f^4$	−2.29
62	钐	Sm	$4f^66s^2$	+2+3	180.4	96.4	$4f^5$	−2.30
63	铕	Eu	$4f^76s^2$	+2+3	204.2	95.0	$4f^6$	−1.99
64	钆	Gd	$4f^75d^16s^2$	+3	180.2	93.8	$4f^7$	−2.29
65	铽	Tb	$4f^96s^2$	+3+4	178.3	92.3	$4f^8$	−2.30
66	镝	Dy	$4f^{10}6s^2$	+3+4	177.4	90.8	$4f^9$	−2.29
67	钬	Ho	$4f^{11}6s^2$	+3	176.6	89.4	$4f^{10}$	−2.33
68	铒	Er	$4f^{12}6s^2$	+3	175.7	88.1	$4f^{11}$	−2.31
69	铥	Tm	$4f^{13}6s^2$	+2+3	174.6	86.9	$4f^{12}$	−2.31
70	镱	Yb	$4f^{14}6s^2$	+2+3	194.0	85.8	$4f^{13}$	−2.22
71	镥	Lu	$4f^{14}5d^16s^2$	+3	173.5	84.8	$4f^{14}$	−2.30

* 镧系元素气态时的电子构型。

1. 电子层结构及氧化态

镧系元素基态原子的价电子构型一般表示为$4f^{0\sim14}5d^{0\sim1}6s^2$。随原子序数的增加，新增加的电子主要排布在4f轨道上，由于镧系元素其外层和次外层的电子构型基本相同，因此它们的性质有许多相似之处。

镧系元素的原子除能失去外层的s电子外，还能失去$(n-2)$f或$(n-1)$d上的一个电子形成Ln^{3+}，这反映出ⅢB族元素在氧化态上的共同特点，即它们一般都能形成稳定的+3氧化态。因此，+3氧化态是所有镧系元素在固态化合物和水溶液中的特征。此外，某些镧系元素还能形成其他氧化态的化合物(图12-1)。例如，铈、镨、铽等可以形成氧化态为+4的化合物，钐、铕和镱等可以形成氧化态为+2的化合物，但没有+3氧化态稳定。铈(Ⅳ)能存在于溶液中，是很强的氧化剂；Sm^{2+}、Eu^{2+}、Yb^{2+}能存在于固态化合物中，在水溶液中不稳定，是强的还原剂(参见有关$E^{\ominus}_A$值)。

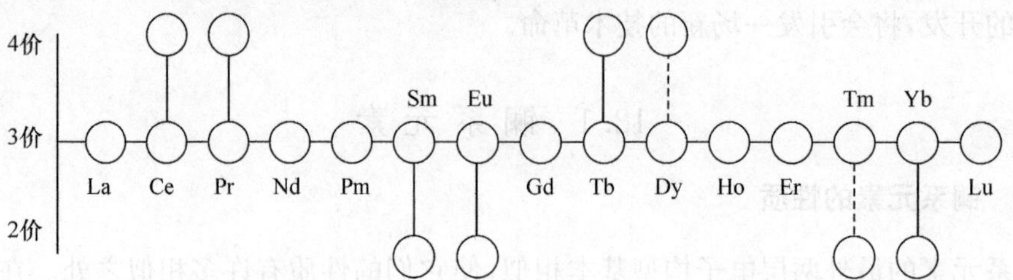

图12-1 镧系元素的价态变化

利用铈、钐、铕、镱、镨和铽的变价性质，在一定的氧化还原条件下，能形成 Ce^{4+}、Sm^{2+}、Eu^{2+}、Yb^{2+}、Pr^{4+} 和 Tb^{4+}。这些离子的性质与三价镧系元素的性质有很大区别。利用这种性质上的差别，可以简单、有效地将它们从三价镧系元素中分离出来。

$$E_A^{\ominus}/V \quad Ce^{4+} \xrightarrow{1.76} Ce^{3+}; \quad Pr^{4+} \xrightarrow{3.2} Pr^{3+}; \quad Tb^{4+} \xrightarrow{3.1} Tb^{3+}$$
$$Sm^{3+} \xrightarrow{-1.55} Sm^{2+}; \quad Eu^{3+} \xrightarrow{-0.35} Eu^{2+}; \quad Yb^{3+} \xrightarrow{-1.05} Yb^{2+}$$

镧系元素氧化态的变化趋势除与电子层结构有关外(洪德规则：$4f^0$，$4f^7$，$4f^{14}$ 是稳定电子结构)，其他如热力学因素(电离能、升华热、水合能等)和动力学因素也在起作用。

2. 镧系收缩

镧系元素的原子半径和离子半径在总的趋势上都随原子序数的增加而缩小的现象称为镧系收缩(图 12－2 和图 12－3)。这是与镧系元素电子结构($4f^{0\sim14}$，$5d^{0\sim1}$，$6s^2$)特点有关，新增加的电子不是填充到最外层，而是填充到 4f 内层。当原子序数增加 1 时，核电荷增加 1，4f 电子虽然也增加 1，但 4f 电子只能屏蔽核电荷的一部分(一般认为在离子中 4f 电子只能屏蔽核电荷的 85%，而原子中屏蔽系数略大于离子中)。这种对核的不完全屏蔽使 4f 电子的增加，有效核电荷略有增大，对外层电子的引力略有增强，引起原子半径或离子半径的收缩。

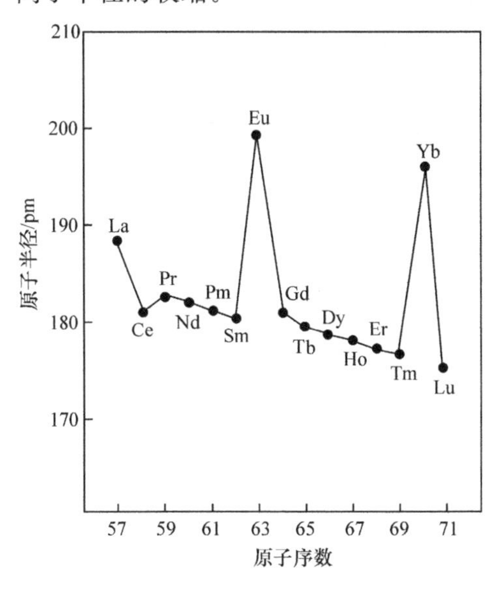

图 12－2 镧系元素原子半径随原子序数的变化

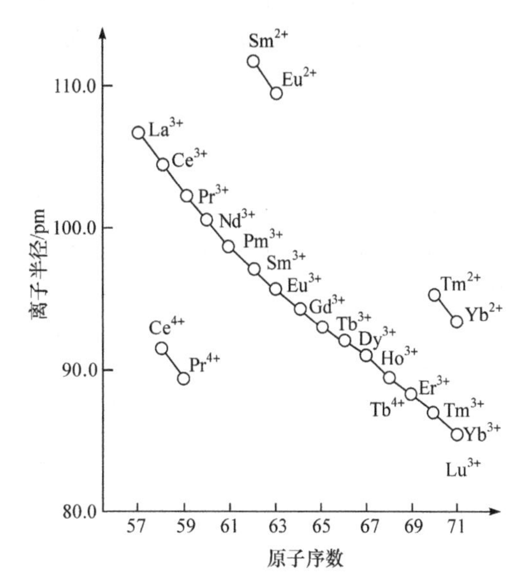

图 12－3 三价镧系离子半径与原子序数的关系

镧系收缩是无机化学中的一个重要现象，由于镧系收缩，镧系之后第五、六周期同族上、下元素的原子半径和离子半径极为接近，性质相似，在自然界它们常共生在一起，造成分离上的困难。特别表现在紧靠近镧系后三对元素之间，即 Zr 和 Hf、Nb 和 Ta、Mo 和 W 的离子半径接近(Zr^{4+} 80 pm，Hf^{4+} 81 pm，Nb^{5+} 70 pm，Ta^{5+} 73 pm，Mo^{6+} 62 pm，W^{6+} 65 pm)，化学性质相似。

镧系收缩产生的另一后果是钇的原子半径和离子半径与镧系中某些元素的相接近，因此钇在矿物中与镧系元素共生，从而成为稀土的成员（钇及其化合物的各种性质一般介于镝和钬之间）。

从图 12 - 2 可见，镧系元素的原子半径随原子序数的变化不是单调地减小，而是出现了两个峰，其中铕和镱的原子半径特别大，表现出“反常”。这是由 Eu 和 Yb 的 4f 轨道处于较稳定的半充满（$4f^7$）和全充满（$4f^{14}$）状态，它们缺少 5d 电子，只提供两个 6s 电子（离域电子）参与形成金属键，而其他镧系元素的原子则提供三个价电子形成金属键，使 Eu 和 Yb 的金属键比其他镧系元素的弱（外层电子云在相邻原子之间相互重叠少引起的），其原子半径也就明显地增大。这两种金属的密度和熔点也偏低。这种现象称为镧系元素性质的递变的“双峰效应”。相反的情况是铈原子，由于 4f 中只有一个电子，它倾向于提供 4 个离域电子（$4f^1 5d^1 6s^2$）而保持较稳定的状态，重叠的电子云多了，这就是它的原子半径较相邻金属原子半径小的原因。

3. *离子的颜色与磁性*

Ln^{3+} 水合离子的颜色见表 12 - 2。Ln^{3+} 的颜色变化大致有如下的特点：

(1) 具有 f^x 和 f^{14-x}（$x=1,2,\cdots,7$）构型的离子显示的颜色常常相同或相近。

(2) 具有 f^0、f^7、f^{14}（全空，半满，全满）结构的离子是无色的。

(3) 成单电子数为 2～5 的离子都是有色的，且成单电子数相同的离子所显示的颜色也是相似的。

镧系元素的吸收光谱是极为复杂的，其显色的原因，通常用 f→f、f→d 跃迁及荷移跃迁来说明。

Ln(Ⅲ)的磁性与电子结构有关，具有如下特点：

(1) 除 La^{3+}、Lu^{3+} 外，其他镧系离子 Ln(Ⅲ)都含有成单电子，因此它们都是顺磁性的，并且大多数三价离子磁矩比 d 过渡元素离子的大（表 12 - 2）。

表 12 - 2　Ln^{3+} 的颜色与磁性

Ln^{3+}	$4f^n$	未成对电子数	颜　色	磁矩/(B. M.)
La^{3+}	$4f^0$	0	无色	—
Ce^{3+}	$4f^1$	1	无色	2.3～2.5
Pr^{3+}	$4f^2$	2	绿色	3.4～3.6
Nd^{3+}	$4f^3$	3	淡紫色	3.5～3.6
Pm^{3+}	$4f^4$	4	桃红色	2.7
Sm^{3+}	$4f^5$	5	淡黄色	1.4～1.7
Eu^{3+}	$4f^6$	6	很浅桃红色	3.3～3.5
Gd^{3+}	$4f^7$	7	无色	7.9～8.0
Tb^{3+}	$4f^8$	6	很浅桃红色	9.5～9.8
Dy^{3+}	$4f^9$	5	黄色	10.4～10.6
Ho^{3+}	$4f^{10}$	4	黄色	10.4～10.7
Er^{3+}	$4f^{11}$	3	玫瑰红色	9.4～9.6
Tm^{3+}	$4f^{12}$	2	浅绿色	7.1～7.5
Yb^{3+}	$4f^{13}$	1	无色	4.3～4.9
Lu^{3+}	$4f^{14}$	0	无色	0

(2) Ln(Ⅲ)的磁矩与电子的自旋运动和轨道运动均有关。对镧系离子 Ln(Ⅲ)来说，由于外层 $5s^25p^6$ 电子的屏蔽作用，4f 电子受配体场的影响较小。

4. 镧系金属的化学性质

镧系元素单质都是强化学活性的金属，一般应保存在煤油中。它们的化学活泼性比铝强而和碱土金属相近。镧系元素的标准电极电势较负（$-1.99\sim-2.37$ V，见表 12-1)。它们易溶于稀酸放出 H_2，在氢氟酸和磷酸中不易溶解，这是由于生成了难溶的氟化物和磷酸盐膜。镧系金属能分解水。它们能与 O_2、N_2、X_2 反应，分别生成 Ln_2O_3 (Ce，Pr，Tb 除外)、LnN、LnX_3。利用镧系金属易氧化、燃烧的特性(铈、镨、钕的着火点分别为 438 K、563 K 和 345 K)，用其制作打火石或炮弹的点火装置。CeO_2 在玻璃工业中用作脱色剂。

镧系金属能与绝大多数主族和过渡金属形成化合物。有些化合物具有特殊性能，如 Nd-Fe-B 是优良的磁性材料，$LaNi_5$ 是优良的储氢材料等。

由于镧系金属的化学性质很活泼，从它们的化合物制取金属时，通常采用热还原法(如钠，钾，钙，镁等还原无水卤化物)和熔融盐电解法(如氯化物熔融盐体系)。

12.1.2 镧系元素的重要化合物

镧系元素都能形成氧化态为+3 的化合物，其中某些元素也能形成氧化态为+2 和+4 的化合物。

镧系元素属典型的金属，它们能与周期表中大多数非金属形成化学键。从软硬酸碱观点看，镧系元素属于硬酸，因而它们更倾向于与属于硬碱的原子形成化学键。统计结果表明，绝大部分镧系元素无机物中都含有氧，而镧系含氧化合物中有大部分的化合物中都含有Ln—O 键，这反映镧系离子易与氧等硬碱配位成键的性质。由于镧系收缩、镧系元素的离子半径递减，从而使镧系元素的性质随原子序数的增大而有规律性地递变。例如，使一些配位体与镧系元素离子的配位能力递增，金属离子的碱度随原子序数增大而减弱、氢氧化物开始沉淀的 pH 渐降等。

镧系元素的氯化物、硫酸盐、硝酸盐易溶于水；草酸盐、碳酸盐、氟化物、磷酸盐难溶于水。

1. 氧化物和氢氧化物

除 Ce、Pr、Tb 元素外，镧系元素单质与氧气直接反应或将其草酸盐、硫酸盐、硝酸盐、氢氧化物在空气中加热分解，都能得到 Ln_2O_3 型氧化物。Ce、Pr、Tb 分别得到淡黄色的 CeO_2、黑棕色 Pr_6O_{11}(相当于 $Pr_2O_3\cdot4PrO_2$)和暗棕色的 Tb_4O_7(相当于 $Tb_2O_3\cdot2TbO_2$)。将这些氧化物还原可得到+3 氧化态的氧化物。

Ln_2O_3 为离子型化合物，难溶于水、易溶于酸，熔点高，绝大多数在 2450 K 以上，因此它们都是很好的耐火材料。氧化铽用于原子反应堆中作中子吸收剂，钕、钐等的氧化物用来制造荧光粉。

Ln(Ⅲ)的盐溶液中加入 NaOH 或 $NH_3\cdot H_2O$ 均可沉淀出 $Ln(OH)_3$，它是一种胶状

沉淀。$Ln(OH)_3$ 为离子型碱性氢氧化物，随着离子半径的减小，其碱性越弱，即由 $La(OH)_3$ 到 $Lu(OH)_3$ 递减。总的来说，碱性比 $Ca(OH)_2$ 弱，但比 $Al(OH)_3$ 强，容易与无机酸起反应生成相应的盐。

$Ln(OH)_3$ 的溶度积从 $La(OH)_3$ 到 $Lu(OH)_3$ 逐渐减小。表 12-3 中列出的 K_{sp} 值都是新鲜沉淀的数据，经放置陈化后它们的 K_{sp} 值将降低。由于镧系收缩，三价离子的离子势 Z/r 随原子序数的增大而增大，开始沉淀时的 pH 也随原子序数的增大而降低。其中 Lu^{3+} 由于离子半径最小，因此开始沉淀的 pH 最低（表 12-3）。从不同盐的溶液中沉淀的 pH 略有不同，这是 Ln^{3+} 分别和 NO_3^-，Cl^-，SO_4^{2-}"配位"不同之故。

表 12-3 $Ln(OH)_3$ 的溶度积常数和开始沉淀的 pH

氢氧化物	开始沉淀的 pH*（0.1 mol·L⁻¹溶液中）			$Ln(OH)_3$ 溶度积（298 K）
	硝酸盐	氯化物	硫酸盐	
$La(OH)_3$	7.82	8.03	7.41	1.0×10^{-19}
$Ce(OH)_3$	7.60	7.41	7.35	1.5×10^{-20}
$Pr(OH)_3$	7.35	7.05	7.17	2.7×10^{-20}
$Nd(OH)_3$	7.31	7.02	6.95	1.9×10^{-21}
$Sm(OH)_3$	6.92	6.83	6.70	6.8×10^{-22}
$Eu(OH)_3$	6.82	—	6.68	3.4×10^{-22}
$Gd(OH)_3$	6.83	—	6.75	2.1×10^{-22}
$Tb(OH)_3$	—	—	—	2.0×10^{-22}
$Dy(OH)_3$	—	—	—	1.4×10^{-22}
$Ho(OH)_3$	—	—	—	5.0×10^{-23}
$Er(OH)_3$	6.75	—	6.50	1.3×10^{-23}
$Tm(OH)_3$	6.40	—	6.21	2.3×10^{-24}
$Yb(OH)_3$	6.30	—	6.18	2.9×10^{-24}
$Lu(OH)_3$	6.30	—	6.18	2.5×10^{-24}

* 相应的数据为实验值。

$Ln(OH)_3$ 受热分解为 $LnO(OH)$，继续受热变成 Ln_2O_3。

$$Ln(OH)_3 \xrightarrow{\triangle} LnO(OH) \xrightarrow{\triangle} Ln_2O_3$$

$Ce(OH)_4$ 为棕色沉淀物，溶度积很小（$K_{sp}=4\times10^{-51}$），使 $Ce(OH)_4$ 沉淀的 pH 为 0.7～1.0，而使 $Ce(OH)_3$ 沉淀需近中性条件。例如，用足量的 H_2O_2（或 O_2，Cl_2，O_3 等）则可把 Ce(Ⅲ)完全氧化成 $Ce(OH)_4$，这是从 Ln^{3+} 中分离出 Ce 的一种有效方法。

2. 易溶盐

镧系元素的三种强酸盐都是易溶盐，且可形成含不同结晶水的水合晶体。

1）氯化物

将镧系元素的氧化物或碳酸盐溶于盐酸，都可得到氯化物溶液，将其蒸发浓缩得到含结晶水的氯化物 $LnCl_3\cdot nH_2O$。$LnCl_3\cdot nH_2O$ 是易溶、易潮解的化合物，$n=6$ 或 7 的结晶水较为常见。$LnCl_3$ 能和可溶性氯化物形成 $LnCl_4^-$ 及 $LnCl_6^{3-}$。

用 $LnCl_3\cdot nH_2O$ 直接加热脱水往往不能获得无水氯化物，因为在加热过程中发生水解生成氯氧化物。

$$LnCl_3 \cdot nH_2O \xlongequal{\triangle} LnOCl + 2HCl + (n-1)H_2O$$

因此，由水合氯化物制取无水氯化物大都是在 $LnCl_3$ 溶液中加入过量的 NH_4Cl 进行脱水（一般 $LnCl_3$ 与 NH_4Cl 的物质的量之比为 1∶6）。具体操作如下：将溶液蒸干后，产物在真空下缓慢加热到一定温度除去所有水分，再升高温度使 NH_4Cl 升华，可获得纯净的无水氯化物。

制备无水氯化物的其他方法：将氧化物在 CCl_4 中加热，氯气通过加热的氧化物和炭的混合物或与 NH_4Cl 固体混合物共热（为最佳的方法）。无水氯化物也由金属直接氯化或金属与氯化汞反应制得。

$$Ln_2O_3 + 3CCl_4 \xlongequal{\triangle} 2LnCl_3 + 3COCl_2$$

$$Ln_2O_3 + 3C + 3Cl_2 \xlongequal{\triangle} 2LnCl_3 + 3CO$$

$$Ln_2O_3 + 6NH_4Cl \xlongequal{\triangle} 2LnCl_3 + 6NH_3\uparrow + 3H_2O$$

$$2Ln + 3Cl_2 \xlongequal{\triangle} 2LnCl_3$$

$$2Ln + 3HgCl_2 \xlongequal{\triangle} 2LnCl_3 + 3Hg$$

2）硝酸盐

$Ln(NO_3)_3$ 易溶于水、无水胺、乙醇、乙醚、丙二酮、乙腈等极性溶剂中，并可用磷酸三丁酯及其他萃取剂萃取。

将氧化物溶于一定浓度（1∶1）硝酸中，经蒸发浓缩，可析出水合硝酸盐 $Ln(NO_3)_3 \cdot nH_2O$（n=3，4，5，6）。无水硝酸盐可用氧化物在加压下与四氧化二氮在一定温度下反应来制备。

硝酸盐受热时，先分解为碱式盐，进一步受热则分解为氧化物。

$$2Ln(NO_3)_3 \xlongequal{\triangle} 2LnONO_3 + 4NO_2\uparrow + O_2\uparrow$$

$$4LnONO_3 \xlongequal{\triangle} 2Ln_2O_3 + 4NO_2\uparrow + O_2\uparrow$$

用真空加热脱水干燥法，或在 $Ln(NO_3)_3 \cdot 6H_2O$ 中加入浓硝酸等方法也可制得无水硝酸盐。

$Ln(NO_3)_3$ 和可溶性硝酸盐也能形成复盐，如 $2NH_4NO_3 \cdot Ln(NO_3)_3 \cdot nH_2O$、$3Mg(NO_3)_2 \cdot 2Ln(NO_3)_3 \cdot nH_2O$ 等。硝酸复盐的溶解度随原子序数的增大而增大，并随温度的升高而急剧增大。根据铈组硝酸复盐溶解度小，钇组几乎不形成复盐的这种性质，可用分级结晶法来分离铈组元素。

3）硫酸盐

将镧系元素的氧化物、氢氧化物或碳酸盐溶于硫酸，由溶液中可结晶出水合物 $Ln_2(SO_4)_3 \cdot nH_2O$（一般 n=8，也有 n=9 的）。无水硫酸盐可从水合物脱水而制得。这与脱水温度有关，在 428～533 K 时形成无水盐，继续升温分解为碱式盐 $(LnO)_2SO_4$，最后分解为氧化物。无水盐的溶解度比水合硫酸盐小。由于溶解是放热过程，所以溶解度随温度的升高而降低。

Ln^{3+}还能与SO_4^{2-}生成复盐[与$Al_2(SO_4)_2$相似]，如$Ln_2(SO_4)_3 \cdot Na_2SO_4 \cdot 2H_2O$是复盐的典型代表。硫酸复盐的溶解度从La到Lu逐渐增大，并按NH_4^+、Na^+、K^+的顺序而降低。根据硫酸复盐溶解度大小，可将镧系元素分成三组，从而达到分离的目的(分组分离法)。

铈组 La、Ce、Pr、Nd、Sm 难溶

铽组 Eu、Gd、Tb、Dy 微溶

铒组 Ho、Er、Tm、Yb、Lu 易溶

从冷溶液中首先析出铈组，将滤液加热浓缩，析出铽组，在母液中留下铒组。

3. 难溶盐

镧系元素的难溶盐有草酸盐、碳酸盐、磷酸盐、铬酸盐和氟化物等，在种类上和钙、钡的难溶盐相似。

1) 草酸盐

镧系元素和草酸反应生成$Ln_2(C_2O_4)_3 \cdot nH_2O$型的草酸盐。它们是重要的无机盐，有如下的特点：

(1) 镧系元素的草酸盐既难溶于水，也不易溶于稀强酸中。而非镧系元素的难溶盐可溶于稀的强酸中。利用草酸盐在酸性溶液中也难溶的性质，可以使镧系元素离子以草酸盐的形式析出，从而同其他许多金属离子分离开来。

镧系元素草酸盐的溶解度和溶度积列于表12-4中。它们不易溶于稀强酸中，从热力学考虑与Ln^{3+}和$H_2C_2O_4$生成$Ln_2(C_2O_4)_3$沉淀的反应平衡常数值都较大有关[$K=(K_1 \cdot K_2)^3/K_{sp}$]。

表12-4 部分镧系元素草酸盐的溶解度和溶度积

$Ln(C_2O_4)_3 \cdot 10H_2O$	La	Ce	Pr	Nd	Yb
溶解度/$(g \cdot L^{-1})$	0.62	0.41	0.74	0.74	3.34
溶度积K_{sp}	2.0×10^{-28}	2.0×10^{-29}	5.0×10^{-28}	6.3×10^{-29}	5.0×10^{-25}

如需溶解草酸盐，可将草酸盐与碱溶液一起煮沸，转化为氢氧化物沉淀，然后将它溶解在酸中。

(2) Ho、Er、Tm、Yb、Lu元素的草酸盐与碱金属(包括铵)草酸盐生成$[Ln(C_2O_4)_2]^-$而溶解，这个性质被用来分离轻、重镧系元素。

(3) 水合草酸盐受热逐步脱出结晶水形成无水盐，继续加热中间经过碳酸盐或碱式碳酸盐，最后得到氧化物Ln_2O_3，但Ce、Pr、Tb盐依次分解生成CeO_2、Pr_6O_{11}和Tb_4O_7。

$$Ln_2(C_2O_4)_3 \cdot nH_2O \xrightarrow{\triangle} Ln_2(C_2O_4)_3 \xrightarrow{\triangle} Ln_2(CO_3)_3[Ln_2O(CO_3)_2] \xrightarrow{\triangle} Ln_2O_3$$

以上说明镧系元素的草酸盐在分离、提取及制备中有特殊的重要性。

2) 碳酸盐

Ln^{3+}和易溶碱金属碳酸氢盐、碳酸盐或碳酸铵反应都得到难溶$Ln_2(CO_3)_3$沉淀[$Ln_2(CO_3)_3$与$CaCO_3$相似易溶于酸]。镧系元素的碳酸盐含有结晶水$Ln_2(CO_3)_3 \cdot nH_2O$。

$Ln_2(CO_3)_3$ 与 Na_2CO_3 作用形成溶解度较小的复盐，$xLn_2(CO_3)_3 \cdot yNa_2CO_3 \cdot zH_2O$。

$Ln_2(CO_3)_3$ 受热分解为碱式盐，最终产物为氧化物。

$$Ln_2(CO_3)_3 \xrightarrow{\triangle} Ln_2O(CO_3)_2 \xrightarrow{\triangle} Ln_2O_2CO_3 \xrightarrow{\triangle} Ln_2O_3$$

镧系元素碳酸盐的溶解度和溶度积都比草酸盐小(表 12-5)。

表 12-5　某些镧系元素碳酸盐的溶解度和溶度积

$Ln_2(CO_3)_3$	La	Nd	Gd	Dy	Yb
溶解度/$(g \cdot L^{-1})$	1.1×10^{-4}	5.0×10^{-4}	3.7×10^{-3}	3.0×10^{-3}	2.6×10^{-3}
溶度积 K_{sp}	4.0×10^{-34}	1.0×10^{-33}	6.3×10^{-33}	3.2×10^{-32}	8.0×10^{-32}

3) 磷酸盐

镧系元素在自然界的一种主要矿物就是磷酸盐矿，(Ce，La，Nd，Th)[PO_4]称为独居石。

Ln^{3+} 与 PO_4^{3-}、HPO_4^{2-}、$H_2PO_4^-$ 甚至 H_3PO_4 反应都能形成难溶于水的 $LnPO_4$ 沉淀。

Ln^{3+} 与 H_3PO_4 的反应不完全，从热力学观点考虑是由于它们反应的 K 值都不大有关，如 $K_{La}=5.71$。$LnPO_4$ 可溶于浓酸，遇强碱则转化为相应的氢氧化物。$LnPO_4$ 与碱金属磷酸盐能形成复盐 $M_3Ln(PO_4)_2$。

4) 氟化物

LnF_3 都是难溶盐，不溶于稀酸，但能溶于热的浓盐酸和浓硫酸中。LnF_3 也常含有结晶水，如 $LnF_3 \cdot H_2O$。

综合上述，镧系元素难溶的性质和相应碱土金属盐相似，所不同的是前者含较多的结晶水及易形成复盐和配离子。

4. 氧化态为+4 和+2 的化合物

1) +4 氧化态化合物

镧系元素中铈(Ce)、镨(Pr)、铽(Tb)、镝(Dy)都能形成+4 氧化态的化合物，其中以四价铈的化合物最重要，因四价铈化合物既能存在于水溶液中，又能存在于固体中。而其余四价化合物溶解时会被还原。

常见的四价铈的化合物有 CeO_2、$Ce(SO_4)_2 \cdot 2H_2O$、$(NH_4)_2[Ce(NO_3)_6]$、CeF_4。

CeO_2 可由三价铈的草酸盐、碳酸盐、硝酸盐和氢氧化物在空气中灼烧得到或在水溶液中用次氯酸盐氧化 Ce(Ⅲ)得到。$Ce(SO_4)_2$ 可由 CeO_2 与浓 H_2SO_4 反应来制备。四价硫酸铈与碱金属硫酸盐形成复盐 $Ce(SO_4)_2 \cdot 2(NH_4)_2SO_4 \cdot 2H_2O$。纯的 $Ce(NO_3)_4$ 尚未制得，但与碱金属(包括铵)能形成配位数为 12 的配合物，如$(NH_4)_2[Ce(NO_3)_6]$(NO_3^- 看作双齿配位体)，此配合物在分析化学中常作基准试剂。铈在不同酸中的标准电极电势列于表 12-6。电极电势的大小与酸根性质及浓度、溶液的酸度、水解程度、聚合和配位作用等有关。

表 12-6 铈在不同酸中的标准电极电势

$E^{\ominus}$/V	1.28	1.44	1.61	1.74
介 质	HCl	H_2SO_4	HNO_3	$HClO_4$

在溶液中，四价铈将与酸中的阴离子(如 Cl^-，SO_4^{2-}，NO_3^-)形成稳定性不同的配离子。例如，在 H_2SO_4 介质中可生成 $CeSO_4^{2+}$、$Ce(SO_4)_2$、$Ce(SO_4)_3^{2-}$ 等配位个体。在 $HClO_4$ 介质中，由于 ClO_4^- 的配位能力很弱，溶液中主要存在四价铈的水解平衡，产物有 $Ce(OH)^{3+}$ 和 Ce_2O^{6+}[$2Ce(OH)^{3+} \longrightarrow CeOCe^{6+} + H_2O$]等。增加 $HClO_4$ 浓度抑制 Ce^{4+} 的水解，只有在浓 $HClO_4$ 中，才以水合离子$[Ce(H_2O)_6]^{4+}$形式存在。反应中新物种的产生将直接影响四价铈离子的浓度，使氧化还原电势发生改变。

四价铈表现的主要特性是氧化还原性和水解性。酸性溶液中，Ce(Ⅳ)有相当强的氧化能力。相反，在弱酸性或碱性溶液中，Ce(Ⅲ)却易氧化为 Ce(Ⅳ)。

灼烧过的 CeO_2 既难溶于酸，又难溶于碱。CeO_2 是强氧化剂。当有还原剂存在时，CeO_2 可溶于酸，并得到 Ce^{3+} 盐溶液。

$$2CeO_2 + 8HCl \longrightarrow 2CeCl_3 + Cl_2 + 4H_2O$$

$$2CeO_2 + 2KI + 8HCl \longrightarrow 2CeCl_3 + I_2 + 2KCl + 4H_2O$$

硫酸铈在滴定分析中常作氧化剂，其特点是：反应快速、直接、容易达到定量反应。$Ce(H_2O)_n^{4+}$ 极易发生水解(除很低的 pH 外)，具有相当强的酸性。

H_2O_2、O_2、$KMnO_4$、Cl_2、$(NH_4)_2S_2O_8$ 等氧化剂，在弱酸性、中性或碱性介质中将 Ce(Ⅲ)氧化成 Ce(Ⅳ)。以下反应是氧化法分离铈的基础。如采用氯气氧化时，是将 Cl_2 通入混合氢氧化稀土金属的悬浮液中，此时 $Ce(OH)_3$ 转化为 $Ce(OH)_4$ 沉淀，然后加盐酸调节溶液的 pH 至 3～3.5，全部其他 $RE(OH)_3$ 则溶解生成 $RECl_3$ 留在溶液中。

$$4Ce(OH)_3 + O_2 + 2H_2O \longrightarrow 4Ce(OH)_4$$

$$2Ce(OH)_3 + Cl_2 + 2H_2O \longrightarrow 2Ce(OH)_4 + 2HCl$$

$$3Ce(NO_3)_3 + KMnO_4 + 4H_2O \longrightarrow 3CeO_2 + MnO_2 + KNO_3 + 8HNO_3$$

2)＋2 氧化态化合物

钐(Sm)、铕(Eu)和镱(Yb)能形成＋2 氧化态化合物，Sm^{2+}、Eu^{2+}、Yb^{2+} 具有不同程度的还原性，下面列出有关 $E^{\ominus}$ 值。

电 对	Eu^{3+}/Eu^{2+}	Yb^{3+}/Yb^{2+}	Sm^{3+}/Sm^{2+}
$E^{\ominus}$/V	−0.35	−1.17	−1.56

在工业生产中常利用它们的还原性与其他镧系元素分离。铕(Ⅱ)盐的结构类似于 Ba、Sr 相应的化合物，如 $EuSO_4$ 与 $BaSO_4$ 结构相同，难溶于水。锌可以将铕(Ⅲ)还原为二价铕，其他三价镧系元素则不被还原。最后加入可溶性硫酸盐，铕以硫酸盐的形式沉淀分离而得。

$$2Eu^{3+} + Zn \longrightarrow Zn^{2+} + 2Eu^{2+}$$

5. 镧系元素的配合物

镧系元素配合物的特点如下：

(1) Ln^{3+}的4f电子处于内层，受到外层$5s^25p^6$电子的屏蔽，有些类似于稀有气体构型的离子。内层4f电子受周围配位体电场的影响较小，它们之间相互作用很弱，4f轨道参与成键的成分不大。化学键具有一定共价性的主要贡献来自外层的5d和6s轨道。

Ln^{3+}与配位体之间相互作用是以静电作用为主，其键型主要是离子型的，这与碱土金属的离子有相似之处。

(2) 由于Ln^{3+}半径较大，与过渡金属离子相比允许排布较多的配位体。3d过渡金属离子的配位数常是4或6，而镧系元素最常见的配位数为8或9(接近6s，6p和5d轨道数的总和)，最高达到12。配合物的几何构型也变得更为复杂。

(3) 从金属离子的酸碱分类出发，Ln^{3+}属于硬酸(静电作用为主)，它喜欢与属于硬碱(电负性大的O，N，F等)的配位原子进行配位。例如，在氧族中镧系元素更倾向于与氧形成Ln—O键，而与硫、硒、碲形成化学键的数目明显减少。

Ln^{3+}与属于软碱的配位原子如S、P、C等的配位能力则较弱。Ln^{3+}与CO、CN^-、PR_3等难以生成稳定的配合物。

(4) 由于镧系元素配合物中配位键主要是离子性的，所以配合物在溶液中多为活性配合物，易于发生配体取代反应。

12.1.3 镧系元素的提取和分离

我国稀土资源十分丰富，储量居世界之首。最重要的稀土矿是独居石(Ce，La，Nd，Th)[PO_4]、氟碳铈镧矿(Ce，La)FCO_3和磷钇矿$Y(PO_4)$等。

从矿石中提取镧系元素，包括分解矿石及分离两个过程。分解矿石的一般方法有氯化法、硫酸法和烧碱法等。矿石经分解将镧系元素作为一组与其他非镧系元素分离。如用NaOH溶液处理独居石精矿，经分解、浸取、过滤、洗涤等操作，得到$Ln(OH)_3$沉淀物，再用盐酸溶解，获得镧系元素氯化物溶液，最终还将除去放射性元素及其他杂质。

由于镧系元素性质十分相似，它们在自然界中广泛共生，而且在矿物中伴生的杂质元素较多，给分离和提纯工作带来很大的困难。目前从混合镧系元素中分离提取单一镧系元素的方法有化学分离法、离子交换法和溶剂萃取法等(化学分离法已在12.1.1和12.1.2中作了简要介绍)。目前广泛采用离子交换法和溶剂萃取法分离镧系元素，是因为这两种方法具有操作简单、分离完全等优点。

1. 离子交换法

离子交换法是用离子交换树脂(阴离子或阳离子交换树脂)在交换柱内分离混合离子溶液的方法。它是分离镧系元素、制备单一镧系元素化合物的重要方法之一，包括树脂的吸附和淋洗两个过程。

1) 树脂的吸附

在交换柱中的离子交换树脂为固定相，含有混合镧系离子的溶液为流动相。用于分离混合镧系离子的树脂多为强酸性阳离子交换树脂($R—SO_3H$)。树脂经 NH_4Cl 或 NaCl 溶液处理,转变为铵型 $R—SO_3NH_4$ 或钠型 $R—SO_3Na$,树脂活性基团上可交换离子为 H^+、NH_4^+ 或 Na^+。当混合镧系离子溶液流经上述阳离子交换树脂时,镧系离子 Ln^{3+} 与树脂上的 H^+ 或 NH_4^+ 发生交换作用,结果使镧系离子 Ln^{3+} 被吸附在树脂上(Ln^{3+} 对 RSO_3^- 有一定的亲和力),吸附在树脂上的离子可被溶液中电荷相同的其他离子置换而解吸下来。所以离子交换反应也是一种可逆的平衡反应。

$$Ln^{3+}(aq)+3R—SO_3H \underset{\text{解吸}}{\overset{\text{吸附}}{\rightleftharpoons}} (RSO_3)_3Ln+3H^+(aq)$$

离子交换反应是通过离子的扩散和交换过程来完成的。通常情况下,无机离子交换反应是较快的,因此离子交换的总过程受扩散过程控制。

金属离子与树脂基团之间的作用是静电作用力。作用力或亲和力的大小与金属离子的电荷和离子的水合半径有关。在常温时的稀溶液中,随金属离子电荷的增加,吸附力增强。Ln^{3+} 的电荷相同,离子半径随原子序数增大而减小,Ln^{3+} 周围的水合水分子增多、水合半径增大,因此树脂对镧系离子的亲和力随原子序数的增大而变小,但是实际上这种差异是很小的。水合半径大的离子其运动速度慢。对 Ln^{3+} 而言,水合半径最大的 Lu^{3+} 其扩散速率最慢,而水合半径最小的 La^{3+} 由于其扩散速率快,最先到达树脂上发生交换作用。由于 Ln^{3+} 之间半径相差很小,性质非常相似,单凭吸附能力的差异还不足以使它有效地分离开来。

2) 淋洗

经吸附的离子还需用淋洗的方法洗脱下来。淋洗液通常是含有配合剂的溶液(如 EDTA,柠檬酸,乙酸铵,苹果酸等)。这是由于它们具有较大的配合常数、与镧系元素间有较大的配合常数差有关。利用配合剂与 Ln^{3+} 形成配合物的能力不同,可以使它们陆续解吸,从而达到有效分离。

Ln^{3+} 与淋洗液中的配位体形成配合物的稳定常数一般是随原子序数的增加或离子半径(不是水合离子半径)的减少而增大。也就是说 Lu^{3+} 最容易与淋洗液中配合剂形成配合物(稳定性最大)而解吸,即 Lu^{3+} 首先被淋洗出来,而 La^{3+} 最后淋洗下来,经反复多次的交换和淋洗操作,就能达到完全分离的目的。

2. 溶剂萃取法

溶剂萃取分离法是指含有被分离物质的水溶液与互不混溶的有机溶剂接触,借助于萃取剂的作用,使一种或几种组分进入有机相,而另一组分仍留在水相,从而达到分离的目的。在许多情况下,只用有机溶剂不能达到萃取无机物的目的,必须外加萃取剂才能实现。萃取剂一般分为三类:①酸性萃取剂,如 P_{204}(酸性磷酸酯)等;②中性萃取剂,如 TBP(磷酸三丁酯)等;③离子缔合萃取剂,如胺类等。

萃取过程一般包括萃取和反萃取。萃取通常是指原先溶于水相的被萃取物与有机相充分接触后,部分地或几乎全部地转入有机相的过程。反萃取是将被萃取物从有机相再转入水相的过程。两过程交替使用可以提高分离的选择性和完全度,从而获得较纯的产品。

溶剂萃取法具有处理容量大，反应速度快，分离效果好的优点，是目前稀土分离工业中应用最为广泛的一种方法。它可用于每种稀土元素的分离，有时一种好的萃取剂几乎可以实现全部稀土元素的分离，从纯度上也已达到4个9的水平。

以下简要介绍用萃取法提取铈的过程：利用TBP从硝酸（8～15 mol·L^{-1}）介质中萃取Ce(Ⅳ)，使它与三价镧系元素分离。然后往TBP中加入H_2O_2水溶液，将Ce(Ⅳ)还原为Ce(Ⅲ)进行反萃取，Ce(Ⅲ)进入水层。

$$\left.\begin{matrix}[Ce(NO_3)_6]^{2-}\\Ln^{3+}\end{matrix}\right]+TBP\xrightarrow[8\sim15\ mol\cdot L^{-1}]{HNO_3}\left[\begin{matrix}水层:Ln^{3+}\\TBP层:H_2Ce(NO_3)_6\xrightarrow{H_2O_2}\left[\begin{matrix}TBP层\\水层:Ce^{3+}\end{matrix}\right.\end{matrix}\right.$$

12.1.4　稀土元素的应用

稀土元素用途极为广泛，这与它们的化学、光学、磁学及核性能等特性有关，现简述如下。

1. 在高新技术领域中的应用

1）激光及发光材料

激光材料（激光是一种受激辐射光量子放电现象）是用来制造激光器（莱塞）的材料。镨、钕、钐、铽、镝、钬、铒、铥、镱等可作为激光材料的基体或激活物质。例如，掺钕的激光玻璃、掺钕的钇铝石榴石单晶（$Y_3AlO_{12}:Nd^{3+}$）是制作固体激光器的激光材料。硫氧钇铕（$Y_2O_2S:Eu^{3+}$，其中铕起激活作用），在电子激发下可产生鲜艳的红色荧光，用于彩色电视机中，使彩屏亮度提高一倍（彩色电视机荧光屏需要三种基本的阴极射线发光体：红色发光体$Y_2O_2S:Eu^{3+}$，蓝色发光体$ZnS:Ag^+$和绿色发光体$ZnS:Cu^+$）。用于制造三基色荧光灯荧光粉的原料是纯度大于99.99%的氧化钇、氧化铕、氧化铽和氧化铈等。氧化镧、氧化铈、氧化钆等是制造X光增减屏的荧光材料。

2）永磁材料

利用稀土特殊的磁性能，制造各类超级永磁体，迄今已发展了三代，第一代为1∶5型钐钴磁体$Sm:Co_5$；第二代为2∶17型钐钴磁体Sm_2Co_{17}及其延伸产品；第三代为稀土铁系永磁体，最典型为钕铁硼$Nd_2Fe_{14}B$永磁体。由于稀土永磁材料的磁性能远高于传统磁体，故被称为超级磁体和当代永磁之王。用于各类电机、核磁共振成像装置、磁悬浮列车，及其他光电子等高技术领域中。

制造永磁体的稀土元素主要是钕、钐、镨、镝、铈等。

3）储氢材料

$LaNi_5$是稀土系储氢材料的典型代表，最引人注目的优点是储氢量大、易活化、吸附和脱附均极快，反应是可逆的，并具有抗杂质气体中毒的特性。储氢材料主要应用于氢气的储运、氢气的净化、氢气的分离与回收、高纯度氢气的制备、氢能汽车、金属氢化物电池以及加氢反应催化剂等领域。

目前研究的已投入使用的储氢合金主要有稀土系（稀土元素有La，Nd，Ce，Sm，Y，Gd等）、钛系、镁系及锆系等。

4) 超导材料

1986 年德国和瑞士科学家用共沉淀法制得转变温度为 35 K(约 −238 ℃)的含有稀土的陶瓷高温超导材料(Ba - La - Cu - O)。为此,他们获得了 1987 年诺贝尔物理学奖。1987 年美籍华裔物理学家朱经武和中国科学家赵忠贤分别独立制得转变温度超过 100 K(−173 ℃)的钇钡铜氧化物($YBa_2Cu_3O_7$)超导体,这是第一个不用液氦冷却,而用液氮冷却就获得电阻为零的超导体。使超导材料由研究阶段进入实用阶段。

利用超导材料的零电阻特性,超导电缆在理论上可以达到无损耗地输送电能。超导材料在交通工业上的应用是制造超导列车等,这种车辆在电机牵引下,无摩擦地前进,时速可达 500 km。

2. 在石油、化工领域中的应用

稀土元素化合物广泛用作催化剂。目前世界上 90% 的炼油裂化装置都使用含稀土金属的催化剂。用于煤油工业作石油裂解的催化剂,如稀土分子筛催化剂活性高、选择性好、可提高汽油收率、降低炼油成本,此外,稀土金属还用作汽车尾气的净化催化剂、油漆催干剂、塑料热稳定剂等。

3. 在玻璃、陶瓷工业中的应用

在玻璃中添加稀土金属的化合物,可制得特种玻璃,如含氧化镧的特种玻璃,具有高折射率、化学稳定性好的特点,常用以制造照相机和潜望镜的镜头,在熔融的玻璃中,每吨玻璃加入 100~200 g CeO_2,可除去 Fe(Ⅱ)造成的绿色[利用 CeO_2 的氧化性将 Fe(Ⅱ)氧化为 Fe(Ⅲ)],得到透明度高的无色优质玻璃。

陶瓷材料的最大缺点是有脆性、不耐高温,但在制陶配料中加入混合稀土的氧化物形成稀土陶瓷就具有高强度和耐高温的优良性能,用以制作切削刀具、发动机的活塞等部件。

稀土氧化物还可作为陶瓷釉彩的着色剂,如稀土颜料有镨黄、钐红、铈蓝、钕黑等。

4. 在其他方面的应用

在农业上,稀土硝酸盐等化合物可作为微量元素肥料,使小麦、棉花等农作物增产幅度达 10%~15%。

在医药上,氯化铈及氯化钠配成的膏剂对治疗皮肤病有良好效果。在纺织工业中,用轻稀土氯化物处理的纺织品有防蛀、防酸等性能。

总之,稀土元素及其化合物在国民经济中的许多领域中有广泛的用途,随着高科技的发展,稀土金属的真正价值才能明显体现出来。

12.2 锕系元素

周期表中的 89~103 号元素,即锕(Ar)、钍(Th)、镤(Pa)、铀(U)、镎(Np)、钚(Pu)、镅(Am)、锔(Cm)、锫(Bk)、锎(Cf)、锿(Es)、镄(Fm)、钔(Md)、锘(No)、铹(Lr)共 15 种元

素称为锕系元素，它们位于镧系元素的下面，即ⅢB族、第七周期的同一格内，又称为第二内过渡元素，它们都具有放射性。其中，铀以后的 11 种元素(93～103)又称为超铀元素，它们都是 1940 年以后人工合成的。

12.2.1　锕系元素的通性

1. 锕系元素的价电子构型

锕系元素的一些基本性质见表 12－7。对化学性质来说最重要的是价电子构型。锕系元素的价电子构型和镧系元素一样出现两种结构，即 $5f^n7s^2$ 和 $5f^{n-1}6d^17s^2$。但不同的是 5f 和 6d 的能量相近，而 4f 和 5d 的能量相差较大，对于锕系中前一半元素，5f→6d所需的能量比镧系中 4f→5d 的所需的能量要少。因此，锕系元素中前面的元素具有保持 d 电子的强烈倾向，而后一半锕系元素与镧系元素相类似。

表 12－7　锕系元素的一些基本性质

原子序数	元素符号	元素名称	价电子构型	氧化态	离子半径/pm	
					M^{3+}	M^{4+}
89	Ar	锕	$6d^17s^2$	$\underline{+3}$	111	—
90	Th	钍	$6d^27s^2$	(+3)，$\underline{+4}$	108	99
91	Pa	镤	$5f^26d^17s^2$	+3，+4，$\underline{+5}$	105	96
92	U	铀	$5f^36d^17s^2$	+3，+4，+5，$\underline{+6}$	103	93
93	Np	镎	$5f^46d^17s^2$	+3，+4，$\underline{+5}$，+6，(+7)	101	92
94	Pu	钚	$5f^67s^2$	+3，$\underline{+4}$，+5，+6，(+7)	100	90
95	Am	镅	$5f^77s^2$	(+2)，$\underline{+3}$，+4，+5，+6	99	89
96	Cm	锔	$5f^76d^17s^2$	$\underline{+3}$，+4	98.5	88
97	Bk	锫	$5f^97s^2$	$\underline{+3}$，+4	98	—
98	Cf	锎	$5f^{10}7s^2$	+2，$\underline{+3}$，+4	97.7	—
99	Es	锿	$5f^{11}7s^2$	+2，$\underline{+3}$	—	—
100	Fm	镄	$5f^{12}7s^2$	+2，$\underline{+3}$	—	—
101	Md	钔	$5f^{13}7s^2$	+2，$\underline{+3}$	—	—
102	No	锘	$5f^{14}7s^2$	+2，$\underline{+3}$	—	—
103	Lr	铹	$5f^{14}6d^17s^2$	$\underline{+3}$	—	—

2. 氧化态

锕系元素的已知氧化态见表 12－7。与镧系元素相比，锕系中各元素并不像镧系元素那样具有明显的相似性。虽然锕本身具有稳定的+3 价态，但钍在水溶液中的特征价态是+4 价，镤是+5 价，而铀在水溶液中最稳定的则是+6 价态。这些特点可以从 5f 电子构型来说明，即轻锕系元素 5f 电子与核的作用比镧系元素的 4f 电子弱，因而容易失去，形成高价稳定态。随着原子序数的增加，核电荷跟着升高，5f 电子与核间的作用增强，使 5f 和 6d 能量差变大，5f 能级趋于稳定，电子也不容易失去了，所以通常来说，轻锕系元素的高价态和重锕系元素的低价态比其相应的镧系元素显得更加稳定。

3. 离子半径

锕系元素的离子半径见表 12-7。离子半径的大小主要取决于最外层电子的量子数和有效核电荷。这些元素+3 价离子的最外层电子是在已填满的 6p 电子层，随着原子序数增加，电子进入 5f 层，而 5f 电子不能完全屏蔽增加的核电荷，使有效核电荷增加，核对外层电子引力增加，因而产生了类似于镧系收缩的锕系收缩。这种收缩连续而不均匀，对前几个 f 电子，它的收缩较大，以后趋势则越来越平。这使得 f 系列元素在化学性质上的差异随原子序数的增加而逐渐减小，以致分离钚后元素时变得更加困难。

4. 离子的颜色

不同价态锕系元素离子在水溶液中的颜色见表 12-8。除少数离子为无色外，其余离子都是显色的。从表中可以看到，锕系元素的不同氧化态离子所具有的颜色与 f 电子有关，这点与镧系离子的情况相似。

表 12-8　不同价态锕系元素离子在水溶液中的颜色

元　素	M^{3+}	M^{4+}	MO_2^+	MO_2^{2+}
Ar	无色	—	—	—
Th	—	无色	—	—
Pa	—	无色	无色	—
U	浅红色	绿色	—	黄色
Np	紫色	黄绿色	绿色	粉红色
Pu	蓝色	黄褐色	红紫色	黄橙色
Am	粉红色	粉红色	黄色	浅棕色
Cm	无色	—	—	—

12.2.2　钍和铀及其重要化合物

锕系元素中除钍和铀外，存在量都很少，尤其是人工合成元素。由于人工合成元素的数量极少，而且大多数同位素的半衰期又很短，因此锕系中大多数元素至今还缺乏详尽的资料。

1. 钍及其重要化合物

钍在自然界主要存在于独居石中。从独居石提取稀土元素时，可分离出 $Th(OH)_4$，这是钍的重要来源之一。

钍为银白色金属，质软，在大气中逐渐变暗。它像镧系金属一样，是活泼金属。钍能与沸水反应；500 K 时与氧气反应；1050 K 时与氮气反应。稀 HF、稀 HNO_3、稀 H_2SO_4 和稀 HCl 或浓 H_3PO_4 与钍反应缓慢，浓硝酸能使钍钝化。

1）氧化物和氢氧化钍

使粉末状钍在氧气中加热燃烧，或将氢氧化钍、硝酸钍、草酸钍灼烧，都生成白色粉末的二氧化钍（ThO_2）。二氧化钍有广泛的应用。在人造石油工业中，通常使用含 8%的二氧化钍的氧化钴作催化剂。它又是制造钨丝时的添加剂。

在钍盐溶液中加碱或氨，生成二氧化钍水合物，为白色凝胶状沉淀。它易溶于酸中，不溶于碱中，但溶于碱金属的碳酸盐中能生成配合物。加热脱水时，在 530～620 K 有氢氧化钍 $Th(OH)_4$ 稳定存在，在 743 K 转化为二氧化钍。

2）硝酸钍

硝酸钍是最普通的钍盐，也是制备其他钍盐的原料。将二氧化钍的水合物溶于硝酸，得硝酸钍晶体。由于条件不同，所含的结晶水也不同。重要的硝酸盐为 $Th(NO_3)_2 \cdot 5H_2O$，它易溶于水、醇、酮和酯中。在钍盐溶液中，加入不同试剂，可析出不同沉淀，最重要的沉淀有氢氧化物、过氧化物、氟化物、碘酸盐、草酸盐和磷酸盐；后四种盐，即使在 6 $mol \cdot L^{-1}$强酸性溶液中也不溶解，因此可以用于分离钍和其他相同性质的+3 价和+4 价阳离子。

Th^{4+} 在 pH 大于 3 时发生剧烈水解，形成的产物是配离子，其组成取决于 pH、浓度和阴离子的性质。在高氯酸溶液中，主要离子为 $[Th(OH)]^{3+}$、$[Th(OH)_2]^{2+}$、$[Th_2(OH)_2]^{6+}$、$[Th_4(OH)_8]^{8+}$，最后产物为六聚物 $[Th_6(OH)_{15}]^{9+}$。

2. 铀及其重要化合物

铀在自然界主要存在于沥青铀矿，其主要成分为 U_2O_3。提炼方法很多而且复杂，但是最后步骤通常用萃取法将硝酸铀酰从水溶液中萃取到有机相，得到较纯的铀化合物。

金属铀的制备方法是将 UF_4 还原。

$$UO_2(NO_3)_2 \xrightarrow{\text{加热}} UO_2 \xrightarrow{\text{在 HF 中}} UF_4 \xrightarrow[\text{与 Mg 共热}]{\text{在加压下}} U + MgF_2$$

铀为银白色活泼金属，在空气中很快被氧化变黄进而变成黑色氧化膜，但此膜不致密，不能保护金属。铀易溶于盐酸和硝酸，但在硫酸、磷酸和氢氟酸中溶解较慢。它不与碱作用。U－235 作为核反应堆的燃料。

1）氧化物

铀的主要氧化物有 UO_2（暗棕色）、U_3O_8（暗绿）和 UO_3（橙黄色）。将硝酸铀酰 $[UO_2(NO_3)_2]$ 在 600 K 分解可得到 UO_3。

$$2UO_2(NO_3)_2 = 2UO_3 + 4NO_2\uparrow + O_2\uparrow$$

U_3O_8 和 UO_2 可以根据以下反应制得：

$$UO_3 + CO \xlongequal{623\ K} UO_2 + CO_2$$

$$3UO_3 \xlongequal{1000\ K} U_3O_8 + \frac{1}{2}O_2\uparrow$$

UO_3 具有两性，溶于酸生成铀氧基 UO_2^{2+}，溶于碱生成重铀酸根 $U_2O_7^{2-}$。U_3O_8 不溶于水，但溶于酸生成相应的 UO_2^{2+} 的盐，UO_2 缓慢溶于盐酸和硫酸中，生成U(Ⅳ)盐，但硝酸容易把它氧化成 $UO_2(NO_3)_2$。

2）硝酸铀酰(或硝酸铀氧基)

将铀的氧化物溶于硝酸，由溶液可析出柠檬黄色的六水合铀酰晶体 [$UO_2(NO_3)_2 \cdot 6H_2O$]，它带黄绿色荧光，在潮湿空气中易吸收水分。$UO_2(NO_3)_2$ 易溶于水、醇和醚中。UO_2^{2+} 在水溶液中可以水解，在 298 K 时其水解产物主要为 $[UO_2OH]^+$、$[(UO_2)_2(OH)_2]^{2+}$ 和 $[(UO_2)_3(OH)_5]^+$。硝酸铀酰与金属硝酸盐可生成组成为 $M^I NO_3 \cdot UO_2(NO_3)_2$ 的复盐。

3）铀酸盐

在硝酸铀酰溶液中加碱，即析出黄色的重铀酸盐，如黄色的重铀酸钠($Na_2U_2O_7 \cdot 6H_2O$)。将此盐加热脱水，得无水盐，称为"铀黄"，应用在玻璃及陶瓷釉中作为贵重的黄颜料。

4）六氟化铀

铀的氟化物很多，有 UF_3、UF_4、UF_5、UF_6，其中以 UF_6 最重要。UF_6 可以从下列反应制取：

$$UO_3 + 3SF_4 \longrightarrow UF_6 + 3SOF_2$$

UF_6 是无色晶体，熔点 337 K，在 295 K 时的蒸气压为 15.3 kPa，在干燥空气中稳定，但遇水蒸气即水解。

$$UF_6 + 2H_2O \longrightarrow UO_2F_2 + 4HF$$

六氟化铀是具有挥发性的铀化合物，利用 $^{238}UF_6$ 和 $^{235}UF_6$ 蒸气扩散速度的差别，可分离 U-235 和 U-238，达到富集核燃料 U-235 的目的。

习　题

1. 从 Ln^{3+} 的电子构型、离子电荷和离子半径说明三价离子在性质上的类似性。
2. 试说明镧系元素的特征氧化态是+3，而铈、镨、铽却常呈现+4，钐、铕、镱又可呈现+2。
3. 什么是"镧系收缩"？讨论出现这种现象的原因和它对第五、六周期中副族元素性质所产生的影响。
4. 稀土元素有哪些主要性质和用途？
5. 试述镧系元素氢氧化物 $Ln(OH)_3$ 的溶解度和碱性变化的情况。
6. 稀土元素的草酸盐沉淀有什么特性？
7. Ln^{3+} 形成配合物的能力如何？举例说明它们形成螯合物的情况与实际应用。
8. 锕系元素的氧化态与镧系元素比较有何不同？
9. 水合稀土氯化物为什么要在一定真空度下进行脱水？这一点和其他哪些常见的含水氯化物的脱水情况相似？
10. 写出 Ce^{4+}、Sm^{2+}、Eu^{2+}、Yb^{2+} 基态的电子构型。
11. 试求出下列离子成单电子数：La^{3+}、Ce^{4+}、Lu^{3+}、Yb^{2+}、Gd^{3+}、Eu^{2+}、Tb^{4+}。
12. 完成并配平下列反应方程式：

(1) $EuCl_2 + FeCl_3 \longrightarrow$

(2) $CeO_2 + HCl \longrightarrow$

(3) $UO_2(NO_3)_2 \xrightarrow{\triangle}$

(4) $UO_3 \xrightarrow{\triangle}$

(5) $UO_3 + HF \longrightarrow$

(6) $UO_3 + NaOH \longrightarrow$

(7) $UO_3 + SF_4 \longrightarrow$

(8) $Ce(OH)_3 + NaOH + Cl_2 \longrightarrow$

(9) $Ln_2O_3 + HNO_3 \longrightarrow$

13. 稀土金属常以+3氧化态存在，其中有些还有其他稳定氧化态，如 Ce^{4+} 和 Eu^{2+}。Eu^{2+} 的半径接近 Ba^{2+}。怎样将铕与其他稀土分离？

14. f组元素的性质为什么不同于d组元素？举例说明。

15. 讨论下列性质：

(1) $Ln(OH)_3$ 的碱强度随Ln原子序数的提高而降低。

(2) 镧系元素为什么形成配合物的能力很弱？镧元素配合物中配位键为什么主要是离子性的？

(3) Ln^{3+} 大部分是有色的、顺磁性的。

16. 回答下列问题：

(1) 钇在矿物中与镧系元素共生的原因何在？

(2) 从混合稀土中提取单一稀土的主要方法有哪些？

(3) 根据镧系元素的标准电极电势，判断它们在通常条件下和水及酸的反应能力。镧系金属的还原能力同哪个金属的还原能力相近？

(4) 镧系收缩的结果造成哪三对元素在分离上困难？

(5) 镧系+3价离子的配合物只有 La^{3+}、Gd^{3+} 和 Lu^{3+}，具有与纯自旋公式所得一致的磁矩，为什么？

17. $Ln^{3+}(aq) + EDTA(aq) \longrightarrow Ln(EDTA)(aq)$

上述生成配合物的反应中，随镧系元素原子序数的增加，配合物的稳定性将发生怎样的递变？为什么？

18. 试述 ^{238}U 和 ^{235}U 的分离方法和原理。

19. 在核动力工厂，核燃料铀生产中的关键反应如下：

$$UO_2(s) + 4HF(g) \longrightarrow UF_4(s) + 2H_2O(g)$$

$$UF_4(s) + F_2(g) \longrightarrow UF_6(g)$$

计算上述反应的 $\Delta_r H_m^\ominus$。

20. 用配合剂2-羟基异丁酸作淋洗剂从离子交换柱上淋洗重镧系金属离子(含 Eu^{3+} 到 Lu^{3+} 之间的多种三价稀土离子)，洗出的顺序如何？为什么？

第 13 章　无机功能材料化学

材料是人类文明的标志，一种新材料的出现往往引起生产力的大发展，推动社会进步。从石器、陶瓷器、铸铁、钢、塑料、光导纤维到形形色色材料的出现，均标志着一个相应的经济发展历史时期。能源、信息和材料是现代社会发展的三大支柱，而材料又是能源和信息发展的物质基础，化学是材料发展的源泉。

无机材料化学是研究无机材料的制备、组成、结构、性质和应用的科学。它包括两个主要领域，其一是材料的制备化学，其二是材料的固体化学，具有明显的交叉和边缘学科的性质。

功能材料是指利用物理效应，把能量从一种形式转换成另一种形式的材料，如利用它就能够把光、电、声、磁、热、力等效应互相转换（专业术语称为"耦合"）。人们最感兴趣的是把光、声、磁、热、机械力等转换成电效应。

13.1　纳米材料

13.1.1　神奇的纳米材料

纳米材料是由纳米微粒构成的固体材料。纳米微粒是指粒径为 1～100 nm、用透射电子显微镜(TEM)才能看到的超细粒子(这是日本名古屋大学上田良二教授给出的定义)。1 nm(10^{-9} m)相当于一根头发丝粗细的六万分之一，纳米粒子是介于宏观物质与微观原子的一个过渡区域，见图 13 - 1。

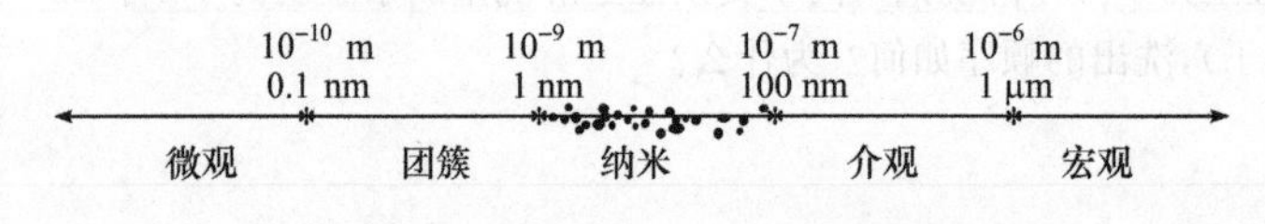

图 13 - 1　颗粒尺寸与分类

人工制备纳米粒子可追溯到 1000 多年前。中国古代铜镜表面的防锈层经现代手段检测证实为纳米氧化锡颗粒构成的一层薄膜。人们自觉探索纳米体系的奥妙是 20 世纪 60 年代末，20 世纪 90 年代在世界掀起了纳米材料制备和研究的热潮，形成了一个新兴的前沿领域。

当颗粒尺寸进入纳米级时，其本身和它所构成的纳米固体具有三种效应——小尺寸效应、表面效应和量子尺寸效应，并由此派生出传统固体不具备的许多奇异特性。这说明"量变"发展到一定阶段，必引起质的飞跃。

1. 小尺寸效应

由于纳米粒子尺寸小，电子被局限于一个体积十分微小的纳米空间，电子的运动受到限制，出现与传统固体不同的特性。纳米粒子的熔点比常规粒子低得多。例如，纳米金粉(2 nm)的熔点为660 K，沸点为1337 K；大块金的熔点为1336 K，沸点为2933 K；大块铅的熔点为600 K，纳米铅粒(20 nm)的熔点低于288 K。纳米氧化铝可在1423～1773 K烧结，常规氧化铝的烧结温度(是指把粉末先加压成型，然后在低于熔点的温度下使这些粉末互相结合，密度接近于材料的理论密度的温度为烧结温度)为1973～2073 K。纳米陶瓷是摔不破的陶瓷(可以用“软化学法”制备)，纳米TiO_2陶瓷在室温下可被弯曲，塑性形变性达100%。于是有人说，“好陶瓷来自化学”。这些奇异的特性将为冶金和材料工业的发展开创新的局面，为节能提供新的思路。纳米铜(6 nm)的强度比普通铜高5倍；纳米铁的抗断裂应力比普通铁高12倍。透射电子显微镜观察表明，这些纳米相材料中的原子团和晶粒中大多数没有位错存在。

2. 表面效应

表面效应是指纳米粒子表面原子与总原子数之比随纳米粒子尺寸的减小而急剧增大后引起的性质上的变化(表13-1)，即纳米粒子尺寸小、表面积大、位于表面的原子数多。庞大的比表面因缺少近邻配位的表面原子，变得极不稳定，使纳米微粒表面具有很高的反应活性。例如，纳米金属粒子在空气中会燃烧，能在大气中吸收气体与之反应。纳米粒子有高的催化活性和高的选择性，使某些反应的速率提高15倍，产率提高几十倍，反应温度下降。例如，使乙烯氢化反应的温度从873 K降至室温。这将给工业催化带来革命性的变革。

表13-1　纳米微粒尺寸与表面原子数的关系

纳米微粒尺寸	包含总原子数	表面原子所占比例/%
10	3×10^4	20
4	4×10^3	40
2	2.5×10^2	80
1	10	99

3. 量子尺寸效应

它的含义是随着粒径的减少，能级发生改变，能隙变宽，产生蓝移的现象。这将导致纳米微粒在光、电、磁、热、声以及超导性与宏观材料具有明显不同的特性。1993年美国贝尔实验室在硒化镉中发现：随着颗粒尺寸的减少，发光的颜色从红色→绿色→蓝色变化，这说明发光带波长由690 nm移向480 nm，蓝移了210 nm。紧接着美国伯克利实验室利用量子尺寸效应，通过控制硒化镉的颗粒尺寸达到在红、绿、蓝光之间的变化，制造出可调谐的发光二极管。这一成就使纳米微粒在微电子学和光电子学中的地位变得十分显赫。

纳米材料中涉及的许多未知过程和新异现象很难用物理、化学理论进行解释。对它的研究势必把物理、化学领域的许多学科推向一个新的层次，也会给21世纪物理和化学研究带来新的机遇。

13.1.2 纳米材料的应用

1. 纳米 TiO_2 光催化剂的应用

1）基本原理

研究表明，纳米 TiO_2（锐钛矿型）由于粒子尺寸小、比表面积大，光催化活性明显强于传统的 TiO_2。纳米 TiO_2 具有量子尺寸效应，带来了能级的改变，导带和价带变为分立的能级，能隙变宽，导带电位变得更负，价电电位变得更正，具有更强的氧化还原能力。当 TiO_2 吸收了一定波长的光能后，价带中的电子被激发到导带，形成带负电荷的高活性电子，同时价带中产生带正电荷的空穴，即形成光生电子、空穴对（光生载流子）。价带空穴是良好的氧化剂，导带电子是良好的还原剂。这是它具有很高的应用价值的基础。

随着 TiO_2 粒径的减小、表面原子数的迅速增加，光吸收效率提高，从而增加了表面光生载流子的浓度。对于纳米粒子，生成电子、空穴到达表面之前，大部分不会重新结合。能达到表面的电子、空穴数量越多，反应活性就越高。携带光量子能的空穴，可以与表面吸附的 H_2O 或 OH^- 反应，形成具有强氧化性的羟基（—OH）。光生电子与表面吸附的 O_2 反应，除产生羟基—OH外，还生成活性 O_2^- 等。随晶粒尺寸的减小，表面原子比例增大，表面活性物种（—OH，O_2^-，H_2O_2 等）数目随之增加，反应效率相应提高。

2）应用

下面主要介绍纳米材料在废水处理、空气净化、杀菌、医学和功能化妆品等方面的应用：

(1) 无机污染物和有机污染物的光催化降解。利用纳米 TiO_2 光催化剂的强氧化还原能力，可以将污水中的汞、铬、铅、镉等重金属离子以及氰化物等降解为无毒物质。如 $Cr_2O_7^{2-}$ 还原为毒性低的 Cr^{3+}；CN^- 氧化为无毒的 CO_2、N_2 和 NO_3^-。汽车尾气中的有害成分 SO_2、H_2S、NO 和 NO_2 等也可通过光催化降解来消除。利用纳米 TiO_2 光催化剂处理含有机污染物的废水，通过光催化反应，使有机污染物和农药残留物降解为 CO_2、H_2O 或小分子无机物，达到净化污水的目的。

(2) 杀菌和杀灭肿瘤细胞。纳米 TiO_2 光催化产生的空穴和形成于颗粒表面的活性物种有强的氧化能力，可以杀死细菌和抑制病菌生长。例如，在医院的手术室及生活空间细菌密集场所安放纳米 TiO_2 光催化剂，可以有效地杀灭细菌，防止感染，达到净化空气的目的。实验表明，纳米 TiO_2 在紫外光照射下可以杀灭肿瘤细胞，而不会引起白细胞减少等副作用。借助光导纤维，可以将纳米 TiO_2 和紫外光送至人体内部脏器的肿瘤部分，在表面产生强氧化反应，直接杀灭肿瘤细胞，达到治疗的效果。

2. 银抗菌剂

银的抗菌作用与自身的化合价态有关。高价态银的氧化能力极高，能使其周围的空间产生原子氧，具有抗菌作用。Ag^+ 也可强烈吸引细菌体内酶蛋白的巯基并迅速结合（软亲软），使以此为必需基因的酶丧失活性，导致细菌死亡。其机理简示如下：

$$\text{酶}\begin{matrix}\diagup SH\\ \diagdown SH\end{matrix} + 2Ag^{+} \longrightarrow \text{酶}\begin{matrix}\diagup SAg\\ \diagdown SAg\end{matrix} + 2H^{+}$$

当菌体死亡后，Ag^{+}又游离出来，与其他菌落接触，开始新一轮作用。如此循环不断进行扼杀。据测定，水中含银离子为0.05 $mg \cdot L^{-1}$时，就能完全杀灭大肠杆菌等繁殖菌，并保持长达90天内无新的菌种繁衍。

制备银系抗菌剂有多种方法。例如，可用物理吸附或离子交换将银离子引进沸石或其他多孔材料中。随着纳米技术的蓬勃发展，将纳米银与纤维复合在一起，可制成抗菌布料，或医用纱布等新一代高科技产品。

3. 紫外线屏蔽

某些纳米粒子与树脂结合具有吸收紫外线的能力，用于防晒油和高级化妆品中。太阳光中对人体有伤害的紫外线波段主要是在300～400 nm。研究表明，纳米TiO_2、纳米ZnO、纳米Al_2O_3、纳米SiO_2、纳米云母氧化铁都有在这个波段吸收紫外线的特征。值得注意的是添加的纳米粒子不能太小，否则会将汗孔堵死，不利于健康，而粒子太大，紫外线又会偏离这个波段。为了解决这个问题，可以在具有强紫外线吸收的纳米微粒表面包覆一层对身体无害的高聚物，将这种复合体加入防晒油和化妆品中既发挥了纳米微粒的作用，又改善了防晒油的性能。防止日光中的紫外线对皮肤的损伤，减少皮肤癌的发病率。

塑料制品在紫外线照射下很容易老化变脆，如果在塑料表面涂上一层含有纳米微粒的透明涂层，这种涂层在300～400 nm有强的紫外吸收性能，这样就可以防止塑料老化。

4. 生物导弹

以纳米铁粉(Fe_2O_3)作为药物的磁性载体，注入人体内的血管，通过外磁场导航即药物在外磁场的作用下引导到病变部位，再释放药物达到定向治疗的目的(或定向诊断)。这就减少药物对人体的肝、脾、肾等产生损害。这是因为10 nm以下的磁性纳米粒子要比血液中的红细胞(200～300 nm)小得多，在血管中可自由移动到病变部位。

5. 隐身材料

人身体释放的红外线大致在4～25 μm的中红外波段，如果不对这个波段的红外线进行屏蔽，很容易被非常灵敏的红外探测器所发现，在夜间军人的安全受到威胁。研究发现，纳米粒子复合粉体(主要成分为SiO_2，Al_2O_3，TiO_2，Fe_2O_3等)，具有很强的吸收红外线的功能，将其填充到纤维中，由于粒子小在纤维拉丝时不会堵塞喷头。由这种功能纤维制成军装(隐身衣)，能将人体释放的红外线吸取(屏蔽)，热没有往外发散，就难以被灵敏度高的红外探测器发现，安全性增加。

6. 绿色汽车

以氢气为燃料的汽车是理想的绿色汽车。人们发现，碳纳米管(直径非常细小的中空管状纳米材料具有高强度、高硬度和弹性好的特点)能够大量吸收氢气,变成储氢的纳米钢瓶。目前,碳纳米管的储氢能力已达到10%以上。三分之二的氢气能够在常温、常压下从碳纳米管中释放出来。尽管目前仍有很多问题有待解决,但碳纳米管基氢能汽车已经向人们展示了美好的前景。

13.2 储氢材料

由于世界性的能源危机和环境污染日益严重,清洁能源问题已经提到议事日程上来,氢能源的利用受到科技界广泛关注。氢能的优点是:发热值高,每千克 H_2 燃烧产生的热能是煤的4倍以上;无污染;资源丰富,可来源于水的分解。氢能的利用包括三个方面的问题,即氢气的制备、储运和应用。氢气密度小、体积大、难压缩液化、易扩散和易爆炸,所以氢气的储运便成为开发氢能源的关键问题。

实验发现,有些合金可以在温和条件可逆地同氢气反应形成金属氢化物,把氢气储存起来,然后在一定条件下使金属氢化物分解放出大量的氢气,所形成的氢化物的储氢密度甚至高于液态氢。科技界把这些合金称为储氢合金材料,这类合金在氢气的储存、输送和应用等方面起着重要的作用。

13.2.1 发现过程

1977年,日本大阪电器产业中央研究院的青年研究人员在实验中发现,将钛锰合金和氢气装入容器之后,氢气压力由原来的10 atm降到1 atm以下。人们纷纷猜测,原来的压力确实是10 atm,检查容器气密性又毫无问题,氢气没有泄漏出来,钛锰合金能吸收氢气是无疑的事实。

13.2.2 储氢材料的组成及特性

利用氢气作能源,必须把氢气安全有效地储存起来,使有效体积中能存放足够的气体。传统的办法是将氢气液化,要消耗能量,约用去氢热值的1/4;制作高压(140 atm)氢气需要耗用大量的机械能,合氢热值的1/6~1/7。笨重的钢瓶输送很不方便、不安全。为了解决氢气的存储和运输问题,人们做了大量的实验研究,发现某些合金,如FeTi、$LaNi_5$、$TiMn_{1.5}$、$LaNi_4Cu$、FeTiNi、$ZrMn_2$、TiNi、Mg_2Ni 等(主要成分有Mg、Ti、Nb、V、Zr和稀土类金属,添加成分有Cr、Fe、Mn、Co、Ni、Cu等)具有储氢的功能。

储氢材料又称氢海绵,是一种功能材料。人们总结出来实用的储氢材料应具备如下特性:①吸氢能力大,即单位质量或单位体积储氢量大;②金属氢化物的生成热适当;③平衡氢压适中,最好在室温附近只有几个大气压,便于储氢和释放氢气;④吸氢、释氢速度快;⑤传热性能好;⑥对氧气、水和二氧化碳等杂质敏感小,反复吸氢、释氢,材料性能不致恶化;⑦在储存与运输中性能可靠、安全、无害;⑧化学性质稳定、经久耐用;⑨价格便宜。

目前研究的已投入使用的储氢合金主要有稀土系、钛系、镁系及锆系等。储氢材料有许多优点,如储氢量大、安全性高、放氢纯度高等是一种用途十分广泛的功能材料。

13.2.3 作用机理

储氢材料具有可逆吸放氢气的功能，现以 $LaNi_5$ 为例来说明其储氢机理。$LaNi_5$ 是稀土系储氢合金的典型代表，最引人注目的优点是储氢量大，易活化，吸附和脱附均极快，反应是可逆的，并具有抗杂质气体中毒特性。

块状 $LaNi_5$ 合金在室温下与一定压力氢气发生氢化反应，其反应式表示如下：

$$LaNi_5 + 3H_2 \underset{\text{放氢(吸热)}}{\overset{\text{储氢(放热)}}{\rightleftharpoons}} LaNi_5H_6^* \quad (*\ H\ 最多为\ 9)$$

可逆反应中，氢化反应（正向）吸氢，为放热反应，逆向反应解吸，为吸热反应。改变温度与压力条件以使反应按正反方向反复交替进行，实现材料的吸释氢功能。

$LaNi_5$ 是一种具有 $CaCu_5$ 型晶体结构（可看作由层状结构堆积而成）的金属化合物。人们感兴趣的是 H_2 在合金中究竟以何种状态存在？Ni 和 La 在其中扮演什么角色？实验证实，这些氢化物都有明确的物相，它们的结构完全不同于母体金属的结构（氢化钯除外，为非整比的），H 原子进入金属的空隙中形成$LaNi_5H_6$。H_2 能为 $LaNi_5$ 所吸收，首先 H_2 需要原子化，即 H_2 分子在合金表面解离为 2H 原子，以原子状态进入合金内部。那么 H_2 分子的化学键又是如何削弱的呢？其中，Ni 对 H_2 分子起了一种解离吸附的作用或 Ni 活化了 H_2 分子。当 H_2 吸附在 $LaNi_5$ 表面上，H_2 的 σ_{1s}^*轨道和 Ni 的 d 轨道（如 d_{xy}）对称性匹配、互相叠加，Ni 的 d 电子进入 H_2 的 σ_{1s}^*反键轨道，从而削弱了H—H 键，使 H_2 分子发生解离，见图 13-2。

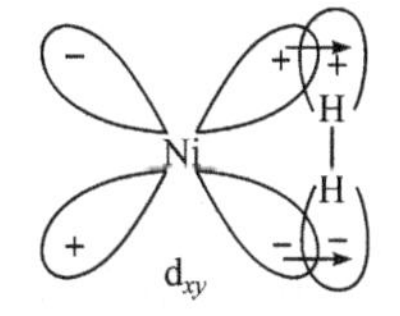

图 13-2 Ni 的 d_{xy}轨道和 H_2 的 σ_{1s}^*轨道叠加情况

金属化合物的表面结构与内部并不一样，它直接影响储氢合金的活化，动力学以及抗中毒和循环寿命等重要性能。$LaNi_5$ 中靠近表面的 La 大量扩散到表面并与氧化合成 La_2O_3 或 $La(OH)_3$，同时 Ni 脱溶沉淀，产生了表面分凝，分凝的结果是 La_2O_3 或 $La(OH)_3$氧化层保护了亚表层 Ni 的催化活性，使氢分子得以在活性 Ni 表面上分解。随着每次吸放氢循环的进行，分凝也相应产生，因此新鲜 Ni 粒始终存在，使 $LaNi_5$ 具有自再生能力。由于 $La(OH)_3$ 和 Ni 在 $LaNi_5$ 表面上始终组成覆盖层，能起着保护 $LaNi_5$ 的作用，故其对氢气中所携带的杂质气体（O_2，H_2O 和 CO_2 等）表现出惰性。图 13-3 为分凝的 $LaNi_5$ 表面结构示意图。该表面层为 100～200 Å，元素 La∶Ni=1∶1。

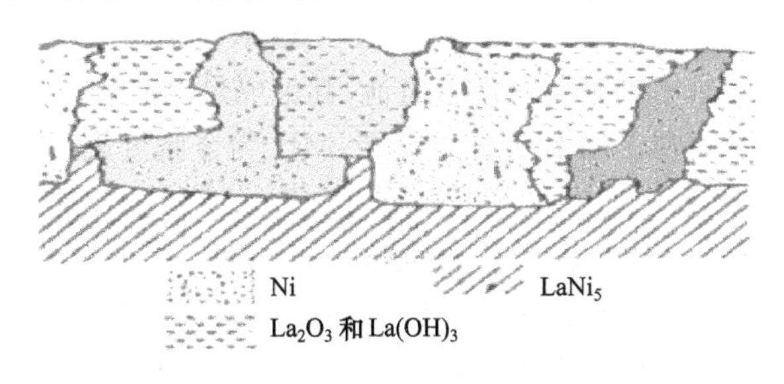

图 13-3 $LaNi_5$ 的表面状态

中子衍射证明，在表面上分解的氢原子是通过界面或疏松的氧化膜进入金属内部的，相变形成氢化物后，氢原子是填充在八面体或四面体的空隙中。

$LaNi_5$ 具有高的储氢能力和高的安全性的实质是氢分子以原子态形式存在于合金之中。氢气重新以分子态从氢化物中解吸逸出，须经扩散、相变和化合过程，受到热效应与速度的制约，即使遇到意外事故，氢化物装置(容器)也不会爆炸。

$LaNi_5$ 形成氢化物后仍基本保持原晶体结构不变，但晶体体积膨胀约 23.5%，大块合金碎为粉末。

$LaNi_5$ 储氢材料的最大缺点是成本高，大规模应用受到限制。

13.2.4 储氢合金的应用

储氢材料主要应用于氢气的储运、氢气的净化、氢气的分离与回收、高纯度氢气的制备、氢能汽车、金属氢化物电池以及加氢反应催化剂等许多领域。以下主要介绍高纯度氢气的制备和金属氢化物镍电池。

1. 制备高纯度氢气

利用储氢合金对氢气的选择吸收特性，可制备 99.9999%以上的高纯氢气。将含有少量杂质的氢气与储氢合金接触，氢气被吸收。它只能吸收氢气，形成氢化物，而不吸收 O_2、CO、CH_4、CO_2、N_2 等其他气体。杂质则被吸附于合金表面，除去杂质后，再使氢化物释氢，则得到的是高纯度的氢气。在这方面，$TiMn_{1.5}$ 及稀土系储氢合金应用效果较好。高纯度氢气在电子工业和光纤生产方面有重要应用。

2. 金属氢化物镍电池

金属氢化物镍电池(用符号 MH－Ni 电池表示)具有以下特点：①比能量高，是 Cd－Ni 电池的 1.5～2 倍；②工作电压为 1.2～1.3 V，与 Cd－Ni 电池有互换性；③可快速充电，耐过充、过放电性能优良，无记忆效应；④不产生镉污染，被誉为“绿色电池”。

MH－Ni 电池反应为

$$NiOOH + MH \underset{充电}{\overset{放电}{\rightleftharpoons}} Ni(OH)_2 + M$$

电池符号表示为

$$(-)MH|KOH|NiOOH(+)$$

金属氢化物镍电池是一种新型碱性蓄电池，其组成是以氢氧化钾作电解质，用储氢合金和氢氧化镍等作电极材料。M 代表储氢合金，MH 为金属氢化物。

充电时，外加电流使蓄电池发生了电解氢氧化钾水溶液的反应，在阴极产生氢气，在阳极产生氧化。储氢合金材料(作阴极)立即将析出的活性氢吸收生成金属氢化物，以储氢的形式把电能积蓄起来。阳极的氢氧化镍立即被析出的活性氢氧化生成 NiOOH。

总充电反应 $$M + Ni(OH)_2 \xlongequal{} MH + NiOOH$$

放电时，金属氢化物(作负极)放出氢气，NiOOH(作正极)放出氧气，两者结合成水，产生电流(化学能转变为电能)实现了充电反应(电解水)的逆过程。

总放电反应 $MH+NiOOH \xlongequal{} M+Ni(OH)_2$

可见，充、放电过程只是氢原子从一个电极转移到另一个电极的反复过程。

电极反应的活性物质是氢气，而吸氢合金则是作为活性物质的储氢介质，故M担负着储氢和电化学反应的双重任务。MH－Ni电池可能成为电子设备的主要电源，MH－Ni电池还将成为电动汽车中期目标的首选电池。

13.3 压电材料

压电材料是一类机械能与电能相互转换的材料，如α-石英、$BaTiO_3$、$PbZrO_3$等。在外加机械应力时，在材料表面会产生电荷，反之在外加电场作用下会产生几何形变，这种现象称为(正，逆)压电效应。

从微观结构看，压电晶体中一定带有正电荷和负电荷的质点——离子或离子团，相当于有偶极存在，作用力使晶体发生形变(离子之间产生不对称相对位移)，受力后引起新的电偶极矩的产生，而且偶极子随应力的变化近似于线性关系。例如，在$BaTiO_3$中，钛离子Ti^{4+}带电荷多，半径小，可以在较大范围内产生位移(由于钛离子位移，氧离子也偏移了它的对称位置，相应位移，两者位移方向相反)，使正、负电荷中心不重合，产生了永久性偶极，导致晶体结构的变化。因此，压电材料是永久性极化的材料。另外，压电材料必须是绝缘体或是半导体。

图13－4说明压电晶体产生压电效应的机理：(a)表示晶体中不受外力作用，表面电荷为零的情况，(b)和(c)分别为晶体受压缩力和拉伸力的情况下，表面电荷的分布情况。

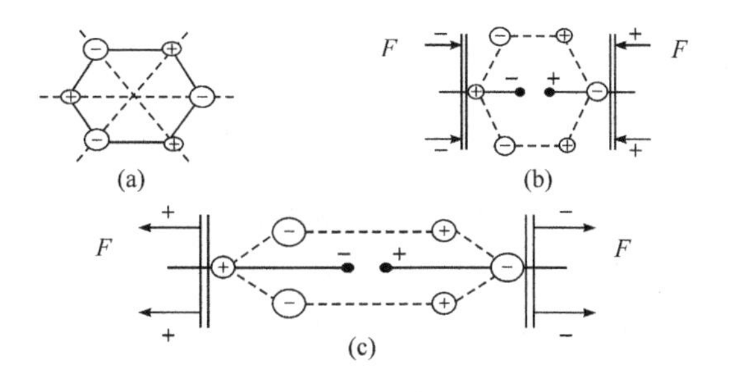

图13－4 压电晶体产生压电效应的机理

最常见的压电材料是含有Pb(Ba)、Ti(Zr)并具有尖晶石型[与钛酸钙($CaTiO_3$)具有类似化学组成和晶体结构的化合物]结构的氧化物，组成通式为ABX_3。具有压电性能的陶瓷(陶瓷是由许多微小的晶体构成的烧结体)有钛酸钡$BaTiO_3$、钛酸铅$PbTiO_3$、锆钛酸铅$PbZr_{1-x}Ti_xO_3$(PZT)、铌镁酸铅$PbNb_{1-x}Mg_xO_3$等。

压电陶瓷的制作方法大致如下：将配制的原料磨细、准确按配料比混合均匀，高压下压成所需的形状和大小，再进行烧结，最后是极化处理。压电陶瓷是多晶聚集体(如$BaTiO_3$陶瓷是由许多微小$BaTiO_3$晶粒构成的聚合体)，各晶粒取向不同，每个晶粒内部都存在电畴(自发极化方向相同的小区域，见图13－5)。未经极化处理的陶瓷体，由于各电畴极化方向随机分布，陶瓷内部的极化强度为零(或各晶粒自发极化的向量和为零)，不呈现压电效应。在生产压电陶瓷时，需要经过极化处理，即在烧制好陶瓷上加足够高的直流电场，迫使陶瓷内部的电畴转向，可获得偶极子的适当程度的取向排列。经极化处理后，撤去外电场，仍有剩余极化强度(由于偶极子难以回转到原来的位置)，这时陶瓷体就变成了永久性的压电体，可将机械能转换为电能或将电能转换为机械能。因此，极化处理对于这类陶瓷材料是很必要的。

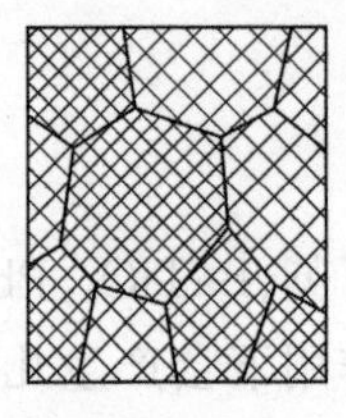
(a) 晶格取向

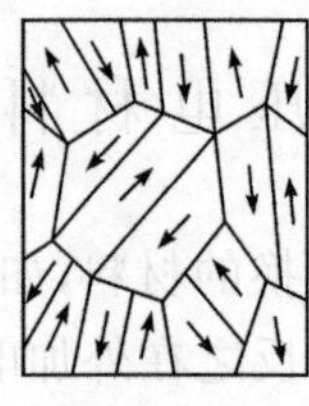
(b) 多电畴晶粒

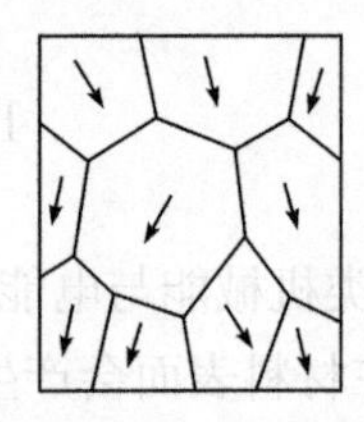
(c) 极化处理后，电畴取向有序化

图 13-5　压电陶瓷的晶粒结构

以下简要说明压电陶瓷圆柱体的压电效应。图 13-6(a)表示在空载条件的圆柱体，(b)和(c)表示在外力作用下使圆柱体产生压缩或伸长应变时，产生形变而引起偶极矩的变化，结果便在电极之间出现电压时的情况。相反，当在压电陶瓷圆柱体上加上外电压时，圆柱体就将缩短或伸长；当加上交流电压时，圆柱体就将交替伸长和缩短。

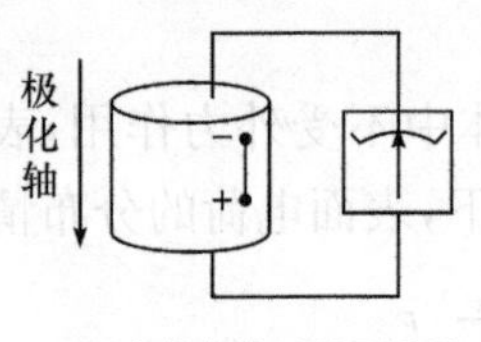

(a) 空载条件下的圆柱体

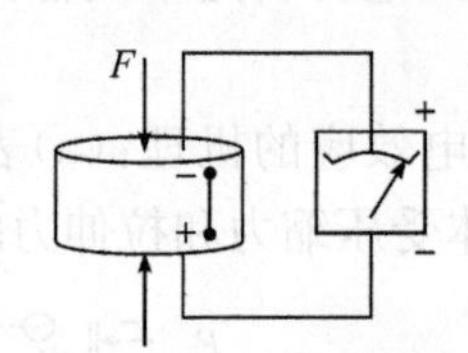

(b) 外力(F)作用下压缩的圆柱体

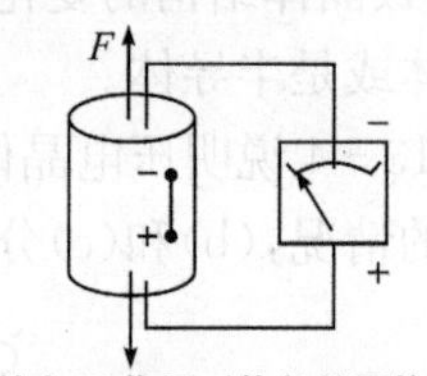

(c) 外力(F)作用下伸长的圆柱体

图 13-6　在一个压电陶瓷圆柱体上的压电效应(为清楚起见，只示出一个偶极子)

压电材料主要应用于压电点火器(压电晶体受到外力作用在电极面上会感应出电荷，电荷聚集而形成高电压，利用高电压可产生火花放电)、引燃引爆装置、电声器、水声换热器、滤波器、压电振荡传感器、声呐装置的振子等。

13.4　微孔晶体材料

微孔晶体材料泛指具有分子尺寸大小、均匀孔道和孔笼的无机晶体材料。“分子筛”这个专门名词是由贝恩(Bain)最先提出来的，用以表示能在分子水平上筛分物质的所有微孔晶体材料。沸石是最早发现也是用途最广的一类硅铝酸盐分子筛，常称为沸石分子筛，简称沸石。因为这类矿物在焙烧熔融时有大量水汽逸出形成泡沫状固体，因而得名。构成分子筛骨架的主要元素是硅、铝和磷元素及与其配位的氧原子，由它们结合的硅氧四面体(SiO_4)和铝氧四面体(AlO_4)以及磷氧四面体(PO_4)是构成分子筛骨架的最基本结构单元(就像大楼中的一块砖)。

在沸石分子筛中，硅氧四面体和铝氧四面体之间通过共用晶格顶点氧原子互相连接而形成各种链状和环状结构单元。当链和环中有铝氧四面体存在时，由于铝原子是三价的，铝氧四面体中有一个氧原子价电子没得到中和，这样就使整个铝氧四面体带有一个负电荷，为了保持电中性，在铝氧四面体附近必须有一个带正电荷的阳离子(M^+)来抵消它的负电荷，见图 13-7。

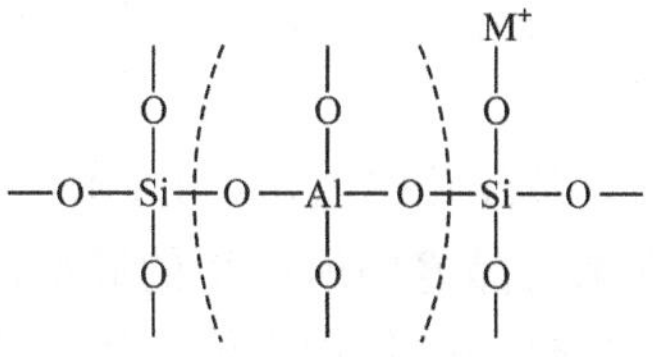

M^+

—O—Si—O—Al—O—Si—O—

图 13-7　沸石分子筛的结构

这种正、负电荷存在之处就是分子筛发生离子交换的活性位置。在合成分子筛中阳离子一般是钠离子。

人工合成沸石的化学组成可写成：

$$M_{2/x}O \cdot Al_2O_3 \cdot mSiO_2 \cdot nH_2O$$

式中，x 是金属离子 M(常为 Na^+，K^+ 或 Ca^{2+})的化合价；m 是 SiO_2 对 Al_2O_3 的物质的量之比；n 是结晶水的化学计量数。分子筛的孔径可人为控制。最常用的分子筛有 A 型、X 型和 Y 型几类。A 型分子筛的 $m=2$，孔径为 0.3～0.5 nm；X 型的 $m=2.2\sim3.0$，孔径为 0.5～0.8 nm；Y 型的 $m=3.1\sim5.0$，孔径约为 1.00 nm。各种分子筛的区别，首先是硅(铝)氧骨架的构型不同，而构型的不同又决定了性能上的差异。其次，化学组成可以在相当大的范围内变化，骨架外的金属离子 M^{n+}(如 Na^+，K^+)可被 Ca^{2+}、Mg^{2+}、Ni^{2+}、Ag^+、La^{3+} 等置换。置换不同的离子对骨架结构并无多大改变，但对它们的化学性能却影响很大，而硅原子数与铝原子数之比，即硅铝比也可改变。硅铝比不同，M 的含量不同，分子筛的耐酸性和热稳定性也不相同。一般是硅铝比越高，耐酸性和热稳定性都越强。

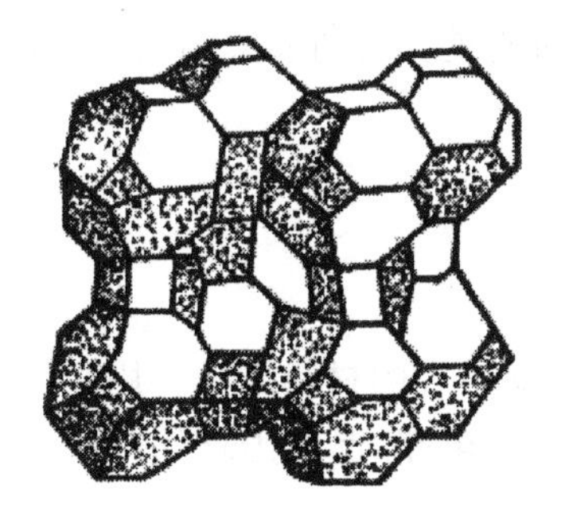

图 13-8　A 型分子筛的晶体结构

图 13-8 为 A 型分子筛的晶体结构示意图，它属于立方晶系结构的硅铝酸盐，其晶胞组成为 $Na_{12}[Al_{12}Si_{12}O_{48}] \cdot 27H_2O$。图中多面体顶点为 Si 或 Al 所占的位置，而每条连线中点附近为 O 原子，晶胞中 12 个 Na^+，8 个分布在六元环上，4 个分布在八元环上，每个晶胞分摊到 3 个八元环，所以每个八元环上平均有 1 个多 Na^+。Na^+ 处于八元环的一侧，挡住八元环孔道的一部分，孔径约为 4 Å(0.4 nm)，所以 NaA 型沸石也称 4A 分子筛。

由图 13-8 可知，分子筛的结构非常空旷，晶体内有大量与分子大小相近的微孔孔道和孔笼，其孔体积为总体积的 40%～50%，且比表面很大，一般可达 500～1000 $m^2 \cdot g^{-1}$，内表面也非常大，约占总表面积的 99%，晶体的热稳定性也较高，许多常见的分子筛在 873～973 K的温度下结构不发生变化，可在高温下使用。晶体的孔内存在强静电场和极性，对流体分子具有很强的吸附能力；同时分子筛还有离子交换能力，改变其中阳离子的品种，可调节孔内静电场强度和表面酸碱性。

沸石分子筛的一个重要性质是可以进行可逆阳离子交换，而不影响沸石骨架结构，但阳离子类型和位置改变，会影响沸石孔径。当用钙离子交换 A 型沸石中的钠离子后，钙离子比钠离子更优先占据六元环位置，且 1 个钙离子可交换 2 个钠离子，如果 8 个钠离子被 4 个钙离子交换，3 个八元环就可全部空出，使沸石有效孔径增大，变成 5 Å(0.5 nm)

左右，故钙离子交换的A型沸石又称为5A分子筛。若用离子半径较大的钾离子交换钠离子，由于钾离子优先占据八元环位置，挡住孔道使孔径缩小，变成3 Å(0.3 nm)左右，故KA型沸石又称为3A分子筛。通过离子交换调变了孔径，也影响沸石的性质。由于阳离子在沸石晶笼内所产生的局部静电场不同，以及水合阳离子的解离度不同，可引起沸石对吸附质分子的作用强弱产生差别，从而影响沸石的吸附和催化性质。工业上就是利用这种差别选择CaA(5A)型沸石对N_2的吸附能力大于O_2，用变压吸附分离方法制取富氧空气的。5A型沸石能吸附直链烷烃，而不能吸附支链烷烃，可用于石油脱蜡，以提高油品质量，吸附了烷烃的沸石，可通水蒸气把烷烃顶出。利用K^+和Ba^{2+}交换的X和Y型沸石为吸附剂，可以从二甲苯中分离出纯度为99%以上的对二甲苯。4A沸石分子筛中的Na^+可以被Ca^{2+}和Mg^{2+}交换，从而达到软化水的目的。因此，4A分子筛在工业上可用作洗涤剂的添加剂。4A沸石用于气体和液体的纯化和深度干燥；它能吸附含硫(如SO_2，H_2S)、含氮(如NO_2，NO)等有毒气体，达到消除污染的目的。

分子筛筛分分子的作用与普通筛子恰好相反，孔径小的分子可以进入分子筛的微孔内后被吸附，而大于孔径的分子则不能进入分子筛的微孔中，只得从孔隙间穿过，从而达到分离大小不同分子的目的。这就是分子筛的选择吸附效应。分子筛对于极性分子和不饱和分子有很高的亲和力，对于极化率大的分子有较高的选择吸附优势。

分子筛催化剂具有活性高、选择性好、稳定性高以及抗毒能力强等特点，广泛应用于化工、石油和科研等部门。

13.5 半导体材料

在各种固体材料中，半导体是最令人感兴趣和应用范围最广的材料之一。用半导体材料制成的各类器件，特别是晶体管、集成电路和大规模集成电路，已成为现代电子和信息产业乃至整个科技工业的基础。

半导体可以分为有机半导体和无机半导体。无机半导体是现代工业中应用最为广泛的半导体材料。无机半导体又可分为元素半导体(如Si，Ge等)和化合物半导体(如GaAs，CdTe，GaP，InP，ZnO，CdS，AgI等)。

按照物质的导电能力来分：金属属于导体，室温下电导率为$10^6 \sim 10^8$ S·cm^{-1}(电导G的单位为S，即Ω^{-1}，称为西门子)；绝缘体室温下电导率为$10^{-20} \sim 10^{-5}$S·m^{-1}，能隙宽度[又称禁带宽度，指满带(价带)和导带(空带)之间的能量间隔用E_g表示，单位用eV或kJ·mol^{-1}表示]$E_g \geqslant 5$ eV；半导体电导率介于导体和绝缘体之间，通常能隙宽度$E_g \leqslant 3$ eV，且电导随温度升高而增加。

13.5.1 本征半导体

不含杂质的纯净半导体称本征半导体。本征半导体是指依靠导带中的电子和价带中的空穴(电子空位在价带中称为空穴，恰似一个正电荷)来导电的半导体。本征半导体的电导率与导带中的电子浓度或价带中的空穴浓度成正比，这两种载流子(指在半导体中对电导有贡献的粒子，包括电子和空穴，统称为载流子)浓度相等。

就导电性而言，本征半导体与金属的差别如下：

（1）金属只有一种载流子，就是费米能级（通常指金属中能填满电子的最高能级）附近的电子，而本征半导体有两种载流子，导带中的电子和价带中的空穴，这两种载流子物理性质有很大差别。

（2）金属的载流子浓度为常数，不随温度改变，而本征半导体的载流子浓度随温度变化急剧改变。

Si 和 Ge 是最重要的本征半导体，它们的晶体结构均属金刚石型，每个原子的 4 个价电子都参与形成 4 个共价键。在很低温度下，价带是填满电子的、导带是空的，这时 Si 和 Ge 都是绝缘体，不能导电。室温下其能隙宽度分别为 1.12 eV（106 kJ · mol^{-1}）和 0.67 eV（63 kJ · mol^{-1}），在室温下，价带中少量电子可以跃迁至导带（从原子的热振动获得的能量），使硅晶体具有微弱导电性，称为本征电导（电子和空穴对电导都有贡献）。

GaAs、CdTe 等为化合物半导体，它们的每个原子都是以四面体方式成键，每个键上都有一对价电子，形成共价单键，它们具有立方 ZnS 或六方 ZnS 的结构。由于化合物中两种原子的电负性不同，键型既包括共价成分，也包括离子成分。表 13－2 列出若干无机半导体的能隙宽度。

表 13－2　若干无机半导体的能隙宽度

族　数	半导体	能隙宽度/eV
ⅣA	C（金刚石）	5.4
	SiC	2.3
	Si	1.12
	Ge	0.67
ⅢA－ⅤA	GaP	2.25
	GaAs	1.43
	GaSb	0.70
	InP	1.35
	InAs	0.35
	InSb	0.17
ⅡB－ⅥA	ZnO	3.2
	ZnS	3.6
	ZnSe	2.58
	ZnTe	2.26
	CdO	2.30
	CdS	2.42
	CdSe	1.74
	CdTe	1.45

13.5.2　掺杂半导体

掺杂半导体或非本征半导体是指在半导体中掺入极少量杂质而形成的半导体。掺杂半导体又可分为 n 型和 p 型。

1. n 型半导体

在纯 Si 的金刚石结构中每个 Si 原子都按四面体方式与周围 4 个 Si 原子形成共价 Si—Si 单键，见图 13-9(a)。当有 5 个价电子的 As 掺到纯 Si 晶体中，晶体中极少部分 Si 原子被 As 原子置换，As 原子利用 4 个价电子和周围的 Si 原子形成 4 个共价单键外，还多一个电子(相当于在晶格加入 Si^-)。这个电子容易被热激发到导带，产生导电作用(电子受到As—Si 正电场的影响相对较弱，处于能量较高的能级上)。由于电流(电子的定向流动)的携带者是带负电荷的电子，故称为 n 型半导体(negative - type semiconductor)，见图 13-9(b)。

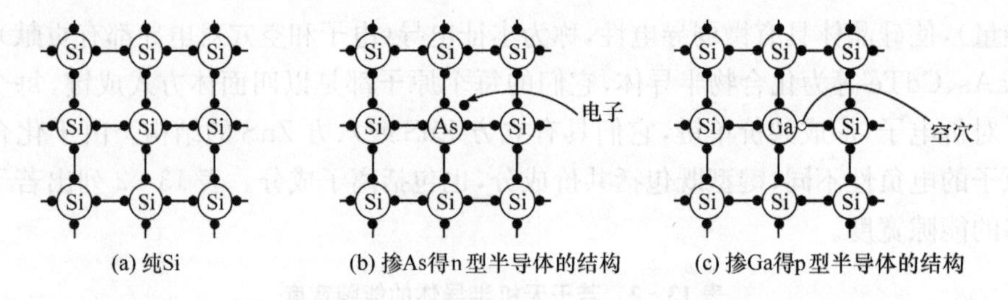

图 13-9 n 型半导体和 p 型半导体

As 或ⅤA 族其他元素掺入 Si 或 Ge 中，其导电机制为电子导电，故称为施主杂质。这是掺杂引起的非本征导电性，其导电能力远超过本征导电性。这是由于施主能级(E_D)位于离导带底(E_-)很近的禁带中。施主能级上的电子获得能量 ΔE_D 较本征半导体中满带电子激发所需能量 E_g 小，所以在纯净半导体中掺入施主杂质后，能使导带中的导电电子增多，从而增强了半导体的导电能力，见图 13-10(a)。

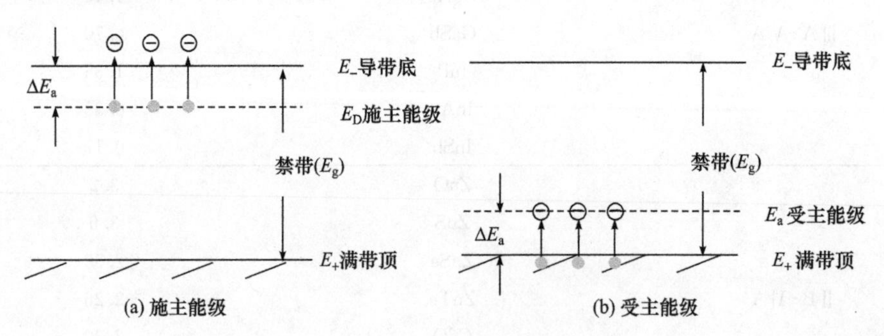

图 13-10 施主能级与受主能级

2. p 型半导体

纯 Si 若掺 Ga(或 B，Al 等ⅢA 族元素的原子)因 Ga 只有 3 个价电子，在形成的电子对键中，有一个键还缺一个电子(相当于加入 Si^+)，称为正的空穴。室温时，相邻的 Si 原子上的价电子可获得足够能量移动到空穴中，在移走的地方留下一个正的空穴，相当于空穴在移动。正的空穴的移动与负的电子相反方向的移动所得效果是一致的。这种由正的空穴迁移导电的半导体称为p型半导体(positive－type semiconductor),见图13－9(c)。

在这种半导体中所含有的ⅢA族杂质具有接受电子的特性,故称为受主杂质,其导电机制主要是空穴导电。在纯净半导体中掺入受主杂质后,由于受主能级E_a比E_g小得多(E_a离满带顶很近),使满带中的导电空穴增多,从而增强了半导体的导电能力,见图13－10(b)。

由上可见,由于掺杂破坏晶体的不完整性影响能带结构,在价带和导带之间的能隙中出现了附加的缺陷能级而产生导电性,称为杂质导电性,呈现这种导电性的半导体称为掺杂半导体。

纯Si通过掺杂可变成p型或n型半导体。在化合物半导体中掺入杂质也可变成掺杂半导体。例如,在GaAs(为ⅢA－ⅤA化合物)中分别掺入ⅥA族元素代替ⅤA族元素,掺入ⅡA族元素代替ⅢA族元素,可分别得到n型或p型半导体,这些都是掺杂半导体。

13.5.3 应用

半导体材料可用于制备太阳能电池,就是利用太阳能辐射在半导体pn结上获得电流,从而实现光电转换的器件。pn结指一块半导体内部p区和n区分界面附近的区域。在实际制作pn结时,是取一块半导体单晶片,在相邻近的两个区域通过不同杂质的扩散或不同离子的注入,使一个区域成为p型,相邻的另一个区域成为n型。这样在相邻的两个区域的交界处形成一个pn结。当太阳光照射到半导体pn结上时,如果光电子能量达到一定值,则在被照射区将形成电子-空穴对,并产生一个n型区相对于p型区的负电位;如将n型,p型区分别连接在外线路上,即有电流通过。它要求吸收太阳光的半导体材料禁带宽度为1.0～2.2 eV(相当于96.5～212 kJ・mol^{-1}),以适应可见光区的能谱。典型的太阳能电池材料有单晶硅、非单晶硅、GaAs、CdTe、CdS等。硅的E_g为1.11 eV,故波长低于1.13 μm的光才可有效地起作用。硅太阳能电池的使用温度范围很宽(－50～＋150 ℃),其光电转换效率可超过20%,若用不同带隙宽度的材料依次叠起来,就可以充分利用各种波长的光能来提高效率。

13.6 超导材料

13.6.1 超导性

某些纯金属、合金和化合物,在某一特定温度(足够低的)T_c附近时,电阻突然消失,并出现完全抗磁性,这种电磁综合特性称为超导性。具有这种特性的材料,称为超导材料(简称超导体)。超导体正常状态(有电阻)转变为超导态(零电阻)的温度称为超导体的临界温度T_c。超导体的零电阻和完全抗磁性(迈斯纳效应),是超导态的两个独立的基本电磁学特性。超导体的零电阻现象,说明超导体内没有电场,整个超导体是等电势体,完全抗磁性说明超导体内不允许存在磁感应强度,外磁场的磁力线也要被排斥在超导体外。

强磁场会破坏超导性,当电流很大时,超导性也会消失,使超导性消失的电流称为临界电流(与材料的化学组成,结构和制备过程有关)。

13.6.2 超导材料的组成

超导材料分为两类:第一类为纯金属超导体,如Hg(最早发现的 T_c 为4.2 K)、Bi、Sn、Pb、Ga、In、Cd、Ti、Zr、Hf、V、Nb、Ru、Rh、Os、Ir、Mo、W、La等金属单质,理论上预言金属超导体的 T_c 不会超过30 K;第二类为合金和化合物超导体,如Nb-Ti、Nb-Zr、Nb-Ti-Zr、Nb_3Ge(T_c<100 K)等系列合金。特别值得一提的是高临界温度氧化物超导体的发现,打破了几十年来阻碍超导技术应用温度壁垒,使超导体的工作温度从液氦温度跃变到液氮温度区。

现在 T_c<100 K的La-Ba-Cu-O及Y-Ba-Cu-O等超导体都能符合零电阻、完全抗磁性、高度稳定性和可重复性等四方面的要求。T_c>100 K的超导体往往不能同时达到上述四方面要求,还只能说是呈现了一些超导现象,由于制备超导体的过程和条件将影响超导性能,许多研究工作仍在进行。目前寻找到的高温超导体还有Bi-Al-Ca-Sr-Cu-O(T_c=114 K)、Tl-Ca-Ba-Cu-O(T_c=120 K)等。

近期发现,C_{60}和一些碱金属的化合物是具有较高临界温度的三维超导体(用 A_xC_{60} 表示,A=K,Rb,Cs等),如 $Rb_{2.7}Tl_{0.3}C_{60}$(T_c=42 K)、Rb_3C_{60}(T_c=33 K)、K_3C_{60}(T_c=19 K)。

铁基层状超导体的研究成果:日本学者Kamihara的研究表明,掺氟铁基层状超导体的超导临界温度 T_c 已达43 K。这一研究成果的意义在于打破了传统的在制备超导材料中避免铁元素的错误概念,是继20年前钇钡铜氧化物之后开发出的又一类高温超导体,拓展了超导体的种类,并对超导机制与理论研究提出新的挑战。

13.6.3 应用

1. 输电

发电站向用户输送电时,由于通过漫长的输电线路,电线中存在电阻,因此电流通过输电线时要消耗掉一部分电能(约占总发电量的15%)。如果采用超导材料做成超导电缆用于输电,输电线路上的电能损失将降为零,且不发热。

2. 超导磁悬浮列车

超导体除电阻消失外,另一性质是具有完全的抗磁性(排斥磁场,即迈斯纳效应)。把超导体放在一块永久磁铁上,由于磁铁的磁力线不能穿过超导体,磁铁和超导体之间就会产生斥力,使超导体悬浮在磁铁上方,即使列车避免与铁轨发生摩擦,阻力小,列车时速加快(北京—上海约1962 km,特快列车需20 h,磁悬浮列车只需3 h)。当时速超过70 km时,车厢将悬浮在轨道以上大约10 cm处向前飞驰。为了减轻列车的质量,可用碳纤维强化塑料和铝合金等材料制造。

目前,利用高温超导材料制作磁体,比较有希望的还属Bi系超导材料。

3. 超导计算机

高速计算机要求元件和电路密集排列,但在密集排列的电路工作时会产生大量的热,这是计算机硬件长期以来令人头痛的难题。若元件之间的接触电路用无电阻、不发热的超导材料来制作，计算机的运行速度将极大加快，可达到目前硅器件的 20～50 倍。

习　题

1. 解释下列名词：

　(1) n 型和 p 型半导体　　(2) 本征半导体和掺杂半导体

　(3) 超导性　　(4) 功能陶瓷

　(5) 纳米材料　　(6) 4A 分子筛

2. 纳米颗粒具有哪三大效应？什么是量子尺寸效应？
3. 举例说明纳米材料的应用。
4. 组成相同的纳米固体材料与普通块状材料相比具有哪些特点？
5. 什么是本征半导体？什么是杂质半导体？以示意图表示它们的能带结构。说明半导体是如何导电的。
6. 如果以单晶砷作基质，掺杂硒后是什么类型的半导体？掺杂锗后是哪类半导体？为什么？
7. 试述分子筛的化学组成和结构特点。分子筛是依据什么原理筛分分子的？4A 分子筛的主要用途有哪些？
8. 说明储氢合金 $LaNi_5$ 的储氢机理。La、Ni 在其中扮演何角色？H_2 分子的状态发生了何种变化？
9. 什么是压电效应？叙述压电陶瓷在工程技术中的应用。
10. 试述超导体的电磁学特征，举例说明超导材料的应用。
11. 写出下列功能材料的主要化学成分或分子式：

　(1) 压电材料　　(2) 磁性材料　　(3) 储氢材料

　(4) 形状记忆合金　　(5) 光导纤维　　(6) 光敏材料

第 14 章 环境化学

14.1 大气污染

对大气环境造成污染有自然因素(如火山爆发,森林火灾,地震等)和人为因素。大气污染物可分为颗粒物(如 PbO_2,$CaCO_3$,ZnO 及各种重金属尘粒)、含硫化合物(如 SO_x,H_2S 等)、含氮化合物(如 NO_x,NH_3 等)、氧化物(如 O_3,CO,CO_2 等)、卤化物(如 Cl_2,HF,HCl 等)和有机化合物(如甲醛,有机酸,有机卤化物,稠环化合物等)。下面主要介绍三大全球性的大气环境问题(臭氧层空洞、温室效应和酸雨)和水体污染、污染源、危害及对策。

14.1.1 臭氧层破坏

臭氧是大气的微量元素之一。平流层(距地面 11~50 km 的区域)中臭氧占大气总臭氧量的 91%,当达到最大值时就形成厚度约 20 km 的臭氧层(为平流层内高 15~35 km)。

太阳光透过平流层,发生下列反应:

$$O_2 + h\nu \xrightarrow{\lambda < 242\ \text{nm}} O + O$$

$$O + O_2 \longrightarrow O_3$$

$$O_3 + h\nu \xrightarrow{\lambda (220 \sim 330\ \text{nm})} O_2 + O$$

$$O + O_3 \longrightarrow O_2 + O_2 (\text{慢})$$

说明在大气平流层中存在 O_2、O_3 和 O 的动态平衡,反应中消耗一定的太阳辐射能。由于 O_3 能吸收一定波长范围内的紫外光,从而防止这种高能紫外线对地球上生物的伤害,因此臭氧层是人类的保护伞。这一防紫外线的屏障一旦遭到破坏而出现“臭氧层空洞”——指臭氧浓度变稀或臭氧层厚度变薄。科学家对南极上空臭氧的测定表明:1957~1973 年 8 月至 10 月臭氧总量平均为 300 Du(相当于纯臭氧层有 3 mm 厚),而 1980~1984 年下降到 200 Du 以下,最低到 110 Du[Du——0 ℃,标准海平面压力,10^{-5} m 厚的纯臭氧柱定义为 1 Du(Dobson,多布森)单位]。1994 年国际臭氧委员会宣布:1969 年以来,全球臭氧层总量减少 10%,这就意味着有更多的紫外线到达地面,就会导致地球气候、生态环境改变、严重威胁人类的生存。强烈的紫外线对生物具有破坏作用,影响人类的基因物质 DNA,对人的皮肤、眼睛,甚至免疫系统都会造成伤害,使皮肤癌发病率增加,白内障患者增多,多种疾病活动增强,还会抑制植物的光合作用和生长速度,破坏浮游生物的染色体和色素,影响水生食物链,使农业减产和水产资源减少等。

臭氧层遭破坏主要是由于人类活动产生的一些痕量气体如氯氟烃 CFC(商品名氟利昂,

为氯氟甲烷类化合物)、氮氧化物 NO_x 等物质进入平流层消耗臭氧使臭氧量减少引起的。

氟利昂被广泛用于制冷系统(如 CF_2Cl_2 和 $CFCl_3$)、发泡剂、清洗剂(如 $C_2F_2Cl_4$)、杀虫剂、除臭剂、头发喷雾剂、灭火剂(如 CF_2ClBr 和 $C_2F_4Br_2$)等。氟利昂化学性质十分稳定,易挥发、不溶于水。氟利昂在对流层不分解,但进入平流层后,受紫外线辐射而分解产生 Cl 原子,Cl 原子则可引发破坏 O_3 循环的反应,使 O 和 O_3 变成 O_2,而 Cl 原子本身不发生变化,最终结果是将 O_3 变为 O_2。因此,由氟利昂释放出的 Cl 原子起了催化分解 O_3 的作用(一个活性分子往往可导致千百个 O_3 分子的破坏)。

例如,紫外线使 CF_2Cl_2 中的链断裂产生 Cl 原子。

$$CF_2Cl_2 \xrightarrow{h\nu} CF_2Cl + Cl$$

活泼的 Cl 原子参与破坏 O_3,可能的反应如下:

$$Cl + O_3 \longrightarrow ClO + O_2$$

$$ClO + O \longrightarrow Cl + O_2$$

净反应:

$$O_3 + O \longrightarrow 2O_2$$

另外,超音速飞机排出的尾气(NO_x 和水蒸气)、核爆炸释放的烟尘(均能到达平流层)、氮肥生产和大量使用所产生的各种氮氧化物 NO_x(氮肥被细菌分解能转变为 N_2O)都有可能危害到臭氧层。当 N_2O 一部分进入平流层,可以参加反应生成 NO。

$$N_2O + O \longrightarrow N_2 + O_2 \quad ①$$

$$N_2 + O_2 \longrightarrow 2NO \quad ②$$

$$NO + O_3 \longrightarrow NO_2 + O_2 \quad \text{(NO 与 } O_3 \text{ 结合)} \quad ③$$

$$NO_2 + O \longrightarrow NO + O_2 \quad \text{(产生的 NO 可再次破坏 } O_3\text{)} \quad ④$$

$$O_3 + O \xrightarrow{NO} 2O_2 \quad \text{(总反应式)}$$

NO 按③和④两个反应式循环反应,使 O_3 分解。可以认为在 NO 催化下加速了臭氧与氧原子的反应。

为了保护臭氧层免遭破坏,1987 年签订了蒙特利尔国际公约(减少氟利昂使用量以保护臭氧层),1990 年进一步规定:2010 年全球完全停止氟利昂的生产和排放,以减少对臭氧层的破坏。另外,科学工作者也正在努力寻找氟利昂的代用品。

14.1.2 温室效应

温室效应的概念最早(1800 年)是由法国数学家、物理学家福乔(Fourjor)提出的,他认为地球大气与温室玻璃的功能相似。过了约 60 年,英国的丁铎尔(Tyndall)用实验演示 H_2O 气和 CO_2 能吸收热辐射,并计算出二者在大气中的温暖效应。最初认为,温室效应是一种自然现象,由于地球大气中的某些气体,特别是 H_2O、CO_2 和 CH_4 等留住了一部分来自太阳和由地球表面反射出来的热量而形成的。按现代的观点,驱动天气和气候的能量来自太阳辐射到地表的红外线、可见光和近紫外线。为了维持辐射平衡,地表反射红外辐射,大气中的 CO_2、H_2O 气等气体吸收地表放射的红外辐射,并又向各方向释放出来,把部分辐射还给地球(称为大气逆辐射),使地表实际损失辐射能减少(CO_2 等气体如同一个防止把热散射到外层空间的玻璃罩)。这种效应使地表和低层大气变暖(平均气温升高),即温室效应。南极冰芯分析(追溯到16万年前)表明,地球温度与大气中CO_2和CH_4浓度几乎完全对应,证明自然温室效应的真实性。

引起温室效应的温室气体是指那些具有"红外活性"的气体,即能吸收红外线的气体,如H_2O、CO_2、CH_4、N_2O、O_3、CFC等。红外活性的含义是原子间呈不对称振动(伸缩振动和弯曲振动,前者为键长改变的振动,后者为键角改变的振动)时,引起分子瞬间偶极矩改变,同时吸收红外线(发生两个不同振动能级间的跃迁)。单原子分子和同核双原子分子的振动不产生偶极矩的变化它们都不是温室气体,如大气主要成分N_2、O_2等就是非温室气体。

自然温室效应是地球上生命赖以生存的必要条件,但是由于人口激增、人类活动频繁、化石燃料(煤,石油,天然气)的燃烧量猛增,加上森林面积因滥砍滥伐而急剧减少,导致大气中CO_2和各种气体微粒含量不断增加,温室气体中又增添了新成员,如氟利昂等。其中,CO_2算是头号的温室气体,因为CO_2在大气中浓度是最高的(浓度年增长率较高),而对地表反射出来的长波辐射具有高的吸收性能(吸收增多,返回地表的能量也多),引起地表气温上升、温室效应增强,即"全球变暖"。研究温室气体对全球变暖的影响时,主要考虑以下两个因素。第一,在大气中的浓度和增长趋势(浓度年增长率)。大气中浓度最大的是CO_2,为头号温室气体,其他依次为H_2O、CH_4、N_2O。浓度年增长率由高到低的排次为CFC、CH_4、CO_2、N_2O、H_2O。水浓度增长不明显,对温室效应的增强影响不大。第二,各种分子吸收红外辐射的能力,如CFC分子吸收红外辐射的能力是CO_2的10万倍。因此,要防止全球变暖,必须控制温室气体的排放量。

决定气候变化因素除温室效应外,还有自然因素如太阳辐射变化、地球轨道缓慢变化、火山爆发产生的大量气溶胶都会对全球气候产生影响。国际气候变化委员会宣布,人类活动确实是造成全球变暖的一个主要原因。化石燃料的燃烧,使大气中CO_2含量在过去50年中几乎增加了30%。全球变暖是由多种因素造成的大气恶化。

在有温度记载的130多年中,最热的年份有10个,其中9个是在1980年后,过去百年间,全球年平均地表气温(简称全球温度)上升0.3~0.6 ℃。联合国政府间气候变化专门委员会(IPCC)对未来100年的气候变化进行了预测:2100年的地面气温将比2000年升高1.4~5.8 ℃。说明全球变暖趋势是明显的。

全球变暖使海水热膨胀和高山冰川、两极冰盖融化。百年来全球海平面上升10~20 cm,如果海平面进一步上升会淹没低洼滨海地区及岛屿,造成环境难民。到21世纪末,预计海平面上升30~70 cm。全球变暖还会增加旱灾、虫灾、森林火灾和风暴(海洋产生更多的热量和水分、气流更强),使一些生物灭绝。

14.1.3 酸雨

酸雨通常是指pH<5.6的降水。酸雨是大气污染物排放、迁移、转化、成云和在一定气象条件下生成降雨的综合过程的产物,是大气受污染的一种表现。形成酸雨的主要物质是SO_x和NO_x。主要产生于化石燃料的燃烧过程(排放出CO_2,SO_2,NO_x,CO,烟尘,碳氢化合物等)、金属硫化物矿在冶炼时所释放出的大量SO_2和汽车排放的尾气(如

NO_x,SO_2,CO,O_3,HCl和颗粒物等)。这些SO_2通过气相和液相的氧化反应产生硫酸。大气中的颗粒物(如Fe,Mn,Cu,Mg,V等)和O_3等都是反应的催化剂。燃烧过程产生的NO和空气中的O_2化合为NO_2,NO_2遇水则生成硝酸和亚硝酸。

酸雨对环境有多方面的危害:使水域和土壤酸化,损害农作物和林木生长,危害渔业生产(pH<4.8时鱼类就会消失),腐蚀建筑物、工厂设备和文化古迹,也危害人类健康(通过食物链)。因此,酸雨会破坏生态平衡,造成很大的经济损失。

控制酸雨的根本措施是减少SO_2和NO_x的人为排放。对SO_2防治,主要是采用清洁燃料(燃料经转化改质以减少污染。如煤的气化,液化可减少烟尘95%,减少SO_2 90%以上)、燃烧过程脱硫(如采用沸腾炉使SO_2与CaO结合为$CaSO_4$进行回收)和排烟脱硫(如排放的低浓度SO_2用石灰-石灰石吸收)等措施。对NO_x的防治,主要是改进燃烧装置,控制燃烧过程;对汽车尾气的排放系统安装催化转化器,将NO转化成无毒的N_2(催化剂为贵金属类如Pt,Ru,Pd等)或改用低污染的混合燃料代替汽油等。由氢燃料经化学反应产生电源的燃料电动汽车,将是清洁高效的环保汽车。

14.2 水体中有毒无机污染物与废水处理

水体中有毒无机污染物主要指Hg、Cd、Pb、Cr、As等的离子或化合物以及CN^-、NO_2^-等。它们对人类或生态系统可产生直接或长期积累性损害。

(1) 汞。水俣病就是所食鱼中含有甲基汞引起的(环境中的甲基汞可由Hg^{2+}经微生物作用转化而来)。水中的甲基汞等可在浮游生物内富集,并进入鱼的食物链,这样鱼体内汞的浓度将是水中汞浓度的数千倍或更高,人吃了这种鱼就引起中毒。甲基汞具有亲脂性,对生物膜的渗透性强,在胃肠道里它比Hg^{2+}更易穿透细胞膜被吸收,能在脑中储存,因而汞的甲基化增强了汞的毒性。无机汞化合物中以可溶性汞化合物毒性较大,受损伤的主要是肠胃、肾脏和肝脏。汞离子对硫和巯基(—SH)有较大的亲和力(软亲软)。汞(Ⅱ)可与酶的蛋白质巯基结合,干扰酶的活性,阻碍DNA的合成和修复。汞中毒表现出的主要症状是语言困难、视觉收缩、听说障碍、手足麻木、动作失调、皮肤糜烂、发抖及情绪失常等。

(2) 镉。“骨痛病”是由镉污染引起的[最早发生于日本,由于当地居民长期饮用含镉的水,食用被镉污染的稻米(“镉米”)和水产品等]。镉的化合物主要通过消化道和呼吸道进入人体,当镉进入骨质中取代部分钙,引起骨质软化和骨骼萎缩变形,腰、手、脚等关节痛,严重者会产生多发性自然骨折、大腿痉挛,处于极端痛苦之中,即骨痛病。当吸入的镉通过肺泡进入血液,被吸收的镉1/3~1/2蓄积于肝和肾,引起肾功能障碍(如蛋白尿)。镉的破坏作用主要来源于镉能强烈地置换许多酶中的Zn(Ⅱ),从而使含锌酶失去其催化活性,引起机体组织代谢的障碍。

(3) 铅。铅是一种有害的重金属元素,铅中毒引起肾功能障碍、腹痛(铅绞痛)、头痛、头晕、记忆力减退、寿命缩短。儿童对铅的吸收是成年人的4倍以上,因此铅毒对儿童的危害更大。铅的破坏性主要来源于铅能与人体内多种酶(特别是—SH)结合,扰乱机体内的生化和生理活动,出现高级神经障碍,损害骨髓造血系统,心血管系统和肾脏,造成贫血

(铅干扰血红素的合成)、肾病等病症。

(4) 砷。砷的化合物均有毒[砷(Ⅲ)比砷(Ⅴ)毒性更大],被认为是致癌、致畸形、致病变的"三致物质"。例如,砒霜(As_2O_3)是众所周知的毒药,急性中毒可致死,慢性中毒可引起食欲缺乏、体重减轻、胃肠道疾病及皮肤病。砷对机体的危害是损害肝、肾及神经系统。致癌机理可能是砷可促进胆汁排硒,从而使硒排除体内自由基的功能失效。

(5) 铬。铬的致癌形式一般认为是 CrO_4^{2-}(可借助 SO_4^{2-} 的输送途径而进入细胞内部)所致,而 Cr(Ⅲ)不能通过细胞膜,其毒性要比 Cr(Ⅵ)小得多。铬对人体的危害是损害肺,致癌等。

(6) 氰。无机污染物中的氰化物的毒性是很强的,氰化物以各种形式存在于水中。人中毒后会造成呼吸困难,全身细胞缺氧,导致窒息死亡(把血红素中的Fe—O_2 键破坏,形成牢固的取代物Fe—C≡N,失去载氧能力)。

水体的污染源主要来自工业废水、生活污水和径流污水。转移到污水处理厂的污水和工业废水,可利用多种分离和转化进行无害化处理,其基本方法可分为物理法、化学法、物理化学法和生物法。

废水按水质状况及处理后出水的去向确定其处理程度。废水处理程度可分为一级、二级和三级。

一级处理由筛滤、重力沉淀和浮选等物理方法串联组成,主要是除去废水中大部分固体悬浮物,以减轻后续处理工序的负荷和提高处理效果。

二级处理是采用生物处理方法(又称微生物法)及某些化学法,用以除去水中的可降解有机物和部分胶体污染物。二级处理中采用的化学法是混凝法。常用的混凝剂有硫酸铝、明矾、硫酸亚铁、硫酸铁、三氯化铁、无机高分子混凝剂[聚合氯化铝(又称碱式氯化铝或羟基氯化铝)、聚合硫酸铝、聚合硫酸铁、聚合氯化铁等]和多种有机高分子凝聚剂。向废水中投加混凝剂,由于水解形成的絮凝体能使胶体颗粒脱稳,即微小的胶体颗粒聚结成较粗大颗粒而沉淀下来,达到分离的目的。经过二级处理的水一般可达到农灌标准和废水排放标准。

三级处理可采用化学法(化学沉淀法、氧化还原法等)、物理化学法(吸附、离子交换、萃取、膜分离、电渗析等),这是以除去某些特定污染物的一种"深度处理"方法。经三级处理可以达到某些工厂的用水和地下水的补给水等的要求。

以下将重点介绍部分有毒无机污染物(Cr,Hg,Cd,Pb,As,CN^-)的处理方法。

14.2.1 含铬废水的处理

电镀、冶炼、制革、化工、油漆等工业废水中常含有剧毒的 Cr(Ⅵ),经处理后转变为毒性较小的 Cr(Ⅲ),达到排放标准。若将废水治理和综合利用结合起来,如回收 Cr(Ⅵ)重新用于电镀上、回收 Cr(Ⅲ)用于颜料上(如铬绿等)、或形成铁氧体做成磁性材料等,这样便可获得更大的经济效益和环境效益。

含铬废水处理方法很多,本节主要介绍以下几种。

1. 化学还原法

化学还原法的基本原理是在酸性介质中,将 Cr(Ⅵ)还原成 Cr(Ⅲ),再使 Cr(Ⅲ)生成

$Cr(OH)_3$沉淀以除去，或灼烧成氧化物加以回收利用。

利用还原剂把Cr(Ⅵ)还原成毒性较低的Cr(Ⅲ)，采用的还原剂有SO_2、$Na_2S_2O_4$、Na_2SO_3、$FeSO_4$、Fe屑等。

以$FeSO_4$-石灰流程除铬为例，反应分两步进行：

$$6Fe^{2+}+Cr_2O_7^{2-}+14H^+ = 6Fe^{3+}+2Cr^{3+}+7H_2O$$

$$Cr^{3+}+3OH^- = Cr(OH)_3\downarrow$$

流程如下：

$$Cr(Ⅵ)\xrightarrow{FeSO_4\cdot 7H_2O}Cr(Ⅲ)\xrightarrow{Ca(OH)_2}Cr(OH)_3\downarrow\xrightarrow{923\sim1473\ K}Cr_2O_3(铬绿)$$

据报道，$FeSO_4\cdot 7H_2O$的加入量应是废水中CrO_3含量的16倍左右(质量比)，pH=3～4时反应进行完全。Cr(Ⅲ)转化为$Cr(OH)_3$的pH为6～8。

采用$FeSO_4$-$Ca(OH)_2$处理含铬废水，效果好、费用较低，但泥渣量大、出水色度较高。

此法不宜用于处理同时含有CN^-的废水，因为形成非常稳定的配合物[如$Fe(CN)_6^{4-}$等]不利于随后对氰的深度处理。

2. 电化学方法

电解时，铬在电解槽中有两种还原方式。

一是阴极直接还原。

阴极：

$$Cr_2O_7^{2-}+14H^++6e^- = 2Cr^{3+}+7H_2O$$

$$CrO_4^{2-}+8H^++3e^- = Cr^{3+}+4H_2O$$

二是阳极铁失去电子溶解生成Fe^{2+}，Fe^{2+}将Cr(Ⅵ)还原为Cr(Ⅲ)的间接还原。

阳极：

$$Cr_2O_7^{2-}+6Fe^{2+}+14H^+ = 2Cr^{3+}+6Fe^{3+}+7H_2O$$

$$CrO_4^{2-}+3Fe^{2+}+8H^+ = Cr^{3+}+3Fe^{3+}+4H_2O$$

一般认为，Fe^{2+}间接还原反应是主要的，而阴极上直接还原反应是次要的。随着电解反应的进行，H^+大量消耗，OH^-逐渐增多，pH上升，Cr^{3+}、Fe^{3+}便生成氢氧化物沉淀。

$$Cr^{3+}+3OH^- = Cr(OH)_3\downarrow$$

$$Fe^{3+}+3OH^- = Fe(OH)_3\downarrow$$

$Fe(OH)_3$和$Cr(OH)_3$是优良的絮凝剂，对其他有害离子有吸附、共沉淀作用，可达到同时除去的目的。

该法操作简便，除铬效果比较稳定可靠，符合达标排放要求，但需消耗电能和钢材，运转费用较高。

3. 离子交换法

利用阳离子交换树脂的交换吸附作用除去废水中Cr(Ⅲ)等重金属阳离子。当树脂达到吸附饱和失效后，用一定浓度的HCl或H_2SO_4溶液再生，以恢复交换能力。

$$3RSO_3H+Cr^{3+} = (RSO_3)_3Cr+3H^+$$

$$(RSO_3)_3Cr+3HCl = 3RSO_3H+CrCl_3$$

应用阴离子交换树脂处理含铬酸根(CrO_4^{2-}，$Cr_2O_7^{2-}$)的废水，将CrO_4^{2-}、$Cr_2O_7^{2-}$交换

吸附在阴离子交换树脂上，使废水得到净化。

$$2ROH+CrO_4^{2-}=R_2CrO_4+2OH^-$$

$$2ROH+Cr_2O_7^{2-}=R_2Cr_2O_7+2OH^-$$

树脂吸附饱和失效后，用一定浓度的 NaOH 再生，以恢复交换能力。例如

$$R_2CrO_4+2NaOH=2ROH+Na_2CrO_4$$

经树脂浓缩后的含铬废液，再用直接还原法变成淤泥处理掉也可以回收再利用。例如，把从离子交换树脂上洗脱下来的含有 Na_2CrO_4 的浓液，通过R—H 型离子交换树脂，作为铬酸回收利用(如电镀)。

$$Na_2CrO_4+2RH=2RNa+H_2CrO_4$$

铬酸回收液要应用于电镀上，还必须设法除去 SO_4^{2-} 和 Cl^- 等阴离子。

采用离子交换法能使铬得到回收，水可循环再使用的优点。

4. 铁氧体法(除 Cr 和 Cd 等)

铁氧体法的基本原理是利用多种金属离子与铁盐在一定条件下能够生成具有磁性的组成类似于 $Fe_3O_4\cdot xH_2O$ 的氧化物(如 $M_xFe_{3-x}O_4$，M 为二价金属离子)。磁性氧化物 $Fe_3O_4\cdot xH_2O$ 也可写成组成为 $Fe^{2+}\cdot Fe^{3+}[Fe^{3+}O_4]\cdot xH_2O$ 的形式，其中部分 Fe^{3+} 可被 Cr^{3+} 代替(Fe^{3+} 与 Cr^{3+} 的电荷相同，半径相近)，这种氧化物称为铁氧体。

由于铁氧体具有强磁性，可利用磁分离技术使固(沉渣)液分离，污水达到净化。铁氧体工艺产生的沉渣可作为磁性材料使用。现以铁氧体法处理含铬和镉废水为例来说明。

(1) 铁氧体法处理含铬废水的流程如下：

$$\text{含铬废水}\xrightarrow[\text{NaOH，控制一定 pH}]{FeSO_4}\text{氢氧化物沉淀}\xrightarrow[\text{加热}]{\text{通空气氧化}}$$

$$\text{含铬铁氧体}\xrightarrow[\text{烘干}]{\text{磁分离}}\text{回收铬铁氧体}$$

主要反应式如下：

$$Fe^{2+}+Fe^{3+}+Cr^{3+}+OH^-\longrightarrow Fe^{2+}Fe^{3+}[Fe_{1-x}{}^{3+}Cr_x{}^{3+}O_4]\cdot xH_2O \qquad (x=0\sim1)$$

结论：①氧化过程可通入压缩空气(实验室用 H_2O_2)来实现；②$FeSO_4$ 要加过量使 Cr(Ⅵ)还原成 Cr(Ⅲ)；③影响因素主要有通气时间、温度、pH、铁盐投加量等；④在沉淀过程中，Cr^{3+} 取代铁氧体中部分的 Fe^{3+} 生成铬铁氧体。

(2) 铁氧体法处理含镉废水：首先在含镉废水中加入适当的 $FeSO_4$，然后加碱调节 pH，通入压缩空气生成含镉铁氧体。

流程：

$$\text{含镉废水}\xrightarrow[\text{NaOH，pH>8}]{FeSO_4}\text{黑色沉淀}\xrightarrow[\text{加 }O_2]{\text{通气}}\text{含镉铁氧体}\xrightarrow[\text{干燥}]{\text{磁分离}}\text{回收镉铁氧体}$$

反应式：

$$(3-x)Fe^{2+}+xCd^{2+}+6OH^-\longrightarrow Fe_{(3-x)}Cd_x(OH)_6\longrightarrow Cd_xFe_{(3-x)}O_4 \quad (x=1\text{ 或 }2)$$

结论：①采用铁氧体法处理后的废水，镉、铜、锌均可达到排放标准；②pH 一般控制为 9～10；③反应温度为 50～70 ℃，这比室温反应效果要好。

5. 其他方法

处理含铬废水可采用的其他方法如下：

(1) 化学沉淀法。例如，加入 $BaCO_3$ 使 Cr(Ⅵ)沉淀为 $BaCrO_4$ 而除去。

(2) 吸附法。例如，活性炭是一种具有巨大表面积的吸附剂，通过物理和化学吸附作用及还原反应，使废水中的 Cr(Ⅵ)含量降低。

吸附法处理低浓度废水时，有较高的净化效率，操作简便，但不能通过再生来恢复吸附能力。除活性炭外，褐煤、泥炭等也可以用于处理含铬废水。

据报道，还有液膜分离法、表面活性剂法、光化学处理法、电渗析法、溶剂萃取法、蒸发回收法、反渗析法等。

14.2.2 含汞废水处理

水体中汞的污染主要来源于有色金属冶炼厂、电解厂、化工厂、农药厂、造纸厂等排出的废水。

废水中的汞一般以化合态形式存在，分为有机汞和无机汞两大类。无机汞的存在形态为 Hg^{2+} 和 Hg_2^{2+}，Hg^{2+} 在一定条件(如微生物作用)下转化为甲基汞，进一步转化为二甲基汞。

$$Hg^{2+} \xrightarrow{\text{微生物}} CH_3Hg^+ \xrightarrow{CH_3^-} (CH_3)_2Hg$$

汞的甲基化增强了汞的毒性。

消除水体中无机汞的污染有沉淀法、化学还原法、离子交换法、吸附法、电解法、溶剂萃取法、微生物浓集法等。

1. 沉淀法

含汞废水中加入 Na_2S 或 NaHS 使 Hg^{2+} 或 Hg_2^{2+} 生成硫化汞(HgS)沉淀而除去(如果渣量大可用焙烧法回收汞)。硫化物加入量要控制适当，若加过量会产生可溶性配合物，也会使处理后的出水中残余硫偏高，带来新的污染问题。生成的 HgS 沉淀与 Na_2S 的反应式如下：

$$HgS + Na_2S = Na_2HgS_2\text{(二硫合汞酸钠)}$$

过量 S^{2-} 的处理办法是，在废水中加入适量 $FeSO_4$，这时 Fe^{2+} 与 S^{2-} 生成 FeS 沉淀的同时与悬浮的 HgS 发生吸附作用共同沉淀下来。

如果用沉淀剂(Na_2S 或 NaHS)和混凝剂(如明矾)两步处理含汞废水，由于产生共沉淀，可提高沉降效率，含汞量降低。主要反应式如下：

$$Hg^{2+} + S^{2-} = HgS\downarrow$$

$$Hg_2^{2+} + S^{2-} = HgS\downarrow + Hg$$

$$Al^{3+} + 3OH^- = Al(OH)_3\downarrow$$

2. 化学还原法

化学还原法是将 Hg^{2+}(或 Hg_2^{2+})还原为 Hg，加以分离和回收。采用还原剂有铁粉、锌粉、铝粉、铜屑、硼氢化钠等。

据报道，采用铁粉时，pH应控制适当，太高易生成氢氧化物沉淀，pH太低产生氢气，使铁粉耗量大且不安全。用锌粉处理较高pH(9～11)的含汞废水效果最好。铝粉适宜于处理单一的含汞废水，当汞离子与铝粉接触时，汞即析出而和铝生成铝汞齐，附着于铝表面，再将此铝粉加热分解，即可得汞。$NaBH_4$将Hg^{2+}还原为Hg。

$$Hg^{2+}+BH_4^-+2OH^- = Hg\downarrow+3H_2\uparrow+BO_2^-$$

铜屑与Hg^{2+}的反应为

$$Cu+Hg^{2+} = Cu^{2+}+Hg\downarrow$$

经还原法处理后的废水还需要用其他更为有效的方法进行二级处理才能达到排放标准。

3. 离子交换法

用离子交换法处理氯碱厂含汞废水为例，先将$HgCl_2$转变成配阴离子，然后再与阴离子交换树脂发生吸附交换反应。

$$HgCl_2+2NaCl = Na_2HgCl_4$$

$$2R—Cl+Na_2HgCl_4 = R_2—HgCl_4+2NaCl$$

若废水中汞是以Hg^{2+}形式存在，则通过阳离子交换树脂而留在树脂上，然后用HCl溶液将汞淋洗下来进行回收。

4. 吸附法

活性炭能有效地吸附废水中的汞，它较适用于处理低浓度的含汞废水(含汞高时，先进行一级处理使浓度降低，如沉淀法)。

据报道，用二硫化碳溶液预处理活性炭可以大幅度提高去除汞的能力。

活性炭的处理效果与汞的初始形态和浓度、活性炭的用量和种类、pH的控制、反应时间等因素有关。活性炭对有机汞的脱除率更高。

14.2.3 含镉废水处理——化学沉淀法

含镉废水主要来自电镀，采矿，有色金属冶炼和精制，合金、陶瓷和无机颜料的制造，碱性电池等工业。

目前含镉废水的处理方法有沉淀法(氢氧化物或硫化物沉淀)、离子交换、吸附法(如活性炭具有比表面积大、吸附性能强、去除率高等特点)、铁氧体法(参见14.2.1)、化学还原法、膜分离法和生化法等。

沉淀法是处理含镉废水的常用方法，本节将重点介绍。

在废水中镉主要以正二价形式存在，如Cd^{2+}、$[Cd(CN)_4]^{2-}$等。

在碱性条件下，使Cd^{2+}生成$Cd(OH)_2$沉淀。例如，用石灰处理含镉废水发生下列反应：

$$Cd^{2+}+Ca(OH)_2 = Cd(OH)_2+Ca^{2+}$$

实验发现，如果在含镉废水中含有一定浓度的碳酸盐(或外加碳酸盐)，Cd^{2+}可以在较低的 pH 下生成沉淀，能改善沉淀物性能（如脱水性、体积减小等）。

在含镉废水中投入石灰和混凝剂（铁盐或铝盐），由于产生共沉淀可达到较好的除镉效果。若镉在废水中是以配离子形式存在，如$[Cd(CN)_4]^{2-}$，必须进行预处理，设法破坏这些配合物。例如，加入漂白粉使Cd^{2+}形成$Cd(OH)_2$沉淀，CN^-被氧化为无毒的N_2和HCO_3^-。

$$Ca(OCl)_2+2H_2O \longrightarrow Ca(OH)_2+2HOCl$$

$$Cd(CN)_4^{2-} \longrightarrow Cd^{2+}+4CN^-$$

$$2CN^-+5ClO^-+H_2O \longrightarrow 5Cl^-+N_2\uparrow+2HCO_3^-$$

$$Cd^{2+}+Ca(OH)_2 \longrightarrow Cd(OH)_2\downarrow+Ca^{2+}$$

沉淀剂除石灰外还有Na_2S、FeS 等。例如

$$Cd^{2+}+S^{2-} \longrightarrow CdS\downarrow$$

$$Cd^{2+}+FeS \longrightarrow CdS\downarrow+Fe^{2+}$$

14.2.4 含铅废水处理——沉淀法

铅的污染主要来自蓄电池工业、电缆工业、石油工业、化学工业中的油漆、颜料、玻璃工业、铅的开采和冶炼等行业所排出的含铅废水。

在含铅废水中，存在无机铅和有机铅，无机铅的主要存在形态为Pb^{2+}。处理方法有沉淀法、离子交换法、吸附法、铁氧体法等，其中沉淀法是一种行之有效的除铅方法，下面将重点介绍。

沉淀法处理含铅废水的沉淀剂有石灰、氢氧化钠、碳酸钠、磷酸盐等，使铅生成$Pb(OH)_2$、$PbCO_3$[或$Pb_2(OH)_2CO_3$]、$Pb_3(PO_4)_2$沉淀而除去。

用生成$Pb(OH)_2$沉淀的除铅效率与废水的 pH、碳酸盐浓度、其他金属离子的含量和是否进行废水的预处理（如过滤）有关。

用白云石（$CaCO_3 \cdot MgCO_3$）或石灰和硫化亚铁处理含铅废水也有报道，认为前者是一种行之有效的除铅方法。另外用石灰加混凝剂（如硫酸亚铁）联合处理含铅的碱性废水也取得了较好除铅效果。

14.2.5 含砷废水的处理

含砷废水主要来源于采矿、冶炼、颜料、石油、化工等工业部门排放的废水中。

无机砷主要以AsO_2^-（AsO_3^{3-}）、As_2O_3、AsO_4^{3-}、H_3AsO_4、As^{3+}等形态存在。

含砷废水的处理方法有沉淀法、吸附法（常用吸附剂有活性炭、沸石、磺化煤等）、电凝聚法、离子交换法、生化法（如活性污泥法）等。

以下主要介绍沉淀法在含砷废水处理中的应用。

利用AsO_3^{3-}（AsO_2^-）、AsO_4^{3-}能与许多金属离子直接生成难溶化合物的特性，经过滤而除去。由于亚砷酸盐的溶解度比砷酸盐要高得多，对沉淀反应不利，预先用氯气等氧化剂将其氧化为砷酸盐。常用的沉淀剂有钙盐、铁盐、镁盐、铝盐、硫化物等。例如

$$3Ca^{2+}+2AsO_4^{3-} \longrightarrow Ca_3(AsO_4)_2\downarrow$$

$$Fe^{3+}+AsO_3^{3-} \longrightarrow FeAsO_3\downarrow$$

砷可与钙、镁、铁、铝等金属氢氧化物产生共沉淀(使可溶性离子被沉淀物吸附,而微小粒子能被大量沉淀物所凝聚或网捕)而被除去。例如,使用氢氧化钙和氯化铁混合混凝剂可以提高除砷效率。

$$2Fe^{3+} + 3Ca(OH)_2 = 2Fe(OH)_3\downarrow + 3Ca^{2+}$$

$$AsO_4^{3-} + Fe(OH)_3 = FeAsO_4\downarrow + 3OH^-$$

$$AsO_3^{3-} + Fe(OH)_3 = FeAsO_3\downarrow + 3OH^-$$

用硫化物如 Na_2S、NaHS、FeS 作除砷剂在较低的 pH 下生成 As_2S_3 沉淀而除去。

14.2.6 含氰化合物的废水处理

氰化合物污染源主要来自电镀厂、煤气厂、炼焦厂和有色金属冶炼厂排出的废水。含氰废水的处理方法通常是将含氰化合物部分氧化为毒性较低的 CNO^- 或完全氧化成 CO_2(或 HCO_3^-,CO_3^{2-})和 N_2。

目前处理含氰废水的方法有氯化法、电解法、氧化法、沉淀法、蒸发回收法和其他处理方法(如反渗析法,离子交换法,膜分离法,高温氧化法等)。

本节重点讨论氯化法、H_2O_2 等氧化剂的氧化法和沉淀法。

1. 氯化法

氯化法指的是提供一种含有 OCl^- 的氧化剂[Cl_2 + NaOH,NaOCl,$Ca(OCl)_2$],将 CN^- 氧化为 CNO^- 或 CO_2(HCO_3^- 或 CO_3^{2-})和 N_2。选择哪种氧化剂主要考虑经济性、安全性和有效性。

以下将讨论 Cl_2、NaOCl 和 $Ca(OCl)_2$ 三种氧化剂与 CN^- 的反应方程式和有关特点。

$$CN^- + Cl_2 + 2OH^- = CNO^- + 2Cl^- + H_2O$$

$$2CNO^- + 3Cl_2 + 4OH^- = N_2 + 2CO_2 + 6Cl^- + 2H_2O$$

总反应式为 $$2CN^- + 5Cl_2 + 8OH^- = N_2 + 2CO_2 + 10Cl^- + 4H_2O$$

$$2CN^- + 5OCl^- + 2OH^- = N_2\uparrow + 2CO_3^{2-} + 5Cl^- + H_2O$$

$$5OCl^- + 2CN^- + H_2O = N_2\uparrow + 2CO_2\uparrow + 5Cl^- + 2OH^-$$

当用 OCl^- 处理含氰的配合物时,以 $Cu(CN)_3^{2-}$ 为例将发生下列反应:

$$2Cu(CN)_3^{2-} + 7OCl^- + 2OH^- + H_2O = 6CNO^- + 7Cl^- + 2Cu(OH)_2\downarrow$$

用氯化法脱氰可能遇到的几个问题和对策:

(1) 反应应在碱性条件下进行,因为反应中产生的剧毒物 CNCl 在酸性条件下不易转化为微毒物 CNO^-。可能的机理是

$$CN^- + OCl^- + H_2O = CNCl + 2OH^- \quad ①$$

$$CNCl + 2OH^- = CNO^- + Cl^- + H_2O \quad ②$$

CNCl 为挥发性的中间产物,毒性与 HCN 相近,在酸性介质中稳定。当 pH>10 和温度高于 20℃,会自动快速分解。当 pH 较低时,如有足够的 Cl_2 将 CN^- 氧化为 CNO^-,也可避免剧毒物 CNCl 的释放。

(2) 用 Cl_2 氧化氰化物时,往往加入过量的氯气以提高氯化效率。当水中剩余的游离氯浓度太高时,必须设法脱氯。脱氯的方法有活性炭吸附,在一定 pH 曝气处理或加入

脱氯剂等。常用的脱氯剂(还原剂)有 SO_2、Na_2SO_3、$NaHSO_3$、$Na_2S_2O_3$ 等。

(3) 在含氰废水中,往往存在多种金属离子如 Fe^{2+}、Fe^{3+}、Cu^{2+}(Cu^{+})、Ni^{2+} 等与 CN^- 以配合物的形式存在,如$[Fe(CN)_6]^{4-}$,$[Fe(CN)_6]^{3-}$,$[Cu(CN)_4]^{3-}$,$[Ni(CN)_4]^{2-}$ 等。这些配合物是非常稳定的,阻碍氯化反应的进行,使氯的消耗量增加,出水时的氰含量偏高。据报道,可借紫外光、加热、O_3 或加入过量氧化剂将这些配合物分解破坏掉。

2. 氧化法

氧化法常用的氧化剂有 O_2(空气中)、H_2O_2、$KMnO_4$、O_3 等。

1) 空气氧化法

空气氧化法的原理是在 $S_2O_5^{2-}$ 和催化剂 Cu^{2+} 存在下,在适宜的 pH 范围内,O_2 将 CN^- 氧化为 CNO^-,CNO^- 再经水解生成 NH_3 及 HCO_3^-。Cu^{2+} 可用 $CuSO_4 \cdot 5H_2O$、NaOH或石灰调 pH,$Na_2S_2O_5$(焦亚硫酸钠)在空气中极易氧化变质,并不断放出 SO_2。反应式如下:

$$S_2O_5^{2-}+2CN^-+2O_2+H_2O \xlongequal{Cu^{2+}} 2CNO^-+2H^++2SO_4^{2-}$$

$$CNO^-+2H_2O \xlongequal{} HCO_3^-+NH_3$$

上述反应最佳 pH 为 8.0~9.5。废水中氰化物氧化顺序为

$CN^- > [Zn(CN)_4]^{2-} > [Fe(CN)_6]^{4-} > [Ni(CN)_4]^{2-} > [Cu(CN)_4]^{3-} > SCN^-$

2) H_2O_2 氧化法

H_2O_2 可将氰化物直接氧化成 CNO^-,不产生剧毒的中间产物(CNCl),当升高温度时 CNO^- 发生水解反应生成 CO_3^{2-} 和 NH_3。

$$CN^-+H_2O_2 \xlongequal{} CNO^-+H_2O$$

$$CNO^-+OH^-+H_2O \xlongequal{} CO_3^{2-}+NH_3$$

3. 用铁盐处理含氰废水

在含氰废水中加铁盐(如 $FeSO_4$),CN^- 转化为毒性较小的 $Fe(CN)_2$ 沉淀或配离子 $[Fe(CN)_6]^{4-}$,从而降低了废水中氰的含量,但氰化物并未分解或破坏,没有彻底消除氰的污染。主要是生成的$[Fe(CN)_6]^{4-}$在高温和受光照射时发生氧化和水解反应产生剧毒的HCN。

$$4[Fe(CN)_6]^{4-}+O_2+2H_2O \xlongequal{} 4[Fe(CN)_6]^{3-}+4OH^-$$

$$[Fe(CN)_6]^{3-}+3H_2O \xlongequal{} Fe(OH)_3\downarrow+3HCN+3CN^-$$

总反应:

$$4[Fe(CN)_6]^{4-}+O_2+10H_2O \xlongequal{} 4Fe(OH)_3\downarrow+8HCN+16CN^-$$

因此,含$[Fe(CN)_6]^{4-}$的废水在放置过久或日光照射后会释放出剧毒物 HCN。

在处理含 CN^- 废水时,常选用 Fe(Ⅱ)盐,而不是 Fe(Ⅲ)盐。热力学上,$[Fe(CN)_6]^{3-}$比$[Fe(CN)_6]^{4-}$更加稳定($K_{稳}$ 分别约为 10^{43} 和 10^{35})。这是动力学上的差异引起的,$[Fe(CN)_6]^{3-}$ 在动力学上是活性的,配体 CN^- 易与水中配体发生交换反应,CN^-易解离出来,产生二次污染。相反,$[Fe(CN)_6]^{4-}$在动力学上是惰性的,CN^- 难以解

离出来。

习　题

1. 大气层中臭氧是怎样形成的？臭氧层变薄和出现空洞将造成哪些危害？为什么人们将臭氧层称为"生命之伞"？
2. 臭氧层遭破坏的主要原因是什么？哪些污染物引起臭氧层的破坏？应采取哪些可行的办法以减少对臭氧层的破坏？
3. 冰箱泄漏的氯氟烃(氟利昂)进入平流层后是怎样使臭氧层的平衡遭到破坏的？试用反应方程式表示并作简单说明。
4. 形成酸雨的主要物质是什么？现取一份雨水样，每隔一定时间测其 pH，数据如下：

测试时间/h	0	1	2	4	8
雨水样的 pH	4.73	4.62	4.56	4.55	4.55

说明雨水样 pH 变小的主要原因。正常雨水的 pH 为 6～7，以上所取的雨水已大大偏离正常值，会给环境带来哪些危害？

5. 温室效应是指地球表面受到来自太阳的短波辐射增温后，又以长波辐射的形式向太空散射热量。然而一部分长波辐射热量会被大气中的温室气体吸收，从而使大气温度升高。以下所列气体，哪些是温室气体？为什么？

Cl_2　H_2O　O_2　N_2　稀有气体　N_2O　NO_2　CO_2　CH_4　O_3

$CHCl_3$　CFC(氟利昂的总称)　CCl_4　SO_2

6. 自来水厂通常采用氯气和绿矾进行消毒、净化以改善水质。请简述它们所起的作用。
7. 为什么说废旧的锌锰干电池会污染环境，不能随意丢弃？
8. 用沉淀法处理含汞废水时，往往是先加入一定量的硫化钠，然后加入硫酸亚铁，为什么要按上述程序进行操作？如果 Na_2S 过量会出现何种结果？加入 $FeSO_4$ 的目的是什么？请加以说明。
9. 含$[Cd(CN)_4]^{2-}$废水毒性大，必须进行预处理，常投入漂白粉以消除毒性，写出有关的反应方程式。
10. Fe^{2+} 和 Fe^{3+} 似乎都可以消除 CN^- 的污染，为什么在应用时往往选择 Fe^{2+}？
11. 废水中的 Cd^{2+}、Cu^{2+}、Mn^{2+} 能否用加入固体 FeS 的方法除去？试通过有关计算(利用多重平衡常数)加以回答。
12. 在空气、水、土壤和食品中，存在着哪些潜在的有害物质？这些物质来自何方？如何消除？
13. 震惊世界的八大公害事件是在何时、何地、何种环境条件下发生的？危害程度怎样？根源在何处？从中吸取哪些教训？
14. 说明汽车、飞机的尾气对大气形成污染的主要原因。减少或消除污染的有效途径有哪些？
15. 三聚磷酸钠($Na_5P_3O_{10}$)是许多洗涤剂的添加剂，用来配位水中的 Ca^{2+}、Mg^{2+}，达到软化水的目的。请画出 $P_3O_{10}^{5-}$ 的结构式。由于 Ca^{2+}、Mg^{2+} 与 $P_3O_{10}^{5-}$ 形成的配离子易溶于水，当大量洗涤水被排入水体时，将给环境造成怎样的影响？有人提出用某些金属离子可将它们沉淀出来，以减少磷酸盐的排放量。请提供两种这样的金属离子。
16. 提供含砷废水、含铅废水、含汞废水、含镉废水、含氰废水等的多种化学处理方法。

第 15 章　化学元素与人体健康

生物在自然环境中产生和繁衍，生生不息，代代相传。它们的构成取材于大自然，离不开自然界中常见的基本化学元素。各种元素在生物体中以不同的化学形态出现，具有不同的功能，与生命活动密切联系。人类的健康与元素在体内的平衡协调相关。

15.1　生物体内元素的分类与最佳营养浓度定律

在自然界中已发现的 90 多种稳定元素中，大部分都能在人体组织中检测到。按这些化学元素在人体内的含量不同分为宏量元素和微量元素两大类。宏量元素又称为常量元素，它们都是必需元素。

根据微量元素对人体生物效应的性质不同，又将它们大致分为三类：必需元素、非必需元素和有害元素。非必需元素是指其生物功能尚未确定的微量元素。有害微量元素又称有毒微量元素，是指存在于生物体内即使浓度很低时，也能妨碍生物机体的正常代谢和影响生物功能的元素，如 Pb、Hg、Cd、Be 等。有害微量元素可能通过大气、水源、食物等多种途径侵入人体，逐渐积累而造成严重影响。

人们把在生物体中维持其正常的生物功能不可缺少的化学元素称为生物“必需元素”或“生命元素”。人体主要必需元素的标准含量见表 15－1。

表 15－1　人体主要必需元素的标准含量(按体重 70 kg 计)

元　素	人体含量/g	占体重百分数/%
O	45 000	64.30
C	12 600	18.00
H	7 000	10.00
N	2 100	3.00
Ca	1 050	1.50
P	700	1.00
S	175	0.25
K	140	0.20
Na	105	0.15
Cl	105	0.15
Mg	35	0.05
Fe	4.0	5.7×10^{-2}

续表

元　素	人体含量/g	占体重百分数/%
Zn	2.3	3.3×10^{-3}
Cu	0.1	1.4×10^{-4}
I	0.03	4.3×10^{-5}
Mn	0.02	3.0×10^{-5}
Mo	<0.005	7.0×10^{-6}
Co	<0.003	4.3×10^{-6}

必需元素应具有以下特征：

(1) 该元素存在于所有健康组织中，生命过程的某一环节(一个或一组反应)需要该元素的参与。

(2) 生物体可主动摄入该元素并调节其在体内的分布和水平。

(3) 在体内含有该元素的生物活性物质。

(4) 缺乏时可引起生理变化，补充后可恢复。

15.1.1　宏量元素

通常把总含量超过人体质量0.01%的元素称为宏量元素或常量元素。这些元素在体内的含量由高到低依次是O、C、H、N、Ca、P、S、K、Na、Cl、Mg。这11种宏量元素构成人体的重要组分，约占人体质量的99.95%。

15.1.2　微量元素

通常把总含量低于人体质量0.01%的元素称为微量元素，其中Fe、Zn、Cu、Co、Cr、Mn、Mo、I、Se、F这10种元素是维持正常人体生命活动不可缺少的必需微量元素；Si、B、V、Ni尚存疑义，可能为必需微量元素。Sn、As被认为具有潜在毒性，但低剂量可能是具有生物功能的微量元素。

值得注重的是，把微量元素划分为必需、非必需和有害三类是相对而言的，随着医学研究的进展和检测手段的提高，将会发生变化。例如，20世纪70年代以前认为有毒的硒、镍，现已列为必需或可能必需的微量元素。某些微量元素具有"双重性"，既是必需的又是有害的。必需元素也有一个最佳摄入范围，某些有害元素在一定条件下对某些疾病具有治疗作用。例如，将砒霜制成砷注射剂治疗白血病已收到明显效果，这是"以毒攻毒"疗法的成功经验。

15.1.3　最佳营养浓度定律

最佳营养浓度定律是由法国科学家伯特兰(Bertrand)在研究了锰对植物生长的影响后提出来的。研究指出："植物缺少某种元素时，就不能成活；当适量时，植物就茁壮成长；但过量时又是有害的"。后来的大量研究表明，这个定律也同样适用于人和动物。图15-1表明必需元素浓度和生物效应的相关性。

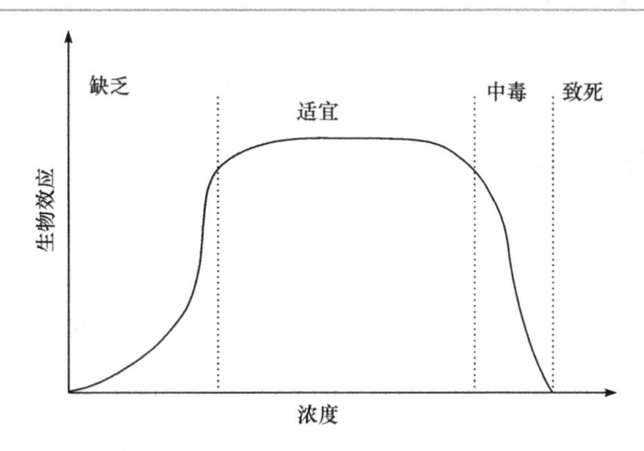

图 15－1　必需元素浓度与生物效应的关系

以上结论表明，必需元素也有一个最佳摄入范围（安全和适宜的量或浓度），低于或高于此范围都不利于人体健康。当摄入量不足时，会出现缺乏症，摄入过多，蓄积在体内也会出现急、慢性中毒，严重时甚至会导致死亡。不同元素的安全和适宜范围不同，有的元素具有较大的体内恒定值，而有的元素在最佳浓度和中毒浓度之间只有一个狭窄的安全范围。另外，最佳摄入范围也与个体有关（性别、年龄、身体状况等）。

15.2　生物利用化学元素的规则——丰度规则和可利用规则

为什么生命元素的含量差别如此之大？生物为什么利用一些元素而不利用另一些元素？这是由于生命是自然界长期进化的结果，在这样漫长的过程中必然打上环境的烙印，生命体的“建筑材料”是从大自然摄取的。

当某一生物功能可以利用两种或更多的元素完成时，生物体将选择自然界存在较多并易获得的那个元素。这有两层含义：生物体通常选择岩石圈、水圈和大气圈中含量最多的元素，生物体通常选择那些容易形成气体和水溶性化合物的元素。这就是丰度规则和可利用规则。

对于生命“建筑材料”来说，还要有小的原子半径和形成多价键的能力。

碳、氢、氮、氧、硫、磷是构成原生质的结构元素，这 6 种元素几乎占细胞的 98%。细胞的功能成分（壁、膜、基因、酶）基本是由这 6 种元素形成的。它们均是较轻、挥发性大或可溶于水，可形成多价键，并且在地球表面容易得到的元素。

碳和硅化学性质相似，硅在地壳中的丰度比碳大，但硅的化合物大多难溶于水，—Si—O—Si— 键十分不活泼，而碳的很多化合物可溶于水，并且碳原子之间可形成双键、三键且可结合形成长链或环状化合物，因此生命体大量利用碳而较少利用硅。

锶和钙化学性质相近，但钙的丰度比锶大得多，因此生命体选择钙，而没有选择锶。重金属很少被生物利用，是因为地壳中含量稀少或有毒性或放射性。稀有气体因缺乏反应活性而不被生物体利用。

15.3 生命元素的存在形式和在周期表中的分布特点

15.3.1 生命元素的存在形态

生命元素在生命体中的存在形式多种多样，而且与其生物功能密切相关。其存在形式大致分为以下几种：

(1) 无机结构材料：这里所说的结构材料是指组成骨骼、牙齿的结构材料，如 Ca、F、P、Si、Mg。它们常以难溶的无机化合物形态[如 SiO_2、$CaCO_3$、$Ca_{10}(OH)_2(PO_4)_6$ 等]存在于硬组织中。

(2) 有机大分子：C、H、O、N、P 主要以有机物的形式存在于人体中，是组成人体的最主要成分，如蛋白质、核酸、脂肪、糖等。

(3) 离子状态：Na、Mg、K、Ca、Cl 等元素分别以游离的水合离子形式存在于细胞内液、细胞外液、血液中，少量的 S、C、P 以 SO_4^{2-}、CO_3^{2-}、HCO_3^-、HPO_4^{2-}、$H_2PO_4^-$ 等形式存在于血液和其他体液中。

(4) 小分子：包括形成大分子的单体、离子载体、电子传递化合物等。

(5) 配合物：作为中心金属离子与生物大分子或小分子形成配合物，如具有催化性能和储存、转换功能的各种酶类。必需微量元素通常以配合物形式存在。

15.3.2 生命元素在周期表中的分布特点

研究发现，绝大多数生命元素为轻元素，处在第一至四周期。非金属元素主要分布于周期表的右上角，金属元素则主要分布于ⅠA、ⅡA 族和第一过渡系。生物体所必需的微量元素大多为过渡元素。具有明显生物活性且原子序数大于 35 的较重元素，就目前所知只有 Mo、Sn、I，这样就使生物体有较轻的质量。

15.4 宏量元素的生理功能与人体健康

(1) 氢(H)：氢占人体质量 10%，是构成人体的最主要成分，如水、蛋白质、脂肪、核酸、糖类、酶等。这些结构复杂的物质，主要靠氢键维持，一旦氢键被破坏，这些物质也丧失功能了。氢元素在体内另外一个重要的功能是标志体内酸碱度的大小，唾液、胃液、血液等体液成分中均含有一定数量的氢。

(2) 氧(O)：氧是“生命的生命”，占人体质量 65%。主要以 H_2O、O_2 及有机物形式存在。一个体重 70 kg 的人，约 40 kg 水——氧占 36 kg。氧主要参与人体中的多种氧化过程，释放能量，供生命活动利用。没有氧气，也就没有生命。

(3) 钙(Ca)：钙约占人体质量 2%。其中，99%在硬组织中，是骨骼和牙齿的主要成分——羟基磷灰石[$Ca_{10}(OH)_2(PO_4)_6$]；1%存在于软组织、细胞外液和血液中，保持细胞膜的完整和通透性，维持组织尤其是肌肉神经反应的功能，同时起到细胞信使作用，还是血液凝固所必需的成分，发挥止血功能。钙是许多酶的激活剂，参与激素的分泌，维持体液的酸碱平衡等。钙对心血管系统也有直接影响。疾病的发生和治疗都有钙的参与。骨质疏松症与羟基磷灰石[$Ca_{10}(OH)_2(PO_4)_6$]的溶解(脱钙)有关。

人体缺钙,会导致过敏,肌肉抽搐、痉挛,严重时会导致佝偻病、骨质疏松症、易患龋齿等。儿童长期缺钙和维生素D可导致生长发育迟缓、骨软化、骨骼变形等。中老年人随年龄的增加,骨骼逐渐脱钙,尤其绝经妇女因雌激素分泌减少,钙丢失加快,易引起骨质疏松。对婴幼儿、儿童、孕妇、乳母、老人应适当增加钙的供给量。

食物来源:奶和奶制品含钙丰富且易吸收,是钙的良好来源。小虾皮、花生、黑芝麻、紫菜、海带、黑木耳、骨、蛋、肉、豆类、绿色蔬菜等为含钙丰富的食物。

骨骼与其他组织一样,始终处于新陈代谢之中。旧骨骼中的钙不断地释放进入血液循环及细胞外液中;由肠道吸收的新钙(外源钙)和人体重新吸收的钙不断地沉积于骨骼之中。骨骼中发生的这种新旧交替维持着钙在体内的新陈代谢平衡。钙的代谢是破骨细胞和成骨细胞共同作用的结果。正常成年人的成骨与溶骨作用维持着动态平衡。骨骼发育生长期,成骨作用大于溶骨作用;人变老则溶骨作用明显大于成骨作用,骨质减少而易患骨质疏松症。

若长期钙不足,就必须持续从骨骼中取出钙,从而导致骨质疏松。对骨质疏松患者,除补钙外,还必须配合药物治疗,通过对两种细胞进行干预,才能奏效。

研究发现,宇航员在长期失重环境中会出现骨钙质代谢紊乱。在空间站生活一个月,所损失的骨量相当于患骨质疏松的老妇人在地面一年内损失的骨量。这是因为承重骨(腿骨、脊椎骨等)的压力骤减,肌肉运动减少,骨骼血液供应不足,使成骨细胞功能减弱,而破骨细胞功能增强,造成骨质大量流失。脱出的钙经肾脏排出体外,最终导致骨质疏松和肾结石。这也说明,为什么久坐或长期卧床不起容易造成骨质疏松。

过多食用下列食物,可使钙的吸收量减少或利用率下降。例如,过多的脂肪、蛋白质和含有较多草酸、植酸、磷酸的谷类、蔬菜等均可与钙形成难溶的化合物,阻碍钙的吸收。脂肪酸与钙结合成脂肪酸钙;蛋白质与钙结合成磷酸钙(红肉中含有大量的磷酸根);菠菜、苋菜、芹菜中含有大量的草酸,与钙结合成草酸钙;杂粮中的植酸与钙结合成植酸钙,这些含钙的难溶物从体内排出。

以上说明体内钙平衡取决于多种因素,重要的不是补钙的多少,而是被吸收的多少。单纯补钙,效果不一定好,补钙是一个系统工程。维生素D和运动也是影响钙吸收的重要因素。

维持骨骼的强度,除摄取足够的钙外,还需要其他营养成分的参与,如镁、钾、维生素D等,以促进钙的吸收和在骨骼中沉积。另外,合理饮食(食物多样化、适量和平衡)、适当运动、晒晒太阳,对增加骨骼强度也是不可忽视的有利因素。缺钙主要通过食物来补充。从不同品种的食物中摄取不同的营养素,并以符合自身需要与平衡为宜,营养物质绝不是吃得越多就越好。

人体对钙的调控能力不强,若盲目补钙,可能适得其反,日久会导致慢性中毒。这时钙没有沉积到骨骼和牙齿上,而是奔向其他部位,发生病变,如血管钙化,造成动脉硬化,患心脏病的风险加大;老人思维和认知能力下降;患骨质增生和肾结石等的风险也会增加。

(4) 磷(P):磷是构成骨骼、牙齿的重要成分。体内的磷主要是以磷酸、无机磷酸盐{主要成分是羟基磷灰石[$Ca_{10}(OH)_2(PO_4)_6$]}的形式存在;少部分以有机磷酸盐的形式存在,如存在于细胞膜和神经组织中的磷脂、DNA、RNA及辅酶等。

参与能量代谢。例如,三磷酸腺苷(ATP)水解时产生二磷酸腺苷(ADP)和磷酸(H_3PO_4),同时释放相当多的能量,供生命活动之用,称为生物体中的“能量使者”。

$$ATP + H_2O \longrightarrow ADP + H_3PO_4 \quad \Delta_r G^\ominus = -30.5\ kJ \cdot mol^{-1}$$

调节酸碱平衡。组成体内磷酸盐缓冲体系,调节体液的酸碱平衡。

磷也是酶的重要成分,参与遗传信息传递等功能。

几乎所有的食物中都含有磷,因此人们在日常生活中很少缺磷。

磷过量可引起低血钙症,导致神经兴奋性增强,手足抽搐和掠厥。

食物来源:瘦肉、禽、蛋、鱼、坚果、海带、紫菜、油菜子、豆类等是磷的良好来源。

(5) 钾(K)、钠(Na)、氯(Cl):在体内多以K^+、Na^+、Cl^-形式存在,它们在体内的作用错综复杂而又相互关联。K^+、Na^+是细胞内、外液中的阳离子,Cl^-是细胞外液中的主要阴离子。这些离子相互配合,对维持体内渗透压、酸碱平衡、电荷平衡起重要作用。钾、钠有增强肌肉兴奋性的功能,并相互协同。钾还有维持心跳规律、参与蛋白质、糖类和热能的代谢。氯能激活唾液中的淀粉酶等。氯也参与人体的酸碱平衡。

在体内这三种离子中的任何一种不平衡都会对人体产生影响。

从表15-2中可以看出,K^+主要集中在细胞内,Na^+主要集中在细胞外。细胞内、外由于离子浓度差形成膜电势,人的思维、视觉、听觉、触觉、细胞的分泌等各种生理功能均与膜电势的变化有关。

表15-2 细胞内、外液中K^+、Na^+、Cl^-的含量

离 子	细胞外液浓度/(mmol·L^{-1})	细胞内液浓度/(mmol·L^{-1})
Na^+	145	15
K^+	4	140
Cl^-	110	10

体内缺钾,使人感到倦怠无力,精力、体力下降,肌肉麻痹。严重缺乏时出现代谢紊乱、心律失常,呼吸障碍等症状。钾过量时,表现为手足麻木、知觉异常、四肢疼痛、恶心呕吐、心力衰竭等。

人体缺钠会感到头晕、乏力,长期缺钠易患心脏病,并可导致低钠综合征。当运动过度特别是在炎热的夏季,汗液会带出大量盐分,体内这些离子浓度大为降低,使肌肉和神经反应受到影响,导致恶心、呕吐、衰竭和肌肉痉挛,因此要喝特别配制的糖盐水或运动饮料,补充失去的盐分等其他物质。

食盐摄入与高血压显著相关。食盐摄入高的地区,高血压发病率也高,限制食盐摄入可降低高血压。这种相关性不仅见于成人,也见于儿童和青少年。食盐引起的高血压与钠和氯的存在都有关。

1988 年有报道说，人体随钠盐摄入量增加，骨癌、食道癌、膀胱癌的发病率升高。如果增加钾盐摄入量，胃肠癌比率则下降。在饮食中以部分钾盐和镁盐取代钠盐，对糖尿病、高血压、骨质疏松都有一定疗效。

食物中的钾有降低血压的作用，由高钠引起的高血压患者应摄入富含钾的食物(如新鲜蔬菜、豆类和根茎类、香蕉、杏、梅子、苹果、葡萄干等)。这可能与钾促进尿钠排泄、抑制肾素释放、舒张血管、减少血栓素的产生有关。

(6) 其他宏量元素的生理功能见表 15－3。

表 15－3　一些宏量元素的生理功能

元　素	功　能
碳(C)	构成蛋白质、脂肪、糖类和维生素的主要元素
氮(N)	蛋白质、氨基酸等有机化合物的主要成分
硫(S)	铁-硫蛋白质、血红素的组分，与代谢、解毒、激素分泌有关
镁(Mg)	多种酶的激活剂，促进骨骼生长和胃、肠道功能，维持心肌功能和神经肌肉的兴奋性对激素的调节作用

15.5　必需微量元素的生理功能与人体健康

必需微量元素虽然在人体中含量甚微，但对人体健康影响极大。

必需微量元素在人体内主要有以下四个方面的生理功能：

(1) 作为酶的活性因子(金属酶的活性中心和酶的激活剂)。例如，Cu^{2+} 作为细胞色素氧化酶的中心离子，若除去它，酶便失去活性；Fe^{2+} 是许多酶的活性中心。Zn^{2+}、Mn^{2+}、Fe^{2+}、Co^{2+}、Ni^{2+} 等可作为酶的激活剂。只有在这些金属离子存在时，酶才能被激活，发挥其催化功能(酶是具有独特生物催化功能的，结构复杂的蛋白质)。

(2) 参与运载作用(参与运载宏量元素和在酶中起传递电子的作用)。例如，血红蛋白中 Fe(Ⅱ)能把氧携带到每一个细胞中去供代谢需要。酶中存在可变氧化态的金属元素，如铁、铜和钼等，在生物氧化还原反应中起着传递电子的作用。

(3) 参与激素和维生素的生理作用。例如，某些微量元素直接参与激素的组成或影响激素的功能，甲状腺中含有碘、胰岛素中含有铬，使其生理功能得到正常发挥。钴是维生素 B_{12} 的必需成分，参与造血过程，对红细胞的发育成熟和血红蛋白的合成等均有重要的生理功能。

(4) 维持核酸的正常代谢。

核酸中的微量元素(如 Zn、Co、Cr、Fe、Mn、Cu、Ni、V 等)在稳定核酸构型、性质及 DNA 的正常复制等方面起重要作用。

微量元素与人体的关系很复杂，其浓度、价态、摄入机体的途径等均对人体健康有影响。

人体所需的微量元素主要从每天摄入的食物中获得，因此对食谱广、食量正常的人来说，一般不会缺乏微量元素。然而对于婴、幼儿与老年人或食谱单调的人，往往不能从食物中获得足够的微量元素,需要补充一定的微量元素。如何将微量元素做成制剂和食品添加剂是一个重要的专业研究领域。

以下简要介绍10种必需微量元素的主要生理功能,以及如何从日常的饮食中吸取这些必需的微量元素。

1)氟

氟(F)对维持骨骼和牙齿结构稳定性具有重要作用。适量的氟有助于钙、磷的利用,促进骨的形成和骨质的增强。

氟能加固牙齿是由于它与牙釉质中的羟基磷灰石作用,在牙齿表面形成一层既坚硬又耐酸腐蚀的氟磷灰石[$Ca_{10}(PO_4)_6F_2$]保护层。

氟可以预防龋齿。当构成牙齿的主要成分羟基磷灰石被口腔中的酶分解食物产生的酸性物质(如乙酸、乳酸等)溶解时,游离出 Ca^{2+} 和 HPO_4^{2-},牙齿被腐蚀,便产生了龋齿。溶解反应为

$$Ca_{10}(OH)_2(PO_4)_6 + 8H^+ \longrightarrow 10Ca^{2+} + 2H_2O + 6HPO_4^{2-}$$

由于 F^- 的半径比 OH^- 的小,而电负性却较大,当氟取代羟基磷灰石中的羟基时晶胞体积缩小,结构收缩,在牙的表面形成一薄层结构更紧密、坚固、化学性质更稳定的氟磷灰石保护层,阻止酸对牙齿的溶解。

随着研究的不断深入,目前已认识到摄入过量的氟对人体也有严重的危害性。氟无生物降解作用,能在生物体内富集。过量的氟会干扰磷和钙的代谢;血液中钙和磷浓度发生变化;氟化钙的生成使骨骼变硬,导致骨质增生、韧带钙化、椎间盘变窄等。氟化钙还会在脊柱上蓄积,压迫骨髓发生位移,使血流不畅,导致神经系统营养不良、受损、记忆力减退、易失眠、疲劳等。过量氟还会使人易患泌尿系统结石。由于膀胱内含有黏液蛋白,这时氟和磷酸钙形成的氟磷灰石变得更加黏稠和难于溶解,促进膀胱结石的形成。尿结石实质上是多种无机盐的混合物,其主要成分有磷酸盐、草酸盐等。黏液蛋白、细菌、血块、坏死的组织等可能是尿结石形成过程中的成核中心。在各种结石中通常含有钙元素。

大量的研究和对比实验表明,在饮水中加入氟化物,可能引起更多的健康问题,如大脑及甲状腺损害,骨癌的死亡率和发病率呈上升趋势等。如今,国外科学界对含氟饮水的态度正在发生转变;新西兰和澳大利亚的学者已证实,加氟在他们国家已经失败。这些问题也正在引起社会公众的思考。

摄入过量的氟还会引起氟斑牙,临床表现为牙齿失去光泽、变脆,易于脱落,出现有色斑点等。急性氟中毒可能引起呕吐、呼吸困难、神经损伤和肺水肿以致死亡。

氟缺乏引起的症状有龋齿、骨质疏松、贫血等。

食物来源:氟含量较高的食物有茶叶、海鱼、海带、贝壳类、紫菜、白菜、韭菜、甘蓝等。

2)碘

碘(I)是甲状腺素(又称甲状腺激素)的重要成分。甲状腺是体内最大的内分泌器官,人体中80%的碘集中在此,用来合成甲状腺素。甲状腺素(99.7%以上与血浆蛋白质结合)通过血液循环被运送到各个组织,发挥生物功能。主要体现在以下几方面:促进生物氧化、蛋白质的合成、糖和脂肪代谢、神经系统发育和维生素的吸收和利用。调节能量转换和组织中的盐水代谢和激活体内许多重要的酶。

碘缺乏与碘过量都对健康不利。碘缺乏导致的主要疾病有甲状腺肿、克汀病、智力低下。长期碘摄入过量也会引起高碘性甲状腺肿等疾病。

食物来源：碘主要存在于海产品中，如海带、紫菜、哈干、干贝、海蜇、海参等。也可食用加碘盐（KI 或 KIO_3）来补充碘。

3) 铁

铁(Fe)是血红蛋白(Hb)和肌红蛋白(Mb)的重要组成部分，在血液中参与氧气的携带、转运和储存，并运送代谢产物 CO_2 经肺部排出体外。

血红蛋白(Hb)是一种含有四个亚铁离子的蛋白质。它具有载氧功能，是由于氧分子能够和其中的 Fe^{2+} 发生配位反应，生成氧合血红蛋白。

$$Hb-Fe_4+4O_2 \rightleftharpoons Hb-Fe_4-(O_2)_4$$

上述配位反应是可逆的，反应进行的方向取决于氧气的分压(p_{O_2})。在肺部，p_{O_2} 高，血红蛋白能从肺泡摄取足量的氧气，使平衡向右移动，形成氧合血红蛋白。通过血液循环带到需要氧的地方时，那里的 p_{O_2} 低，平衡则向左移动，O_2 从氧合血红蛋白中释放出来。血红蛋白的另一个功能是将氧化产物 CO_2 带回肺部呼出体外。

血红蛋白(Hb)和肌红蛋白(Mb)都属于含 Fe(Ⅱ)的血红素蛋白，又都能和氧分子结合，但生理功能不相同。血红蛋白具有载氧的功能；肌红蛋白的基本功能是接收经血液循环由血红蛋白携带的氧，并储存起来，供组织的需要。血红蛋白的结构参见图 10-9。

铁是许多酶的活性中心，能维持正常的造血功能和免疫功能，在生命过程中起十分重要的作用。

缺铁可引起多种疾病，主要有缺铁性贫血、中枢神经系统异常、免疫功能低下、生长期骨骼发育异常、体重增长迟缓等。铁过量也会出现中毒反应，引起的疾病有色素病、铁质沉着、肝硬化等。

食物来源：肝、心、肺、动物血、瘦肉、蛋黄、鱼类、蚌肉、蛏子、虾、海带、红蘑菇、黑木耳、发菜、枣、藕粉、黑芝麻、杨梅、橘子、桂圆、杏、油菜、芹菜等是铁的良好来源。

注意：动物性食物中的铁较植物性食物中的铁容易吸收。例如，鱼、肉中的铁吸收率为 11%～22%；而玉米、大豆、小麦中的铁吸收率只有 1%～5%。这是因为植物性食物中的铁与植酸(肌醇六磷酸酯)结合形成配合物，很难被人体吸收。茶叶中的鞣酸、菠菜中的草酸都会阻碍铁的吸收。维生素 C 能促进铁吸收。

4) 锌

锌(Zn)在人体中的含量仅次于铁，主要分布在人体各种脏器和肌肉等软组织的蛋白中，尤以视网膜和精子中最高。

锌是金属酶的组成成分或酶激活剂，促进机体免疫功能，维持细胞膜结构，在机体的生长发育中起重要作用，具有抗菌、消炎等功能。锌与视觉、味觉、智力、维生素 A 的代谢均有关系。

缺锌会导致锌酶的活性降低，影响人体正常代谢，使生长发育受阻，食欲和性腺机能减退，免疫力降低。面部痤疮、粉刺也可能与缺锌有关。儿童缺锌会造成厌食、味觉异常、生长缓慢甚至成为侏儒、智力低下等。值得注意的是，食物中的草酸会降低人体对锌、钙、铁的吸收率。

过量摄入锌会干扰铜、铁和其他微量元素的吸收和利用，抑制细胞杀伤力，降低免疫功能，降低硒的解毒作用和抗癌能力，甚至刺激肿瘤生长等。

食物来源：锌主要含在蛏干、扇贝、牡蛎、蟹、肉类、蛋类、花生仁、核桃、黑芝麻、杏仁、豆类、燕麦、谷类胚芽等食物中。另外，白菜、白萝卜、茄子中锌含量也比较高。

现在人们讲究膳食少而精，各种谷物精加工后锌损失严重。长期食用精加工的食物，容易造成包括锌在内的微量元素缺少或比例失调。

5）硒

硒(Se)最重要的生物活性是抗氧化性。硒是谷胱甘肽过氧化物酶的主要成分，可清除体内脂质过氧化物，阻断活性氧和自由基对机体的损伤作用，保护血红蛋白免受代谢过程中的有害产物过氧化氢等的氧化。

硒能抑制致癌性很强的过氧化氢和自由基在体内形成，阻碍致癌物在体内的代谢，从而抑制癌的发生和发展。硒能激活机体的免疫防卫功能。

硒能维持心血管系统的正常结构和功能，保护心血管和心肌健康。硒能降低甲基汞、汞、镉、铅离子的毒性作用，促进有毒金属排出体外。另外，硒还有抗衰老的功能，被称为延年益寿的元素。

缺硒引起的疾病有克山病、动脉硬化、关节炎、癌症等。摄入过量硒引起的疾病有腹泻、脱发、指甲脱落、肢端麻木、神经系统异常等。研究表明缺硒与硒过量均会引起白内障。

食物来源：在鱼子酱、海参、牡蛎、蛤蜊、鲜赤贝、鲜淡菜、蛏干、章鱼、青鱼、鳕鱼、泥鳅、猪肾、猪肝、羊肉、干蘑菇、小麦胚粉、花豆(紫)、豌豆、扁豆等的食物中含硒较高。

我国是缺硒的国家，营养学家建议补充有机硒，如硒酵母、硒蛋、富硒蘑菇、富硒麦芽、富硒茶叶、富硒大米等。

6）铬

铬(Cr)在体内分布广泛，主要以三价铬的形式存在。

Cr(Ⅲ)参与糖和脂类代谢，促进葡萄糖的利用及使葡萄糖转化为脂肪，促进蛋白质代谢和生长发育，有激活胰岛素的作用。胰岛素具有降低血糖的显著功能。

铬与糖尿病和动脉粥样硬化密切相关，影响体内所有依赖胰岛素的系统。研究发现，铬严重缺乏的地区，糖尿病的发病率高。动脉粥样硬化已被证明与三价铬的缺乏有关。

长期铬摄入不足可出现生长停滞、血脂增高、葡萄糖耐量异常，并伴有高血糖及尿糖等症状。铬缺乏多见于老人、糖尿病患者和蛋白质营养不良的婴儿等。研究发现，成年人随年龄的增长含铬量逐渐减少。

三价铬既是必需微量元素又是有毒元素，但尚未见由于膳食中摄入过量铬而引起中毒的报道。这可能与三价铬的毒性较低、食物中含铬较少且吸收利用率低、安全剂量范围较宽等因素有关。

食物来源：含铬较丰富的食物有肉类、海产品(牡蛎、海参、鱿鱼、鳗鱼等)、谷物、豆类、坚果类、黑木耳、紫菜等。啤酒酵母和动物肝脏中的铬生物活性高，能显著改善糖耐量、血清胆固醇和甘油三酯的水平。

值得一提的是，过去认为只有六价铬才有致癌作用，现在发现三价铬也有致癌作用。

Cr(Ⅵ)具有强氧化性，易穿透生物膜，干扰人体内的正常氧化还原和水解过程。六价铬可引起染色体畸变，影响 DNA 复制，引发溃疡、接触性皮炎、呼吸道炎症，有较强致癌作用。

研究发现，职业性接触铬化物，可发生过敏性皮炎、鼻中隔损伤、肺癌发生率上升等现象。

其他必需微量元素的生物功能见表 15-4。

表 15-4　一些必需微量元素的生物功能

元　素	功　能	缺乏症	过量症	摄入来源
钴(Co)	维生素 B_{12} 组分，促进红细胞成熟，激活生血功能	心血管病、恶性贫血	红细胞增多症、心肌病变	肝、瘦肉、乳、蛋、鱼
铜(Cu)	铜蛋白的组分，维持正常的造血功能，促进骨骼、血管和皮肤健康，抗氧化作用等	贫血、冠心病、脑障碍、关节炎	黄疸肝炎、肝硬化、威尔逊(Wilson)病(震颤、精神失常)、胃肠炎	干果、葡萄干、葵花子、肝、贝类、茶叶
钼(Mo)	钼酶的重要组成部分，参与氧化还原反应和配体交换反应	食道癌、肾结石、龋齿、心血管病	贫血、腹泻、性欲减退、痛风病	豌豆、谷物、肝、酵母
锰(Mn)	构成锰酶，多种酶的激活剂，维持骨骼正常发育，促进糖和脂肪代谢及抗氧化作用	软骨、骨骼畸形、性腺机能障碍、肝癌、生殖功能受抑制	头痛、运动机能失调、心肌梗死	干果、粗谷物、核桃、板栗、菇类、茶叶、蔬菜

15.6　微量元素与地方病及防治

人与自然的关系十分密切，在长期的进化过程中，生命与周围的物质保持一种动态平衡。当一个地区某种元素缺乏或过多时，这种动态平衡就会被破坏，人体就会发生某种病变，这种地区群体性的疾病称为地方病。

(1) 侏儒症：1961 年在伊朗乡村发现，一些儿童和青少年智力低下，发育迟缓，身材特别矮小，成为侏儒，原来是与缺锌有关。通过口服锌制剂治疗，症状得到明显改善。

(2) 大脖子病、克汀病：生活在高原、边远山区的居民常患甲状腺肿，即大脖子病。原因是当地的水和土壤中碘含量低，致使人体摄入碘不足而引起的。

育龄期的妇女在怀孕期缺碘，会影响胎儿的正常生长发育，引起婴幼儿先天性疾病，如矮小、痴呆、聋哑、瘫痪等。这种地方病称为克汀病或呆小症。防治办法就是食用加碘盐，最好在孕期肌肉注射一次碘化油。

(3) 克山病、大骨节病：克山病最早在黑龙江克山县发现，是由于缺硒引起的一种心肌病变。主要症状是心律不齐，心脏扩大、心率衰竭、休克等。采用亚硒酸钠进行防治，发病率大幅下降，使这种地方病基本得到控制。我国用硒防治克山病取得的这项成果曾获得施瓦茨奖(国际生物无机化学奖)。

大骨节病：这种病也与缺硒有关。调查研究发现，严重缺硒地区的大骨节病与克山病的分布一致。主要症状是骨端软骨细胞变性坏死、脊椎变形、肌肉萎缩等。用0.1%亚硒酸钠水溶液治疗儿童病例获得显著效果。

15.7 有害元素

随着自然资源的开发利用和工业发展，越来越多的元素通过大气、水和食物进入人体，成为人体的“污染元素”。这些元素有的无害，进入人体后不至于造成疾病，但不少元素是有害的，如Pb、Hg、Cd、As等。特别是重金属元素，他们在体内累积，干扰体内的代谢活动，对健康产生不良影响，引起病变。这些元素的毒性与人体摄入量、价态等密切相关。以下介绍常见的有害元素。

(1) 铅(Pb)：作用于全身各器官、对健康危害极大的有害元素。

铅及其化合物可通过消化道、呼吸道进入人体和皮肤吸收等途径侵入人体。液态铅化合物及含铅的颜料、油漆、染料经触摸等途径，由皮肤吸收侵入体内。有些食品中含的铅是在加工过程中带入的，如松花皮蛋制造过程中使用的黄丹粉(PbO)、罐头食品封口时使用的含铅焊料等。植物的根部易从土壤中吸收铅，鱼类、贝类可从水中富集铅，造成食物污染。儿童玩具上的彩色涂料和学习用品等(课桌，铅笔，蜡笔，涂改液，彩色书报)大多含有铅，通过儿童的手、口动作带入体内。

研究发现，进入体内的铅随血液流动分布于各脏器和组织中，大部分(90%以上)以难溶磷酸盐[$Pb_3(PO_4)_2$]的形式沉积于骨骼(约占90%)、头发和牙齿等处，小部分(约2%)分布于血液中。骨骼中的磷酸铅比较稳定，但在一定条件下，这种稳定性会发生改变。当食物中缺钙、酸碱平衡紊乱、发热、外伤、感染、饮酒或过度疲劳时，磷酸铅可转化为可溶性磷酸氢铅，重新进入血液，使血铅浓度升高。通过测定血铅或发铅的含量，可反映人接触铅的水平。

吸入体内的铅主要经肾脏和消化道随尿、粪便排出，小部分则通过唾液、汗液、乳汁排出。铅在人体内的生物半减期以骨骼最长，可达数十年之久。

铅及其化合物的毒性与其形态、溶解度有关。四乙基铅毒性大，可能是通过体内代谢过程形成三烷基化合物引起的；易溶于水的无机铅盐，如硝酸铅等毒性较大；难溶于水的硫酸铅、铬酸铅等则毒性较小。

作用机制：铅与体内一系列蛋白质、酶和氨基酸中的巯基(—SH)结合，从多方面干扰机体的生化和生理功能。Pb^{2+}与含巯基的酶结合，导致酶失去活性，干扰血红蛋白的合成。铅可促进维生素C氧化，使其失去生理功能(保护巯基酶的功能)，出现维生素C缺乏症。

铅中毒主要损害造血系统、神经系统、消化系统和肾脏，并有致畸、致癌作用。铅中毒的主要症状是贫血、神经炎、头痛、食欲减退、疲惫、痉挛、腹痛、高血压、脑水肿、运动失调、肾衰竭等。

儿童对铅特别敏感，对铅的吸收率比成人高得多，而排泄能力差。空气中的铅80%来源于汽车尾气，又多聚集在离地面较低处，正好处于儿童的呼吸带，因此儿童摄入的铅比成人多。

铅是危害儿童健康、智力发育的头号杀手。儿童铅中毒主要表现为呕吐、嗜睡、昏迷、注意力分散、易冲动、运动失调、智力障碍，甚至痴呆等。

铅主要污染源："三废"排放、汽油燃烧、有色金属冶炼、生产铅制品的工矿企业，如含铅蓄电池、铸造合金、电缆包铅、油漆、颜料、焊料等。

饮食调理：在膳食中增加瘦肉、鸡蛋、牛奶、胡萝卜等高蛋白和维生素 C 含量丰富的食物，可降低铅的毒性。这可能与蛋白质能与铅结合成一种不溶性化合物，牛奶中的钙能置换沉积于骨骼上的铅，维生素 C 能与铅形成不溶于水和脂肪的抗坏血酸铅盐，从而降低铅的毒性作用。

当接触少量铅时，可采用饮食调理，摄入富含磷和硫较多的肉类和谷类等呈酸性的食物为主，使沉积于骨骼中的铅转化为可溶性铅进入血液，经尿排出体外。

急性铅中毒时，采用化学解毒剂，如 $Na_2CaEDTA$、二巯基丙醇(BAL)，进行排毒治疗(详见 15.8 节)。

饮食调理则以摄入碱性食物为主，如富含钠、钾和钙等的水果、蔬菜以及奶类等，使血中高浓度的可溶性磷酸氢铅转化为难溶的磷酸铅沉积于骨骼中，以缓解铅的急性中毒。随后采取呈碱性食品和呈酸性食品交替摄入的方法，促进体内铅逐步排出。

(2) 汞(Hg)：汞在自然界以金属汞、无机汞和有机汞三种形态存在。汞和无机汞在一定条件下(如微生物作用)，可转化为剧毒的甲基汞。水中生物，如鱼、贝类可以直接从水体中吸收和富集甲基汞化合物，通过食物链的转移和富集，大大提高汞对健康的危害。

震惊世界的日本水俣病就是汞中毒引起的。从 1932 年起，日本水俣市的氮肥工业公司在乙炔水合制乙醛中使用硫酸汞作催化剂，生产中的废水直接排入水俣湾海域。汞经微生物的作用转化为甲基汞。当地居民在吃鱼、贝的同时也食用了富集在鱼、贝中的甲基汞，引起中毒，造成 1000 多人死亡的严重事故。

汞及其化合物经呼吸道、消化道和皮肤黏膜进入体内，其吸收率与汞的化学形态、溶解度和被吸收部位有关，如金属汞、无机汞在消化道吸收率很低，有机汞的吸收率很高。

作用机制：汞与蛋白质中的巯基有较强的亲和力，改变或破坏蛋白质的结构和活性，导致细胞代谢紊乱。甲基汞能使细胞膜的通透性发生改变，从而破坏细胞的离子平衡，抑制营养物质进入细胞内，由于能量缺乏，导致细胞坏死。

甲基汞具有高的脂溶性，易通过血脑屏障和胎盘屏障，引起中枢神经系统症状和胎儿畸形。

汞及其化合物主要损害神经系统、生殖系统、肾脏等。汞中毒的主要表现是脑部疾病，如头痛、头晕、失眠、记忆减退等；感觉障碍，如口唇和手足末端麻木等；运动失调，如动作缓慢、不协调、震颤、眼球运动异常等；语言和听力障碍、胎儿畸形、肾脏损害和致癌等。

汞污染源来自化学、冶金等工业、农药、医药、造纸等行业。

(3) 镉(Cd)：经消化道、呼吸道及皮肤进入体内的镉，蓄积于肾、肝、肺、脾、胰腺、甲状腺、睾丸和卵巢等处。

镉慢性中毒的主要症状是全身剧烈疼痛难忍、骨质疏松、易骨折、骨软化症、肾脏病、贫血和致癌(如骨癌、直肠癌、食管癌和胃癌)等。

1955年在日本富山县神通川流域发生镉污染，使当地居民中毒，出现骨头疼痛等症状，这种病被称为骨痛病。其发病原因是当地居民长期饮用受镉污染的河水(由上游锌冶炼排出的含镉废水)，食用受污染河水种植的含镉稻米(镉与水稻蛋白质中谷蛋白的巯基结合)。数十年间，患慢性骨痛病的日本人累计有200多人，成为举世瞩目的一大公害事件。

镉在体内蓄积，造成对肾功能的损害，抑制肾中维生素 D_3 的合成，影响人体对钙的吸收和成骨作用(镉对磷有强的亲和力，能置换骨质磷酸钙中的钙)，造成骨质疏松、骨骼萎缩变形和骨折等。妊娠、哺乳、内分泌失调、营养不良、缺钙和衰老等是本病的诱因。对动物的研究发现，镉可引起高血压、贫血、睾丸损害，有致癌、致畸作用。

作用机制：镉与含巯基、羧基、氨基的蛋白质分子结合，导致多种酶的活性受到抑制和破坏，如含锌酶被镉取代(镉的亲和力比锌大)，丧失酶的功能。镉可干扰铜、钴、锌等必需微量元素在体内的正常生理功能和代谢过程，阻碍铁的吸收等而产生相应的毒害作用。

镉主要污染源：有色金属冶炼、电镀、电池、电器、焊接、合金、油漆、颜料、化肥、农药等工业生产过程。另外，水稻和烟叶是植物中富集镉能力较强的。人体中40%的镉来源于主动与被动吸烟。

(4) 砷(As)：砷及其化合物中，砒霜、三氯化砷、亚砷酸、砷化氢等对人体有直接毒害作用。

作用机制：主要是三价砷与体内酶蛋白的巯基反应，形成稳定的化合物，使酶失去活性，影响细胞的正常代谢，抑制细胞的呼吸，导致细胞死亡。五价砷对一些酶活性的抑制作用要比三价砷弱得多，但五价砷可在体内还原为三价砷。

砷可在体内蓄积，慢性中毒的主要症状是皮肤色素沉着、神经性皮炎、四肢疼痛、肌肉萎缩、脚趾自发性坏死和致癌等。

砷污染源主要来自采矿、冶炼、煤炭燃烧、含砷农药等。

15.8 化学解毒剂

当发生金属急性中毒时(误食、过量摄入或蓄积、重金属中毒等)，可以选择化学解毒剂促其排出。这是利用化学解毒剂具有更强的配位能力，能从生物大分子金属配合物中夺取有毒的金属离子(以强顶弱)，形成更加稳定而对生物体无害的配合物，迅速排出体外，达到排毒的目的。

选择解毒剂的基本原则：水溶性，专一性，易排性，在生理的条件下，仍有强配位能力，在治疗浓度下无明显毒性等。许多螯合剂(如EDTA钠盐、青霉胺等)能达到这种要求。因此，人们把这种治疗方法称为螯合疗法。

当选用EDTA钠盐排除有毒金属离子的同时，也可能损失掉其他一些生命必需的金属离子。因此，应注意补充这些元素。

当直接采用螯合剂EDTA钠盐(Na_2H_2EDTA)促排体内的重金属铅时，常会导致血钙水平降低而引起痉挛(低血钙症)，因此在临床上不直接注射EDTA钠盐，而改为注射乙二胺四乙酸二钠钙($Na_2CaEDTA$)。这就达到既能顺利排铅，又能保持血钙水平不受影响的目的。基本原理是，$Na_2CaEDTA$ 中的 Ca^{2+} 被 Pb^{2+} 取代（铅与螯合剂的亲和力大于钙），而优先生成更稳定的、无毒可溶的 $PbNa_2EDTA$，从肾脏排出体外。

$Na_2CaEDTA$ 临床上除用于治疗铅中毒外，对铜、钴、镍、锰、铀和钚等也有一定疗效。对汞中毒则无解毒作用。

常用化学解毒剂见表 15－5。

表 15－5　金属离子急性中毒的化学解毒剂

金　属	解毒剂
铅(Pb)	$Na_2CaEDTA$，二巯基丙醇，青霉胺
汞(Hg)	二巯基丙醇，青霉胺
镉(Cd)	$Na_2CaEDTA$
铜(Cu)	青霉胺，$Na_2CaEDTA$

当发生急性砷中毒时，采用催吐、洗胃将毒物尽快排出。例如，立即口服氢氧化铁，与三价砷结合生成不溶性砷酸盐，以保护胃肠黏膜并阻止毒物的吸收。及时采用特效化学解毒剂，如二巯基丙磺酸钠、二巯基丙醇等。此类解毒剂中的巯基与砷有很强的亲和力，能夺取组织中与酶结合的砷，形成无毒物质，随同尿液排出体外。

二巯基丙磺酸钠具有吸收快、解毒作用强和毒性小的特点。

习　题

1. 人体中有哪些必需微量元素？这些微量元素有何作用？
2. 宏量元素和必需微量元素划分的标准是什么？人体必需的元素在周期表的分布有何特点？
3. 最佳营养浓度定律对人体健康的意义如何？
4. 举例说明哪些金属元素为有害元素，对人类有哪些危害。
5. 试列出有害重金属离子的解毒剂及其作用机制。
6. O、N、K、Ca 这几种元素在动物体内主要分布在什么部位？描述各自的主要功能。
7. 指出 Fe、Mn、Cu 和 Zn 这些微量元素在生物过程中的一种重要作用。
8. 硒有防癌的作用，是否食用含硒丰富的食物越多越好？为什么？
9. 铅中毒的治疗办法：临床上注射乙二胺四乙酸二钠钙（$Na_2CaEDTA$，简写为 Na_2CaY）。为什么不直接注射 EDTA（简写为 Na_2H_2Y）？
10. 生物体通常选择容易形成气体和水溶性化合物的元素，这是为什么？

第16章　无机制备化学

16.1　纳米粒子的制备

16.1.1　分类和基本原理

制备纳米粒子的主要方法有固相法、气相法和液相法(另一分类法是物理法和化学法两大类)。液相法具有设备简单、原料容易获得、产率高、化学组成控制准确等特点,是当前实验室和工厂广泛采用的合成纳米粒子的方法之一。

1. 液相法

液相法可分为沉淀法、溶剂蒸发法、水热法等。沉淀法是通过化学反应使原料的有效成分生成沉淀。沉淀颗粒的大小和形状可由反应条件(如浓度、温度、pH、加料顺序等)来控制,然后经过滤、洗涤、干燥和加热(加热温度是决定因素)等操作而得到纳米粒子。

沉淀法又包括直接沉淀法、共沉淀法、水解法、胶体化学法、均匀沉淀法。均匀沉淀法是指在溶液中加入某种物质,通过溶液中的化学反应缓慢地生成沉淀剂。可以避免直接加入沉淀剂造成局部浓度过高,在沉淀中夹杂其他杂质。只要控制好生成沉淀剂的速度,就可获得粒度均匀、纯度高的纳米粒子。例如,利用尿素在水溶液中的分解反应。

$$(NH_2)_2CO + 3H_2O \longrightarrow 2NH_3 \cdot H_2O + CO_2\uparrow$$

生成 $NH_3 \cdot H_2O$ 起沉淀剂的作用,可得到金属氢氧化物或碱式盐沉淀等。

2. 气相法

气相法分为物理气相沉积(PVD)和化学气相沉积(CVD)两种方法。

PVD是利用电弧、高频或等离子体等高温热源将原料加热,使其气化或形成等离子体,然后骤冷凝聚成超细粒子。该法的优点是可以通入惰性气体以改变压力,从而控制超细粒子的尺寸。它特别适用于制备由液相法和固相法难以直接合成的非氧化物(如金属,氮化物,碳化物等)的超细粉。

CVD法是以金属蒸气、挥发性卤化物或有机金属化合物等蒸气为原料,进行气相热分解和其他化学反应来合成超细粉。它是合成高熔点无机化合物超细粉引人注目的方法。

3. 固相法

固相法有如下两种:一种是固体盐的气体还原法,即边还原边分解,最终得到金属及金属氧化物;另一种是固体物质通过气流粉碎,但仅靠超微粉碎技术制备超细粒子是非常困难的。最新研究表明,低温固相法也能制得纳米粒子。

纳米粒子的制备方法目前尚无确切的科学分类标准，以上是按照物质的原始状态来分类的，还存在其他形式的分类法。

16.1.2　纳米粒子的制备

1. 胶体化学法制备纳米粒子

通过大量实验，人们发现用化学法制备纳米粒子的关键是"促进成核、控制生长"。最简单易行的办法是加入保护剂，吸附于粒子的表面，既能控制生长又能阻止它的凝聚，也不易受其他物质的污染，得到分散性较好的稳定超细粒子分散体系。

胶体是一种高分散的物系，它是由一种或几种物质以极微小的粒子(通常直径介于 1～100 nm)分散在另一种物质中所组成的物系。把被分散的物质称为分散相，而寄存分散相的物质称为分散介质。以液体作为分散介质所形成的胶体称为"液溶胶"，简称"溶胶"，如水溶胶、有机溶胶等。由于胶体粒子非常小(1～100 nm)，有很大的表面积和很高的表面能，所以有自发聚结成大颗粒的趋势。另外，胶粒的特性是带电的(正电或负电)，这与吸附特定离子或电离有关。由于同性相斥使胶粒不易聚沉。一旦条件改变，胶体体系将被破坏。

1) Cr_2O_3 纳米粒子的制备

制备过程如下：

$$CrCl_3\text{ 溶液}\xrightarrow[pH=4.0\sim5.0]{\text{氨水}}Cr(OH_3)\text{沉淀}\xrightarrow[pH=3.5\sim4.0]{\text{盐酸}(1:1)\text{搅拌}}Cr_2O_3\text{ 水溶胶}\xrightarrow{^*DBS}$$

$$\text{溶胶凝聚体}\xrightarrow[\text{激烈搅拌}]{\text{苯-丙酮混合液}}Cr_2O_3\text{ 有机溶胶}\xrightarrow{\text{分离}}\xrightarrow{\text{蒸馏}}\xrightarrow{\text{热处理}}$$

纳米 Cr_2O_3[* DBS 十二烷基苯磺酸钠 $CH_3—(CH_2)_{10}—CH_2—C_6H_4—SO_3^-Na^+$]

讨论：

(1) 加入适量稀盐酸是为了将表面的 $Cr_2O_3\cdot xH_2O$ 溶解，产生 Cr^{3+} 吸附于粒子表面，使 $Cr_2O_3\cdot xH_2O$"胶粒"带正电荷(正胶)。由于静电相互排斥作用，在相反离子的作用下进入溶液(吸附胶溶作用)，减缓粒子聚结变大。另外，胶粒带电形成水化膜(相当于保护层)，也可阻止粒子在碰撞中聚结变大。

(2) 加入 DBS 的目的是利用它的亲水端定向吸附于正胶表面，对胶粒进行包覆，而疏水端朝外(图 16-1)，易被有机溶剂萃取(相似者相溶原理)。通过相转移，消除无机离子的干扰，获得纯度高的纳米粒子。DBS 起了憎水性保护膜的作用。

(3) 粒径测定可采用 X 射线宽化法、透射电子显微镜法、小角衍射法等。

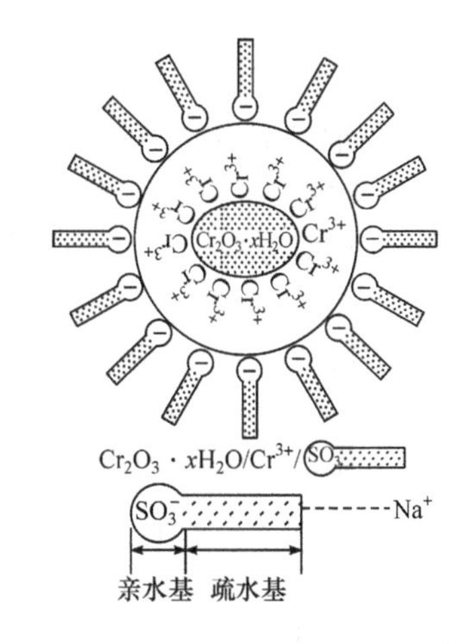

图 16-1　DBS 对胶粒进行包覆

(4) 胶体化学法制备纳米粒子还需要仔细考虑的问题有如何提高经济效益、防止环境污染、提高有机溶剂的再循环使用等。

2) 金属醇盐水解法制纳米 $BaTiO_3$

以 Ba、$TiCl_4$、C_3H_7OH 等为原料通过下列流程和反应制备。

$$\left.\begin{array}{l}\text{异丙醇钡}\\ \text{正丁醇钛}\end{array}\right\}\xrightarrow{\text{水解}}\text{溶胶}\xrightarrow{\text{蒸发}}\text{凝胶}\xrightarrow{\text{干燥}}\text{干胶}\xrightarrow[\text{煅烧 5 h}]{600\ ℃}BaTiO_3\ \text{粉末}$$

(1) 钡醇盐和钛醇盐的制备。

$$Ba+2C_3H_7OH\xrightarrow{82\ ℃}Ba(OC_3H_7)_2+H_2\uparrow$$

$$TiCl_4+4C_3H_7OH+4NH_3\xrightarrow[5\ ℃]{C_6H_6}Ti(OC_3H_7)_4+4NH_4Cl$$

$$Ti(OC_3H_7)_4+4C_5H_{11}OH\xrightarrow[24\ h]{\text{回流}}Ti(OC_5H_{11})_4+4C_3H_7OH$$

(2) 钡、钛醇盐混合液水解制纳米 $BaTiO_3$。

$$Ba(OC_3H_7)_2+Ti(OC_5H_{11})_4+3H_2O\xrightarrow[24\ h]{\text{回流}}BaTiO_3+2C_3H_7OH+4C_5H_{11}OH$$

(3) 讨论：该法的优点是产品纯度高，特别适宜于制取金属陶瓷超细粉末。这是由于金属醇盐一般具有挥发性，易于精制，且遇水易于分解，不必再加其他沉淀剂。利用此法制取陶瓷粉末的成本较高。钛酸钡陶瓷具有介电性、压电性和铁电性，是一种应用很广的电子陶瓷。传统方法以 $BaCO_3$ 和 TiO_2 为原料经高温反应而制得。

当醇盐中 Ba 和 Ti 的物质的量之比为 1∶1 时，采用异丙醇或苯作为金属醇盐的稀释剂，可制得粒径为 5.0～15 nm 的 $BaTiO_3$。

3) 胶体化学法制备纳米 Fe_3O_4 薄膜

胶体化学法制备纳米薄膜的基本步骤如下：

(1) 制备溶胶。原料可用金属无机盐或有机金属化合物等。

(2) 提拉。将衬底(如 SiO_2 玻璃衬底)浸入溶胶中，以一定速度进行提拉，使溶胶附着在衬底上，膜厚度通过提拉次数来控制。

(3) 加热。控制一定的加热温度，经重复提拉-加热处理过程，即可得到纳米薄膜。

制备纳米 Fe_3O_4 薄膜的具体操作如下：

(1) 制备溶胶。将乙酰丙酮铁 Fe(acac)(14.3 g)放入乙酸(68.7 mL)和浓硝酸[浓度为 61%(质量分数)，7.49 mL]的混合溶液中，经 4 h 搅拌后，Fe(acac)完全溶化形成了溶胶。

(2) 提拉。将一块经丙酮清洗干净的氧化硅玻璃衬底，浸入溶胶中进行提拉(提拉速度为≈0.6 $mm\cdot s^{-1}$)。

(3) 加热。经提拉后的衬底在 940 ℃加热 10 min；将提拉加热处理重复 10 次，便得到膜厚度为 0.2 μm，平均粒径约为 50 nm，具有 $\alpha-Fe_2O_3$ 结构的薄膜。

将 $\alpha-Fe_2O_3$ 薄膜埋入碳粉中，在 N_2 气保护下于 487～687 ℃温度内加热 5 h，即得到 Fe_3O_4 纳米薄膜。

2. 水热法制备纳米粒子

水热合成法是指在密闭体系中，以水为溶剂，在一定温度下，在水的自生压强下，原始混合物进行反应(通常是在不锈钢反应釜内进行,根据需要可用聚四氟乙烯作衬里)。

水热合成法按反应温度进行分类,则可分为以下几种:

(1) 低温水热合成法。通常指在 100 ℃以下进行的水热反应。

(2) 中温水热合成法。通常指 100～300 ℃下的水热合成。

(3) 高温高压水热合成法。目前高温高压水热合成实验温度已高达 1000 ℃,压力达 0.3 GPa。高温加压下水热反应具有三个特征:①使复杂离子间的反应加速;②使水解反应加剧;③使其氧化还原电势发生明显变化。

水热合成法已成为各种无机功能材料的重要制备方法之一。

用水热法制备的超细粉,最小粒径已经达到数纳米的水平。依据水热反应类型的不同,可分为以下几种类型:

1) 水热氧化

水热氧化的典型反应可表示为

$$mM + nH_2O \longrightarrow M_mO_n + nH_2$$

例如,以金属钛粉为前驱物,以水为反应介质,在一定的水热条件(温度高于 450 ℃,在压力为 100 MPa,反应时间为 3 h),得到锐钛矿型、金红石型 TiO_2 晶粒和钛氢化物 TiH_x(x=1.924)的混合物。将反应温度提高到 600 ℃以上,得到的是金红石 TiO_2 和 TiH_x(x=1.924)的混合物;反应温度高于 700 ℃,产物则完全是金红石 TiO_2 晶粒。

又如,锆粉经水热氧化(温度为 250～700 ℃,压力为 100 MPa),可得到粒径约为 25 nm的单斜氧化锆纳米微粒。

2) 水热沉淀

例如,以 $ZrOCl_2$ 和尿素 $CO(NH_2)_2$ 混合水溶液为反应前驱物,经水热反应得到了立方相和单斜相 ZrO_2 晶粒混合粉体,晶粒线度为十余纳米。在水热反应过程中,尿素受热分解,使溶液 pH 增大,从而形成 $Zr(OH)_4$,进而生成 ZrO_2。

又如,将 $SnCl_2$ 溶液和浓 HNO_3 按一定比例混合,置于衬有聚四氟乙烯的高压容器中,于 120 ℃加热 12 h,待冷却至室温后取出,得白色超细粉,水洗后置于保干器内抽干而获得 5 nm 的四方 SnO_2 的纳米干粉体。

3) 水热合成

水热合成可理解为以一元金属氧化物或盐在水热条件下反应合成二元甚至多元化合物。

例如,用 TiO_2 粉体和 $Ba(OH)_2 \cdot 8H_2O$ 的粉体为前驱物,经水热反应即可得到钙钛矿型 $BaTiO_3$ 晶粒。

又如,以 $Cr_2O_3 \cdot nH_2O$[$Cr(NO_3)_3$ 水溶液里加入氨水制得]和 Ln_2O_3 为前驱物,并在体系里加入一定量的金属铬(金属铬与水反应,生成 Cr_2O_3 和 H_2,从而创造一个还原气氛),在一定水热反应条件下(温度为 400 ℃以上,压力为 100 MPa,反应时间为 3～24 h),生成结晶良好的 $LaCrO_3$ 晶粒。

4) 水热分解

例如

$$ZrSiO_4 + NaOH \longrightarrow ZrO_2 + Na_2SiO_3$$

此外，还有水热还原、水热脱水等粉体制备技术。

3. 室温固相化学反应一步法制备纳米 CdS

1) 制备过程

$$\left.\begin{matrix}Cd(OH)_2\\ Na_2S\cdot 9H_2O\end{matrix}\right.\xrightarrow[10\ min]{研钵中}\xrightarrow[变成橙红色]{颜色由白色}\xrightarrow[洗涤]{水和乙醇}\xrightarrow{自然干燥}产品\ CdS(粒径约\ 30\ nm)$$

(物质的量之比为 1∶1)

2) 产品的表征

(1) 用 XRD 检测产品的组成。结果显示反应物 $Cd(OH)_2$ 和 $Na_2S\cdot 9H_2O$ 的衍射峰完全消失，新的衍射峰与液相法合成的 CdS 的 XRD 谱完全一致，且衍射峰明显宽化。表明用室温固相法合成的产品为 CdS，且粒径变小。

(2) 用透射电子显微镜(TEM)观测粒子大小和形貌。表明 CdS 粒子大小均匀，粒径约为 30 nm，TEM 显示形貌为球状，且分散性好。

3) 结论

(1) 室温固相化学反应一步法制得半导体纳米 CdS，提供了一种价廉、简便、快速、质优的合成材料的新方法。

(2) 产品检测结果表明，CdS 粒径约 30 nm，且分散性好，说明反应体系在室温下化学反应较快，成核速度远大于生长速度，因此得到晶粒较小的纳米 CdS。

(3) 以上说明制备纳米粒子并不神秘，研钵中也能研出“纳米”。

4. 热还原法制备纳米钨粉

由$(NH_4)_6\cdot(H_2W_{12}O_{10})\cdot 4H_2O$粉体在 500 ℃ Ar 气氛中热解得到黄色的 WO_3 粉体，用纯度为 99.999% H_2 还原 WO_3 便得纳米 W 粉体。当还原温度 $T<848$ K 时得到 β-W结构的纳米 W 粉，平均晶粒度为 9 nm。当温度不同，所得钨的晶体结构不同，粒径也有差别。

5. 激光诱导化学气相沉积法制超细 SiC

激光诱导化学气相沉积(CICVD)法具有微粒表面清洁、粒子大小能精确控制、无黏结、粒度分布均匀等优点。

激光制备超细微粒的基本原理是利用反应物对激光的强吸收性，用吸收的能量引发气相化学反应，完成成核、凝聚、生长等过程，生成固态微细粉末。

采用 CO_2 激光器作光源(波长为 10.6 μm 的 CO_2 激光)，将 SiH_4 和 C_2H_4 按一定比例混合，反应物通过吸收激光被加热，形成反应焰，经反应在火焰中形成微粒。当控制一定的工艺条件(反应压力，激光功率，反应气体分子配比和流速，反应温度等)，便可获得纯度高的 SiC 超细粒子。

$$2SiH_4(g)+C_2H_4(g)\xrightarrow[10.6\ \mu m]{h\nu}2SiC(g)+6H_2(g)$$

16.2　低热固相化学合成

固相化学反应是指有固体物质直接参加的反应。长期以来在人们的观念中室温下的固相反应几乎很难进行，正如著名化学家韦斯特(West)指出的："在室温下经历一段合理的时间，固体间一般并不相互反应，为使反应以显著的速度发生，必须将它们加热至甚高温度，通常是 1000～1500 ℃"。

合成传统的无机固体材料的原料，如氧化物、硅酸盐等，它们往往具有三维网络结构(原子间主要以离子键或共价键相连)，稳定性高、键能大，只有在很高的温度下，离子或原子才可能获得足够的热量，偏离正常的晶格位置，发生化学键的断裂和重组。例如，MgO 和 Al_2O_3 直接反应生成产物尖晶石 $MgAl_2O_4$，需加热到约 1500 ℃以上。因此，在许多人的头脑中形成了一种片面的观点，认为固相化学反应只能在高温下发生。任何事物都是一分为二的，由于化学反应的多样性，化学键亦有强弱之分，晶体结构千差万别，质点间间隙不尽相同，存在着薄弱环节，可见不是所有的固相反应都只能在高温下进行。近期的研究证明，许多固相反应可在低热(<100 ℃)条件下发生。Toda 等的研究表明，能在室温或近室温下进行的固相有机反应绝大多数产率高、选择性也高。南京大学忻新泉等近十年来对室温或近室温下的固相配位化学反应进行了较系统的探索，探讨了低热温度固-固反应机理，提出并用实验证实了固相反应的四个阶段(扩散，反应，成核，生长)，每步都有可能是反应速率的决定步骤；总结了固相反应遵循的特有规律：潜伏期、无化学平衡、拓扑化学控制原理(反应受分子堆积排列的影响)、分步反应、嵌入反应；利用固相化学反应原理，合成了一系列具有优越的三阶非线性光学性质的 Mo(W)- Cu(Ag)- S 原子簇化合物；合成了一类用其他方法不能得到的介稳化合物、固配化合物；合成了一些有特殊用途的材料，如纳米材料等。

16.2.1　固相反应与液相反应的差别

固相化学反应与液相反应相比，尽管绝大多数得到相同的产物，但也有许多例外。即虽然投料的摩尔比相同，但产物却不同，其原因可能是两种情况下反应的微环境的差异造成的。以下举几例来说明。

1. $K_3[Fe(CN)_6]$与 KI 在液、固相反应的产物

$K_3[Fe(CN)_6]$与 KI 在溶液中不反应($E^{\ominus}_{[Fe(CN)_6]^{3-}/[Fe(CN)_6]^{4-}} < E^{\ominus}_{I_2/I^-}$，$\Delta G^{\ominus} > 0$)，但在固相反应可以生成 $K_4[Fe(CN)_6]$和 I_2。原因是各物质处于固态和溶液中的热力学函数不同，加上固体 I_2 的易升华挥发，从而导致反应方向上的截然不同。

$$K_3[Fe(CN)_6] + KI \xrightarrow[\Delta G^{\ominus} > 0]{\text{液相}} \text{不反应} \tag{1}$$

$$K_3[Fe(CN)_6] + KI \xrightarrow{\text{固相}} K_4[Fe(CN)_6] + 1/2\ I_2 \tag{2}$$

反应的 DRS(紫外漫反射谱)动态实验结果表明，可知反应(2)在室温下进行较快，12 小时后已接近终点。由于电子的迁移比离子快，因此反应的决定步骤是离子的迁移，而阳

离子(K^+)的迁移比大阴离子[$Fe(CN)_6^{4-}$]的迁移快得多,所以钾离子迁移形成$K_4Fe(CN)_6$为反应(2)的决定步骤。XRD谱图中出现了产物$K_4Fe(CN)_6$的特征峰;用气相色谱法检测到了碘的存在。观察到混合物的颜色渐渐加深,空气中也能觉察到碘的特征气味,表明反应以较快速度朝正方向进行。

2. $NiCl_2$与$(CH_3)_4NCl$反应的产物

$$NiCl_2 + (CH_3)_4NCl \xrightarrow{\text{液相}} [(CH_3)_4N]NiCl_3 \quad \text{(橙黄色难溶物)}$$

$$NiCl_2 + 2(CH_3)_4NCl \xrightarrow[\text{研磨混合}]{\text{固相}} [(CH_3)_4N]_2NiCl_4 \quad \text{(蓝色)}$$

蓝色的二取代物$[(CH_3)_4N]_2NiCl_4$在液相中不稳定,用水或乙醇洗涤此固相产物,则立刻转化为橙黄色的一取代物$[(CH_3)_4N]NiCl_3$。固相反应时,当控制一定的物质的量之比也可以生成一取代物$[(CH_3)_4N]NiCl_3$。

以上说明,某些固相产物只能在固态时稳定存在。为此可以利用固液反应的差别,合成出液相不易得到的产物。

3. 嵌入反应

固体的层状结构只有在固体存在时才拥有,一旦固体溶解在溶剂中,层状结构不复存在,因此溶液化学反应中不存在嵌入反应。当具有层状结构的固体参加固相反应时便可得到溶液中无法生成的嵌入化合物。

例如,$Mn(OAc)_2 \cdot 4H_2O$的晶体为层状结构,层间距9.7 Å(0.97 nm)。当$Mn(OAc)_2 \cdot 4H_2O$与$H_2C_2O_4$以2∶1(物质的量之比)发生固相反应时,$H_2C_2O_4$先进入$Mn(OAc)_2 \cdot 4H_2O$的层间,取代部分水分子而形成层状嵌入化合物,它具有一定的稳定性(温度不高时)。

XRD谱显示它有层状结构特征,新层间距为11.4 Å(1.14 nm),是大的$H_2C_2O_4$分子进入后层间被撑开的结果;红外光谱表明该化合物中既存在OAc^-,又存在$H_2C_2O_4$。当用乙醇,乙醚等溶剂洗涤后,XRD谱和红外谱都发生明显变化,层间距又缩小到9.7 Å(0.97 nm),表明嵌入$Mn(OAc)_2 \cdot 4H_2O$层间的$H_2C_2O_4$已被洗脱出来。

4. T-$AlPO_4$的固相和液相合成对比

$$\begin{matrix} AlCl_3 \cdot 6H_2O \\ NH_4H_2PO_4 \end{matrix} \xrightarrow[950\ ^\circ C,24\ d]{\text{水溶液中}} T\text{-}AlPO_4 \quad \text{(产率极低)}$$

$$\begin{matrix} AlCl_3 \cdot 6H_2O \\ NH_4H_2PO_4 \end{matrix} \xrightarrow[150\ ^\circ C,2\ h]{\text{固相中}} T\text{-}AlPO_4 \quad \text{(产率很高,能稳定存在)}$$

16.2.2 应用实例

1. 室温下固相合成$CuCl_2(C_7H_9N)_2$

1) 合成路线

$$\xrightarrow[\text{浅蓝色}]{\text{水合氯化铜}} \xrightarrow[\text{白色}]{\text{对甲基苯胺}} \xrightarrow[\text{过筛 100 目}]{\text{分别研磨}} \xrightarrow[\text{物质的量之比}]{1:2} \xrightarrow[\text{试管中}]{\text{带塞小}} \xrightarrow[\text{数秒}]{\text{振摇}} \longrightarrow \text{由浅蓝混杂转变}$$

为均匀褐色。反应方程式如下：

$$CuCl_2 \cdot 2H_2O + 2C_7H_9N \xrightarrow{20\ ℃} CuCl_2(C_7H_9N)_2 + 2H_2O$$

2）表征

（1）XRD 谱图中有反应物和产物三者的峰出现，三者的峰位与峰强度均不相同，而与液相法合成的完全重合。

（2）产物的元素分析结果表明，计算值与测试值完全吻合。

计算值：　C 48.20；　H 5.16；　N 8.03；　Cu 18.24

测试值：　C 48.15；　H 5.15；　N 8.05；　Cu 18.23

（3）产物的晶体结构数据表明：$CuCl_2(C_7H_9N)_2$ 为配位数为 4 的变形平面正方形。

2. 颜料镉黄的制备

1）传统法

（1）
$$\begin{matrix} Cd \\ S \end{matrix} \xrightarrow[500\sim600\ ℃]{封管中} CdS$$

能耗高，产生大量污染环境的副产物挥发性硫化物。

（2）
$$中性镉盐溶液 \xrightarrow{Na_2S} CdS\downarrow \xrightarrow{洗涤} \xrightarrow[80\ ℃]{干燥} \xrightarrow[400\ ℃]{晶化} CdS$$

反应消耗大量水，并产生大量污染环境的废水，能耗高。

2）低热固相法

$$\begin{matrix} CdCO_3(s) \\ Na_2S(s) \end{matrix} \xrightarrow[2\sim4\ h]{球磨} CdS$$

能耗低、用水少，产品质量可与传统法相媲美。

3. 固相热分解反应在印刷线路板制造工业中的应用

该工艺的核心步骤是一个固相反应，即次磷酸铜的热分解反应，此步产生的活性铜沉积在绝缘板上，然后便可电镀铜，因而废除了传统工艺中的 $SnCl_2$ 溶液的预处理，钯盐溶液中的表面活化和洗涤以及化学镀铜等一半多的湿法步骤。降低了废水污染（制作 1 m^2 的线路板，可产生 18 g 的铜污染物），此法根本不用贵金属钯，大大降低了成本，提高了经济效益。

16.2.3 结束语

（1）低热固相反应有其特有的规律性，利用它与液相反应的差别，可以合成出液相反应无法获得的产物。

（2）低热固相化学合成是工业生产中一条减污、节能、高效的理想通道，在无机化学、有机化学、材料化学等领域有着广泛的应用前景。

（3）低热固相反应给人们带来更加丰富的物质的同时，千万不要忘记考虑固态混合物本身固有的特性以及在研磨时可能出现的意外，安全是第一位的，切记。

16.3 微波合成化学

16.3.1 微波作用的特点

微波是波长为 1～1×10^{-3} m 的电磁波，其频率很高，为 3×10^{6}～3×10^{9} Hz；家用微波炉为 2.45×10^{9} Hz。微波除直线传播外，还具有反射、穿透及吸收三大特性。当微波遇到金属时即会反射回来，微波不能进入导体，所以微波炉具是绝不可用金属制造的。在一般条件下，当微波遇到玻璃、塑料、陶瓷、聚四氟乙烯等不含水分的固体物质时，它便会穿透而不产生任何影响，所以此类材料非常适合作微波炉具。当微波遇到含有水分等极性物质时，会被水分子吸收，使水分子在其磁场的作用下产生快速摆动或转动，摩擦产生高热。因此，被加热的体系一定含有能吸收微波能量的介质，即有耗介质，也称极性介质，而这种吸收效应与物质的特性密切相关，见表 16－1 和表 16－2。

表 16－1　一些物质在微波场中的温升与介电常数*

被加热溶剂	1 min 后达到的温度/℃	沸点/℃	介电常数(25 ℃)
水	81	100	78.54
乙醇	78	78	24.30
丙酮	56	56	20.70(20 ℃)
乙酸	110	119	6.15(20 ℃)
氯仿	49	61	4.81
乙醚	32	35	4.34(20 ℃)
四氯化碳	28	77	2.24(20 ℃)
庚烷	26	98	1.924(20 ℃)

* 500 W，2450 MHz，溶剂量为 50 mL。

表 16－2　微波加热对固体的影响(500 W，2450 MHz)

被加热物质(5～6 g)	T/℃	t/min
CaO	83	30
CuO	701	0.5
Fe_2O_3	88	30
Fe_3O_4	510	2
MnO_2	321	30
Pb_3O_4	122	30
SnO	102	30
TiO_2	122	30
V_2O_5	701	9
WO_3	532	0.5

从表 16－1 中不难看出，液体物质在微波场中的行为与其自身的极性有着密切关系，即与物质的偶极子在电场中的极化过程密切相关，极化程度可用介电常数加以量度。

各种金属氧化物粉末吸收微波的能力随组分、结构的不同而有明显的差异，有些氧化物在微波场中有很高的活性，它们对微波极其敏感，有很强的吸收微波的能力，如 CuO、

Fe_3O_4、WO_3 等是一类高损耗物质。

与传统加热方法相比，微波加热具有以下特点：

(1) 微波加热速度快，只需传统方法的 1/10～1/100 时间就可以完成，即瞬间可达到一定温度。由于加热的速度快，故可能出现局部过热。

(2) 反应灵敏，不论开机还是关机，无滞后现象，即无热惯性存在，在陶瓷材料的制备中，可以实现烧结过程的瞬时升温和降温的自动控制。

(3) 里外同时加热，无温度梯度存在，加热均匀，热效率可达 80%～90%(指微波电磁能转变为热能)。微波场的能量被介质吸收，使偶极子随微波场方向高速改变，产生快速摆动或转动，这种热运动迅速传递给周围质点，当作的规则运动受到干扰和阻碍就产生了类似的"摩擦作用"。这种质点的无序运动便产生热，介质温度也随之升高，这种加热是里外同时进行的，而传统的加热是靠反应物料本身的热传导由表及里来达到温度均匀的。

16.3.2 微波无机合成化学

微波合成是把一些具有微波介质加热效应的物质置于微波场中，该合成体系中总有一种或多种反应组分对微波有较强的吸收，因而可产生大量的热，促使温度升高，产生的热驱动很快达到很高的温度，使反应加速进行，人们把这种作用称为"致热效应"。微波对化学反应的作用除了对反应物加热引起反应速率改变外，还具有电磁场对反应分子间行为的直接作用，而引起的所谓"非致热效应"(注意：此观点仍在争论之中，有待进一步深化)。近来的研究发现，微波不仅能加速反应的进行，对有些反应还能抑制其反应的进行[一些阿伦尼乌斯(Arrhenius)型反应在微波辐射下已不再满足阿伦尼乌斯关系]。微波对反应的作用程度与反应类型、微波强度、频率、调制方式及环境条件等因素有关。

由于化学反应是一种非平衡系统，旧的物质在不断消耗，新的物质在不断生成，各相界面可能发生随机的变化；与此同时系统的宏观电磁特性也在发生变化，而且在微波辐射下这种变化还与所用的微波紧密相关，这些都导致反应系统对微波的非线性响应，出现一些预想不到的结果，如温度猛增，使反应物全部烧毁等。

微波除用于无机合成外，在有机、物理、分析、高分子、环境化学、石油工业和冶金等领域都有广泛的应用。

以下列举几个典型例子来说明微波在无机合成化学中的应用。

1. 微波固相法合成层状磷锑酸钾导电材料

1) 试剂

Sb_2O_3、KNO_3、$NH_4H_2PO_4$(样晶均在箱式电阻炉内加热至 300 ℃维持 4 h，使 $NH_4H_2PO_4$ 分解)。

2) 合成过程

$$\begin{matrix} KNO_3 \\ Sb_2O_3 \\ NH_4H_2PO_4 \end{matrix} \xrightarrow{\text{研混均匀}} \xrightarrow[\text{300 ℃, 4 h}]{\text{电阻炉}} \xrightarrow[\text{石墨或三氧化二铁为加热介质}]{\text{瓷坩埚}} \xrightarrow[\text{反应物}]{\text{刚玉坩埚}}$$

$$\xrightarrow[\text{输出功率 350～400 W, 40～90 min}]{\text{微波炉(2450 MHz, 700 W)}} \text{产物} \begin{matrix} KSbP_2O_8 \\ K_3Sb_3P_2O_{14} \end{matrix}$$

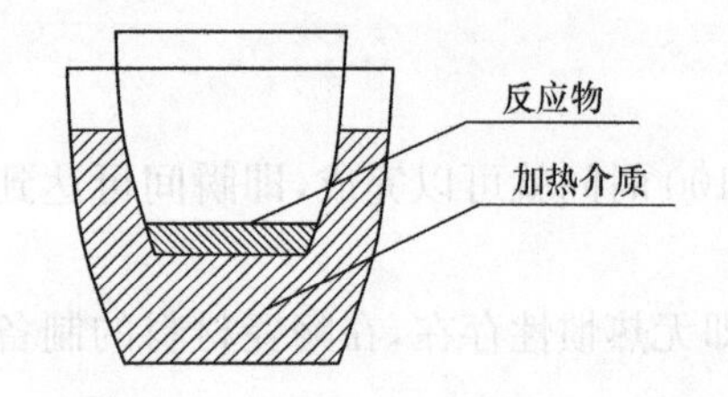

图 16-2 微波固相法合成容器配制图

3）结论

（1）采用适当的加热介质和调变微波输出功率是微波合成的两个重要因素。由于反应混合物在近室温条件下吸收微波辐射能力不强，因此实验中采用了吸收微波辐射能力较强的石墨或三氧化二铁作为加热介质，见图 16-2。如果不利用加热介质，微波固相反应不能得到产物。加热介质主要通过温度对微波合成产生影响（通过提高温度，起到了促进体系对微波的吸收作用，使反应速度加快）。

（2）由于常用的测温方式热电偶不适用于在微波炉内测量温度用，改用熔点比较法对反应物位置温度进行估测（采用已知熔点的不同物质取代反应物置于坩埚内，在不同输出功率和时间下，观察它们熔化情况）。

（3）传统固相法合成需在高温 24 h 完成反应，而微波固相反应仅需 40～90 min。见表 16-3 和表 16-4。

表 16-3 传统高温固相法合成磷锑酸钾化合物合成条件

反应物组成 $KNO_3:Sb_2O_3:NH_4H_2PO_4$	$NH_4H_2PO_4$ 分解条件	合成温度/℃	反应时间/h	产 物
1:0.5:2	200 ℃，4 h	950	24	$KSbP_2O_3$
3:1.5:2	300 ℃，4 h	1000	24	$K_3Sb_3P_2O_{14}$

表 16-4 微波合成磷锑酸钾化合物合成条件

反应物组成 $KNO_3:Sb_2O_3:NH_4H_2PO_4$	加热介质	微波输出功率/W	反应时间/min	产 物
1:0.5:2	石墨	350～420	90	$KSbP_2O_3$
3:1.5:2	三氧化二铁	420	40	$K_3Sb_3P_2O_{14}$

注：为了与传统固相法进行比较，所有样品在微波合成前均在箱式电阻炉内加热，使 $NH_4H_2PO_4$ 分解，分解条件与传统高温固相法相同。

（4）具有层状结构的磷锑酸钾化合物 $KSbP_2O_3$ 和 $K_2Sb_2P_2O_{14}$ 为离子导电特性的晶体材料。

（5）XRD 谱图表明，对 $KSbP_2O_3$、$K_3Sb_3P_2O_{14}$ 两种层状化合物传统法与微波固相法相比，所得产物谱图谱峰位置完全一致，谱峰相对强度稍有差别，这可能与粒子形态和缺陷有关。扫描电子显微镜（SEM）照片显示，两种合成方法所得产物形貌相似，但微波固相法所得产物颗粒较小。这是由于反应物在微波作用下，成核过程可以在相对较短时间内完成，成核数量大，这使得产物颗粒小。

2. 微波固态合成陶瓷氧化物功能材料

普通陶瓷的烧结（把粉末先加压成型，然后在低于熔点的温度下将这些粉末互相结合，最后成为坚硬的具有某种显微结构的多晶烧结体的过程）需要 1300 ℃以上的高温，而精细陶瓷（Si_3N_4，AlN，SiC 等）则需要在 1700～2200 ℃的高温和高压下才能烧结。温度达 2000 ℃以上的炉子，由于发热元件和绝热材料的苛刻要求，使制造和使用成本都很昂贵。微波加热由于利用了材料本身的介电损耗发热，整个微波装置只有试样处于高温而其余部分处于常温状态，所以整个装置结构紧凑、简单、制造和使用成本较低。

Baghurst 等用 500 W 家用微波炉合成了一系列陶瓷氧化物，反应物料约 20 g，与常规加热方式相比，反应时间大大缩短。

例如，$CuFe_2O_4$ 的制备。

$$\begin{matrix} CuO \\ Fe_2O_3 \end{matrix} \xrightarrow[\text{均匀混合}]{\text{玛瑙研钵}} \xrightarrow[\text{500 W,30 min}]{\text{微波炉}} \text{产品 } CuFe_2O_4\text{(四方和立方结构)}$$

（等物质的量）

又如，Pb_3O_4 的制备。

$$PbO_2 \xrightarrow[\text{500 W,30 min}]{\text{微波炉}} \text{产品 } Pb_3O_4 \quad (PbO_2 \xrightarrow[\text{加热}]{\text{微波}} Pb_3O_4 + O_2\uparrow)$$

(1) 实验中发现 PbO_2 能强烈地吸收微波，而 Pb_3O_4 则不吸收微波，随着产物的生成体系温度下降。这样就可以选择地控制 PbO_2 的热分解反应，只生成 Pb_3O_4，而不生成铅的其他产物。

(2) XRD 对产品进行了表征，其 d 值与标准卡片上 d 值完全吻合。

与传统的合成法相比，用微波固相法合成许多产物的时间会大大缩短，见表16－5。

表 16－5 微波辐射与传统合成法合成时间比较

合成产物	原始材料	微波辐射法/min	传统合成法/h
KVO_3	K_2CO_3, V_2O_5	7	12
$CuFe_2O_4$	CuO, Fe_2O_3	30	23
$BaWO_4$	BaO, WO_3	30	2
$La_{1.85}Sr_{0.15}CuO_4$	La_2O_3, $SrCO_3$, CuO	35	12
$YBa_2Cu_3O_{7-x}$	Y_2O_3, $Ba(NO_3)_2$, CuO	70	24

3. 微波作用下的离子交换——5A 沸石分子筛的制备

4A 沸石分子筛是一种硅铝酸钠的晶体，组成为 $Na_2O \cdot Al_2O_3 \cdot 2SiO_2 \cdot 5H_2O$，主孔径为 0.42 nm(4.2 Å)，故称 4A 沸石分子筛。硅氧四面体(SiO_4)和铝氧四面体(AlO_4)是构成沸石分子筛骨架的基本单元，Na^+ 处于骨架之外，起平衡电荷的作用。沸石分子筛的一个重要性质是可以进行可逆阳离子交换，而不影响沸石骨架结构，对化学性能却影响很大。通过离子交换可以调变孔径，得到不同用途的分子筛。当 Na^+ 被离子半径较小的 Ca^{2+} 交换，使沸石分子筛有效孔径增大，就变成了 5A(0.50 nm)沸石分子筛。

$$\text{4A 沸石分子筛}(Na^+) \xrightarrow[Ca^{2+}]{\text{交换}} \text{5A 沸石分子筛}(Ca^{2+})$$

1) 5A 沸石分子筛的制备

将 4A 沸石分子筛与一定浓度的 $CaCl_2$ 溶液均匀混合，于微波炉或恒温水浴槽内，控制温度 85 ℃，交换一段时间，经过滤、洗涤至不含 Cl^-，化学分析法测定 Ca^{2+} 的浓度，计算交换率。以上制备过程简化如下：

$$CaCl_2 \text{溶液} \xrightarrow[\text{均匀混合}]{\text{4A 沸石分子筛}} \xrightarrow[85\ ^\circ C]{\text{常规加热}} \text{5A 沸石分子筛(需 60 min)}$$

$$CaCl_2 \text{溶液} \xrightarrow[\text{均匀混合}]{\text{4A 沸石分子筛}} \xrightarrow[85\ ^\circ C]{\text{微波加热}} \text{5A 沸石分子筛(需 10 min)}$$

2）结论

(1) 在容器体积、固液比、$CaCl_2$ 的浓度、温度均相同的条件下，微波加热 10 min 达到交换平衡，而常规加热需 60 min。

微波可以大大缩短交换反应的时间；在相同浓度和温度下，微波交换所得交换度均高于常规的。

(2) 在微波电磁场的作用下，交换速率提高 5 倍，表明交换过程扩散阻力大为减小(无机离子交换反应的总过程一般受扩散过程的控制)，而这个阻力主要在沸石分子筛晶孔内，微波并不改变沸石分子筛的结构，最有可能改变的是水合离子。交换液中的水合离子从微波场中取得了克服脱水能垒所需的能量；在微波作用下，水分子运动加剧。水分子与中心离子的定向排列可能瞬间遭遇破坏，导致水合离子部分脱水，形成半裸，甚至全裸状态(若完全脱水，形成全裸的 Ca^{2+}，其直径变为 0.198 nm)，变得小巧玲珑的 Ca^{2+} 可以快速扩散到 4A 沸石分子筛的主孔道，与 Na^+ 发生交换反应(Na^+ 也同样脱水扩散出来)，使交换时间大为缩短。离子呈裸态不仅加快了交换速度，也促进了交换在孔道的更深的部分发生，使总的交换度提高。

(3) 由两种不同方法所得 5A 沸石分子筛产品的 XRD 谱图中，两者的衍射峰强度及峰值几乎完全相同。

16.4 金属单质的制备

16.4.1 金属的分类

在已知的 100 多种元素中，除 22 种非金属元素外，其余的都是金属元素。

在工业上把金属分为黑色金属和有色金属两大类。其中，黑色金属主要指铁碳金属(包括铁，锰，铬和它们的合金)，其他金属均属于有色金属。

有色金属大致可分为以下 5 类：

(1) 轻金属：指密度小、化学性质活泼的金属，如铝、镁、钠、钾、钙、锶和钡等。

(2) 贵金属：包括金、银及铂族元素。

(3) 准金属：包括硅、锗、硒、碲、钋、砷和硼等(准金属：性质介于典型金属和典型非金属之间的金属)。

(4) 重金属：包括铜、镍、铅、锌、钴、锡、锑、汞、镉和铋等。

(5) 稀有金属：
- 轻稀有金属：锂、铍、铷、铯等
- 难熔金属：钛、锆、铪、钒、铌、钽、钼、钨、铼等
- 稀土金属：钪、钇、镧及镧系元素
- 稀散金属：镓、铟、铊、锗等
- 放射性元素：铀、镭、锕、钍、镤等

16.4.2　金属单质的制备

在自然界中，金属元素绝大多数以化合态形式存在于各种矿石中。制备金属单质可根据金属单质自身的特性、原料来源、存在形式和经济效益等进行综合考虑选用合适的制备方法。常采用熔盐电解法、水溶液电解法、化学还原法、热还原法等。当制得的金属不能满足某些特定要求时，还需进行纯化处理（电解，蒸馏，区域熔融等方法）。

16.4.3　主族金属单质的制备

主族金属的制备一般采用熔盐电解法和化学还原法。制备 Li、Na、Be、Mg、Ca、Al 等金属单质可用熔盐电解法；K、Rb、Cs、Sr、Ba 等金属由于易溶于电解质中，不能用熔盐电解法制备，它们与 Tl、Pb 等则采用化学还原法制备；有些金属以上两种方法均可采用，如 Na、Be、Mg、Al 等。

1. 熔盐电解法制钠等金属单质

制备金属钠的电解质的组成为 NaCl 42%～43%，$CaCl_2$ 57%～58%。加入 $CaCl_2$ 的作用是降低电解质的熔点和改善电解质的物理性能（如黏度，密度等）。加入 $CaCl_2$ 后电解时的实际操作温度在 873～893 K，降低了约 200 K（NaCl 的熔点为 1076 K），同时也增加了混合熔盐的密度（混合熔盐密度大于金属钠的密度），使析出的钠浮于熔盐上方易于收集分离。

电解 NaCl 时加入 $CaCl_2$ 可降低熔盐的熔点，这可以用热力学方程（$T=\Delta H/\Delta S$）作粗略说明：两种熔盐混合时 ΔH 变化不大，而 ΔS 增大（混合过程是混乱度增加）使温度下降。

电解前原料须经精制（除杂质和水分等），如以熔融料加入时一般经高温处理。电解反应如下：

$$2NaCl(l) \xlongequal{\text{电解}} \underset{\text{阴极}}{2Na(l)} + \underset{\text{阳极}}{Cl_2(g)}$$

电解槽以石墨为阳极，铸钢为阴极。装置见图 16－3。

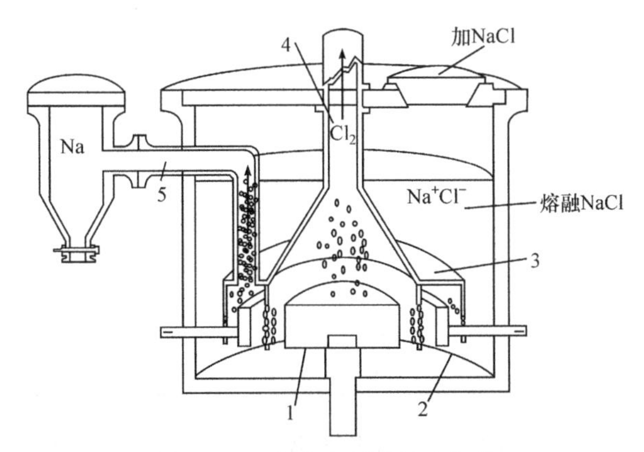

图 16－3　制备金属钠的电解槽

1. 石墨阳极；2. 铁环阴极；3. 铁屏；4. 钟罩；5. 铁管

欲制取高纯度的金属钠，还需经真空蒸馏法提纯（除去少量 Ca）。锂、铍、镁、钙、锶、钡、铝等金属均可采用熔盐电解法制备。钾却不能用与钠相似的熔盐电解法制备。以下将讨论熔盐电解法制备金属的一些共同问题和钾的特殊性。

(1) 采用熔融盐电解时原料必须经预处理——精制（除水分和杂质等）。杂质离子往往参加阴极反应，显著降低电流效率。

(2) 加入助熔剂除降低电解温度外，还可以降低金属的溶解损失，使熔盐黏度变小，有利于电解质的循环和离子扩散。例如，电解 LiCl 用 KCl 作助熔剂（55% LiCl 和 45% KCl），实际电解温度约 723 K（LiCl 的熔点为 887 K），见表 16－6。电解 Al_2O_3 时，用 Al_2O_3（2%～6%）、Na_3AlF_6 和 CaF_2 所组成的熔体为电解质，使电解温度降至 1213～1253 K。

表 16－6　某些盐和混合盐的熔融温度

盐	盐的熔点/K	电解质熔盐的物质的量之比	熔融温度/K
LiCl	887	LiCl：KCl≈1：1	673～773
NaCl	1076	NaCl：$CaCl_2$＝4：6	853
$MgCl_2$	981	$MgCl_2$：KCl≈1：2	673～723

(3) 金属在其自身的氯化物熔盐中的溶解度如果很大，会带来两方面的弊端。首先，金属分散在电解质溶液中不易聚集在一起，既不利于收集分离又造成溶解损失；其次，溶解的金属颗粒当扩散进入阳极附近能与溶解的氯气发生氧化反应，即所谓的二次作用，导致电流效率降低。当电解镧系元素氯化物熔盐时，这方面表现得特别明显。因此，K、Rb、Cs 等不宜用熔盐电解法制备，而要用化学还原法来制备，见表 16－7。

表 16－7　某些金属在熔盐中的溶解度

金属和熔融盐	温度/K	溶解度/(mol %)
Na 在 NaCl 中	1084	2.8
	1273	33.0
K 在 KCl 中	1073	7.6
Mg 在 $MgCl_2$ 中	1073	1.08
Sr 在 $SrCl_2$ 中	1273	24.6
Ba 在 $BaCl_2$ 中	1323	30.6
Cd 在 $CdCl_2$ 中	1146	16.0
Bi 在 $BiCl_3$ 中	996	33.0
La 在 $LaCl_3$ 中	1373	17.0
	1573	28.0

(4) 电解过程中，助熔剂的加入使阳极产物不纯。例如，电解 LiCl－KCl 熔盐得到的 Li 中含约 1%的 K；电解 NaCl－$CaCl_2$ 熔盐得到的 Na 中会含少量 Ca 等。除去产物中的

杂质可利用它们沸点的差别，用蒸馏法提纯(用K比Li更易挥发以除去Li中的少量K)，或利用熔点的不同，用过滤法提纯(如Na熔点远低于Ca，过滤液中含Na除Ca)。

(5) 钾不能用熔盐电解法生产，其主要原因是：钾易溶在熔融的氯化物里，不易聚集在一起而浮于电解槽上部供收集；因为钾在操作温度下迅速气化，易发生危险；钾易和空气中的O_2生成KO_2，反应时易爆炸。

2. 化学还原法制备钾等金属单质

1) 钾

工业上生产钾的方法有两种。

(1) 以金属钠为还原剂和氯化钾在1120 K反应，然后将蒸气在冷凝器中冷凝得到金属钾(或钠钾合金)、氯化钠则从反应器底部排出。产品经分馏，钾的纯度可达99.5%以上。反应式如下：

$$Na(g)+KCl(l)\xlongequal{1120\ K}NaCl(l)+K(g)$$

$$\Delta_r G_m^\ominus=7.32\ kJ\cdot mol^{-1}(1120\ K)$$

虽然反应的$\Delta G^\ominus>0$，只要控制一定的分压比(P_K/P_{Na})，便可使$\Delta G<0$。

KCl被Na还原似乎与通常的金属活泼性次序(K>Na)相反，原因是高温下两者均为气态物，而K比Na更易挥发，容易蒸出，于是平衡向右移动。将逸出的蒸气冷凝便可得到金属钾。利用它们沸点的差别，通过分馏操作，便获得较纯的产品钾。

(2) 以氟化钾与碳化钙在高温下反应。

$$2KF+CaC_2\xlongequal{1273\sim1327\ K}CaF_2+2C+2K$$

钾蒸气用石蜡收集，纯度可达99%以上。

2) 铷、铯

铷和铯在熔盐中溶解度大，不能用电解熔盐法制备。可根据它们熔、沸点低的特性，选用钠、钙等还原剂，在高温下还原它们的氯化物制备。

$$Na(g)+MCl(l)\xlongequal{\triangle}NaCl(l)+M(g)\qquad (M=Rb,Cs)$$

$$2CsCl(g)+CaC_2(s)\xlongequal{1600\ K}CaCl_2(l)+2C(s)+2Cs(g)$$

3) 锶、钡

在真空中，用Al还原SrO制得Sr。

$$3SrO+2Al=Al_2O_3+3Sr$$

在真空中，用Al或Si在高温下还原BaO制Ba。

$$3BaO+2Al=Al_2O_3+3Ba$$

$$3BaO+Si=BaSiO_3+2Ba$$

4) 锗、锡和铅

用H_2还原GeO_2得金属锗粉末。

$$GeO_2+2H_2\xlongequal{813\sim923\ K}Ge+2H_2O$$

用CO或CaC_2还原SnO_2得粗锡，电解后可得纯锡。

$$SnO_2+2CO \xlongequal{1113\ K} Sn+2CO_2$$

$$3SnO_2+2CaC_2 \xlongequal{\triangle} 3Sn+2CaO+4CO\uparrow$$

铅主要以方铅矿(硫化铅矿 PbS)存在于自然界,把经过浮选的方铅矿,在空气中焙烧转化成 PbO,再用 CO 还原得 Pb。

$$2PbS+3O_2 \xlongequal{} 2PbO+2SO_2$$

$$PbO+CO \xlongequal{} Pb+CO_2$$

粗铅经电解精制得纯铅,若用区域熔融法所获得的铅纯度更高。

16.4.4 过渡金属单质的制备

在自然界中,天然存在的金属大多以化合物的形式出现,只有少数不活泼的金属像金、钯、铂等才有可能以单质的形式存在。工业上用来提炼金属的矿石绝大多数或多或少地含有杂质。因此,从矿石中提取金属一般经过三个过程:选矿、还原和精炼。

选矿过程是将含有大量杂质的矿石经过预处理,除去杂质以提高被提取金属的含量。有时在还原冶炼前先把矿石中的有效化合物转化成易用化学法处理的另一种存在形式。如将硫化物焙烧转化成氧化物(ZnS 变成 ZnO,MoS_3 变成 MoO_3 等)。

还原过程是金属冶炼的主要化学过程。由于金属大部分以正氧化态存在,故必须用还原法提取,可根据金属自身的特性,采用不同的还原手段和还原剂。在高温条件下常使用的还原剂有炭、一氧化碳、氢、活泼金属(如镁,铝等)。本节将以 Ti、Cr 的制备为例作较详细介绍。

精炼过程是将还原所得粗产品(含少量杂质)进一步纯化或高度纯化以满足各方面使用的要求。

一种金属需要采取何种方法进行精炼,主要取决于该金属本身及其所含杂质的物理和化学性质。常见的精炼方法有电解精炼法(如 Cu 和 Zn 的电解精炼)、化学气相输运法[金属挥发性化合物的热分解,如用羰基化合物提纯镍和铁,CO 在此作输运剂,碘化物高温分解纯化金属(如 TiI_4,ZrI_4 分解制高纯 Ti 和 Zr),$I_2(g)$作输运剂]、区域熔融法(如 Zr,Nb 等的精炼,它是根据杂质在固相和液相中溶解度的差别,将待熔炼提纯的锭料上一段窄的熔区,由一端缓慢地推向另一端,并重复多次,使固体中的杂质集中到一端,达到提纯金属的目的)。区域熔融法见图 16-4,将含杂质的金属棒(锭料)的一端固定于环形的加热圈内,进行局部(区域)加热,受热金属逐渐熔化,产生一段熔区。加热圈缓慢地向另一

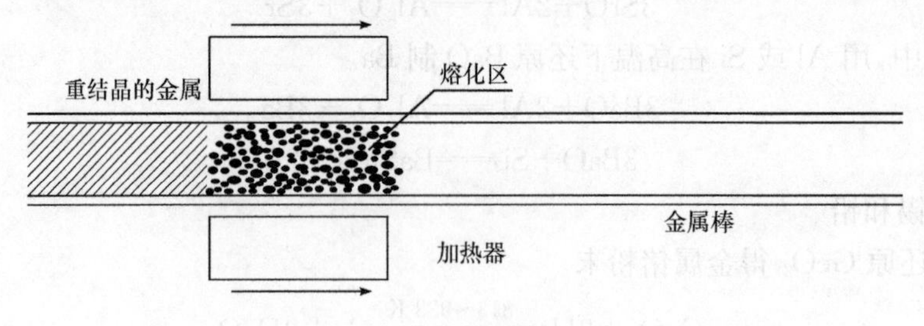

图 16-4 区域熔融法示意图

端移动，金属即从冷却的熔体中结晶出来。由于杂质少、不可能达到饱和，除少量随金属结晶带走外，大部分杂质仍留在熔融态中，并被载输到金属锭料的另一端，随之除去。熔化区的移动、其效果相当于多次重结晶。这种过程可进行多次。每进行一次，金属的纯度都有新的提高。

1. 热还原法

在高温条件下，利用还原剂（如 C，CO，H_2，Mg，Al 等）还原氧化物、氯化物等为金属单质，这种提炼金属的方法称为热还原法。

1）钛的制备

海绵钛具有多孔海绵状结构而得名。由 TiO_2（矿粉中含有 Fe，Al，Si，V 等氧化物）制备海绵钛的基本思路是：氯化法生产 $TiCl_4$，镁还原-真空蒸馏法制备海绵钛。

流程简述如下：

$$TiO_2(s) \xrightarrow[\triangle]{Cl_2+C} TiCl_4(l) \xrightarrow[\text{惰性气氛(Ar)}]{Mg,\triangle} Ti + MgCl_2$$

含 TiO_2 精矿粉与氯气在 1073～1273 K 的沸腾炉内反应生成 $TiCl_4$（杂质也被氯化）。由于粗的 $TiCl_4$ 中含有许多杂质，影响海绵钛的质量，常用精馏和化学综合法加以精制提纯。

主要反应式如下：

$$TiO_2(s)+C(s)+2Cl_2(g) \xlongequal{\triangle} TiCl_4(g)+CO_2(g) \quad \Delta H^\ominus = -217.7\ kJ \cdot mol^{-1}$$

$$TiO_2(s)+2C(s)+2Cl_2(g) \xlongequal{\triangle} TiCl_4(g)+2CO(g) \quad \Delta H^\ominus = -45.6\ kJ \cdot mol^{-1}$$

在氩气保护下，液态镁还原 $TiCl_4$ 的主要反应式如下：

$$TiCl_4(g)+2Mg(l) \xlongequal{\triangle} Ti(s)+2MgCl_2(l) \qquad \Delta H^\ominus = -519.2\ kJ \cdot mol^{-1}$$

实际上，还原过程是很复杂的多相物理化学过程。$TiCl_4$ 可能分步还原，生成中间产物 $TiCl_3$ 和 $TiCl_2$。当镁不足时，还可能发生钛的“二次反应”。

$$3TiCl_4 + Ti = 4TiCl_3$$

$$TiCl_4 + Ti = 2TiCl_2$$

$$2TiCl_3 + Ti = 3TiCl_2$$

还原过程的反应温度为 1153～1183 K。

讨论：

（1）氯化过程中带入的副产物 $FeCl_3$、$SiCl_4$、$AlCl_3$、$VOCl_3$ 如何与 $TiCl_4$ 分离？它们的沸点（在 97 kPa 时）如下：

化合物	$TiCl_4$	$FeCl_3$	$SiCl_4$	$AlCl_3$	$VOCl_3$	$VOCl_2$
沸点/K	409	583	329	453	400	423

利用沸点的差别用蒸馏法提纯(其中 $VOCl_3$ 的沸点与 $TiCl_4$ 相近,可加还原剂如 Cu 丝等,使 $VOCl_3$ 还原为较高沸点的 $VOCl_2$,这样与 $TiCl_4$ 沸点的差距拉大,易于分馏提纯)。失效的 Cu 丝可通过一定的方法再生。有关还原反应如下:

$$2VOCl_3 + Cu = 2VOCl_2 + CuCl_2$$

(2) 热还原法制海绵钛,选 Mg 或 Na 作还原剂且控制在惰性气氛下进行。为什么不用 Al 作还原剂? 为什么要控制在惰性条件? 这是因为在高温下 Al 与生成的 Ti 反应生成钛铝合金。在高温和空气存在下由于 Ti 与 O_2、N_2 的亲和力特别强,开始时氧气是向钛的晶格扩散,形成 Ti－O 固溶体,超过溶解度极限时,则生成各种氧化物如 TiO_2、Ti_2O_3(超过 973 K,钛表层的氧化物保护膜失去保护作用,氧化反应加剧)。和氧气相似,氮气也能被钛吸收形成 Ti－N 固溶体,超过溶解度极限时可生成钛的氮化物,如 TiN、Ti_3N_4。这就是为什么还原反应必须在惰性气氛中进行的原因。

(3) 钛镁的分离可利用它们物理和化学性质的差别,采用真空蒸馏法或化学法进行分离。含有少量镁及氯化镁等的海绵钛混合物在蒸馏罐中进行真空蒸馏,利用沸点的差别,使镁和氯化镁蒸发出来与钛分离。

物　质	Ti	$MgCl_2$	Mg
沸点/K	3391	1710	1378

美国有的厂家采用酸浸法浸出海绵钛混合物中残留的镁和氯化镁(利用 Ti 与稀 HCl 不反应,而 Mg 则生成 $MgCl_2$)生产成本较低,但产品含氧、氯量较高。

海绵钛主要用于加工生产工业纯钛和钛合金,还可以制造钛铸件、超导材料和钛粉等。

2) 铬的制备

从铬铁矿($FeCr_2O_4$)制备金属铬,分两步进行:铬铁矿中的铬转化成 Cr_2O_3,再用还原剂还原 Cr_2O_3 得到金属 Cr。

流程示意如下:

$$FeCr_2O_4 \xrightarrow[\triangle]{Na_2CO_3+O_2} Na_2CrO_4 \xrightarrow{H_2SO_4} Na_2Cr_2O_7 \xrightarrow[\triangle]{C} Cr_2O_3 \xrightarrow{Al} Cr$$

主要反应式如下:

$$4FeCr_2O_4 + 8Na_2CO_3 + 7O_2 = 8Na_2CrO_4 + 2Fe_2O_3 + 8CO_2$$

$$2Na_2CrO_4 + H_2SO_4 = Na_2Cr_2O_7 + Na_2SO_4 + H_2O$$

$$Na_2Cr_2O_7 + 2C \xlongequal{\triangle} Cr_2O_3 + Na_2CO_3 + CO\uparrow$$

$$Cr_2O_3 + 2Al \xlongequal{\triangle} 2Cr + Al_2O_3$$

2. 热分解法

许多金属可由加热其化合物使其分解的方法得到。

(1) 在金属氧化物中,该金属的活泼顺序位于氢之后,其氧化物受热容易分解。例如

$$2Ag_2O \xlongequal{\triangle} 4Ag + O_2\uparrow$$

$$2HgO \xlongequal{\triangle} 2Hg + O_2\uparrow$$

(2) 许多溴化物、碘化物本身对热不稳定。利用它们的热分解的性质来制备高纯金属。

Ti、Zr、Hf、Cr、Mo、W 等高熔点金属的碘化物蒸气在真空下通过白炽的钨丝表面加热时，即发生热分解反应。如粗钛在 473 K 与 I_2 反应生成气态 TiI_4。当它与炽热的钨丝(1723 K)接触，又分解为 Ti 和 I_2。

$$TiI_4(g) \underset{473\ K}{\overset{1723\ K}{\rightleftharpoons}} Ti(s) + 2I_2$$

又如 ZrI_4 分解为 Zr 和 I_2：

$$ZrI_4(g) \underset{553\ K}{\overset{1723\ K}{\rightleftharpoons}} Zr(s) + 2I_2$$

利用碘化铬热分解的方法来纯化铬，其操作是：在 1173 K 时使铬与碘反应生成碘化物，将碘化物蒸气在 1523 K 与热的表面接触，碘化物会分解，金属铬沉积在热表面上。

$$CrI_2(g) \xlongequal{\triangle} Cr(s) + I_2$$

(3) 利用羰基化合物热分解是制备某些纯金属单质的另一种方法。羰基化合物的熔点、沸点一般都比相应金属化合物低，容易挥发，受热易分解为金属和 CO。现以羰基化镍制备镍为例说明：将 CO 和 Ni 在容器的一端加热至 T_1(323～353 K)形成挥发性 $Ni(CO)_4$，然后靠其扩散作用转移至反应容器另一端的不同温度 T_2(453～473 K)，即发生反向的分解反应。

$$Ni(s) + 4CO(g) \underset{453\sim473\ K}{\overset{323\sim353\ K}{\rightleftharpoons}} Ni(CO)_4(g)$$

该法析出的镍的纯度可达 99.998%，也可用此法制高纯铁。

(4) 对于铂系金属，常利用它们的某些配合物对热不稳定性来制备。例如

$$3(NH_4)_2PtCl_6(s) \xlongequal{\triangle} 2NH_4Cl(g) + 16HCl(g) + 2N_2(g) + 3Pt(s)$$

3. 金、银的制备

金主要以游离态存在，提取金的方法一般是处理含天然金的矿石，有淘金法和溶解还原法。基于金的密度大，用淘洗的方法富集金只能回收粗粒金。以下主要介绍溶解还原法。

1) 金的制备

(1) 氰化法。用氰化钠溶液(0.03%～0.2%)和含金的矿粉混合，在空气中氧的作用下，单质金转化为可溶性的氰配离子$[Au(CN)_2]^-$，再用其他金属(如 Zn 或 Al)从溶液中置换出金。

$$4Au + O_2 + 8CN^- + 2H_2O \xlongequal{} 4[Au(CN)_2]^- + 4OH^- \quad ①$$

$$2[Au(CN)_2]^- + Zn \xlongequal{} 2Au + [Zn(CN)_4]^{2-} \quad ②$$

实验发现 O_2 和 CN^- 的扩散对金的浸出率有很大的影响(反映出多相化学反应的特点)；低浓度的 H_2O_2 存在会加速氰化溶金反应；稀的氰化物溶液对提金有利。

目前氰化法工艺成熟、浸出率高，故至今仍是提金的主要方法。但因氰化物剧毒、严

重污染环境，迫使人们寻找非氰化提金法。其中，研究较集中并有希望工业应用的有硫脲法等。

(2) 硫脲法。由于硫脲无剧毒、溶金速度快，选择性高，近二三十年来该法有较大的发展，并已应用于生产。

硫脲法的提金过程是，在酸性溶液中，在有氧化剂存在下(如 H_2O_2，Fe^{3+} 等)，金与硫脲生成配阳离子实现金的溶解。其溶解过程可视为电化学腐蚀过程。

$$Au + 2CS(NH_2)_2 = Au[CS(NH_2)_2]_2^+ + e^-$$

其电极电势 $E^{\ominus} = -0.38\ V$，比 $E^{\ominus}_{Au^+/Au} = 1.68\ V$ 低得多，故金在酸性硫脲中易氧化溶解。

实验发现在用硫脲浸取含金铜精矿时，当控制一定的反应条件[硫脲为 0.5%，$Fe_2(SO_4)_3$ 0.3%，pH=1.0～1.5，$l/s=1$，$T=308\ K$，浸出时间 4 h]，金的浸出率可达 91.5%。

最后选择合适的还原剂将浸出液中的配阳离子还原为金。

(3) 硫代硫酸盐法。硫代硫酸盐提金的主要反应式为

$$2Au + 4S_2O_3^{2-} + 1/2O_2 + H_2O = 2[Au(S_2O_3)_2]^{3-} + 2OH^-$$

该法具有浸出速度快、无毒、浸出液可循环利用等优点。研究发现，利用此法提金时，Cu^{2+} 的存在起催化剂的作用，促进了金的溶解。其反应式为

$$Au + 2S_2O_3^{2-} + [Cu(NH_3)_4]^{2+} = [Au(S_2O_3)_2]^{3-} + [Cu(NH_3)_2]^+ + 2NH_3$$

只要浸出液中保持足够的 O_2，反应中生成的 $[Cu(NH_3)_2]^+$ 可被 O_2 氧化为 $[Cu(NH_3)_4]^{2+}$ 而获得再生，实现循环使用。

(4) 氯化法。采用 NaOCl 提金的反应式如下：

$$4Au + 16OCl^- + 12H^+ = 4[AuCl_4]^- + 6H_2O + 5O_2\uparrow$$

实验发现 Au 的溶解速率随 NaOCl 浓度的增加而增加；HCl 和 NaCl 也都影响金的溶解，只有在 pH<2 时，$[AuCl_4]^-$ 才处于稳定状态，添加 NaCl 为增加浸出液中 Cl^- 的浓度，但添加太多，反应会发生逆转对提金不利。

(5) 汞齐法。用汞和含金的矿粉混合、金即溶解于汞生成汞齐，分出汞齐，蒸出汞即得金。汞蒸气有毒，用此法时必须十分小心。

(6) 其他制金法。用王水溶解矿粉中的金，然后把金从溶液中置换出来。用王水时有大量有毒氧化氮生成，所以有人试验改用 O_3、HCl 处理含金矿粉，使其转化为 $[AuCl_4]^-$，然后把它还原为 Au。

提取黄铁矿中少量金的方法：黄铁矿经焙烧成氧化物后。通氯气处理得金的氯化物，用水溶解，金即进入溶液，通 H_2S 使 Au 沉淀 Au_2S。把后者溶于王水，用 $FeSO_4$ 作还原剂得 Au。除 $FeSO_4$ 外，SO_2、$H_2C_2O_4$、$SnCl_2$、As(Ⅲ)、HCHO 等都能从溶液中把 Au^+ 或 Au^{3+} 还原为 Au。

2) 银的制备

从含银矿石中提取金属银的方法有氰化法、浮选熔炼法、化学还原法等。纯银的制备主要是电解法。

(1) 氰化法。自然界中银的矿物有天然银和天然银合金(往往与其他含银矿物伴生)、硫化物(分布比较广，是银的主要来源)、硒化物以及卤化物矿等。提取工艺分述如

下:将磨细的银矿石用稀的氰化钠溶液处理,银便进入溶液。例如

$$AgCl+2CN^- = [Ag(CN)_2]^- + Cl^-$$

$$Ag_2S+4CN^- = 2[Ag(CN)_2]^- + S^{2-}$$

硫化矿溶解较慢,需要有适当过量的 CN^- 存在,或将硫化物矿预先氧化焙烧处理,以加速溶解。

用氰化法处理天然银矿时,则需鼓入空气,才会使反应进行。

$$4Ag+8CN^- + O_2 + 2H_2O = 4[Ag(CN)_2]^- + 4OH^-$$

将溶液过滤并除去空气,在碱性溶液中,用细粒状或片状锌或铝处理溶液,便得到金属银。

$$Zn+2[Ag(CN)_2]^- = [Zn(CN)_4]^{2-} + 2Ag$$

$$Al+3[Ag(CN)_2]^- + 3OH^- = 3Ag+6CN^- + Al(OH)_3$$

(2) 浮选熔炼法。当银作为铅(或铜)硫化物矿石的一个组分,在浮选富集时,与铅(或铜)的富集物浮在一起。收集浮选精矿进行冶炼时,银是随铅或铜进入铅块或矿石泡铜中。现介绍从方铅矿(PbS)中提取少量银的方法之一[帕金(Parkes)方法]:把锌和含银和铅的矿石放在一起加热到熔融(约 763 K)。熔融液分上(锌)、下(铅)两层。随温度不同、形成各种银锌化合物,如 Zn_2Ag 而进入锌层(由于银和锌较银和铅有较强的亲和力),分出上层含银的锌,蒸出其中的锌得银。

(3) 化学还原法。用铅还原硫化银。

$$Ag_2S+Pb = 2Ag+PbS$$

用铁、铅、铜或锌等金属置换溶液中的 Ag^+。

$$Fe+2Ag^+ = Fe^{2+} + 2Ag$$

置换法常用于从各种含银废液,特别是从定影液中回收银。此法操作简便,银的回收率达 90%以上,银的纯度在 95%以上。

4. 细菌吸附还原回收金等贵金属

利用细菌提取溶液的贵金属离子为金属单质目前处于实验阶段,现将一些初步结果整理如下:

(1) DO1(属巨大芽孢杆菌)、海藻、枯草杆菌等均有较强的吸附、还原 Au^{3+} 等金属离子的能力。厦门大学化学系的研究结果表明:室温下,将 DO1 干菌体($1\ mg \cdot mL^{-1}$)于 pH=3.5、离子浓度 $100\ \mu g \cdot mL^{-1}$ 母液中作用 2 h,其吸附率分别为 99.5%(Au)、98.1%(Ag)、93.2%(Pd)、87.1%(Pt)、25.2%(Rh)。

(2) DO1 和贵金属子间发生了强化学吸附作用,并有还原现象发生,由于 Au^{3+} 的 $E^\ominus$(1.42V)值最高,最容易被 DO1 吸附还原为单质 Au,Rh^{3+} 等较难还原。

(3) Au^{3+} 可与 DO1 表面肽链中的C—O和N—H基团作用生成 Au^{3+} 的配合物,该配合物进一步反应,产生氨基酸。

(4) 利用细菌还原法还可制备高分散度 $Au/\alpha-Fe_2O_3$ 负载型催化剂[$W(Au)=2\%$],在 $\alpha-Fe_2O_3$ 载体上的单质 Au 颗粒的平均粒径为 5 nm。

(5) 藻类的细胞壁可吸附 Au^{3+} 或 Au^+,并将其还原为单质 Au,但藻类较难培养,而

Ag^+则在硫杆菌细胞表面积累形成Ag_2S颗粒。

大量DO1细菌是按常规微生物制备法培养的。

16.4.5 稀土金属的制备

稀土金属的化学性质很活泼(仅次于碱金属和碱土金属),且稀土氧化物的生成热很高(超过Al_2O_3),十分稳定。因此,制备纯金属比较困难,通常采用熔盐电解法和金属热还原法。

1. 熔盐电解法

熔盐电解是工业生产稀土金属(尤其是铈组混合稀土或单一稀土金属)的主要方法,电解体系是由稀土氯化物-碱金属氯化物组成的熔盐体系,即由无水$RECl_3$和助熔剂NaCl或KCl组成电解液。在1123～1273 K具有较好的物理化学和电化学性质且价格便宜,缺点是电解电流效率较低、阳极产生的氯气对环境产生不利影响。

20世纪60年代初的研究发展了稀土氧化物在氟化物体系中电解制备稀土金属的工艺和设备。研究结果表明,虽然这种方法能提高电流效率和避免氯气产生的公害,但它要求更严格的操作和需用耐氟的材料,成本也较高。

1) 氯化物熔盐体系

基本反应如下:

阴极 $RE^{3+} + 3e^- \longrightarrow RE$

阳极 $Cl^- - e^- \longrightarrow 1/2Cl_2$

基本原理:

(1) 氯化物熔盐体系是由$RECl_3$-NaCl(或KCl或$CaCl_2$)组成的二元或三元体系,这样可以克服单一稀土氯化物熔点高、黏度大、不稳定(易受水和氧气的作用)和稀土金属在熔盐中溶解度较大的缺点。

(2) 选择适宜的电解温度是十分重要的。电解温度要在稀土金属的熔点以上,保证在阴极还原的金属是熔融的。温度偏高,金属在熔盐中的溶解度增大,扩散速度也增大,加强了熔盐的电子导电,这样金属和电流损失都会提高,从而降低了电流效率。另外,温度偏高会加剧电解质挥发及金属、电解质、电解槽材料之间的化学作用。因此,熔盐体系应在可能低的温度下进行。

(3) 电解槽和电极材料尽量采用耐卤盐和稀土金属腐蚀材料。阴极用钨或钼材(早期用铁作阴极),阳极则用石墨,而电解槽体内衬则多用刚玉耐火砖。

2) 氧化物-氟化物熔盐体系

基本反应如下:

阴极 $RE^{3+} + 3e^- \longrightarrow RE$

阳极 $2O^{2-} - 4e^- \longrightarrow O_2$

$O_2(g) + C(s) \longrightarrow CO_2(g)$ (O_2与石墨作用)

$O_2(g) + 2C(s) \longrightarrow 2CO(g)$ (温度较高时)

因此,在阳极上放出CO、CO_2、O_2等气体,阴极则析出稀土金属。

电解法制得的粗金属，经过一定方法处理，如区域熔融等，才能得到纯金属。

2. 热还原法

对于 La、Ce、Pr、Nd 等轻稀土金属，常用金属钙还原它们的氯化物来制备：

$$2RECl_3 + 3Ca \xrightarrow{973\sim1373\ K} 2RE + 3CaCl_2$$

对于 Tb、Dy、Y、Ho、Er、Tm、Yb 等重稀土金属，可用金属钙还原其氟化物来制备：

$$2REF_3 + 3Ca \xrightarrow{1723\sim2023\ K} 2RE + 3CaF_2$$

上述反应的工艺操作如下：钙屑（过量 10%～15%）与稀土氟化物混匀，装入钽坩埚中压实，放入高真空感应炉中抽真空脱气，缓慢加热、充入氩气，升到一定温度后保持一段时间，使其充分反应并使金属与渣很好分层，待反应完成后，冷却到室温，氟化钙渣位于坩埚的上部，清除渣后，便得到稀土金属。

除了用 Ca 作还原剂外，也有用 Ba、Mg 或 Li 作还原剂。稀土卤化物也有以溴化物作原料的。

利用稀土金属的蒸气压的较大差别来提取某些稀土金属。蒸气压较高的 Sm、Eu、Yb、Tm 等，都可以用它们的氧化物直接用蒸气压低的金属 La、Ce 还原并同时蒸馏制备。

氧化物的金属热还原的基本反应：

$$RE_2O_3(s) + 2La(l) \xrightarrow{1473\sim1673\ K} 2RE(g) + La_2O_3(s)$$

$$2RE_2O_3(s) + 3Ce(l) \xrightarrow{1473\sim1673\ K} 4RE(g) + 3CeO_2(s)$$

式中，RE_2O_3 为 Sm_2O_3、Eu_2O_3、Yb_2O_3 和 Tm_2O_3 等蒸气压高的稀土氧化物。

金属热还原得到的稀土金属含有杂质，需要进一步纯化，方能得纯金属。纯化方法有：蒸馏或升华提纯、熔盐电解精炼、区域熔炼、电传输提纯（电迁移提纯）等。

16.4.6　埃林厄姆图在冶金工业中的应用

埃林厄姆（Ellingham）1944 年首先将氧化物的标准生成自由能对温度作图，后又对氯化物、氟化物、硫化物等作类似图，这种 $\Delta G^\ominus - T$ 关系图称为埃林厄姆图。利用这种图可知金属化合物的稳定性大小，能判断金属化合物被还原为金属单质的难易程度和如何选择合适的还原剂等。

图 16－5 是氧化物的 $\Delta G^\ominus - T$ 图，它是以消耗 1 mol O_2 生成氧化物过程的 $\Delta G^\ominus$ 对 T 作图（把 $\Delta G_f^\ominus$ 换算为 1 mol O_2 与金属的 $\Delta G^\ominus$，如 $4/3Al + O_2 = 2/3Al_2O_3$）。在高温时，只要参与反应各物质的物态和 298 K 时物态相同，即不发生相变，反应的 $\Delta H^\ominus$ 和 $\Delta S^\ominus$ 随温度变化不大，则 $\Delta G^\ominus$ 与 T 有关。$\Delta G^\ominus$ 对 T 作图便得到一条直线，直线斜率为 $\Delta S^\ominus$，截距是温度为 0 K 时的 $\Delta G^\ominus$ 值。如果在某温度下，反应物或生成物的物态发生相变（熔化，气化时用小黑点表示），则 $\Delta S^\ominus$ 变化，直线斜率就发生变化，出现转折。

由图 16－5 可以得到一些金属还原反应的规律：

（1）因为 $\Delta G^\ominus < 0$ 的反应可自发进行，故图中 $\Delta G^\ominus$ 为负值区域内的金属都能被氧气氧化，而 $\Delta G^\ominus$ 为正值区域内的金属则不能。

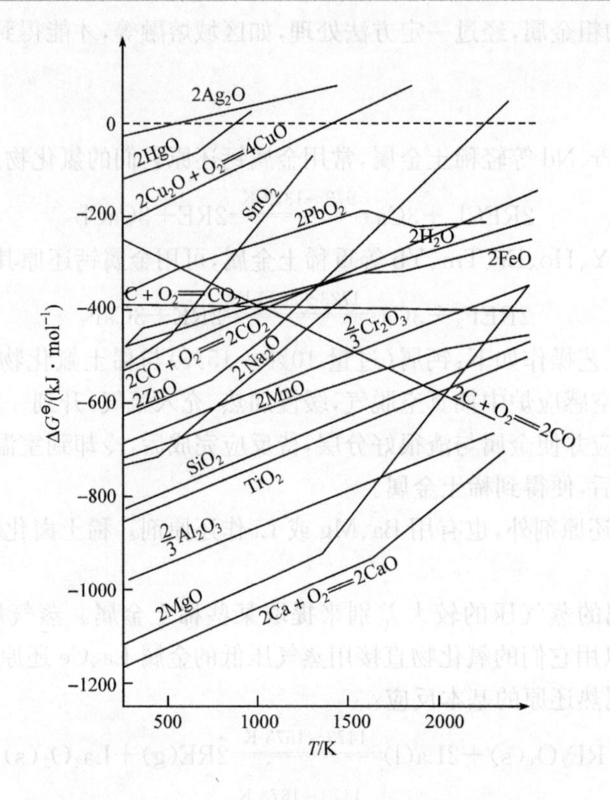

图 16-5 氧化物的埃林厄姆图

(2) 图中绝大部分线条是正斜率，表示随温度升高 $\Delta G^{\ominus}$ 值相应增大，当直线相交并越过 $\Delta G^{\ominus}=0$ 这一条线时（$\Delta G^{\ominus}>0$），则标志着超过这个温度氧化不能进行。相反在这个区域内生成的氧化物不稳定而自发分解。例如，HgO 在 773 K 以上分解得到金属 Hg。

(3) 图中直线位置越低，则其 $\Delta G^{\ominus}$ 值越小，氧化物的稳定性越高，如 CaO、MgO 处于最下方，稳定性最高。

一种氧化物能被图中位于其下方的任一金属所还原，反之则不能。例如，1973 K 时

$$2/3Cr_2O_3+4/3Al = 4/3Cr+2/3Al_2O_3 \qquad \Delta G^{\ominus}=-290\ \text{kJ} \cdot \text{mol}^{-1}$$

由于反应的 $\Delta G^{\ominus}<0$，Al 能还原 Cr_2O_3 为 Cr，反之则不能（Cr 不能还原 Al_2O_3）。

(4) 图中 $C(s)+O_2(g) \longrightarrow CO_2(g)$ 的直线几乎是水平的，这是因为该反应在反应前后气体分子数不变，熵变很小，因此其斜率几近为零。

反应 $2C(s)+O_2(g) \longrightarrow 2CO(g)$ 的直线向下倾斜，即具有负值，这是因为反应后气体的分子数增加，$\Delta S^{\ominus}>0$，$\Delta G^{\ominus}$ 随 T 的升高变得更负。

由于 C/CO 线向下倾斜，许多氧化物在高温下都能被碳还原。例如

$$SnO_2+2C \xlongequal{\triangle} Sn+2CO\uparrow$$

$$ZnO+C \xlongequal{\triangle} Zn+CO\uparrow$$

$$PbO+C \xlongequal{\triangle} Pb+CO\uparrow$$

在实际应用时，有些很稳定氧化物和碳反应需很高的温度，这对冶炼炉材料要求很

高，另外能耗大、成本高，为此这些金属的制备不采用碳还原法。有些金属还能生成碳化物，使其应用受到限制。例如，高温下，C 能还原 TiO_2 为 Ti，但又能和还原产物 Ti 作用生成稳定的 TiC。

$$TiO_2 + 3C \xlongequal{\triangle} TiC + 2CO\uparrow$$

因此不能用 C 还原 TiO_2。钒、铬的氧化物也有类似的反应。

(5) 图中位于 H_2-H_2O 直线上方的氧化物一般能被 H_2 还原。与 C 相比，H_2-H_2O 线位置较高，直线向上倾斜与其他直线相交较少，说明 H_2 的还原能力不太强，又因为 H_2 在使用上的安全问题，有的金属还能与氢气形成金属氢化物，使 H_2 的还原应用较少。但在制备高纯金属时，为了避免碳用作还原剂使产物金属中混有碳或形成金属碳化物，就可选用 H_2 作还原剂。例如，Mo、W 的制备。

$$WO_3 + 3H_2 \xlongequal{\triangle} W + 3H_2O$$

$$MoO_3 + 3H_2 \xlongequal{\triangle} Mo + 3H_2O$$

根据同一原理还可以制作有关氯化物、氟化物、硫化物的 $\Delta G^{\ominus}-T$ 图，扩大其应用范围，见图 16-6。

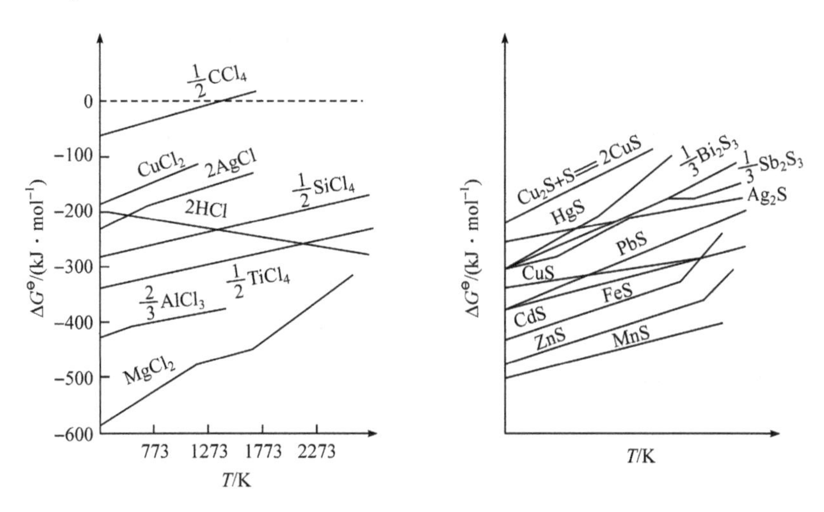

图 16-6　氯化物和硫化物的埃林厄姆图

以上从热力学出发，利用埃林厄姆图讨论了它在冶金工业上的应用。最后应指出，用 $\Delta G^{\ominus}$ 判断反应进行的方向是一种特定条件下的，只考虑平衡态的情况，并未涉及动力学问题。实际中选择还原剂时，还需对问题作全面具体分析(如成本，安全，纯度等)才能得出正确的结论。

16.5　典型无机化合物的制备

16.5.1　无水金属氯化物的制备

制备无水金属氯化物有以下几种方法：氧化物转化法、水合盐脱水法、金属直接氯化法、热分解法、盐酸法等。以下将对前两种方法作较详细介绍。

1. 氧化物转化法

由氧化物(或含氧化物的精矿粉)制备无水金属氯化物必须提供氯源(氯化剂),常见的氯化剂有 Cl_2、CCl_4、$COCl_2$、$SOCl_2$、S_2Cl_2、CH_3Cl、NH_4Cl 等。

1) $AlCl_3$、$CrCl_3$ 等无水金属氯化物的制备

制备无水金属氯化物的原料可以是精矿粉,也可以用氧化物,工业上一般以精矿粉为原料。

(1) $AlCl_3$:经干燥、焙烧、粉碎的铝土矿与碳粉混合造粒,将团块加入氯化炉内,通入氯气在 1073～1223 K 下发生氯化反应生成 $AlCl_3$。

$$Al_2O_3 + 3C + 3Cl_2 \xlongequal{\triangle} 2AlCl_3 + 3CO\uparrow$$

以上所得为 $AlCl_3$ 为粗晶,一般用升华法提纯得精品。升华法是利用 $AlCl_3$ 能与 NaCl 或 KCl 等盐类生成低共熔点混合物的特性,把粗 $AlCl_3$ 放在升华器内,加入 NaCl(约 10%),使 $AlCl_3$ 熔化成液体,同时加入少量铝粉(使杂质 $FeCl_3$ 还原成 $FeCl_2$ 作为废渣除去),再经升华捕集,即得精品。

(2) $CrCl_3$:工业上是用 Cr_2O_3 与 C 混合造粒,干燥后于高温反应炉中,在约 973 K 下通 Cl_2 制得。

$$2Cr_2O_3 + 3C + 6Cl_2 \xlongequal{973\ K} 4CrCl_3 + 3CO_2$$

(3) $TiCl_4$ 和 $BeCl_2$:将相应氧化物与 C 和 Cl_2 在一定的温度下反应,同样可以制得无水金属氯化物。例如

$$TiO_2 + 2C + 2Cl_2 \xlongequal{1123\ K} TiCl_4 + 2CO$$

$$BeO + C + Cl_2 \xlongequal{873\sim1023\ K} BeCl_2 + CO$$

在产品 $TiCl_4$ 中常含有挥发性杂质,如 $FeCl_3$、$VOCl_3$ 等,可利用它们沸点的差别,用蒸馏法提纯。由于 $TiCl_4$ 和 $VOCl_3$ 沸点相近,需用 Cu 粉将 $VOCl_3$ 还原$VOCl_2$,使两者沸点差距拉大,才能进行蒸馏提纯。

TiO_2、Cr_2O_3 等氧化物也可通过与 CCl_4、$SOCl_2$ 等氯化剂反应制得其无水金属氯化物。如在实验室用 CCl_4 作氯化剂与无水 Cr_2O_3 在高温和惰性气氛下反应,产生的 $CrCl_3$ 经升华制得。由于反应过程中产生少量极毒的光气 $COCl_2$,实验必须在有良好的通风设备条件下进行。

$$Cr_2O_3 + 3CCl_4 \xlongequal{\triangle} 2CrCl_3 + 3COCl_2$$

$$TiO_2 + CCl_4 \xlongequal{\triangle} TiCl_4 + CO_2$$

$$2BeO + CCl_4 \xlongequal{\triangle} 2BeCl_2 + CO_2$$

$$ZrO_2 + 2CCl_4 \xlongequal{\triangle} ZrCl_4 + 2COCl_2$$

$$TiO_2 + 2SOCl_2 \xlongequal{\triangle} TiCl_4 + 2SO_2$$

2）无水镧系金属氯化物的制备

镧系金属氧化物与某些氯化剂一起加热可以制得无水氯化物。常用的氯化剂有 $SOCl_2$、S_2Cl_2、$COCl_2$ 及 NH_4Cl 等，其反应式如下：

$$Ln_2O_3+3SOCl_2 \xlongequal{723\ K} 2LnCl_3+3SO_2$$

$$4Ln_2O_3+3S_2Cl_2+9Cl_2 \xlongequal{673\sim973\ K} 8LnCl_3+6SO_2$$

$$Ln_2O_3+3CCl_4 \xlongequal{673\sim773\ K} 2LnCl_3+3Cl_2+3CO$$

$$Ln_2O_3+6NH_4Cl \xlongequal{\triangle} 2LnCl_3+3H_2O+6NH_3\uparrow$$

2. 水合盐脱水法

有些金属氯化物可以通过其水合盐的脱水来获得，但有些却不能，因为在加热脱水时它们会发生水解。其水解程度与金属离子的特性密切相关，这可以用离子势（与金属离子的电荷，半径等因素有关）作出粗略的量度，离子势越大，表示对水分子中氧的作用力越强，水解趋势越大。一些规律如下：

（1）碱金属的水合氯化物（除锂外），由于离子势较小（电荷低，半径大），水解程度小，一般可通过加热脱水获得。

（2）锂、铍、镁、锡（Ⅱ）和镧系金属的水合氯化物，由于它们的离子势较大，水解趋势较大，一般不能以水合盐脱水获得无水氯化物。可以在氯化氢气流中脱水（往往在真空条件下脱水可降低脱水温度和防水解）或 $SOCl_2$ 中脱水来制备。

（3）过渡金属离子形成的水合氯化物一般不能用直接脱水法获得无水氯化物。这是因为金属离子的离子势大（电荷较高，半径较小），极化作用大，加热时极易发生水解反应。

（4）一般情况下，金属的水合氯化物，都可以用氯化亚硫酰作脱水剂制备无水氯化物。这是因为 $SOCl_2$ 与 H_2O 反应生成具有挥发性的产物。

$$SOCl_2+H_2O \xlongequal{} SO_2\uparrow+2HCl\uparrow$$

该方法的缺点是残存的痕量 $SOCl_2$ 很难除净。以下举几例说明水合氯化物的脱水反应。

$$MgCl_2\cdot 6H_2O \xlongequal[\triangle]{HCl} MgCl_2+6H_2O\uparrow$$

$$NiCl_2\cdot 6H_2O+6SOCl_2 \xlongequal{\triangle} NiCl_2+6SO_2\uparrow+12HCl\uparrow$$

$$FeCl_3\cdot 6H_2O+6SOCl_2 \xlongequal{\triangle} FeCl_3+6SO_2+12HCl\uparrow$$

3. 直接氯化法

金属和氯气直接反应生成无水氯化物，方法简单、操作简便，是制备无水氯化物的常用方法，但需注意严格控制合成温度。例如，工业上制备 $AlCl_3$ 是将铝锭预热，再投入密闭的氯化炉内，氯气由上方顺导管送入炉内（炉用耐火砖砌成），在1073～1173 K下发生反应生成 $AlCl_3$，以升华管进入冷凝器，捕集后得到结晶 $AlCl_3$。

$$2Al+3Cl_2 \xlongequal{\triangle} 2AlCl_3$$

16.5.2 氧化法制备含金属元素的高价态化合物

制备含金属元素的高价态化合物通常有以下几种方法：氧化法、水解法（高价盐的水解）、热分解法和电解法等。以下主要讨论氧化法的基本思路及应用。

由低价态转变为高价态一般需要三个条件：氧化剂[常用的氧化剂有 O_2，NaOCl，$Ca(OCl)_2$，KNO_3，$KClO_3$，Na_2O_2，Cl_2，H_2O_2 等]、碱性介质（NaOH，KOH，K_2CO_3）和适宜的温度（以矿粉，氧化物或氢氧化物为原料往往需要高温）。用氧化法制备高价态化合物的原料有精矿粉、氧化物、氢氧化物、盐类和金属单质等。

高价态金属化合物常以氧化物和含氧酸盐的形式存在，如 OsO_4、K_2RuO_4、Na_2FeO_4、$K_2Cr_2O_7$、$KMnO_4$、$NaBiO_3$、PbO_2 等。下面主要介绍氧化法在制备高价态金属化合物中的应用。

1. 以 Mn、Co、Ni、Fe、Cr 等高价态化合物的制备为例来说明

(1) $KMnO_4$：由软锰矿（MnO_2）制备 $KMnO_4$ 的生产流程和有关反应式如下。

生产流程：

$$MnO_2 \xrightarrow{\text{碱性介质 KOH}} \xrightarrow[\text{共熔}]{\text{氧化剂}} K_2MnO_4 \xrightarrow[Cl_2\text{ 或 }CO_2]{\text{电解或}} KMnO_4$$

生产中常用的氧化剂有 O_2、KNO_3 和 $KClO_3$。反应介质为 KOH 或 K_2CO_3。

生成 K_2MnO_4 的反应式如下：

$$2MnO_2 + O_2 + 4KOH \xlongequal{\triangle} 2K_2MnO_4 + 2H_2O$$

$$MnO_2 + KNO_3 + K_2CO_3 \xlongequal{\triangle} K_2MnO_4 + KNO_2 + CO_2\uparrow$$

$$3MnO_2 + KClO_3 + 6KOH \xlongequal{\triangle} 3K_2MnO_4 + KCl + 3H_2O$$

后两个反应也可以看成与 O_2 的参与有关，因为 KNO_3 和 $KClO_3$ 在一定反应温度下会产生 O_2。

$$2KNO_3 \xlongequal{943\text{ K}} 2KNO_2 + O_2\uparrow$$

$$2KClO_3 \xlongequal[473\text{ K}]{MnO_2} 2KCl + 3O_2\uparrow$$

(2) Co_2O_3：　$2CoCO_3 + 1/2O_2 \xlongequal{\triangle} Co_2O_3 + 2CO_2\uparrow$

(3) Ni_2O_3：　$2NiCO_3 + 1/2O_2 \xlongequal{\triangle} Ni_2O_3 + 2CO_2\uparrow$

(4) K_2FeO_4：Fe(Ⅲ)和 Fe(Ⅱ)制备 K_2FeO_4 或 Na_2FeO_4。以 NaOCl 为氧化剂说明其制备过程。主要流程：

$$Fe(\text{Ⅲ}) \xrightarrow{NaOH} \xrightarrow[<300\text{ K}]{NaOCl} Na_2FeO_4\text{（紫红）}$$

反应式：

$$2Fe^{3+} + 3ClO^- + 10OH^- \xlongequal{} 2FeO_4^{2-} + 3Cl^- + 5H_2O$$

其他制备方法用下列反应式表示：

$$Fe_2O_3 + 3KNO_3 + 4KOH \xlongequal{\text{共熔}} 2K_2FeO_4 + 3KNO_2 + 2H_2O$$

$$2FeSO_4+6Na_2O_2 \xrightarrow[N_2]{973\ K} 2Na_2FeO_4+2Na_2O+2Na_2SO_4+O_2\uparrow$$

制备高铁酸钾的原料可以用氢氧化物、氧化物、盐类和铁屑。氧化剂除上述三种外，也可以用 Cl_2 等氧化剂。

用电解法也能获得高铁酸盐。

$$Fe^{3+}+10OH^- \xlongequal{隔膜电解} \underset{阳}{2FeO_4^{2-}}+\underset{阴}{3H_2\uparrow}+2H_2O$$

阳极为纯铁板:阴极为 Ni 网,隔膜为全氟磺酸树脂膜,池体用聚四氟乙烯材料。

(5) Na_2CrO_4(或 $K_2Cr_2O_7$):由 Cr(Ⅲ)转变为 Cr(Ⅵ),以铬铁矿($FeCr_2O_4$)为原料生产 Na_2CrO_4 或 $K_2Cr_2O_7$ 来说明。

流程:

$$FeCr_2O_4 \xrightarrow{O_2} \xrightarrow[1273\sim1573\ K]{Na_2CO_3\ 共熔} \xrightarrow{水浸取} \xrightarrow{过滤} Na_2CrO_4$$

反应式:

$$4FeCr_2O_4+8Na_2CO_3+7O_2 \xlongequal{\triangle} 8Na_2CrO_4+2Fe_2O_3+8CO_2\uparrow$$

以水浸取熔块,过滤以分离除去不溶性氧化物等,便得 Na_2CrO_4。再加硫酸酸化使铬酸钠转变成重铬酸钠,并蒸发使 $Na_2Cr_2O_7$ 结晶析出。

$$2Na_2CrO_4+H_2SO_4 \xlongequal{} Na_2Cr_2O_7+Na_2SO_4+H_2O$$

在 $Na_2Cr_2O_7$ 加入 KCl(大于 90%)发生复分解反应,经过除杂质、冷却、结晶、分离、洗涤、干燥即得成品 $K_2Cr_2O_7$。

$$Na_2Cr_2O_7+2KCl \xlongequal{} K_2Cr_2O_7+2NaCl$$

2. 铂系金属高价态化合物的制备

制备铂系金属高价态化合物的原料有金属单质,低价态化合物,氧化剂有 O_2、NaClO 等。

(1) OsO_4:将锇粉在 573～673 K 于空气或氧气中反应便制得 OsO_4。

$$Os+2O_2 \xlongequal{\triangle} OsO_4$$

(2) K_2RuO_4 和 RuO_4:Ru 与 KOH 和 KNO_3 共熔,生成黑色 K_2RuO_4(RuO_2 与 KOH 和 KNO_3 反应也能获得 K_2RuO_4)。当 K_2RuO_4 在 NaClO 作用下可得到 RuO_4。

$$Ru+3KNO_3+2KOH \xlongequal{\triangle} K_2RuO_4+3KNO_2+H_2O$$

$$RuO_2+KNO_3+2KOH \xlongequal{\triangle} K_2RuO_4+KNO_2+H_2O$$

$$K_2RuO_4+NaClO+H_2SO_4 \xlongequal{\triangle} RuO_4\uparrow+K_2SO_4+NaCl+H_2O$$

3. Pb、Bi 等高价态化合物的制备

(1) PbO_2:在碱性介质和加热条件下,以强氧化剂(Cl_2,NaOCl 或 H_2O_2 等)氧化氧化铅或氧化铅盐而得。

$$Pb(Ⅱ) \xrightarrow[氧化剂]{碱性介质,加热} PbO_2$$

$$Pb(OH)_3^- + ClO^- \!=\!=\!= PbO_2 + Cl^- + OH^- + H_2O$$

$$Pb^{2+} + ClO^- + 2OH^- \!=\!=\!= PbO_2 + Cl^- + H_2O$$

(2) $NaBiO_3$：在 $Bi(OH)_3$ 的强碱性溶液中加入强氧化剂如 Cl_2 或加热 Na_2O_2 和 Bi_2O_3 的混合物均可制得 $NaBiO_3$。

$$Bi(\text{Ⅲ}) \xrightarrow[\text{氧化剂}]{Cl_2\text{ 或 }Na_2O_2} \xrightarrow[\text{碱性介质}]{\text{加热}} NaBiO_3$$

$$Bi(OH)_3 + Cl_2 + 3OH^- + Na^+ \!=\!=\!= NaBiO_3 + 2Cl^- + 3H_2O$$

习　题

1. 举例说明合成超细颗粒的两三种方法。
2. 已知工业上用真空法提炼铷的反应式为

$$2RbCl + Mg \underset{}{\overset{\text{熔融}}{\rightleftharpoons}} MgCl_2 + 2Rb(g)$$

利用有关平衡移动原理对此反应进行解释。

3. 最近的研究发现，某些固相反应能在室温的条件下发生，而且可以迅速完成。例如，将浅蓝色分析纯二水合氯化铜和白色的对甲基苯胺分别研磨，按一定物质的量比装入带塞的小试管中，略加振摇，数分钟后颜色发生变化，得到固体产物，经元素分析，其结果如下(假设产率为100%)：

元　素	C	H	N	Cu	Cl
测试值/%	48.15	5.15	8.05	18.23	20.36

通过有关计算，写出完整的反应方程式。

已知：

元　素	C	H	N	Cu	Cl
相对原子质量	12.0	1.00	14.0	63.6	35.5

4. 钠的第一电离能高于钾，但通过下列反应却可以制备金属钾。为什么？

$$KCl(\text{熔}) + Na \!=\!=\!= NaCl(\text{熔}) + K$$

5. 铬铁矿($FeO \cdot Cr_2O_3$)与大气中氧气和氢氧化钾在高温条件下反应产生紫红色和黄色高氧化态的中间产物，再经一定处理可制得重铬酸钾。请回答下列问题：

(1) 写出反应方程式(指所得中间产物)。

(2) 如何用最简便的方法除去杂质铁，最终制得产品重铬酸钾？

6. 工业上提炼金属的主要方法有哪些？试比较这些方法的优缺点。
7. 简述无水金属氯化物的制备方法。
8. 以 $CoCl_2$ 溶液和 Na_2CO_3 溶液为原料制备超细 Co_3O_4 过程中：

(1) 反应初期所产生的沉淀可能是什么？

(2) 沉淀经洗涤至 pH=7 后，为什么又要加入适量的 $CoCl_2$ 水溶液？

(3) 最后加入表面活性剂(十二烷基磺酸钠)，用二甲苯萃取的目的是什么？

(4) 用 Co(Ⅱ)为原料，为什么最终产物却是 Co_3O_4？

9. 纳米 Fe_2O_3 粒子的制备方法如下：

$$Fe(NO_3)_3\text{溶液}\ (0.01\sim0.05\ mol\cdot L^{-1},\ pH=0.8\sim1.6)\xrightarrow[100\pm2\ ℃]{\text{陈化}(22\ h)}\xrightarrow[\text{冰水中}]{\text{淬冷}(30\ min)}\xrightarrow[\text{弃上层清液}]{\text{离心分离}}$$

$$\xrightarrow[\text{用水}]{\text{洗涤沉淀}(5\text{次})}\xrightarrow{\text{真空干燥}}\text{纳米}\ Fe_2O_3$$

根据上述流程回答：

(1) 为什么要将 $Fe(NO_3)_3$ 溶液加热到(100±2) ℃一段时间？

(2) 为什么要放入冰水中淬冷？

10. 由二氧化钛(其中含有杂质铁，硅，铝，钒等氧化物)采用氯化法可以制得海绵状钛。金属钛的制备流程简述如下：

$$TiO_2(\text{矿粉})\xrightarrow[\triangle]{Cl_2+C}TiCl_4\xrightarrow[\text{惰性气氛}]{Mg,\triangle}Ti+MgCl_2$$

现就上述过程提出若干问题，请回答：

(1) 为什么不采用由 TiO_2 直接通 Cl_2 来制备 $TiCl_4$，加入 C 的目的是什么？

(2) 氯化过程中带入的副产物如 $FeCl_3$、$SiCl_4$、$AlCl_3$，如何与 $TiCl_4$ 分离？它们在一定压力下的沸点如下：

化合物	$TiCl_4$	$FeCl_3$	$SiCl_4$	$AlCl_3$	$VOCl_2$
沸点/℃	136	310	56.5	180	150

(3) 若将 TiO_2 改用氯化亚硫酰进行氯化，其产物是什么？

(4) 为什么要在惰性条件下进行还原操作？在空气中为什么不行？

(5) 为什么不选用 Al 作还原剂？可能的原因是什么？

(6) $TiCl_4$ 中常含有少量杂质 $VOCl_2$，两者沸点相近，直接蒸馏难以分离，请提供新的方案。

(7) 如何将钛产品中所含的少量金属镁分离出来(要求简便、价廉)？

11. 利用 298 K 时的下列数据，近似估算在 $1.013\ 25\times10^5$ Pa 下，二氧化钛能用碳来还原的最低温度为多少($TiO_2+2C═══Ti+2CO$)。能否用此法来制 Ti？为什么？

$$2C+O_2═══2CO \qquad \Delta H^\ominus=-221\ kJ\cdot mol^{-1}$$

$$Ti+O_2═══TiO_2 \qquad \Delta H^\ominus=-912\ kJ\cdot mol^{-1}$$

$S^\ominus(C)=5.5\ J\cdot K^{-1}\cdot mol^{-1}$，$S^\ominus(Ti)=30\ J\cdot K^{-1}\cdot mol^{-1}$，$S^\ominus(O_2)=205\ J\cdot K^{-1}\cdot mol^{-1}$，$S^\ominus(TiO_2)=50.5\ J\cdot K^{-1}\cdot mol^{-1}$，$S^\ominus(CO)=198\ J\cdot K^{-1}\cdot mol^{-1}$。

12. 由 $\Delta G^\ominus-T$ 图，讨论下列问题：

(1) 图线的转折点说明什么问题？

(2) Mn 能否从 Cr_2O_3 中置换出 Cr？

13. 试分析 $Cu(NO_3)_2$ 与 NH_4HCO_3 两溶液反应的一些现象：

(1) 将 $Cu(NO_3)_2$ 缓慢滴入 NH_4HCO_3 溶液中(倒滴法)，反应初期不见沉淀析出，为什么？随着 $Cu(NO_3)_2$ 的不断加入，发现有沉淀产生，试判断是何种沉淀。写出有关的离子反应方程式。

(2) 上述这种滴加方式能否获得大颗粒沉淀？为什么？

第 17 章　超分子化学

超分子化学领域的奠基者是发现冠醚化合物的美国化学家佩德森、发现穴醚化合物并提出超分子概念的法国化学家莱恩和主体化学研究的先驱者美国化学家克拉姆，他们因此分享了 1987 年诺贝尔化学奖。

超分子的成键模式是分子之间或组分之间通过独特的弱相互作用，结合成有高度组织的聚集体，打破了传统的、在原子层次的、以共价结合的成键模式，从而使人们对成键过程的认识发生了质的飞跃。

超分子化学的出现跨越了无机化学、有机化学间界限，推动了生命科学、信息科学和材料科学等相关领域的交叉融合，成为 21 世纪新概念和高新技术的重要源头，开创了化学史的新纪元。

研究超分子的目的是追求超分子的特异功能，组装新的器件，应用于能源、环境、信息、医药等领域。

17.1　超分子化学简介

1. 超分子的定义

超分子通常是指由两种或两种以上分子依靠分子间相互作用结合在一起，组成复杂的、有组织的聚集体，保持一定的完整性，使它具有明确的微观结构和宏观特征。

超分子的概念是由诺贝尔化学奖得主法国化学家莱恩教授于 1987 年首先提出的，超分子即超越共价键的分子。

以上内容有三层含义：在超分子体系中，结合方式不是在原子层次，而是在分子以上层次；作用力的本质是分子间弱相互作用（分子间键或次级键）；这种非共价结合包含分子间存在的多种吸引和排斥作用。

这种高度复杂的有组织的聚集体具有有序的高级结构、特定功能和性质，实现这些复杂的功能是由一个有组织的分子体系协同完成的，如选择识别功能（结合对之间在几何尺寸和相互作用上的互补性）、转换功能（特定的反应性、催化作用、光、电转换等）、传输功能（底物分子通过生物膜等）。

2. 超分子化学的定义

超分子化学的定义由莱恩教授于 1987 年首先提出，根据他的观点，超分子化学是超越分子层次的化学，即由两个或多个化学物种依靠分子间力相结合而成的、具有高度复杂性体系为研究对象的化学。

对超分子化学的定义也有另一种简单表述：超分子化学是分子组装体和分子间键的化学。

超分子化学研究的核心是分子间的相互作用(分子间键)，分子间键主要包括：静电作用、氢键、π 堆积作用、疏水效应、范德华力等。

超分子化学的成键模式很独特，分子间或基团间是以多种弱相互作用为基础，非共价方式结合成的有组织的聚集体；这与传统的、在原子层次的、以共价结合的成键模式不同。

人们把以共价键为基础、以分子为研究对象的化学称为分子化学，通过原子间的化合和分解实现物质的转化。

3. 超分子化学与配位化学的关系

莱恩指出："超分子化学是广义的配位化学，而配位化学借助超分子化学得以发展；金属配合物是超分子作用力的一种形式。"莱恩研究发现冠醚与金属离子的配位键非常弱，不同于正常的配位共价键，因此提出超分子化学的概念。这种广义的配位作用是有选择性、有目的的结合。这也说明超分子化学与配位化学有着亲缘关系。

Buch 建议配位化学应包括两类授-受体化学：以电子授-受为基础的经典配位化学和以弱相互作用为基础的分子之间授-受体化学。显然，在传统的配位化学中授-受的对象是电子对，而超分子化学中授-受的对象是分子或离子。超分子化学的发展与大环化学(指对冠醚、穴醚、环糊精、杯芳烃等的研究)的发展紧密相连；起源于冠醚与碱金属离子的配位化学，然后扩展到其他大环分子等。大环是一种多齿配体，其配位原子(O、N、S、P等)位于环的骨架上。有一类大环如冠醚是最简单的大环配体(分子中含有受体原子氧)，对碱金属离子有强的配位能力；不同结构的冠醚其空腔尺寸不同，会选择不同尺寸的碱金属离子作为"伴侣"(球形识别)，以达到最佳键合。这种球形识别功能有利于人们对生命现象中钠、钾离子可选择性通过细胞膜作用机制的理解，因两者具有类似性。生物体系就是一个很好的超分子体系。

值得一提的是，超分子化学作为一门新兴学科，在发展过程中存在不同观点，未达成共识，有争论，这是很正常的事。

17.2 新 术 语

超分子化学的研究推动分子化学科学的发展，促进化学与物理学、材料科学、生命科学等的交叉融合，从而产生新概念、新术语、方法、材料和器件。

刚开始接触一门新兴学科，一切都觉得很陌生，若能对已学过的基础知识进行回顾、复习和思考，将有利于对超分子化学中出现的新术语、新名词的理解。

1. 主体-客体

(1) 主体：通常指具有一定大小空腔的环状化合物(如冠醚，分子中含有受体原子氧)，也包括大分子、分子聚集体等。主体特点：具有汇集的键合位点，如路易斯碱性的给体原子。

(2) 客体:通常指金属离子(如 K^+、Na^+ 等),也包括阴、阳离子和复杂分子等。客体特点:具有发散的键合位点,如路易斯酸性的球形金属阳离子。

富勒烯既可作为主体也可作为客体。

2. 受体-底物

(1) 受体(接受体):能提供键合位置的分子实体,如酶。

(2) 底物:被键合的物种或小组分,如抑制剂(重金属离子、氰根等)。

受体的概念最早是从生物学上引入的,如酶和底物之间的结合,必然具有互补性,反应才能发生。酶是一类特殊的受体,它与其他受体的区别在于含有催化活性的功能团,对底物具有专一选择性。当酶的活性部分与底物的某一部分相互契合(结构上互补),底物和酶有多处接触位点时,才能引起结合在酶上的底物分子发生变化(畸变),形成中间过渡态,某些化学键被削弱,活化能降低,反应就发生了。

3. 主体-客体与受体-底物的关系

主体-客体和受体-底物这两组术语有对应关系(主体-客体→受体-底物)。例如,冠醚(大环分子)既是主体也是受体;金属离子(K^+)既是客体也是底物。在配位化合物中,配位体、中心金属分别与主体、客体相对应,即配体相当于主体,中心金属相当于客体。

在生物体中,酶、基因、抗体等是主体或受体;抑制剂、抗原、药物是客体或底物。例如,铅、汞等重金属离子能与某些酶的活性基团(如巯基)以非共价方式结合,使酶失去活性。这种能引起抑制作用的物质称为酶的抑制剂。氰化钾或氰化氢中的氰根,这类抑制剂能与含金属离子(如 Fe^{2+})的酶以非共价方式相结合,使酶的活性降低或丧失,引起动物很快死亡。抗体,即免疫球蛋白,如眼泪和唾液中存在的主要抗体,是抵抗细菌和病毒的第一道防线。抗原,即免疫原,是能够在机体内产生免疫反应的物质。

4. 酶

酶是由细胞按一定基因编码产生的具有催化功能的蛋白质。生物体内发生的化学变化(新陈代谢过程)绝大多数都在酶的催化下进行。酶催化的特点是选择性很高(高度专一性)、催化效率极高(活性很高)和反应条件温和等。一种酶只能催化一种或某一类特定的反应,如过氧化氢酶只能催化过氧化氢分解成氧和水,对其他任何反应都没有催化作用,这就是酶的专一性;每秒钟能分解 10^7 个过氧化氢分子,这说明过氧化氢酶的催化效率极高。

5. 酶-底物与锁和钥匙原理

人们把酶比喻为"锁",底物就是"钥匙",酶和底物的配合(互补性),就像锁和钥匙的关系(一把钥匙只能开一把锁或空间上匹配)。两者的关系后来被称为"锁和钥匙原理"(图 17-1)。

酶-底物相遇时,有一个相互适应过程,因底物有一定的几何形状和尺寸,为了"伴侣"会按某种方式调整结构,以达到与底物结构上互补的完美结合。酶-底物结合的作用力有

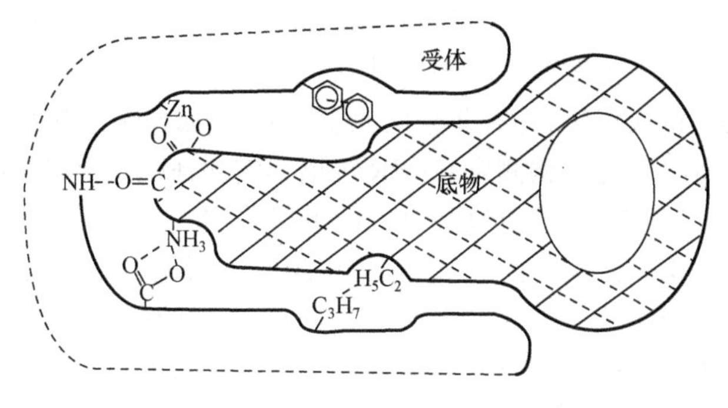

图 17-1　锁和钥匙原理

氢键、π-π 堆积作用、静电作用等；尽管局部作用力较弱，但酶和底物达到最佳匹配时，有多处接触位点，这种相互作用的叠加产生强的键合，使体系趋于稳定。

6. 主-客体化合物与超分子的关系

主-客体之间相互选择对方的条件是二者具有互补性，即在电性、形状、大小、能量上相互匹配，通过分子间的各个局部相互作用的叠加、协同形成强的分子间作用力，结合成稳定的主-客体化合物。例如，不同腔径的冠醚会选择性地键合大小不同的球形金属离子（球形识别），两者的结合位点恰好吻合，产生离子-偶极子间的吸引，形成稳定的主-客体化合物。

莱恩将主-客体化合物的概念加以推广，用"超分子"这一术语来概括所有弱相互作用的化合物。显然，超分子与主-客体化合物有紧密的亲缘关系。后来就把主-客体化合物视为特定情况下的超分子雏形或非常简单的、低级的超分子。

7. 包合物

一种分子被包在大分子的空腔中形成的化合物称为包合物。"包合"就是主体选择合适的客体，通过分子间相互作用完成彼此识别的过程，即主体分子的内腔允许客体分子占据，并产生键合，如由冠醚、环糊精等形成的主-客体化合物。见 17.4 节中冠醚和环糊精相关内容。

8. 笼合物

一种分子通过分子间氢键或其他分子间的作用力形成晶态骨架，其中有较大的多面体孔穴或管道状的孔洞，容纳包合另一种分子而形成稳定的化合物。例如，可燃冰（$46H_2O \cdot 8CH_4$）就是一种笼合物：CH_4 分子包合在水分子通过氢键形成的骨架的多面体孔穴中。笼合物也可视为包合物：客体分子包合在由主体分子组成的晶格中。

9. 次级键

定义：各种弱化学键[或分子间的弱相互作用（分子间键）]统称为次级键。其作用力强度较典型的共价键、离子键和金属键小得多，因此也称为弱键。

类型：次级级（弱键）类型多种多样，包括氢键（X—H…Y）、没有 H 原子参加的 X…Y 间弱相互作用、化学反应过渡态中的中间体（A＋B—C→A…B…C→A—B＋C）（虚线处）、范德华力等类型的次级键；还有非金属原子之间、金属原子之间和非金属原子与金属原子之间的次级键等。晶体结构测定、NMR 等谱学实验证明了次级键的存在。

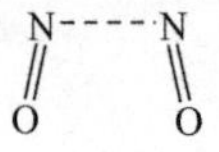

图 17-2　NO分子

判断次级键形成的标准，可以将实测的原子间距离、典型的共价键长和范德华半径之和这三组数据进行对比。例如，NO 分子可通过 N…N键形成二聚分子$(NO)_2$，N…N 间的距离在晶体中和气相中分别为 218 pm 和 223.7 pm，远大于 N—N 共价单键键长150 pm，却比 N 原子范德华半径之和 300 pm 短得多，说明 N…N 之间的作用为次级键（图 17-2），这属于非金属原子之间的次级键。

次级键涉及诸多方面：超分子、分子之间和分子内基团之间的相互作用，生命物质内部的作用等。有学者认为次级键是 21 世纪化学键研究的主要课题，在超分子化学和生物体系中有着重要作用。

作用力强度对比：共价键、离子键和金属键这三大类化学键键能为 100～1000 $kJ \cdot mol^{-1}$；典型共价单键键能为 300～950 $kJ \cdot mol^{-1}$；离子-偶极子相互作用能为 50～200 $kJ \cdot mol^{-1}$，盐键（带电基团间的作用能）的键能约为 200 $kJ \cdot mol^{-1}$；氢键的键能为 4～120 kJ · mol（分强、中、弱三类，中等强度氢键的键能约为 25 $kJ \cdot mol^{-1}$）；偶极-偶极相互作用能为 5 ～ 50 $kJ \cdot mol^{-1}$，π-π 堆积作用能为 1～50 $kJ \cdot mol^{-1}$。

10. 锁和钥匙原理

锁和钥匙原理是指主体和客体之间在结构和能量上互相协同配合形成稳定的超分子体系的原理。

主体和客体（受体和底物）相互适应对方，以满足结构上的互补，就像锁-钥匙的关系一样；让各个接触位点在电性、形状、大小、能量上尽量互相协调配合，形成数量较多的分子间相互作用（带相反电荷基团间的静电作用、氢键、π-π 堆积作用、疏水效应等），局部的弱相互作用力，通过加和、协同作用，汇集成强的分子间作用力，使体系能量降低，从而形成稳定的超分子。

11. 分子识别

分子识别是指不同分子间的一种特殊的、专一的相互作用，它既满足相互结合的分子间的空间要求，也满足分子间各种次级键力的匹配。

分子识别是主体和客体相互选择对方，达到最佳键合并产生特定功能的过程。一种主体分子的特殊部位（含某些基团）恰好与另一种客体分子的某些部位相匹配（结构上互补），通过相互选择对方，满足分子间形成多种次级键的最佳条件，使作用力得到充分发挥，即带相反电荷的基团以静电作用互相吸引，在条件许可时尽可能多生成氢键，按一定方式接近的芳环之间形成 π-π 堆积（轨道互相重叠），疏水基团相互结合在一起等，从而使体系能量达到最低，形成稳定的超分子聚集体。

显然，超分子不是纯分子的简单集合。分子识别是配对物之间在空间结构（几何因素)和相互作用(电子因素)上达到最佳匹配。配对物间可以通过几何形状和大小来识别,也可以通过化学因素(氢键形成、π-π堆积作用、静电作用等)来识别,这两个因素无严格界限。有关分子的几何形状、大小尺寸、电子特性等信息都储存在配对物中,识别就是在超分子水平上的信息处理过程。例如,冠醚对球形碱金属离子的识别称为球形识别,即不同冠醚提供的腔径大小和电荷分布适合于不同大小的球形碱金属离子居住。特定的底物只有某一部分(特定的几何形状和尺寸)才能与酶的活性部位相契合,即位点识别。详见有关案例。

12. 超分子自组装

自组装是个广义的概念,既适用于分子,也适用于超分子。分子自组装是指原子或原子团通过共价键自发结合成分子。

超分子自组装是指分子通过分子间相互作用自发地结合成具有高度组织的超分子聚集体。即超分子自组装是分子间通过相互识别、相互作用形成超分子的过程;换言之,是分了组分间互相补充和匹配,达到最佳键合的过程,是创造新物质和产生新功能的过程。通过自组装产生新的超分子器件,正是人们所追求的目标。另外,由分子组成的晶体也可看作分子通过分子间作用力组装成的一种超分子。

17.3 超分子体系稳定的因素

1. 分子间相互作用

使多个分子聚集在一起形成复杂的、有组织的、有功能的和稳定的超分子聚集体,有以下几方面因素起作用,包括结构上的互补和匹配、能量上焓和熵效应的互相配合($\Delta G<0$)、各种作用力的协同等。

超分子化学的核心是研究分子间的相互作用,其作用力的本质也离不开化学的吸引和排斥,这种相互作用的净结果使体系的总能量降低(能量降低因素)。

分子间作用力包括:静电作用、氢键力、π-π堆积作用、范德华力、疏水效应等。

超分子有序高级结构的形成和功能的发挥并不是靠单一的作用力决定的,而是多种弱相互作用之间协同、加和的结果。分子间相互作用呈现加和性和协同性,进而产生方向性和选择性,这对构筑一个稳定的超分子体系有着重要意义。显然,多种弱相互作用通过协同配合产生的叠加效应,其作用力强度不低于化学键(化学键指分子中相邻原子间存在强烈的相互作用)。

2. 能量降低因素

1) 静电作用

包括:带相反电荷基团间产生的吸引作用(盐键)、离子-偶极子相互作用和偶极子-偶极子相互作用等。

(1) 带电基团间的作用,如 $R—NH_3^+\cdots{}^-OOC—R$。

(2) 离子-偶极子作用。这种作用是指离子和极性分子或基团间的键合。例如,冠醚

中 K^+ 与 18-冠-6 之间存在静电作用，因冠醚具有亲水的可以与金属离子成键的内腔，其中氧原子的孤对电子被金属离子的正电荷吸引(图 17-3)。离子-偶极子相互作用也包括配位键(本质上是静电作用)，如水合钠离子$[Na(H_2O)_6]^+$，其中的 Na^+ 与极性 H_2O 中 O 原子的孤对电子发生静电吸引 $Na^+\cdots OH_2$(图 17-4)。

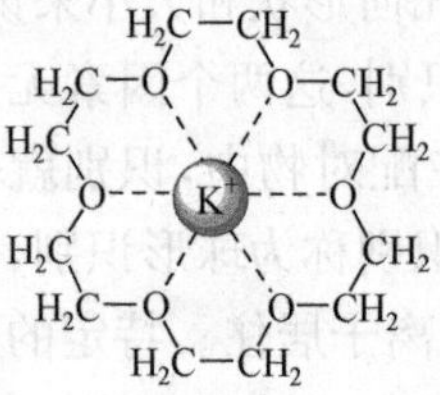

图 17-3 配离子[18C6]K

(3) 偶极子-偶极子相互作用。极性分子有永久偶极矩，可看作偶极子，偶极子间产生静电吸引作用，即一个极性分子带有部分正电荷的一端与另一极性分子带有部分负电荷的一端之间的吸引作用。例如，氯化氢、羰基化合物中就存在这种作用力(图 17-5、图 17-6)。

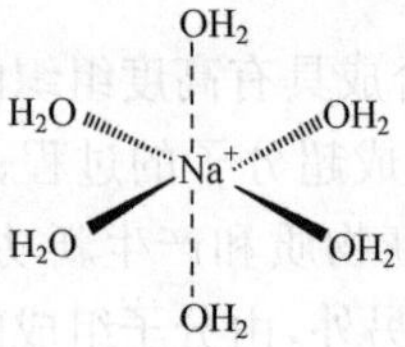

图 17-4 水合钠离子 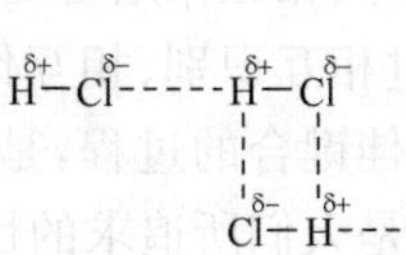　　图 17-5 HCl 分子 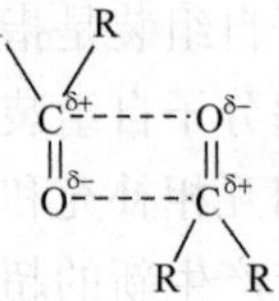　　图 17-6 酮

2) 氢键

氢键是一种特殊的偶极-偶极相互作用。常规氢键是指半径小的 H 原子与电负性高的 X 原子以共价键结合后，还可以与另一分子中一个电负性高的 Y 原子形成一个弱键，常用 X—H…Y 表示(H—X 可作为质子的给予体，Y 可作为质子的接受体)。

氢键的特点：氢键键能通常为 4 ～ 120 $kJ \cdot mol^{-1}$，介于共价键和范德华作用能之间，氢键键长指 X 和 Y 间的距离，氢键具有方向性和饱和性，氢键既可在分子间形成，也可在分子内形成。根据最多氢键原理，在多种相(g,l,s)中，总是倾向于尽可能多生成氢键，以增加体系的稳定性。氢键的形成对物质的物理化学性质产生影响。氢键在生物学中有着特殊的意义，是生命赖以生存的基础。

许多生化反应在水环境中进行，生物体系中存在各种不同类型的氢键。DNA 具有双螺旋结构，维持这种螺旋结构最重要的作用力就是氢键。生物体系中常见的氢键有 N—H…O，N—H…N，N—H…O═C，O—H…O═C，O—H…O—H 等。氢键是维持超分子体系稳定性最重要的一种分子间作用力。

氢键包括常规氢键 X—H…Y(X，Y＝F，O，N，C，Cl)；近期的研究表明电负性低的 C 原子与 H 结后，在一定的外部环境下也可以形成氢键。除常规氢键外也包括非常规氢键(结构上不符合 X—H…Y 氢键的定义)，如 X—H…π，X—H…M，其中 π 指 π 键或离域 π 键(含富电子基团作为质子的接受体)，M 指后过渡金属原子(具有充满电子 d 轨道，可作为质子的接受体)。

3) π-π 堆积作用

π-π 堆积作用(π-π 相互作用)属于一种弱静电相互作用(1 ～ 50 $kJ \cdot mol^{-1}$)。通常发生在含有 π 电子的芳香环之间，由于芳香环中含有易于流动的 π 电子，容易发生变形，这种离域 π 键体系有强的给电子倾向（质子的接受体）。π－π 堆积产生的能量效应对稳定含芳香环的超分子体系是有利的。

面对面和边对面是两种典型的堆积方式（图 17－7）。

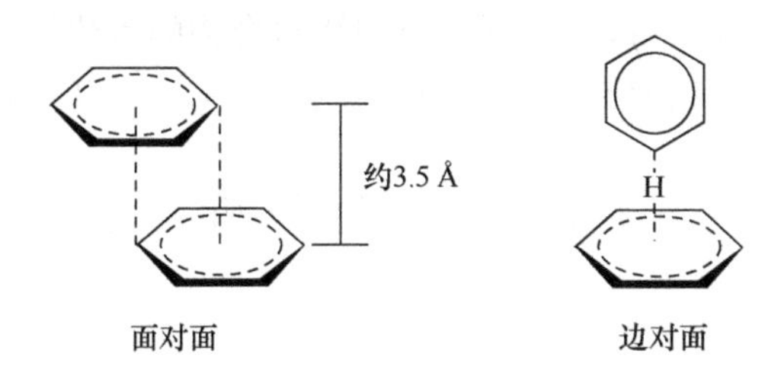

图 17－7　两种 π－π 堆积作用

芳香环之间究竟采取何种堆积方式，是吸引力和排斥力这两种作用力相互竞争的结果（质子正电荷与 π 体系负电荷之间相互吸引和 π 体系之间的相互排斥的竞争），最终的取向应该使分子间总相互作用达到最大，总能量最低，体系更为稳定。

π－π 堆积中，边对面的相互作用可以看作是一个芳香环的相对贫电子的氢原子（带有质子特性）与另一个富电子的芳香环（质子的接受体）之间形成非常规氢键（C—H…π）或芳香氢键（σ 骨架质子正电荷与 π 电子间的相互吸引作用）。当 σ－π 电子间的吸引作用超过 π－π 电子间的相互排斥作用时，通常采取边对面方式。

石墨层状结构为典型的面对面的 π－π 堆积作用结合在一起的，这种堆积方式（非上下完全重叠，而是稍错开）比边对面方式的强度要弱，因此石墨层之间易受外力作用而发生滑动。在 DNA 的双螺旋结构中，同一条链的相邻碱基之间也有类似的 π－π 堆积。

对于 π－π 堆积作用本质的解释仍有争论，有待进一步完善。

3．疏水效应

在水溶液中，非极性分子或非极性基团（疏水组分）被水分子挤出（被水疏远），迫使它们自相缔合形成聚集体的力称为疏水效应。显然，疏水效应的本质并不是非极性分子之间有较大的吸引力，而是水分子和水分子之间有强的氢键力，迫使非极性分子聚集在一起后，可以增加氢键数量，使体系能量降低；当然，非极性分子“抱团取暖”也可以获得弱作用能。

注意：氢键的作用力比范德华力强得多；非极性分子不能与水分子形成氢键。

物质间呈现的“相似相溶”性，其实质是水分子间为了形成氢键，而将非极性组分挤压在一起的结果。

为什么分散在水中的油滴会自动地聚在一起形成一个大油滴，呈现表面积最小的圆球形，油和水自动分离，就是这个道理。

4．疏水空腔效应

在有机化合物中，有一类环状结构分子，其空腔内部是疏水的（含非极性组分），外部则是亲水的（含极性组分）；当非极性组分（客体）的尺寸大小与大环分子（主体）的空腔大小相匹配时，便挤进空腔内（客体分子要去溶剂化），取代水分子的角色，这时主-客体间有弱键生成。"囚禁"在内腔中的水分子被释放出来，与原主-客体周围的水分子重新组合，形成更多氢键，从而增加了体系的稳定性。

当客体被主体包合后，"囚禁"在内腔中的水分子获得自由；反应前，主体和客体周围形成两个水化层，形成包合物后，则只有一个围绕包合物的水化层。水分子与周围水分子重新组合，其排列与反应前相比有序度增加。详见 17.4.2 中环糊精和二甲苯的反应。

17.4 案 例 分 析

17.4.1 案例 1：冠醚

1. 冠醚及其特性

组成：冠醚是具有环状结构的多元醚化合物，分子中含有$\left(CH_2CH_2O\right)_n$重复单元的环状醚。由于最初合成的冠醚与钾离子配位，所呈现的外形酷似西方的皇冠而得名。

冠醚的简单命名为 X-冠-Y(X 表示成环原子总数、Y 表示氧原子数，最简式为 X-C-Y)，如 18-冠-6 即 $C_{12}H_{24}O_6$，即由 18 个 C 和 O 原子组成的环，简写为 18C6。18-冠-6 和二苯并 18-冠-6 的结构如下：

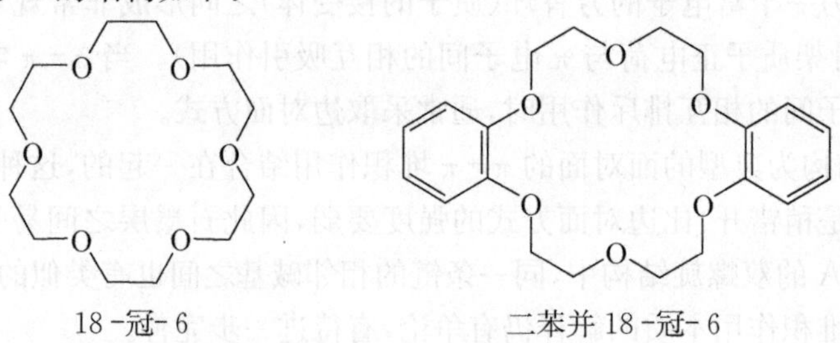

特性：

(1)冠醚有亲水的内腔(环内侧的氧原子有未共用的电子对，形成富电子区)和疏水的外部骨架(亚甲基—CH_2—排列在环的外侧)。冠醚具有强的配位能力和高度柔性，还是一种离子载体。不同结构的冠醚，其分子中的腔径大小不同，对不同尺寸的碱金属离子具有选择性(球形识别)，通过离子-偶极静电作用，形成配合物。当金属离子落到冠醚分子空腔中心的恰当位置时，稳定性最高。不同结构的冠醚其空腔尺寸不同，会选择合适的金属离子作"伴侣"，它们是从能量因素和几何因素相互选择对方的。例如，18-冠-6、15-冠-5、12-冠-4，其内腔直径由大变小，分别选择相应大小的 K^+、Na^+、Li^+ 就能形成稳定的配合物或主-客体化合物(图 17-8)。

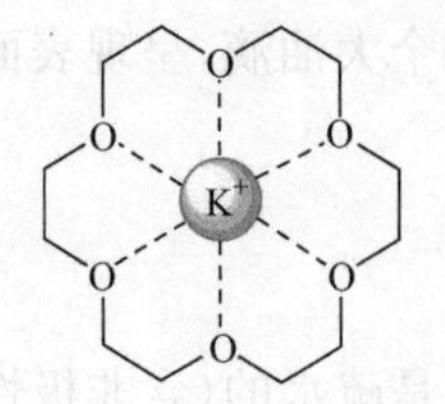

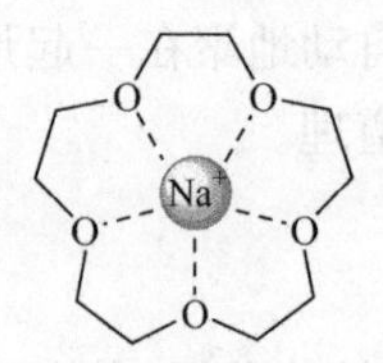

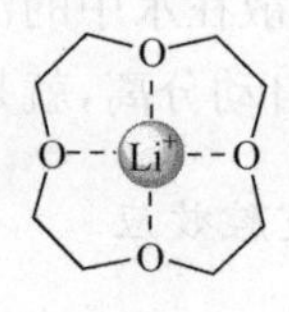

图 17-8 冠醚与碱金属离子配位

(2) 冠醚是具有柔性的分子(冠醚环能做适度的结构调整,以适应外部环境的变化;既具有亲水性又具有亲脂性)。这与冠醚环上存在多醚键$\leftarrow CH_2CH_2O \rightarrow_n$是有关系的,根据进来的金属离子的大小,冠醚环会适度调整自身结构,采取不同比例和不同构型,组成相应的配合物或主-客化合物。

(3) 刚性:对某些大环配体,如卟啉环与金属离子配位时,环不发生变形,金属离子落入环的中心,两者大小尺寸刚好匹配,形成有规则的平面结构,表明卟啉环是刚性的(不可极化性)。

实例:以下分三种情况来分析。

(1) 金属离子的直径和冠醚的腔径恰好匹配时,冠醚环上的氧原子和金属离子通过静电吸引形成 1∶1 配合物(离子-偶极键),这时金属离子处于冠醚环的中心位置,组成的配合物最稳定。例如,由 KSCN 与 18-冠-6(内腔直径为 2.6～3.20 Å)组成的 1∶1 化合物中,K^+ 位于内腔中心,K…O 距离为 2.78 Å(图 17-9)。

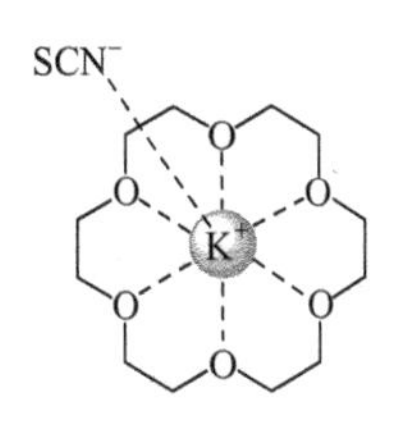

图 17-9 K[18C6]SCN

(2) 金属离子的直径比冠醚腔径小,这时冠醚环发生畸变,以不同方式对金属离子进行包裹。例如,二苯并-24-冠-8 允许 KSCN 中的两个 K^+ 待在环中,形成 1∶2 的配合物。腔径更大的冠醚(二苯并 30-冠-10)与 KI 相遇时,冠醚环就会调整结构变为马鞍形,将 K^+ 包裹在变形的环中,让电性作用力得到充分发挥,这有利于体系的稳定。

(3) 金属离子直径比冠醚腔径大得多时,金属离子处于两环中心,可能形成 1∶2 的夹心型配合物。

2. 应用:相转移催化和阴离子活化

在有机反应中常遇到有机相和水相参加的非均相反应(两种反应物互不相溶而构成两相),反应物之间接触概率小,反应较难进行,甚至不能发生反应。此时,可以利用相转移催化剂,将某一反应物由原来所在的一相穿过两相之间的界面转移到另一个反应物所在的相中,使两种反应物在均相中反应,则反应较易进行,这种催化剂称为相转移催化剂(PTC)。

例如,冠醚能与 K^+ 反应,形成包合物的同时将 F^- 带入有机相中。因为反应在均相中进行,反应速率加快。金属离子与冠醚结合后,原来自身的性质,如反应性、溶解性和电荷分布都会发生变化。

现以 KF 溶液(水相)与冠醚(18C6)的 CH_3CN 溶液(有机相)的反应为例,说明作为相转移催化剂的 18C6 是如何活化 F^- 的。

KF 易溶于水,难溶于有机溶剂。KF 是以离子键结合的化合物,要断开这种键,需要克服 K^+ 与 F^- 之间存在的强烈的静电吸引力。冠醚的特性是也能溶解在有机溶剂中,并对金属离子具有选择性。K^+ 穿过两相界面与冠醚(18C6)结合生成配离子[18C6]K^+,冠醚起到运载 K^+ 穿透界面的作用(离子载体);此刻 K^+ 被“囚禁”在冠醚(18C6)环的中心,这时 K^+ 上的正电荷分布发生了改变,从而削弱了对 F^- 的吸引力。F^- 被挡在环外,阴、阳离子被分隔开来，为了保持配离子和外界反离子的正、负电荷平衡，F^-穿过两相间的界面，被拖入有机相(CH_3CN)中，使F^-处于活化状态(K^+对它的吸引力已减弱)，从而提高了它的反应性，促进氟化反应的进行，冠醚在这里起相转移催化剂的作用。例如，氯苯变为氟苯的反应见图 17－10。

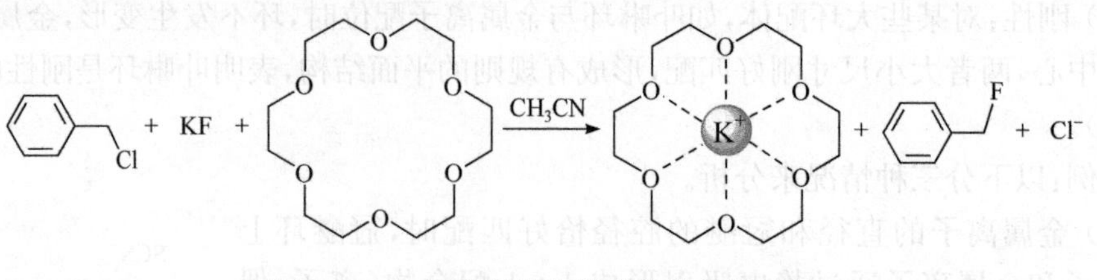

图 17－10　冠醚作为相转移催化剂的过程

17.4.2　案例 2:环糊精

1. 环糊精及其特性

环糊精(缩写为 CD)为环状低聚糖(淀粉经特殊酶水解而得)。最重要的环糊精有三种，分别是具有 6、7、8 个葡萄糖单位的α-环糊精、β-环糊精、γ-环糊精，与之相对应的经验式(无水)分别为$C_{36}H_{60}O_{30}$、$C_{42}H_{70}O_{35}$、$C_{48}H_{80}O_{40}$。

环糊精的结构类似于“截头空心圆锥体”，分子中所有葡萄糖单元均为椅形构象。β-环糊精的结构如图 17－11 所示。

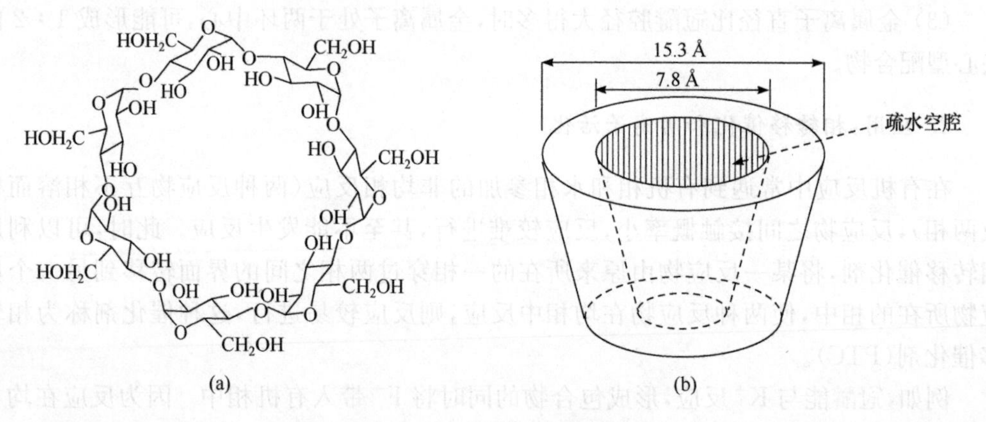

图 17－11　β-环糊精的结构

环糊精具有纳米级的疏水空腔和亲水的外壳，能包容小分子客体，形成包合物。由于组成环糊精的葡萄糖单元不同，空腔大小各异，其腔径大小顺序是α－CD<β－CD<γ－CD。环糊精化学性质稳定，可溶于水，并具有良好的生物相容性，在食品、化妆品、药物工业和分析化学上有广泛应用。

以下通过环糊精(β－CD・$12H_2O$)与对二甲苯形成包合物的过程来看环糊精的某些特性。开始时，环糊精的疏水内腔被水分子占领，而水分子与β－CD 内壁间不能形成氢键，在狭小的 CD 内腔中水分子之间也难以形成有序的氢键网络。显然，水分子处在不利于体系稳定的“高能状态”(高能水)。当对二甲苯撞入内腔，逃离出来的水分子与周围水分子重新组合形成氢键，同时 β - CD 与对二甲苯间有弱键生成（疏水空腔效应和结构匹配），这都促使体系能量降低。当对二甲苯被环糊精包合后，水分子在其周围的排列比反应前有序，见图 17 - 12。

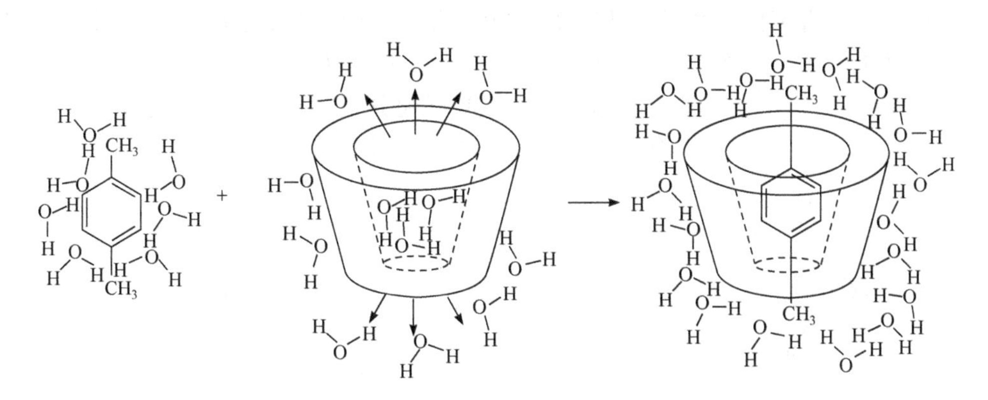

图 17 - 12　环糊精与二甲苯的作用过程

2. 环糊精在医药上的应用

环糊精及其衍生物是一种优良的药物辅料。大多数临床用的药物分子尺寸与环糊精的空腔大小相匹配；形成的包合物无毒副作用。环糊精也不会蓄积在体内。药物和环糊精相互选择对方，与各自的结构和特性密切相关。

环糊精能作为脂溶性药物载体，是因为它具有疏水内腔和亲水外壳。当环糊精的腔径与药物分子的大小尺寸相匹配时，药物分子便嵌入环糊精的疏水空腔中，形成包合物相当于分子胶囊，起到物理屏蔽作用，保护药物分子免受外部环境的干扰（空气、光、热等），从而提高了药物的稳定性，减少挥发性损失；掩盖了药物的不良味道，降低刺激性；改善了药物的溶解性能，促进药物的吸收，提高生物利用度。对一些固体难溶性药物，只有在胃液或肠液中以分子状态存在，才能通过胃肠黏膜壁被人体吸收进入血液循环，产生治疗作用，如非甾体抗炎药、心脑血管用药、降糖药和中药活性成分等都属于水溶性差的药物。这类药物一旦被合适的环糊精捕获，就摆脱了药物分子间的相互作用，包合在纳米级的环境中。药物分子借助环糊精的亲水性，顺利进入胃液或肠液中。随着药物“分散度”和“润湿性”的提高，溶解性得到改善，这与实验结果是一致的。

举例如下：

(1) 布洛芬是一种非甾体抗炎止痛药（治疗关节炎、痛经、痛风、滑囊炎等所引起的疼痛、肿胀和僵硬），因水溶性差而影响疗效。若将布洛芬嵌入 β-环糊精的疏水空腔中，形成包合物，其溶解度增大。实验发现布芬洛芬的溶解度提高了 10 倍，随药物浓度的增加而提高了疗效。

(2) 硝酸甘油是一种能扩张冠状动脉血管，治疗冠心病的药物；它的不足之处是不稳定。若将它包裹在环糊精的空腔中，生成包合物，能防止它分解和增加稳定性，让药物缓慢释放，提高利用率。

(3) 冰片具有开窍醒神、清热止痛的功效，最大问题是极易挥发和升华。实验表明，用β-环糊精包合后其稳定性(抗光和热)显著提高。

17.4.3 案例3:氢键自组装的"分子饼"

三聚氰胺中毒事件,大家仍记忆犹新。2008年,"三鹿"婴幼儿奶粉受三聚氰胺污染,而三聚氰胺能在胃的强酸(pH约1.5)环境中部分水解为三聚氰酸,两者通过分子间N—H⋯O和N—H⋯N氢键,自组装成"大薄饼"状超分子(图17-13)。这种巨大聚集体更容易在肾脏析出,引起肾结石和肾衰,导致很多婴儿患病和死亡。

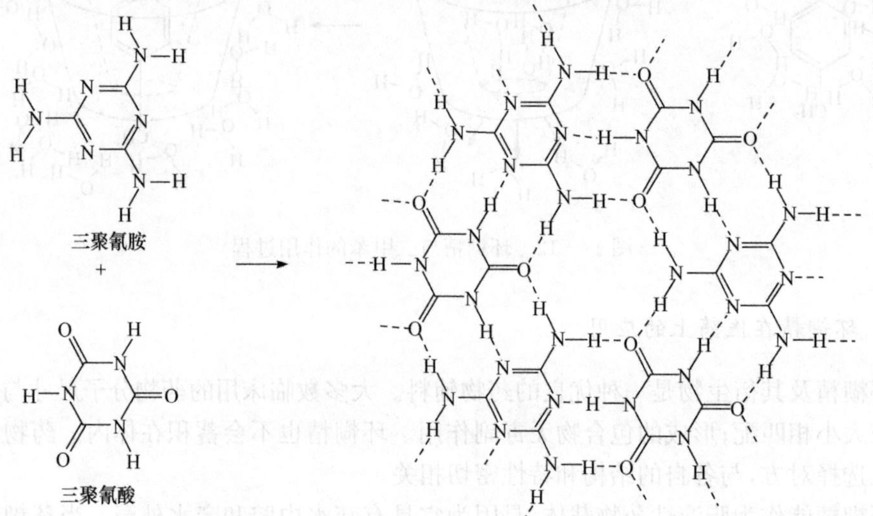

三聚氰胺

\+

三聚氰酸

图17-13 通过氢键自组装的"分子饼"

17.4.4 案例4:可燃冰——笼合物

1\. 概要

天然气水合物是由天然气和水在特定条件下形成的一种固态结晶物质。通常所说的天然气是地下产出的由沉积有机质演化生成的含有碳氢化合物的可燃气体。天然气组成中,主要成分是气态的低分子烃和非烃气体;烃类中主要是甲烷及少量的乙烷、丙烷、丁烷等。

在海洋深处(500 m以下),由海底沉积的有机质通过生化转化产生的甲烷气体在高压(10 MPa)、低温(0~10 ℃)条件下与水形成一种无色透明的气体水合物结晶体,其外貌类似冰,遇热分解,遇火可以燃烧。这种以甲烷为主(80%~90%)的有机气体构成的可燃物质称为甲烷水合物,俗称可燃冰。

2\. 组成

天然气水合物的主要成分是甲烷,其组成可简单表示为$M \cdot nH_2O$(M代表水合物中的气体分子,n为水分子数),如$6CH_4 \cdot 46H_2O$、$8CH_4 \cdot 46H_2O$(甲烷水合物的理想组成)。

甲烷水合物晶体中,CH_4分子包合在水分子通过氢键形成的骨架的多面体孔穴中,即由水分子通过氢键搭建的"笼子"有较大孔洞,允许甲烷分子"寄宿"其中;大体是6个水分子嵌入 1 个甲烷分子组成笼合物。可燃冰晶体的密度为 0.92 g·cm^{-3}，和天然的冰密度接近(图 17-14)。

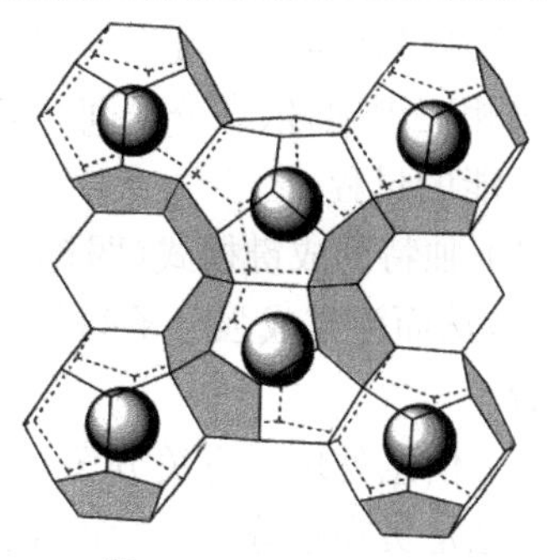
大球代表CH_4分子
多面体顶点代表O原子位置
连线代表O—H--O氢键

图 17-14　可燃冰的结构

3. 分布

天然气水合物分布于特定地理位置和地质结构之内，在 500 m 以下海底沉积物中和永久冻土带中发现了它们的踪迹。我国海底有丰富的天然气水合物储藏带，如南海北部坡陆、西沙海槽等地区。我国冻土带面积大，天然气水合物储量丰富，如青藏高原、青海祁连山南缘等地区。

4. 风险

天然气水合物是 21 世纪的潜在能源，为人类带来福音的同时，也可能对全球气候和生态环境造成严重威胁。

存在于深海的天然气水合物是一种气水合物准固体的沉积物，其稳定性受周围环境的制约，轻微的温度增加或压力变化都有可能使它失稳而产生分解。研究发现，全球天然气水合物中甲烷量占地球上甲烷总量的 99%以上，而熔化 1 m^3 天然气水合物晶体就可释放高达 150～180 cm^3 甲烷气体。一旦大量甲烷气体进入海水，造成缺氧环境，将引起海洋生物大量死亡，甚至灭绝。大量甲烷气体逃逸到大气中，这种高危性温室气体将改变全球大气的组成，直接影响全球气候变化的走势。因此，对海洋天然气水合物的开发必须谨慎，把可能给全球气候和生态环境带来的危害降到最低。

天然气水合物对温度变化特别敏感，遇热急剧分解，将改变海底沉积层的结构，海底软化，出现滑坡、浊流和气涡旋等自然灾害，从而毁坏海底工程和正在航行的船舶和飞行器；大量甲烷气体逃逸到周围大气中，着火燃烧。

5. "魔鬼海域"

百慕大三角海域是海难和空难的高发地区，频繁发生船只和飞机失踪。究竟是什么"魔鬼"在作怪？经长期的调查研究，终于抓到了"凶手"，它就是沉积在该海域的可燃冰。当海底暖流作用于可燃冰，使海底沉积层边缘部分熔化、崩塌，大块可燃冰浮出水面(密度小)，并迅速熔化，释放大量甲烷气体。巨大的气泡流大大地降低了流体的密度，将刚好经过此处的船只冲翻沉没。当大量甲烷气体冒出海面，冲向高空，将带来三个方面的问题：影响飞机的稳定飞行；稀释大气的含氧量；影响发动机的工作，当甲烷浓度达到一定值，机尾排出的热气会将它引爆燃烧，造成空难。

小　结

1. 超分子化学中涉及的三大核心科学问题

(1) 分子识别和分子自组装。识别就是配对物之间在空间上和相互作用上互相选择对方，达到最佳匹配的过程。识别就是在超分子水平上的信息处理过程。自组装是分子间通过相互识别，依靠分子间相互作用，自发地组成高一级的聚集体，是创造新物质和产生新功能的过程。

(2) 独特的成键模式(弱键)。分子间或基团间的弱相互作用具有加合性、协同性和方向性，从而汇集成强分子间作用力，结合成有高度组织的聚集体。超分子不是简单分子的集合。

(3) 信息处理。有关分子的几何形状、大小尺寸、电子特征等信息都储存在配对物中。信息是贯穿超分子化学的主线。当两者相遇达到最佳匹配时，产生相互作用；当受到外界刺激(光、电等)时，发生结构和性质的变化，诱导出新信号，转变成分子信息，并在体系中传输，其实质是能量传递、物质输运和化学转换。

2. 三大关系和各自特点

(1) 超分子化学与配位化学的关系。超分子化学是广义的配位化学，两者有亲缘关系。这种广义的配位作用是有选择性、有目的的结合，由此而产生新的功能。

(2) 主-客体化合物与超分子的关系。主-客体化合物是非常简单的、低级的超分子。

(3) 主体与客体的关系。主体和客体为合适的伴侣(互补配偶子)。它们在空间因素和电子因素上相互选择对方，以达到最佳键合，组成高一级的聚集体。

3. 作用力的本质和类型

超分子化学的核心是研究分子间的相互作用。稳定的超分子聚集体的形成与诸多因素有关，如结构上的互补和匹配、能量上焓和熵效应的互相配合，各种作用力的协同和叠加等。作用力的本质也离不开化学的吸引和排斥，分子间相互作用，其净结果使体系总能量降低。主要类型有：静电作用、氢键力、π 堆积作用、范德华力、疏水效应等。

思 考 题

1. 简述超分子、超分子化学的定义，以及超分子化学与配位化学的关系。
2. 说明超分子体系中各种相互作用的特性和强度。
3. 疏水效应为什么能降低体系的能量？
4. 试说明配体和中心金属、主体和客体、受体和底物这三组术语之间的对应关系。
5. 试说明在药物配方中的药物分子、环糊精；生物体中的酶、蛋白质、抑制剂(重金属离子、氰化物等)，它们中哪个相当于主体(受体)？哪个又是客体？
6. 富勒烯既能作为主体，也能作为客体。指出“内含式”金属富勒烯配合物，如 $La@C_{60}$、$Y@C_{82}$、$Sc_2@C_{84}$ 中，富勒烯是作为主体还是客体？
7. 什么是分子识别？举例说明。
8. 比较可燃冰与以水作为配体的金属配合物(如 $[Na(H_2O)_6]^+$)，水在其中扮演的角色有哪些不同(如相互作用的性质和类型)？

部分习题参考答案

第1章 碱金属和碱土金属

27. 氯化镁有吸潮性，保持棉纱的湿度。

28. 用 $CaCl_2 \cdot 6H_2O$ 好。$CaCl_2$ 水合放热，对冷冻不利。

29. $4Be(OH)_2 + 6CH_3CH_2COOH = Be_4O(CH_3CH_2COO)_6 + 7H_2O$

第2章 硼族元素

16. BF_3 与胺形成加合物胺-BF_3 时，B原子的杂化方式和构型都发生改变，并接受胺的孤对电子（由 $sp^2 \rightarrow sp^3$ 杂化，由平面三角形→四面体构型）。因此，在加合物中的B—F键全都是单键。在 BF_3 中，中心B原子采取 sp^2 杂化，未参与杂化的p轨道（空的）与配位体F的p轨道（填满电子）平行重叠形成 π_4^6 离域 π 键，使B—F键含有双键的成分。由于胺-BF_3 中B—F键为单键，而 BF_3 中B—F键具有双键的特征，因此前者的B—F键键长较长。

17. 由于 BX_3 中 π 键强度 $BF_3 > BBr_3$，当形成加合物 $C_5H_5N \cdot BX_3$ 时，破坏大 π 键所需的能量 $BF_3 > BBr_3$，因此体现在反应焓变上是 $C_5H_5N \cdot BF_3$ 低于 $C_5H_5N \cdot BBr_3$，即生成 $C_5H_5N \cdot BF_3$ 时放出的热量较少。

18. (1) 发生酸碱反应。

    $BF_3 + F^- \longrightarrow [BF_4]^-$　　使反应向有利于生成 $[BF_4]^-$ 的方向移动，防止水解。

    (2) 发生水解反应。

    $BCl_3 + 3H_2O \longrightarrow B(OH)_3 + 3HCl$

    (3) 生成加合物并发生质子转移反应。

    $BBr_3 + 3NH(CH_3)_2 \longrightarrow B[N(CH_3)_2]_3 + 3HBr$

第3章 碳族元素

12. (1) $GeO_2 + 4HCl = GeCl_4 + 2H_2O$

    加入过量盐酸使平衡向右移动，以提高 $GeCl_4$ 的产率。温度控制过高，HCl(g)将大量逸出。

    (2) $As_2O_3 + 6HCl = 2AsCl_3 + 3H_2O$

    $AsCl_3 + Cl_2 + 4H_2O = H_3AsO_4 + 5HCl$

    可溶物为砷酸。

    (3) $GeCl_4 + 4H_2O = GeO_2 \cdot 2H_2O + 4HCl$

    $GeO_2 \cdot 2H_2O = GeO_2 + 2H_2O$

    $GeO_2 + 2Zn = Ge + 2ZnO$

15. 在 $(SiH_3)_3N$ 中，中心N原子采取 sp^2 杂化与周围的三个甲硅烷构成平面三角形分子。由于庞大 SiH_3 的存在，为减少基团间的斥力，N以 sp^2 杂化与3个 SiH_3 成键。Si原子中的3d空轨道与N的p轨道发生重叠形成d-pπ 键，从而具有双键特征，增强了体系的稳定性。由于N上的孤对电子给予Si的3d空轨道，处于 π 键合之中，使N上的电荷密度降低，即电子对难以给出，故为弱的路易斯碱。在$(CH_3)_3N$中，CH_3相对较小，中心N原子采用sp^3杂化，与3个甲基构成三角锥形分子。C原子无能量低的d轨道与N的p轨道成键，由于N原子上孤对电子的存在，加上CH_3的推电子性，N原子上的电荷密度增大，电子对较容易给出，故$(CH_3)_3N$的碱性较强。

第5章 氧族元素

11. $C_{10}H_{22}$和SF_6均为非极性分子，两者的相对分子质量虽相近，但它们的结构却不相同。SF_6为八面体，分子对称性高；$C_{10}H_{22}$为链状分子，可极化性高，瞬间偶极矩较大，色散力较大，因此$C_{10}H_{22}$的沸点比SF_6高。
12. 增加硫粉与Na_2SO_3的接触面积，提高反应速率。

第6章 卤素

18. 比较两者的电荷，S高于I，且S原子的半径小于I，因此S对周围Cl原子的吸引力相对较大，故S—Cl键比I—Cl键短。

第7章 氢和氢能源

3. $(TiO_2) \xrightarrow{h\nu} 2e^-$（光生电子）$+2h^+$（光生空穴）

$H_2O+2h^+ \longrightarrow 2H^+ +1/2O_2$

$2H^+ +2e^- \longrightarrow H_2$

总反应：$H_2O \xrightarrow{h\nu} H_2+1/2O_2$

第8章 铜族与锌族元素

铜分族

14. (1) 主要发生两类反应：氧化还原反应和水解反应

氧化还原反应主要有$Fe+Cu^{2+}$，$Fe+Cu(Ⅰ)$，$Cu^{2+}+Cu$，$Fe+H_2O$，$Fe(Ⅱ)+O_2$

① $Cu^{2+}+Fe = Cu+Fe^{2+}$

② $2Cu^{2+}+Fe = 2Cu^+ +Fe^{2+}$

③ $Fe+2Cu^{2+}+2H_2O = 2CuOH+Fe^{2+}+2H^+$

④ $Fe+2Cu^+ = 2Cu+Fe^{2+}$

⑤ $Fe+2CuOH+2H^+ = Fe^{2+}+2Cu+2H_2O$

⑥ $Cu^{2+}+Cu+2H_2O = 2CuOH+2H^+$

$\longrightarrow Cu_2O+H_2O$

⑦ $Fe+2H^+ = Fe^{2+}+H_2$

⑧ $2Fe(OH)_2+\frac{1}{2}O_2+H_2O = 2Fe(OH)_3$

⑨ $Cu_2O+2H^+ = Cu^{2+}+Cu+H_2O$

⑩ $Cu^{2+}+Cu = 2Cu^+$

水解反应主要有Cu^{2+}、Fe^{2+}、Cu^+

① $Cu^{2+}+2H_2O = Cu(OH)_2+2H^+$

② $Fe^{2+}+2H_2O = Fe(OH)_2+2H^+$

③ $Cu^++H_2O = CuOH+H^+$

(2) ① $Fe+2Cu^{2+}+2H_2O = Fe^{2+}+2CuOH\downarrow+2H^+$

设$[Fe^{2+}]=0.040\ mol\cdot L^{-1}$(最大允许值)

$Fe^{2+}+2e^-\rightleftharpoons Fe \qquad E_-=-0.481\ V$

$$E_{Fe^{2+}/Fe}=E^\ominus_{Fe^{2+}/Fe}-\frac{0.0591}{2}\lg\frac{1}{[Fe^{2+}]}=-0.440-\frac{0.0591}{2}\lg\frac{1}{0.040}$$

$$=-0.440-0.041=-0.481(V)$$

$Cu^{2+}+H_2O+e^-=\!=\!=CuOH+H^+ \qquad E_+=0.314\ V$

$Cu^{2+}+e^-=\!=\!=Cu^+ \qquad CuOH=\!=\!=Cu^++OH^- \qquad [Cu^+]=\frac{K^\ominus_{sp,CuOH}}{[OH^-]}=\frac{1\times10^{-14}}{1\times10^{-10}}=1\times10^{-4}$

$$E_{Cu^{2+}/Cu^+}=E^\ominus_{Cu^{2+}/Cu^+}-0.0591\ \lg\frac{[Cu^+]}{[Cu^{2+}]}=0.160-0.0591\ \lg\frac{1\times10^{-4}}{0.040}$$

$$=0.160-(-0.154)=0.314(V)$$

$E=0.795\ V>0$,正方向自发。

② $Cu^{2+}+Cu+2H_2O=\!=\!=2CuOH\downarrow+2H^+$

$CuOH+H^++e^-\rightleftharpoons Cu+H_2O \qquad E_-=0.287\ V$

$Cu^{2+}+H_2O+e^-\rightleftharpoons CuOH+H^+ \qquad E_+=0.314\ V$

$E=0.027\ V>0$,正方向自发。

计算说明有 CuOH 固体杂质生成。

(3) ① 有关 Cu^{2+}、Cu^+、Fe^{2+} 的水解反应

$$\underset{0.040}{Cu^{2+}}+2H_2O=\!=\!=Cu(OH)_2+\underset{10^{-4}}{2H^+}$$

$$\Delta G=RT\ln\frac{Q}{K^\ominus}=8.314\times298\ \ln\frac{\frac{(10^{-4})^2}{0.04}}{10^{-8}}=7.97(kJ\cdot mol^{-1})$$

$$K^\ominus=\frac{(K^\ominus_w)^2}{K^\ominus_{sp}}=\frac{10^{-28}}{10^{-20}}=10^{-8}$$

$\Delta G>0$,说明不发生 Cu^{2+} 的水解反应。

$$\underset{0.040}{Fe^{2+}}+2H_2O=\!=\!=Fe(OH)_2+\underset{10^{-4}}{2H^+}$$

$$\Delta G=RT\ln\frac{Q}{K^\ominus}=8.314\times298\ \ln\frac{\frac{(10^{-4})^2}{0.04}}{10^{-14}}=42.2(kJ\cdot mol^{-1})$$

$\Delta G>0$,说明不发生 Fe^{2+} 的水解反应。

$$Cu^++H_2O=\!=\!=CuOH+H^+$$

设$[Cu^+]=0.080\ mol\cdot L^{-1}$(最大允许值)

$$\Delta G=RT\ln\frac{Q}{K^\ominus}=8.314\times298\ \ln\frac{\frac{10^{-4}}{0.080}}{1}=-15.6(kJ\cdot mol^{-1})$$

$\Delta G<0$,说明可发生 Cu^+ 的水解反应。

② 放 H_2 反应

$Fe+2H^+=\!=\!=Fe^{2+}+H_2$

设 $p_{H_2}=p^\ominus$,$[Fe^{2+}]=0.040\ mol\cdot L^{-1}$(最大允许值)

$$E=E^\ominus-\frac{0.0591}{2}\lg\frac{[Fe^{2+}]p_{H_2}}{[H^+]^2}=0.44-\frac{0.0591}{2}\lg\frac{0.040\times1}{(10^{-4})^2}=0.245(V)>0$$

$E>0$,说明可发生放 H_2 副反应。

(4) 抑制副反应发生的技术途径。

① 缓冲剂：控制酸度，抑制放 H_2、水解和沉淀等。

② 配位剂：降低$[Cu^{2+}]$(电势下降)，阻止与新生态 Cu 反应。加入配位剂与 Cu(Ⅰ)配位，防止 Cu_2O 沉淀产生。

③ 抗氧剂：抑制氧化反应。

④ 稳定剂：防止累积的 Fe^{2+} 对铜的沉积产生不良影响和减缓 Fe(Ⅱ)氧化为 Fe(Ⅲ)。

(5) $Cu^{2+}+e^- \longrightarrow Cu^+$ 慢反应

$Cu^+ + e^- \longrightarrow$ Cu(吸附)快反应

Cu(吸附)$\longrightarrow$Cu(晶格)

(6) 鉴别。

① 加入稀硫酸，有蓝色出现的为 Cu_2O。

$Cu_2O+2H^+ \!=\!=\!= Cu+Cu^{2+}+H_2O$

② 磁性测定。

Cu_2O 抗磁性，Cu 顺磁性。

③ XRD。

Cu_2O 与 Cu 两者谱图有差别(与标准样对照)。

④ 光电子能谱测价态。

15. (1) 当不加 NaCl 时，由于 $E^{\ominus}_{Cu^{2+}/Cu^+}=0.153$ V，$E^{\ominus}_{SO_4^{2-}/H_2SO_3}=0.17$ V，$E^{\ominus}_+<E^{\ominus}_-$，$E^{\ominus}<0$，所以不加 NaCl 时，反应非自发进行。

加入 NaCl 时，合成反应如果按下式进行：

$2Cu^{2+}+SO_2+2Cl^-+2H_2O \!=\!=\!= 2CuCl\downarrow+SO_4^{2-}+4H^+$

负极　$SO_4^{2-}+4H^++2e^- \rightleftharpoons H_2SO_3+H_2O$　$E_-=0.17$ V

正极　$Cu^{2+}+Cl^-+e^- \rightleftharpoons CuCl$　$E_+=0.50$ V

$$E_+=E^{\ominus}_{Cu^{2+}/Cu^+}-0.0591\lg\frac{[Cu^+]}{[Cu^{2+}]}=0.153-0.0591\lg\frac{K_{sp,CuCl}}{1}=0.50(V)$$

$$E=E_+-E_-=0.50-0.17=0.33(V)>0$$

所以加入 NaCl 后反应朝正方向进行。它是降低$[Cu^{2+}]$使平衡向右移动的结果。

(2) 温度宜高一点，可以加快反应速率。从理论上讲，温度低 SO_2 溶解度大，对反应有利；但温度低反应速率慢，SO_2 不能及时反应，大量 SO_2 的累积容易从设备中逸出，对环境造成污染。实践表明，控制在较高的温度下，快速通入 SO_2，其效果更好。

(3) $2Cu^{2+}+SO_2+2Cl^-+2H_2O \!=\!=\!= 2CuCl\downarrow+SO_4^{2-}+4H^+$

或　$2Cu^{2+}+4Cl^-+2H_2O \!=\!=\!= 2CuCl_2^-+SO_4^{2-}+4H^+$

当 Cu^{2+} 的蓝色消失，出现透明的深棕色，表明反应完全。

(4) 防止氧化和水解。

$2CuCl+\frac{1}{2}O_2+2H^+ \!=\!=\!= 2Cu^{2+}+2Cl^-+H_2O$

$2CuCl+\frac{1}{2}O_2 \!=\!=\!= CuO+CuCl_2$

$CuCl+H_2O \!=\!=\!= CuOH+HCl$

$\qquad\qquad\qquad\qquad \longrightarrow Cu_2O+H_2O$

16. (1) 用一步法制 CuCl 的产率低。由于生成的固态 CuCl 会吸附于 Cu 的表面，阻碍与 Cu^{2+} 的接触，反应速率变慢，产率降低。

(2) 加入 NaCl 提高$[Cl^-]$，平衡向右移动。

(3) 加入少量盐酸，防 Cu^{2+} 的水解产生 $Cu(OH)_2$ 等沉淀物，降低了反应物的浓度。

(4) 用稀盐酸将吸附在 CuCl 表面的 Cu^{2+} 洗掉，转入液相中，也可防止 CuCl 水解。

用乙醇去除 CuCl 中的水分，迅速干燥，防水解；由于乙醇挥发快，CuCl 在空气中暴露时间短，防氧化。

在真空密闭条件下才能防止 CuCl 氧化反应的发生。

锌 分 族

20. ZnO 加热失去微量氧，产生晶格缺陷，使颜色发生改变。

第 9 章 过渡元素概论

17. 氧化性是 $Mn_2O_7 > Re_2O_7$。过渡元素氧化态的变化规律是同一族中，自上而下高氧化态趋于稳定。由于 5d 轨道较为分散，离核较远，5d 电子的逐级解离能之和比 3d 电子的要小；5d 电子比 3d 更易全部参与成键，呈现较稳定的高氧化态。

离子半径是 Re(Ⅶ)＞Mn(Ⅶ)，在半径较大的 Re(Ⅶ)的周围允许容纳较多的氧原子。

21. $[CuCl_4 \cdot 2H_2O]^{2-}$ 的结构如下：

```
          2-
[H2O  Cl  Cl ]
[   \  |  /  ]
[     Cu     ]
[   /  |  \  ]
[ Cl  Cl  OH2]
```

$[CuCl_4 \cdot 2H_2O]^{2-}$ 为畸变的八面体(拉长的八面体)，两个 Cl 原子和 H_2O 分子处于平面，其余的两个 Cl 原子处于轴向。由于氧的共价半径 r_O 小于氯的共价半径 r_{Cl} $(r_O < r_{Cl})$，中心 Cu^{2+} 与配位体 H_2O 之间电性相互作用力较强，而 H_2O 又是比 Cl 更强的配体，因此Cu—O键比Cu—Cl键要短。

Cu^{2+} 为 d^9 构型，当形成配合物时，如果 2 个电子是处在 d_{z^2} 上，而 $d_{x^2-y^2}$ 上只排布一个电子，则此时轴向配体 Cl 受到的斥力较大，因此处于轴向的Cu—Cl键较长。

22. (1) A：NH_4CuSO_3 或 $(NH_4)_2SO_3 \cdot Cu_2SO_3$

(2) $2[Cu(NH_3)_4]^{2+} + 3SO_2 + 4H_2O \xlongequal{} 2NH_4CuSO_3 + SO_4^{2-} + 6NH_4^+$

(3) $2NH_4CuSO_3 + 2H_2SO_4 \xlongequal{} \underset{B}{Cu}\downarrow + \underset{C}{2SO_2}\uparrow + CuSO_4 + \underset{D}{(NH_4)_2SO_4} + 2H_2O$

第 10 章 过渡元素(一)

铁、钴、镍

17. 不能得到无水氯化铁固体。因氯化铁易水解，当溶液蒸发到一定浓度时，水和氯化氢都会逸出来，蒸干后得到的是 $Fe(OH)_3$ 和 Fe_2O_3 的混合物。

第 16 章 无机制备化学

9. (1) 充分水解产生大量的晶核。

(2) 阻止晶粒生长，能得到小的晶粒。

13. (1) NH_4HCO_3 水解产生的 $NH_3 \cdot H_2O$ 与 Cu^{2+} 反应生成$[Cu(NH_3)_4]^{2+}$。随$[Cu^{2+}]$的提高，有碱式碳酸铜$[Cu(OH)_2 \cdot CuCO_3]$沉淀生成。

$$2Cu^{2+} + 2OH^- + CO_3^{2-} \xlongequal{} Cu(OH)_2 \cdot CuCO_3 \downarrow$$

(2) 能获得大颗粒沉淀。因为有$[Cu(NH_3)_4]^{2+}$生成，难以提供大量的 Cu^{2+}，使成核速率降低，有利于 $Cu(OH)_2 \cdot CuCO_3$ 晶核的生长，形成大晶粒。

参 考 文 献

鲍强.1996.中国城市大气污染概况及其防治对策.环境科学进展,4(1):1－18

北京师范大学,华中师范大学,南京师范大学.2003.无机化学.4版.北京:高等教育出版社

步宇翔等.1991."惰性电子对效应"本质的相对论分析.化学通报,5:14－16

蔡杰等.1995.陶瓷材料微波烧结研究.无机材料学报,10(6):164－168

蔡少华等.1998.元素无机化学.广州:中山大学出版社

曹茂盛.1996.超细颗粒制备科学与技术.哈尔滨:哈尔滨工业大学出版社

常青等.1985.聚合铁的形态特征和凝聚-絮凝机理.环境科学学报,5(2):185－193

车云霞等.1999.化学元素周期系.天津:南开大学出版社

陈慧兰.2005.高等无机化学.北京:高等教育出版社

陈天中等.1998.室温固-固反应示例.大学化学,13(1):37－38

程大典等.1997.(η^2－C_{60})[Pt(PPh_3)$_2$]$_8$的合成和表征.高等学校化学学报,18(8):5－8

崔得良等.1996.微波固相法合成层状磷锑酸化合物.化学学报,94:575－580

大连理工大学无机化学教研室.2001.无机化学.4版.北京:高等教育出版社

《大学化学》编辑部.2001.今日化学.北京:高等教育出版社

丁廷桢.1998.化学原理及应用基础(第三册).北京:高等教育出版社

董吉溪,张文敏.1996.用微波辐射制备磷酸钴纳米粒子.化学世界,2:68－71

董振荣.2002.富勒烯配合物(η^2－C_{60})[Ru(NO)(PPh_3)]$_2$的合成和表征.高等学校化学学报,23(6):1007－1009

豆俊峰.2000.纳米TiO_2的光化学特性及其在环境科学中的应用.材料导报,14(6):35－37

樊行雪等.2000.大学化学原理及应用(下册).北京:化学工业出版社

封继康.1992.碳笼化学(上).有机化学,12:567－579

冯孙齐.1992.C_{60}的发现、制备、结构、性能及其潜在应用前景.物理,2(6):12－15

付锦坤等.1999.细菌吸附还原贵金属离子特性及表示.高等学校化学学报,20(9):1452－1454

傅献彩等.1999.大学化学(上、下册).北京:高等教育出版社

高虹.2007.新能源技术与应用.北京:国防工业出版社

格林伍德 N N,厄恩肖 A.1997.元素化学(上、中、下册).曹庭礼,李学同,王曾隽等译.北京:高等教育出版社

龚书椿等.1994.环境化学.上海:华东师范大学出版社

贡长生等.2001.新型功能材料.北京:化学工业出版社

顾宁等.2002.纳米技术与应用.北京:人民邮电出版社

郭顺勤.1992.铅、锰的性质及其应用.北京:高等教育出版社

郝力生等.2008.三氯化氮的生成和水解.大学化学,23(2):62－64

何培之.1998.化学原理及应用基础(第二册).北京:高等教育出版社

何仲贵.2008.环糊精包合物技术.北京:人民卫生出版社

洪茂椿,陈荣,梁文平.2006.21世纪的无机化学.北京:科学出版社

胡之龙.2002.储氢材料.北京:化学工业出版社

华彤文等. 2005. 普通化学原理. 北京:北京大学出版社
黄春辉. 1997. 稀土配位化学. 北京:科学出版社
黄卡玛等. 1996. 电磁波对化学反应非致热作用的实验研究. 高等学校化学学报,17(5): 764-768
黄佩丽. 1999. 糖尿病与钒. 化学教育,9:9-12
黄佩丽等. 1994. 基础元素化学. 北京:北京师范大学出版社
黄佩丽等. 1996. 水溶液中锰(Ⅲ)的生成. 大学化学,11(4):33-35
黄铁钢,刘新锦. 1989. 金属离子的反常水解. 化学通报,1:54-56
贾德昌等. 2000. 电子材料. 哈尔滨:哈尔滨工业大学出版社
江元汝. 2009. 化学与健康. 北京:科学出版社
蒋先明等. 1983. 大学化学教材中的问题讨论. 长沙:湖南科学技术出版社
金钦汉等. 1999. 微波化学. 北京:科学出版社
金征宇,徐学明,陈寒青,等. 2009. 环糊精化学——制备与应用. 北京:化学工业出版社
拉戈斯基 J J. 1983. 现代无机化学(下册). 孟祥胜,许炳安译. 北京:高等教育出版社
雷季斌等. 1989. 对"惰性电子对效应"实质的探讨. 化学通报,5:60-61
李炳瑞. 2011. 结构化学. 2版. 北京:高等教育出版社
李君慧. 1992. 能源与环境. 沈阳:东北大学出版社
李铭岫等. 2004. 无机化学选论. 北京:北京理工大学出版社
梁亮等. 1996. 微波辐射技术在有机合成中的应用. 化学通报,3:26-32
林森树等. 1991. 聚合氯化铝水溶液中铝存在形态的探讨. 水处理技术,17(3):162-165
林伟忠等. 1994. 钌基氨合成催化剂研究进展. 现代化工,7:12-17
林永生等. 1996. 球烯配合物的研究进展. 化学通报,9:5-8
林永生等. 1997. (η^2-C_{70})Pd(PPh_3)$_2$配合物的合成和光电性能研究. 高等学校化学学报,18(4): 509-512
刘举正等. 1989. 无机立体化学与化学键. 北京:高等教育出版社
刘宁等. 2005. 食品毒理学. 北京:中国轻工业出版社
刘新锦. 1990. 鲍林电中性原理的若干应用. 大学化学,5(3):58-60
刘新锦等. 1987. 共价化合物水解机理探讨. 化学通报,5:43-45
刘新锦等. 1992. 谈谈硼族的缺电子性. 大学化学,7(1):12-16
刘新锦等. 1997. 微波作用下 NaA 沸石与 Ca^{2+} 的交换反应研究. 厦门大学学报,36(3):394-398
刘忠范等. 2001. 纳米化学. 大学化学,16(5-6):1-10,9-16
刘祖武. 1999. 现代无机合成. 北京:化学工业出版社
栾兆坤. 1987. 水中铝的形态及形态研究方法. 环境化学,6(1):1-55
栾兆坤等. 1988. 聚合铝形态分布特征及转化规律. 环境化学,8(2):146-154
罗勤慧. 2009. 大环化学——主-客体化合物和超分子. 北京:科学出版社
罗勤慧. 2012. 配位化学. 北京:科学出版社
马文英等. 1993. 相转移法制备超微粒子氧化铬. 无机盐工业,5:11-13
麦松威等. 2006. 高等无机结构化学. 2版. 北京:北京大学出版社
孟庆珍,胡鼎文等. 1988. 无机化学. 北京:北京师范大学出版社
孟紫强. 2003. 环境毒理学基础. 北京:高等教育出版社
慕慧. 2007. 基础化学. 2版. 北京:科学出版社
倪行等. 1999. 物质结构学习指导. 北京:科学出版社
彭安等. 1991. 环境生物无机化学. 北京:北京大学出版社

曲保中等. 2002. 新大学化学. 北京:科学出版社
任仁. 1996a. 受控的消耗臭氧层物质的种类及其消耗臭氧层潜能值. 大学化学,11(1):31-35
任仁. 1996b. 温室气体及其全球增暖潜势. 大学化学,11(5):26-30
任仁等. 2005. 化学与环境. 北京:化学工业出版社
戎谊梅. 1996. 关于水合 Cu(Ⅱ)离子的表达式和几何构型. 大学化学,11(2):15-16
邵学俊. 1992. 硫氰酸根 SCN^- 键合异构. 大学化学,7(6):51-54
邵学俊等. 1998. 无机化学(上、下册). 武汉:武汉大学出版社
申泮文等. 1988. 氢与氢能. 北京:科学出版社
申泮文等. 1998. 无机化学丛书(1~10 卷). 北京:科学出版社
申泮文等. 2002. 无机化学. 北京:化学工业出版社
施祖进等. 1997. C_{60} 的发现和 Fullerene 化学——1996 年诺贝尔化学奖简介. 大学化学,12(2):1-5
石巨恩等. 1999. 生物无机化学. 武汉:华中师范大学出版社
石天宝. 1993. 开发和应用钌基氨合成催化剂. 化工进展,11:46-51
斯蒂德 J W,阿特伍德 J L. 2006. 超分子化学. 赵耀鹏,孙震译. 北京:化学工业出版社
苏成勇,潘梅. 2010. 配位超分子结构化学基础与进展. 北京:科学出版社
苏伟,刘世念,钟国彬,等. 2013. 化学储能技术及其在电力系统中的应用. 北京:科学出版社
苏亚欣. 2006. 新能源与可再生能源概论. 北京:化学工业出版社
孙长颢. 2007. 营养与食品卫生学. 北京:人民卫生出版社
孙家寿. 1992. 提金化学. 现代化工,6:38-43
孙来九. 1994. 微波加热技术与化学反应. 现代化工,9:44-45
唐晶晶,第凤,徐潇,等. 2012. 石墨烯透明导电薄膜. 化学进展,24(4):501-511
唐任寰,刘元方,张青莲等. 1990. 锕系后元素. 无机化学丛书(第十卷). 北京:科学出版社
唐森本等. 1996. 环境有机污染化学. 北京:冶金工业出版社
唐有祺等. 1997. 化学与社会. 北京:高等教育出版社
唐宗薰. 1990. 无机化学热力学. 西安:西北大学出版社
唐宗薰. 2009. 中级无机化学. 2 版. 北京:高等教育出版社
天津化工研究院. 1996. 无机盐工业手册. 2 版. 北京:化学工业出版社
田荷珍. 1994. 基础元素化学. 北京:北京师范大学出版社
田莳. 1995. 功能材料. 北京:北京航空航天大学出版社
铁步荣等. 2004. 无机化学. 北京:科学出版社
同济大学普通化学及无机化学教研室. 1997. 普通化学. 上海:同济大学出版社
童茂松等. 2000. 薄膜的电学性质及其应用. 材料导报,14(10):36-38
完颜辉等. 1990. 不同条件下 Mn^{2+} 的氧化产物. 大学化学,5(3):53
汪尤挥等. 2000. 工业废水中专项污染物处理手册. 北京:化学工业出版社
王恩波等. 1998. 多酸化学导论. 北京:化学工业出版社
王光国. 1990. 生命化学基础——化学与健康. 厦门:厦门大学出版社
王夔等. 1996. 生命科学中的微量元素. 2 版. 北京:中国计量出版社
王谟显. 1977. 物理学. 北京:人民教育出版社
王世华. 2000. 无机化学教程. 北京:科学出版社
王晓慧等. 1991. 超微粒 Co_3O_4 的合成与表征. 高等学校化学学报,12(11):1421-1424
王毓明等. 2000. 大学化学,15(5):29-32
魏俊杰等. 1996. 医用化学基础. 2 版. 哈尔滨:黑龙江科学技术出版社

翁履谦等. 1993. 高纯、超细 $\alpha-Al_2O_3$ 粉体的制备研究. 陶瓷，26(3)
吴振奕等. 1999. $C_{60}[RuHCl(CO)(PPh_3)]_3$ 配合物的合成和表征. 化学通报，9：51－53
武汉大学，吉林大学等. 1994. 无机化学. 3 版. 北京：高等教育出版社
项斯芬. 1988. 无机化学新兴领域导论. 北京：北京大学出版社
项斯芬等. 2005. 中级无机化学. 北京：北京大学出版社
肖蓝，王祎龙，于水利，等. 2013. 石墨烯及其复合材料在水处理中的应用. 化学进展，25(2/3)：419－430
肖奇等. 2000. 纳米 TiO_2 的制备及其应用新进行. 材料导报，14(8)：35－37
肖盛兰. 1992. 惰性电子对效应问题的探讨. 大学化学，7(2)：12－17
徐光宪. 1995. 稀土. 2 版. 北京：冶金工业出版社
徐光宪等. 1991. 物质结构. 2 版. 北京：高等教育出版社
徐日瑶等. 1993. 镁冶金学(修订版). 北京：冶金工业出版社
徐如人. 1991. 无机合成化学. 北京：高等教育出版社
徐廷献等. 1993. 电子陶瓷材料. 天津：天津大学出版社
徐文国等. 1991. 微波加热法在无机固相反应中的应用. 吉林大学学报，21：23－124
徐志固. 1987. 现代配位化学. 北京：化学工业出版社
严成华. 1977. 价层电子对互斥理论. 化学通报，4：60－63
严东生. 1995. 纳米材料的合成与制备. 无机材料学报，10(1)：1－6
严东生等. 1997. 材料新星——纳米材料科学. 长沙：湖南科学技术出版社
严宣申. 1992. 热力学函数等电子原理的应用. 北京：高等教育出版社
严宣申. 1993. 化学实验的启示与科学思维训练. 北京：北京大学出版社
严宣申等. 1993. 水溶液中的离子平衡与化学反应. 北京：高等教育出版社
严宣申等. 1999. 普通无机化学. 北京：北京大学出版社
颜鸣皋等. 1999. 材料科学前沿研究. 北京：航空工业出版社
杨德壬. 1986. 无机化学中的一些热力学问题. 上海：上海科学技术出版社
杨频等. 1987. 性能-结构-化学键. 北京：高等教育出版社
杨绮琴等. 2001. 应用电化学. 广州：中山大学出版社
杨秀岑等. 1999. 基础化学. 4 版. 北京：人民卫生出版社
姚重华等. 1991. 水中稀释对聚合氯化铝形态分布的影响. 环境化学，10(2)：1－7
殷景华等. 1999. 功能材料概论. 哈尔滨：哈尔滨工业大学出版社
尹荔松等. 2000. 二氧化钛光催化研究进展及应用. 材料导报，14(12)：23－25
游效曾，孟庆金，韩万书. 2003. 配位化学进展. 北京：高等教育出版社
于向阳等. 2000. 二氧化钛光催化材料的应用进展. 材料导报，14(2)：38－40
余荣清等. 1994. 多形态大尺寸碳纳米多管的制备及电镜图像. 高等学校化学学报，15(9)：1388－1389
俞建群. 1998. CdS 纳米粉体的合成新方法——一步室温固相化学反应法. 化学通报，2：35－37
袁进华等. 1991. 固相配位化学反应. 无机化学学报，2(9)：281－284
袁权. 2005. 能源化学进展. 北京：化学工业出版社
袁书玉等. 1996. *cis*－$[Pt(NH_3)_2Cl_2]$和 *trans*－$[Pt(NH_3)_2Cl_2]$的微型合成. 化学通报，4：48－50
张池明. 1993. 超微粒子的化学特性. 化学通报，8：20－23
张池明等. 1992. 相转移法制备超细粒子. 化学世界，4：149－153
张立德等. 1997. 开拓原子和物质的中间领域——纳米微粒与纳米固体. 物理，21(3)：167－173
张立德等. 2001. 纳米材料和纳米结构. 北京：北京科学技术出版社
张启超等. 1989. 超微粒子合成方法的发展动向. 化学通报，4：31－35

张启昆. 1988. 惰性电子对效应的热力学探讨. 化学通报, 5:50－53
张祥麟. 1992. 应用无机化学. 北京:高等教育出版社
张岩等. 1992. 三氧化铬超微粒的制备与表征. 高等学校化学学报, 13(4):540－541
张昭等. 2002. 无机精细化工工艺学. 北京:化学工业出版社
章慧等. 2009. 配位化学——原理与应用. 北京:化学工业出版社
赵景联. 2007. 环境生物化学. 北京:化学工业出版社
钟方丽等. 2000. 生物表面材料灭菌研究进展. 材料导报, 14(8):44－48
周公度. 2000. 结构和物性:化学原理的应用. 2 版. 北京:高等教育出版社
周公度. 2002. 浅谈水的结构化学. 大学化学, 17(1):54－63
周公度. 2005. 碳和硅结构化学的比较. 大学化学, 20(4)(5):1－7
周公度. 2006. 第一个五重键 Cr≣Cr 介绍. 大学化学, 21(5):31－33
周公度. 2008. 结构化学基础. 4 版. 北京: 北京大学出版社
周公度. 2014. 化学辞典. 2 版. 北京: 化学工业出版社
周公度等. 1998. 结构化学基础. 北京:北京大学出版社
周益明, 忻新泉. 1999. 低温固相合成化学. 无机化学学报, 15(3):273－292
周宇松等. 2000. 纳米金属钨的制备研究进展. 材料导报, 14(8):14－15
周志华等. 2006. 材料化学. 北京:化学工业出版社
朱万森. 2014. 生命中的化学元素. 上海: 复旦大学出版社
朱裕贞等. 2000. 现代基础化学. 北京:化学工业出版社
Basolo F. 1968. Stabilization of metal complexes by large counter－ions. Coordination Chemistry Reviews, 3:213－223
Cao Y, Fatemi V, Jarillo－Herrero P, et al. 2018. Unconventional superconductivity in magic－angle graphene superlattices. Nature, 556: 43－50
Cotton F A, Wilkinson G. 1988. Advanced Inorganic Chemistry. 5th ed. New York: Wiley
Duffy J A. 1974. General Inorganic Chemistry. 2nd ed. London: Longman Group Limited
Dye J L. 1977. Alkali metal anions. Journal of Chemical Education, 54(6): 333－339
Figgs B N, Hitchman M A. 2000. Ligand Field Theory and Its Applications. New York: Wiley－VCH
Gillespie R J. 1992. The VSEPR model revisited. Chemical Society Reviews: 59－69
Glinka N L. 1970. General Chemistry, Vol 2. Moscow: Mir Publishers
Housecroft C, Sharpe A G. 2007. Inorganic Chemistry. 3rd ed. London: Prentice Hall
Lee J D. 1982. 新编简明无机化学. 张靓, 朱声逾等译. 北京:人民教育出版社
Lehn J－M. 2002. 超分子化学——概念和展望. 沈兴海等译. 叶宪曾审校. 北京: 北京大学出版社
Li Yadong, et al. 1998. A reduction－pyrolysis－catalysis synthesis of diamond. Science, 281(10):246
Mackay K M, Mackay R A. 1968. Introduction to Modern Inorganic Chemistry. Glasgow: Blackie & Son Ltd
Manku G S. 1984. Inorganic Chemistry. New Delhi: Tata McGraw－Hill
Mele E J. 2018. Novel electronic states seen in graphene. Nature, 556: 37－38
Minch M J. 1999. An introduction to hydrogen bonding. Journal of Chemical Education, 76(6): 759
Sharpe A G. 1986. Inorganic Chemistry. London: Longman
Shriver D F, Atkins P W, Langford C H. 1997. 无机化学. 2 版. 高忆慈等译. 北京:高等教育出版社
Tan Z B, Zhang D, Tian H－R, et al. 2019. Atomically defined angstrom－scale all－carbon junctions. Nature Communications, 10: 1748
West A R. 1989. 固体化学及其应用. 苏勉曾等译. 上海:复旦大学出版社

附　　录

附录一　普通物理常数

量的名称	符　号	数值及单位
阿伏伽德罗常量	N_A	$6.022\,169\times10^{23}\ mol^{-1}$
电子电荷	e	$1.602\,191\,7\times10^{-19}\ C$
电子质量	m_e	$9.109\,558\times10^{-28}\ g$
质子质量	m_p	$1.672\,614\times10^{-24}\ g$
法拉第常量	F	$9.648\,670\times10^{4}\ C$
普朗克常量	h	$6.626\,196\times10^{-34}\ J\cdot s$
玻尔兹曼常量	k	$1.380\,622\times10^{-23}\ J\cdot K^{-1}$
摩尔气体常量	R	$8.205\times10^{-2}\ atm\cdot L\cdot mol^{-1}\cdot K^{-1}=$ $8.314\ J\cdot mol^{-1}\cdot K^{-1}=8.314\ Pa\cdot m^{3}\cdot mol^{-1}\cdot K^{-1}$
光速(真空)	c	$2.997\,925\,0\times10^{10}\ cm\cdot s^{-1}$
原子的质量单位	u 或 amu	$1.660\,531\times10^{-24}\ g$

附录二　单位和换算因数

国际单位制(SI)

物理量	单位名称	单位符号	
		中文	国际
长度	米	米	m
质量	千克	千克	kg
时间	秒	秒	s
电流	安培	安	A
温度	开尔文	开	K
光强度	坎德拉	坎	cd
物质的量	摩尔	摩	mol
换算关系			
1 米(m)	$=10^{10}\ Å=10^{9}\ nm$		
1 电子伏特(eV)	$=96.487\ kJ\cdot mol^{-1}$		
1 尔格(erg)	$=10^{-7}J$		
1 大气压(atm)	$=101\,325\ Pa=1.0332\times10^{4}\ kg\cdot m^{-2}=760$ Torr(托)		

附录三 微溶化合物的溶度积(291～298 K)

微溶化合物	$K_{sp}^{\ominus}$	微溶化合物	$K_{sp}^{\ominus}$
Ag_3AsO_4	1×10^{-22}	$CdC_2O_4\cdot3H_2O$	9.1×10^{-5}
$AgBr$	5.3×10^{-13}	$Cd_2[Fe(CN)_5]$	3.2×10^{-17}
Ag_2CO_3	8.3×10^{-12}	$Cd(OH)_2$(新析出)	2.5×10^{-14}
$Ag_2C_2O_4$	3.5×10^{-11}	CdS	8×10^{-27}
$AgCl$	1.8×10^{-10}	$CoCO_3$	1.4×10^{-13}
Ag_2CrO_4	1.1×10^{-12}	$Co_2[Fe(CN)_6]$	1.8×10^{-15}
$Ag_2Cr_2O_7$	2.0×10^{-7}	$Co[Hg(SCN)_4]$	1.5×10^{-6}
$AgCN$	2.0×10^{-16}	$Co(OH)_2$(新析出)	2×10^{-15}
AgI	9.3×10^{-17}	$Co(OH)_3$	2×10^{-44}
$AgIO_3$	3.2×10^{-8}	$Co_3(PO_4)_2$	2×10^{-35}
$AgNO_2$	6.0×10^{-4}	α-CoS	4×10^{-21}
$AgOH$	2.0×10^{-8}	β-CoS	2×10^{-25}
Ag_3PO_4	1.4×10^{-16}	$Cr(OH)_3$	6×10^{-31}
Ag_2SO_4	1.2×10^{-5}	$CuBr$	5.2×10^{-9}
Ag_2S	2×10^{-49}	$CuCl$	1.2×10^{-6}
$AgSCN$	1.0×10^{-12}	$CuCN$	3.2×10^{-29}
$Al(OH)_3$(无定形)	1.3×10^{-33}	CuI	1.1×10^{-12}
As_2S_3	2.1×10^{-22}	$CuOH$	1×10^{-14}
$AuCl$	2.0×10^{-13}	Cu_2S	2×10^{-48}
$AuCl_3$	3.2×10^{-25}	$CuSCN$	4.8×10^{-15}
$Au(OH)_3$	5.5×10^{-46}	$CuCO_3$	1.4×10^{-10}
$BaCO_3$	5.1×10^{-9}	$Cu(OH)_2$	2.2×10^{-20}
$BaC_2O_4\cdot H_2O$	2.3×10^{-8}	CuS	6×10^{-36}
$BaCrO_4$	1.2×10^{-10}	$FeCO_3$	3.2×10^{-11}
BaF_2	1×10^{-6}	$Fe(OH)_2$	8×10^{-16}
$BaSO_4$	1.1×10^{-10}	FeS	6×10^{-18}
BiI_3	8.1×10^{-19}	$Fe(OH)_3$	4×10^{-38}
$Bi(OH)_3$	4×10^{-31}	$FePO_4$	1.3×10^{-22}
$BiOCl$	1.8×10^{-31}	Hg_2Cl_2	8.9×10^{-17}
$BiPO_4$	1.3×10^{-23}	Hg_2CO_3	1.3×10^{-18}
Bi_2S_3	1×10^{-87}	Hg_2I_2	4.5×10^{-29}
$CaCO_3$	2.9×10^{-9}	$Hg_2(OH)_2$	2×10^{-24}
$CaC_2O_4\cdot H_2O$	2.0×10^{-9}	Hg_2SO_4	7.4×10^{-7}
CaF_2	2.7×10^{-11}	Hg_2S	1×10^{-47}
$Ca_3(PO_4)_2$	2.0×10^{-29}	$Hg(OH)_2$	3.0×10^{-25}
$CaSO_4$	9.1×10^{-6}	HgS(红色)	4×10^{-53}
$CaWO_4$	8.7×10^{-9}	$MgCO_3$	3.5×10^{-8}
$CdCO_3$	5.2×10^{-12}	MgF_2	6.4×10^{-9}

续表

微溶化合物	$K_{sp}^{\ominus}$	微溶化合物	$K_{sp}^{\ominus}$
$MgNH_4PO_4$	2×10^{-13}	$PbSO_4$	1.6×10^{-5}
$Mg(OH)_2$	1.8×10^{-11}	$Pb(OH)_4$	3×10^{-66}
$MnCO_3$	1.8×10^{-11}	$Sb(OH)_3$	4×10^{-42}
$Mn(OH)_2$	1.9×10^{-13}	Sb_2S_3	2×10^{-93}
MnS(无定形)	2×10^{-10}	$Sn(OH)_2$	1.4×10^{-28}
MnS(晶形)	2×10^{-13}	SnS	1×10^{-25}
$NiCO_3$	6.6×10^{-9}	$Sn(OH)_4$	1×10^{-56}
$Ni(OH)_2$(新析出)	2×10^{-15}	SnS_2	2×10^{-27}
$Ni_3(PO_4)_2$	5×10^{-31}	$SrCO_3$	1.1×10^{-10}
α-NiS	3×10^{-19}	$SrC_2O_4\cdot H_2O$	1.6×10^{-7}
β-NiS	1×10^{-24}	$SrCrO_4$	2.2×10^{-5}
γ-NiS	2×10^{-26}	SrF_2	2.4×10^{-9}
$PbCO_3$	7.4×10^{-14}	$Sr_3(PO_4)_2$	4.1×10^{-28}
$PbCl_2$	1.6×10^{-5}	$SrSO_4$	3.2×10^{-7}
PbClF	2.4×10^{-9}	$Ti(OH)_3$	1×10^{-40}
$PbCrO_4$	2.8×10^{-13}	$ZnCO_3$	1.4×10^{-11}
PbF_2	2.7×10^{-8}	$Zn_2[Fe(CN)_6]$	4.1×10^{-16}
PbI_2	7.1×10^{-9}	$Zn(OH)_2$	1.2×10^{-17}
$PbMoO_4$	1×10^{-13}	$Zn_3(PO_4)_2$	9.1×10^{-33}
$Pb(OH)_2$	1.2×10^{-15}	α-ZnS	2×10^{-24}
$Pb_3(PO_4)_2$	8.0×10^{-43}	β-ZnS	2×10^{-22}
PbS	1×10^{-28}		

附录四　一些物质的 $\Delta_f H_m^{\ominus}$，$\Delta_f G_m^{\ominus}$ 和 $S_m^{\ominus}$(298.15 K)

物　质	$\Delta_f H_m^{\ominus}$/(kJ · mol^{-1})	$\Delta_f G_m^{\ominus}$/(kJ · mol^{-1})	$S_m^{\ominus}$/(J · K^{-1} · mol^{-1})
Ag(s)	0	0	42.6
Ag^+(aq)	105.4	76.98	72.8
AgCl(s)	−127.1	−110	96.2
AgBr(s)	−100	−97.1	107
AgI(s)	−61.9	−66.1	116
$AgNO_2$(s)	−45.1	19.1	128
$AgNO_3$(s)	−124.4	−33.5	141
Ag_2O(s)	−31.0	−11.2	121
Al(s)	0	0	28.3
Al_2O_3(s,刚玉)	−1676	−1582	50.9
Al^{3+}(aq)	−531	−485	−322
AsH_3(g)	66.4	68.9	222.67
AsF_3(l)	−821.3	−774.0	181.2

续表

物质	$\Delta_f H_m^\ominus/(kJ \cdot mol^{-1})$	$\Delta_f G_m^\ominus/(kJ \cdot mol^{-1})$	$S_m^\ominus/(J \cdot K^{-1} \cdot mol^{-1})$
As_4O_6(s,单斜)	−1309.6	−1154.0	234.3
Au(s)	0	0	47.3
Au_2O_3(s)	80.8	163	126
B(s)	0	0	5.85
B_2H_6(g)	35.6	86.6	232
B_2O_3(s)	−1272.8	−1193.7	54.0
$B(OH)_4^-$(aq)	−1343.9	−1153.1	102.5
H_3BO_3(s)	1094.5	−969.0	88.8
Ba(s)	0	0	62.8
Ba^{2+}(aq)	−537.6	−560.7	9.6
BaO(s)	−553.5	−525.1	70.4
$BaCO_3$(s)	−1216	−1138	112
$BaSO_4$(s)	−1473	−1362	132
Br_2(g)	30.91	3.14	245.35
Br_2(l)	0	0	152.2
Br^-(aq)	−121	−104	82.4
HBr(g)	−36.4	−53.6	198.7
$HBrO_3$(aq)	−67.1	−18	161.5
C(s,金刚石)	1.9	2.9	2.4
C(s,石墨)	0	0	5.73
CH_4(g)	−74.8	−50.8	186.2
C_2H_4(g)	52.3	68.2	219.4
C_2H_6(g)	−84.68	−32.89	229.5
C_2H_2(g)	226.75	209.20	200.82
CH_2O(g)	−115.9	−110	218.7
CH_3OH(g)	−201.2	−161.9	238
CH_3OH(l)	−238.7	−166.4	127
CH_3CHO(g)	−166.4	−133.7	266
C_2H_5OH(g)	−235.3	−168.6	282
C_2H_5OH(l)	−277.6	−174.9	161
CH_3COOH(l)	−484.5	−390	160
$C_6H_{12}O_6$(s)	−1274.4	−910.5	212
CO(g)	−110.5	−137.2	197.6
CO_2(g)	−393.5	−394.4	213.6
Ca(s)	0	0	41.4

续表

物　质	$\Delta_f H_m^\ominus/(kJ \cdot mol^{-1})$	$\Delta_f G_m^\ominus/(kJ \cdot mol^{-1})$	$S_m^\ominus/(J \cdot K^{-1} \cdot mol^{-1})$
Ca^{2+}(aq)	−542.7	−553.5	−53.1
CaO(s)	−635.1	−604.2	39.7
$CaCO_3$(s,方解石)	−1206.9	−1128.8	92.9
CaC_2O_4(s)	−1360.6	—	—
$Ca(OH)_2$(s)	−986.1	−896.8	83.39
$CaSO_4$(s)	−1434.1	−1321.9	107
$CaSO_4 \cdot 1/2H_2O$(s)	−1577	−1437	130.5
$CaSO_4 \cdot 2H_2O$(s)	−2023	−1797	194.1
Ce^{3+}(aq)	−700.4	−676	−205
CeO_2(s)	−1083	−1025	62.3
Cl_2(g)	0	0	223
Cl^-(aq)	−167.2	−131.3	56.5
ClO^-(aq)	−107.1	−36.8	41.8
HCl(g)	−92.5	−95.4	186.6
HClO(aq,非解离)	−121	−79.9	142
$HClO_3$(aq)	104.0	−8.03	162
$HClO_4$(aq)	−9.70	—	—
Co(s)	0	0	30.0
Co^{2+}(aq)	−58.2	−54.3	−113
$CoCl_2$(s)	−312.5	−270	109.2
$CoCl_2 \cdot 6H_2O$(s)	−2115	−1725	343
Cr(s)	0	0	23.77
CrO_4^{2-}(aq)	−881.1	−728	50.2
$Cr_2O_7^{2-}$(aq)	−1490	−1301	262
Cr_2O_3(s)	−1140	−1058	81.2
CrO_3(s)	−589.5	−506.3	—
Cu(s)	0	0	33
Cu^+(aq)	71.5	50.2	41
Cu^{2+}(aq)	64.77	65.52	−99.6
Cu_2O(s)	−169	−146	93.3
CuO(s)	−157	−130	42.7
$CuSO_4$(s)	−771.5	−661.9	109
$CuSO_4 \cdot 5H_2O$(s)	−2321	−1880	300
F_2(g)	0	0	202.7
F^-(aq)	−333	−279	−14

续表

物 质	$\Delta_f H_m^\ominus/(kJ \cdot mol^{-1})$	$\Delta_f G_m^\ominus/(kJ \cdot mol^{-1})$	$S_m^\ominus/(J \cdot K^{-1} \cdot mol^{-1})$
HF(g)	−271	−273	174
Fe(s)	0	0	27.3
Fe^{2+}(aq)	−89.1	−78.6	−138
Fe^{3+}(aq)	−48.5	−4.6	−316
FeO(s)	−272	—	—
Fe_2O_3(s)	−824	−742.2	87.4
Fe_3O_4(s)	−1118	−1015	146
$Fe(OH)_2$(s)	−569	−486.6	88
$Fe(OH)_3$(s)	−823.0	−696.6	107
H_2(g)	0	0	130
H^+(aq)	0	0	0
H_2O(g)	−241.8	−228.6	188.7
H_2O(l)	−285.8	−237.2	69.91
H_2O_2(l)	−187.8	−120.4	109.6
OH^-(aq)	−230.0	−157.3	−10.8
Hg(l)	0	0	76.1
Hg^{2+}(aq)	171	164	−32
Hg_2^{2+}(aq)	172	153	84.5
HgO(s,红色)	−90.83	−58.56	70.3
HgO(s,黄色)	−90.4	−58.43	71.1
HgI_2(s,红色)	−105	−102	180
HgS(s,红色)	−58.1	−50.6	82.4
I_2(s)	0	0	116
I_2(g)	62.4	19.4	261
I^-(aq)	−55.19	−51.59	111
HI(g)	26.5	1.72	207
HIO_3(s)	−230	—	—
K(s)	0	0	64.7
K^+(aq)	−252.4	−283	102
KCl(s)	−436.8	−409.2	82.59
K_2O(s)	−361	—	—
K_2O_2(s)	−494.1	−425.1	102
Li^+(aq)	−278.5	−293.3	13
Li_2O(s)	−597.9	−561.1	37.6
Mg(s)	0	0	32.7

续表

物　质	$\Delta_f H_m^{\ominus}/(kJ \cdot mol^{-1})$	$\Delta_f G_m^{\ominus}/(kJ \cdot mol^{-1})$	$S_m^{\ominus}/(J \cdot K^{-1} \cdot mol^{-1})$
$Mg^{2+}(aq)$	−466.9	−454.8	−138
$MgCl_2(s)$	−641.3	−591.8	89.62
$MgO(s)$	−601.7	−569.4	26.9
$MgCO_3(s)$	−1096	−1012	65.7
$Mn(s,\alpha)$	0	0	32.0
$Mn^{2+}(aq)$	−220.7	−228	−73.6
$MnO_2(s)$	−520.1	−465.3	53.1
$N_2(g)$	0	0	192
$NH_3(g)$	−46.11	−16.5	192.3
$NH_3 \cdot H_2O$(aq,非解离)	−366.1	−263.8	181
$N_2H_4(l)$	50.6	149.2	121
$NH_4Cl(s)$	−315	−203	94.6
$(NH_4)_2Cr_2O_7(s)$	−1807	—	—
$NH_4NO_3(s)$	−366	−184	151
$(NH_4)_2SO_4(s)$	−901.9	—	187.5
$NO(g)$	90.4	86.6	210
$NO_2(g)$	33.2	51.5	240
$N_2O(g)$	81.55	103.6	220
$N_2O_4(g)$	9.16	97.82	304
$HNO_3(l)$	−174	−80.8	156
$Na(s)$	0	0	51.2
$Na^{+}(aq)$	−240	−262	59.0
$NaCl(s)$	−327.47	−348.15	72.1
$Na_2B_4O_7(s)$	−3291	−3096	189.5
$NaBO_2(s)$	−977.0	−920.7	73.5
$Na_2CO_3(s)$	−1130.7	−1044.5	135
$NaHCO_3(s)$	−950.8	−851.0	102
$NaNO_2(s)$	−358.7	−284.6	104
$NaNO_3(s)$	−467.9	−367.1	116.5
$Na_2O(s)$	−414	−375.5	75.06
$Na_2O_2(s)$	−510.9	−447.7	93.3
$NaOH(s)$	−425.6	−379.5	64.45
$O_2(g)$	0	0	205.03
$O_3(g)$	143	163	238.8
P(s,白)	0	0	41.1

续表

物　质	$\Delta_f H_m^\ominus$/(kJ·mol^{-1})	$\Delta_f G_m^\ominus$/(kJ·mol^{-1})	$S_m^\ominus$/(J·K^{-1}·mol^{-1})
PCl_3(g)	−287	−268	311.7
PCl_5(g)	−398.9	−324.6	353
P_4O_{10}(s,六方)	−2984	−2698	228.9
Pb(s)	0	0	64.9
Pb^{2+}(aq)	−1.7	−24.4	10
PbO(s,黄色)	−215	−188	68.6
PbO(s,红色)	−219	−189	66.5
Pb_3O_4(s)	−718.4	−601.2	211
PbO_2(s)	−277	−217	68.6
PbS(s)	−100	−98.7	91.2
S(s,斜方)	0	0	31.8
S^{2-}(aq)	33.1	85.8	−14.6
H_2S(g)	−20.6	−33.6	206
SO_2(g)	−296.8	−300.2	248
SO_3(g)	−395.7	−371.1	256.6
SO_3^{2-}(aq)	−635.5	−486.6	−29
SO_4^{2-}(aq)	−909.27	−744.63	20
SiO_2(s,石英)	−910.9	−856.7	41.8
SiF_4(g)	−1614.9	−1572.7	282.4
$SiCl_4$(l)	−687.0	−619.9	239.7
Sn(s,白色)	0	0	51.55
Sn(s,灰色)	−2.1	0.13	44.14
Sn^{2+}(aq)	−8.8	−27.2	−16.7
SnO(s)	−286	−257	56.5
SnO_2(s)	−580.7	−519.6	52.3
Sr^{2+}(aq)	−545.8	−559.4	−32.6
SrO(s)	−592.0	−561.9	54.4
$SrCO_3$(s)	−1220	−1140	97.1
Ti(s)	0	0	30.6
TiO_2(s,金刚石)	−944.7	−889.5	50.3
$TiCl_4$(l)	−804.2	−737.2	252.3
V_2O_5(s)	−1551	−1420	131
WO_3(s)	−842.9	−764.08	75.9
Zn(s)	0	0	41.6
Zn^{2+}(aq)	−153.9	−147.0	−112
ZnO(s)	−348.3	−318.3	43.6
ZnS(s,闪锌矿)	−206.0	−210.3	57.7

数据主要摘自:Weast R C. CRC Handbook of Chemistry and Physics. 66th ed. New York:CRC Press,1985～1986。

附录五　标准电极电势(298 K)

电极反应	$E^{\ominus}$/V
$Ac^{3+} + 3e^- \rightleftharpoons Ac$	−2.20
$Ag^+ + e^- \rightleftharpoons Ag$	0.799 6
$Ag^{2+} + e^- \rightleftharpoons Ag^+$	1.980
$AgBr + e^- \rightleftharpoons Ag + Br^-$	0.071 33
$AgBrO_3 + e^- \rightleftharpoons Ag + BrO_3^-$	0.546
$Ag_2C_2O_4 + 2e^- \rightleftharpoons 2Ag + C_2O_4^{2-}$	0.464 7
$AgCl + e^- \rightleftharpoons Ag + Cl^-$	0.222 33
$AgCN + e^- \rightleftharpoons Ag + CN^-$	−0.017
$Ag_2CO_3 + 2e^- \rightleftharpoons 2Ag + CO_3^{2-}$	0.47
$Ag_2CrO_4 + 2e^- \rightleftharpoons 2Ag + CrO_4^{2-}$	0.447 0
$AgF + e^- \rightleftharpoons Ag + F^-$	0.779
$Ag_4[Fe(CN)_6] + 4e^- \rightleftharpoons 4Ag + [Fe(CN)_6]^{4-}$	0.147 8
$AgI + e^- \rightleftharpoons Ag + I^-$	−0.152 24
$AgIO_3 + e^- \rightleftharpoons Ag + IO_3^-$	0.354
$Ag_2MoO_4 + 2e^- \rightleftharpoons 2Ag + MoO_4^{2-}$	0.457 3
$AgNO_2 + e^- \rightleftharpoons Ag + NO_2^-$	0.564
$Ag_2O + H_2O + 2e^- \rightleftharpoons 2Ag + 2OH^-$	0.342
$Ag_2O_3 + H_2O + 2e^- \rightleftharpoons 2AgO + 2OH^-$	0.739
$Ag^{3+} + 2e^- \rightleftharpoons Ag^+$	1.9
$Ag^{3+} + e^- \rightleftharpoons Ag^{2+}$	1.8
$Ag_2O_2 + 4H^+ + 4e^- \rightleftharpoons 2Ag + 2H_2O$	1.802
$2AgO + H_2O + 2e^- \rightleftharpoons Ag_2O + 2OH^-$	0.607
$AgOCN + e^- \rightleftharpoons Ag + OCN^-$	0.41
$Ag_2S + 2e^- \rightleftharpoons 2Ag + S^{2-}$	−0.691
$Ag_2S + 2H^+ + 2e^- \rightleftharpoons 2Ag + H_2S$	−0.036 6
$AgSCN + e^- \rightleftharpoons Ag + SCN^-$	0.089 51
$Ag_2SeO_4 + 2e^- \rightleftharpoons 2Ag + SeO_4^{2-}$	0.362 9
$Ag_2SO_4 + 2e^- \rightleftharpoons 2Ag + SO_4^{2-}$	0.654
$Ag_2WO_4 + 2e^- \rightleftharpoons 2Ag + WO_4^{2-}$	0.466 0
$Al^{3+} + 3e^- \rightleftharpoons Al$	−1.662
$Al(OH)_3 + 3e^- \rightleftharpoons Al + 3OH^-$	−2.31
$Al(OH)_4^- + 3e^- \rightleftharpoons Al + 4OH^-$	−2.328
$H_2AlO_3^- + H_2O + 3e^- \rightleftharpoons Al + 4OH^-$	−2.33

续表

电极反应	$E^\ominus$/V
$AlF_6^{3-} + 3e^- \rightleftharpoons Al + 6F^-$	−2.069
$As + 3H^+ + 3e^- \rightleftharpoons AsH_3$	−0.608
$As_2O_3 + 6H^+ + 6e^- \rightleftharpoons 2As + 3H_2O$	0.234
$HAsO_2 + 3H^+ + 3e^- \rightleftharpoons As + 2H_2O$	0.248
$AsO_2^- + 2H_2O + 3e^- \rightleftharpoons As + 4OH^-$	−0.68
$H_3AsO_4 + 2H^+ + 2e^- \rightleftharpoons HAsO_2 + 2H_2O$	0.560
$AsO_4^{3-} + 2H_2O + 2e^- \rightleftharpoons AsO_2^- + 4OH^-$	−0.71
$At_2 + 2e^- \rightleftharpoons 2At^-$	0.3
$Au^+ + e^- \rightleftharpoons Au$	1.692
$Au^{3+} + 2e^- \rightleftharpoons Au^+$	1.401
$Au^{3+} + 3e^- \rightleftharpoons Au$	1.498
$Au^{2+} + e^- \rightleftharpoons Au^+$	1.8
$(AuOH)^{2+} + H^+ + 2e^- \rightleftharpoons Au^+ + H_2O$	1.32
$AuBr_2^- + e^- \rightleftharpoons Au + 2Br^-$	0.959
$AuBr_4^- + 3e^- \rightleftharpoons Au + 4Br^-$	0.854
$AuCl_4^- + 3e^- \rightleftharpoons Au + 4Cl^-$	1.002
$Au(OH)_3 + 3H^+ + 3e^- \rightleftharpoons Au + 3H_2O$	1.45
$H_2BO_3^- + 5H_2O + 8e^- \rightleftharpoons BH_4^- + 8OH^-$	−1.24
$H_2BO_3^- + H_2O + 3e^- \rightleftharpoons B + 4OH^-$	−1.79
$H_3BO_3 + 3H^+ + 3e^- \rightleftharpoons B + 3H_2O$	−0.869 8
$B(OH)_3 + 7H^+ + 8e^- \rightleftharpoons BH_4^- + 3H_2O$	−0.481
$Ba^{2+} + 2e^- \rightleftharpoons Ba$	−2.912
$Ba^{2+} + 2e^- \rightleftharpoons Ba(Hg)$	−1.570
$Ba(OH)_2 + 2e^- \rightleftharpoons Ba + 2OH^-$	−2.99
$Be^{2+} + 2e^- \rightleftharpoons Be$	−1.847
$Be_2O_3^{2-} + 3H_2O + 4e^- \rightleftharpoons 2Be + 6OH^-$	−2.63
$Bi^+ + e^- \rightleftharpoons Bi$	0.5
$Bi^{3+} + 3e^- \rightleftharpoons Bi$	0.308
$Bi^{3+} + 2e^- \rightleftharpoons Bi^+$	0.2
$Bi + 3H^+ + 3e^- \rightleftharpoons BiH_3$	−0.8
$BiCl_4^- + 3e^- \rightleftharpoons Bi + 4Cl^-$	0.16
$Bi_2O_3 + 3H_2O + 6e^- \rightleftharpoons 2Bi + 6OH^-$	−0.46
$Bi_2O_4 + 4H^+ + 2e^- \rightleftharpoons 2BiO^+ + 2H_2O$	1.593
$BiO^+ + 2H^+ + 3e^- \rightleftharpoons Bi + H_2O$	0.320
$BiOCl + 2H^+ + 3e^- \rightleftharpoons Bi + Cl^- + H_2O$	0.158 3

续表

电极反应	$E^{\ominus}/V$
$Bk^{4+} + e^- \rightleftharpoons Bk^{3+}$	1.67
$Bk^{2+} + 2e^- \rightleftharpoons Bk$	−1.6
$Bk^{3+} + e^- \rightleftharpoons Bk^{2+}$	−2.8
$Br_2(aq) + 2e^- \rightleftharpoons 2Br^-$	1.087 3
$Br_2(l) + 2e^- \rightleftharpoons 2Br^-$	1.066
$HBrO + H^+ + 2e^- \rightleftharpoons Br^- + H_2O$	1.331
$HBrO + H^+ + e^- \rightleftharpoons 1/2Br_2(aq) + H_2O$	1.574
$HBrO + H^+ + e^- \rightleftharpoons 1/2Br_2(l) + H_2O$	1.596
$BrO^- + H_2O + 2e^- \rightleftharpoons Br^- + 2OH^-$	0.761
$BrO_3^- + 6H^+ + 5e^- \rightleftharpoons 1/2Br_2 + 3H_2O$	1.482
$BrO_3^- + 6H^+ + 6e^- \rightleftharpoons Br^- + 3H_2O$	1.423
$BrO_3^- + 3H_2O + 6e^- \rightleftharpoons Br^- + 6OH$	0.61
$(CN)_2 + 2H^+ + 2e^- \rightleftharpoons 2HCN$	0.373
$2HCNO + 2H^+ + 2e^- \rightleftharpoons (CN)_2 + 2H_2O$	0.330
$(CNS)_2 + 2e^- \rightleftharpoons 2CNS^-$	0.77
$CO_2 + 2H^+ + 2e^- \rightleftharpoons HCOOH$	−0.199
$Ca^+ + e^- \rightleftharpoons Ca$	−3.80
$Ca^{2+} + 2e^- \rightleftharpoons Ca$	−2.868
$Ca(OH)_2 + 2e^- \rightleftharpoons Ca + 2OH^-$	−3.02
$Cd^{2+} + 2e^- \rightleftharpoons Cd$	−0.403 0
$Cd^{2+} + 2e^- \rightleftharpoons Cd(Hg)$	−0.352 1
$Cd(OH)_2 + 2e^- \rightleftharpoons Cd(Hg) + 2OH^-$	−0.809
$CdSO_4 + 2e^- \rightleftharpoons Cd + SO_4^{2-}$	−0.246
$Cd(OH)_4^{2-} + 2e^- \rightleftharpoons Cd + 4OH^-$	−0.658
$CdO + H_2O + 2e^- \rightleftharpoons Cd + 2OH^-$	−0.783
$Ce^{3+} + 3e^- \rightleftharpoons Ce$	−2.336
$Ce^{3+} + 3e^- \rightleftharpoons Ce(Hg)$	−1.437 3
$Ce^{4+} + e^- \rightleftharpoons Ce^{3+}$	1.72
$(CeOH)^{3+} + H^+ + e^- \rightleftharpoons Ce^{3+} + H_2O$	1.715
Cl_2(气体) $+ 2e^- \rightleftharpoons 2Cl^-$	1.358 27
$HClO + H^+ + e^- \rightleftharpoons 1/2Cl_2 + H_2O$	1.611
$HClO + H^+ + 2e^- \rightleftharpoons Cl^- + H_2O$	1.482
$ClO^- + H_2O + 2e^- \rightleftharpoons Cl^- + 2OH^-$	0.81
$ClO_2 + H^+ + e^- \rightleftharpoons HClO_2$	1.277
$HClO_2 + 2H^+ + 2e^- \rightleftharpoons HClO + H_2O$	1.645

续表

电极反应	$E^\ominus$/V
$HClO_2 + 3H^+ + 3e^- \rightleftharpoons 1/2Cl_2 + 2H_2O$	1.628
$HClO_2 + 3H^+ + 4e^- \rightleftharpoons Cl^- + 2H_2O$	1.570
$ClO_2^- + H_2O + 2e^- \rightleftharpoons ClO^- + 2OH^-$	0.66
$ClO_2^- + 2H_2O + 4e^- \rightleftharpoons Cl^- + 4OH^-$	0.76
ClO_2(水溶液) + $e^- \rightleftharpoons ClO_2^-$	0.954
$ClO_3^- + 2H^+ + e^- \rightleftharpoons ClO_2 + H_2O$	1.152
$ClO_3^- + 3H^+ + 2e^- \rightleftharpoons HClO_2 + H_2O$	1.214
$ClO_3^- + 6H^+ + 5e^- \rightleftharpoons 1/2Cl_2 + 3H_2O$	1.47
$ClO_3^- + 6H^+ + 6e^- \rightleftharpoons Cl^- + 3H_2O$	1.451
$ClO_3^- + H_2O + 2e^- \rightleftharpoons ClO_2^- + 2OH^-$	0.33
$ClO_3^- + 3H_2O + 6e^- \rightleftharpoons Cl^- + 6OH^-$	0.62
$ClO_4^- + 2H^+ + 2e^- \rightleftharpoons ClO_3^- + H_2O$	1.189
$ClO_4^- + 8H^+ + 7e^- \rightleftharpoons 1/2Cl_2 + 4H_2O$	1.39
$ClO_4^- + 8H^+ + 8e^- \rightleftharpoons Cl^- + 4H_2O$	−1.389
$ClO_4^- + H_2O + 2e^- \rightleftharpoons ClO_3^- + 2OH^-$	0.36
$Co^{2+} + 2e^- \rightleftharpoons Co$	−0.28
$Co^{3+} + e^- \rightleftharpoons Co^{2+}$	1.82
$[Co(NH_3)_6]^{3+} + e^- \rightleftharpoons [Co(NH_3)_6]^{2+}$	0.108
$Co(OH)_2 + 2e^- \rightleftharpoons Co + 2OH^-$	−0.73
$Co(OH)_3 + e^- \rightleftharpoons Co(OH)_2 + OH^-$	0.17
$Cr^{2+} + 2e^- \rightleftharpoons Cr$	−0.913
$Cr^{3+} + e^- \rightleftharpoons Cr^{2+}$	−0.407
$Cr^{3+} + 3e^- \rightleftharpoons Cr$	−0.744
$Cr_2O_7^{2-} + 14H^+ + 6e^- \rightleftharpoons 2Cr^{3+} + 7H_2O$	1.232
$CrO_2^- + 2H_2O + 3e^- \rightleftharpoons Cr + 4OH^-$	−1.2
$HCrO_4^- + 7H^+ + 3e^- \rightleftharpoons Cr^{3+} + 4H_2O$	1.350
$CrO_2 + 4H^+ + e^- \rightleftharpoons Cr^{3+} + 2H_2O$	1.48
$CrO_4^{2-} + 4H_2O + 3e^- \rightleftharpoons Cr(OH)_3 + 5OH^-$	−0.13
$Cr(OH)_3 + 3e^- \rightleftharpoons Cr + 3OH^-$	−1.48
$Cs^+ + e^- \rightleftharpoons Cs$	−3.026
$Cu^+ + e^- \rightleftharpoons Cu$	0.521
$Cu^{2+} + e^- \rightleftharpoons Cu^+$	0.153
$Cu^{2+} + 2e^- \rightleftharpoons Cu$	0.341 9
$Cu^{2+} + 2e^- \rightleftharpoons Cu(Hg)$	0.345
$Cu^{3+} + e^- \rightleftharpoons Cu^{2+}$	2.4

续表

电极反应	$E^{\ominus}/V$
$Cu_2O_3 + 6H^+ + 2e^- \rightleftharpoons 2Cu^{2+} + 3H_2O$	2.0
$Cu^{2+} + 2CN^- + e^- \rightleftharpoons [Cu(CN)_2]^-$	1.103
$CuI_2^- + e^- \rightleftharpoons Cu + 2I^-$	0.00
$Cu_2O + H_2O + 2e^- \rightleftharpoons Cu + 2OH^-$	−0.360
$Cu(OH)_2 + 2e^- \rightleftharpoons Cu + 2OH^-$	−0.222
$2Cu(OH)_2 + 2e^- \rightleftharpoons Cu_2O + 2OH^- + H_2O$	−0.080
$Eu^{2+} + 2e^- \rightleftharpoons Eu$	−2.812
$Eu^{3+} + 3e^- \rightleftharpoons Eu$	−1.991
$Eu^{3-} + e^- \rightleftharpoons Eu^{2-}$	−0.36
$F_2 + 2H^+ + 2e^- \rightleftharpoons 2HF$	3.053
$F_2 + 2e^- \rightleftharpoons 2F^-$	2.866
$F_2O + 2H^+ + 2e^- \rightleftharpoons 2HF$	2.153
$Fe^{2+} + 2e^- \rightleftharpoons Fe$	−0.447
$Fe^{3+} + 3e^- \rightleftharpoons Fe$	−0.037
$Fe^{3+} + e^- \rightleftharpoons Fe^{2+}$	0.771
$HFeO_4^- + 4H^+ + 3e^- \rightleftharpoons FeOOH + 2H_2O$	2.08
$HFeO_4^- + 7H^+ + 3e^- \rightleftharpoons Fe^{3+} + 4H_2O$	2.07
$Fe_2O_3 + 4H^+ + 2e^- \rightleftharpoons 2FeOH^+ + H_2O$	0.16
$[Fe(CN)_6]^{3-} + e^- \rightleftharpoons [Fe(CN)_6]^{4-}$	0.358
$FeO_4^{2-} + 8H^+ + 3e^- \rightleftharpoons Fe^{3+} + 4H_2O$	2.20
$Fe(OH)_3 + e^- \rightleftharpoons Fe(OH)_2 + OH^-$	−0.56
$Fr^+ + e^- \rightleftharpoons Fr$	−2.9
$Ga^{3+} + 3e^- \rightleftharpoons Ga$	−0.549
$Ga^+ + e^- \rightleftharpoons Ga$	−0.2
$(GaOH)^{2+} + H^+ + 3e^- \rightleftharpoons Ga + H_2O$	−0.498
$H_2GaO_3^- + H_2O + 3e^- \rightleftharpoons Ga + 4OH^-$	−1.219
$Ge^{2+} + 2e^- \rightleftharpoons Ge$	0.24
$Ge^{4+} + 4e^- \rightleftharpoons Ge$	0.124
$Ge^{4+} + 2e^- \rightleftharpoons Ge^{2+}$	0.00
$GeO_2 + 2H^+ + 2e^- \rightleftharpoons GeO + H_2O$	−0.118
$H_2GeO_3 + 4H^+ + 4e^- \rightleftharpoons Ge + 3H_2O$	−0.182
$2H^+ + 2e^- \rightleftharpoons H_2$	0.000 00
$H_2 + 2e^- \rightleftharpoons 2H^-$	−2.23
$HO_2 + H^+ + e^- \rightleftharpoons H_2O_2$	1.495
$2H_2O + 2e^- \rightleftharpoons H_2 + 2OH^-$	−0.827 7

续表

电极反应	$E^\ominus$/V
$H_2O_2 + 2H^+ + 2e^- \rightleftharpoons 2H_2O$	1.776
$Hf^{4+} + 4e^- \rightleftharpoons Hf$	−1.55
$HfO^{2+} + 2H^+ + 4e^- \rightleftharpoons Hf + H_2O$	−1.724
$HfO_2 + 4H^+ + 4e^- \rightleftharpoons Hf + 2H_2O$	−1.505
$HfO(OH)_2 + H_2O + 4e^- \rightleftharpoons Hf + 4OH^-$	−2.50
$Hg^{2+} + 2e^- \rightleftharpoons Hg$	0.851
$2Hg^{2+} + 2e^- \rightleftharpoons Hg_2^{2+}$	0.920
$Hg_2^{2+} + 2e^- \rightleftharpoons 2Hg$	0.797 3
$Hg_2Br_2 + 2e^- \rightleftharpoons 2Hg + Br^-$	0.139 2
$Hg_2Cl_2 + 2e^- \rightleftharpoons 2Hg + 2Cl^-$	0.268 1
$Hg_2HPO_4 + 2e^- \rightleftharpoons 2Hg + HPO_4^{2-}$	0.635 9
$Hg_2I_2 + 2e^- \rightleftharpoons 2Hg + 2I^-$	−0.040 5
$Hg_2O + H_2O + 2e^- \rightleftharpoons 2Hg + 2OH^-$	0.123
$HgO + H_2O + 2e^- \rightleftharpoons Hg + 2OH^-$	0.097 7
$Hg(OH)_2 + 2H^+ + 2e^- \rightleftharpoons Hg + 2H_2O$	1.034
$Hg_2SO_4 + 2e^- \rightleftharpoons 2Hg + SO_4^{2-}$	0.612 5
$I_2 + 2e^- \rightleftharpoons 2I^-$	0.535 5
$I_3^- + 2e^- \rightleftharpoons 3I^-$	0.536
$H_5IO_6 + H^+ + 2e^- \rightleftharpoons IO_3^- + 3H_2O$	1.601
$2HIO + 2H^+ + 2e^- \rightleftharpoons I_2 + 2H_2O$	1.439
$HIO + 2H^+ + 2e^- \rightleftharpoons I^- + H_2O$	0.987
$IO^- + H_2O + 2e^- \rightleftharpoons I^- + 2OH^-$	0.485
$2IO_3^- + 12H^+ + 10e^- \rightleftharpoons I_2 + 6H_2O$	1.195
$IO_3^- + 6H^+ + 6e^- \rightleftharpoons I^- + 3H_2O$	1.085
$IO_3^- + 2H_2O + 4e^- \rightleftharpoons IO^- + 4OH^-$	0.15
$IO_3^- + 3H_2O + 6e^- \rightleftharpoons I^- + 6OH^-$	0.26
$In^+ + e^- \rightleftharpoons In$	−0.14
$In^{2+} + e^- \rightleftharpoons In^+$	−0.40
$In^{3+} + e^- \rightleftharpoons In^{2+}$	−0.49
$In^{3+} + 2e^- \rightleftharpoons In^+$	−0.443
$In^{3+} + 3e^- \rightleftharpoons In$	−0.338 2
$In(OH)_3 + 3e^- \rightleftharpoons In + 3OH^-$	−0.99
$In(OH)_4^- + 3e^- \rightleftharpoons In + 4OH^-$	−1.007
$In_2O_3 + 3H_2O + 6e^- \rightleftharpoons 2In + 6OH^-$	−1.034
$Ir^{3+} + 3e^- \rightleftharpoons Ir$	1.156

续表

电极反应	$E^{\ominus}$/V
$[IrCl_6]^{2-} + e^- \rightleftharpoons [IrCl_6]^{3-}$	0.866 5
$[IrCl_6]^{3-} + 3e^- \rightleftharpoons Ir + 6Cl^-$	0.77
$Ir_2O_3 + 3H_2O + 6e^- \rightleftharpoons 2Ir + 6OH^-$	0.098
$K^+ + e^- \rightleftharpoons K$	−2.931
$La^{3+} + 3e^- \rightleftharpoons La$	−2.379
$La(OH)_3 + 3e^- \rightleftharpoons La + 3OH^-$	−2.90
$Li^+ + e^- \rightleftharpoons Li$	−3.040 1
$Lu^{3+} + 3e^- \rightleftharpoons Lu$	−2.28
$Mg^+ + e^- \rightleftharpoons Mg$	−2.70
$Mg^{2+} + 2e^- \rightleftharpoons Mg$	−2.372
$Mg(OH)_2 + 2e^- \rightleftharpoons Mg + 2OH^-$	−2.690
$Mn^{2+} + 2e^- \rightleftharpoons Mn$	−1.185
$Mn^{3+} + 3e^- \rightleftharpoons Mn$	1.541 5
$MnO_2 + 4H^+ + 2e^- \rightleftharpoons Mn^{2+} + 2H_2O$	1.224
$MnO_4^- + e^- \rightleftharpoons MnO_4^{2-}$	0.558
$MnO_4^- + 4H^+ + 3e^- \rightleftharpoons MnO_2 + 2H_2O$	1.679
$MnO_4^- + 8H^+ + 5e^- \rightleftharpoons Mn^{2+} + 4H_2O$	1.507
$MnO_4^- + 2H_2O + 3e^- \rightleftharpoons MnO_2 + 4OH^-$	0.595
$MnO_4^{2-} + 2H_2O + 2e^- \rightleftharpoons MnO_2 + 4OH^-$	0.60
$Mn(OH)_2 + 2e^- \rightleftharpoons Mn + 2OH^-$	−1.56
$Mn(OH)_3 + e^- \rightleftharpoons Mn(OH)_2 + OH^-$	0.15
$Mn_2O_3 + 6H^+ + 2e^- \rightleftharpoons 2Mn^{2+} + 3H_2O$	1.485
$Mo^{3+} + 3e^- \rightleftharpoons Mo$	−2.00
$H_3Mo_7O_{24}^{3-} + 45H^+ + 42e^- \rightleftharpoons 7Mo + 24H_2O$	0.082
$MoO_3 + 6H^+ + 6e^- \rightleftharpoons Mo + 3H_2O$	0.075
$N_2 + 2H_2O + 6H^+ + 6e^- \rightleftharpoons 2NH_4OH$	0.092
$3N_2 + 2H^+ + 2e^- \rightleftharpoons 2HN_3$	−3.09
$N_2O + 2H^+ + 2e^- \rightleftharpoons N_2 + H_2O$	1.766
$H_2N_2O_2 + 2H^+ + 2e^- \rightleftharpoons N_2 + 2H_2O$	2.65
$N_2O_4 + 2e^- \rightleftharpoons 2NO_2^-$	0.867
$N_2O_4 + 2H^+ + 2e^- \rightleftharpoons 2HNO_2$	1.065
$N_2O_4 + 4H^+ + 4e^- \rightleftharpoons 2NO + 2H_2O$	1.035
$2(NH_3OH)^+ + H^+ + 2e^- \rightleftharpoons N_2H_5^+ + 2H_2O$	1.42
$2NO + 2H^+ + 2e^- \rightleftharpoons N_2O + H_2O$	1.591
$2NO + H_2O + 2e^- \rightleftharpoons N_2O + 2OH^-$	0.76

续表

电极反应	$E^\ominus$/V
$HNO_2 + H^+ + e^- \rightleftharpoons NO + H_2O$	0.996
$2HNO_2 + 4H^+ + 4e^- \rightleftharpoons H_2N_2O_2 + 2H_2O$	0.86
$2HNO_2 + 4H^+ + 4e^- \rightleftharpoons N_2O + 3H_2O$	1.297
$NO_2^- + H_2O + 3e^- \rightleftharpoons NO + 2OH^-$	−0.46
$2NO_2^- + 2H_2O + 4e^- \rightleftharpoons N_2O_2^{2-} + 4OH^-$	−0.18
$2NO_2^- + 3H_2O + 4e^- \rightleftharpoons N_2O + 6OH^-$	0.15
$NO_3^- + 3H^+ + 2e^- \rightleftharpoons HNO_2 + H_2O$	0.934
$NO_3^- + 4H^+ + 3e^- \rightleftharpoons NO + 2H_2O$	0.957
$2NO_3^- + 4H^+ + 2e^- \rightleftharpoons N_2O_4 + 2H_2O$	0.803
$NO_3^- + H_2O + 2e^- \rightleftharpoons NO_2^- + 2OH^-$	0.01
$2NO_3^- + 2H_2O + 2e^- \rightleftharpoons N_2O_4 + 4OH^-$	−0.85
$Na^+ + e^- \rightleftharpoons Na$	−2.71
$Nb^{3+} + 3e^- \rightleftharpoons Nb$	−1.099
$NbO_2 + 2H^+ + 2e^- \rightleftharpoons NbO + H_2O$	−0.646
$NbO_2 + 4H^+ + 4e^- \rightleftharpoons Nb + 2H_2O$	−0.690
$NbO + 2H^+ + 2e^- \rightleftharpoons Nb + H_2O$	−0.733
$Nb_2O_5 + 10H^+ + 10e^- \rightleftharpoons 2Nb + 5H_2O$	−0.644
$Nd^{3+} + 3e^- \rightleftharpoons Nd$	−2.323
$Nd^{2+} + 2e^- \rightleftharpoons Nd$	−2.1
$Nd^{3+} + e^- \rightleftharpoons Nd^{2+}$	−2.7
$Ni^{2+} + 2e^- \rightleftharpoons Ni$	−0.257
$Ni(OH)_2 + 2e^- \rightleftharpoons Ni + 2OH^-$	−0.72
$NiO_2 + 4H^+ + 2e^- \rightleftharpoons Ni^{2+} + 2H_2O$	1.678
$NiO_2 + 2H_2O + 2e^- \rightleftharpoons Ni(OH)_2 + 2OH^-$	−0.490
$O_2 + 2H^+ + 2e^- \rightleftharpoons H_2O_2$	0.695
$O_2 + 4H^+ + 4e^- \rightleftharpoons 2H_2O$	1.229
$O_2 + H_2O + 2e^- \rightleftharpoons HO_2^- + OH^-$	−0.076
$O_2 + 2H_2O + 2e^- \rightleftharpoons H_2O_2 + 2OH^-$	−0.146
$O_2 + 2H_2O + 4e^- \rightleftharpoons 4OH^-$	0.401
$O_3 + 2H^+ + 2e^- \rightleftharpoons O_2 + H_2O$	2.076
$O_3 + H_2O + 2e^- \rightleftharpoons O_2 + 2OH^-$	1.24
$OH + e^- \rightleftharpoons OH^-$	2.02
$HO_2^- + H_2O + 2e^- \rightleftharpoons 3OH^-$	0.878
$OsO_4 + 8H^+ + 8e^- \rightleftharpoons Os + 4H_2O$	0.838
$OsO_4 + 4H^+ + 4e^- \rightleftharpoons OsO_2 + 2H_2O$	1.02

续表

电极反应	$E^\ominus$/V
$P(红) + 3H^+ + 3e^- \rightleftharpoons PH_3(g)$	−0.111
$P(白) + 3H^+ + 3e^- \rightleftharpoons PH_3(g)$	−0.063
$P + 3H_2O + 3e^- \rightleftharpoons PH_3(g) + 3OH^-$	−0.87
$H_2PO_2^- + e^- \rightleftharpoons P + 2OH^-$	−1.82
$H_3PO_2 + H^+ + e^- \rightleftharpoons P + 2H_2O$	−0.508
$H_3PO_3 + 2H^+ + 2e^- \rightleftharpoons H_3PO_2 + H_2O$	−0.499
$H_3PO_3 + 3H^+ + 3e^- \rightleftharpoons P + 3H_2O$	−0.454
$HPO_3^{2-} + 2H_2O + 2e^- \rightleftharpoons H_2PO_2^- + 3OH^-$	−1.65
$HPO_3^{2-} + 2H_2O + 3e^- \rightleftharpoons P + 5OH^-$	−1.71
$H_3PO_4 + 2H^+ + 2e^- \rightleftharpoons H_3PO_3 + H_2O$	−0.276
$PO_4^{3-} + 2H_2O + 2e^- \rightleftharpoons HPO_3^{2-} + 3OH^-$	−0.105
$Pb^{2+} + 2e^- \rightleftharpoons Pb$	−0.126 2
$Pb^{2+} + 2e^- \rightleftharpoons Pb(Hg)$	−0.120 5
$PbBr_2 + 2e^- \rightleftharpoons Pb + 2Br^-$	−0.284
$PbCl_2 + 2e^- \rightleftharpoons Pb + 2Cl^-$	−0.267 5
$PbF_2 + 2e^- \rightleftharpoons Pb + 2F^-$	−0.344 4
$PbHPO_4 + 2e^- \rightleftharpoons Pb + HPO_4^{2-}$	−0.465
$PbI_2 + 2e^- \rightleftharpoons Pb + 2I^-$	−0.365
$PbO + H_2O + 2e^- \rightleftharpoons Pb + 2OH^-$	−0.580
$PbO_2 + 4H^+ + 2e^- \rightleftharpoons Pb^{2+} + 2H_2O$	1.455
$HPbO_2^- + H_2O + 2e^- \rightleftharpoons Pb + 3OH^-$	−0.537
$PbO_2 + H_2O + 2e^- \rightleftharpoons PbO + 2OH^-$	0.247
$PbO_2 + SO_4^{2-} + 4H^+ + 2e^- \rightleftharpoons PbSO_4 + 2H_2O$	1.6913
$PbSO_4 + 2e^- \rightleftharpoons Pb + SO_4^{2-}$	−0.358 8
$PbSO_4 + 2e^- \rightleftharpoons Pb(Hg) + SO_4^{2-}$	−0.350 5
$Pd + 2e^- \rightleftharpoons Pd$	0.951
$[PdCl_4]^{2-} + 2e^- \rightleftharpoons Pd + 4Cl^-$	0.591
$[PdCl_6]^{2-} + 2e^- \rightleftharpoons [PdCl_4]^{2-} + 2Cl^-$	1.288
$Pd(OH)_2 + 2e^- \rightleftharpoons Pd + 2OH^-$	0.07
$Pt^{2+} + 2e^- \rightleftharpoons Pt$	1.18
$[PtCl_4]^{2-} + 2e^- \rightleftharpoons Pt + 4Cl^-$	0.755
$[PtCl_6]^{2-} + 2e^- \rightleftharpoons [PtCl_4]^{2-} + 2Cl^-$	0.68
$Pt(OH)_2 + 2e^- \rightleftharpoons Pt + 2OH^-$	0.14
$PtO_3 + 2H^+ + 2e^- \rightleftharpoons PtO_2 + H_2O$	1.7
$PtO_3 + 4H^+ + 2e^- \rightleftharpoons Pt(OH)_2^{2+} + H_2O$	1.5

续表

电极反应	$E^{\ominus}$/V
$(PtOH)^{+} + H^{+} + 2e^{-} \rightleftharpoons Pt + H_2O$	1.2
$PtO_2 + 2H^{+} + 2e^{-} \rightleftharpoons PtO + H_2O$	1.01
$PtO_2 + 4H^{+} + 4e^{-} \rightleftharpoons Pt + 2H_2O$	1.00
$Ra^{2+} + 2e^{-} \rightleftharpoons Ra$	−2.8
$Rb^{+} + e^{-} \rightleftharpoons Rb$	−2.98
$Re^{3+} + 3e^{-} \rightleftharpoons Re$	0.300
$ReO_4^{-} + 4H^{+} + 3e^{-} \rightleftharpoons ReO_2 + 2H_2O$	0.510
$ReO_2 + 4H^{+} + 4e^{-} \rightleftharpoons Re + 2H_2O$	0.251 3
$ReO_4^{-} + 2H^{+} + e^{-} \rightleftharpoons ReO_3 + H_2O$	0.768
$ReO_4^{-} + 4H_2O + 7e^{-} \rightleftharpoons Re + 8OH^{-}$	−0.584
$ReO_4^{-} + 8H^{+} + 7e^{-} \rightleftharpoons Re + 4H_2O$	0.368
$Rh^{2+} + 2e^{-} \rightleftharpoons Rh$	0.600
$Rh^{2+} + e^{-} \rightleftharpoons Rh^{+}$	0.600
$Rh^{3+} + 3e^{-} \rightleftharpoons Rh$	0.758
$[RhCl_6]^{3-} + 3e^{-} \rightleftharpoons Rh + 6Cl^{-}$	0.431
$(RhOH)^{2+} + H^{+} + 3e^{-} \rightleftharpoons Rh + H_2O$	0.83
$Ru^{2+} + 2e^{-} \rightleftharpoons Ru$	0.455
$Ru^{3+} + e^{-} \rightleftharpoons Ru^{2+}$	0.248 7
$RuO_2 + 4H^{+} + 2e^{-} \rightleftharpoons Ru^{2+} + 2H_2O$	1.120
$RuO_4^{-} + e^{-} \rightleftharpoons RuO_4^{2-}$	0.59
$RuO_4 + e^{-} \rightleftharpoons RuO_4^{-}$	1.00
$RuO_4 + 6H^{+} + 4e^{-} \rightleftharpoons Ru(OH)_2^{2+} + 2H_2O$	1.40
$RuO_4 + 8H^{+} + 8e^{-} \rightleftharpoons Ru + 4H_2O$	1.038
$[Ru(H_2O)_6]^{3+} + e^{-} \rightleftharpoons [Ru(H_2O)_6]^{2+}$	0.23
$[Ru(NH_3)_6]^{3+} + e^{-} \rightleftharpoons [Ru(NH_3)_6]^{2+}$	0.10
$[Ru(CN)_6]^{3-} + e^{-} \rightleftharpoons [Ru(CN)_6]^{4-}$	0.86
$S + 2e^{-} \rightleftharpoons S^{2-}$	−0.476 27
$S + 2H^{+} + 2e^{-} \rightleftharpoons H_2S$(水溶液)	0.142
$S + H_2O + 2e^{-} \rightleftharpoons HS^{-} + OH^{-}$	−0.478
$2S + 2e^{-} \rightleftharpoons S_2^{2-}$	−0.428 36
$S_2O_6^{2-} + 4H^{+} + 2e^{-} \rightleftharpoons 2H_2SO_3$	0.564
$S_2O_8^{2-} + 2e^{-} \rightleftharpoons 2SO_4^{2-}$	2.010
$S_2O_8^{2-} + 2H^{+} + 2e^{-} \rightleftharpoons 2HSO_4^{-}$	2.123
$S_4O_6^{2-} + 2e^{-} \rightleftharpoons 2S_2O_3^{2-}$	0.08
$2H_2SO_3 + H^{+} + 2e^{-} \rightleftharpoons HS_2O_4^{-} + 2H_2O$	−0.056

续表

电极反应	$E^{\ominus}/V$
$H_2SO_3 + 4H^+ + 4e^- \rightleftharpoons S + 3H_2O$	0.449
$2SO_3^{2-} + 2H_2O + 2e^- \rightleftharpoons S_2O_4^{2-} + 4OH^-$	−1.12
$2SO_3^{2-} + 3H_2O + 4e^- \rightleftharpoons S_2O_3^{2-} + 6OH^-$	−0.571
$SO_4^{2-} + 4H^+ + 2e^- \rightleftharpoons H_2SO_3 + H_2O$	0.172
$2SO_4^{2-} + 4H^+ + 2e^- \rightleftharpoons S_2O_6^{2-} + 2H_2O$	−0.22
$SO_4^{2-} + H_2O + 2e^- \rightleftharpoons SO_3^{2-} + 2OH^-$	−0.93
$Sb + 3H^+ + 3e^- \rightleftharpoons SbH_3$	−0.510
$Sb_2O_3 + 6H^+ + 6e^- \rightleftharpoons 2Sb + 3H_2O$	0.152
Sb_2O_5(方锑矿) $+ 4H^+ + 4e^- \rightleftharpoons Sb_2O_3 + 2H_2O$	0.671
Sb_2O_5(锑华) $+ 4H^+ + 4e^- \rightleftharpoons Sb_2O_3 + 2H_2O$	0.649
$Sb_2O_5 + 6H^+ + 4e^- \rightleftharpoons 2SbO^+ + 3H_2O$	0.581
$SbO^+ + 2H^+ + 3e^- \rightleftharpoons Sb + 2H_2O$	0.212
$SbO_2^- + 2H_2O + 3e^- \rightleftharpoons Sb + 4OH^-$	−0.66
$SbO_3^- + H_2O + 2e^- \rightleftharpoons SbO_2^- + 2OH^-$	−0.59
$Sc^{3+} + 3e^- \rightleftharpoons Sc$	−2.077
$Se + 2e^- \rightleftharpoons Se^{2-}$	−0.924
$Se + 2H^+ + 2e^- \rightleftharpoons H_2Se$ (水溶液)	−0.399
$H_2SeO_3 + 4H^+ + 4e^- \rightleftharpoons Se + 3H_2O$	−0.74
$Se + 2H^+ + 2e^- \rightleftharpoons H_2Se$	−0.082
$SeO_3^{2-} + 3H_2O + 4e^- \rightleftharpoons Se + 6OH^-$	−0.366
$SeO_4^{2-} + 4H^+ + 2e^- \rightleftharpoons H_2SeO_3 + H_2O$	1.151
$SeO_4^{2-} + H_2O + 2e^- \rightleftharpoons SeO_3^{2-} + 2OH^-$	0.05
$SiF_6^{2-} + 4e^- \rightleftharpoons Si + 6F^-$	−1.24
$SiO + 2H^+ + 2e^- \rightleftharpoons Si + H_2O$	−0.8
SiO_2(石英) $+ 4H^+ + 4e^- \rightleftharpoons Si + 2H_2O$	−0.857
$SiO_3^{2-} + 3H_2O + 4e^- \rightleftharpoons Si + 6OH^-$	−1.697
$Sn^{2+} + 2e^- \rightleftharpoons Sn$	−0.137 5
$Sn^{4+} + 2e^- \rightleftharpoons Sn^{2+}$	0.151
$[Sn(OH)_3]^+ + 3H^+ + 2e^- \rightleftharpoons Sn^{2+} + 3H_2O$	0.142
$SnO_2 + 4H^+ + 2e^- \rightleftharpoons Sn^{2+} + 2H_2O$	−0.094
$SnO_2 + 4H^+ + 4e^- \rightleftharpoons Sn + 2H_2O$	−0.117
$SnO_2 + 3H^+ + 2e^- \rightleftharpoons SnOH^+ + H_2O$	−0.194
$SnO_2 + 2H_2O + 4e^- \rightleftharpoons Sn + 4OH^-$	−0.945
$HSnO_2^- + H_2O + 2e^- \rightleftharpoons Sn + 3OH^-$	−0.909
$[Sn(OH)_6]^{2-} + 2e^- \rightleftharpoons HSnO_2^- + 3OH^- + 2H_2O$	−0.93

续表

电极反应	$E^{\ominus}$/V
$Sr^{+} + e^{-} \rightleftharpoons Sr$	−4.10
$Sr^{2+} + 2e^{-} \rightleftharpoons Sr$	−2.899
$Sr^{2+} + 2e^{-} \rightleftharpoons Sr(Hg)$	−1.793
$Sr(OH)_2 + 2e^{-} \rightleftharpoons Sr + 2OH^{-}$	−2.88
$Ta_2O_5 + 10H^{+} + 10e^{-} \rightleftharpoons 2Ta + 5H_2O$	−0.750
$Ta^{3+} + 3e^{-} \rightleftharpoons Ta$	−0.6
$Tc^{2+} + 2e^{-} \rightleftharpoons Tc$	0.400
$TcO_4^{-} + 4H^{+} + 3e^{-} \rightleftharpoons TcO_2 + 2H_2O$	0.782
$Tc^{3+} + e^{-} \rightleftharpoons Tc^{2+}$	0.3
$TcO_4^{-} + 8H^{+} + 7e^{-} \rightleftharpoons Tc + 4H_2O$	0.472
$Tb^{4+} + e^{-} \rightleftharpoons Tb^{3+}$	3.1
$Tb^{3+} + 3e^{-} \rightleftharpoons Tb$	−2.28
$Te + 2e^{-} \rightleftharpoons Te^{2-}$	−1.143
$Te + 2H^{+} + 2e^{-} \rightleftharpoons H_2Te$（水溶液）	−0.793
$Te^{4+} + 4e^{-} \rightleftharpoons Te$	0.568
$TeO_2 + 4H^{+} + 4e^{-} \rightleftharpoons Te + 2H_2O$	0.593
$TeO_3^{2-} + 3H_2O + 4e^{-} \rightleftharpoons Te + 6OH^{-}$	−0.57
$TeO_4^{-} + 8H^{+} + 7e^{-} \rightleftharpoons Te + 4H_2O$	0.472
$H_6TeO_6 + 2H^{+} + 2e^{-} \rightleftharpoons TeO_2 + 4H_2O$	1.02
$Th^{4+} + 4e^{-} \rightleftharpoons Th$	−1.899
$ThO_2 + 4H^{+} + 4e^{-} \rightleftharpoons Th + 2H_2O$	−1.789
$Th(OH)_4 + 4e^{-} \rightleftharpoons Th + 4OH^{-}$	−2.48
$Ti^{2+} + 2e^{-} \rightleftharpoons Ti$	−1.630
$Ti^{3+} + e^{-} \rightleftharpoons Ti^{2+}$	−0.9
$TiO_2 + 4H^{+} + 2e^{-} \rightleftharpoons Ti^{2+} + 2H_2O$	−0.502
$Ti^{3+} + 3e^{-} \rightleftharpoons Ti$	−1.37
$(TiOH)^{3+} + H^{+} + e^{-} \rightleftharpoons Ti^{3+} + H_2O$	−0.055
$Tl^{+} + e^{-} \rightleftharpoons Tl$	−0.336
$Tl^{+} + e^{-} \rightleftharpoons Tl(Hg)$	−0.333 8
$Tl^{3+} + 2e^{-} \rightleftharpoons Tl^{+}$	1.252
$Tl^{3+} + 3e^{-} \rightleftharpoons Tl$	0.741
$TlBr + e^{-} \rightleftharpoons Tl + Br^{-}$	−0.658
$TlCl + e^{-} \rightleftharpoons Tl + Cl^{-}$	−0.556 8
$TlI + e^{-} \rightleftharpoons Tl + I^{-}$	−0.752

续表

电极反应	$E^\ominus$/V
$Tl_2O_3 + 3H_2O + 4e^- \rightleftharpoons 2Tl^+ + 6OH^-$	0.02
$TlOH + e^- \rightleftharpoons Tl + OH^-$	−0.34
$Tl(OH)_3 + 2e^- \rightleftharpoons TlOH + 2OH^-$	−0.05
$Tl_2SO_4 + 2e^- \rightleftharpoons 2Tl + SO_4^{2-}$	−0.4360
$U^{3+} + 3e^- \rightleftharpoons U$	−1.798
$U^{4+} + e^- \rightleftharpoons U^{3+}$	−0.607
$UO_2^+ + 4H^+ + e^- \rightleftharpoons U^{4+} + 2H_2O$	0.612
$UO_2^{2+} + e^- \rightleftharpoons UO_2^+$	0.062
$UO_2^{2+} + 4H^+ + 2e^- \rightleftharpoons U^{4+} + 2H_2O$	0.327
$UO_2^{2+} + 4H^+ + 6e^- \rightleftharpoons U + 2H_2O$	−1.444
$V^{2+} + 2e^- \rightleftharpoons V$	−1.175
$V^{3+} + e^- \rightleftharpoons V^{2+}$	−0.255
$VO^{2+} + 2H^+ + e^- \rightleftharpoons V^{3+} + H_2O$	0.337
$VO_2^+ + 2H^+ + e^- \rightleftharpoons VO^{2+} + H_2O$	0.991
$V_2O_5 + 6H^+ + 2e^- \rightleftharpoons 2VO^{2+} + 3H_2O$	0.957
$V_2O_5 + 10H^+ + 10e^- \rightleftharpoons 2V + 5H_2O$	−0.242
$[V(OH)_4]^+ + 2H^+ + e^- \rightleftharpoons VO^{2+} + 3H_2O$	1.00
$[V(OH)_4]^+ + 4H^+ + 5e^- \rightleftharpoons V + 4H_2O$	−0.254
$[V(phen)_3]^{3+} + e^- \rightleftharpoons [V(phen)_3]^{2+}$	0.14
$W^{3+} + 3e^- \rightleftharpoons W$	0.1
$W_2O_5 + 2H^+ + 2e^- \rightleftharpoons 2WO_2 + H_2O$	−0.031
$WO_2 + 4H^+ + 4e^- \rightleftharpoons W + 2H_2O$	−0.119
$WO_3 + 6H^+ + 6e^- \rightleftharpoons W + 3H_2O$	−0.090
$WO_3 + 2H^+ + 2e^- \rightleftharpoons WO_2 + H_2O$	0.036
$2WO_3 + 2H^+ + 2e^- \rightleftharpoons W_2O_5 + H_2O$	−0.029
$H_4XeO_6 + 2H^+ + 2e^- \rightleftharpoons XeO_3 + 3H_2O$	2.42
$XeO_3 + 6H^+ + 6e^- \rightleftharpoons Xe + 3H_2O$	2.10
$XeF + e^- \rightleftharpoons Xe + F^-$	3.4
$Y^{3+} + 3e^- \rightleftharpoons Y$	−2.372
$Yb^{3+} + 2e^- \rightleftharpoons Yb^+$	−1.05

续表

电极反应	$E^{\ominus}/V$
$Yb^{3+} + 3e^- \rightleftharpoons Yb$	−2.19
$Yb^{2+} + 2e^- \rightleftharpoons Yb$	−2.76
$Zn^{2+} + 2e^- \rightleftharpoons Zn$	−0.761 8
$Zn^{2+} + 2e^- \rightleftharpoons Zn(Hg)$	−0.762 8
$ZnO_2^{2-} + 2H_2O + 2e^- \rightleftharpoons Zn + 4OH^-$	−1.215
$ZnSO_4 + 2e^- \rightleftharpoons Zn(Hg) + SO_4^{2-}$(饱和 $ZnSO_4$)	−0.799 3
$(ZnOH)^+ + H^+ + 2e^- \rightleftharpoons Zn + H_2O$	−0.497
$Zn(OH)_4^{2-} + 2e^- \rightleftharpoons Zn + 4OH^-$	−1.199
$Zn(OH)_2 + 2e^- \rightleftharpoons Zn + 2OH^-$	−1.249
$ZnO + H_2O + 2e^- \rightleftharpoons Zn + 2OH^-$	−1.260
$ZrO_2 + 4H^+ + 4e^- \rightleftharpoons Zr + 2H_2O$	−1.553
$ZrO(OH)_2 + H_2O + 4e^- \rightleftharpoons Zr + 4OH^-$	−2.63
$Zr^{4+} + 4e^- \rightleftharpoons Zr$	−1.45

数据主要摘自:《实用化学手册》编写组.实用化学手册.北京:科学出版社,2001:578～593。

附录六 酸碱的解离常数(298 K)

弱电解质	解离常数 $K^{\ominus}$	
H_3AsO_4(291 K)	$K_1^{\ominus}=6.03\times10^{-3}$	$K_2^{\ominus}=1.05\times10^{-7}$
	$K_3^{\ominus}=3.16\times10^{-12}$	
$HAsO_2$	$K^{\ominus}=6.61\times10^{-10}$	
H_3BO_3(293 K)	$K^{\ominus}=5.75\times10^{-10}$	
H_2CO_3	$K_1^{\ominus}=4.36\times10^{-7}$	$K_2^{\ominus}=4.68\times10^{-11}$
$H_2C_2O_4$	$K_1^{\ominus}=5.37\times10^{-2}$	$K_2^{\ominus}=5.37\times10^{-5}$
HCN	$K^{\ominus}=6.17\times10^{-10}$	
HF	$K^{\ominus}=6.61\times10^{-4}$	
H_2O_2	$K^{\ominus}=2.24\times10^{-12}$	
H_2S	$K_1^{\ominus}=1.07\times10^{-7}$	$K_2^{\ominus}=1.26\times10^{-13}$
HBrO	$K^{\ominus}=2.51\times10^{-9}$	
HClO (291 K)	$K^{\ominus}=2.88\times10^{-8}$	
HIO	$K^{\ominus}=2.29\times10^{-11}$	
HIO_3	$K^{\ominus}=0.16$	
HNO_2(286 K)	$K^{\ominus}=7.24\times10^{-4}$	
HN_3	$K^{\ominus}=2.4\times10^{-5}$	
H_3PO_4	$K_1^{\ominus}=7.08\times10^{-3}$	$K_2^{\ominus}=6.31\times10^{-8}$
	$K_3^{\ominus}=4.17\times10^{-13}$	
H_2SiO_3(291 K)	$K_1^{\ominus}=1.70\times10^{-10}$	$K_2^{\ominus}=1.58\times10^{-12}$
H_2SO_3	$K_1^{\ominus}=1.29\times10^{-2}$	$K_2^{\ominus}=6.16\times10^{-8}$

续表

弱电解质	解离常数 $K^\ominus$
H_2SO_4	$K^\ominus=1.0\times10^{-2}$
HCOOH	$K^\ominus=1.77\times10^{-4}$
CH_3COOH	$K^\ominus=1.75\times10^{-5}$
$NH_3\cdot H_2O$	$K_b^\ominus=1.74\times10^{-5}$
N_2H_4	$K_b^\ominus=9.8\times10^{-7}$
NH_2OH	$K_b^\ominus=9.1\times10^{-9}$

数据主要摘自：Wagman D D，et al. NBS 化学热力学性质表. 刘天和，赵梦月译. 北京：中国标准出版社，1998；《实用化学手册》编写组. 实用化学手册. 北京：科学出版社，2001：578～593。

附录七 某些配离子的标准稳定常数(298 K)

配离子	$K_稳^\ominus$	配离子	$K_稳^\ominus$
$[AgCl_2]^-$	1.84×10^5	$[Fe(CN)_6]^{3-}$	1.0×10^{42}
$[AuCl_2]^+$	6.3×10^9	$[Hg(CN)_4]^{2-}$	2.5×10^{41}
$[BiCl_4]^-$	2×10^7	$[Ni(CN)_4]^{2-}$	2.0×10^{31}
$[CdCl_4]^{2-}$	3.47×10^2	$[Zn(CN)_4]^{2-}$	5.0×10^{16}
$[CuCl_3]^{2-}$	4.55×10^5	$[Ag(Ac)_2]^-$	4.37
$[CuCl_2]^-$	6.91×10^4	$[Pb(Ac)_3]^-$	2.95×10^3
$[CuCl_4]^{2-}$	4.17×10^5	$[Al(C_2O_4)_3]^{3-}$	2×10^{16}
$[FeCl]^+$	2.29	$[Fe(C_2O_4)_3]^{3-}$	1.59×10^{20}
$[FeCl_4]^-$	1.02	$[Fe(C_2O_4)_3]^{4-}$	1.66×10^5
$[HgCl_4]^{2-}$	1.17×10^{15}	$[Zn(C_2O_4)_3]^{4-}$	1.4×10^8
$[PbCl_4]^{2-}$	39.8	$[Ag(SCN)_4]^{3-}$	1.20×10^{10}
$[PbCl_3]^-$	25	$[Ag(SCN)_2]^-$	3.72×10^7
$[PtCl_4]^{2-}$	1.0×10^{14}	$[Au(SCN)_4]^{3-}$	1.0×10^{42}
$[SnCl_4]^{2-}$	30.2	$[Au(SCN)_2]^-$	1.0×10^{23}
$[SnCl_6]^{2-}$	6.6	$[Cd(SCN)_4]^{2-}$	3.98×10^3
$[ZnCl_4]^{2-}$	1.58	$[Co(SCN)_4]^{2-}$	1.00×10^5
$[Ag(CN)_2]^-$	2.48×10^{20}	$[Cr(NCS)_2]^+$	9.52×10^2
$[Ag(CN)_4]^{3-}$	4.0×10^{20}	$[Cu(SCN)_2]^-$	1.51×10^5
$[Au(CN)_2]^-$	2.0×10^{38}	$[Fe(NCS)_2]^+$	2.29×10^3
$[Cd(CN)_4]^{2-}$	6.02×10^{18}	$[Hg(SCN)_4]^{2-}$	1.70×10^{21}
$[Cu(CN)_2]^-$	1.0×10^{16}	$[Ni(SCN)_3]^-$	64.5
$[Cu(CN)_4]^{3-}$	2.0×10^{30}	$[AgEDTA]^{3-}$	2.09×10^7
$[Fe(CN)_6]^{4-}$	1.0×10^{35}	$[AlEDTA]^-$	1.29×10^{16}

续表

配离子	$K^{\ominus}_{稳}$	配离子	$K^{\ominus}_{稳}$
$[CaEDTA]^{2-}$	1.0×10^{11}	$[PbI_4]^{2-}$	2.95×10^{4}
$[CdEDTA]^{2-}$	2.5×10^{7}	$[HgI_4]^{2-}$	6.76×10^{29}
$[CoEDTA]^{2-}$	2.04×10^{16}	$[Ag(NH_3)_2]^{+}$	1.12×10^{7}
$[CoEDTA]^{-}$	1.0×10^{36}	$[Cd(NH_3)_6]^{2+}$	1.38×10^{5}
$[CuEDTA]^{2-}$	5.0×10^{18}	$[Cd(NH_3)_4]^{2+}$	1.32×10^{7}
$[FeEDTA]^{2-}$	2.14×10^{14}	$[Co(NH_3)_6]^{2+}$	1.29×10^{5}
$[FeEDTA]^{-}$	1.70×10^{24}	$[Co(NH_3)_6]^{3+}$	1.58×10^{35}
$[HgEDTA]^{2-}$	6.33×10^{21}	$[Cu(NH_3)_2]^{+}$	7.25×10^{10}
$[MgEDTA]^{2-}$	4.37×10^{8}	$[Cu(NH_3)_4]^{2+}$	2.09×10^{13}
$[MnEDTA]^{2-}$	6.3×10^{13}	$[Fe(NH_3)_2]^{2+}$	1.6×10^{2}
$[NiEDTA]^{2-}$	3.64×10^{18}	$[Hg(NH_3)_4]^{2+}$	1.90×10^{19}
$[ZnEDTA]^{2-}$	2.5×10^{16}	$[Mg(NH_3)_2]^{2+}$	20
$[Ag(en)_2]^{+}$	5.00×10^{7}	$[Ni(NH_3)_6]^{2+}$	5.49×10^{8}
$[Cd(en)_2]^{2+}$	1.20×10^{12}	$[Ni(NH_3)_4]^{2+}$	9.09×10^{7}
$[Co(en)_3]^{2+}$	8.69×10^{13}	$[Pt(NH_3)_6]^{2+}$	2.00×10^{35}
$[Co(en)_3]^{3+}$	4.90×10^{48}	$[Zn(NH_3)_4]^{2+}$	2.88×10^{9}
$[Cr(en)_2]^{2+}$	1.55×10^{9}	$[Al(OH)_4]^{-}$	1.07×10^{33}
$[Cu(en)_2]^{+}$	6.33×10^{10}	$[Bi(OH)_4]^{-}$	1.59×10^{35}
$[Cu(en)_3]^{2+}$	1.0×10^{21}	$[Cd(OH)_4]^{2-}$	4.17×10^{8}
$[Fe(en)_3]^{2+}$	5.00×10^{9}	$[Cr(OH)_4]^{-}$	7.94×10^{29}
$[Hg(en)_2]^{2+}$	2.00×10^{23}	$[Cu(OH)_4]^{2-}$	3.16×10^{18}
$[Mn(en)_3]^{2+}$	4.67×10^{5}	$[Fe(OH)_4]^{2-}$	3.80×10^{8}
$[Ni(en)_3]^{2+}$	2.14×10^{18}	$[Ca(P_2O_7)]^{2-}$	4.0×10^{4}
$[Zn(en)_3]^{2+}$	1.29×10^{14}	$[Cd(P_2O_7)]^{2-}$	4.0×10^{5}
$[CdBr_4]^{2-}$	5.0×10^{3}	$[Cu(P_2O_7)]^{2-}$	1.0×10^{8}
$[FeBr]^{2+}$	4.17	$[Pb(P_2O_7)]^{2-}$	2.0×10^{5}
$[HgBr_4]^{2-}$	9.22×10^{22}	$[Ni(P_2O_7)_2]^{6-}$	2.5×10^{2}
$[PdBr_4]^{2-}$	6.05×10^{13}	$[Ag(S_2O_3)]^{-}$	6.62×10^{8}
$[PtBr_4]^{2-}$	6.47×10^{17}	$[Ag(S_2O_3)_2]^{3-}$	2.88×10^{13}
$[AlF_6]^{3-}$	6.94×10^{19}	$[Cd(S_2O_3)_2]^{2-}$	2.75×10^{6}
$[FeF_6]^{3-}$	1.0×10^{16}	$[Cu(S_2O_3)_2]^{3-}$	1.66×10^{12}
$[AgI_3]^{2-}$	4.78×10^{13}	$[Pb(S_2O_3)_2]^{2-}$	1.35×10^{5}
$[AgI_2]^{-}$	5.49×10^{11}	$[Hg(S_2O_3)_4]^{6-}$	1.74×10^{33}
$[CdI_4]^{2-}$	2.57×10^{5}	$[Hg(S_2O_3)_2]^{2-}$	2.75×10^{29}
$[CuI_2]^{-}$	7.09×10^{8}		

数据主要摘自：Wagman D D, et al. NBS化学热力学性质表. 刘天和，赵梦月译. 北京：中国标准出版社，1998；《实用化学手册》编写组. 实用化学手册. 北京：科学出版社，2001：578～593。